D1750949

DARWIN & CO.

Eine Geschichte der Biologie
in Portraits

I

DARWIN & CO.

Eine Geschichte der Biologie
in Portraits

I

Herausgegeben von Ilse Jahn
und Michael Schmitt

Verlag C.H.Beck München

Mit 27 Abbildungen

Die Deutsche Bibliothek – CIP-Einheitsaufnahme

Darwin & Co. : eine Geschichte der Biologie in Portraits /
hrsg. von Ilse Jahn und Michael Schmitt. – München : Beck
ISBN 3-406-44642-6
 1. – (2001)
  ISBN 3-406-44638-8

ISBN 3 406 44638 8 für diese Ausgabe
ISBN 3 406 44642 6 für beide Bände
© Verlag C.H.Beck oHG, München 2001
Satz: Fotosatz Otto Gutfreund GmbH, Darmstadt
Druck und Bindung: Kösel Kempten
Gedruckt auf säurefreiem, alterungsbeständigem Papier
(hergestellt aus chlorfrei gebleichtem Zellstoff)
Printed in Germany

www.beck.de

INHALT

Vorwort.. 7
Ilse Jahn/Michael Schmitt: Carl Linnaeus (1707–1778) 9
Olivier Rieppel: Georges–Louis Leclerc, Comte de Buffon
(1707–1788)... 31
Olivier Rieppel: Charles Bonnet (1720–1793) 51
Ariane Dröscher: Lazzaro Spallanzani (1729–1799) 79
Ilse Jahn: Caspar Friedrich Wolff (1734–1794) 95
Folkwart Wendland: Peter Simon Pallas (1741–1811) 117
Olivier Rieppel: Georges Cuvier (1769–1832)............. 139
Olivier Rieppel: Étienne Geoffroy Saint-Hilaire (1772–1844) 157
Wolfgang Lefèvre: Jean Baptiste Lamarck (1744–1829)...... 176
Jörg Nitzsche: Gottfried Reinhold Treviranus (1776–1837)... 202
Ilse Jahn: Alexander von Humboldt (1769–1859).......... 221
Nicolaas Rupke: Richard Owen (1804–1892) 245
Hannelore Landsberg: Christian Gottfried Ehrenberg
(1795–1876)... 260
Dietrich von Engelhardt: Lorenz Oken (1779–1851)........ 282
Elena Muzrukova: Karl Ernst von Baer (1792–1876) 299
Ilse Jahn: Matthias Jacob Schleiden (1804–1881)......... 311
Gerhard Wagenitz: Wilhelm Hofmeister (1824–1877)....... 332
Ekkehard Höxtermann: Julius Sachs (1832–1897).......... 345
Thomas Junker: Charles Darwin (1809–1882)............. 369
Jan Janko/Anna Matálová: Johann Gregor Mendel
(1822–1884)... 390
Gottfried Zirnstein: August Weismann (1834–1914) 411
Christine Hertler/Michael Weingarten: Ernst Haeckel
(1834–1919)... 434
Reinhard Mocek: Wilhelm Roux (1850–1924)............. 456
Peter E. Fäßler: Hans Spemann (1869–1941).............. 477

Anhang

Quellen- und Literaturverzeichnis 499
Abbildungsverzeichnis. 541
Personenregister 542

Vorwort

In der außerbiologischen Öffentlichkeit – wie auch innerhalb der Biologie – steht kaum ein Name so herausragend für Inhalt und Problematik der gesamten Biologie wie der des englischen Naturforschers Charles Darwin (1809–1881), wenngleich in Wirklichkeit bei weitem nicht alle Biologen Darwinisten waren und auch Darwin selbst nicht nur als Biologe gearbeitet hat. Aber Darwin lebte und wirkte in dem Zeitraum, in dem die Biologie als Disziplin ihre Selbständigkeit und Weltgeltung erlangte, und er verhalf durch seine Theorie dem Gedanken von der Geschichtlichkeit allen Naturgeschehens zum Durchbruch, auf dem auch gegenwärtig unsere Naturforschung beruht. Natürlich baute er auf dem Wirken von Naturforschern auf, die vor ihm lebten, und die Herausbildung des biologischen Gedankengebäudes hat sehr viel mehr Vorväter als nur Darwin, dessen Name als Symbol für die Lebenswissenschaften gesetzt ist.

Im Zeitalter von Gentechnik, Biodiversitätskrise und Öko-Welle ist die Biologie nicht mehr eine Wissenschaft im Elfenbeinturm, sondern eine Leitwissenschaft, die in alle Lebensbereiche hineinwirkt. Ob es um gesunde Ernährung, Naturschutz, Tierproduktion oder Bevölkerungsentwicklung geht, stets sind auch Fachleute und Argumente aus der Biologie gefragt, bis hin zu Entscheidungen über Regeln des Zusammenlebens, ja sogar zu ethischen Normen. Nichts von dem, was Biologie heute so bedeutend macht, ist ein Ergebnis weniger Jahre. Die Frage nach der Herkunft, der Geschichte und den inneren Zusammenhängen der Ideen und Theorien in der Biologie führt zu den Personen, die sie formten, und deren Lebensgeschichten.

Wir wollen in den zwei Bänden von *Darwin & Co.* 52 dieser Biologinnen und Biologen vorstellen, stellvertretend für die ungezählte Schar der Naturerforscherinnen und -erforscher, die mit ihrem Lebenswerk die Grundlage für die heutige Wirkung der Biologie schufen. Notgedrungen mußten wir eine Auswahl treffen: nicht nur, daß kein Verlag ein umfassendes Kompendium aller Biologen-Biographien finanzierte, es fände sich auch niemand, der so etwas schriebe, und es hätte wohl auch niemand ein Interesse daran, so etwas zu lesen. Wir haben uns entschieden, die Reihe der Portraits mit Carl Linnaeus und damit dem 18. Jahrhundert zu beginnen. Zum einen markiert sein Werk den Anfang der regelhaften Benennung der Organismenwelt, zum anderen beginnt zu seiner Zeit die Herausbildung der Biologie als einer eigenständigen Wissenschaft. Man mag das völlige Fehlen der Antike und des Mittelalters bedauern – wir sehen in dieser Beschränkung eine vernünftige Möglichkeit, Platz zu sparen. Zum anderen suchten wir uns solche Persönlichkeiten aus, deren Beitrag zum biologischen Wissen heute noch wichtig ist, auch wenn sie zu ihrer Zeit nicht unbedingt berühmt waren, also «Klassiker» der Biologie. Auch entschieden wir uns dafür, keine noch lebenden Personen zu behandeln. Die Gefahr mangelnder Distanz und damit fehlender gebotener Sachlichkeit schien uns zu groß. Und schließlich mußten wir Autorinnen und Autoren finden, die willens und in der Lage waren, die biographischen Beiträge zu verfassen. Wer also das eine oder andere wichtig erscheinende Portrait vermißt, möge bitte unsere Grenzen bedenken.

Die hier Vorgestellten haben mit ganz verschiedenen Methoden geforscht, sie haben ganz verschiedene Organismen untersucht, sie kamen aus ganz verschiedenen Lebenswelten und lebten und arbeiteten unter ganz verschiedenen Bedingungen. Auch die Autorinnen und Autoren der Portraits stehen in verschiedenen Traditionen des Denkens und des Schreibens. Einige kommen aus der Fachwissenschaft – Biologie – und beschäftigen sich eher aus Neigung und neben der Forschung (oder im Ruhestand) mit bestimmten «Klassikern». Das Interesse entstand hier so gut wie immer durch die inhaltliche Nähe der Arbeit von Autor und «Klassiker». Andere sind ausgebildete Fachleute für Wissenschaftsgeschichte und nähern sich ihrem Gegenstand eher über die Beschäftigung mit einer bestimmten historischen Frage oder Epoche. Wir haben bewußt die Heterogenität der Perspektiven und Schreibstile nicht zu vereinheitlichen versucht. Die Vielfalt der Herangehensweisen spiegelt etwas von der tatsächlichen Vielfalt von Denkwegen und Arbeitsrichtungen in der Biologie wider.

So stellen wir in rund 50 Biographien glückliche Entdecker und auch herb Enttäuschte, Erfolgsmenschen ebenso wie Verfolgte vor, denen gemeinsam ist, daß sie eifrige Spurensucher waren, deren Neugier sie zu Forschern werden ließ und deren Lebenswerk vom 18. bis zum 20. Jahrhundert die heutige Biologie mitgestaltete. Manche von ihnen sind eher durch einzelne Entdeckungen oder Entwicklungen bedeutend geworden, andere faszinieren mehr durch die Vielgestaltigkeit ihrer Arbeit oder die Farbigkeit ihres Lebenswegs. Jedes einzelne Kapitel aber zeigt, wie wir hoffen, daß die Lebewesen um uns herum aufregende Forschungsgegenstände darstellen, daß die Untersuchung der Lebenserscheinungen und ihrer Zusammenhänge anregend und spannend ist und daß unter den Menschen, die dies als Beruf und aus Berufung erforschen, neben Wissenschaftlern auch ebenso interessante Persönlichkeiten aus Politik und Kunst zu finden sind.

Ilse Jahn, Berlin
Michael Schmitt, Bonn

Ilse Jahn/Michael Schmitt

CARL LINNAEUS
(1707–1778)

1. Einleitung

Neben Charles Darwin gehört Carl von Linné zweifellos zu denjenigen Naturforschern, die bis zur Gegenwart in der Biologie am häufigsten genannt werden und deren Lebenswerk ein Markstein in der Entwicklung der Kenntnisse über Pflanzen, Tiere und Menschen darstellt. Es leitete die weltweite gezielte Artenbestandsaufnahme und die regelhafte Beschreibung und Benennung der Organismen ein, ohne die ein Überblick über die Formenvielfalt, ihre Verteilung auf der Erde und die Erforschung ihrer Entwicklung nicht möglich wäre. Deshalb soll seine Lebensdarstellung am Anfang aller Biologen-Biographien stehen, wenngleich es auch vor ihm schon viele Naturforscher gab, die sich um die Erkundung von Lebewesen und von Lebensprozessen bemüht haben. Die meisten von ihnen gehörten – wie Linné – dem Arztberuf an oder lehrten Philosophie, d.h. allgemeine Weltweisheit, wie die Naturforscher der Antike. Erst im 18. Jahrhundert und besonders durch das Wirken von Carl von Linné entstand die als «Biologie» bezeichnete Wissenschaft vom Lebendigen. Doch beschränkte sich Linnés Lebensberuf keineswegs auf die Pflanzen- und Tierkunde, sondern war außerordentlich vielseitig.

2. Bildungs- und Lebensweg

2.1 Kindheit, Jugend und Studium

Linnaeus wurde am 23. Mai 1707 in dem kleinen Anwesen Råshult in Stenbrohult (Småland, Schweden) als erstes Kind des Pfarrers Nils Linnaeus und seiner Frau Christina Brodersen geboren. Auch die Mutter war eine Pfarrerstochter. Als Nils Linnaeus 1709 Nachfolger seines Schwiegervaters als ordentlicher Pfarrer der Gemeinde von Stenbrohult wurde, zog die Familie in das Pfarrhaus neben der Kirche von Stenbrohult, wo der Vater des Carl Linnaeus «einen der schönsten Gärten in der ganzen Landshauptmannschaft ... mit auserlesensten Bäumen und den seltensten Blumen ...» angelegt hatte (Afzelius 1826, S. 3). Die gärtnerischen Interessen seines aus bäuerlicher Herkunft stammenden Vaters erschlossen nach Linnés eigenen Worten dem Kinde schon frühzeitig den Sinn für Pflanzenkultur und Pflanzennamen. Die Beschäftigung mit der Natur war für einen Pfarrer des 18. Jahrhunderts nichts Ungewöhnliches. Die Theologen verfügten neben den Ärzten über ausreichende Gelehrsamkeit und Kenntnisse alter Sprachen, um die lateinische oder griechische Fachliteratur zu lesen. Außerdem repräsentierte damals der «Protestantismus» und besonders der Pietismus, dem Nils Linnaeus angehörte, eine progressive Geisteshaltung, die dem Naturstudium aufgeschlossen war und dieses als einen besonderen Gottesdienst pflegte. Schon während des Theologiestudiums fühlte sich Nils wohl dem Gelehrtenstand zugehörig, als er sich den latinisierten Familiennamen «Linnaeus» anstelle seines Vaternamens Ingemarsson zulegte, einen Namen, den er frei nach den Linden am Bauernhof seiner Vorfahren gewählt hatte.

Der Sohn Carl Linnaeus (der sich erst ab 1762 nach Erhebung in den Adelsstand «Carl von Linné» nannte) wurde zunächst zusammen mit seinen Schwestern Anna Maria (1710–1769) und Sophia Juliana (1714–1771) von einem Hauslehrer unterrichtet (sein Bruder Samuel war deutlich jünger – er lebte von 1718 bis 1797; eine weitere Schwester, Emerentia, wurde erst 1723 geboren und starb 1753). Ab 1717 besuchte Carl die Trivialschule und 1724 das Gymnasium in Växjö, ohne daß er sich durch besondere Fähigkeiten in den traditionellen altsprachlichen und philosophischen Lehrfächern auszeichnete, die ihn auf ein Theologiestudium vorbereiten sollten. Nur der Arzt Johan Rothman (1684–1763), der auch Naturlehre am Gymnasium unterrichtete, hatte die Sonderinteressen des jungen Carl für die Botanik erkannt, förderte durch Privatstunden seine wissenschaftlichen Kenntnisse und den gefährdeten regulären Schulabschluß und führte ihn in die damals aktuelle botanische Fachliteratur ein. Dazu gehörte vor allem das Standardwerk *Institutiones rei herbariae* (1700–1719) des französischen Botanikers Joseph Pitton de Tournefort (1656–1708), nach dem Linnaeus die Pflanzen zu bestimmen und zu klassifizieren lernte und auf die Bedeutung der Blütenorgane aufmerksam wurde (Afzelius 1826, S. 7).

Im Herbstsemester 1727 ging Linnaeus an die erst 1668 gegründete südschwedische Universität Lund, um auf Empfehlung von Rothman Medizin zu studieren. Trotz seines schlechten Schulzeugnisses verhalf ihm sein Schwager und ehemaliger Hauslehrer Hoek, der zu dieser Zeit Magister an der Universität Lund war, zur Immatrikulation und zu einer Wohnung bei dem Privatdozenten Kilian Stobaeus (1690–1742). Dieser besaß als Mediziner eine Naturaliensammlung, vor allem ein Herbarium und ein Mineralienkabinett, sowie eine umfangreiche Fachbibliothek, deren Benutzung dem jungen Lin-

Carl Linnaeus (1707–1778)

naeus gestattet wurde. Stobaeus förderte ihn nicht nur wie einen Schüler, sondern wie einen Sohn, und Linnaeus fühlte sich ihm lebenslang verpflichtet, wenngleich er nur ein Jahr in Lund blieb und sein Studium im Herbst 1728 an der älteren und größeren Universität Uppsala fortsetzte (Goerke 1989, S. 28 f.).

Sein außerordentlicher Fleiß beim Pflanzenstudium in dem damals vernachlässigten und «verfallenen akademischen Garten» ließ den Hochschullehrer und Theologen Olof Celsius (1670–1756) auf ihn aufmerksam werden. Dieser interessierte sich für Linnés botanische Kenntnisse und sein schon umfangreiches Herbarium, gab ihm Wohnung und Freitisch in seinem Haus und Zutritt zu seiner großen Bibliothek, so daß sich Linnés Verhältnisse, die bisher durch finanziellen Mangel sehr schlecht waren, bald besserten und seine wissenschaftlichen Fortschritte förderten. Bald suchten andere Medizinstudenten auch gegen Honorar Linnés Belehrung in Botanik, und er selbst gewann neue Anregungen durch die Erarbeitung einer Lehrmethodik zum Erkennen und Bestimmen der Pflanzen. Durch Literaturstudien lernte er schon frühzeitig die Bedeutung der Blütenorgane (Stempel und Staubgefäße) als Sexualstrukturen kennen, die in den Werken von Nehemia Grew und Sébastien Vaillant beschrieben worden waren, und verfaßte schon 1730 eine kleine populäre Abhandlung über die Hochzeit der Pflanzen (*Präludia sponsolarium plantarum*), die er Olof Celsius widmete. Als das Manuskript dem Professor für theoretische Medizin, der außer Anatomie auch medizinische Botanik lehrte, Olof Rudbeck d. J. (1660–1740) bekannt wurde, erteilte er Linnaeus im Frühjahr 1730 einen Lehrauftrag für «Materia medica», Heilmittelkunde, zu der die Pflanzenkunde gehörte (Goerke 1989, S. 29–32).

Zweifellos förderte die Notwendigkeit, die Pflanzenkenntnis anderen Studenten zu vermitteln, diesen Lehrstoff zu systematisieren und frühzeitig eine «Methode» zum Erkennen und Klassifizieren der Pflanzenarten zu konzipieren, denn bereits in den zu Lebzeiten nicht gedruckten Katalogen des Universitätsgartens (*Hortus Uplandicus* 1730 und *Adonis Uplandicus* 1731) sind Linnés spätere Ordnungsprinzipien nachweisbar (Goerke 1989, S. 106–110).

In diesen Jahren setzte sich Linnaeus auch schon mit den botanischen und zoologischen Hauptwerken seiner Vorgänger auseinander, die er in den Bibliotheken von Stobaeus und von Olof Celsius sowie von Olof Rudbeck benutzen konnte. Dazu gehörten die sogenannten «Väter der Botanik» wie Otto Brunfels (1488–1534), Hieronymus Bock (1498–1554), Leonhart Fuchs (1501–1566), deren Kräuterbücher das bisherige Wissen über Heil- und Nutzpflanzen übermittelten, wie die «Väter der Zoologie» Conrad Gessner (1516–1565), Ulysse Aldrovandi (1522–1605) oder Edward Wotton (1492–1555) dasjenige über Tiere, die sich meist mit der alphabetischen Aufzählung ohne tiefgreifende Klassifizierung begnügten und die Kenntnisse und Methoden der griechischen Philosophen Aristoteles (384–322 v. Chr.) und Theophrast (372–281 v. Chr.) überliefert hatten. Weitergehende Bemühungen um Pflanzen- und Tiersysteme stammen von den Ärzten Andrea Cesalpino (1519–1603) und Caspar Bauhin (1560–1624), dann von Joachim Jungius (1587–1657) und John Ray (1627–1705), an deren Bemühungen um praktikable Bestimmungs- und Ordnungsmethoden Linnaeus besonders anknüpfte. Sie hatten auch die Gestalt und Anatomie der Organe für neue Natursysteme mitberücksichtigt, z.B. – wie Cesalpino oder Jungius – eine Terminologie auch der Pflanzenorgane geschaffen und – wie vor allem Ray (1724) – ihrer Systematik einen Artbegriff zugrunde gelegt, der sich auf die Vermehrung und somit auf die Verwandtschaft der Nachkommen mit ihren Eltern stützte und nicht nur auf die Beschreibung der äußeren Gestalt. Vorausgegangen war die Entdeckung der Mikroskopiker, daß sich alle Tiere, auch die kleinen Insekten und Würmer, aus Eiern entwickeln, wie Francesco Redi (1626–1697) entdeckt hatte, und daß auch die Pflanzen aus bisexueller Vermehrung hervorgehen, wie Rudolf Camerarius (1665–1721) nach Kreuzungsversuchen 1694 mitgeteilt hatte. Zu Linnés Studienzeit waren vor allem die Pflanzensysteme des Leipziger Medizinprofessors August Quirinius Rivinus (1652–1723) neben denen von Tournefort in Gebrauch, die sich beide auf die Gestalt der Blütenhülle stützten und deren Anhänger um die beste Methode stritten.

Linné bevorzugte zunächst das System von Tournefort, denn «er war der erste, welcher eine solide Methode mit der Einteilung in Klassen, Ordnungen, Gattungen und Arten schuf», wie Linné ihn später charakterisierte (*Classes plantarum* 1738a).

Nicht nur die Anhänger von Rivinus und Tournefort stritten miteinander um die beste Methode, sondern auch die Studenten. Meinungsstreit und Wettbewerb förderten oftmals den wissenschaftlichen Fortschritt, und auch Linné verdankte ihm frühzeitig neue Erkenntnisse. Sein begabter Mitstudent und ebenbürtiger Freund Peter Artedi (1705–1735) hatte mit Linné um die besten Ergebnisse gewetteifert, und Linné beschrieb später in seiner Autobiographie diesen produktiven Wettstreit: «Artedi liebte die Chemie und besonders die Alchemie ebensosehr wie Linnaeus die Gewächse. Artedi besaß freilich einige Einsicht in die Botanik, so wie Linnaeus in die Chemie. Da aber diese Nebenbuhler sahen, daß sie einander nicht einholen konnten, verließ ein jeder des andern Fach. Darauf begannen beide zu gleicher Zeit mit Fischen und Insecten; doch da Linnaeus den Artedi in den Fischen nicht erreichen konnte, so verließ er sie völlig, ebenso wie Artedi die Insecten. Artedi bearbeitete die Amphibien, Linnaeus die Vögel. Es war zwischen ihnen eine beständige Eifersucht, heimlich zu halten, was sie gefunden hatten, und konnten doch nie über 3 Tage Stich halten, sondern mußten gegeneinander mit ihren Entdeckungen prahlen» (Afzelius 1826, S. 14).

Ähnlich war es auch in der Pflanzenkunde, und so kristallisierte sich aus diesem Wettstreit Linnés Lebenswerk heraus: Artedi hatte sich in der Botanik die Bearbeitung der Doldengewächse vorbehalten, «weil er darin eine neue Methode zu stiften gedachte, um sie mit Hilfe der Blütenkrone zu bestimmen, worauf Linnaeus auch in den Sinn nahm, eine neue Methode in Hinsicht aller Gewächse zu gründen, nachdem er die Stamina und Pistillen so lange angesehen hatte, bis er gefunden, daß sie nicht minder verschiedenartig als die Petala und die wesentlichen Bestandteile der Blüthe seyen» (a.a.O., S. 15).

Diese Entscheidung war durch die Lektüre einer Abhandlung über Struktur und Sexualfunktion der Blütenorgane ausgelöst worden, die Tourneforts Nachfolger in Paris, Sébastien Vaillant (1669–

1722), 1718 in Leiden veröffentlicht hatte. Linné begann daraufhin eingehender zu studieren, «was denn Stamina und Pistillen eigentlich für Dinge wären», und brachte seine neue Überzeugung 1730 zu Papier (a.a.O.). Diese neue Bestimmungsmethode machte Linné bald über den Kreis der Studenten hinaus berühmt. Die Aufmerksamkeit seiner Hochschullehrer brachte ihm nicht nur den Lehrauftrag ein, der die Konzeption seiner neuen Methode förderte und offenbar schon in seinen frühen Gartenkatalogen für eine Systematik nach Zahl und Stellung der Stempel und Staubgefäße angewandt wurde. Sie verschaffte ihm auch die Gelegenheit zu einer ersten Forschungsreise (Goerke 1989, S. 31f.).

Mit einem Reisestipendium der Königl. Gesellschaft der Wissenschaften in Uppsala, das deren Mitglieder Olof und Anders Celsius befürwortet hatten, trat Linné am 12. (23.) Mai 1732 eine fünfmonatige Reise nach Lappland an, die er ausführlich in einem Reisetagebuch festhielt. Dieses auch literarisch bemerkenswerte Dokument wurde erst nach seinem Tod publiziert und mehrfach neu gedruckt (Mierau 1991), während die botanischen Reiseergebnisse als *Flora Lapponica* schon 1737 in Holland gedruckt wurden und die erste Anwendung seines «Sexualsystems» zeigen (1737c).

Nach seiner Rückkehr konnte Linné zunächst 1732–1733 noch zwei Semester lang einen Lehrauftrag wahrnehmen und ein erstes chemisches Praktikum an der Universität Uppsala durchführen, stand aber in Konkurrenz zu anderen Medizinern und hatte zunächst keine Chancen auf eine akademische Laufbahn. Weitere Forschungsreisen in der Bergbauprovinz Dalarna, für deren naturhistorische Erkundung von dem Landeshauptmann von Dalarna finanzielle Mittel angeboten wurden, eröffneten bald neue Berufsaussichten. Vor allem beeinflußte sein Aufenthalt in Falun (1734–1735) seinen weiteren Lebensweg entscheidend. Zum einen veranlaßten ihn der Hauslehrer und Prediger des Landeshauptmannes von Falun, Johan Browallius (1707–1755), und der Stadtarzt von Falun, Johan Moraeus, zum Abschluß seines Medizinstudiums durch Promotion in Holland, zum anderen fand Linnaeus in Sara Elisabeth Moraea seine künftige Frau, mit der er sich Anfang 1735 verlobte. Die Unterstützung seines künftigen Schwiegervaters gab wohl den wichtigsten Ausschlag für diese Studienreise, die er im Februar 1735 zusammen mit einem wohlhabenden Studienkameraden antrat und deren einzelne Stationen in einem Reisetagebuch festgehalten wurden (Goerke 1989, S. 38ff.).

Nach einem dreiwöchigen Aufenthalt in Hamburg, wo Linné zahlreiche Privatsammlungen sehen und Kuriositäten wie eine siebenköpfige Wasserschlange als Fälschung identifizieren konnte, landete er Anfang Juni 1735 in Amsterdam. Auch diese niederländische

Hafenstadt war Sitz reicher Kaufleute und Sammler (vgl. Smit 1986), die durch ihre Museumskataloge berühmt wurden wie der Apotheker Albert Seba (1665–1736) oder der Forschungsreisende und Botaniker Johan Burman (1706–1779), die Linné schon kurz nach seiner Ankunft aufsuchte. Linnés vorrangiges Ziel war aber der Erwerb des Doktortitels, so daß er zunächst auf Empfehlung seines schwedischen Lehrers Johan Rothman nach der kleinen Hafen- und Universitätsstadt Harderwijk weiterreiste, wo er in kürzester Zeit seine medizinischen Doktorthesen verteidigen und am 23. Juni 1735 promoviert werden konnte.

Bereits Ende Juni war er wieder in Amsterdam, reiste zu den Universitäten Utrecht und dann Leiden, wo er sich noch immatrikulierte und die berühmten Mediziner Adrian van Royen (1704–1779), Johan Fredrik Gronovius (1690–1762) und Hermann Boerhaave (1668–1738) besuchte. Nachdem er ihnen sein in Schweden verfaßtes Manuskript über sein neues Natursystem überreicht und sie mit seiner neuen Methode zur Pflanzenbestimmung vertraut gemacht hatte, fand er in diesen einflußreichen Professoren wohlwollende Förderer. In Leiden wurde schon 1735 die erste Auflage seines *Systema naturae* in Großfolio-Format gedruckt (Linnaeus 1735a).

Gronovius, der selbst eine große Naturaliensammlung besaß und die wohldurchdachte Ordnungsmethode des jungen Linnaeus zu schätzen wußte, förderte die schnelle Drucklegung der weiteren, schon in Schweden vorbereiteten Werke, die *Bibliotheca botanica* (1735b), *Methodus* (1736b), eine kurze methodische Anleitung zur Beschreibung neuer Naturobjekte – als Anhang zum Natursystem gedacht –, die *Fundamenta botanica* (1736a), die die Grundsätze seiner neuen Methode in thesenhafter Form zusammenfaßten, und die *Critica botanica* (1737a), die wie ein Kommentar zu diesen Thesen noch die allgemeinen Grundsätze für die Namensgebung der Gattungen enthielten, alle in Amsterdam gedruckt. Durch die schnelle Drucklegung wurde Linnés neue Systematik und Ordnungsmethode, insbesondere sein botanisches «Sexualsystem», in Holland bald populär und auch darüber hinaus bekannt, zumal der deutsche Maler und Buchillustrator Georg D. Ehret die für Linnés Sexualsystem wichtigen Pflanzenorgane schon 1736 auf einem Einblattdruck bildlich darstellte (Ehret 1736).

Sie wurden in den *Göttinger Gelehrten Anzeigen* ab 1735 rezensiert, und schon 1736 wurde der erst 29jährige zum Mitglied der Deutschen Akademie der Naturforscher Leopoldina gewählt (Jahn & Senglaub 1978, S. 50).

Während Linnés *Systema naturae* (1735a) zunächst eine allgemeine Übersicht über die «enkaptische Gliederung» aller drei

Naturreiche (Minerale, Pflanzen, Tiere) in Klassen, Ordnungen und Gattungen darstellte, was Linné als «theoretische Eintheilung» bezeichnete, sah er als seine Hauptleistung die *Genera plantarum* (1737b) an, die die Grundsätze zur Klassifizierung aller Pflanzengattungen durch Untersuchung von 26 Einzelmerkmalen des Blumenkelches, der Krone, der Staubfäden, Stempel und der Frucht enthielten und die er als «natürlich» gegeben und vom Schöpfer wie mit Buchstaben gekennzeichnet auffaßte (Stearn 1960).

Die niederländischen Autoritäten, die Linnés Leistungen für eine Reform der seit über 100 Jahren in Diskussion befindlichen Systematik der Naturreiche erkannten, wollten ihn für längere Zeit in Holland halten und verschafften ihm eine Existenzgrundlage. Durch Empfehlung von Boerhaave stellte ihn der begüterte Bankier George Clifford (1685–1760) als Hausarzt und Gartenkustos für 1000 Taler Jahresgehalt an, so daß Linné von Herbst 1735 bis 1737 dessen großen Botanischen Garten in Hartekamp betreute und alle Sammlungen katalogisierte (Smit 1986, S. 59). Der noch 1737 erschienene *Hortus Cliffortianus* (1737d), der alle Pflanzen des Gartens und des großen Herbariums enthält, zeigt das Ergebnis der praktischen Anwendung von Linnés Sexualsystem während seines Studienaufenthaltes.

Aber auch für zoologische Studien bot dieser Aufenthalt unerwartet eine Gelegenheit, als er seinen schwedischen Freund Peter Artedi (der 1734 nach London gereist war) im Herbst 1735 zufällig in Leiden traf. Er konnte ihn dem Apotheker Albert Seba in Amsterdam zur Fertigstellung von dessen Sammlungskatalog und zur Bearbeitung der Fischsammlung empfehlen. Als Artedi jedoch 1737 in einer Gracht in Amsterdam ertrank und sein Manuskript unvollendet hinterließ, vollendete Linné – neben seinen botanischen Schriften – auch noch Artedis *Ichthyologia* (1738b) in Amsterdam (Afzelius 1826, S. 26f.) und legte den Grund zu späteren Studien des Tiersystems, dessen subtile Bearbeitung er für die nachfolgenden detaillierten Neuauflagen des *Systema naturae* benötigte (Wheeler 1978).

Nachdem Linné 1736 im Auftrag Cliffords eine Reise zu den bedeutendsten englischen Sammlungen und Gärten nach London und Oxford gemacht hatte, besuchte er 1738 auf seiner Heimreise über Antwerpen und Brüssel noch zwei Monate lang Paris, wo er u.a. René-Antoine Ferchault de Réaumur (1683–1757), Bernard de Jussieu (1699–1777) und Antoine de Jussieu (1686–1758) traf und korrespondierendes Mitglied der Pariser Akademie der Wissenschaften wurde.

Nach seiner Rückkehr nach Schweden im September 1738 mußte Linné – trotz seiner Erfolge als Botaniker und wissenschaftlicher Schriftsteller – eine berufliche Existenz gründen, um seine Braut

Sara Elisabeth Moraea heiraten zu können, und ließ sich als praktischer Arzt in Stockholm nieder, spezialisierte sich auf Geschlechtskrankheiten, wurde 1739 durch Vermittlung des Grafen Carl Gustav Tessin (1695–1770) Admiralitätsarzt mit einer festen Anstellung am Marinekrankenhaus und erhielt im gleichen Jahr einen Lehrauftrag für Mineralogie und Botanik am Bergkollegium. Mit diesen festen Einkünften konnte Linné Ende Juni 1739 Sara Elisabeth Moraea heiraten und in Stockholm einen Hausstand gründen.

Während der knapp dreijährigen praktischen Arzttätigkeit in Stockholm entstanden die 2. Auflage des *Systema naturae* und eine *Pharmacopoea* (die 1954 neu aufgelegt wurde) (Goerke 1983). Linnés Verdienste und Aktivitäten während der kurzen Stockholmer Zeit sind besonders auch dadurch charakterisiert, daß er Präsident der neu gegründeten Schwedischen Akademie der Wissenschaften (1739) wurde.

2.2 Der Hochschullehrer und seine Schüler

Als Linné im Herbstsemester 1741 auf den Lehrstuhl für «praktische Medizin» in Uppsala berufen wurde, war er dem Ziel seiner Wünsche sehr nahe. Er hatte den Lehrstuhl für theoretische Medizin erstrebt, den ein Jahr zuvor sein Kollege Nils Rosén (1706–1773) erhalten hatte (Goerke 1989, S. 187 f.); aber sie einigten sich auf den Tausch der Lehrfächer, und von 1742 bis 1778 vertrat Linné nun als Hochschullehrer den Unterricht in Botanik, Materia medica (Heilmittellehre), Diätetik, Semiotik und allgemeine Naturgeschichte, war Leiter des Botanischen Universitätsgartens – zu dem auch die Wohnung des Aufsehers gehörte – und gründete 1745 ein Naturalienkabinett (Goerke 1989, S. 60f.).

Der 1748 – bald nach der Neugestaltung von Garten, Orangerie und Museum – erschienene Katalog *Hortus Upsaliensis* unterrichtet nicht nur über diese Einrichtungen, sondern auch über die Flora der Umgebung und stellt sein bis zu den Spezies durchgearbeitetes «System» dar, das gleichzeitig als Methode zum Pflanzen- und Naturstudium und mithin als Lehrsystem aufzufassen ist. Es zeigt eindrucksvoll, wie sein gesamtes Klassifikationssystem aus den methodischen Bemühungen um Vermittlung des Lehrstoffes hervorgegangen ist. Auch als Hochschullehrer pflegte Linné einen naturnahen Unterricht, und man kann sagen, daß Vorlesungen, Gartendemonstrationen, Exkursionen und Lehrbücher als Einheit zu betrachten sind, die der Ausbildung der Medizinstudenten dienten. Als weiteres Lehrbuch entstand die dreibändige *Materia medica* (1749–1752), die die Heilmittel der drei Naturreiche, also Pflanzen, Tiere und Mineralien, beschreibt.

Besonderer Beliebtheit erfreuten sich die Exkursionen in die Umgebung von Uppsala, die Linné selbst anschaulich beschreibt: «Wenn er jährlich des sommers botanisirte, hatte er ein paar hundert Auditores (Hörer), welche Pflanzen und Insekten sammelten, Observationen anstellten, Vögel schossen, Protokol führten. Und nachdem sie von Morgens 7 bis Abends 9 Uhr Mittwochs und Sonnabends botanisiert hatten, kamen sie in die Stadt zurück mit Blumen auf den Hüten, begleiteten auch ihren Anführer mit Pauken und Waldhörnern durch die ganze Stadt bis zu dem Garten ...» (Afzelius 1826, S. 49).

Aus diesem Anschauungsunterricht gingen zahlreiche Dissertationen hervor, die praktische Anleitung zum Sammeln, Konservieren, zur Anlage von Herbarien und Insektensammlungen oder auch ökologische Themen behandelten (vgl. Smit 1978; Olsen 1997). Zur Lösung bestimmter Fragen bildete Linné eine Art Forschungsgruppen aus interessierten Studenten, die Beobachtungen in verschiedenen Gegenden durchzuführen und zu protokollieren hatten. So enthält ein Notizbuch der Jahre 1744–1750, in dem eigene Studien über tagesperiodische Blütenbewegungen und den Blumenbesuch von Insekten vermerkt sind, auch Abgaben über die Blühzeit verschiedener Pflanzen, die von einigen Studenten im Jahre 1748 an unterschiedlichen Orten gesammelt wurden (Afzelius 1826, S. 126). Auch Untersuchungen über die Nahrungspflanzen der schwedischen Haustiere (*Pan Suecicus* 1749) ließ er durch Forschungsgruppen aus jeweils 6 Studenten durchführen (a.a.O., S. 128–130).

Zweifellos besaß Linné besondere pädagogische Fähigkeiten, ausgeprägte Neigungen zur Lehre und didaktisches Geschick zur einprägsamen Stoffgliederung, was mit seiner Anlage zur logischen Ordnung und Systematisierung verbunden war und zu der Charakterisierung führte, Linné sei ein geborener Methodiker und Systematiker, der nicht nur die Naturobjekte, sondern auch die Krankheiten oder die zeitgenössischen Ärzte und Naturforscher «systematisierte».

Fast 30 Jahre lang übte Linné als Hochschullehrer eine außergewöhnlich erfolgreiche Lehrtätigkeit aus, die von seinem Wirken als Forscher und wissenschaftlicher Schriftsteller nicht zu trennen ist. Der meiste Zuwachs zu seinem eigenen Herbarium wie auch zu den Lebendsammlungen des Botanischen Gartens, der Grundlage für sein botanisches Hauptwerk *Species plantarum* (1753), ist seinen Schülern zu verdanken, die er auf Expeditionen in alle Welt sandte. So konnte er durch gute Beziehungen zum Grafen Tessin und durch seine Kontakte zu Holland schon ab 1745 bewirken, daß seine Studenten als Naturforscher unentgeltlich auf Schiffen der Ostindischen Kompanie reisen konnten.

Eine Schilderung über Linnés Tagesablauf, die er brieflich dem österreichischen Naturforscher Joseph Freiherr von Jacquin (1727–1817) um 1760 gab, zeigt die enge Verknüpfung von Lehr- und Publikationstätigkeit: «Jeden Tag lese ich öffentlich eine Stunde vor und gehe danach mit einer Anzahl Zuhörer eine Art Privatkollegium durch. Dann habe ich weiter noch eine Stunde mit Dänen und zwei mit Russen. Nachdem ich so vor dem Mittagessen fünf Stunden gesprochen, lese ich am Nachmittag Korrektur, schreibe Manuskripte für den Buchdrucker und Briefe an meine botanischen Freunde, besuche den Garten und beschäftige mich mit denen, die mich besuchen, sehe auch nach meinem Stückchen Land, so daß ich manchen Tag kaum Zeit habe zum Essen…» (zit. nach Goerke 1989, S. 73).

Auch an einigen seiner inländischen Forschungsreisen zur Erkundung der Naturressourcen beteiligte er Studenten wie 1746 nach Westgotland und 1749 nach Schonen. Seine kurz nach der Rückkehr veröffentlichten Reisetagebücher enthalten außer Einzelbeobachtungen vor allem auch Reflexionen über ökologische, geologische, ethnische oder politische Zusammenhänge und über allgemeingültige Prinzipien einer geologischen Schichtenfolge in Schweden, Norwegen und Estland, die zu einer «Anatomie der Erdrinde» führen sollten.

In den zwischen 1743 und 1776 entstandenen 186 Dissertationen, die nach zeitgenössischem Brauch unter Linnés Autorschaft publiziert wurden, sind vielfältige Themen aus dem Gesamtgebiet der Naturgeschichte, der Heilmittellehre, der Zoologie, Krankheitslehre und Kameralistik behandelt; davon widmen sich 31 Arbeiten der Beschreibung und Systematik zoologischer Objekte (meist aus Naturaliensammlungen), 42 botanischen Themen, rund 30 allgemeinbiologischen (ökologischen) Beobachtungen und etwa 12 methodologischen oder wissenschaftshistorischen Stoffen (wie z.B. «das Wachstum der Botanik im letzten halben Jahrhundert» 1753); 70 Arbeiten behandeln medizinische Themen (vgl. auch Olsen 1997).

Zu seinen Hörern gehörten keineswegs nur Mediziner, vielmehr besuchten auch Theologiestudenten seine Vorlesungen, für die Linné speziell über Gesundheitserziehung und natürliche Lebensweise vortrug, um über die künftigen Landpfarrer die Bevölkerung aufzuklären. Linnés religiös-weltanschauliche Haltung zur Natur und Naturerkenntnis, die er als «göttliche Wissenschaft» proklamierte (Goerke 1989, S. 94f.), führte auch zu Auseinandersetzungen mit der Theologischen Fakultät, was Linné schwer traf (Afzelius 1826, S. 116). War doch Linné der Meinung, daß die Naturgeschichte obenan unter den Wissenschaften stehe und am meisten verdiene, daß der Mensch ihr alle Arbeit und allen Fleiß widme!

So vertrat Linné sein Fach über den akademischen Rahmen hinaus in der Öffentlichkeit und suchte der Naturgeschichte nationale Anerkennung zu verschaffen. Zweifellos geht ein Beschluß des schwedischen Reichstages, ab 1747 Naturgeschichte in den schwedischen Schulen zu lehren, auch auf Linnés Erfolge zurück. Nach eigenhändiger Buchführung belief sich die Zahl von Linnés Studenten auf rund 360 Hörer (Afzelius 1826, S. 152–160), unter denen später berühmte Botaniker und Forschungsreisende waren wie Pehr Osbeck (1723–1805), Pehr Kalm (1716–1779), Friedrich Hasselquist (1722–1752), Pehr Löfling (1729–1756), Joh. Chr. Daniel Schreber (1739–1810) oder Carl Peter Thunberg (1743–1828) und Adam Afzelius (1750–1837) (vgl. Goerke 1989, S. 177–183; Olsen, 1997, behandelt allerdings nur 331 Schüler).

Zu Linnés Lehrerfolgen trugen seine weitverbreiteten Lehrbücher nicht zum geringsten Teil bei. Es war insbesondere die *Philosophia botanica* (1751), die als eine Art Handbuch Linnés methodische Prinzipien der Klassifikation, Artbeschreibung und -diagnose, Sammlung und Konservierung sowie Terminologie und Nomenklatur als verbindliche Richtlinien für die Naturgeschichtsschreibung verbreiteten.

Wenn auch schon im Index zu seinen Reisebeschreibungen (1745b) und in der *Flora Svecica* (1745a) die «binäre Nomenklatur», die konstanten Doppelnamen für Arten, auftauchen und dort mit praktischen Gesichtspunkten (Platz- und Papierersparnis) motiviert wurden, so fand die Einführung dieses Nomenklaturprinzips, das sich als praktikabler Fortschritt der Taxonomie erwies, doch erst durch die *Philosophia botanica* (1751) und seine Anwendung in den *Species plantarum* (1753) weltweite Verbreitung (Stearn 1957).

Noch zu Linnés Lebzeiten setzten sich seine Reformen trotz mancher Gegnerschaft allgemein durch, da sie die globale Artenbestandsaufnahme und damit die Naturgeschichtsschreibung in ungeahntem Ausmaß förderten, ja die Botanik bald zu einer eigenständigen Disziplin außerhalb der Medizin entwickeln halfen.

Der Jenaer Mediziner Gottfried Baldinger (1738–1804) grenzte in einer Programmschrift *Über das Studium der Botanik und die Erlernung derselben* (Jena 1770) die moderne Botanik nachdrücklich als eine systematisch erlernbare Wissenschaft gegen die alte medizinische Kräuterkunde ab und betonte Linnés «unendliche Verdienste» in der Schaffung einer bestimmten botanischen Sprache, die nun «durchaus angenommen und eine gangbare Münze» sei, ohne die ein System nicht möglich sei (Jahn & Senglaub 1978, S. 100). Was hier für die Botanik gesagt wurde, gilt auch für die Zoologie.

Als der Berliner Zoologe Karl Asmund Rudolphi (1771–1832) die deutsche Edition von Linnés autobiographischen Aufzeichnungen ermöglichte, sagte er in seinem Vorwort: «Was Linné der Naturgeschichte war, muß Jeder dankbar erkennen, der in der Geschichte nicht ganz fremd ist, und es ist kein Land in der Welt, wo nicht seine Methode, dieselbe zu bearbeiten, heilbringend gewirkt hätte ...» (Afzelius 1826).

Linnaeus, der 1762 geadelt worden war und sich – rückdatiert – ab 1757 Carl von Linné nannte, nahm sein Lehramt bis zum 70. Lebensjahr wahr, erlitt 1774 einen ersten Schlaganfall, 1776 einen zweiten mit bleibenden Lähmungen, so daß sein erster Sohn Carl (1741–1783), den er schon 1763 zu seinem Nachfolger bestimmt hatte, 1777 den Lehrstuhl übernahm. Linné verbrachte das letzte Lebensjahr im Kreis seiner Familie auf seinem Gut Hammarby bei Uppsala, das er 1758 erworben und ausgebaut hatte, um seiner großen Familie angemessenen Wohnraum zu schaffen und seine Bibliothek unterzubringen. Außer dem schon in Stockholm geborenen ersten Sohn gehörten zu seiner Familie noch vier Töchter: Elisabeth Christina (geb. 1743), Louisa (geb. 1749), Sara (geb. 1751), Sophia (geb. 1757). Eine Tochter (Sara Lena, geb. 1744) und ein Sohn (Johannes 1754–1757) waren früh gestorben. Von zweien seiner Töchter – Sophia und Elisabeth Christina – leben noch heute Nachkommen in Schweden (Goerke 1989, S. 75).

Carl von Linné starb am 10. Januar 1778 in seinem Stadthaus am botanischen Garten in Uppsala, das gegenwärtig als Gedenkstätte erhalten wird, während der gesamte wissenschaftliche Nachlaß von seiner Witwe nach England verkauft wurde und von der Linnean Society in London verwaltet wird.

3. Werk

3.1 Reisebeschreibungen

Die wissenschaftlichen Reisen des Carl Linnaeus waren beileibe keine Vergnügungsreisen. Heute sind seine damaligen Reiseziele ohne großen Aufwand erreichbar, es existieren ausführliche Beschreibungen über Land und Leute samt praktischen Tips für leichtes Fort- und Unterkommen. Zu Linnés Zeiten waren große Teile Schwedens wissenschaftlich und wirtschaftlich noch unerschlossen. Seine Reisen waren weit abenteuerlicher, als wir uns das heute vorstellen können.

Die Berichte über die Reisen Linnés nach Lappland, Bergsladen und Dalarna, die er vor seiner Promotion in Holland durchführte, sind nicht zu seinen Lebzeiten gedruckt worden, sondern wurden erst im 19. Jahrhundert veröffentlicht. Die Beschreibungen der drei großen Reisen, die er in den vierziger Jahren des 18. Jahrhunderts durch Öland und Gotland, Västergötland und Schonen unternommen hat, hat er selbst publiziert. Sie gehören heute zu den klassischen Werken der schwedischen Literatur und bieten Einblicke in die Lebensumstände in Schweden im 18. Jahrhundert. Sie wurden bald nach Erscheinen auch in andere Sprachen übersetzt. Diese Reisen bildeten den Beginn einer «Entdeckung Schwedens» mit ihren nach wissenschaftlichen Grundsätzen vorgenommenen Untersuchungen in ethnologischer wie auch in wirtschaftsgeographischer und volkswirtschaftlicher Hinsicht, verbunden mit einer ausführlichen Bestandsaufnahme der Tier- und Pflanzenwelt. Aber auch über historische Bauten und Kulturstätten sowie über die mündliche Überlieferung von historischen Ereignissen hat Linnaeus berichtet (Goerke 1989).

Anfang 1741 hatten die schwedischen Reichsstände beschlossen, daß Linnaeus Gotland und Öland bereisen sollte, um sich über «nutzbare Pflanzen und Gewächse» zu informieren. Auch durch Västergötland (= Westgotland, 1746) und Skåne (= Schonen, 1749), die südlichste Provinz des Landes, reiste Linnaeus im Auftrag der Regierung. Zweifellos hat Linnaeus selbst daran mitgewirkt, daß ihm diese Aufträge erteilt wurden, indem er in Veröffentlichungen, Briefen und Gesprächen mit einflußreichen Freunden immer wieder auf den volkswirtschaftlichen Nutzen hingewiesen hat, der aus einer praktischen Anwendung naturwissenschaftlicher Erkenntnisse erwachsen konnte. Voraussetzung waren natürlich in erster Linie Vorkenntnisse der in dieser Hinsicht am meisten versprechenden Provinzen des eigenen Landes. Die Reisen nach Lappland, Finnland und durch die für Bergbau und Landwirtschaft wichtigen Gebiete von Dalarna und seine Berichte über die Ergebnisse benutzte Linné als Empfehlung für die Beauftragung mit weiteren Forschungsreisen durch Schweden.

Breites Interesse hat Linné volkskundlichen Fragen gewidmet, nicht nur bei seinen Reisen durch Lappland und Finnland. Die Lebensweise der Menschen in Städten und auf dem flachen Lande, ihre Ernährungsweise und Bekleidung sind ebenso sorgfältig geschildert wie das Vorkommen von Krankheiten und deren jahreszeitliche Verteilung, aber auch das Auftreten bestimmter Erkrankungen bei gewissen Gruppen der Bevölkerung, so z.B. bei Schleifereiarbeitern die Häufigkeit der Staublungen, deren typische klinische Erscheinungsformen er treffend beschrieben hat (Goerke 1989, S. 158). Linnaeus mag nicht ganz frei vom männlich überheblichen Blick auf die Völkerschaften, über die er berichtete, gewesen sein (z.B. findet sich die pauschalisierende Bemerkung «die Finnenmädchen haben große Brüste, die Lappenmädchen kleine» in seiner Lappländischen Reise auf S. 197). Im allgemeinen jedoch beschreibt er bemerkenswert nüchtern, was er beobachtete. Über seine Gefühle ist wenig in den Schilderungen von Personen zu spüren, eher erwähnt er kurz Emotionen, wenn es um Eindrücke von Naturerscheinungen oder Verhalten gegenüber Tieren geht. So tötete er ein Bergschneehuhn, obwohl er es hätte können, «aus Rücksicht für die kleinen, in ihrem Alter noch schutzlosen Jungen nicht, und ... bedachte auch das Mutterherz» (1964, S. 123 f.). In großer Zahl fertigte er Handskizzen von technischen Geräten, menschlichen Verhaltensweisen, Pflanzen und Tieren an. Diese Skizzen zeigen, daß Linnaeus kein begnadeter Zeichner, aber ein präziser Beobachter war. In vielen Fällen erlauben seine unbeholfenen Striche den einwandfreien Nachvollzug seiner taxonomischen Entscheidungen, so in der Passage über die Eintagsfliegen (Mierau 1991, S. 64). Darüber hinaus belegen viele seiner Vignetten unübersehbar, daß er über eine gesunde Portion Humor verfügte (daß er oft fröhlich war und gern und laut lachte, ist überliefert, vgl. Mierau 1991, S. 297).

3.2 Linnaeus als Mediziner

Als Inhaber eines Lehrstuhls für Theoretische Medizin war es für Linnaeus naheliegend, sich auch mit der Systematisierung der Krankheiten zu beschäftigen. Er führte eine rege Korrespondenz mit François Boissier Sauvages de Lacroix (1706–1767), Professor für Medizin in Montpellier. Dessen 1731 veröffentlichte Grundzüge einer Krankheitssystematik lehnten sich an Ordnungsprinzipien der Botaniker an und trafen sich daher in ganz besonderer Weise mit Linnés Neigungen als Systematiker. 1763 veröffentlichte Linnaeus ein eigenes System der Krankheiten (*Genera morborum*), dessen Grundgedanken er bereits vier Jahre davor in der Dissertation eines seiner Schüler niedergelegt hatte (wie erwähnt, war es im 18. Jahrhundert durchaus keine Seltenheit, daß der Betreuer eines Promovenden auch dessen Dissertation selbst verfaßte. Von Linnaeus ist überliefert, daß er die Texte seinen Schülern zu diktieren pflegte, s. Goerke 1989, S. 134). Diese Krankheitssysteme verloren an Bedeutung, nachdem im 19. Jahrhundert zunehmend mehr Prozesse im Körperinnern als Ursache für äußere Krankheitserscheinungen erkannt wurden. Damit wurden die Symptome für eine Klassifizierung unwichtig. Zu Zeiten von Linnaeus war aber die Medizin als Wissenschaft (d. h., soweit sie nicht als Heil*kunst* betrachtet wurde) noch wesentlich ein beschreibendes und sammelndes Unternehmen und entwickelte sich erst später zu einer analysierenden und experimentierenden Disziplin.

Linnaeus war auch als Berater in der Medizin erfolgreich tätig, wobei seine Mitwirkung an der Bearbeitung des ersten, 1774 erschienenen Schwedischen Arzneibuches besonders herauszuheben ist (Goerke 1989 S. 143 f.).

Bereits in seiner Doktorarbeit 1735 beschäftigte sich Linnaeus mit einer Theorie der Ursachen von Wechselfiebern. Diese Krankheitsbezeichnung war damals ein Sammelbegriff für unterschiedliche fieberhafte Erkrankungen. In manchen Fällen dürfte es sich jedoch nach der von ihm selbst gegebenen Beschreibung der Symptome und des Verlaufs bei seiner Ehefrau um Malaria vom Tertianatyp gehandelt haben (Goerke 1989, S. 135 f.). 1750 hat Linnaeus erstmals in einem in den Verhandlungen der Akademie der Wissenschaften veröffentlichten Beitrag darauf hingewiesen, daß «Pocken, Masern, Ruhr, Syphilis, ja selbst die Pest» von kleinsten Lebewesen verursacht sein könnten. 1767 ließ er in einer Dissertation *Mundus invisibilis* den Verdacht aussprechen, daß durch Kleinstlebewesen mehr Menschen als durch Kriege getötet werden (Goerke 1989, S. 141f.).

Kein anderes Gebiet der Medizin hat Linnaeus jedoch umfassender und mit mehr Erfolg behandelt als die Lehre von den Arzneimitteln, die er ja auch als Unterrichtsfach zu vertreten hatte. In den 1749 erschienenen *Materia medica* hat er die Heilmittel aus dem Pflanzenreich in vorbildlicher Weise und sehr übersichtlich abgehandelt. Dieses Nachschlagewerk fand bei Ärzten und Apothekern rasch Anklang. Linnaeus legte großen Wert darauf, nach Möglichkeit einheimische Arzneipflanzen zu empfehlen, nicht so sehr der Kosten wegen, sondern damit die Apotheker sie in möglichst frischem Zustand zur Verarbeitung bekommen könnten.

3.3 Linnaeus als Systematiker der Naturdinge

Die weitaus meisten seiner biologischen Schriften widmete Linnaeus den Pflanzen, da sie für die *Materia medica* die zentrale Rolle spielen. Hunderte von Arten hat er entdeckt, beschrieben und benannt, allein in seiner *Flora Lapponica* (1737c) mehr als einhundert. Insgesamt kannte er mehr als 7000 Pflanzenarten – heute werden knapp 400.000 in den Standardwerken geführt. Daß er demgegenüber in der 10. Auflage des *Systema naturae* (1758) nur 4326 Tierarten auflistet, die er in der 12. (1766) auf fast 5900 erhöhte (ungefähr 2000 davon hatte er selbst erstmals beschrieben, s. Tuxen 1973), wo doch heute ca. 1,3 Millionen Arten bekannt sind, weist darauf hin, daß für ihn die Botanik ungleich attraktiver (oder leichter zugänglich) gewesen sein muß als die Zoologie.

Viel wichtiger als durch seine Neubeschreibungen wurde Linnaeus für die Entwicklung der Systematik als Wissenschaft, und dadurch für die wissenschaftliche Erschließung der Vielfalt der Lebewesen, durch seine systematische Methode. Schon während seiner Zeit in Holland erschien die erste Auflage des *Systema naturae* (1735a), in dem Linnaeus die ihm bekannten Tier- und Pflanzenarten nicht nur aufzählte, sondern in eine hierarchische Ordnung brachte. Er errichtete drei «Reiche» (regna – Mineralien, Pflanzen, Tiere), die er in Klassen (classes), Ordnungen (ordines), Gattungen (genera) und Arten (species) unterteilte. Er begründete seine Einteilungen durch die Angabe von Merkmalen, die es erlaubten, sein System sowohl nachzuvollziehen (und damit zu kritisieren und gegebenenfalls auch zu widerlegen) als auch es zur Bestimmung der einzelnen Ordnungseinheiten (Taxa) zu verwenden.

Die Methode der Einteilung war klassisch logisch, entsprechend einer aristotelischen Definition: «sie geschieht per genus proximum et differentiam specificam» (Ballauf 1954, S. 299). Daß ein auf diese Weise erstelltes System «natürlich» sei, kann nur angenommen werden, wenn man voraussetzt, daß Natur und Denken kongruent sind. Das haben die Wissenschaftler des 18. Jahrhunderts fraglos getan, und so auch Linnaeus (ebda.). Der überzeugende Erfolg der linnaeischen Methode lag zu einem erheblichen Teil darin begründet, daß hier die Methode des Denkens schlechthin, die aristotelische Logik, auf die Bewältigung der Vielfalt von Naturdingen angewandt wurde. Er kannte und bewunderte Aristoteles nachweislich schon von Beginn seiner Studien an (Hagberg 1946, S. 32).

Nun ist aber das bekannte und bewährte Sexualsystem der Pflanzen (Linnaeus, ab 1737c) ohne Frage nicht natürlich, obwohl es nach den Regeln der Logik erstellt ist, das heißt, die Ordnungseinheiten entsprechen nach all unserem Wissen nicht tatsächlichen Einheiten der Natur. Das war auch Linnaeus klar (Cain 1995). Er hat neben die «künstlichen» Einheiten seines Sexualsystems «Bruchstücke eines Natürlichen Systems» gestellt (Müller-Wille 1999, S. 51). Einerseits lieferte das Sexualsystem eine treffliche Möglichkeit der Determination von Pflanzen. Selbst wenn es nicht gelang, eine unbekannte Pflanze auf die Art genau zu bestimmen (beispielsweise, weil sie tatsächlich bis dahin noch nicht beschrieben worden war), so konnte sie doch einer bestehenden Gattung, Ordnung oder Klasse zugeordnet werden. Andererseits war es wegen widersprüchlicher Verteilung von Merkmalen unter den Taxa nicht möglich, für alle Teilgruppen der Pflanzen eine natürliche Ordnung zu ermitteln. Der entscheidende Unterschied zwischen einem «natürlichen» und einem «künstlichen» System wurde darin gesehen, daß ersteres viele – im Idealfall alle bekannten – Merkmale zur Einordnung heranzieht, während letzteres auf nur einem – willkürlich ausgesuchten – Merkmal oder jedenfalls auf nur wenigen Merkmalen beruht. Hier ist eine bemerkenswerte Parallele zu sehen zwischen einem Bestimmungsschlüssel, in dem nur wenige, in der Praxis möglichst leicht festzustellende Merkmale zur Entscheidung über die Artzugehörigkeit eines fraglichen Individuums herangezogen werden, und einem Phylogenetischen System, in dem angestrebt wird, die «Holomorphe», das ist die Gesamtheit aller Merkmale, in die Analyse der stammesgeschichtlichen Verwandtschaftsverhältnisse einzubeziehen (vgl. Hennig 1950, z.B. S. 9).

Wie ein phylogenetisches («kladistisches») System grundsätzlich auch zur Determination verwendet werden können muß (weil jede Zuordnung auf überprüfbaren Hypothesen über beobachtbare Merkmale beruhen muß), so kann auch Linnés «natürliches» System prinzipiell als Bestimmungsschlüssel dienen (sein «künstliches» System war ja im wesentlichen zu diesem Zweck entworfen). Voraussetzung ist, daß die begründenden Merkmale in der Praxis handhabbar sind. Das trifft für die weitaus meisten Merkmale nicht zu, die in modernen phylogenetischen Analysen ausgewertet werden, z.B. Ultrastrukturen oder molekulare Eigenschaften. Die Behauptung, Linnés System der Tiere (im wesentlichen 1758, 1766) sei «künstlich» und Linnaeus habe darum gewußt, weil die weitaus meisten Arten und alle höherrangigen Taxa nur durch knappe Diagnosen gekennzeichnet und nicht durch die Angabe sämtlicher wesentlicher Merkmale beschrieben sind (S. Müller-Wille, mündl. Mitt. 1999), ist schwer zu begründen, da Linnaeus explizit erklärt, die natürliche Einteilung der Tiere – wie er sie aufführe – werde durch die innere Struktur angezeigt («divisio naturalis animalium ab interna structura indicatur», Linnaeus 1758, S. 11). Im weiteren nennt er genau die Merkmale, die zu einer «natürlichen» Einteilung führen sollen. Tatsächlich waren die zum Teil sehr knappen Diagnosen gar nicht als vollständige Beschreibungen gedacht. Zum Beispiel charakterisiert Linnaeus den Star, *Sturnus vulgaris*, 1758 auf S. 167 lapidar durch die Angabe «von gelbem Schnabel und schwarzem Körper mit weißen Punkten» (rostro flavescente, corpore nigro punctis albis). Er verweist allerdings auf seine *Fauna Svecica* (1746), in der er die dort aufgeführten Tiere ausführlich beschrieb, und er zitiert eine ganze Reihe von früheren Werke anderer Autoren, beginnend mit Conrad Gessners Vogelbuch, das 1555 erschienen war.

Der große Vorteil der linnaeischen Methode gegenüber ihren Vorläufern war die Übersichtlichkeit, die Klarheit und die Stringenz der Durchführung (vgl. Cain 1958, 1992). Dazu trug entscheidend der zweite umwälzende Beitrag Linnés – neben der konsequenten Anwendung der aristotelischen Logik – zur Entwicklung der Systematik bei, die strikte binominale Benennung der Arten (zur Bedeutung von «binominal», «binomial» und «binär» siehe

Mayr 1975, S. 289). Mit der Methode, Arten durch eine Kombination aus Gattungsnamen und Art-Epitheton eindeutig zu kennzeichnen, wurden die Namen deutlich kürzer und damit leichter zu merken als in alten Systemen. Vor Linnaeus waren viele Namen von Pflanzen oder Tieren lang und umständlich. Zum Beispiel hieß ein Käfer auf deutsch «Der auf denen grossen Disteln sich aufhaltende Schild-Kefer», Linnaeus nannte ihn *Cassida vibex*, den «runden hoch-rothen Marien-Kefer mit schwarzen Puncten» taufte er *Coccinella septempunctata*, dem als «‚Scarabaeus thorace inermi, capite tuberculato, elytris rubris, corpore nigro» mehr beschriebenen als benannten Käfer gab er den bündigen Namen *Scarabaeus fimetarius*.

Dies stellt auch den wesentlichen Schritt der linnaeischen Methode heraus: die Trennung von Namen und Diagnose. Die älteren Namen waren in der Tat Kurzbeschreibungen, durch die eine Art eindeutig gekennzeichnet war. Mit der Zunahme der Zahl von bekannten Arten wurden die Artnamen verständlicherweise immer ausführlicher. Linnaeus «entkoppelte» die Benennung von der Beschreibung. Die binominalen Artnamen wurden, ebenso wie die uninominalen Gattungs-, Ordnungs-, und Klassen-Namen, zu bloßen Etiketten, zu Eigennamen. Dazu kam der enorme Vorteil, daß durch die Möglichkeit der Kombination einer geringen Zahl von Gattungsnamen mit einer ähnlich geringen Zahl von Art-Epitheta ein praktisch unerschöpflicher Vorrat von Artnamen zur Verfügung stand, der die taxonomische Bewältigung der ungeheuer vielen neuen Arten, die durch Kolonialisierung und Welthandel der Wissenschaft bekannt wurden, überhaupt erst ermöglichte.

Die Idee, Arten mit einem zweiteiligen Namen zu belegen, bestehend aus einem Substantiv mit erläuterndem Adjektiv, z. B. *Sturnus vulgaris*, stammt nicht von Linnaeus. Schon viele seiner Vorläufer haben auf diese Weise Tiere und Pflanzen benannt. Linnaeus war aber der erste, der daraus ein Prinzip machte (zuerst formuliert in der *Philosophia botanica* 1751) und dieses auch durchgehend umsetzte, für die Pflanzen in den *Species plantarum* (1753), für die Tiere in der 10. Auflage des *Systema naturae* (1758–59), wiewohl er schon früher binominale Bezeichnungen verwendete (Stearn 1959).

Die Mittel für die taxonomische Aufarbeitung neu bekanntwerdender Arten wurden von den Geldgebern nicht in erster Linie zur Förderung der Wissenschaft als Selbstzweck oder zur Erbauung der Wissenschaftler aufgebracht. Auch zu Zeiten des Carl Linnaeus standen hinter der Pflege der Grundlagenwissenschaft stets handfeste ökonomische Interessen, die im Fall von Linnés Lehrstuhl und des Botanischen Gartens von Uppsala unmittelbar mit der Zunahme des weltweiten Handels in Verbindung standen (Müller-Wille 1999).

Vor allem Linnés botanische Arbeiten, aber auch schon seine Reiseberichte, zeigen, daß er den Anwendungsaspekt eines Natur-Systems für wesentlich hielt. Deshalb war es auch notwendig, ein System «künstlich» zu begründen, wenn, wie bei den Pflanzen, nicht alle Gruppierungen als «natürlich» etabliert werden können. Auch hier ist die bemerkenswerte Parallele zu Willi Hennigs Phylogenetischer Systematik festzustellen, die ebenfalls in der Analyse der stammesgeschichtlichen Beziehungen zwischen den Pflanzen weniger erfolgreich war (und ist) als bei der Untersuchung von phylogenetischer Verwandtschaft unter Tieren. Neben außerwissenschaftlichen Faktoren wie Traditionsbildungen und psychischen Befindlichkeiten spielt hier sicher eine wichtige Rolle, daß Pflanzen in höherem – wenn auch oft überschätztem (Diamond 1992) – Maß über die Artgrenzen hinweg hybridisieren als Tiere (das heißt, daß von den (Blüten-)Pflanzen die Artgrenzen weniger prägnant ausgebildet und eingehalten werden).

Es gibt keine Anzeichen dafür, daß Linnaeus am christlichen Schöpfungsbericht je gezweifelt hätte. Verschiedentlich wird jedoch vermutet, daß er nur zu Beginn seiner wissenschaftlichen Laufbahn fest an die Konstanz der Arten glaubte, später aber «annahm, die verschiedenen Arten seien aus gemeinsamen Grundformen entstanden» (Burckhardt 1907, S. 75; s. auch Mierau 1991, S. 296; Müller-Wille 1998). Allerdings hat er keine ausgesprochene Theorie der Abstammung entwickelt, auch sind seine Ansichten über Artentstehung durch Hybridisierung nicht Vorwegnahmen oder Vorläufer einer Genetik im heutigen Sinn (Müller-Wille 1998).

4. Wirkung

Carl Linnaeus' «größtes Verdienst beruht in der Präzision, die er erst der naturgeschichtlichen Sprache verliehen hat. ... Endlich wurde durch die Systematik mehr als durch irgendeine andere Richtung in der Zoologie selbst der Boden vorbereitet, auf dem der ganz spezifisch moderne Gedanke der realen Einheit der Organismenwelt durch Blutsverwandtschaft, der Entwicklungslehre, wachsen sollte» (Burckhardt 1907, S. 76f.). Dies gilt auch, wenn und obwohl Linnaeus sicherlich «Essentialist» war, d.h., daß für ihn alle Naturdinge eine unveränderliche Essenz besaßen (Mayr 1984, S. 142). Daß für die heutige Wissenschaftstheorie «Essentialismus» einen abwertenden Unterton besitzt, kann schwerlich in einen Vorwurf an einen Wissenschaftler in der Mitte des 18. Jahrhunderts gewendet werden. Tatsächlich kann das Bemühen, ein Natur-System zu entwickeln (und mit der Angabe von Merkmalen zu begründen), das keine «künstlichen» Ordnungseinheiten mehr enthielt, füglich als Voraussetzung für die Herausbildung der vergleichenden Morphologie betrachtet werden (Winsor 1985), einer Disziplin, die das Denken und die Empirie der Zoologie des 19. Jahrhunderts charakterisiert.

Carl Linnaeus hat für die Entwicklung der Systematik als Wissenschaft einen kaum zu überschätzenden Beitrag geleistet (Stafleu 1971; Heller 1983). Die modernen Regelwerke für Nomenklatur in den Biowissenschaften gehen alle in den Grundsätzen auf Linnaeus zurück (Stearn 1959). Es war für die Formulierung und spätere Modifizierung der einschlägigen Regeln von großem Vorteil, daß Linnaeus sie nicht nur implizit anwandte, sondern sie in methodischen Anleitungen explizit dargestellt hatte, vor allem in den über 365 Aphorismen der *Fundamenta botanica* (1736a) und den ebenso vielen Prinzipien der *Philosophia botanica* von 1751 (Linnaeus «war ein Anhänger der okkulten Zahlenkunde ... mit besonderer Vorliebe für die Zahlen 5, 12 und 365»; Mayr 1984, S. 138). Gerade letztere wurde der Ausgangspunkt für spätere quasi-juristische Regeltexte (s. Linsley & Usinger 1959; Melville 1995).

Auf vielen Gebieten seiner Arbeit war Linnaeus aber nicht nur als Klassifikator Wegbereiter. So hat er in der Entomologie (Insektenkunde) die Erforschung der Ökologie und des Verhaltens, der Morphologie und Physiologie und der ökonomischen Bedeutung der Insekten sowohl durch die Ausarbeitung eines handlichen Systems der Benennung als auch durch sein eigenes praktisches Beispiel wichtige Anstöße gegeben (s. Usinger 1964; Winsor 1976). So nahm er in die Charakterisierung von Arten regelmäßig auch Angaben über Lebensumstände und Verbreitung auf (seine stereotype Angabe *Habitat in* ... [wohnt, d.i. kommt vor, in ...] ist die Ausgangsform für den neuzeitlichen Begriff «Habitat» für den Lebensraum einer Art). Schon in seinen Reiseberichten fallen die sorgsamen Beobachtungen über die Lebensumstände und Verhaltensweisen der von ihm beschriebenen Organismen auf, was auch spätere Botaniker beeindruckte (Schleiden 1871).

Großen Anteil an der nachhaltigen Wirkung Linnés bis auf den heutigen Tag haben seine gelehrten Schüler, vor allem Carl Peter Thunberg, der nach dem Tod von Carl von Linné d.J. 1784 den Lehrstuhl seines Lehrers erhielt und «den man wohl mit gutem Recht als den bedeutendsten Naturforscher der Zeit unmittelbar nach Linné bezeichnet hat» (Goerke 1989, S. 181). Johann Christian Fabricius (1745–1808), der 1775 Professor in Kiel wurde, hat zwei Jahre bei Linnaeus in Uppsala studiert. Er schuf mit seiner *Philosophia entomologica* (1778) das zoologische Pendant zur *Philosophia botanica* des Linnaeus (Tuxen 1973).

Linnaeus hat nicht nur Tiere und Pflanzen klassifiziert, sondern neben vielem mehr auch Kollegen, Botaniker allgemein, Krankheiten und Mineralien. Diese nichtbiologischen, Systeme haben in der nach-linnaeischen Zeit keine weitere Anerkennung gefunden (vgl. von Engelhardt 1980). Trotzdem hatte Linnaeus keinen Anlaß, an sich selber und an der Bedeutung seiner Taten zu zweifeln. Zwar hatte er auch Gegner, doch überwogen die Bewunderer und Anhänger unter den Kollegen bei weitem. Schon 1763 schrieb er in einem Brief an seine Geschwister: «Ich bin Doktor, Professor, Archiater, Ritter und Adelsherr geworden. Ich habe mehr von dem Wunderwerk des Schöpfers gesehen, in welchem ich meine größte Freude fand, als irgend ein Sterblicher, der vor mir gelebt. Ich habe meine Apostel in alle Himmelsrichtungen der Welt entsandt. Ich habe mehr geschrieben als irgendein jetzt Lebender. Zweiundsiebzig eigene Bücher stehen nunmehr auf meinem Pult. Ich habe einen großen Namen errungen bis zu den Indern selber hin und bin als der Größte innerhalb meiner Wissenschaft anerkannt worden» (zit. nach Hagberg 1946, S. 233).

Olivier Rieppel

GEORGES-LOUIS LECLERC, COMTE DE BUFFON (1707–1788)

1. Einleitung

Buffons Lebenswerk war in der umfassenden Darstellung der Gesamtnatur breit angelegt und im 18. Jahrhundert – und bis weit ins 19. hinein – sehr einflußreich. Seine «Allgemeine und spezielle Naturgeschichte» gehörte zur Allgemeinbildung und ist einer der ersten Versuche, die «Naturgeschichte» als eine autonome Wissenschaft frei von theologischen Einflüssen zu begründen. Er erkannte das Problem der Transformation der Arten und die Schwierigkeiten ihrer Interpretation im Rahmen der Erdgeschichte und schuf ein intellektuelles Gebäude, das den meisten Naturforschern bis hin zu Charles Darwin zur Orientierung diente (Roger 1970).

2. Lebensweg

2.1 Bildungsgang

Geboren am 7. September 1707 als Sohn des Benjamin-François und der Anne-Christine Marlin war es Georges-Louis beschieden, in einem begüterten Elternhaus aufzuwachsen. Georges-Louis war das älteste von fünf Kindern. Das Vermögen, welches die Mutter in die Ehe brachte, erlaubte es dem Vater, im Jahre 1717 den Titel eines Comte de Buffon und de Montbard zu erwerben. Im gleichen Jahre siedelte die Familie in die Hauptstadt Burgunds, nach Dijon, um, wo sie bald eine wichtige Rolle in der gehobenen Gesellschaft spielte. Von 1717 bis 1723 durchlief Georges-Louis das Jesuitenkolleg in Dijon. Von 1723 bis 1726 studierte er, dem väterlichen Wunsch folgend, die Rechte. 1728 ging er nach Angers, wo er Medizin, Mathematik und Botanik studierte. Nach einem Duell mußte er Angers in Jahre 1730 verlassen und begab sich auf eine längere Reise durch den Süden Frankreichs und nach Italien. 1732 kehrte Georges-Louis nach Frankreich zurück, wo er gegen den Widerstand seines Vaters das Vermögen der unterdessen verstorbenen Mutter an sich zog. Er etablierte sich schnell und geschickt in den politischen und wissenschaftlichen Gremien in Paris und wurde am 9. Januar 1734 in die *Académie Royale des Sciences* aufgenommen.

Georges-Louis Leclerc, Comte de Buffon
(1707–1788)

In den folgenden Jahren widmete er sich halbtags der Botanik und anderen naturkundlichen Studien, halbtags der Vermehrung seines Vermögens. Im Juli 1739 schließlich wurde er zum Intendanten des *Jardin des Plantes* berufen.

Von da an machte es sich Buffon zur Gewohnheit, den Sommer jeweils auf seinen Gütern in Montbard zu verbringen, dort seine Schriften zu redigieren und die Vermehrung seines Vermögens zu verwalten. Unter seiner geschickten, aber auch autoritären Hand blühte der *Jardin des Plantes* auf, verdoppelte seinen Grundbesitz und seine Sammlungen. Buffon versandte Samen und Pflanzen in alle Welt. Es ist der Publikation der monumentalen *Histoire Naturelle*, auf Vorschlag des Staatsministers Jean Maurepas begonnen im Jahre 1749 an der *Imprimerie Royale*, zu verdanken, daß sich die Zoologie sowie die Vergleichende Anatomie bleibend am *Jardin des Plantes* etablierte. Mit all diesen Unternehmungen vergrößerte sich nicht nur Buffons persönlicher Ruhm, sondern auch sein persönliches Vermögen. 1752 vermählte er sich mit der 20jährigen Françoise de Saint-Belin-Malain, die jung (1769) verstarb und Buffon einen fünfjährigen Sohn hinterließ, der später in den Revolutionswirren umkommen sollte. Durch seine Werke quer durch Europa, ja bis nach Amerika, bekannt geworden, wurde Buffon zum Mitglied der *Académie Française*, der *Royal Society* in London, und der Akademien der Wissenschaften in Berlin und in St. Petersburg. Louis XV. schließlich machte ihn zum *Comte* (Roger 1970).

Das Denken Buffons nachzuzeichnen ist nicht ganz einfach, zum einen, weil sein Werk einen außerordentlichen, geradezu einschüchternden Umfang aufweist, zum anderen, weil sich Buffons Denken im Laufe seines Lebens in wichtigen Punkten zum Teil wesentlich veränderte. Der Name Buffons wird aber auch in jedem Text der Biologiegeschichte anzutreffen sein. Es soll hier versucht werden, in möglichst knapper und klarer Form die intellektuellen Einflüsse zu charakterisieren, die sich in Buffons Werk niedergeschlagen haben, und die wesentlichen Grundzüge dieses für die Geschichte der Biologie so eminent wichtigen Schrifttums zusammenzufassen, ohne dabei all die Umwege nachzuvollziehen, die Buffons Intellekt im Laufe seines Lebens verfolgt hat. Dabei wird sich das Werk Buffons als der Versuch einer globalen Synthese der zeitgenössischen Naturgeschichte erweisen, oft auseinanderstrebende Theorien miteinander verknüpfend. Die für diesen Aufsatz verwendete Ausgabe ist der von P. Flourens von 1852 bis 1855 herausgegebene, quellentreue Nachdruck des Gesamtausgabe in $4°$ der Imprimerie Royale, Paris.

Schon im Jahre 1727 traf Buffon auf den jungen Genfer Mathematiker und Philosophen Gabriel Cramer (Roger 1970), mit dem er fortan in Briefkontakt stand. Gabriel Cramer (1704 –1752) teilte sich mit Giovanni Ludovicio Calandrini eine Professur für Mathematik an der Universität Genf. Die beiden waren in der Konkurrenz um den Lehrstuhl der Philosophie unterlegen, doch hatte die Berufungskommission die herausragende Intelligenz der jungen Bewerber erkannt und sie mit dem Angebot einer zu teilenden Stelle an der Universität zu halten versucht. Zum Zeitpunkt ihrer Berufung waren die beiden Männer erst 20 und 21 Jahre alt, weswegen ihre Anstellung auch ein Stipendium einschloß, das es den jungen Professoren ermöglichte, abwechslungsweise für zwei oder drei Jahre zu verreisen, um ihr Wissen zu vermehren (Jones 1971). Gabriel Cramer besuchte von 1727 bis 1729 Basel, England, Leiden und Paris, eine Reise, während welcher er nebst den Bernoullis und Leonhard Euler in Basel auch Biologen wie René-Antoine Ferchault de Réaumur (1683–1757; Universalgelehrter und damaliger «Papst» der Insektenkunde), Pierre Louis Moreau de Maupertuis (1698–1759; späterer Präsident der Berliner Akademie der Wissenschaften), und eben Buffon traf (Jones 1971). In England sah sich Cramer dem Gedankengut von Hobbes und Locke ausgesetzt, was ihm einen bleibenden Eindruck machte. Einblick in das Werk der englischen Philosophen verstärkte Cramers Hang zu einem sensualistischen Empirismus, den er schon als Student von seinem eigenen Philosophielehrer in Genf, Jean-Robert Chouet (1642–1731), übernommen hatte. Chouet verknüpfte einen Cartesianischen Rationalismus mit einem ausgesprochenen Hang zur experimentellen Methode; er liebte es, in seinen Vorlesungen die Wirkung des Viperngiftes auf Tauben und Katzen vorzuführen (Revillod 1942). Der Einfluß Cramers auf die Biologen des 18. Jahrhunderts darf nicht unterschätzt werden; die Gruppe seiner Anhänger und Korrespondenten schloß nicht nur die bereits genannten Autoren ein, sondern auch in besonderem Maße Charles Bonnet (1720–1793; Rieppel 1988a). Sie alle bildeten eine eng verknüpfte *scientific community*, die sich wechselseitig ergänzte und kritisierte. Zeichnen sich in Buffons Werk ein knöcherner Empirismus und eine induktiv motivierte Experimentierfreudigkeit ab, so war sein Denken, wie das mancher seiner Zeitgenossen, entscheidend auch durch die Philosophie von Gottfried Wilhelm Leibniz beeinflußt (Lovejoy 1936, 1959).

Die von Buffon unter Berücksichtigung der Newtonschen Mechanik ausgestaltete Kosmogonie findet sich im Ansatz in Leibnizens *Theodizee*: «Es scheint, als ob dieser Erdball einmal in feurigem Zustande war ...» (Buchenau 1968, S. 289). Die von Leibniz und Newton begründete Infinitesimalrechnung erlaubte es zumindest auf begrifflicher Ebene, alle Grenzen der Miniaturisierung biologischer Strukturen aufzuheben. Gleich einer Linie ist das Kontinuum des Universums unendlich teilbar: Bonnet hatte keine Mühe, sich unendlich kleine, präexistente Keime vorzustellen; Buffon sah keine Schwierigkeiten, sich unendlich kleine «organische Moleküle» vorzustellen. Am wichtigsten vielleicht aber waren die Konsequenzen, die sich aus dem von Leibniz vehement vertretenen Kontinuitätsprinzip für das Werk von Buffon ergaben. In der Philosophie von Leibniz lieferte das aristotelische Kontinuitätsprinzip die eigentliche Grundlage für Wissenschaft an sich. Alle der wissenschaftlichen Erklärung zugänglichen Phänomene müssen danach in einem lückenlosen Zusammenhang von Ursache und Wirkung miteinander verknüpft sein. In ihrer Gesamtheit würde diese lückenlose Kette von (Sekundär-)Ursachen und Wirkungen auf die Erste Ursache, Gott, zurückführen. Allein durch die lückenlose Verknüpfung aller Phänomene läßt sich die durch die Wissenschaft angestrebte Voraussagbarkeit derselben begründen. Würde man eine Lücke in der Kette von Ursachen und Wirkungen zulassen, wäre damit ein Tor geöffnet für Zufälligkeit oder für einen willkürlichen Eingriff der Ersten Ursache in den natürlichen Lauf der Dinge – was dem begrenzten menschlichen Erkennungsvermögen gleich einem Zufall vorkommen müßte. Das Kontinuitätsprinzip schlug sich in Buffons Werk vielfältig nieder: Er übernahm die aristotelische Vorstellung einer «Kette der Wesen», und er verfolgte mit seinen erdgeschichtlichen Theorien einen dem Aktualismus verpflichteten Ansatz, der die Vergangenheit allein aus den heute beobachtbaren Ursachen und Wirkungen heraus erklärt. In einem der Brennpunkte seiner Naturgeschichte aber war Buffon zu einem regelrechten gedanklichen Seiltanz gezwungen, wollte er Zufälligkeit der Phänomene ausschließen, nähmlich im Bereich seiner Überlegungen zur Fortpflanzungstheorie.

2.2 Ein Paradigmenwechsel in der biologischen Wissenschaft

Im Jahre 1741 fand eine bedeutende Revolution der biologischen Wissenschaften statt (Rieppel 1988b). Der in den Niederlanden als Hauslehrer tätige Vetter von Charles Bonnet, Abraham Trembley (1710–1784), entdeckte durch Zufall den Süßwasserpolypen *Hydra viridis*. Er hatte das seltsame Wesen zusammen mit Wasserlinsen in seine Puderdose befördert. Die grüne Farbe der von Trembley gesammelten Spezies beruht auf einer Symbiose der Zellen des Süßwasserpolypen mit Grünalgen, einer biologischen Besonderheit, die dem Naturkundelehrer wegen der mangelhaften Instrumentalisierung seiner Zeit verborgen bleiben mußte. Trembley hatte Probleme, den Polypen im System der Natur einzuordnen. Einerseits schien er zum Reich der Pflanzen zu gehören, denn er war von grüner Farbe, festsitzend, und er vermehrte sich durch Knospung. Andererseits aber verhielt sich der Polyp wie ein Tier, denn er war durch einen Nadelstich irritierbar: Die *irritabilité* war ein Merkmal der tierischen Faser, wie Albrecht von Haller (1708–1777) festgehalten hatte; *irritabilité* bei der Mimose bestätigte lediglich die «Kette der Wesen», den graduellen Übergang von Pflanzen zu Tieren. Der Polyp konnte durch Purzelbäume seinen Standort wechseln, und er fing mit seinen Tentakeln lebende Nahrung. Um die eigentliche Natur des seltsamen Organismus zu erklären, vollführte Trembley, was man einen «aristotelischen Test» nennen könnte. Aristoteles hatte gelehrt, daß nur eine Pflanze aus einem Teil eines ganzen Organismus regenerieren könne, wie etwa aus einem Zweig wieder ein ganzer Baum wachsen kann. Ein Tier kann zwar einen Teil seines Körpers regenerieren, wie die Schnecke einen abgeschnittenen Fühler oder der Salamander ein abgeschnittenes Bein. Aus einem Fühler aber kann keine ganze Schnecke mehr wachsen, aus einem Bein kein ganzer Salamander. So schnitt denn Trembley den Polypen in zwei, vier, acht und noch mehr Stücke, doch aus jedem wuchs wieder ein ganzer Polyp. Trembley konnte das Innere eines Polypen nach außen stülpen, der Organismus regenerierte sich. Trembley konnte den «Kopf» eines Polypen, vermeintlicher Sitz seiner Seele, mit dem Fuß eines anderen Polypen kombinieren: die Teile wuchsen problemlos zusammen. Die Experimente Trembleys waren derart aufsehenerregend, daß sie von Réaumur, wie auch von Bonnet, wiederholt und bestätigt wurden. Die Konsequenzen waren kaum abzusehen.

Der Polyp, auch als Zoophyt, als Zwischenglied zwischen Pflanzen und Tieren, im Rahmen der «Kette der Wesen» stehend, galt als Beweis, daß Organismen sich aus einzelnen Teilen, «Atomen», zusammensetzen. Schlimmer noch: wenn der abgeschnittene «Kopf» eines Polypen wieder zum ganzen Organismus regenerierte, war dies noch allenfalls verständlich. Woher aber stammt die Seele eines Polypen, der sich aus einem abgeschnittenen Fuß regenerierte? «... *mais y a-t-il des âmes sécables?*» – diese Frage Réaumurs (1742, S. lxvii) beantwortete der Arzt Julien Offray de La Mettrie (1709–1751) in seiner 1747 erschienenen, skandalträchtigen Schrift *L'Homme Machine* mit der Schlußfolgerung, die Seele müsse entweder koextensiv sein mit der Materie oder, wahrscheinlicher, gar nicht existieren. Es hatte seit der Antike immer wieder Autoren gegeben, die eine atomistisch-materialistische Auffassung der Organisation lebender Materie vertraten – als Beispiel wäre Pierre Gassendi (1592–1655) zu nennen –, aber erst mit Trembleys Polyp erhielt diese Auffassung eine experimentelle Basis.

Mit der Entdeckung des Polypen zog der Atomismus (Rieppel 1986a), verknüpft mit einem von seinen Gegnern als gottlos gebrandmarkten Materialismus, in die Biologie ein (Rieppel 1989). Maupertuis verglich das Wachstum der Organismen mit dem Wachstum von Kristallen, begann sich für Mißbildungen zu interessieren und untersuchte die Erblichkeit der Ausbildung überzähliger Finger und Zehen (Sexdigitismus) in der Familie seines Freundes Jakob Ruhe (Glass 1959). Von der Vererblichkeit solcher Mißbildungen ausgehend, schloß Maupertuis in seiner Schrift *Système de la Nature* (1758; ein Lukrez' *De rerum naturae* nachempfundener Titel) auf die Möglichkeit des Ursprungs neuer Arten: «Jede Abstufung von Irrtümern [der Vererbung] hätte eine neue Art geschaffen.» Denis Diderot (1713–1784), ein prominenter Vertreter der französischen Aufklärung, ließ seinen Freund Jean Le Rond d'Alembert (1717–1783) im Fiebertraum den Organismus mit einem Bienenschwarm vergleichen, zusammengesetzt aus frei kombinierbaren Teilen (in *Le Rêve de d'Alembert*, geschrieben 1769, publiziert 1830). Die Analogie fußte in den Erkenntnissen seines Freundes, des Arztes Théophile de Bordeu (1722–1776), zur mikroskopischen

Organisation von Drüsen (Bordeu 1752, S. 187). Und Buffon entwickelte seine elaborierte Theorie der *molécules organiques*. So schlugen sich in seinem Lebenswerk die Ideen der «Aufklärung» in vielfältiger Weise nieder; er starb als einer ihrer einflußreichsten Vertreter am 16. 4. 1788 in Paris.

3. Werk

3.1 Organische Moleküle, Urzeugung und Fortpflanzung

Im fünften Kapitel seiner *Histoire des Animaux* (1749) mit dem Titel *Exposition des Systèmes sur la Géneration* resümierte Buffon in knapper Form die Philosophie Platons, nur um sie zu verwerfen: «Erniedrigen wir uns denn ohne Bedauern zu einer mehr materialistischen Philosophie, und begnügen wir uns mit einer Sphäre [der Erkenntnis], auf die unsere Natur uns begrenzt.» Im gleichen Zug verwarf er Zweckursachen. Ist irgend etwas erklärt worden durch die Aussage: Wir haben Augen, weil es das Licht gibt, wir haben Ohren, weil es den Ton gibt, oder weil es Licht gibt, haben wir Augen? «Erkennt man denn nicht, daß Zweckursachen nichts weiter sind als arbiträre Zusammenhänge und moralische Abstraktionen ...?» betonte Buffon. «Sehen Sie, Herr Holmes, ich habe keine Augen. Was haben wir getan, Sie und ich, in bezug auf Gott, der Eine, um dieses Organ zu besitzen, der Andere, um dessen zu entbehren», schreibt Denis Diderot in seiner *Lettre sur les Aveugles* (erschienen 1749). Soll sich Fortschrittlichkeit abzeichnen in der «Kette der Wesen»? Nur wenn man sich vorher auf eine arbiträre Konvention festgelegt hat, was denn Fortschrittlichkeit der Organisation bedeuten soll! An anderer Stelle hob Buffon genüßlich hervor, daß keine Zweckursache die riesige Anzahl von Samentierchen, welche die Organismen bilden, erklären könne: «... denn ich gestehe, daß keine Erklärung, die aus Zweckursachen sich ableitet, jemals ein in der Physik begründetes Theoriengebäude schaffen oder zerstören kann.»

Auf den Polyp verweisend, schrieb Buffon in seiner *Histoire des Animaux* (1749): «Ein Individuum ist nichts als ... eine Ansammlung von Keimen (*germes*) oder kleinen Individuen derselben Art» und zog, wie Maupertuis vor ihm, die Analogie zu Kristallen: «Ein Salz und einige andere Mineralien sind zusammengesetzt aus Teilen, die unter sich, und jedes auch dem Ganzen, ähnlich sind.» Im Bereich der Lebewesen mußte das heißen: «Tiere und Pflanzen, die sich durch all ihre Teile vermehren und reproduzieren können, sind nichts als Organismen (*corps organisés*), die aus anderen, ähnlichen

Organismen (*corps organisés*) zusammengesetzt sind und deren primitivste Teile wiederum einander ähnlich und organischer Natur sind. All dieses «führt uns zum Schluß, daß es in der Natur eine Unendlichkeit kleiner, organisierter Partikel gibt, aktuell existierend, lebend und sich zu jenen organisierten Wesen zusammensetzend, die wir mit unseren Augen erkennen können». Diese *parties organiques vivantes* sind *des parties primitives et incorruptibles*, unzerstörbare lebende Atome, die gleich den Planeten am Himmel in einem immerfort währenden Kreislauf durch die Natur, durch die «Kette der Wesen», befangen sind. Sich vom Humus über die Pflanzen zu tierischen Körpern zusammensetzend, zerfallen nach dem Tod der Organismen die organischen Moleküle wieder zu Humus. Für Buffon hob sich damit der Unterschied von lebender und toter Materie auf. An seine Statt trat der Unterschied von organisierter Materie (organische Materie) und *matière brut* (anorganische Materie): «... ich könnte dies beweisen mit dem Hinweis auf die enorme Anzahl von Schalen und anderer Reste lebender Tiere, welche die Masse von Steinen, Marmor, Kreide ... ausmachen.»

Der einfachste Fall der Zeugung war, für Buffon, die Urzeugung. Auf das antike Dogma *corruptio unius, generatio alterius* verweisend, berichtete Buffon von Experimenten, die er in Zusammenarbeit mit dem irischen Pater John Turberville Needham (1713–1781) im Frühjahr 1748 durchgeführt hatte. Needham besuchte Paris für kurze Zeit und war durch die *Royal Society* von London aus an Buffon vermittelt worden. Aristoteles hatte geglaubt, daß Fliegen durch Urzeugung aus faulendem Fleisch hervorgehen, Frösche aus faulender pflanzlicher Materie. Buffon untersuchte Austernwasser oder kochte Pfeffer und Blumensamen aus, ließ die «Infusionen» (*l'infusion* ist ein französischer Ausdruck für Kraftbrühe oder Tee) sorgfältig verkorkt einige Zeit stehen und fand dann unter dem Mikroskop kleinste, bewegliche Organismen in Suspension. Leibniz war nie müde geworden zu betonen, daß der Natur keine Grenzen gesetzt sind. Needham bezeichnete die Spermatozoiden als kleine, organische Maschinen, und seine Experimente zur Urzeugung, das Auskochen von Fleisch, Pflanzen und Stroh, wurden von dem italienischen Priester Lazzaro Spallanzani (1729–1799) wiederholt und kritisiert. Auch Spallanzani, ein Freund und Korrespondent von Charles Bonnet und wie dieser ein Vertreter der Doktrin der Präexistenz der Keime (Rieppel 1986a), beobachtete das Auftreten von «Infusorien» in der Brühe ausgekochter Pflanzen oder gekochten Fleisches, wollte jedoch beobachtet haben, daß diese Kleinlebewesen aus Eiern schlüpften. Spallanzani verfolgte ganze Versuchsreihen, wobei er letztlich feststellte, daß genügende Erhitzung einer Phiole nach deren sorgfältigem Verschluß, besonders auch nach ausreichender Erhitzung der über der «Infusion» stehenden Luft, das spätere Auftreten von «Infusorien» verhinderte. Diese tauchten erst auf, wenn die zuerst erhitzte Phiole einige Zeit offen stehengelassen worden war. Offenbar gelangten die Eier der «Infusorien» gemäß der antiken Theorie der «Dissemination von Keimen» (Panspermie) durch die Luft in die Phiolen. Needham konterte, daß ein bestimmtes Verhältnis von Luft und Flüssigkeit in einer Phiole vorherrschen müsse, damit «Infusorien» sich bildeten, und daß die Hitze in Spallanzanis Experimenten die *force végétatrice* der «Infusion» zerstört hätte. Es blieb Louis Pasteur (1822–1895) vorbehalten, das Geheimnis der «Infusorien» endgültig zu klären.

Der bei Needham anzutreffende Vitalismus tritt auch in Buffons Argumenten auf: Den organischen Molekülen ist eine *force pénétrante* eigen, eine Kraft, die zur Bewegung der organischen Moleküle beiträgt, wie sie bei den Spermatozoiden beobachtbar ist: «Die Samentierchen ... sind eher organische Maschinen als Tiere. Eigentlich sind diese Wesen die erste Stufe der Vereinigung der organischen Moleküle, von welchen wir so viel gesprochen haben; vielleicht sind sie sogar die organischen Partikel, aus welchen sich die organisierten Körper der Tiere zusammensetzen.» Als organische Maschinen aufgefaßt, überbrückten die Samentierchen auch gleich die Kluft zwischen anorganischer und organischer Materie im Rahmen der Kette der Wesen. Für Buffon bestand aber ein wichtiger Unterschied in dem zufälligen Zusammentreten organischer Moleküle, wie bei der Urzeugung, und dem planvollen Zusammentreffen der Partikel, wie bei der geschlechtlichen Fortpflanzung, und es ist letztere, die in besonderem Maße der *force pénétrante* bedarf! Wenn uns heute auch eine *force pénétrante* als ein vitalistisch gefärbtes, metaphysisches Konzept erscheint, so darf doch nicht vergessen werden, daß die Überwindung der universellen Gültigkeit der Cartesianischen Mechanik durch Newtons Gravitationskraft wichtige Konsequenzen hatte. Die Cartesianische Mechanik fußte durchgehend auf Stoßgesetzen, Kräften also, deren direkte materielle Basis offensichtlich war. Alle anderen Kräfte galten unter Rationalisten als *occulte*. Newtons Gravitationskraft aber war eine auf Distanz wirksame Kraft, und wenn sie selbst sich auch einem direkten wissenschaftlichen Beweis entzog, so erlaubte deren Annahme doch die präzise Voraussage einer Unmenge physikalischer Phänomene, nicht zuletzt der Bewegung der Planeten! Durch Newtons Physik wurden ganz allgemein Kräfte, die nicht durch Stoß und Gegenstoß zustande kommen und daher einer unmittelbaren materiellen Basis entbehren, plötzlich «salonfähig» (im wahrsten Sinn des Wortes: diskutiert in den Salons der Pariser gehobenen Gesellschaft). Buffon gab sich denn auch große Mühe, seine *force pénétrante* analog zu Newtons Anziehungskräften zu erklären.

Beginnt der Zyklus der Fortpflanzung mit der Genese eines Embryos, so ist die Entwicklung desselben zunächst einmal ein Wachstumsprozeß. Von der Umwelt aufgenommene, letztlich aus pflanzlicher oder tierischer Nahrung stammende organische Moleküle werden durch das Blutkreislaufsystem im heranwachsenden Körper verteilt und an die entsprechenden Organe assimiliert. Ist der Organismus ausgewachsen, setzt die Geschlechtsreife ein. Durch die Nahrung aufgenommene organische Moleküle, die nicht zum Erhalt der Körperfunktionen benötigt werden, sammeln sich in den Geschlechtsorganen und bilden dort die Samenflüssigkeit, sowohl im männlichen als auch im weiblichen Körper. Regnier de Graaf (1641–1673), Antonio Vallisneri (1661–1730) und Marcello Malpighi (1628–1694) zitierend, beteuerte Buffon, daß die weiblichen Ovarien nicht eigentlich Eier enthielten, sondern die weibliche Samenflüssigkeit, die im Gelbkörper sich bildet und in der er auch (durch Sektion einer Hündin) Samentierchen beobachtet haben wollte! Albrecht von Haller blieb bloß ein Kopfschütteln übrig: «Ich finde nichts, das mich überzeuget, daß das schöne Geschlecht einen Saamen habe ... Auch hat das Mädchen bei seiner ersten Begattung das Werkzeug des vermeinten Saamens, die gelbe Drüse, noch nicht» (von Haller 1752, S. 105).

Durch den Geschlechtsakt würden sich die männliche und die weibliche Samenflüssigkeit vermengen. Im Falle des Menschen würde der Geschlechtsakt genügend organische Moleküle liefern, um zwei Föten zu bilden. Normalerweise wird aber nur einer gebildet; die restlichen Moleküle dienen zur Bildung der Embryonalhüllen und der Plazenta. Durch die anfängliche Vermengung der männlichen und der weiblichen Samenflüssigkeit erklärt sich, warum sich in der Nachkommenschaft Merkmale beider Eltern kombinieren und vermischen. Nur: wie erlangen die durch die Nahrung aufgenommenen organischen Moleküle ihre Ähnlichkeit mit den Körperteilen der Eltern in deren spezieller Ausbildung?

Buffon nahm in diesem Zusammenhang Zuflucht zum Begriff der *moule intérieur*, den er womöglich von Louis Bourguet (1678–1742) übernommen hatte (Roger 1971; zu Louis Bourguet vgl. auch Rieppel 1987). Es handelt sich hierbei naturgemäß um einen etwas diffusen Begriff, der davon ausgeht, daß die *molécules organiques* im Blut durch den Körper und seine Organe zirkulieren. Im Laufe dieser Bewegung würden die zum Erhalt der Körperfunktionen nicht notwendigen Moleküle, so sie sich nicht spontan zu Eingeweidewürmern zusammensetzen, unter dem Einfluß der *force pénétrante* mit der speziellen Ausbildung elterlicher Organe und

Merkmale geprägt, bevor sie sich in den Geschlechtsorganen sammeln.
In Buffons Werk verknüpft sich Ernährung mit Fortpflanzung. Durch die *moule intérieur* würde von außen aufgenommene Materie unter Einfluß der *force pénétrante* mit der inneren Form des Organismus geprägt. Mit dieser Theorie widersprach Buffon der Doktrin der Präexistenz der Keime. Der Keim war nicht vorgegeben, er bildete sich durch die Vermischung und Kombination väterlicher und mütterlicher Moleküle. Zugleich aber vermied Buffon die Annahme einer rein mechanischen (oder gar zufälligen) Kombination von Materie (Atomen) zu lebenden Organismen, wie dies ein kompromißloser Materialismus hätte fordern müssen. In seiner *Lettre sur les Aveugles* (1749) schrieb Diderot: «Was ist diese Welt, Herr Holmes? Ein Aggregat, das Revolutionen unterliegt, die alle eine fortgesetzte Tendenz zur Destruktion aufweisen ... eine vorübergehende Symmetrie, eine momentane Ordnung.» Nach Buffon bilden sich Organismen nicht aus einer *matière brut*, sondern aus einer *matière organisée*, und die «Atome» dieser Materie sind zum Zeitpunkt der Bildung des Embryos von den *moules intérieurs* vorgeformt. Buffons Theorie der Fortpflanzung ist eine Theorie der Präformation (Roger 1971). Man mag die Theorie der *molécules organiques* und der *moule intérieur* aus heutiger Sicht für phantastisch halten, sollte dabei aber nicht vergessen, daß Darwins Theorie der Vererbung elterlicher Merkmale durch von den elterlichen Körpern geprägten *gemmulae* der Theorie Buffons fast gänzlich entsprach: «Ich habe Buffon gelesen: ganze Seiten gleichen den meinigen aufs lächerlichste», schrieb Darwin an Thomas Huxley (Darwin 1887, 3. Bd., S. 45; bemerkenswerterweise hat Darwin seine Theorie der Vererbung unabhängig von Buffon entwickelt [Sloan 1985]). Die atomistisch-materialistische Tradition hat sich bis in die moderne Genetik fortgesetzt.

3.2 Die funktionelle Korrelation der Teile eines Organismus

Waren die Phänomene der Vererbung das eine Problem, welches Buffon Kopfzerbrechen bereitete, so war die funktionelle Korrelation der Teile das andere. Buffon gab zwar zu, daß es Organismen gibt, die nicht eine notwendigerweise integrierte Ganzheit bilden, wie etwa der Süßwasserpolyp. Bei höherer Organisation aber würden die Körper der Tiere eine integrierte Einheit bilden, deren Teile nicht für sich allein funktionieren können. Bezug nehmend auf die alte, bis auf Aristoteles zurückgehende Kontroverse, ob sich im Hühnchen erst das Blut oder erst das Herz bilde, stellte Buffon, mit Seitenblick auf William Harveys (1578–1657) Studien zur Entwicklung des Hühnchens (1651), fest, daß beide Lager sich irren: «Alles bildet sich zur gleichen Zeit.» Er habe genügend Hühnereier geöffnet, um durch eigenen Augenschein überzeugt zu sein, daß das Hühnchen schon vom Anfang seiner Entwicklung an als Ganzheit im Ei vorhanden sei. Die Schlußfolgerung mußte sein, daß sich nach der Durchmischung der männlichen und der weiblichen Samenflüssigkeiten die Zusammensetzung der organischen Moleküle plötzlich vollziehen würde: «Das Ganze ist vielleicht das Werk eines Augenblickes.» Das mußte aber nicht bedeuten, daß im Moment seiner Bildung der menschliche Embryo einem miniaturisierten Abbild eines erwachsenen Menschen entspricht. Wohl beinhaltet dieser frühe Embryo alle notwendigen («fundamentalen») Teile, die einen erwachsenen Menschen ausmachen (nach seiner Ablehnung Platons vermied Buffon peinlichst den Begriff «essentieller» Teile), doch werden sich diese Teile nacheinander und in unterschiedlicher Weise entwickeln. Auch können diese Teile in unterschiedlicher Lage zueinander stehen, als dies im Adultus der Fall ist, und sie können unterschiedlich aussehen. In diesem Zusammenhang verweist Buffon auf das in einer Knospe eingefaltete Blatt, aber auch und besonders auf Albrecht von Hallers Studien zur Skelettbildung im Hühnchen.

Die funktionelle Korrelation der Teile war ein Eckpfeiler der Doktrin der Präexistenz der Keime (Rieppel 1986a), wie sie von Albrecht von Haller, Spallanzani oder Bonnet vertreten wurde (Roger 1971): Ein Hühnchen entwickelt sich; Entwicklung setzt Wachstum voraus; Wachstum setzt Ernährung voraus; Ernährung setzt ein Transportsystem, also ein Blutkreislaufsystem, voraus; das Blutkreislaufsystem setzt eine Pumpe, also ein Herz, voraus; das Herz muß innerviert sein, setzt also Nerven voraus; Nerven setzen ein Gehirn voraus usw. (Bonnet 1764). Damit sich ein Embryo artgerecht entwickeln konnte, mußte er von Anfang an in seiner Vollständigkeit vorliegen, präexistieren. Leibniz war nach der Entdeckung der Samentierchen durch Antoni van Leeuwenhoek (1632–1723) dem «Animalculismus» von Nicolaas Hartsoeker (1656–1725) gefolgt, wonach der Keim in den Spermatozoen präexistent sei. Charles Bonnet aber lieferte durch seinen experimentellen Nachweis der Parthenogenese (Jungfernzeugung) bei Blattläusen die Basis für den «Ovismus», wonach der Keim im weiblichen Ei präexistiere (Bonnet 1745). Das Problem war nur, daß sich zu Beginn seiner Entwicklung das Hühnchen im Ei den neugierigen Blicken der Naturforscher hartnäckig entzog. Nach Leibniz waren weder der Natur noch – und schon gar nicht – der Allmacht Gottes irgendwelche Grenzen gesetzt: So konnte das Hühnchen schlicht zu klein sein, selbst durch mikroskopische Untersuchungen nicht nachweisbar. Nicht ganz zufrieden mit dieser Erklärung, hatte Albrecht von Haller darauf hingewiesen, daß sich das Skelett des Hühnchens erst in Form einer durchscheinenden, gallertartigen Masse (heute als Knorpel bekannt) bildet, die erst während späterer Stadien der Entwicklung, durch die Einlagerung «erdiger Substanz», sichtbar wird. Aber nicht nur das Skelett: Das Herz, die Lungen, das Gehirn erscheinen erst als wäßrige, durchsichtige Blasen, und es ist neben der geringen Größe und der Einfaltung der Organe auch diese Durchsichtigkeit, die den präexistenten Embryo während der frühen Stadien seiner Entwicklung der Beobachtung entzieht (von Haller 1758). In späten Stadien seiner Theoriebildung beschrieb Bonnet den präexistenten Keim als eine durch «Elementarfasern» organisierte Flüssigkeit. Buffon lehnte die Doktrin der Präexistenz der Keime ab, konnte sich aber dem überzeugenden Argument der notwendigen funktionellen Korrelation der Teile eines Organismus nicht entziehen. Daher diese konzeptuelle Unschärfe seiner Argumentation, wonach die organischen Moleküle in einem unendlich kurzen Zeitraum zur Bildung des Embryos zusammentreten.

3.3 Die Transformation der Arten

Durch die freie Kombinierbarkeit der Teile während der Embryogenese hatte de Maupertuis nicht nur körperliche Mißbildungen erklärt, sondern, aus sicherer Position im freiheitlichen Berlin, auch auf die Möglichkeit des Ursprunges neuer Arten geschlossen. Buffon konnte sich Gleiches nicht so ohne weiteres leisten. Er bekleidete ein hohes öffentliches Amt in der Hauptstadt einer Monarchie, die sich mit den Kirchenfürsten gutgestellt wissen wollte. Es ist viel über die Frage geschrieben worden, ob sich Buffon der Idee einer Transformation der Arten tatsächlich geöffnet hatte oder nicht (Lovejoy 1959; Roger 1971; Farber 1972; Bowler 1973). Daß diese Frage nicht ohne weiteres eindeutig geklärt werden kann, mag zum einen daran liegen, daß sich Buffons Haltung zu diesem brisanten Problem im Laufe seines Lebens wiederholt änderte. Andererseits ist auch zweifellos eine gewisse Ambivalenz in Buffons Gebrauch der Begriffe *espèce* und *famille* feststellbar. Vielleicht hat sich Buffon in dieser Hinsicht absichtlich unscharf ausgedrückt, um Konflikten mit der Kirchenbehörde aus dem Weg zu gehen.

Zunächst einmal ist zu erwarten, daß die *force pénétrante*, die *moules intérieurs* und die funktionelle Korrelation der Teile die Hypothese eines Artwandels ausschließen würden. Durch die Vermischung der männlichen und weiblichen Samenflüssigkeit und infolge der freien Kombinierbarkeit der Atome mußte Variabilität der Nachkommenschaft in Rechnung gestellt werden, im Extremfall auch Mißbildungen, aber diese Variabilität würde gewisse Grenzen nicht überschreiten können. Die Philosophie Platons ablehnend, konnte Buffon keine Essenz bemühen, die das Wesen einer Art ausmachen würde. Andererseits aber dem Leibnizschen Kontinuitätsprinzip und damit dem Konzept der «Kette der Wesen» verpflichtet, hatte Buffon Mühe, klare Grenzen zwischen Arten theoretisch zu begründen, da doch das Kontinuitätsprinzip fließende Übergänge forderte (dasselbe Dilemma hinsichtlich des Artbegriffes ist im Werk Charles Bonnets in aller Schärfe nachzuvollziehen: Rieppel 1986b).

In seiner *Histoire des Animaux* (1749) anerkennt Buffon die Tatsache, daß man die Arten der Pflanzen aufgrund ihrer Merkmale bestimmen könne, was aber im Falle bisexuell sich fortpflanzender Tiere nicht so einfach sei. Buffon definierte die Art im ersten Kapitel als «diejenige, welche sich durch Kopulation fortpflanzt und dabei aber die Ähnlichkeit der Art beibehält, und als verschiedene Arten diejenigen, die durch dieselben Mittel nichts hervorbringen können». Reproduktive Kohärenz innerhalb der Art, reproduktive Isolation zwischen Arten und Ähnlichkeit sind die drei Kriterien, die in Buffons Artdefinition einflossen. Später schrieb er von den organischen Molekülen, daß diese sich nur mittels der *moule intérieur* zur artgerechten Form zusammenfinden und daß es diese *moule intérieur* sei, «welche die Essenz [sic!] der Einheit und der Kontinuität der Arten ausmacht»! Buffon hatte sich in seinem eigenen System gefangen und das Kontinuum der Natur mittels hypothetischer Essenzen in diskrete Arten unterteilt.

Im Jahre 1766 publizierte Buffon ein Kapitel mit dem Titel *De la Dégénération des Animaux*. Der Mensch, so argumentierte er dort, hat sich über die ganze Erdoberfläche hinweg verbreitet, wobei unter den einzelnen Populationen durch den Einfluß der Umwelt so große Unterschiede manifest geworden sind, «daß man meinen könnte, daß der Schwarze, der Lappe, der Weiße unterschiedliche Arten bilden», wäre man andererseits nicht überzeugt davon, daß der Mensch nur einmal erschaffen wurde, und hätte man nicht Kenntnis von der Tatsache, daß der Schwarze, der Lappe und der Weiße sich untereinander fruchtbar vermehren können. Die Essenz der Art bleibt erhalten, doch die äußerliche Erscheinung der Repräsentanten einer Art kann sich unter dem Einfluß der Umwelt verändern. Grund hierfür sind die unterschiedlichen organischen Moleküle, die in verschiedenen Klimazonen, unter unterschiedlichen Lebensgewohnheiten, mit der Nahrung aufgenommen werden und die die *moule intérieur* ausfüllen. Auf ähnliche Weise, so glaubte Buffon, kann sich die Erscheinung von Tieren im Laufe der Erdgeschichte verändern, doch kann bei ihnen diese «Degeneration» viel weiter gehen als beim Menschen, so daß es oft nicht mehr leichtfällt, die Zugehörigkeit zu derselben Art festzustellen. Es ist an diesem Punkt, wo sich Buffon, man möchte fast sagen, in einem begrifflichen und verbalen Chaos verlor.

Einmal zugegeben, daß es innerhalb der Grenzen einer Art zur umweltbedingten «Degeneration» kommen kann, öffnete sich eine «viel wichtigere» Frage, und dies ist die Frage nach Veränderungen der Arten selbst. So könnte es doch sein, spekulierte Buffon, daß einander nahestehende Arten innerhalb einer *famille*, oder eines *genre*, aus einer primitiven Art [«*souche principale et commune*»] hervorgegangen seien. Und es folgt der berühmte Absatz über den Esel. Das Pferd, das Zebra und der Esel sind drei Arten derselben *famille*, und wenn das Pferd den Hauptstamm [«*la souche ou le tronc principal*»] darstellt, so würden das Zebra und der Esel Seitenzweige [«*tiges collatérales*»] darstellen, und wenn auch alle drei distinkte Arten darstellen, so sind sie doch nicht vollständig und klar voneinander getrennt, denn der Esel vermehrt sich mit dem Maultier, und das Pferd mit der Eselin. Die allgemeine Schlußfolgerung, die Buffon aus diesen Betrachtungen zog: Es könnte sein, daß die 200 Arten, deren Naturgeschichte in seinem Werk beschrieben wurde, sich auf eine relativ kleine Anzahl von *familles* oder *souches principales* zurückführen lassen, aus denen sie hervorgegangen sind. Bis dahin, und nicht weiter, hat sich Buffon zum Vertreter eines Transformismus hinreißen lassen.

Im 18. Jahrhundert und darüber hinaus sah sich die Diskussion um den Artwandel im Spannungsfeld zwischen Kontinuität und Diskontinuität befangen. Von dem Konzept einer «Kette der Wesen» schrieb Maupertuis in seinem *Essai de Cosmologie* (1750): «Es gefällt unserem Geist, aber gefällt es auch der Natur?» In seiner Diskussion dieses Spannungsfeldes im Rahmen der Wissenschaftsgeschichte kommt Mendelsohn (1980, S. 107) zum Schluß: «Kontinuität und Diskontinuität, so würde ich behaupten, sind nicht Konstruktionen der Natur, sondern Konstruktionen unseres Geistes.» Buffon ist nur ein, wenn auch ein gutes, Beispiel für die Richtigkeit dieser Schlußfolgerung. In *Des Époques de la Nature* (1773) betonte Buffon erneut: «Die konstitutive Form eines jeden Tieres hat sich [durch die Erdgeschichte] ohne jegliche Veränderungen der hauptsächlichsten Teile erhalten: der Typus [«*le type*»] einer jeden Art blieb unverändert ...»

3.4 Kosmogonie und Erdgeschichte

Ein Komet schlug in die Sonne ein und spaltete von ihr die Planeten ab, diesen dabei auch gleich einen Bewegungsimpuls vermittelnd. Mögen auch einige dieser primordialen Planeten wieder in die Sonne zurückgefallen sein, so weit kam Buffon der Kritik Eulers entgegen, so hat sich dann doch nach den Gesetzen der Newtonschen Mechanik unser Planetensystem gebildet. Die Erde befand sich anfänglich in einem feurigen, flüssigen Zustand. Dies schloß Buffon aus einer Reihe von «Fakten», die er gleich zu Beginn seiner Schrift *Des Époques de la Nature* (1773) auslegt. Fakt Nummer 1: Die Erdkugel ist am Äquator angehoben, an den Polen abgeflacht, wie es die Gesetze der Zentrifugalkraft verlangen. Fakt Nummer 2: Der Erdkugel ist eine innere Wärme eigen, die von der Sonneneinstrahlung unabhängig ist. Fakt Nummer 3: Die Sonnenwärme ist im Vergleich zur Erdwärme gering und würde allein nicht ausreichen, das Leben auf der Erde zu erhalten. Fakt Nummer 4: Die Materie, welche den Großteil des Erdballs ausmacht, ist entweder Glas oder kann auf Glas zurückgeführt werden. Fakt Nummer 5: Es gibt überall auf der Erde, selbst auf hohen Bergen, immense Quantitäten von Schalen oder anderen Resten von Meerestieren.

Buffon ließ Kupferkugeln unterschiedlicher Größe herstellen, die er erhitzte, um daraufhin die Geschwindigkeit ihrer Abkühlung zu messen. Aus solchen Experimenten versuchte Buffon das Alter der Erde zu errechnen und kam dabei auf 75000 Jahre – zu einer Zeit, zu der man die Entstehung der Erde auf 4000 bis 6000 Jahre v. Chr. ansetzte! Betrachtungen über Sedimentationsgeschwindigkeit und Fossilien ließen Buffon über ein Alter der Erde von 3 Millionen Jahren spekulieren, doch blieb er in seinen Publikationen bei der ursprünglichen Zahl von 75000 Jahren – Anlaß genug für Schwierigkeiten mit der Kirche (Roger 1970)!

Von diesem Alter ausgehend und der Schöpfungsgeschichte entsprechend, unterschied Buffon sieben Epochen der Erdgeschichte, sechs Perioden der organischen Entwicklung und eine letzte Periode der Entwicklung der menschlichen Kulturen. Während der ersten Phase war der Erdball flüssig und erreichte seine Gestalt (mit angehobenem Äquator und abgeflachten Polen) unter der Wirkung der Zentrifugalkraft. Während der zweiten Phase verfestigte sich die Erde, und es bildete sich die große Masse glasigen Materials. In seiner *Histoire de la Terre* (1749) schrieb Buffon, das Erdinnere sei glasig; darum herum finde man Material, das durch Feuer zerkleinert worden sei, wie etwa Sand, welcher nichts anderes sei als zerriebenes Glas. Während der dritten Phase war die Erdkugel vollständig vom Meer bedeckt, welches die große Zahl von Schalentieren ernährte, deren Reste wir heute selbst auf Bergen finden und die ganz eigentlich die Gesteinsmassen dieser Berge bilden. Während der vierten Phase zogen sich die Meere teilweise zurück, es entstanden die Kontinente. Während der fünften Phase lebten tropische Großsäuger wie Elefanten und Nilpferde in den nördlichen Kontinenten.

Die Funde fossiler Reste von Großsäugern wie Mammut und Mastodon, die Buffon aus Sibirien, Irland und Kanada kannte, waren für ihn schon in seiner 1749 erschienenen *Histoire de la Terre* von größter Wichtigkeit, weil sie seiner Meinung nach die einzige direkte Beobachtungsgrundlage lieferten zur Unterstützung seiner Annahme, daß der Erdball seit seiner Bildung einer kontinuierlichen, langsamen Abkühlung unterlag. In einer früheren erdgeschichtlichen Epoche, als der Globus noch wärmer war, war die Temperatur im Norden tropisch, am Äquator aber war es zu heiß für diese Lebensformen. Nach weiterer Abkühlung, während der sechsten Epoche der Erdgeschichte, wurde es im Norden zu kalt, während in der Nähe des Äquators ideale Lebensbedingungen entstanden: Die Großsäuger wichen nach Süden aus, bevor die Kontinente sich voneinander trennten. In der siebten Epoche schließlich nahm der Mensch durch die Entwicklung seiner Zivilisationen Besitz von den Kontinenten und bestimmte, als Gebieter über das Feuer, die Temperatur seiner Umwelt selbst.

Die Existenz, *ab initio*, an sich unsterblicher und dauernd in Bewegung befindlicher organischer Moleküle vorausgesetzt (eine Schwachstelle im Theoriengebäude Buffons), ließ sich der Ursprung der Faunen durch spontane Urzeugung erklären. Für Buffon waren es nördliche Bereiche der Erdkugel, wo sich das Leben entwickelte, sei es im Meer, sei es auf dem Land. In früherer Zeit hatte die größere Hitze des Erdinneren die Bewegungsenergie der organischen Moleküle erhöht, so daß diese zu Riesenformen zusammengetreten waren, zu großen Ammoniten, viel größer als der heutige Nautilus, oder zu den Großsäugern, deren Reste man heute als Fossilien im Norden findet. Die Schaffenskraft der Natur war noch unverbraucht! Nach weiterer Abkühlung wichen die Großsäuger nach Süden aus und veränderten sich unter dem Einfluß der neuen Umweltbedingungen und der entsprechend veränderten Nahrungsmoleküle in ihren äußerlichen Merkmalen, so wie der Elefant gegenüber dem Mammut etwas kleiner geworden ist, doch blieb der Typus, die Essenz, die *moule intérieur* der Art [*espèce*], unverändert. In den nunmehr entvölkerten nördlichen Breitengraden wären unterdessen bei geringerer Bewegungsenergie der organischen Moleküle kleinere, an das Leben in kühlerem Klima angepaßte Arten entstanden, wie etwa die Rentiere. Und so wie in früheren erdgeschichtlichen Epochen Arten infolge der Abkühlung des Globus ausgestorben sind, so steht zu erwarten, daß Arten unserer Zeit in der Zukunft aussterben werden und neue sich bilden werden. In seiner *Histoire de la Terre* (1749) schreibt Buffon: «Die Oberfläche der Erde, sagt Woodward [John Woodward, 1665–1728, in seinem 1695 erschienenen *Essay toward a Natural History of the Earth*], ... dient als Kaufladen für die Bildung von Pflanzen und Tieren.» Wie von Aurelius Augustinus und, viel später, von Leibniz vorgegeben, hielt Buffon die Materie für ewig, geschaffen *in principio*, und statt diese Materie insgesamt in einem Augenblick zu formen, hat sich der Schöpfer zur Formgebung Zeit gelassen, nicht sechs Tage, sondern sechs erdgeschichtliche Perioden.

Die Entstehung neuer Tierarten ist nicht mit der Transformation von Tierarten zu verwechseln. Eine gestaffelte Entstehung von Tierarten ist bei weitem noch keine Evolutionstheorie, welche die Abstammung einer Art von einer anderen postuliert. So wie Tierarten spontan entstehen können, können sie nach Buffon auch aussterben. In seiner Sicht der Natur mußte die Theorie des Aussterbens von Arten gegen die Theorie eines umweltbedingten Wandels der äußerlichen Erscheinung von Arten konkurrieren! Wie war nachzuweisen, daß eine Art tatsächlich ausgestorben war und sich nicht einfach im Laufe der Zeit bis zur Unkenntlichkeit verändert hatte? Hat er in seiner *Histoire de la Terre* (1749) noch mit dieser Frage gerungen und allenfalls Ammoniten sowie das später von Georges Cuvier (1769–1832) als Mastodon beschriebene Tier als ausgestorbene Arten [*espèces perdues*] gelten lassen, so war es für ihn in seiner Schrift *Des Époques de la Nature* (1773) keine Frage mehr, daß das Wasser der Weltmeere anfänglich so heiß war, daß es nur Arten beherbergte, die es heute nicht mehr gibt: «Man muß sich also nicht wundern, daß es Fische und andere Tiere gab ... die in einem fast kochenden Wasser existieren konnten ... Man muß also annehmen, daß die Schalen und die Reste anderer mariner Organismen, die man auf den höchsten Bergen findet, am höchsten über den Meeresspiegel angehoben, auch die ältesten Arten der Naturgeschichte darstellen.» Buffon erkannte, daß das Sammeln solcher Fossilien und ihr Vergleich mit heutigen Formen für die Naturgeschichte von großer Bedeutung wären.

3.5 Die Methode der Wissenschaft

Die Theorie einer fortgesetzt sich langsam abkühlenden Erde ist eine wichtige Schnittstelle im Denken Buffons, da sie das Konzept einer dynamischen Permanenz durchbricht. Nach aristotelischem Vorbild hatten Physik und Astronomie durch ihre Entdeckung zeitloser Gesetze, wie etwa des Gravitationsgesetzes, ein Weltbild begründet, das von dynamischer Permanenz geprägt war. Die Planeten sind zwar in fortdauernder Bewegung begriffen, doch unter der Kontrolle zeitloser Gesetzmäßigkeit auf ewig gleichbleibende Bahnen fixiert: ein Universum in dauernder Bewegung, doch unveränderlich. Dieselbe dynamische Permanenz zeichnet die *molécules orga-*

niques aus. An sich unsterblich, sind sie in einem dauernden Kreislauf durch Leben und Tod befangen, aus der Erde über Pflanzen in Tiere aufsteigend und durch deren Tod wieder in die Erde zurückkehrend. Mit Buffons Theorie einer sich fortgesetzt abkühlenden Erde aber erhielt deren Geschichte eine Richtung, die einen Anfang und damit letztlich auch ein Ende voraussetzte. Die kontinuierliche Abkühlung der Erde ist zugleich aber auch Ausdruck einer Kontinuität, die sich bei Buffon fortsetzt in einer kausalen Erklärung der Erdgeschichte aufgrund gleichförmig wirksamer Ursachen. Während die Ursachen gleich der kontinuierlich gleichbleibenden Abkühlungsrate der Erdkugel gleichförmig wirkten, mußte die jeweilige Wirkung aber nicht durch alle Zeit gleichbleiben. Zum einen war die Erde anfänglich in einem flüssigen Zustand und somit bei gleichbleibender Ursache in höherem Maße formbar als während späterer Phasen der Verfestigung. Auch war trotz gleichförmiger Abkühlungsrate die Natur während früherer Zeiten dank höherer Temperaturen kräftiger und brachte größere Lebensformen hervor als heute. «Dieselben Ursachen, die heute nur noch kaum wahrnehmbare Veränderung im Zeitraum von mehreren Jahrhunderten bewirken können, konnten in der Vergangenheit sehr große Revolutionen auslösen» – könnte in der Vergangenheit eine Sintflut stattgefunden haben? Buffon diskutierte die Möglichkeit, verwarf sie dann aber, nicht zuletzt, weil die Sedimentgesteine keine Anzeichen einer solchen Katastrophe aufweisen, weil auch die Fossilien innerhalb dieser Sedimentgesteine sich nicht ihrer Größe nach abgelagert haben, wie dies im Falle einer Sintflut das Gravitationsgesetz verlangen würde. Um die Erdgeschichte verstehen zu können, muß man von der Gegenwart auf die Vergangenheit schließen und dabei den gewöhnlichen Lauf der Natur betonen und nicht so sehr die seltene, außergewöhnliche Naturkatastrophe. «Als Historiker verwerfen wir solche Spekulationen ... welche von einer Umwälzung des Universums ausgehen ... während welcher unsere Erde gleich einem Stück verlassener Materie sich unseren Blicken entzieht ...» Ein Stück verlassener Materie ist nicht mehr eingebunden in die Lückenlosigkeit der Kette von Ursache und Wirkung und entzieht sich damit dem Zugriff der Wissenschaft, wie Leibniz betont hatte.

4. Ausblick

Seine Priorität sorgfältig wahrend, hatte Maupertuis, ein Bruder im Geiste des Atomismus und Materialismus, nur Lob für Buffon übrig: «Es erschien vor einigen Jahren ein kleines Werk unter dem Titel der *Vénus physique* [ein Titel, erschienen 1745, der die Liebe auf rein physikalische Prozesse reduzieren sollte], in dem man ein System [der Reproduktion] entworfen hatte, das jenem des Herrn von Buffon sehr ähnlich ist, dem vielleicht nur die Erfahrung gefehlt haben mag, um die Ähnlichkeit noch stärker hervortreten zu lassen.» (de Maupertuis 1753, S. 382) Im Gegensatz hierzu hielt Albrecht von Haller nicht viel von Buffons Wissenschaft: «Der Herr von Buffon scheinet von denjenigen Reisenden zu seyn, die ganz neue Seen und neue Welten entdecken mögen, und sich dabey weder die Mühe der Schiffahrt, noch die Gefahr des Schiffbruchs verdrießen lassen; denn eine irrige Lehre ist für einen Erfinder ein Schiffbruch» (von Haller 1750, S. 74). Buffon hatte sich auch bei Réaumur, Autor der sechs Bände umfassenden *Mémoires pour servir à l'Histoire des Insectes* (erschienen 1734–1742), unbeliebt gemacht durch die Bemerkung, eine Fliege verdiene im Denken eines Naturforschers nicht mehr Platz, als sie in der Natur einnimmt. Réaumur und sein Sekretär Buisson stifteten Pater Lignac zu einer massiven Kritik von Buffons Theorien an, die in den 1751 erschienenen *Lettres à un Américain sur l'Histoire Naturelle de M. de Buffon et sur les Observations Microscopiques de M. Needham* ihren Niederschlag fand (Rostand 1943). Bonnet (1768, S. 83) geißelte die von Buffon geforderte *force pénétrante* als eine «geheime Kraft», die jeder wissenschaftlichen Grundlage entbehre, und ortete im System Buffons ganz allgemein einen Atheismus. In der Tat scheint die beiden Autoren eine intime Feindschaft verknüpft zu haben. Am 22. Oktober 1762 teilte Bonnet seinem Freund Albrecht v. Haller entsetzt mit: «Ihr werdet meine Überraschung teilen. Dieses Werk [Bonnets *Considérations sur les Corps Organisés*] wurde in Frankreich absolut verboten ... es gibt keinen Zweifel, daß hinter diesem einmaligen Akt der Herr von Buffon und seine Kabale steckt ...» (Sonntag 1983, S. 301).

Wie dem auch sei: Buffons Werk war unerhört breit angelegt und einflußreich; Buffons Werke standen damals in allen gutbürgerlichen Stuben, so wie dies heute für Goethe gilt. Es gehörte zur Allgemeinbildung, Buffon gelesen zu haben. Buffons Naturgeschichte ist einer der ersten Versuche, eine autonome Wissenschaft frei von theologischen Einflüssen zu begründen. Er erkannte das Problem der Transformation der Arten und dessen Schwierigkeiten. Buffon schuf in der Tat ein intellektuelles Gebäude, das den meisten *Naturalistes* bis hin zu Darwin zur Orientierung diente (Roger 1970).

Olivier Rieppel

CHARLES BONNET
(1720–1793)

1. Einleitung

Bonnets experimentelle Arbeiten über Pflanzenphysiologie, Regeneration und Parthenogenese waren in seiner Zeit in ihrem methodologischen Ansatz beispielgebend, seine Theorienbildung – trotz ihrer umstrittenen Konsequenzen – jahrzehntelang wirksam und weit verbreitet.

Sein Nachbar, Voltaire, hielt nicht viel von Bonnets Gedankenflügen, verdrehte dessen Namen in einem satirischen Wortspiel und fand Bonnet von einem leichten Tick befallen – was Goethe nicht daran hinderte, dem «Naturphilosophen», wie Bonnet sich selbst bezeichnete, seine Aufwartung zu machen. In der Tat war die hervorragende Bedeutung von Bonnets Werk zu seinen Lebzeiten unbestritten, was sich allein schon in den zahlreichen Übersetzungen seiner *Contemplation de la Nature* (1764) niederschlug. Aber auch aus heutiger Sicht darf Bonnet als einer der Väter der modernen Biologie bezeichnet werden, der Beobachtung und strenge experimentelle Kontrolle in seiner empirischen Forschung mit weit ausholenden Theorien verknüpfte.

2. Lebensweg

Bonnet wurde am 13. März 1720 als Sohn des Pierre Bonnet von Thônex nahe Genf und der Anne-Marie Lullin geboren. Die Eltern repräsentierten die sechste Generation dieser protestantischen Familie, die nach der Bartholomäusnacht aus Frankreich floh und sich in Genf niederließ. Bonnet galt als mäßig begabter Schüler, der zudem infolge einer Gehörschwäche dem Spott seiner Mitschüler ausgesetzt war. So entschloß sich denn der Vater, einen Privatlehrer zu bestellen, der schon früh Bonnets Interesse an der Naturkunde weckte und förderte (Pilet 1970). Der Vater stand jedoch einer Laufbahn in den Naturwissenschaften ablehnend gegenüber. Seinem Wunsch sich fügend, begann Bonnet 1736 das Studium des Rechts, unter anderem bei De La Rive, der zu Hause unterrichtete. In dessen Haus sah Bonnet zum ersten Mal den ersten Band der *Mémoires pour servir à l'Histoire des Insectes* (1734) von René-Antoine

Ferchault de Réaumur (1683–1757). De La Rive wollte Bonnets Aufmerksamkeit nicht abgelenkt sehen und verbot ihm Einblick in den Band, den sich Bonnet schließlich von der Stadtbibliothek holte: «Nicht nur las ich den Band Tag und Nacht mit aller Aufmerksamkeit, der ich fähig war, sondern ich fertigte davon auch ausführliche Exzerpte an...» (Savioz 1948a, S. 49). In Réaumurs Werk fand Bonnet «alles, was meine Neugierde anstacheln konnte, was meinen Geist erhellen konnte und dessen weitere Entwicklung beeinflussen konnte» (Savioz 1948a, S. 51), insbesondere Réaumurs Betonung der Notwendigkeit eines streng empirischen Ansatzes in der Naturwissenschaft. Gerade in der Biologie dürfe man sich nicht dem blinden Glauben an unwandelbare Naturgesetze hingeben, sondern müsse stets auf Ausnahmen gefaßt sein. Diese Vorsicht wurde durch spätere Entwicklungen in der Biologie, wie etwa durch seines Vetters Abraham Trembleys (1710–1784) Entdeckung des Süßwasserpolypen oder durch Bonnets eigenen Nachweis der Parthenogenese (Jungfernzeugung) bei Blattläusen, reichlich belohnt!

In seiner Autobiographie (Savioz 1948a) erwähnt Bonnet weitere naturkundliche Werke, die ihn während der Frühstadien seiner intellektuellen Entwicklung beeinflußten, so etwa des Abtes Pluche Argumente wider die Doktrin der Urzeugung, die der Ehre Gottes Abbruch tut, vor allem aber Marcello Malpighis (1628–1694) Studien zur Anatomie der Pflanzen, zur Fortpflanzung der Seidenraupe und zur Entwicklung des Hühnchens sowie Jan Swammerdams (1637–1680) *Bibel der Natur* (erste Ausgabe, postum, 1737–1738). Die Lektüre dieser Schriften war vom jungen Genfer Mathematiker und Philosophen Gabriel Cramer (1704–1752), den Bonnet als seinen «hauptsächlichen Führer» und sein «Orakel» bezeichnete, vorgeschlagen worden. Cramer gehörte zusammen mit De La Rive und Calandrini zum Lehrkörper der Philosophischen Fakultät an der Universität Genf und leitete Bonnet nicht nur zum Studium naturwissenschaftlicher Abhandlungen, sondern auch philosophischer Schriften an. Wichtigster Einfluß Cramers auf Bonnet aber war vielleicht die Weitergabe des anläßlich einer Reise nach England aufgenommenen Gedankengutes von Thomas Hobbes (1588–1679) und John Locke (1632–1704), englischer Philosophen, die eine Theorie des «sensualistischen Empirismus» verfochten: *nihil est in intellectu quod not fuerit prius in sensu.* Deutlichster Ausdruck des «sensualistischen Empirismus» ist wohl das von Bonnet entworfene Gleichnis einer Statue, die durch fortgesetzte Sinneseindrücke sukzessive zum Leben erweckt wird (*Essay Analytique sur les Facultés de l'Ame*, Kopenhagen 1760). In seiner Autobiographie (Savioz 1948a, S. 176) verteidigte sich Bonnet gegen den Vorwurf des Plagiats und betonte, daß er seine Konzeption einer zum Leben erwachenden

Charles Bonnet (1720–1793), um 1780

Statue in seinem Geiste schon zu einem Zeitpunkt entworfen hatte, als er von Condillacs Publikation eines entsprechenden Gleichnisses noch keine Kenntnis hatte. In der Tat scheint das Gleichnis zu jener Zeit «in der Luft» gelegen zu haben, findet es sich doch andeutungsweise auch im Werk von Buffon und Diderot (Savioz 1948b).

1738 schickte Bonnet seine erste entomologische Abhandlung an die Akademie der Wissenschaften in Paris. Das Studium des entomologischen Schrifttums hatte Bonnet auf das rätselhafte Fortpflanzungsverhalten der Blattläuse aufmerksam gemacht. 1740 begann er mit systematischen Untersuchungen dieser mikroskopisch kleinen Insekten. Im Jahre 1741 brachte zum zweiten Mal ein zeitlebens isoliert aufgezogenes Weibchen Junge zur Welt. Der Nachweis der Parthenogenese bei Blattläusen war damit auf der Grundlage eines lückenlosen Beobachtungsprotokolls endgültig erbracht. In den Jahren 1740 und 1741 begann Bonnet auch einen Briefwechsel mit seinem Vetter Abraham Trembley, der ihm seine Entdeckung des regenerationsfähigen Süßwasserpolypen mitteilte. Erfolglos in seinem Bemühen, selber einige Exemplare dieser seltsamen Spezies zu sammeln, verfolgte Bonnet eigene Regenerationsexperimente mit Würmern. 1744, im Jahr seiner Promotion als Jurist, wurde in Paris sein *Traîté d'Insectologie* unter der Regie Réaumurs gedruckt und 1745 an das Publikum ausgeliefert. Bonnets Gesundheit jedoch verschlechterte sich zusehends. Er war nach eigenem Bekunden abgemagert, seine Augen ließen ihn im Stich, 1745 konnte er nur unter größter Anstrengung lesen und schreiben, zum Augenleiden gesellte sich ein zermürbendes Zahnleiden, er fiel in eine Depression, «die mich wohl in eine gefährliche Krankheit geführt hätte, hätte mich nicht die Religion, der ich mich schon immer sehr verbunden gefühlt hatte, gerettet» (Savioz 1948a, S. 84). Zur Aufgabe des Studiums mikroskopisch kleiner Insekten gezwungen, wandte sich Bonnet trotz seines schlechten Gesundheitszustandes intensiven Studien der Physiologie der Pflanzen zu und darf als einer der ersten Autoren gelten, die die Frage der Photosynthese experimentell angingen (*Recherches sur l'Usage des Feuilles dans les Plantes*, Leiden, 1754). Unter der Anleitung Réaumurs baute sich Bonnet einen Brutofen und brachte nach anfänglichen Mißerfolgen tatsächlich einige Hühnchen zum Schlupf.

Eine Wende nahm Bonnets Leben im Winter des Jahres 1748, als er Gottfried Wilhelm Leibniz' *Theodizee* las, in der in Genf gedruckten Ausgabe von Louis Dutens. Tief beeindruckt von der Gedankenwelt, die sich ihm durch die Lektüre dieses Buches erschloß, begann Bonnet sofort, seinem Freund, Pfarrer Bennelle, ein Manuskript zu diktieren unter dem Titel *Méditations sur l'Univers*: «die *Theodizee* gab meinen Spekulationen ein neues Leben» (Savioz 1948a, S. 101). Bonnet räumte zwar ein, die Monadologie nicht wirklich verstehen zu können, und klagte: «Liest man die bewundernswerte Theodizee, so glaubt man sich in einem unermeßlichen Wald gefangen, in dem man die Pflege der Straßen und Wege zu sehr vernachlässigt hat» (Marx 1976, S. 86). Unter den vielfältigen Denkansätzen aber, die Bonnet der *Theodizee* entnahm (Rieppel 1988), sind vor allem Leibniz' theologisch begründeter Optimismus sowie seine Ausführungen zur Präformationstheorie zu nennen. Wie er selber bekundete, war er von der tröstenden Wirkung, die vom Leibnizschen Optimismus ausging, deshalb so angetan, weil sie seinem eigenen Wesen und den besonderen Umständen seiner Gesundheit so sehr entgegenkam. Mit seiner Religiosität paarte sich im Wesen Bonnets ein aristokratisch geprägter Konservatismus. Nach Cramers Tod wurde Bonnet im Februar 1752 zum Mitglied des Stadtrates (*Grand Conceil*) von Genf: «Ich trug in meiner Brust eine lebhafte Liebe für die Heimat, eine starke Bezogenheit auf die Regierung und die Verfassung und eine naturgegebene Ablehnung (*aversion naturelle*) für die Demokratie» (Savioz 1948a, S. 145).

Im Jahre 1756 heiratete Bonnet Jeanne-Marie De La Rive und zog sich auf den Landsitz seiner Gemahlin in Genthod nahe bei Genf zurück. Schon im März 1754 hatte Bonnet ein Exemplar seiner *Recherches sur l'usage des Feuilles dans les Plantes* mit einem Begleitbrief an Albrecht von Haller (1708–1777) nach Bern geschickt. Von Haller war 1753 von seinen akademischen Würden und Ämtern an der Universität Göttingen zurückgetreten, um als Rathausamtmann in seine Geburtsstadt zurückzukehren. Seit jener Zeit verband die beiden ein intensiver Briefwechsel (Sonntag 1983), im Laufe dessen sie nicht nur politische und religiöse Weisheiten austauschten, sondern auch das Problem der Fortpflanzung der Organismen diskutierten. Von Haller hielt Bonnet über seine Studien zur Entwicklung des Hühnchens auf dem laufenden. Mit einem Brief vom 6. Juli 1757 teilte von Haller seinem Freund mit, daß er seine diesbezüglichen Studien abgeschlossen und dabei eine Menge neuer Beobachtungen gesammelt habe. Am 1. September 1757 präzisierte von Haller, daß die Membranen des Dotters nichts weiter seien als die vergrößerten Membranen der embryonalen Eingeweide, daß in der Tat das Eigelb nichts weiter sei als eine Ausstülpung des embryonalen Darmes: «Es ist aufgrund dieser Zusammenhänge, daß man davon ausgehen darf, dem Weibchen die wesentlichen Rudimente des Embryos zuzuschreiben. Denn schließlich existiert das Eigelb vor der Annäherung des Männchens: seine Membranen sind eine Fortsetzung der Membranen des Hühnchens; also muß das Hühnchen vor der Befruchtung des Eies existiert haben» (Sonntag 1983, S. 109). Bonnet antwortet sechs Tage später: «Seit einem Jahrhundert diskutiert man, ob der Embryo vom Männchen oder vom Weibchen kommt. Man erregt sich wechselseitig: man häuft Vermutungen auf Hypothesen: der Herr von Haller öffnet ein Hühnerei; er untersucht dieses mit Augen, die sehen, und er entdeckt, daß das Eigelb eine Ausstülpung des Darmes des Hühnchens ist. Diese Entdeckung ist mit Sicherheit eine der wichtigsten ... Hier jedoch diese furchtbaren Schwierigkeiten, die sich meinem Geiste offenbaren ...» (Sonntag 1983, S. 111). In der Tat hatte Bonnet, wohl nicht zuletzt in der Folge des Nachweises der Parthenogenese bei Blattläusen, schon früh im Laufe seiner intellektuellen Entwicklung die Hypothese präexistenter Keime sich zu eigen gemacht, sich aber auch mit den Schwierigkeiten auseinandergesetzt, die dieser Theorie entgegenstanden. Ein Briefwechsel aus dem Jahre 1745 mit einem obskuren Metaphysiker und Epigenetiker in St. Gallen, Cuentz (Caspar Kunz, † 1752, siehe Marx 1976, S. 201), drehte sich bereits um die Frage der Präexistenz von Keimen in regenerationsfähigen Polypen und darum, ob die Präexistenz von Keimen notwendigerweise auch die Präexistenz der Seele in diesen Keimen voraussetze.

Eine rege Diskussion entwickelte sich zwischen Albrecht von Haller und Bonnet, und dank Hallers Ermutigungen entschloß sich Bonnet, seine 900 Seiten umfassenden *Méditations sur l'Univers* zu Buchmanuskripten umzuarbeiten. Sie dienten als Grundlage für die *Considérations sur les Corps Organisés* (Amsterdam, 1762) und die *Contemplation de la Nature* (Amsterdam, 1764), nachdem Teile auch schon in den *Essai de Psychologie* (Leiden, 1754) Eingang gefunden hatten. Die *Considérations sur les Corps Organisés* wurden nach ihrem Erscheinen in Frankreich zunächst verboten, ein Akt, hinter dem Bonnet in einer ersten impulsiven Reaktion Georges Buffon vermutete. Tatsächlich war das Verbot von Chrétien-Guillaume de Lamoignan de Malesherbes (1721–1794) auf Grund der Zensur durch Jean-Étienne Guettard (1715–1786), Mineraloge und Botaniker, ausgesprochen worden. Als einer der aufgeklärtesten Vertreter des Ancien Régime hat Malesherbes wohl aus reiner Vorsicht gehandelt, bevor er das Verbot umgehend wieder aufhob (Marx 1976, S. 344).

Selber nicht mehr in der Lage, wissenschaftliche Studien zu betreiben, sammelte Bonnet auf dem Briefweg zahlreiche Mitarbeiter um sich, denen er wissenschaftliche Versuchsanordnungen vorschlug, die gleich einem nie versiegenden Strom seiner lebhaften Phantasie entsprangen; man sagt, Bonnet habe jährlich über 700 Briefe geschrieben bzw. diktiert (Pilet 1970). Nebst Albrecht von Haller wurde wohl der italienische Priester Lazzaro Spallanzani (1729–1799) zu seinem wichtigsten wissenschaftlichen Korrespondenten, den er zu bahnbrechenden Versuchen zur Urzeugung und zur Rolle des männlichen Samens in der Fortpflanzung anregte (Castellani 1971).

Den alternden von Haller, Freund und «zweiter Leibniz» (Savioz 1948a, S. 109), der zunehmend unter gesundheitlichen Problemen litt, verwies Bonnet auf die tröstende Wirkung der Leibnizschen Philosophie: «Der Optimismus ist einer der wertvollsten Aspekte der Leibnizschen Philosophie» (Sonntag 1983, S. 929) und: «Den Tod als ein Tor zu glücklicher Ewigkeit begreifend, nicht als das Ende eines Lebens, sondern als der Beginn eines neuen Lebens, als eine wahre Transformation, bedeutet, dem Tod seinen Stachel zu nehmen» (Sonntag 1983, S. 980). In seiner *Palingénésie Philosophique* (Genf, 1769) hatte Bonnet eine Voltaire als bizarr anmutende Kosmogonie entworfen, wonach der Globus einer Reihe von Revolutionen unterworfen wäre. Die Katastrophen würden alles Leben auf der Erde auslöschen, wonach aus unsterblichen, präexistenten Keimen neue Lebensformen hervorgingen, die alle eine Stufe entlang der «Kette der Wesen» vorgerückt wären. Der Mensch würde so als illuminiertes Geistwesen in größere Nähe zu Gott gerückt.

Um die Vorsehung, Gnade und Güte, die diesem Schöpfungsplan zugrunde liegt, wirklich würdigen zu können, wäre es allerdings notwendig, daß sich die Lebensformen an ihre früheren Inkarnationszustände erinnern können, so wie dies auch Leibniz in seiner *Theodizee* für jenen (hypothetischen) Privatmann gefordert hatte, der dank göttlicher Vorsehung plötzlich zum Kaiser von China aufstieg. In der Psychologie und Philosophie Bonnets, wie etwa an der zu Leben erwachenden Statue dargestellt, spielte die Gedächtnisfunktion eine eminent wichtige Rolle, wohl auch, weil das Gedächtnis für ihn infolge seines Augenleidens so unerhört wichtig geworden war. Er gewöhnte sich an, ganze Buchabschnitte im Geiste zu komponieren: «Nach einiger Zeit wurde mein Gehirn so treu wie das Papier.» (Savioz 1948a, S. 99) Er starb am 20. 6. 1793 auf Gut Genthod.

Der Nachruf auf Bonnet, 1794 in Lausanne erschienen, ist von einem Frontispiz geziert, das eine eigenartige Begebung um Bonnets Tod wiedergibt (Marx 1976). Auf seinem Totenbett wurde Bonnet zum Opfer schmerzhafter Halluzinationen. Er sah einen Vertrauten wichtige Papiere an sich nehmen. Aus Mitleid und um ihn nicht mit seinem schlechten Zustand zu konfrontieren, trat die Frau des Vertrauten an sein Bett und meinte, das Ganze täte ihrem Gatten außerordentlich leid. Woraufhin Bonnet ausgerufen haben soll: «Es tut ihm leid, es tut ihm leid! Ah, auf daß er komme, *alles ist vergessen!*»

3. Werk

3.1 Allgemeines

In seiner Gesamtheit gesehen, ist das Werk Bonnets nicht nur sehr breit angelegt, sondern auch sehr heterogen. Zur sorgfältigen, empirischen Forschung gesellt sich eine Theoriefreudigkeit, die einerseits eine außerordentliche Kreativität Bonnets belegt, andererseits aber die Vorstellungskraft vieler seiner Zeitgenossen überforderte und sich dank ihrer dauernden Verbindung zu moralischen und theologisch-religiösen Überzeugungen von Wissenschaft weit entfernte. Der experimentelle Nachweis der Parthenogenese allein hätte Bonnet einen Platz in der Biologiegeschichte gesichert, doch nicht genug damit: Die Forschungen zur Physiologie der Pflanzen, die Regenerationsexperimente mit Süßwasserwürmern (Anneliden), Schnecken, Krebsen und Molchen und nicht zuletzt seine intellektuelle Beteiligung an Spallanzanis Experimenten markieren Meilensteine in der Geschichte der Biologie, welche nicht nur in ihren Ergebnissen, sondern auch und besonders in ihrem methodologischen Ansatz beispielhaft sind. Seine Theoriefreudigkeit aber ließ manchen Zweifel an Bonnets Sachverstand aufkommen, Zweifel, die durch die Publikation der *Palingénésie Philosophique* (1769) nicht gerade eben ausgeräumt wurden.

Im Zentrum von Bonnets Sinnen und Trachten aber stand zweifellos die Suche nach einer tragbaren Theorie der Fortpflanzung. Obwohl sich Bonnets Einsatz für eine Doktrin der Präexistenz der Keime aus historischer Perspektive betrachtet als fehlgeleitet erweist, wird seine Argumentation im Kontext des zeitgenössischen Kentnisstandes und der damaligen mangelhaften Instrumentalisierung sehr viel verständlicher. Vor allem aber erweist sie sich als Schritt für Schritt in Beobachtungsdaten verankert, was Bonnet zu einer dauernden Revision und Erweiterung der Begriffsinhalte zwang: «Der Keim ist sozusagen nicht mehr als eine Serie von Punkten, die sich zu Linien entwickeln. Diese Linien werden sich multiplizieren und wachsen und werden Oberflächen bilden ...» (Bonnet 1768, Bd. II, S. 252f.).

Nebst den empirisch-experimentellen Untersuchungen sollen drei Schwerpunkte aus dem Werk Bonnets näher erläutert werden: das Kontinuitätsprinzip und die Kette der Wesen, die Doktrin der Präexistenz der Keime und die Palingenese.

3.2 Das Kontinuitätsprinzip und die «Kette der Wesen»

Das Kontinuitätsprinzip ist ein Eckpfeiler der Leibnizschen Metaphysik, und gemessen an Bonnets Begeisterung an der *Theodizee* ist es leicht, sich vorzustellen, daß letzterer «das schöne Gesetz der Kontinuität» (Leibniz, *Theodizee*, Abschn. 348) von dem großen Philosophen übernommen hätte. Tatsächlich aber hatte Bonnet die Kontinuität der «Kette der Wesen» schon in seiner ersten Publikation, dem *Traîté d'Insectologie* (1745), als Ordnungsprinzip der Natur verteidigt (Anderson 1982): «Schließlich gibt es noch eine fünfte Art, die neue Entdeckung zu verstehen, und dies ist der Nachweis, daß es eine kontinuierliche Abstufung gibt unter allen Teilen des Universums» (Bonnet 1745, S. xxvii). Dies, so führte Bonnet aus, wird besonders durch die neue Entdeckung des Süßwasserpolypen (durch Abraham Trembley im Jahre 1741) nachgewiesen, der ein perfektes Bindeglied zwischen dem Reich der Pflanzen und dem Tierreich bildet. «Es ist also vornehmlich Herr von Réaumur, dessen Schüler zu sein ich mir zur Ehre mache ...» (Bonnet 1745, S. x). Es findet sich schon im ersten Band der *Mémoires pour servir à l'Histoire des Insectes* der Hinweis: «Die Natur arbeitet so klein wie sie will oder wie sie es nötig hat» (Réaumur 1734, S. 181) – die unendliche Teilbarkeit des Universums war für Leibniz eine wichtige

Charles Bonnet

Voraussetzung zur Ableitung des Kontinuitätsprinzips. Das Vorwort zu seinem sechsten Band der *Mémoires pour servir à l'Histoire des Insectes* (1742) widmete Réaumur einer ausführlichen Diskussion des regenerationsfähigen Süßwasserpolypen und nahm diesen zum Ausgangspunkt einer Betrachtung der Korallen, die als Meeresblumen interpretiert worden waren, nun aber als eine Polypenkolonie sich entpuppten. Der Polyp, der sich durch Knospung fortpflanzte wie Pflanzen und eine den Pflanzen entsprechende Regenerationsfähigkeit aufwies, dabei aber auf einen Berührungsreiz hin zusammenzuckte wie ein Tier und auch mit seinen Tentakeln lebende Beute einfing: Die Grenze zwischen Pflanzen und Tieren erschien unscharf, ein kontinuierlicher Übergang der Organisationsform, wie dies auch schon von Aristoteles festgestellt worden war (Balss 1943, S. 63).

Réaumur, Bonnet sowie andere zeitgenössische Autoren wie Buffon konnten somit auf eine lange aristotelische Tradition zurückblicken, welche das Bild einer «Kette der Wesen» als Ordnungsprinzip der Natur begründete (Lovejoy 1936): «Die Natur macht keine Sprünge ... es bestehen immer zwischen zwei benachbarten Klassen, oder zwei benachbarten Gattungen, Zwischenstufen, welche nicht mehr der einen als der anderen zuzugehören scheinen und welche sie verbinden. Der Polyp verknüpft die Pflanzen mit den Tieren, das Flughörnchen verbindet die Vögel mit den Säugetieren, der Affe steht mit den Säugetieren einerseits, mit dem Menschen andererseits in Verbindung» (Bonnet 1764 I, S. 29). Als Bonnet in den Leibnizschen Schriften das Kontinuitätsprinzip als Folge des Satzes des ausreichenden Grundes wiederfand, sah er sich in seinen Ansichten aufs glänzendste bestätigt: «Es scheint, daß das Gesetz der Kontinuität die universelle Gesetzmäßigkeit schlechthin ist, und der Philosph, der diese in die Physik eingeführt hat, hat uns ein großartiges Schauspiel eröffnet» (Bonnet 1764 I, S. 230). So wie für Leibniz die absolut kontinuierliche Verknüpfung aller Naturphänomene durch eine lückenlose Kette von Ursache und Wirkung letztlich auf die Erste Ursache, d. h. auf Gott, zurückführte, so spiegelte sich für Bonnet in der «Kette der Wesen» die Einheit des Schöpfers. «Die Einheit der Wesenhaftigkeit führt uns zur Einheit der Intelligenz, welche diese entworfen hat» (Bonnet 1764 I, S. 3 und weiter ausgeführt, S. 242). Für Bonnet war die «Kette der Wesen» Ausdruck der Einheit in der Vielfalt, einer *unité dans la variété*, die sich bei Geoffroy Saint-Hilaire als *unité du type* wiederfinden sollte.

Bonnets Klassifikation umfaßte vier grundsätzliche Kategorien: die unorganisierten Wesen (*les Etres bruts où in-organizés*), die organisierten, aber unbelebten Wesen, die organisierten und belebten Wesen und schließlich die organisierten, belebten und vernunftbegabten Wesen. Damit spiegelt sich in der «Kette der Wesen» eine zunehmende Perfektion der Organisation sowohl des Körpers, aber auch der damit verknüpften Seele. In organischen Wesen verknüpft sich nach Bonnet eine immaterielle Seele mit dem materiellen Körper, wobei beide Substanzen wechselseitig aufeinander einwirken können. Daraus folgt, daß die Seele eines perfekteren Körpers auch perfektere Einsichten erlangen kann. Würde man sich vorstellen, daß dieselbe Seele sukzessive durch die «Kette der Wesen» wandern und sich aller dabei gemachten Erfahrungen erinnern würde, dann wäre diese Seele in ihrem Erkenntnisstand einer übermenschlichen Intelligenz gleichgestellt (Bonnet 1764 I, S. 227).

Lückenlosigkeit und Gradlinigkeit der «Kette der Wesen» war für Bonnet notwendiger Ausdruck des Kontinuitätsprinzips und doch nicht lückenlos nachweisbar: «Aber würden wir die Kette der Wesen allein auf der Grundlage unseres aktuellen Kenntnisstandes beurteilen wollen?» (Bonnet 1764 I, S. 234). Es war zuzugeben, daß die Lücke zwischen der unbelebten und der belebten Natur nicht vollständig geschlossen war, doch eine entsprechende Lücke hatte man früher zwischen Pflanzen und Tieren festgestellt, und diese hatte sich unterdessen mit der Entdeckung des Polypen geschlossen. Desgleichen war die Frage einer möglichen Verzweigung der «Kette der Wesen» nicht abschließend zu klären (Bonnet 1764 I, S. 59). Bonnet ließ die Frage bewußt offen. Doch nebst der Möglichkeit einer Verzweigung der «Kette der Wesen» bereitete ihm die Vision einer von Kontinuität durchdrungenen Natur in anderer Hinsicht noch sehr viel mehr Schwierigkeiten.

Für Bonnet, wie für die meisten seiner Zeitgenossen, ging die Vielfalt der biologischen Organisationsformen letztlich auf einen göttlichen Schöpfungsakt zurück: Gott schuf Pflanzen und Tiere, *jegliches nach seiner Art*. Aus dieser Doktrin der Genesis folgte ein theologisches Paradoxon. Gott als ewige Instanz muß außerhalb der Zeit stehen, wie Er nach Bonnet auch als einziger außerhalb der «Kette der Wesen» steht, als deren Schöpfer. Denn gleich irdischen Wesen der Zeit unterworfen zu sein bedeutet Bewegung, Wandel und damit den Verlust von Ewigkeit. Gemäß der biblischen Genesis aber mußte Gottes Wesen eine Veränderung erfahren haben mit dem Entschluß zur Schöpfung, womit Gott auch in die Zeit eingetreten wäre, wie sich denn die Schöpfung auch im Rahmen von sechs Tagen vollzieht (Bonnet 1764 I, S. 248).

In seinem Umgang mit dem Jahrhunderte alten Paradoxon orientierte sich Bonnet am später heiliggesprochenen Kirchenvater Aurelius Augustinus (Roger 1971), der in seiner berühmten Exegese der Genesis, *De Genesi ad Litteram Libri Duodecim*, darauf hinwies, daß entsprechend dem Wesen Gottes der Plan der Schöpfung schon immer, also ewig, beziehungsweise außerhalb der Zeit, in Gottes Denken enthalten gewesen sein muß. Damit gehört der Plan der Schöpfung in die platonische Kategorie des Seienden. Im Gegensatz hierzu vollzieht sich die *Aktualisierung* dieses Schöpfungsplanes im Laufe der Zeit, also im Rahmen der platonischen Kategorie des Werdenden. Augustinus ließ allerdings die sechs Schöpfungstage nur als Allegorie gelten und folgerte konsequenterweise, daß die Aktualisierung des Schöpfungsplanes sich koextensiv (also «zeitgleich») mit der Entfaltung der Zeit vollzieht, letztlich also täglich und stündlich bis hin zur Gegenwart und weiter in die Zukunft. Damit war zugleich auch das Rätsel der Artkonstanz gelöst. Die Wesenhaftigkeit der Art, begründet im zeitlosen Schöpfungsplan, bleibt so auf immer erhalten, dabei aber in der Folge der Generationen durch den Zyklus der Fortpflanzung dauernd aufs neue aktualisiert. Es ergibt sich daraus für die Biologie ein aristotelisch begründetes Weltbild der dynamischen Permanenz, wie dies durch die Astronomie schon seit der Antike geprägt worden war: Dauernd in Bewegung, bleiben die Planeten doch auf ewige Bahnen fixiert (Régnell 1967). «Ich fordere damit, wie man sieht, einen perfekten Parallelismus zwischen dem Astronomischen System und dem Organischen System» (Bonnet 1769 I, S. 262).

Wenn es in der Genesis heißt: «nach seiner Art», so mußte dies nach Augustinus bedeuten, daß Gott die Lebewesen so geschaffen habe, «daß aus ihnen andere geboren wurden und durch Nachfolge die Form des Ursprungs bewahrten ... ‹nach seiner Art› bedeutet also sowohl die Samenkraft als auch die Ähnlichkeit der Nachfolgenden mit den Vorausgegangenen» (Perl 1961, S. 91). Die biologische Art wird damit dualistisch begründet, zum einen durch reproduktive Kohärenz, zum anderen durch Ähnlichkeit. Diese Dualität des Artbegriffes hat Charles Bonnet, und nicht nur ihm, viel Kopfzerbrechen bereitet, denn der Begriff voneinander klar abgegrenzter Arten, die durch den Zyklus der Fortpflanzung eine zeitlose Wesenhaftigkeit immer wieder neu aktualisieren, verträgt sich schlecht mit der Idee einer durchgängigen Kontinuität der «Kette der Wesen». Soll Kontinuität vorherrschen, müssen alle Übergänge fließend sein. Stellen dagegen Arten in sich geschlossene und voneinander klar abgegrenzte Einheiten dar, muß es in der Kontinuität der Naturerscheinungen notwendigerweise Brüche geben.

Wie andere Biologen seiner Zeit rang Bonnet ein Leben lang mit den Problemen der Variation innerhalb biologischer Populationen, mit den Problemen der Hybridisierung, letztlich mit dem Problem der Erblichkeit der Merkmale. «Zwischen dem vollkommensten Menschen und dem Affen gibt es eine Vielzahl kontinuierlicher Übergänge [*un nombre prodigieux de chaînons continus*].» (Bonnet

1764 I, S. 81). Diese Variabilität der Individuen, die eine klare Abgrenzung von Arten zu verunmöglichen scheint, glaubt Bonnet anfänglich in den (präexistenten) Keimen vorgegeben, doch führt er sie später auf Umwelteinflüsse, vor allem auf die Ernährung, zurück. «Man muß nicht glauben, der Keim enthalte im kleinen alle Merkmale, welche die Mutter als *Individuum* kennzeichnen. Der Keim schließt die ursprüngliche Wesenhaftigkeit der Art ein, nicht die Spuren der Individualität» (Bonnet 1768 II, S. 219). Die Fortpflanzung hat zum Ziel, «die Unsterblichkeit der Arten zu begründen, welcher sich die Individuen nicht erfreuen» (Bonnet 1769 I, S. 186).

Bonnet konnte den Konflikt zwischen der Kontinuität der Naturerscheinungen und der Diskontinuität der Arten nicht befriedigend auflösen, noch gelang dies anderen Biologen, die sich dem Kontinuitätsprinzip verschrieben, seien dies Georges Buffon, Étienne Geoffroy Saint-Hilaire, Jean Baptiste Lamarck oder Charles Darwin. Letzterer vertrat eine Theorie des schrittweisen, graduellen Artwandels aufgrund von Variation und natürlicher Selektion. Die Natur macht keine Sprünge, schrieb auch er («*Natura non facit saltum*»: Darwin 1859, S. 206) und mußte dafür die Schlußfolgerung in Kauf nehmen, daß Arten nicht wirklich existierten, sondern bloß eine Konvention zur begrifflichen Bewältigung der biologischen Vielfalt darstellen: « ... ich betrachte den Begriff der Art als einen, den man willkürlich und der Einfachheit halber einer Anzahl von Individuen zuordnet, welche sich sehr ähnlich sehen» (Darwin 1859, S. 52). Hält man dagegen an einer klaren gegenseitigen Abgrenzung der Arten fest, so muß die Evolution einen sprunghaften Charakter annehmen, wie dies immer wieder von Kritikern des Darwinismus vertreten wurde (Rieppel 1989).

3.3 Das Kontinuitätsprinzip und die Präexistenz der Keime

«Die Natur schreitet nicht sprunghaft voran. Alles hat seinen *ausreichenden Grund*, oder seine proximale und unmittelbare Ursache. Der aktuelle Zustand eines Körpers ist die Folge, oder das Produkt, seines vorausgehenden Zustandes; oder, um es genauer auszudrücken, der aktuelle Zustand eines Körpers ist bestimmt durch seinen unmittelbar vorausgehenden Zustand» (Bonnet 1768 I, S. 4). Kontinuität herrscht aber nicht nur im zeitlichen Nacheinander der Entwicklungsstadien eines Organismus, sondern auch im räumlichen und funktionellen Nebeneinander der einzelnen Organe, schreibt doch Leibniz in einem von Bonnet vielzitierten Brief: «Meiner Ansicht nach steht kraft metaphysischer Gründe alles im Universum derart in Verknüpfung, daß die Gegenwart stets die Zukunft in ihrem Schoße birgt ... so wie aber nach mir eine Kontinuität in der Ordnung der zeitlichen Aufeinanderfolge herrscht, so herrscht sie auch in der Ordnung des Gleichzeitigen» (Cassirer 1966, S. 74–78). Daraus folgt nach augustinischem Muster die Präformationslehre: Der Baum ist nach Augustinus bereits im Samen angelegt, seine Form, seine dem göttlichen Schöpfungsplan entsprechende Wesenhaftigkeit ist im Samen präexistent und wartet bloß auf dessen Aktualisierung durch Entwicklung und Wachstum.

Mit gutem Grund hat Roger (1971) Theorien der Präexistenz von solchen der Präformation der Keime unterschieden (Rieppel 1986). Bonnet vertrat eine Theorie der Präexistenz der Keime und führte zu deren Verteidigung zahlreiche Autoren an, nicht zuletzt Leibniz und seine *Theodizee*. Begonnen hat die Entwicklung dieses Theoriengebäudes mit Antoni van Leeuwenhoeks (1632–1723) Entdeckung der Samentierchen (Spermatozoiden), beschrieben im Rahmen einer Serie von Briefen über seine mikroskopischen Untersuchungen, die er ab 1673 an die *Royal Society* in London schickte. Die Samenflüssigkeit des Kabeljau fand er «voll von kleinen, lebendigen Tieren, die sich unablässig hin und her bewegen». Er fand diese Tierchen auch im Samenleiter eines toten Hasen und eines Hahns und im Hoden eines Hundes, woraus er schloß, daß diese Samentierchen in den Hoden gebildet werden. Er berechnete, daß in einem Samenerguß des Kabeljau 150 Millionen solcher Samentierchen existierten, zehnmal mehr als die Zahl der Menschen, die zu seiner Zeit nach seiner Berechnung die Erde bevölkerten. Später fand er Samentierchen in Insekten und kam schließlich zum Schluß, daß sich der Fötus nicht aus dem weiblichen Ei, sondern aus dem männlichen Samentierchen entwickle, wobei ein Samentierchen genügen würde, um einen Fötus zu bilden. Die Editoren der *Philosophical Transactions* der *Royal Society* in London konnten sich des Hinweises nicht enthalten, daß Leeuwenhoek angesichts seiner Berechnung der horrenden Zahl dieser Tierchen im Kabeljau mit der Formulierung seiner Fortpflanzungstheorie hätte vorsichtiger sein müssen.

Nicolaas Hartsoeker (1656–1725), der von Leeuwenhoek den Bau von Mikroskopen lernte, reklamierte in seinem *Essay de Dioptrique* (1694) die Priorität der Entdeckung der Samentierchen für sich, was allerdings einer sorgfältigen historischen Analyse nicht standhält (Roger 1971, S. 299). Berühmt geworden ist der *Essay de Dioptrique* vor allem dank der Abbildung eines Samentierchens, das im Kopf einen Homunculus einschließt, während der Schwanz den Anfang der Nabelschnur bildet. Hartsoeker (1694, S. 228) glaubte, daß im Falle der Vögel jedes Samentierchen «einen männlichen oder weiblichen Vogel derselben Art einschließt» und daß die Samentierchen im Ovarium des Weibchens sich in ein Ei einbohren, wo sie Nahrung für ihr Wachstum finden, daß das Vogelei damit funktionell der Plazenta der Säugetiere entspräche. Er ging in seiner Theorie aber noch weiter und behauptete, daß jeder in einem Samentierchen eingeschlossene männliche Repräsentant derselben Art in sich selbst wiederum eine unendliche Anzahl von ineinandergeschachtelten Samentierchen enthalte, die ihrerseits wieder unendlich kleine Repräsentanten derselben Art einschlössen, alle zum Zeitpunkt der Schöpfung geschaffen. Es war damit die Doktrin des Animalculismus geboren, der Einschachtelung präexistenter Keime in den Spermatozoiden, eine Doktrin, der sich nicht zuletzt auch Leibniz zumindest teilweise anschloß. Letzterer akzeptierte die Präexistenz von Keimen in den Spermatozoiden, nicht aber deren unendliche Einschachtelung. Zwar verteidigte er die Doktrin des Animalculismus gegenüber Bernoulli mit dem Hinweis, daß die Natur «keine äußerste Grenze» kenne (Cassirer 1966, S. 378), hielt aber gleichzeitig fest, daß den Tieren eine Seele zuzuschreiben ist, daß jede Seele in prästabilisierter Harmonie dauernd mit einem Körper verbunden sein muß und daß jede Seele – auch die der Tiere – unsterblich ist. Aus diesen Prämissen, welche die Metempsychose (die Transmigration der Seele von einem Körper in einen anderen) von vornherein ausschließen, folgt die Doktrin der präexistenten Keime mit logischer Notwendigkeit. Jan Swammerdams *Bibel der Natur* zitierend, benutzte Leibniz das Bild der Metamorphose von Insekten oder Lurchen als Metapher für Tod und Auferstehung und behauptete, durch den Tod ziehe sich der Körper auf einen unendlich kleinen physischen Punkt zusammen, der durch Geburt (bzw. Wiedergeburt) zu erneuter Entfaltung fähig sei.

Bonnet fand schon im ersten Band der *Mémoires pour servir à l'Histoire des Insectes* (Réaumur 1734, S. 181) den Hinweis, daß die Natur so klein arbeitet, wie sie will. Réaumur machte sich in diesem Zusammenhang Gedanken über die Größe bzw. Kleinheit der Haare einer Raupe, denn die nach der Häutung in Erscheinung tretenden Haare scheinen schon innerhalb der alten, durch die Häutung abgestreiften Haare eingeschlossen gewesen zu sein. Doch im Gegensatz zu Réaumur und dem bewunderten Leibniz konnte sich Bonnet nicht so schnell mit dem Postulat unendlicher Kleinheit organischer Körper einverstanden erklären: Die unendliche Teilbarkeit der Materie, so stellte er fest, sei zwar «eine geometrische Wahrheit, jedoch ein physischer Irrtum» (Bonnet 1768 I, S. 88). Immerhin gab er zu, daß es dem Menschen infolge seiner begrenzten Wahrnehmungsfähigkeit nicht möglich sei, die letzten Grenzen der Teilbarkeit der Materie zu bestimmen. Aber auch in anderer Hinsicht fand Bonnet Grund, den Argumenten von Leibniz zu widersprechen.

Hatte Leibniz sich der Doktrin des Animalculismus angeschlossen, so wandte sich Bonnet der entgegengesetzten Theorie zu, ja wurde nebst Albrecht von Haller und Lazzaro Spallanzani zum prominentesten Vertreter des Ovismus. Im Vorwort zu seinem *Traîté d'Insectologie* (Bonnet 1745, S. xxiii) glaubte Bonnet in der Folge von Réaumur (1742, S. lxvi), die Regenerationsfähigkeit der Polypen nicht anders erklären zu können als durch die Entwicklung präexistenter Keime (später als Regenerationskeime bezeichnet). Réaumur war davon ausgegangen, daß die Seele im «Kopf» des Polypen lokalisiert sei, und hatte daraufhin die Frage gestellt, woher ein Polyp, der aus einem abgeschnittenen «Fußteil» sich regeneriert, eine Seele bekommen könne? Mit der Annahme, daß die präexistenten Regenerationskeime auch eine präexistente Seele mit einschlössen, löste sich das heikle Problem von selbst. Bei seinen Studien der Blattläuse war Bonnet zuletzt auch nicht entgangen, daß sich Phasen der Jungfernzeugung mit Zyklen der geschlechtlichen Fortpflanzung abwechseln. Réaumur hielt die Eier der Blattläuse für abortive Embryonen, die vor dem Einbruch des Winters geopfert würden, doch Bonnet täuschte sich nicht in der Beobachtung, daß aus Eiern von Blattläusen Jungtiere schlüpften. Daraufhin hatte er «nur eine Hypothese vorzuschlagen, daß nämlich die Begattung vielleicht zur Belebung der Eier dient, welche diese Läuse vor dem Winter ablegen» (Bonnet 1745, S. 175). Impliziert ist in dieser These die Präexistenz von Keimen in den Eiern der Blattläuse, während dem Samen der Männchen lediglich eine stimulierende Funktion zukommt. Diese Schlußfolgerung mußte sich aus der Feststellung der Jungfernzeugung notwendigerweise ergeben. Als Bonnet später selbst im Werk des großen Leibniz die Doktrin präexistenter Keime wiederfand und Haller schließlich mit seinen Studien zur Entwicklung des Hühnchens den Ovismus in den Augen Bonnets endgültig belegte, sah dieser keinen Grund mehr, seine in den *Méditations sur l'Univers* entwickelten Theorien der Öffentlichkeit länger vorzuenthalten.

Leibniz hatte die Generationenfolge der Organismen durch die immanente Unsterblichkeit der notwendig mit einem Körper verknüpften Seelen erklärt: Ein Organismus zieht sich durch den Tod auf einen unendlich kleinen Punkt zusammen, der sich bei der Geburt wieder erneut entfaltet. In den Frühphasen der Entwicklung seiner Theorie schwankte Bonnet hin und her zwischen dieser Leibnizschen Theorie der «Einfaltung» präexistenter Keime und der Annahme ineinandergeschachtelter präexistenter Keime. In seinen *Considérations sur les Corps Organisés* stellte sich Bonnet den präexistenten Keim als ein eingefaltetes Netz von Elementarfasern vor, das durch die Einlagerung von Nahrungsmolekülen wächst und sich entfaltet, beim Tod der Organismen sich aber wieder einfaltet. Als biologisch-physikalische Vorlage für den aus faltbaren Elementarfasern bestehenden Keim mag Hallers Begriff der Tela cellulosa für das Bindegewebe gegolten haben, das durch Einlagerung von Fettmolekülen wächst (vgl. Sonntag 1983, S. 81–83, und Bonnet 1769 I, S. 413). Vor diesem Hintergrund entspricht die «Embryonalentwicklung» des präexistenten Keimes nicht etwa der sukzessiven Entwicklung von Organen und Organkomplexen, sondern der einfachen Entfaltung (französisch: *évolution*) präexistenter Strukturen als Folge eines Wachstumsprozesses. Es ist nicht zuletzt Bonnets weitverbreiteten Schriften zu verdanken, daß sich das Wort *évolution* im Sprachgebrauch der Biologen festsetzte, allerdings mit einer von dem heutigen Sprachgebrauch verschiedenen Bedeutung (Bowler 1975). Später aber, als es Bonnet in seiner *Palingénésie Philosophique* um die Suche nach einer physikalischen Grundlage für das Dogma der Auferstehung ging, erkannte er, daß ein Kriegsversehrter, der seinen Kopf und damit seine Seele und sein Gedächtnis verloren hat, nicht auferstehen könnte. Dieselbe Kritik hatte Bernoulli gegen die Leibnizsche Theorie vorgebracht. Bonnet wandte sich endgültig der These der Einschachtelung präexistenter Keime zu.

Aus heutiger Sicht mag die Doktrin ineinandergeschachtelter, präexistenter Keime lächerlich wirken. Dabei ist aber nicht zu vergessen, daß Bonnet diese Theorie absolut in der empirischen Forschung verankert sah, angefangen mit dem Nachweis der Jungfernzeugung bei Blattläusen und den Regenerationsexperimenten. Angesichts der mangelhaften Instrumentalisierung bestand für die Autoren des 18. Jahrhunderts keine Möglichkeit, die Grenzen des Sichtbaren abzuschätzen. Dennoch stellte sich die Frage, warum denn der präexistente Keim, in einem Hühnerei beispielsweise, sich hartnäckig der Beobachtung entzog. Es waren vor allem Hallers Studien (1758) zur Entwicklung des Hühnchens, die Bonnet mit den notwendigen Argumenten versahen. Daß Haller die Dottersackmembran als Auswuchs des embryonalen Darmes betrachtete und daraus auf die Präexistenz des Hühnchens im Ei schloß, wurde bereits erwähnt. Öffnet man ein frisch gelegtes Ei, so läßt sich vom Embryo noch nichts sehen. Nach sieben Stunden läßt sich auf dem Eigelb ein Fleck ausmachen, der auch in nicht befruchteten Eiern feststellbar ist und eine Struktur aufweist, die einem feinen Netz vergleichbar ist (daher Bonnets Konzeption des Keims als ein Netz von Elementarfasern). Nach 18 Stunden läßt sich ein Schatten auf dem Eigelb identifizieren – der Keim ist noch sehr durchsichtig. Nach 21 Stunden hat sich die weißliche Färbung des Keimes intensiviert, und seine Oberfläche erscheint faltig – der Keim beginnt, sich zu entfalten. Nach 42 Stunden gleicht der Keim einem Wurm –

der Keim durchläuft ein primitiveres Organisationsstadium der «Kette der Wesen». Nach 48 Stunden läßt sich die Bewegung des Herzschlages ausmachen, doch entzieht sich das Organ infolge seiner Durchsichtigkeit noch der Beobachtung. Organe funktionieren offensichtlich schon lange, bevor man sie erkennen kann. Langsam beginnt sich das Blut blaßrot zu färben. Gehirn und Schnabel beginnen als wäßrige, durchsichtige Blasen hervorzutreten; die Augen sind erst weißlich, ohne Pigment. Die Gehirnblasen, selber noch wäßrig und durchsichtig, sind aber bereits von rot gefärbten Blutgefäßen umgeben, was nichts anderes bedeutet, als daß die Organe schon in einem Stadium, da sie noch nicht oder noch nicht ganz sichtbar sind, in einem funktionellen Zusammenhang stehen. Auch die Knochen erscheinen zuerst in gallertiger, durchsichtiger Form und werden erst durch die Einlagerung «erdiger» Substanz besser sichtbar. Entwicklung ist bei Haller ein Wachstumsprozeß, der Einlagerung von Nahrungsmolekülen in eine präexistente Struktur entsprechend, was durch eine Anziehungskraft bewerkstelligt wird, ein Rückgriff auf Newton. Die Präexistenz biologischer Strukturen bedeutet aber nicht, daß sich in deren ersten Stadien der Sichtbarkeit auch schon die für das adulte Tier typische Form erkennen läßt: Das Herz, beispielsweise, durchläuft eine Serie von Metamorphosen, wie Haller feststellte. Erst war nur der Herzschlag in einem weißlichen Nebel feststellbar, dann traten zwei Blasen hervor, nach 50 Stunden schließlich waren drei Blasen erkennbar. Haller hoffte mit seinen Studien aufgezeigt zu haben, «wie eine weiche und halbflüssige Materie durch eine einfache *évolution* einen Zustand erreichen kann, der radikal verschieden ist von ihrem primordialen Zustand» (von Haller 1858, S. 175). Der Keim ist wirklich nichts weiter als eine organisierte Flüssigkeit, wie ihn auch Bonnet in späteren Schriften kennzeichnet. Kleinheit, Flüssigkeit, Durchsichtigkeit und die Einfaltung der Organe sind alles Elemente, die den frühen Keim der Sichtbarkeit entziehen, und zugleich Elemente, die sich verschiedentlich in den Schriften früherer Embryologen wie William Harvey (1578–1657), Marcello Malpighi (1628–1694) und besonders Swammerdam wiederfinden (Rieppel 1987). Auf die geringe Größe und Unsichtbarkeit präexistenter Keime hatte auch Nicolas Malebranche (1638–1715), «der große Apostel der Präexistenz der Keime» (Savioz 1943a, S. 93), in seiner *Recherche de la Vérité* (erste Ausgabe 1674–1675) hingewiesen. Nicht zuletzt hatte Réaumur die Einfaltung bereits vorhandener Flügel in der Schmetterlingspuppe beschrieben (Réaumur 1734, S. 352) sowie die außerordentliche Kleinheit der Embryonen in den Eiern von Lausfliegen (Réaumur 1742, S. 590), aus welchen anfänglich bloß eine flüssige, dennoch aber organisierte Substanz ausfließe (Réaumur 1742, S. 594).

Bleibt die Frage nach der Rolle der Befruchtung. Für Bonnet war es nebst den schon erwähnten Gründen auch die absolute Unbeweglichkeit des präexistenten Keimes, welche diesen der Sichtbarkeit entzog. Durch die Befruchtung aber gelangt Samenflüssigkeit in die Kreislauforgane der Keimes, welche dadurch zu arbeiten beginnen und die Entfaltung des Keimes anregen. In bezug auf die Samentierchen schloß sich Bonnet der Meinung Réaumurs an, wonach es sich dabei um selbständige Organismen handle, vergleichbar den Eingeweidewürmern. Auf diese Interpretation folgte naturgemäß die Frage nach der Urzeugung primitiver Lebewesen, und so wurde die Frage nach der Rolle des männlichen Samens bei der Befruchtung zu einem zentralen Thema in der Zusammenarbeit zwischen Bonnet und Lazzaro Spallanzani.

Da im präexistenten Keim bloß die wesenhaften Merkmale der Art präformiert sind, bleibt zuletzt noch die Frage der gemischten Vererbung individueller väterlicher und mütterlicher Merkmale auf die Nachkommenschaft zu erklären. Wie die meisten seiner Zeitgenossen ging Bonnet von der Existenz eines männlichen sowie eines weiblichen Samens aus. Die männliche Samenflüssigkeit stimuliert nach der Befruchtung zuerst die Funktion des Herzens, wird dann durch den Blutkreislauf durch den ganzen Keim geführt, öffnet dabei die Maschen der Elementarfasern, macht diese dadurch aufnahmefähig für Nahrungsmoleküle und wirkt zugleich als erste Nahrung. Dabei ist aber die Samenflüssigkeit eine «Flüssigkeit die mit besonderen Fähigkeiten begabt ist» (Bonnet 1768 II, S. 209), nämlich der Übertragung väterlicher Merkmale auf die Nachkommenschaft. Analog ist die Funktion des weiblichen Samens zu verstehen, wobei die individuellen Merkmale der Eltern sich nach Maßgabe der «Aktivität» ihrer Samenflüssigkeit vermischen. Sollte Albrecht von Haller recht behalten mit seinem Befund, daß eine weibliche Samenflüssigkeit gar nicht existiert, so müßte angenommen werden, daß mütterliche Merkmale als Folge der Einbildungskraft der Mutter sich auf die Nachkommenschaft übertragen. Das Argument muß aus heutiger Sicht absurd klingen, doch widmete Maupertuis in seiner *Vénus Physique* (1745) demselben Phänomen ein ganzes Kapitel.

Die Doktrin des Ovismus war im zeitgemäßen Kontext durchaus mit Beobachtungsdaten untermauert, wobei als vielleicht wichtigster Aspekt die notwendig erscheinende, funktionelle Korrelation der Teile zu nennen ist. Haller hatte gezeigt, daß dem Gehirn des Hühnchens Blut zugeführt wird, bevor es deutlich sichtbar wird. Bonnet schloß daraus: «Die Arterien setzen Venen voraus; die einen wie die anderen setzen Nerven voraus; diese wiederum setzen ein Gehirn voraus; das letztere setzt ein Herz voraus; und sie alle setzen eine Vielzahl von Organen voraus» (Bonnet 1764 I, S. 154). «Der sich entwickelnde Keim ernährt sich; die Organe des Blutkreislaufs setzen damit jene der Ernährung voraus. Aber der Keim bewegt sich; die Organe der Bewegung setzen jene der Empfindung voraus» (Bonnet 1764 I, S. xxiv). Aus solchen Betrachtungen folgte die Präexistenz der aus funktionellen Gründen notwendigerweise miteinander verknüpften Organe als logische Notwendigkeit, was Bonnet an ein weiteres Feld biologischer Forschung heranführte. Die Materialisten unter den Autoren des 18. Jahrhunderts, wie etwa Maupertuis oder Diderot, vertraten eine atomistische Theorie der Fortpflanzung, wonach sich die (präformierten) Teile («Atome») des Embryos gleichsam zufällig, d.h. allein auf der Grundlage von der Materie innewohnenden Eigenschaften, zusammenfinden. Als Analogie zur Embryogenese war das Bild des Wachstums von Kristallen weit verbreitet (Roger 1971; Rieppel 1986). Die Entwicklung des Embryos wurde auf ein Appositionswachstum reduziert, *accroissement par juxtaposition*, wie Bonnet dies nannte und allenfalls für Molluskenschalen für möglich hielt (Bonnet 1764 I, S. 61f.). Schon der Knochen aber wächst nach einem anderen Muster, wie dies Haller gezeigt hatte, nämlich durch Einlagerung «erdiger» Substanz in das Innere des präexistenten Knochens, *accroissement par intussusception*. Im Gegensatz zur Molluskenschale ist der Knochen ja auch durchblutet, eine wichtige Voraussetzung zur Einbringung von Nahrungsmolekülen in seine Grundsubstanz.

Tatsächlich kann die Einlagerung organischer oder anorganischer Substanz in ein eingefaltetes Netz von Elementarfasern nur intussuszeptionelles Wachstum bedeuten, weswegen sich die Betrachtung des Wachstums von tierischen Skeletten wie ein roter Faden durch Bonnets Werk zieht. Wenn auch die Molluskenschale (nach modernem Kenntnisstand) tatsächlich allein durch Apposition wächst (wie dies auch für Knochen gilt), so spekulierte Bonnet dennoch, daß es einen *succus lapidus* geben könnte, der durch Poren in die präexistente Struktur der Molluskenschale eindringt (Bonnet 1764 I, S. 61). Später fand er die Molluskenschale ähnlich dem Knochen in parenchymatischer Form vorgebildet, als ein Fasersystem, das im Laufe des Wachstums der Inkrustation durch Kalk unterliegt (Bonnet 1969 I, S. 403–405). Diese Inkrustation von Kalk auf die Außenfläche der Fasern einer präformierten Struktur bezeichnete Bonnet zwar auch als Apposition, doch bestand in seinem System ein wichtiger Unterschied zum Wachstum von Kristallen, das von den Materialisten mit dem Wachstum biologischer Strukturen gleichgesetzt wurde. Nach Bonnet fügen sich Kalkpartikel nicht allein aufgrund von in der Materie immanenten Gesetzen oder aufgrund von Zufall zusammen. Statt dessen besteht eine (präexistente) organische Struktur, welche die Apposition (bzw. Inkrustation) von Kalkpartikeln determiniert. Abgesehen von der Annahme der Präexistenz des organischen Substrats sollte Bonnet mit dieser Erklärung des Wachstums tierischer Skelette recht behalten.

Die Präexistenz funktionell miteinander korrelierter Organe war zugleich Ausdruck des zeitlosen Schöpfungsplanes, der eine universelle Harmonie in der Natur etablierte. Durch die funktionelle Korrelation der wesenhaften Teile eines Organismus war nicht nur die Zeitlosigkeit seiner Erscheinung zementiert, sondern auch seine bleibende perfekte Anpassung an die vom Schöpfer vorgesehene Umwelt. «Alle Klimazonen haben ihre Organismen («*productions*»); alle Teile der Erde haben ihre Einwohner ... Wunderbare Harmonie, bewundernswerte wechselseitige Beziehungen, welche durch die unterschiedliche Kombination der verschiedenen Organismen an verschiedenen Orten sicherstellt, daß kein Ort unbelebt bleibt» (Bonnet 1764 I, S. 120f.). Räuber und Beute stehen in einem ausgewogenen Gleichgewicht zueinander, Arten mit der höchsten Reproduktionsrate haben auch am meisten Feinde, «der Profit wägt dauernd den Verlust auf» (Bonnet 1764 II, S. 82). Nur ein Problem schien dieses Bild göttlicher Vorsehung zu trüben: Mißgeburten, charakterisiert entweder als *monstres par excès* (mit überzähligen Teilen) oder *monstres par défaut* (mit fehlenden Teilen).

Materialisten, der Kristallanalogie für biologisches Wachstum verschrieben, fanden das gelegentliche Auftreten von «Fehlern» bei der Kombination der einzelnen Teile eines Organismus kaum problematisch. Mißgeburten waren die Folge. Mit seiner konservativen Geisteshaltung und tiefen Religiosität verabscheute Bonnet den Materialismus und negierte jeglichen Einfluß von *causes accidentelles* auf den natürlichen Lauf der Dinge. Gleichzeitig war es aber auch nicht mit Gottes Güte, Weisheit und Voraussicht vereinbar anzunehmen, daß es ursprünglich mißgebildete präexistente Keime geben könnte. Bonnet hatte auf den ursprünglich flüssigen Zustand der Keime hingewiesen und schloß, daß Mißbildungen mit überzähligen Organen durch die vollständige oder teilweise Verschmelzung zweier Keime während Frühphasen ihrer Entwicklung entstanden. Auf dieselbe Weise hatte Réaumur das Vorkommen eines Hühnchens mit vier Beinen in einem von ihm geöffneten Ei erklärt. Umgekehrt könnten schon kleine Einwirkungen wie etwa schwacher Druck auf die Keime während der Frühphasen ihrer Entwicklung zum Fehlen von Organen führen: Zwei zunächst gelatinös angelegte Rippen könnten unter Druck leicht miteinander verschmelzen (Bonnet 1764 II, S. 247f.).

3.4 Der Optimismus und die *Palingénésie Philosophique* (1769)

Das Wort *Palingenesis* stammt ursprünglich aus dem Griechischen und bezeichnet die Wiedergeburt der Seele in einem erhöhten Erleuchtungszustand. Die *Palingénésie Philosophique* (1769) darf wohl als Bonnets komplexestes, aber auch umstrittenstes Werk gelten, ging es ihm darin doch letztlich um die biologische Grundlage des Dogmas der Auferstehung. Wie in Leibniz' *Monadologie* ist für Bonnet der Mikrokosmos ein Spiegel des Makrokosmos, beide durch das Kontinuitätsprinzip zusammengebunden. Der Kontinuität der «Evolution» eines Keimes entspricht die Kontinuität der Kette der Wesen, und so wie der (präexistente) Keim im Laufe seiner «Entwicklung» im Rahmen einer Folge von Metamorphosen die Stufen der Kette der Wesen rekapituliert, so durchläuft die Kette der Wesen im Rahmen einer Folge erdgeschichtlicher Revolutionen eine (prädeterminierte) Höherentwicklung.

In dieser Palingenese (von der Ernst Haeckels Begriff der Palingenesis nur einen Teilaspekt erfaßt) ist ein Wust historischen Gedankengutes begraben, den es erst zu entwirren gilt, bevor Bonnets System der Natur in seiner Ganzheit erfaßt werden kann.

Das dominante, der Palingenese zugrundeliegende Konzept, das auch in Leibniz' Optimismus seinen Ausdruck findet, ist jenes des Fortschritts und der Höherentwicklung, Teleologie bei Aristoteles, Entelechie bei Leibniz: «Wenn nun der Zweck einer jeden Sache das Höherstehende ist ... und der Zweck gemäß der Natur das ist, was nach seinem Ursprung sich natürlicherweise zuletzt vollendet ... so kommt also bei den Menschen zuerst ihr körperliches Wesen zur Vollendung und erst später ihr seelisches; die Vollendung des Höherstehenden kommt immer im Werdeprozeß irgendwie hintendrein ... vom seelischen Wesen ist wieder das Letzte die Vernunft» (Aristoteles, nach Balss 1943, S. 17ff.). Aristoteles unterschied drei Seelen: die vegetative Seele, welche vegetative Körperprozesse wie die Ernährung steuert und allen Lebewesen zukommt; die animalische Seele, animalische Funktionen wie die Bewegung (z.B. die Hallersche *irritabilité* der Muskelfasern) steuernd und nur den Tieren und Menschen gemein, und schließlich die Vernunftseele, die allein dem Menschen zukommt. Diese Stufenleiter der Seelen wird vom menschlichen Embryo in seiner Entwicklung rekapituliert: Mit dem Erwachen der vegetativen Seele beginnt seine Ernährung, mit dem Erwachen der animalischen Seele beginnt er sich zu bewegen, die Vernunftseele schließlich erwacht erst im postembryonalen Stadium. Die Embryonalentwicklung rekapituliert die «Kette der Wesen» (a.a.O., S. 61). Nach Bonnet (1769 I, S. 317) «wird das Kind durch die Entwicklung all seiner Organe zum denkenden Wesen ... Würden Sie vermuten, daß das Kind, das erst noch unter der Stufe des Tierischen steht, eines Tages in die Abgründe der Metaphysik blikken würde oder die Laufbahn eines Planeten berechnen würde?» Im biologischen Schrifttum des 18. Jahrhunderts spielt der Begriff der Metamorphose eine große Rolle, nicht zuletzt im Sinne von Basilius Magnus (*Hexaemeron*) als Gleichnis für Tod und Auferstehung. In diesem Sinne hatte auch Swammerdam den Begriff der Metamorphose in seiner *Bibel der Natur* benutzt. Bonnet setzte die Begriffe *évolution*, *métamorphose* und *révolution* oft synonym und verwies auf die seltsamen Revolutionen, welche das Hühnchen während seiner Entwicklung durchläuft, wobei er die Ähnlichkeit eines Frühstadiums dieser Entwicklung mit einem Wurm betonte (Bonnet 1769 I, S. 178). Dieselbe Beobachtung zieht sich wie ein roter Faden durch frühe Studien der Entwicklung des Hühnchens und findet sich nicht nur bei Aristoteles, sondern auch bei William Harvey und Albrecht von Haller, eine Parallelität der Embryonalentwicklung mit der «Kette der Wesen» implizierend. Indem Bonnet *métamorphose* mit *révolution* gleichsetzte, konnte er eine dritte Parallelität in die Gleichung einsetzen, nämlich die Entsprechung der Embryonalentwicklung mit der einen Zyklus von Revolutionen durchlaufenden Erdgeschichte. Die Idee wiederkehrender Katastrophen im Laufe der Erdgeschichte resultiert aus einer aristotelisch gefärbten Lesart der Bibel. Geht man von der Ewigkeit der Materie aus, so hat die Schöpfung Ordnung in die von einer vorausgehenden Katastrophe ins Chaos gestürzte Materie gebracht; die Sintflut war eine erneute Katastrophe; die in der Bibel angekündigte Apokalypse wird die nächste Katastrophe sein. Bonnet fand eine Theorie wiederkehrender erdgeschichtlicher Revolutionen in William Whistons (1667–1752) *New Theory of the Earth* (1696), beteuerte aber die Eigenständigkeit seiner Ideen. Er fand Belege für wiederkehrende Revolutionen in fossilen Überresten von Lebewesen vergangener erdgeschichtlicher Epochen und in den Ruinen von Bauwerken vergangener Zivilisationen.

Zuletzt aber ist zum besseren Verständnis der *Palingénésie Philosophique* nochmals auf Bonnets Konzept der Einschachtelung präexistenter Keime, und damit auch auf sein Verständnis des Leib-Seele-Problems, zurückzukommen. Leibniz, so schloß Bonnet, habe Swammerdams Schilderung der Metamorphose falsch begriffen und geglaubt, der Schmetterling entstehe durch die Metamorphose des eigentlichen Körpers der Raupe (Bonnet 1769 I, S. 302). Dies sei jedoch nicht zutreffend, behauptete Bonnet. Vielmehr entwickle sich der Schmetterling aus in der Raupe eingeschlossenen, präexistenten Anlagen. Solches sei durch Réaumurs Beobachtungen zum Häutungsprozeß der Raupen nachgewiesen worden (Bonnet 1764 I,

S. 285f.). Tatsächlich ist Swammerdams Argumentation in diesem Punkt unscharf und kann zur Untermauerung beider Standpunkte herangezogen werden (Rieppel 1988).

Bonnet folgte Leibniz in der Meinung, daß im Organismus eine immaterielle Seele auf Dauer mit dem materiellen Körper verknüpft sei und daß die Ablehnung der Doktrin der Seelenwanderung die Schlußfolgerung nach sich zieht, daß im präexistenten Keim nicht nur der Körper, sondern auch dessen Seele eingeschlossen sein müsse. Im Falle des von Leibniz verfochtenen Animalculismus ergab sich mit dieser Schlußfolgerung allerdings ein weiteres Problem. Schon Leeuwenhoek hatte auf die unerklärlich große Anzahl von Spermatozoiden hingewiesen, von welchen letztlich nur sehr wenige zur Entwicklung kommen. Um die Idee eines verschwenderischen Gottes von vornherein auszuschließen, nahm Leibniz an, daß die Spermatozoiden (noch) nicht mit einer rationalen Seele ausgestattet sind. Kommt aber ein solches Spermatozoid im Mutterkörper zur Entwicklung, würde in ihm dank Gottes unmittelbarer Einwirkung nach aristotelischer Vorgabe eine rationale Seele erwachen. Eine Transkreation würde stattfinden. Dem Empirismus verpflichtet, hatte Bonnet die Doktrin der Transkreation schon in seinem *Essai Analytique sur les Facultés de l'Ame* (1760) abgelehnt, da er die Natur allein Sekundärursachen unterworfen wissen wollte. Als Ovulist hatte er auch nicht mit dem Problem der überzähligen Samentierchen zu ringen.

Angesichts der Annahme, daß Körper und Seele nur im Verbund existieren können, stellt sich die Frage nach der Natur der Wechselbeziehung zwischen diesen beiden Substanzen. Es war keine Frage, daß der immaterielle Geist den Körper beeinflussen kann, wie dies etwa in willkürlicher Bewegung zum Ausdruck kommt. Umgekehrt kann aber auch der Körper auf die Seele wirken, wie dies durch Schmerzempfindung nachweisbar ist. Da die Seele aber eine immaterielle Substanz darstellt, ist die Cartesianische Physik, die allein auf materiell begründeten Stoßgesetzen aufbaut, kaum geeignet, die Wechselwirkung zwischen Seele und Körper zu erhellen. Im Laufe der Zeit waren verschiedene Lösungen des Leib-Seele-Problems vorgeschlagen worden, die meisten metaphysisch begründet. Leibniz löste das Problem mit seiner Doktrin der prästabilierten Harmonie. Bonnet wollte den Boden des Empirismus nicht so schnell verlassen und beteuerte: «Ich betrachte daher die Verbindung von Körper und Seele, und die wechselseitige Beziehung zwischen den beiden, als ein Phänomen, dessen Gesetzmäßigkeiten ich studiere, über dessen wahre Natur ich aber in tiefer Unwissenheit verharre. Ich gebe zu, keine Ahnung zu haben, wie Bewegung eine Idee auslösen kann, wie eine Idee Bewegung verursachen kann» (Bonnet 1760, S. 5). Damit argumentierte Bonnet nach bewährtem Muster: Auch Newton hatte die Gesetzmäßigkeiten der Gravitation untersucht, ohne sich über die eigentliche Natur der Gravitationskraft im klaren zu sein. Um der Kritik der Cartesianer entgegenzukommen, schrieb Newton später die Gravitationskraft einer ätherischen Substanz zu. Entsprechend bezeichnete Bonnet den Keim der Auferstehung, Sitz der unsterblichen Seele, als ätherischen Körper. War im Falle Newtons der Rückgriff auf Äther durch dessen Neigungen zum Alchemismus motiviert, so suchte Bonnet nach «unsterblichen», «unzerstörbaren» Keimen in der Natur und fand diese in den Eiern der Blattläuse, welche den Winter unbeschadet und ohne Nahrung überdauerten. Trembley hatte beobachtet, daß Eier des Polypen längere Zeit überdauern können (Brief an Réaumur vom 23. Januar 1744; Trembley 1943). Zudem wußte Bonnet von Fischeiern, welche eine Austrocknung ihres Lebensraumes überdauern können.

Nach Bonnet ist nun der Organismus ein gemischtes Wesen. Die Persönlichkeit und Individualität eines Organismus ergibt sich aus der Summe seiner Lebenserfahrungen, die sich als Sinneseindrücke (im wahrsten Sinne des Wortes) der Seele mitteilen und im Gedächtnis festgehalten werden. Dem Gedächtnis wiederum fällt im Rahmen der Palingenese, der Wiedergeburt der Seele in einem erhöhten Erleuchtungszustand, eine wichtige Rolle zu. Zum ersten ist es nur die Erinnerung an frühere Inkarnationsstadien, welche der Seele im Rahmen ihres Aufstiegs durch die «Kette der Wesen» Einsicht in die Güte Gottes vermittelt. Und wie dies auch Leibniz schon ausgeführt hatte, bliebe der Seele ohne Erinnerung an ihre früheren Taten jede Einsicht in Belohnung oder Strafe anläßlich des Jüngsten Gerichtes verwehrt.

Die Mosaiksteine der *Palingénésie Philosophique* sind somit vollzählig und müssen nur noch zum Gesamtbild zusammengefügt werden. Gott schuf die Lebewesen, jedes nach seiner Art. In jedem Lebewesen verknüpft sich eine unsterbliche Seele mit einem materiellen Körper. Sitz der unsterblichen Seele ist ein ätherischer Keim der Auferstehung, der im Falle des Menschen im Gehirn, genauer im Corpus callosum, eingeschlossen ist. Ineinandergeschachtelt in diesem Keim der Auferstehung sind aber auch die Körperformen, die nach jeder Auferstehung gemäß göttlicher Voraussicht aktualisiert werden. Göttliche Güte und Weisheit hat es nun so eingerichtet, daß die aufeinanderfolgenden Körperformen der Auferstehung eine zunehmende Organisationshöhe aufweisen.

Während einer gegebenen erdgeschichtlichen Epoche propagieren sich die für diesen Zeitabschnitt typischen Lebensformen durch sukzessive Ausfaltung der in den Eiern der Weibchen präexistenten Generationenfolge. Im Falle einer erdgeschichtlichen Revolution reißt die bestehende Generationenfolge ab; die bestehenden Lebensformen verschwinden von der Erdoberfläche, verfallen zu Staub. Übrig bleiben die Keime der Auferstehung. Aus ihnen gehen die neuen Lebensformen hervor, die gegenüber den vorausgehenden Lebensformen einen Fortschritt in ihrer Organisation darstellen und die an ihre neue Umwelt wiederum perfekt angepaßt sind (Bonnet übersah die Frage, wie die *Scala Naturae* von unten her immer wieder neu aufgefüllt würde). Infolge der fortgeschrittenen Organisationsform des Körpers ist die unsterbliche Seele Empfänger verbesserter Sinneseindrücke und erreicht so durch fortdauernde Lebenserfahrung und Gedächtnis einen höheren Grad der Erleuchtung. Die Zukunft wird bestimmt sein durch die (vorherbestimmte) Fähigkeit zur Perfektionierung der Lebensformen: Zum platonischen Geistwesen erhoben, losgelöst von körperlichen Beschränkungen der Erkenntnisfähigkeit, wird im Zuge der nächsten Katastrophe der Mensch «diesen ersten Platz, den er unter den Tieren unseres Planeten innehatte, den Affen oder Elephanten überlassen» (Bonnet 1769 I, S. 204). Das Tier wird im Laufe dieser Palingenese auf die Stufe eines intelligenten, vernunftbegabten Wesens gehoben werden, und dies dank Bonnets Doktrin des «gemischten Wesens» ganz ohne direktes Eingreifen Gottes, ohne Transkreation, wohl aber in einer von Gott vorherbestimmten Form und Weise.

Bonnet bedeutet im französischen Sprachgebrauch auch «Mütze»: War Bonnets Sicht der Natur durch seine Mütze eingeschränkt, wie Voltaire sich boshaft ausdrückte? Vielleicht. Doch 1837 notierte Darwin: «Wenn alle Menschen tot wären, würden Affen zu Menschen – Menschen zu Engeln» (Gruber & Barrett 1974, S. 158, 213). Es kann kein Zweifel bestehen, daß die Temporalisierung der Kette der Wesen, wie dies Lepenies (1978) ausdrückte, einen wesentlichen Beitrag zur Genese der Evolutionstheorie (im modernen Wortsinn) leistete (Lovejoy 1936). Mit der *Palingénésie Philosophique* hatte Bonnet eine (scheinbare) Dynamisierung der «Kette der Wesen» vollzogen. Der Entwicklungsprozeß, die *évolution* präexistenter Keime, ist notwendigerweise ein dynamischer Prozeß, welcher parallel zur *Scala Naturae*, einem zunächst statischen Ordnungsprinzip der Natur, verläuft. Mit der *Palingénésie* aber wurde die *Scala Naturae* selbst einem historischen Prozeß unterworfen, im Rahmen eines Zyklus erdgeschichtlicher Revolutionen zu neuen Organisationsformen aufsteigend, der Jakobsleiter neue Sprossen anfügend. Scheinbar ist diese Dynamisierung der Naturgeschichte bei Bonnet deshalb, weil kein Raum zur Entwicklung von etwas Neuem offenbleibt. Durch göttliche Prädestination ist alles vorherbestimmt. Alle Lebensformen, die sich im Laufe der Erdgeschichte «entwickeln» (eigentlich: entfalten, auswickeln) werden, sind präexistent, ineinandergeschachtelt, gehen auf die uranfängliche Schöpfung zurück. Eine Welt der dynamischen Permanenz: «Ich folgere also, daß die Keime sämtlicher organisierter Wesen geschaffen wurden nach genau vorherbestimmten Beziehungen zu den diversen Revolutionen, die unsere Erde durchlaufen sollte» (Bonnet 1769, S. 253).

4. Ausblick

Bonnet war ein zutiefst konservativer, von calvinistischer Religiosität geprägter Geist. Prädestination hatte im Calvinismus des 18. Jahrhunderts eine überragende Bedeutung. Zu Lebzeiten Bonnets war es aber durch Fortschritt der Erkenntnis unmöglich geworden, die Naturforschung auf ein starres Ordnungsprinzip zu reduzieren. Nicht zuletzt die Entdeckung der Regenerationsfähigkeit des Polypen hatte die Sammlungsschränke der Naturalienkabinette aufgebrochen und dadurch dem Materialismus ein neues Tor zum Eintritt in die Biologie geöffnet. Mit dem Materialismus aber verband sich für Bonnet in erster Linie die Gefahr des Atheismus; dann aber auch die Gefahr, daß Naturprozesse allein den Gesetzmäßigkeiten der Materie oder, schlimmer noch, dem Zufall, überlassen wären. Mißgeburten konnten plötzlich als Anfangsstadien der Entstehung neuer Arten aufgefaßt werden, die durchgehende Determination der Naturprozesse durch von Gott erlassene Sekundärursachen kam ins Wanken, die Ordnung der Natur drohte zusammenzubrechen und damit auch die festgefügte Hierarchie der alten Gesellschaft. Bonnet spürte deutlich den frischen Wind der Aufklärung, dem durch den zerschnittenen Polyp Einlaß in die Naturgeschichte gewährt worden war, und er erkannte auch richtig die Gefahren, die durch diese Entwicklung heraufbeschworen wurden. Das explosive Gemisch entzündete sich denn auch wenig später in den Straßen von Paris. Zeit seines Lebens setzte sich Bonnet für eine stabile, gesicherte, strikt hierarchisch gegliederte Gesellschaft ein, wie dies im Briefwechsel mit von Haller besonders deutlich zum Ausdruck kommt (Sonntag 1983). Die Stasis, die sich hinter seiner von dynamischer Permanenz dominierten Naturgeschichte verbirgt, ist Ausdruck eben dieser Geisteshaltung (Marx 1976).

Bonnet wurde für seine Schriften verschiedentlich kritisiert. Mit abnehmender Sehkraft verlegte er sich immer mehr auf die Synthese der Werke seiner Vorgänger oder Zeitgenossen, diese zusammenfassend, erweiternd, neu interpretierend. So sah er sich vielfach dem Vorwurf des Plagiats ausgesetzt, begonnen mit dem eingangs schon erwähnten Gleichnis der infolge von Sinneseindrücken zu Leben erwachenden Statue. Insbesondere war aber auch trotz aller Unterschiedlichkeit im Detail eine derart enge Beziehung zwischen Bonnets Gedankengebäude und der Philosophie Leibniz' erkenntlich (Rieppel 1988), daß sich Bonnet wiederholt des Plagiats der Leibnizschen Schriften bezichtigt sah, erst durch den Pater Pierre Sigorgne (1719–1803), der gegen Bonnet eine Polemik anzettelte, wobei er Argumente, die Bonnet selber entwickelt hatte, fälschlicherweise Leibniz zuschrieb (Marx 1976), dann aber durch den ernster zu nehmenden Philosophen Moses Mendelssohn (1729–1786). Leonhard Euler (1707–1783) machte Bonnet in einem Brief vom 12. März 1770 den Vorwurf, die Hypothese der Epigenese leichtfertig verworfen zu haben, doch in seiner Antwort führt Bonnet erneut alle Argumente auf, die für die Einschachtelung präexistenter Keime sprechen (Savioz 1943a, S. 292f.).

Es mag an seiner unbedingten Treue zu dieser Doktrin liegen, daß Bonnet in der Geschichte der Biologie keinen prominenteren Platz errungen hat. Man darf dabei aber nicht übersehen, daß er nebst seinen früheren empirischen Studien auch im Alter weitere solcher wichtiger Studien angeregt hat und dabei stets danach trachtete, sein eigenes Theoriengebäude auf Beobachtungsdaten abzustützen. Dabei hat er große intellektuelle Integrität bewiesen und widersprüchlichen Beobachtungen seiner Zeitgenossen Rechnung getragen, wie sich dies etwa in seiner Reaktion auf Hallers Kritik der Hypothese einer weiblichen Samenflüssigkeit ausdrückt. Zuletzt hat er es auch stets vermieden, seine Theorien über den Bereich ihrer Gültigkeit hinaus auszudehnen und zu verteidigen. Und wenn auch seine Theorie der Fortpflanzung aus heutiger Sicht weit danebenging, so hat seine Treue zur Empirie doch wichtige Forschungen angeregt: zur Jungfernzeugung, zur Urzeugung (mit Spallanzani), zur Rolle des (männlichen) Samens bei der sexuellen Fortpflanzung (mit Spallanzani), zur Metamorphose der Insekten, zur Regenerationsfähigkeit verschiedener Organismen (mit Spallanzani) und nicht zuletzt zum Wachstum tierischer Skelette.

Vor allem aber hat Bonnet auch konzeptuell viel zur Biologie beigetragen und damit am Fundament späterer Forschung mitgebaut. Er war der versierteste und prominenteste Vertreter der Kette der Wesen, hat aber deutlich auf die Möglichkeit von deren Verzweigung hingewiesen. Eine lineare, d. h. exklusive Hierarchie der Naturordnung sah sich schon seit Aristoteles' Kritik an Platons Methode der Dichotomisierung in einem Spannungsfeld zu einer dichotom-subordinierten, d. h. inklusiven Hierarchie befangen. Ospovat (1981) und Richards (1992) haben den vielfach gewundenen Weg nachgezeichnet, den die biologische Forschung verfolgte, bis sich das Schema einer verzweigten Naturordnung im Denken Darwins durchsetzte, abgebildet als dichotom verzweigter Stammbaum im vierten Kapitel von *On the Origin of Species* (1859). Mit seiner Doktrin präexistenter Keime hat Bonnet das Problem der funktionellen Korrelation der Teile eines perfekt an seine Umwelt angepaßten Organismus in aller Schärfe herausgestrichen. Das Konzept optimaler Anpassung ist in der Biologie bis heute noch nicht vollständig überwunden, obwohl Darwins vielleicht größte intellektuelle Leistung in der Überwindung eben dieses Konzeptes lag. Bei optimaler Anpassung kann sich kein Artwandel durch Variation und Selektion vollziehen. Wieder hat Ospovat (1981) in aller Deutlichkeit die schwierige intellektuelle Entwicklung Darwins dargestellt, die schließlich zur Überwindung des Konzeptes einer perfekten Anpassung zugunsten einer relativen, für das Überleben ausreichenden Anpassung der Arten führte und damit das Tor öffnete zu einer materialistischen Erklärung des Ursprungs neuer Arten.

Und wenn auch seine *Palingénésie Philosophique* bizarr anmutet, so sind darin doch für die Geschichte der Biologie wichtige Konzepte enthalten wie der sogenannte Dreifach-Parallelismus. Es handelt sich dabei um die Parallelität der Ordnung in der aufsteigenden Klassifikation der Organismen, mit der Folge der Entwicklungszustände derselben Organismen im Laufe ihrer Embryonalentwicklung sowie mit dem Auftreten derselben Organismen im Fossilbeleg aufeinanderfolgender Gesteinsschichten. Dieser Dreifach-Parallelismus zieht sich wie ein roter Faden durch das Werk von Geoffroy Saint-Hilaire, Louis Agassiz, Charles Darwin, Ernst Haeckel und wird bis heute in der vergleichenden Biologie lebhaft diskutiert (Rieppel 1988). Und zuletzt hat Bonnet, wenn auch in einer etwas esoterischen und sicherlich paradoxen Weise, doch einen wichtigen Beitrag geleistet zur Temporalisierung der Naturgeschichte.

Ariane Dröscher

Lazzaro Spallanzani
(1729–1799)

1. Einleitung

Abbé Lazzaro Spallanzani, vielseitiger Naturforscher und Meister der Mikroskopie, Priester und Universitätsprofessor, «il modanese», wie er sich selber gerne bezeichnete, lieferte einen der wichtigsten Beiträge zur Widerlegung der Urzeugung, zeigte die Wichtigkeit der vollständig erhaltenen Spermatozoen für die Befruchtung und führte die erste künstliche Besamung durch. Neben diesen und vielen weiteren Errungenschaften liegt seine Bedeutung vor allem in seiner für damalige Verhältnisse revolutionären Methodik. Spallanzani gilt als einer der ersten Biologen, die experimentelle Forschung betrieben. Er stützte sich bei seinen Antworten auf die großen Fragen der allgemeinen Biologie auf eine enorme Fülle mit chemisch-physikalischer Analyse erhaltener Daten.

2. Lebensweg

Lazzaro Spallanzani wurde am 12. Januar 1729 in Scandiano, einem kleinen Ort im damaligen Herzogtum Modena, nordöstlich der Apenninen, geboren. Sein Vater Gianniccolò, ein erfolgreicher Anwalt, und seine Mutter Lucia Zigliani hatten zahlreiche Kinder, von denen in Spallanzanis Briefen jedoch nur zwei Schwestern und vor allem sein Bruder Niccolò erwähnt werden.

Mit 15 Jahren wurde er in das Jesuitenseminar nach Reggio Emilia geschickt, wo er eine gute Ausbildung in Rhetorik, Philosophie und Altgriechisch erhielt. Hier bekam er von seinen Mitschülern aufgrund seiner Intelligenz und seines Interesses für die Wissenschaften den Beinamen «l'astrologo» («Sterngucker»). Auf Wunsch seines Vaters begann Spallanzani 1749 ein Jurastudium an der traditionsreichen Universität Bologna. Aufgrund der Fürsprache von Antonio Vallisneri d.Jüngeren, wie Spallanzani aus Scandiano stammend und Professor für Naturgeschichte in Padua, erhielt er jedoch den väterlichen Segen, die Rechtswissenschaften zu verlassen und sich den Naturwissenschaften zuzuwenden. 1753 oder 1754 promovierte er zum *Philosopiae Doctor*. Anschließend erhielt er aufgrund einer *Breve* von Papst Clemens XIII. sämtliche kirchliche Weihen.

Seit 1757 unterrichtete Spallanzani am *Nuovo Collegio* Griechisch und Französisch und wurde gleichzeitig Lektor für Angewandte Mathematik an der neugegründeten Universität von Reggio. Erst fünf Jahre zuvor war diese von Francesco III. d'Este (1698–1780) gegründet worden, um das Monopol der Jesuiten auf dem Ausbildungssektor zu brechen, eine Auseinandersetzung, die 1772 mit der *Costituzione* kulminierte, die den gesamten Schulapparat unter staatliche Kontrolle brachte. Statt Scholastik wurden am staatlichen *Studio* Leibniz, Spinoza, Newton und Needham gelehrt.

Ähnlich verhielt es sich in Modena. 1763 trat Spallanzani in die Kongregation der *Sacerdoti della B.Vergine e di San Carlo* in Modena ein, in dessen Gebäude auch das *Studio Pubblico*, wie die Universität damals hieß, seinen Sitz hatte. Am *Studio* lehrte er 1763 bis 1769 Philosophie, am Kolleg Griechisch und Mathematik. Hier unterrichteten neben Spallanzani auch der (ebenfalls aus Scandiano stammende) Mikroskopiker Bonaventura Corti (1729–1813) und später der Physiker Giovanni Battista Venturi (1764–1822). Neben seiner Lehrtätigkeit führte der Abbé Spallanzani seine in Bologna begonnenen Studien in Astronomie und Naturgeschichte weiter.

Vielfach war Spallanzani von Zeitgenossen und auch später angeklagt worden, nur aus Berechnung Priester geworden, in Wirklichkeit aber ein eitler und arroganter Müßiggänger gewesen zu sein. Tatsächlich jedoch las Spallanzani bis zu seinem Tode täglich die Messe. Seine religiöse Überzeugung kann wohl als ehrlich angesehen werden. Zwar pflegte er eine rege Korrespondenz mit Voltaire, kritisierte aber dessen moralische und religiöse Aussagen. Der Wechsel von der Rechts- zur Naturwissenschaft war damals ein riskantes Unternehmen. Die Kirche bot eine finanzielle Basis und moralischen Schutz. Selbst als Professor an den Universitäten von Reggio und Modena war sein Gehalt derart gering, daß er daneben auch an den Kollegs unterrichtete. Zwar ist in Spallanzanis Werk schon früh sein Anti-Vitalismus deutlich, doch ließ er sich dabei nur äußerst selten auf philosophische Diskurse ein. Keines seiner Werke wurde zensiert. Auch bei den Angriffen von Kollegen (s. z.B. weiter unten die «Affäre Spallanzani») und während des Wechsels von der österreichischen zur französischen Besatzung bot die Kirche Rückendeckung.

1765 erschien sein Hauptwerk *Saggio di osservazioni microscopiche concernenti il Sistema della generazione de Signori di Needham, e Buffon* (Modena; dt. *Mikroskopische Beobachtungen in Ansehung des Lehrgebäudes von der Erzeugung der Herrn Needham und Buffon*, Leipzig 1769), 1768 veröffentlichte er in Modena drei weitere experimentelle Untersuchungen: *Dell'azione del cuore ne' vasi sanguigni* (dt. *Bemerkungen von der Wirkung des Herzens und der*

Lazzaro Spallanzani (1729–1799)

Blutgefäße, Leipzig 1769), das er Albrecht von Haller (1708–1778) widmete, *Prodromo di un' opera da imprimersi sopra le riproduzioni animali* (dt. *Versuch über die Ergänzung oder den neuen Auswuchs abgeschnittener Theile bey einigen Thieren*, Leipzig 1769) und *Memorie sopra i Muli di varii Autor* (dt. *Briefe über die Maulesel und andere Bastardthiere*, Leipzig 1769). Noch im selben Jahr wurde Spallanzani auf Grund einer Fürsprache von Giovanni Battista Morgagni (1682–1771) in die Londoner *Royal Society* aufgenommen. Albrecht von Haller unterstützte seine Aufnahme in die Societät der Wissenschaften in Göttingen. Obwohl er bereits vorher einige Lehrangebote, darunter aus St. Petersburg und Coimbra, erhalten hatte, konnte er erst 1769 einem Ruf nach Pavia nicht widerstehen. 1797 schlug er sogar ein Angebot für den Pariser *Jardin des Plantes* aus und blieb bis zu seinem Tode am 11. Februar 1799 in Pavia, wo er an der Philosophischen Fakultät Naturgeschichte lehrte.

Die Universität von Pavia hatte im Laufe ihrer langen Geschichte große Höhen und Tiefen erlebt. Die Jahre vor der Berufung Spallanzanis waren von der Dekadenz gekennzeichnet: die Hörsäle verwaist, die Promotion eine rein «käufliche Formalität», wissenschaftliches Gerät unbekannt. Die wenigen studierten Ärzte erhielten ihre Ausbildung bei den religiösen Orden, die einfachen Ärzte und *chirurgi maggiori*, vielfach Analphabeten, gingen bei etablierten Medizinern in die Lehre. Die Reformen, die Kaiserin Maria Theresia (1717–1780) einleitete und ihr Sohn Joseph II. (1741–1790) fortführte, stehen im europäischen Kontext der Erneuerung der universitären Institutionen, die in der zweiten Jahrhunderthälfte auch das Habsburgerreich erfaßte. Dank der Reform der Medizinischen und Gründung der Philosophischen Fakultät, deren Schwergewicht die Naturwissenschaften darstellten, der direkten Ernennung international angesehener Gelehrter wie Samuel August Tissot (1728–1797), Johann Peter Frank (1745–1821), Pietro Moscati (1739–1824), Antonio Scarpa (1752–1832) und eben Spallanzani und ihrer generösen Besoldung und Ausstattung entwickelte sich die lombardische Hochschule nach 1769 innerhalb weniger Jahre von einem verwaisten und verstaubten Ort zu einem Wissenschaftszentrum von europäischem Rang.

Spallanzani entwickelte in Pavia eine rege wissenschaftliche Tätigkeit. Die Lehrtätigkeit wurde von ihm eher als Last empfunden. Auch wenn sein Kurs 1780 von 150 und 1787, nach seiner Rückkehr aus Konstantinopel, sogar von 1000 Zuhörern besucht worden sein soll und ein relativ umfangreicher Briefwechsel mit ehemaligen Studenten erhalten ist, hinterließ er doch keinen Schüler, der in Pavia oder an einer anderen Universität sein Werk hätte fortsetzen können. Kurz vor seiner Ernennung in Pavia hatte Spallanzani die Übersetzung von Bonnets *Contemplation de la nature* (2 Bde., Amsterdam 1764, it., Modena 1769–1770; dt. *Betrachtungen über die Natur von Herrn Karl Bonnet mit den Zusätzen der italienischen Übersetzung des Herrn Abt Spallanzani*, Leipzig 1770) abgeschlossen, die ihm nun in Pavia als Lehrtext für seinen Unterricht diente. Seine zweite offizielle Aufgabe, die Direktion des Naturhistorischen Museums der Universität, erfüllte er als leidenschaftlicher Reisender und Sammler mit großer Hingabe und machte es zu einem der besten Italiens.

Seine schier unversiegbare Energie erschöpfte sich erst wenige Wochen vor seinem Tod, als ihn seine erkrankte Prostata und eine chronische Blasenentzündung in eine kurze Agonie fallen ließen. In den lichten Momenten diskutierte er noch mit Kollegen über verschiedene Experimente, hielt mit seinen Verwandten persönliche Rückschauen und verstarb am 11. 2. 1799. Spallanzanis letzter Wunsch ist sehr bezeichnend für seine Persönlichkeit: Seine letzte Ruhestätte fand er auf dem Friedhof von Pavia, der «Stadt seines Ruhmes», sein Herz wurde von seinem Bruder Niccolò nach Scandiano überführt, seine Blase vermachte er dem Museum.

3. Werke

3.1 Die Verwerfung der Urzeugung

Mitte des 18. Jahrhunderts stand die juristische Tradition der Universität von Bologna hoch. Hier sollte Spallanzani sein Rechtsstudium absolvieren. Hier lehrte aber auch seine Cousine Laura Bassi (1711– 1778), eine berühmte Physikerin und die erste weibliche Universitätsprofessorin Europas. Sie liberalisierte die strenge Ausbildung Spallanzanis und förderte sein Interesse für die Naturwissenschaften und die Mathematik. Durch sie bekam er wahrscheinlich auch Zutritt zur *Accademia delle Scienze di Bologna* (Akademie der Wissenschaften von Bologna). Obwohl die Akademie Charles Bonnet (1720–1793) und Georges Buffon (1707–1788) zu ihren Mitgliedern zählte, fanden hier allerdings die im übrigen Europa vieldiskutierten biologischen Themen kaum ein Echo. Die ersten Veröffentlichungen Spallanzanis spiegeln die physikalisch-literarischen Schwerpunkte der Bologneser Wissenschaft wider: ein Reisebericht (*Sopra un viaggio nell'Apennino Reggiano e al Lago del Ventasso* [*Über eine Reise in die Apenninen bei Reggio und zum Ventasso-See*, Venezia 1762]), *Theses Physico-Mathematicae* ... (*Physikalisch-mathematische Thesen*) und *Riflessioni intorno alla traduzione dell'Iliade del Salvini* (*Überlegungen zur Ilias-Übersetzung von Salvini*), eine Kritik an Antonio Maria Salvini (1653–1729), einer damals allgemein anerkannten Autorität der Altphilologie. Hierbei zeigten sich bereits deutlich Spallanzanis freier Geist und seine Respektlosigkeit. Er bekam jedoch auch sofort zu spüren, was eine derartige Auflehnung mit sich brachte. Trotz seiner bemerkenswerten klassischen Kenntnisse und Fähigkeiten verließ er die Philologie als Betätigungsfeld.

Die enge Freundschaft mit Antonio Vallisneri dem Jüngeren war in den Anfangsjahren entscheidend für die geistige Entwicklung Spallanzanis. Vallisneri unterstützte ihn bei seiner Leidenschaft für die Biologie und die Physiologie und empfahl ihm die zu studierende Literatur, die sie oft gemeinsam während der Ferien in ihrem Heimatort durchgingen und kommentierten. Als Dreißigjähriger, also relativ spät, eignete sich Spallanzani die nötigen Kenntnisse autodidaktisch an, stürzte sich aber sogleich mutig in die aktuelle physiologische Diskussion. Er las die *Encyclopédie*, umfangreiche Exzerpte zeugen von seiner intensiven Auseinandersetzung, und die klassischen Werke von Christian Wolff (1679–1754), Gottfried Wilhelm Leibniz (1646–1716), Hermann Boerhaave (1668–1738) und William Derham (1657–1735). Im Winter 1860 liegen die Anfänge für Spallanzanis wichtigstes wissenschaftliches Forschungsgebiet: Er las die Veröffentlichungen von Georges Buffon, Pierre Louis Moreau de Maupertuis (1698–1759) und John Toberville Needham (1713–1781).

Der französische Naturforscher Buffon, der Mathematiker Maupertuis und der englische Theologe Needham hatten die Newtonsche Physik in die biologische Diskussion eingeführt und nahmen für die entwicklungsbiologischen Prozesse «organische Molekeln» und gravitationsähnliche Kräfte an. Dadurch erhielt die Theorie der Epigenese, die sukzessive Herausbildung der Organe aus vorher ungeformtem Stoff, neuen Auftrieb. Needham, aber nicht alle Epigenetiker, nahm daher auch die Urzeugung von Organismen aus zerfallenen organischen Resten, allerdings nicht aus unorganischer Materie, an. 1755 hatte Needham Experimente mit verschlossenen Glaskolben unternommen, in denen er Fleischbrühe oder Pflanzenextrakte einige Minuten erhitzte. Damit meinte er sämtliche Keime und Sporen abgetötet und die anschließende Entstehung der Infusorien durch Urzeugung bewiesen zu haben.

Für die auf nur wenigen empirischen Daten basierende Polemik zwischen Epigenetikern und Präformisten waren die Experimente Needhams von zentraler Bedeutung. Die Präformationstheorie, die einen fertigen Organismus im Ei (Ovulisten) bzw. im Spermatozoon (Animalculisten) annahm, der sich nur noch *entwickeln* müsse, hatte vor allem seit Albrecht von Hallers Arbeit über die Bildung des Herzens im Hühnchen (*Sur la formation du cœur dans le poulet*, 1758) und der Entdeckung der Parthenogenese der Blattläuse, also ihrer Entwicklung aus unbefruchteten Eiern, 1740 durch Charles Bonnet autoritären Rückhalt und wissenschaftlichen Unterbau erhalten. Auch Vallisneri und der Großteil der norditalienischen und europäischen Gelehrten befürworteten diese Theorie. Für die Anhänger der Präformationstheorie war die Urzeugung ausgeschlossen. Ein Organismus mußte sich immer aus präexistenten, aber nicht immer sichtbaren Keimen (Keimtheorie) bilden, eine ebenfalls hypothetische Annahme, die vor allem durch Analogien und philosophische Überlegungen gestützt wurde.

Spallanzani neigte anfangs zur Epigenese. Vielleicht ließ ihn seine physikomathematische Ausbildung dazu tendieren, wahrscheinlich war er auch von Needhams Experimenten beeindruckt. 1761, während seiner Zeit in Reggio, begann er dessen Versuche mit dem Glaskolben selber zu wiederholen. Noch im Sommer desselben Jahres teilte er Vallisneri und, mittels dessen Vermittlung, Needham brieflich mit, seine Experimente bestätigten die Epigenese. In den folgenden Jahren machte er noch einige weitere Experimente, die ihn zu derselben Schlußfolgerung führten. Seit 1763, als er sich mit den Argumenten der Präformisten beschäftigte und, neben von Haller und Boerhaave, Bonnets *Considérations sur les corps organisés*

(Amsterdam, 1762 [*Betrachtungen über die organisierten Körper*]) las, das eine Reihe von möglichen Fehlerquellen Needhams aufführte, wurden seine Zweifel an der Richtigkeit der Epigenese stärker. Ohne Needham seinen Ideenwandel mitzuteilen, Vallisneri sollte ihm dies auf sanfte Weise andeuten, erschien 1765 statt der angekündigten Beweise für die Epigenese Spallanzanis der *Accademia delle Scienze di Bologna* gewidmete *Saggio di osservazioni microscopiche*. Die Kritik an der Buffon-Needhamschen Theorie basierte auf Spallanzanis genauen mikroskopischen Untersuchungen. Gegen Buffon brachte er Belege vor, daß es sich bei den Infusorien um echte und teilungsfähige Tierchen mit eigenständiger Bewegung und nicht um inkonstante Tier-Pflanze-Kombinationen handelte. Needham entgegnete er, daß dessen «experimenteller Nachweis» der Entstehung von tierischen Mikroorganismen aus Pflanzen nicht zu verifizieren und daß eine universelle «vegetative Kraft», die aus der durch die Zersetzung wieder in den ursprünglichen Zustand zurückverwandelten organischen Materie mikroskopische Pflanzen und Tiere entstehen ließ, nicht existent war.

Der *Saggio* machte Spallanzani europaweit bekannt. Entgegen der allgemeinen Annahme konnte sich Spallanzani 1765 jedoch noch nicht zur eindeutigen Bejahung der Präformationstheorie durchringen und erklärte sich «neutral». Und tatsächlich war es Spallanzani nicht gelungen, die Frage nach den «Eiern», aus denen sich die Infusorien bilden sollten, positiv zu beantworten. Sein Werk wurde jedoch schon im Erscheinungsjahr als «definitive Widerlegung der Urzeugung» angesehen. Eine Kopie des *Saggio* ließ Spallanzani über Vallisneri Charles Bonnet zukommen, der Anfang einer intensiven Freundschaft und eines regen Briefwechsels. Bonnet war seit etwa 1750 aufgrund eines Augenleidens fast blind und gezwungen, die direkte Beobachtung aufzugeben. Er pflegte zu sagen, Spallanzani sei nun «seine Brille». Aus den 95 zwischen 1765 und 1791 von Bonnet erhaltenen Briefen zog Spallanzani wertvolle Anregungen für Problemstellungen und Versuchsaufbau.

1869 war *Saggio* auf Französisch erschienen. Die beigefügten Anmerkungen von Needham verärgerten Spallanzani sehr. Seine einige Monate später gehaltene Antrittsvorlesung in Pavia war nun endgültig eine Kampfansage an Needham und die Epigenetiker. So widmete er seine ersten Paveser Jahre weiteren Experimenten zur Widerlegung der Urzeugung. Die Forschungen, die Spallanzani zwischen 1770 und 1771 unternahm, waren allerdings auch die letzten auf diesem Gebiet. Er veröffentlichte sie wenige Jahre später zusammen mit vier anderen Berichten (*Opuscoli di fisica animale e vegetabile* (4 Bde., Modena 1776; frz. 1777; dt. *Briefe über die Infusionstierchen und über die dazu gehörigen Gedanken des Herrn Needham*,

Berlin 1780–1784). Hierin ging Spallanzani mit weiteren Experimenten über die reine Widerlegung von Needhams Versuchen hinaus und zum Gegenangriff über. Mit dem vorherigen Auskochen der Gefäße, dem Verschluß des Glaskolbens mit geschmolzenem Glas statt Wolle oder Korken und einem verlängerten Erhitzungsverfahren im Wasserbad wollte Spallanzani mögliche Fehlerquellen Needhams ausschließen. Das Resultat seiner verbesserten Experimente war negativ. Erst nachdem er Löcher in den erhitzten Glaskolben bohrte, konnten sich wieder Infusorien bilden. Heute ist bekannt, daß Spallanzani trotz der einstündigen Erhitzung immer noch nicht lange genug abgekocht hatte. Wäre eine Sauerstoffzufuhr gewährleistet gewesen, hätten sich die wahrscheinlich noch vorhandenen Keime entwickeln können. Damals galten seine Experimente jedoch als experimenteller Gegenbeweis, und die *Opuscoli* untermauerten endgültig die internationale Autorität Spallanzanis.

3.2 Experimentelle Arbeiten über Befruchtung und Verdauung

Das wissenschaftliche Werk Spallanzanis ist sehr umfangreich und fruchtbar. Neben der Urzeugung beschäftigte er sich mit vielen anderen ungelösten Problemen der Physiologie: der Fortpflanzungsbiologie, dem Blutkreislauf, der Winterstarre, der Regeneration und der Verdauung. 1768 erschien *Prodromo*. Trotz seines Titels hat dieses Thema bei Spallanzani allerdings keine Fortsetzung gefunden.

Seit 1765 studierte Spallanzani die «vermi spermatici» («Samen-Würmer»). Anfangs unsicher über deren Natur, las er noch einmal die Grundlagenwerke von Buffon und Antoni van Leeuwenhoek (1632–1723) und nahm 1771, von Bonnet ermuntert, die Studien wieder auf. Es herrschte noch große Unklarheit darüber, ob es sich bei den Spermatozoen um Tiere oder Pflanzen handelte und welche Bedeutung ihnen zukam. Nach der anfänglichen Fehleinschätzung, die wahrscheinlich auf die Benutzung eines zusammengesetzten Mikroskops und der daraus resultierenden optischen Ungenauigkeiten zurückgehen, kam Spallanzani nun zu dem eindeutigen Ergebnis, daß es sich um tierische Lebewesen handelte.

In *Dissertazioni di fisica animale e vegetabile* (Modena 1780; *Spallanzanis Versuche über die Erzeugung der Thiere und Pflanzen*, Leipzig 1786) unterzog er die Spermatozoen einer Reihe von Versuchen und bemerkte das Ansteigen ihrer Aktivität außerhalb des Körpers, die allerdings nach einigen Stunden auf den Nullpunkt fiel, ihr Überleben in Blut und Speichel und ihre Vorliebe für Wärme. Er ermittelte die Hitze- und Kältebeständigkeit verschiedener Samenkörner. Seidenraupeneier überlebten beispielsweise bis 50 °C, Kleeblattsamen bis 80 °C, Infusorien waren bis −6 °C kältebeständig, Problemstellungen, die erst im 20. Jahrhundert wieder aufgenommen wurden. Spallanzanis mathematische Fähigkeiten und quantitative Vorlieben ließen ihn berechnen, daß eine 1:8000 verdünnte Samenflüssigkeit zur Befruchtung ausreichte und das Volumenverhältnis Ei-Sperma 1:1064777777 betrug, das kommt dem heutzutage angenommenen Wert überraschend nah.

Nach anfänglichen Unsicherheiten schloß sich Spallanzani erst nach einer Ermunterung durch Bonnet dem Feld der Ovulisten an, d. h. der Idee von der Präformation im Ei. Da in dieser Theorie den Spermatozoen keine echte Bedeutung zukam, akzeptierte er Bonnets Auffassung von ihrer ursprünglich externen Natur. Für Spallanzani handelte es sich um spezielle Parasiten, die sich im Körper fortpflanzten, über die Milch oder den Uterus an die Föten weitergegeben wurden und in der Spermaflüssigkeit ideale Lebensbedingungen fanden. Auch als Spallanzani 1780 seine berühmten «Höschenversuche» machte, konnte er aufgrund seiner ovistischen Überzeugungen die Bedeutung seiner Studien für die Fortpflanzungsbiologie nicht erfassen. 1740 hatte René-Antoine Ferchault de Réaumur (1683–1757) die Idee gehabt, Froschmännchen «Höschen» überzuziehen, um die externe Befruchtung dieser Tiere zu beweisen. Réaumur hatte keinen Erfolg, Spallanzani hatte 40 Jahre später mehr Glück. Mit verbesserten Höschen gelang es ihm, den Samen zu sammeln, worauf sich die (unbefruchteten) Eier des Weibchens nur bis zum Kaulquappenstadium entwickelten. Mit dem gewonnenen Sperma glückte ihm sogar eine künstliche Befruchtung mit Eiern, die er dem Ovar entnahm, die erste Laborbefruchtung überhaupt. Die folgenden, erfolgreichen Versuche mit Kröten und Salamandern erfüllten Spallanzani mit großer Genugtuung, er fühlte sich wie ein Zauberer (Rostand 1957). Auch das meistzitierte Experiment Spallanzanis, die künstliche Befruchtung einer Hündin, begeisterte die gelehrte Welt und bewirkte später, nach zahlreichen Nachahmungen auch beim Menschen, eine allgemeine Polemik über die ethischen Konsequenzen. Für Spallanzani hatte die künstliche Befruchtung allerdings keinerlei praktische Bedeutung, sondern war nur eine Forschungsmethode.

Der heute logisch erscheinende (und ihm vielfach zugeschriebene) Schluß, daß das Sperma eine gleichrangige Rolle bei der Zeugung der Nachkommenschaft spielt, kam Spallanzani nicht. Auch nach seinen Arbeiten zur Dauer und Temperaturabhängigkeit der Befruchtungsfähigkeit des Samens und seiner Erkenntnis der Wichtigkeit des Kontaktes des Spermatozoons mit dem Ei lehnte Spallanzani hartnäckig die Beteiligung der Spermatozoen an der Vererbung ab. Wie Haller, Bonnet und Vallisneri nahm er eher eine «Erweckungsfunktion» an. Auch bei seinen Untersuchungen zur Fortpflanzungsbiologie im Pflanzenreich war Spallanzani fast ausschließlich mit der Suche nach dem Ort des präformierten Embryos beschäftigt. Das Pollenkorn war für ihn strukturlos und somit unwichtig. Wenn dem Sperma lediglich eine Nährfunktion zukam, mußte eine Kreuzung artfremder Tiere möglich sein. Spallanzani ging nicht so weit wie Réaumur, der versucht hatte, eine Henne mit einem Kaninchen zu kreuzen. Aber auch seine Anstrengungen, die näher verwandten Hund und Katze oder Frosch und Molch künstlich oder natürlich zu hybridisieren, schlugen fehl, was ihn zu dem konsequenten Schluß führte, dies sei unmöglich. Spallanzanis präformistische Überzeugung war nunmehr so fest verwurzelt, daß er nun eine physikalisch-chemische Befruchtung hervorrufen wollte, allerdings ebenfalls mit konstant negativem Resultat.

Die *Dissertazioni* beinhalten auch sechs Abhandlungen über die Verdauung. Wie bei seinen «Höschenversuchen» übernahm Spallanzani eine Versuchsaufstellung von Réaumur, führte diese jedoch systematischer und konsequenter weiter. Réaumur hatte Tieren selektiv Futter gegeben und anschließend ihre Fäkalien und den Bauchinhalt untersucht. Diese und die Resultate von Giovanni Alfonso Borelli (1608–1679) waren die bisher einzigen präzisen Erfahrungen zu diesem Thema gewesen. Um 1780 begann Spallanzani mit seinen Experimenten. Er entnahm getöteten Tieren Magensaft, füllte diesen in kleine Röhrchen, gab Fleischstückchen oder gemahlene Körner hinzu und hielt sie tagelang unter seiner Achselhöhle, um die Prozesse Schritt für Schritt bei Körpertemperatur verfolgen zu können. Nach drei Tagen war das Fleisch nicht verwest, sondern fast vollständig verdaut, von den Körnern nur ein mehliger Bodenbelag übriggeblieben. Eine Erneuerung des Magensaftes bewirkte die völlige Verflüssigung der Nahrungsproben. Damit war die Bedeutung des Magensaftes, den er als Terminus «Verdauungssaft» in die wissenschaftliche Literatur einführte, erwiesen. Außerdem war deutlich, daß es nur einen Verdauungstyp, den chemischen, und nicht, wie es Réaumur annahm, auch einen rein mechanischen gab.

In einem weiteren Experiment band Spallanzani fleischfressenden Vögeln (Uhus, Eulen, Adlern, Falken, Krähen) das eine Ende eines Fadens um den Hals, an das andere Ende befestigte er ein Fleischstückchen, das er die Vögel hinunterschlucken ließ, aber jederzeit wieder hochziehen konnte, um die Fortschritte der Verdauung zu kontrollieren. Außerdem ließ er Tiere perforierte Röhrchen mit verschiedenem Inhalt schlucken oder untersuchte die Möglichkeit, ob dem Magensaft die Wärme der Sonne ausreiche, um den Verdauungsvorgang zu beenden. Er machte auch *in vitro* (im Reagenzglas durchgeführte) Experimente mit seinem eigenen Magensaft, kaute Gras, das er in Röhrchen steckte. Er studierte die Geschwindigkeit der Verdauung verschiedener Nährstoffe, ihr Temperaturoptimum, erkannte den Anti-Verwesungseffekt des Magensaftes, allerdings nicht, daß dieser sauer ist.

3.3 Pionierarbeiten über tierisches Licht und Phänomene der Atmung

Nach einer längeren Pause zog es Spallanzani Anfang der neunziger Jahre, nunmehr über sechzigjährig, wieder zu ganz neuen Problemstellungen. Es gibt kaum eine Tiergruppe, über die Spallanzani nicht gearbeitet hat. In seinen zahlreichen Aufzeichnungen hatten einige Familien mit physiologischen Besonderheiten jedoch eine Sonderstellung. Bemerkenswert sind seine Pionierarbeiten über das tierische Licht (Leuchtkäfer und einige Medusen). Seit 1793 erforschte Spallanzani den Fledermausflug. Zuvor hatte er sich mit den Sehleistungen von Nachtvögeln beschäftigt, für deren Orientierung er den Bedarf eines Minimums von Licht nachwies. Fledermäuse konnten sich jedoch auch bei völliger Dunkelheit zurechtfinden. Eine Entfernung des Augapfels bedeutete keine Beeinträchtigung für das Flugvermögen dieser Tiere, die Verstopfung der Ohren hingegen ja. Nachdem es Spallanzani nicht möglich war zu ergründen, welches der anderen Sinnesorgane das «Sehen» übernahm, hypothisierte er einen «sechsten Sinn», der allerdings erst Mitte des 20. Jahrhunderts identifiziert werden konnte (*Lettere sopra il sospetto di un nuovo senso nei pippistrelli*, Torino 1794; *Über das Gesichtsorgan der Fledermäuse*, Gotha 1795).

Seine letzten Jahre widmete Spallanzani vor allem dem Phänomen der Atmung. Eine zentrale Bedeutung hatte hierbei die chemische Analyse. Die Chemie hatte in den Jahren 1755 bis 1774 einen enormen Aufschub erhalten und sich von einer philosophischen zu einer quantitativ-messenden Wissenschaft gewandelt. Spallanzani hatte die Bedeutung der Chemie für die Biologie und die Physiologie sofort erkannt und sich die Kenntnisse autodidaktisch angeeignet. Innerhalb von zehn Jahren war er ein ausgezeichneter Chemiker geworden. Seine Analyse des chemischen Aufbaus der Gase und des Wassers sind den im 20. Jahrhundert ermittelten Werten überraschend ähnlich. Der französische Geologe und Chemiker Antoine Laurent Lavoisier (1743–1794) hatte neue Kenntnisse über die Zusammensetzung der Luft erlangt und in Tierexperimenten den Austausch von Sauerstoff gegen Kohlensäure erkannt. Spallanzani studierte die Atmung über drei Jahre an Tieren aller Klassen, also auch Tieren ohne Lunge oder solchen, denen er diese operativ entfernt hatte. Er machte Experimente zur Temperatur und versuchte, den Gasausstoß der verschiedenen tierischen und pflanzlichen Gewebe quantitativ-chemisch zu messen. Seine Methoden waren relativ grob, und er beging eine Reihe von Fehlern, aber seine Ergebnisse waren größtenteils richtig. Unter anderem erkannte Spallanzani, daß alle Körperteile atmeten und die Lunge nur der Ort des Austauschs war. Bei den Schlangen war Spallanzani der Entdecker der parenchymatösen Atmung. Posthum gab der Genfer Bibliothekar Jean Senebier (1742–1809) *Mémoires sur la respiration* (Genève 1803; it. 1803; *Über das Atemholen*, Leipzig 1804), ein Grundlagenwerk der modernen Atmungsphysiologie, heraus. 1807 folgte *Rapports de l'air avec les êtres organisés* (Genève; *Das Verhältnis der Luft zu den Lebewesen* ohne dt. Übersetzung), das in drei Bänden die Anmerkungen zu Tausenden von Experimenten enthält.

Auf botanischem Gebiet war Spallanzani weniger interessiert und beherrschte auch die Techniken nur vergleichsweise schlecht. Nennenswert sind seine Studien zur Atmung der Pflanzen und zur Pollenstaubbefruchtung, die er zusammen mit den jeweiligen zoologischen Themenkreisen veröffentlichte. Volta erhob 1795 den Vorwurf, die von Spallanzani beschriebenen Pflanzenexperimente seien nie wirklich gemacht worden.

3.4 Die naturkundlichen Reisen und Sammlungen

Schon seit seiner Jugend liebte Spallanzani naturalistische Exkursionen, die er fast ausschließlich allein unternahm, um seinen Interessen ohne Kompromisse nachgehen zu können. In den Ferien und vorlesungsfreien Zeiten erkundete er mit Vorliebe die Apenninen in der Nähe seines Heimatortes Scandiano. Später unternahm er auch längere, zum Teil nicht ungefährliche und systematisch vorbereitete Reisen.

Nach den Jahrzehnten intensiver Experimentiertätigkeit standen die achtziger Jahre im Zeichen wichtiger naturalistischer Exkursionen. 1779 war Spallanzani in die Schweiz gereist, wo er unter anderem mit Charles Bonnet, Nicolas Théodore de Saussure (1767–1845), Jean Senebier, seit 1783 Übersetzer seiner Werke ins Französische, und Abraham Trembley zusammentraf und auch der Witwe Albrecht von Hallers einen Besuch abstattete. In der ersten Hälfte der achtziger Jahre führten ihn meeresbiologische Studien an den Golf von Genua, an die Riviera, an die Adria und nach Marseille. In Portovenere baute er sich ein «meeresbiologisches Laboratorium» auf, ein institutionelles Novum. Erwähnenswert sind vor allem seine Studien der Schwämme, deren anatomischen Aufbau und funktionelle Bedeutung er richtig beschrieb. Die Idee eines umfassenden Werkes zur Naturgeschichte des Meeres wurde allerdings nicht verwirklicht, da seine Intention, auch die Meeresfauna von Englands und Frankreichs Küsten zu studieren, aufgrund der politischen Geschehnisse der Zeit nicht realisierbar war.

1784 erwirkte sich Spallanzani eine längere Freistellung von seinen offiziellen Aufgaben. Vom August desselben Jahres bis zum Dezember 1786 führte ihn eine Reise bis nach Konstantinopel. Auch hier sind die zahlreichen zoologischen, botanischen, marinen, klimatologischen, geologischen, mineralogischen, paläontologischen, aber auch anthropologischen und sozialen Daten nur als persönliche Aufzeichnungen erhalten. Die von ihm angestrebte Reisebeschreibung des Orients wurde nicht veröffentlicht.

Seine umfangreiche Sammlung auf ein Schiff verladen, machte sich Spallanzani über den Landweg auf die lange Heimreise. Als er in Wien einen kurzen Aufenthalt machte und bei Kaiser Joseph II. zum Abendessen geladen war und von diesem die Goldmedaille erhalten hatte, erfuhr er von einer Anschuldigung, die ihn leicht seine persönliche und internationale wissenschaftliche Reputation gekostet hätte. Während seiner Abwesenheit hatte der Konservator des Naturhistorischen Museums in Pavia, Serafino Volta, das Fehlen einiger Ausstellungsstücke bemerkt. Daraufhin reiste er inkognito nach Scandiano, wo er (wahrscheinlich nicht ganz zu Unrecht) meinte, dieselben in der privaten Sammlung Spallanzanis wiederentdeckt zu haben. Volta meldete dies sofort dem Paveser Stadtrat und der *Suprema Commissione ecclesiastica degli Studi* (Obersten Kirchenausschuß für die Studien), was einen Skandal hervorrief. Seine Kollegen von der Paveser Universität, der Chemiker Giovanni Antonio Scopoli (1723–1788), der Anatom Antonio Scarpa und der Mathematiker Gregorio Fontana (1735–1803), seit langem Feinde Spallanzanis, schrieben einen Rundbrief, der ihn auf nationaler und europäischer Ebene diskreditieren sollte. Spallanzani überstürzte seine Heimreise und wurde am Bahnhof von den Paveser Studenten triumphal empfangen. In der Zwischenzeit hatte eine offizielle Kommission der lombardischen Regierung eine Untersuchung begonnen, die sich für Spallanzani aussprach. Ein kaiserliches Edikt sprach ihn daraufhin von allen Vorwürfen frei, verwarnte die Kläger, versetzte Volta nach Mantua und empfahl eine friedliche Beilegung. Spallanzani ließ sich allerdings eine Verhöhnung und juristische Gegenattacke nicht nehmen. Ein Besuch des Museums 1791 durch Joseph II. setzte einen offiziellen Schlußstrich unter die Affäre.

Das Ende der achtziger Jahre stand im Zeichen der Vulkanologie. 1788 unternahm er eine Reise nach Süditalien und Sizilien. In den Jahren zuvor hatten mehrere Vulkane eine gewisse Aktivität gezeigt. Er bestieg den Vesuv, den Ätna und die Krater der Liparischen Inseln. Aber auch hierbei begnügte sich Spallanzani nicht mit einer einfachen Naturbeschreibung und systematischen Sammlung. Er sammelte Lavabrocken vom Kraterrand und unterzog sie dann in Pavia einer experimentellen Untersuchung. Er wandte seine mittlerweile beachtlichen chemischen Kenntnisse an, versuchte in den Brennöfen der Glasbläser die Schmelzung der Lava nachzustellen und führte hier, wie auch bei Gesteinsproben generell, die mikroskopische Methode ein. 1792 erschienen die ersten fünf, 1797 der sechste Band der *Viaggi alle Due Sicilie* (Pavia; *Des Abtes Spallanzani Reisen in beyde Sicilien*, Leipzig 1795–1798), die ihm den Ruf eines der besten Vulkanologen des 18. Jahrhunderts einbrachten.

3.5 Die Methodik Spallanzanis

Spallanzani war nicht der erste, der wissenschaftliche Experimente unternahm. Vor ihm sind vor allem Albrecht von Haller, William Harvey (1578–1657) und Réaumur zu nennen. Oft war auch weder der Versuchsaufbau noch die Fragestellung originell, sondern übernommen. Doch war er wohl einer der ersten, der komplexe Probleme einer dichten experimentellen Analyse unterzog, der sie in ihre Einzelteile zerlegte, diese mit vergleichenden und physikochemischen Methoden zu lösen versuchte und dann aus den Ergebnissen eine logische Serie erstellte. Erstmals führte er «Kontrollexperimente» ein. Dies alles scheint heute selbstverständlich, war damals jedoch nicht nur neu, sondern sogar umstritten. John Hunter (1728–1793) kritisierte ihn, er mache *zu viele* Experimente. Senebier bezeugte, Spallanzani verlasse nur sehr ungern ein Argument, da ihn stetig die Angst befalle, er hätte nicht alles bedacht. Bonnet warnte ihn, er solle sich nicht in zu viele Themen wagen, da er sich sonst verliere, eine Gefahr, die Spallanzani mit seinem Determinismus, seiner gut geschulten Logik und einer Intuition für das Wesentliche umging. Unterstützt wurde sein unermüdliches Streben durch eine eiserne Gesundheit. Nur ein einziges Mal hatte er einen Fieberanfall, erst kurz vor seinem Tod plagte ihn Krankheit.

Seine physikalisch-chemische Methodik führte Spallanzani auch zu seinen *in-vitro*-Versuchen, der experimentellen Nachstellung der Verdauung im Glasröhrchen, künstlichen Vulkanexplosionen oder der Befruchtung im Uhrglas. Trotz seiner Vorliebe für die Arbeit im Laboratorium und seine heute Reduktionismus genannte Methodik ging ihm jedoch nie der Sinn für die Polymorphie der Natur verloren. Spallanzani blieb immer darauf bedacht, seine Versuche auf ein möglichst weites Spektrum von Tiergruppen und das Pflanzenreich anzuwenden, um dann nach Abschätzung der spezifischen Varietät allgemeingültige Schlüsse ziehen zu können. Auch erkannte er die Bedeutung der niederen Tiere für die physiologische Forschung, da hier die Prozesse oft einfacher zu entschlüsseln waren, und führte unter anderem Frösche, Kröten und Molche als Untersuchungsobjekte ein.

Das größte Opfer für diesen unermüdlichen Wissensdrang brachten die Tiere, denen gegenüber Spallanzani keinerlei Mitgefühl zeigte. Tausende von Fröschen, Molchen und Echsen, aber auch Murmeltiere, Fledermäuse, Siebenschläfer, Mäuse, Hunde, Katzen, Kaninchen, Krähen, Greifvögel, Störche, Hennen, Schwertfische, Kraken und andere wurden in seinem Laboratorium den verschiedensten Torturen unterzogen. Auch vor Selbstversuchen machte er selten halt. Er stieg bis fast an den Kratermund, was ihn neben verbrannten Schuhsohlen auch beinahe das Leben gekostet hätte. Er verschluckte kleine Holzröhrchen mit Schwämmen oder erbrach sich auf nüchternen Magen, um menschlichen Magensaft zu erhalten, ein Verfahren, das ihm letztendlich doch zu widerwärtig war.

Nach eigener Aussage ging Spallanzani bei seinen Forschungen gern von einer *tabula rasa* aus. Die eingangs erwähnte Kritik an Salvini zeugt schon früh von seiner antiautoritären Grundhaltung. Politischen und persönlichen Gesprächen aus dem Weg gehend, hatte er, dickköpfig und geradeheraus, auch später keine Skrupel, wissenschaftliche Autoritäten wie Buffon anzugreifen. Er haßte die «großen Systeme» und stellte sich erklärtermaßen in die Tradition Réaumurs. Vor allem seine Arbeiten zur Fortpflanzungsbiologie zeigen aber, daß auch er sich nicht vollkommen von vorgefaßten Meinungen befreien konnte.

So geradlinig wie sein Gedankengang war auch Spallanzanis Schreibstil. Ohne die seinerzeit üblichen rhetorischen Floskeln und Verschachtelungen war er als guter Redner und Schreiber bekannt. Seine Werke, meist in italienischer Sprache geschrieben, insbesondere die Reiseberichte, lesen sich flüssig, der Gedankengang ist klar dargelegt und um allgemeines Verständnis bemüht. Der Vorwurf, er sei in seinen Studien nicht tief genug vorgedrungen und habe aus seinen Ergebnissen keine praktische Anwendung gezogen, ist zum Teil unberechtigt, denn er legte die empirische Basis für viele zukünftige Errungenschaften.

4. Die Wirkung Spallanzanis

Spallanzani gehörte den zehn angesehensten italienischen Akademien und zwölf berühmten europäischen wissenschaftlichen Gesellschaften an. Auch wenn er sich nicht scheute, berühmte Gelehrte persönlich zu bitten, sich bei den Gesellschaften für ihn einzusetzen, sind die von ihm so sehr angestrebten europaweiten Ehrungen sicher nicht nur auf Empfehlungsschreiben zurückzuführen. Bonnet urteilte, Spallanzani habe in wenigen Jahren mehr Wahrheiten zutage gefördert als alle Akademien in einem halben Jahrhundert. Voltaire nannte ihn «le meilleur observateur de l'Europe» (den besten Beobachter Europas). Friedrich der Große persönlich setzte sich für seine Aufnahme in die Berliner Akademie der Wissenschaften ein, Haller widmete ihm einen Band seiner *Elementa physiologiae corporis humani* (Lausanne 1757–1766) und Luigi Galvani (1737–1798) seine letzte Arbeit zur tierischen Elektrizität (*Memorie sull'elettricità animale* [*Abhandlungen zur tierischen Elektrizität*] Bologna 1797).

Dennoch ist sein zeitgenössisches Wirken auf nur wenige Persönlichkeiten beschränkt und darf nicht vergessen lassen, daß Spallanzani, trotz seines leidenschaftlichen Interesses an der Natur, kaum an den damals aktuellen naturkundlichen Diskussionen teilnahm. Vor allem mit den Fragen der Systematik und der Taxonomie konnte er sich nicht identifizieren. So hatte Spallanzani kaum Einfluß auf die bio-naturalistische Forschung der zweiten Hälfte des 18. Jahrhunderts, viele Kollegen begegneten ihm aufgrund seiner offensichtlichen Arroganz gegenüber jedem, den er nicht als intellektuell gleichrangig betrachtete, und seiner reduktionistischen, antivitalistischen Denkweise sogar feindselig.

Erst als sich Anfang des 19. Jahrhunderts die experimentelle Physiologie etablierte, entfaltete sich (postum) Spallanzanis größte Wirkung. Die britische und auch die italienische Wissenschaft blieben Spallanzani gegenüber recht indifferent, seinen größten Einfluß hatte er hingegen auf den deutsch- und vor allem den französischsprachigen Raum, wo Anfang des 19. Jahrhunderts das Tierexperiment zur wichtigsten biomedizinischen Methode erhoben wurde. Der Physiologe Henry Dutrochet (1776–1847) zeigte sich ebenso enthusiastisch wie der Zoologe Friedrich Tiedemann (1781–1861), der die Methodik Spallanzanis als Meisterwerk der Beobachtung und Logik lobte. Claude Bernard (1813–1878) stellte Spallanzani auf eine Ebene mit dem Begründer der chemischen Analyse Jakob Berzelius (1779–1848). In der zweiten Hälfte des 19. Jahrhunderts ließ sich Louis Pasteur (1822–1895), der die wissenschaftliche Debatte um die Urzeugung definitiv beilegte, sogar ein Porträt Spallanzanis anfertigen und in seinem Eßzimmer aufhängen, wo er ihm täglich seinen Tribut zollen konnte.

Diese und viele weitere Ehrungen machten den Namen Spallanzani auch einem breiteren Publikum bekannt und schlugen sich in der schöngeistigen Literatur nieder. E. T. A. Hoffmann läßt in einer seiner Geschichten einen an einen Zauberer erinnernden Arzt mit Namen Spallanzani auftreten, Alfred de Musset zitiert ihn, und ein Romanheld von Victor Hugo liest die *Viaggi*.

Ilse Jahn

Caspar Friedrich Wolff
(1734–1794)

1. Einleitung

«Man muß die Wahrheit suchen,
und wie es sich mit derselben verhält,
muß man sie annehmen.» (Wolff 1764)

Die Bedeutung des Mediziners Caspar Friedrich Wolff für die Biologie gründet sich auf seine frühen mikroskopischen Beobachtungen über die Keimesentwicklung von Pflanzen und Tieren, mit denen er ab 1759 die damals vorherrschenden Auffassungen über eine Präformation (Vorbildung) der Embryonen widerlegte. Er gilt als Pionier der modernen Entwicklungsgeschichte. Doch seine Schriften wurden erst nach ihrer «Wiederentdeckung» im 19. Jahrhundert wirksam. Goethe setzte ihm mit einem Vierzeiler ein Denkmal (1820), Karl Ernst von Baer sprach von seinen embryologischen Untersuchungen als von der «größten Meisterarbeit, die wir aus dem Felde der beobachtenden Naturwissenschaften kennen» (1837, S. 121), und die «Russische Große Enzyklopädie» von 1928 nannte ihn einen «der hervorragendsten Biologen des 18. Jahrhunderts» (Schuster 1937, Anm. 40), aber noch 1954 konstatierte Uschmann, daß man diesen großen Gelehrten «immer wieder der Vergessenheit entreißen müsse», denn «kein Gedenkstein, keine Tafel erinnert in seiner Vaterstadt Berlin an ihn, und keine Straße trägt seinen Namen» (Uschmann 1954, S. 51). Zweifellos zählen wir ihn aber zu den Pionieren der Biologie, wenn auch seine theoretischen Ansichten über die «Zeugung» der Organismen in Einzelheiten unzutreffend waren.

2. Die zeitgenössische Vorgeschichte

Beobachtungen über die Embryonalentwicklung von Hühnchen im Ei sind schon aus dem Altertum und der Renaissance bekannt.

Die Bedeutung der Arbeiten Caspar Friedrich Wolffs ist nur vor dem Hintergrund zeitgenössischer früher mikroskopischer Beobachtungen über die Keimesentwicklung von Pflanzen und Tieren und der im 18. Jahrhundert vorherrschenden Theorien über eine Präformation (Vorbildung) der Embryonen verständlich. Die Vertreter dieser

Präformation gehörten zu den ersten Mikroskopikern des 17. Jahrhunderts, die die frühen Organanlagen in Pflanzensamen, Vogeleiern und Insektenpuppen als Vorprägung deuteten und annahmen, daß sich die spätere Gestalt nur durch das Wachstum herausbilde. Sie dachten sich diesen Prozeß als Entfaltung oder «Auswicklung» der zunächst winzigen Organanlagen und nannten diesen Vorgang «Evolution» (= Auswicklung). Diese im 18. Jahrhundert so genannte «Evolutionstheorie» schien manche biologischen Tatsachen gut zu erklären, wie zum Beispiel die konstante Reproduktion stets gleichartiger Individuen aus Eiern und Samen einer Art. Diese Artkonstanz bestätigte die Erfahrung der Systematiker und stand mit dem Schöpfungsbericht der Bibel in Einklang. Demzufolge glaubte man, daß die Artgestalt der Pflanzen und Tiere seit Erschaffung der Welt in den Eiern bereits vorgeprägt sei. Anatomen und Mikroskopiker wie Marcello Malpighi (1628–1694) und Regnier de Graaf (1641–1673), die bebrütete Vogeleier untersuchten, oder Jan Swammerdam (1637–1680), der die Entwicklung von Frosch- und Insekteneiern beobachtete, sowie Francesco Redi (1626–1697), der die Entwicklungsstadien aus Eiern des Spulwurmes (*Ascaris lumbricoides*) beschrieb, waren von der Präformation der Embryonen im Ei überzeugt (vgl. die Beiträge über Bonnet und Spallanzani).

Zu brisanten Auseinandersetzungen unter den Mikroskopikern kam es, als Antoni van Leeuwenhoek (1623–1723) und der Mediziner Jan Ham (1650–1723) 1677 in tierischem und menschlichem Sperma die kleinen beweglichen Samenfäden entdeckten, die sie «Samentierchen» (*animalculae*) nannten. Der holländische Physiker Nicolaas Hartsoeker hatte ebenfalls 1678 menschliche Spermatozoen entdeckt und in ihnen winzige vorgebildete Menschlein zu sehen geglaubt. So bildeten sich um 1700 zwei einander widersprechende Parteien unter den Gelehrten heraus, von denen die einen den künftigen Organismus im Ei, die anderen aber im Sperma vorgebildet glaubten. Für die eine oder die andere Version wurden bald auch weltanschauliche Argumente ins Feld geführt. So machte der Schweizer Anatom Johann Conrad Peyer (1653–1712) den theologischen Standpunkt geltend, daß nur dem Weltenschöpfer – nicht den Geschöpfen – die Schöpferkraft zukomme und Gott jedem Ei das «wesentliche Prinzip» für alle Nachkommen einer Art am Anbeginn mitgegeben habe. Die Anteilnahme der Philosophen verschärfte die Kontroversen. Wie Swammerdam vertrat auch der französische Philosoph Nicolas Malebranche (1638–1715) die Auffassung, daß schon im Körper von Eva die künftigen Generationen vorgebildet waren, während Gottfried Wilhelm Leibniz (1646–1716) für die Dominanz des männlichen Prinzips eintrat und die sogenannten «Animalculisten» unterstützte, für die das Ei nur die Ernährungsgrundlage des im Sperma eingebrachten

Caspar Friedrich Wolff (1734-1794)

Embryos bildete. Für die «Ovulisten» regte das Sperma dagegen nur das Wachstum des im Ei vorgebildeten Embryos an.

Diesen einseitigen Vorstellungen widersprachen allerdings Phänomene wie die Vererbung von Merkmalen beider Elternteile bei Kreuzungen. Dieser Gegensatz zwischen den beiden Präformationstheorien, die die Unkenntnis über das Wesen des Befruchtungsprozesses deutlich machen, hatte seit Beginn des 18. Jahrhunderts vermehrt Untersuchungen und Experimente über die Keimesentwicklung angeregt, um die Mitte des 18. Jahrhunderts Zweifel an den Präformationstheorien aufkommen lassen, mikroskopische Beobachtungen verstärkt und verschiedene Hypothesen über eine mögliche Embryonalentwicklung ohne Präformation hervorgerufen. So hatten den englischen Theologen John Toberville Needham (1723-1781) seine seit 1740 an Pollenkörnern und Spermatozoen von Meerestieren gemachten Beobachtungen zu einer «epigenetischen» Überzeugung geführt, die er 1746 in Paris auch den Naturforschern Georges Buffon (1707-1788) und René-Antoine Ferchault de Réaumur (1683-1757) vortrug. Gemeinsam führten sie mikroskopische Untersuchungen durch, und Buffon veröffentlichte diese Ergebnisse und eine eigene Theorie über eine epigenetische Keimesentwicklung in seiner weitverbreiteten *Histoire naturelle générale et particulière* (*Allgemeine und spezielle Naturgeschichte*, Bd. 2, Paris 1749). Als Ursache der Embryonalentwicklung aus nichtpräformierten Anfangsstadien nahm Needham spezifische Naturkräfte wie Anziehung und Abstoßung analog physikalischer Kräfte an, während

Buffon eine alles Lebendige «durchdringende Kraft» (*force pénétrante*) analog der Schwerkraft postulierte (vgl. den Beitrag über Buffon!). Auch der Leipziger Mediziner und Botaniker Christian Gottlieb Ludwig (1709–1773) befaßte sich mit mikroskopischen Untersuchungen der Pflanzenentwicklung und erklärte die Entstehung der Pflanzengewebe aus einfachen «Fibern» sowie die Blatt- und Blütenbildung durch Zuführung von Nahrungssäften (1742). Ähnliche Auffassungen hatte 1723 schon der Hallesche Philosoph Christian von Wolff (1679–1754) vertreten.

Der berühmte Göttinger Anatom Albrecht von Haller (1708–1778) hatte ursprünglich Zweifel an einer Präformationstheorie und hatte ebenfalls bebrütete und unbebrütete Hühnereier mikroskopisch und experimentell untersucht, sich aber in seiner Arbeit über die Bildung des Herzens im Hühnchen (*Sur la formation du cœur dans le poulet*, 1758) für die Präformationslehre entschieden. Das war die wissenschaftliche Situation in Medizin und Naturforschung, bevor Caspar Friedrich Wolff seine Untersuchungen aufnahm, die ihn – allerdings erst nach seinem Tode – bekannt machten.

3. Lebens- und Berufsweg

3.1 Das Medizinstudium

Über Caspar Friedrich Wolffs private Lebensumstände ist so wenig bekannt, daß sich eigentlich keine echte Biographie schreiben läßt, was bereits Karl Ernst von Baer (1792–1876) beklagte, als er seinen Nachlaß in der Petersburger Akademie der Wissenschaften sichtete (1847). Erste archivalische Erkundungen stellte 1936 der Berliner Wissenschaftshistoriker Julius Schuster (1886–1949) an, der in einem Vortrag vor der Gesellschaft Naturforschender Freunde zu Berlin darauf hinwies, daß der 200ste Geburtstag Wolffs «unbemerkt» vorübergegangen war und «keine Biographie Jahr und Tag seiner Geburt richtig verzeichnet» (Schuster 1937, S. 175). Laut Kirchenbuch der Berliner Petrikirche wurde Wolff am 18. Januar 1734 als Sohn des «Bürgers und Schneidermeisters» Johann Wolff und seiner Ehefrau Anna Sophie geb. Stiebeler geboren. Johann Wolff war aus Prenzlau nach Berlin gekommen und hatte 1727 das Haus Neumannsgasse 106 erworben. Hier wuchs Wolff mit seinen älteren Geschwistern Christian Friedrich (geb. 1728), Anna Sophia (geb. 1723) und Maria Elisabeth (geb. 1732) auf (Evangelisches Zentralarchiv Berlin). Bis 1762 war Wolff mit einer Schwester Dorothea Sophie als Besitzer des elterlichen Grundstücks eingetragen (Uschmann 1955); das später neugebaute Haus, dann als Neumannsgasse 4 bezeichnet, wurde im Zweiten Weltkrieg zerstört, das durch Wilhelm Raabes *Chronik der Sperlingsgasse* berühmte Stadtviertel abgerissen. Die Stellung des Vaters als Bürger und Handwerksmeister der Stadt läßt auf einen gewissen Wohlstand schließen, der dem Sohn eine gute Ausbildung ermöglichte.

Mit 19 Jahren wurde Wolff im Herbstsemester 1753 am Berliner *Collegium medico-chirurgicum* immatrikuliert, das als militärärztliche Ausbildungsstätte der Aufsicht der Königlichen Akademie der Wissenschaften unterstand. Die Ausbildung wurde von Medizinern wahrgenommen, die ordentliche Mitglieder dieser Akademie waren und vielfältige Lehrveranstaltungen anboten. Außer anatomischen Vorlesungen und Übungen wurden Lektionen in Chirurgie und Chemie, in Mikroskopie («Dioptric») und Botanik angekündigt. In den drei Semestern bis zum Sommer 1755 kann Wolff so bedeutende Lehrer wie Simon Pallas (1697–1770) und Johann Friedrich Meckel d. Ä. (1724–1774) oder Johann Gottlieb Gleditsch (1714–1786) und Johann Heinrich Pott (1692–1777) gehört haben; auch Johann Nathanael Lieberkühn (1711–1756) bot ab und zu mikroskopische Übungen an. Für die Wahrung eines hohen wissenschaftlichen Niveaus der Akademie-Klasse für «experimentelle Philosophie» – Chemie, Anatomie, Botanik und alle Wissenschaften, die sich auf das Experiment gründen (Grau 1993) –, der die Professoren des *Collegium medico-chirurgicum* angehörten, hatte der 1744 neu berufene Präsident der Akademie, Pierre Louis Moreau de Maupertuis (1698–1759), gesorgt, als er 1746 mangelnde wissenschaftliche Aktivitäten dieser Klasse kritisierte und 1749 den jungen Meckel aus Göttingen nach Berlin berief (Harnack 1900, Bd. 2, S. 277). Maupertuis hatte sich nicht nur durch eine Expedition nach Lappland zur Gradmessung am Pol einen Namen gemacht und gehörte zu den Anhängern Newtons; er interessierte sich auch für die biologischen Zeitfragen und hatte in seiner Schrift *Venus physique* (1745), die in einer Werkausgabe 1752 neu erschienen war, ausführlich die verschiedenen Ansichten über die «Generation», die Keimesentwicklung der Tiere, von der Antike bis zu den Präformationstheorien seiner Zeitgenossen diskutiert. Aufgrund von Beobachtungen über Mißbildungen und über Bastarde sprach er sich gegen die Theorien («Systeme») der Ovisten und der Animalculisten aus (*Les Œuvres* 1752, S. 207–270). In Berlin hat er selbst Untersuchungen über tierische Bastarde (*Animaux mixtes*) und die Vererbung von Mißbildungen (Zehenanomalien bei Hühnern und Hunden) angestellt, ja den Erbgang der Sechsfingrigkeit in einer Berliner Familie statistisch erfaßt und sich von dem Anatomen Augustin Buddeus (1695–1753) im «Anatomischen Theater» Mißbildungen demonstrieren lassen. Alles das veröffentlichte er ebenfalls 1752 in einer Schrift *Lettres*, wo es in dem

Brief XVII «Über die Erzeugung der Tiere» (*Sur la génération des Animaux*, S. 125–144) nach der Auseinandersetzung mit Needhams neuen Zeugungshypothesen in den *Nouvelle observations microscopiques* (1750) abschließend heißt: «Tout ceci ne réplonge-t-il pas le mjstère de la Génération dans des ténèbres plus profondes que celle dont on l'avoit voulu tirer?» [«Stößt dies alles nicht das Geheimnis der Zeugung in tiefste Dunkelheit zurück, woraus man es hat hervorziehen wollen?», a. a. O., S. 143]. In einem weiteren Brief XIX über die Fortschritte der Naturwissenschaften entwickelte Maupertuis ein imposantes Programm für die Medizin (S. 205–210), für Experimente über die Geheimnisse der tierischen Zeugung, für eine Ursachenforschung über Regeneration und Entstehung von Mißbildungen (S. 215) und für mikroskopische Beobachtungen analog derjenigen von Buffon und Needham. Diese neuen Entdeckungen seien so wichtig, daß mehrere Beobachter zu solchen Untersuchungen ermutigt werden sollten und ein Preis für die Konstruktion des besten Mikroskops ausgesetzt werden sollte (S. 216).

Zweifellos waren diese Ausführungen für die Berliner Akademiker bestimmt und im Kreise der Professoren, die die jungen Mediziner unterrichteten, auch zur Kenntnis genommen worden, zumal diese Veröffentlichung einen beleidigend spöttischen Angriff von Voltaire gegen den Akademiepräsidenten ausgelöst hatte, der in einer anderen Angelegenheit in einen unwürdigen Prioritätsstreit verwickelt war (Harnack 1900, Bd. 2, S. 282–302). Das Aufsehen über diese Kontroversen, in die die Akademiemitglieder und auch der König mit verwickelt waren, und der dramatische Schlußakt mit Voltaires Spottschrift über die *Lettres* von Maupertuis, die beide 1752 zur «Flucht» aus Berlin bewogen, dürften der Verbreitung ebendieses Buches in Berlin nur förderlich gewesen sein und auch noch ein Jahr später bei Studienbeginn von Wolff das Interesse von Professoren und Studenten beansprucht haben. Es wäre kaum verwunderlich, wenn ein intelligenter junger Mediziner die provozierenden Fragestellungen in den *Lettres* aufgriff und durch die Lektüre oder einen der akademischen Lehrer zur Aufklärung des «Mysteriums der Generation» angeregt wurde. Da Berlin noch keine Universität hatte, ging Wolff zur Fortsetzung des Medizinstudiums zwei Jahre später nach Halle, wo er sich am 10. Mai 1755 in der medizinischen Fakultät immatrikulierte und am 28. November 1759 unter Vorsitz des Dekans Andreas Elias Büchner (1701–1769) seine Dissertation *Theoria generationis* verteidigte und zum Doktor der Medizin promoviert wurde.

Genaueres über Wolffs vierjährige Studien in Halle und über Anregungen zu seinem Dissertationsthema ist nicht bekannt. In der Arbeit selbst ist kein Name eines «Doktorvaters» angegeben, was damals sehr ungewöhnlich war. Entweder hatte einer der Halleschen oder Berliner Professoren wegen des brisanten Themas auf Nennung seines Namens verzichtet, oder Wolff hatte das Forschungsthema selbständig gewählt und bearbeitet, was auf außergewöhnliche wissenschaftliche Reife schließen ließe. Unbekannt ist auch, welche Hilfsmittel für die schwierigen mikroskopischen Untersuchungen ihm in Halle zur Verfügung standen, die er an keimenden Pflanzen und an bebrüteten Hühnereiern durchführte. Aus den Vorlesungsverzeichnissen für 1757–1759 geht hervor, daß A.E. Büchner, der auch Präsident der Deutschen Akademie der Naturforscher Leopoldina war, ein breites Fächerspektrum vertrat, und auch der Mediziner Philipp Adolf Böhmer (1717–1789) könnte Wolff beeinflußt haben. Er hatte im Sommer 1756 eine öffentliche Vorlesung «de hominis generatione» (über die Generation der Menschen) angekündigt, im Winter 1757/58 privatim anatomische Präparationen und Demonstrationen durchgeführt und im Sommersemester 1758 öffentlich die «Institutiones physiologicas Cel. Ludwigii» erläutert, den Wolff in seiner Dissertation als Befürworter der «Epigenese» ausdrücklich nennt; er beschrieb (wie Wolff) die Keimesentwicklung aus einfachen Geweben (s. o.).

Böhmer wie auch der Extraordinarius Heinrich Christian Alberti kündigten regelmäßig botanische Vorlesungen und Exkursionen an, und Alberti las auch über «Physiologie».

Die lateinisch geschriebene Dissertation Wolffs besteht aus 262 §§ (rd. 140 Seiten), von denen mehr als die Hälfte (165 §§, 71 Seiten) der Pflanzenentwicklung gewidmet ist. In drei Teile gegliedert, behandelt sie 1. die Generation der Pflanzen, 2. die Generation der Tiere (60 §§) und 3. die Natur der organischen Körper und ihre Bildung (30 §§); die beiden ersten Teile enthalten subtile Beschreibungen der frühen Keimstadien, der dritte enthält sein Hauptanliegen, die theoretische Erklärung der Neubildung der embryonalen Organe durch die «wesentliche Kraft», die auch den Ernährungsprozessen aller Organismen zugrunde liegt. Eine Polemik gegen die gegensätzlichen Lehren der Präformisten enthält diese Dissertation nicht. Wolff sandte sie aus Berlin am 23. Dezember 1759 an A. von Haller in der Hoffnung auf gerechte Beurteilung, obwohl er wußte, daß Haller gegensätzliche Ansichten vertrat. Die erhalten gebliebene Korrespondenz gibt Aufschluß über Wolffs ungeschmälerte große Hochachtung und Verehrung, die er trotz aller Kontroversen diesem großen Gelehrten immer zollte. Aus dessen Rezension in den *Göttingischen Anzeigen von gelehrten Sachen* (Nov. 1760) entnahm Wolff Hallers «Wohlwollen», der schrieb, «wir haben seit langer Zeit kein so wichtiges Werk gelesen»; es verdiene «die größte Aufmerksamkeit». Die Zweifel Hallers an der richtigen Deutung der mikroskopischen Bilder nahm Wolff zum Anlaß weiterer Untersuchungen an Hühnerembryonen (Schuster 1941, S. 204f.).

Die nächste Sorge Wolffs galt aber einer beruflichen Anstellung, die er in einem akademischen Lehramt suchte, wie seine Bewerbungen an den kleinen mecklenburgischen Universitäten Bützow (1760–1789) und Rinteln (1621–1809) zeigte (Uschmann 1955, S. 44).

Kurz nach der Rückkehr von der Promotion aus Halle muß Wolff wohl im Freundeskreis über das Thema seiner Dissertation diskutiert haben, wie einige in einem Handexemplar der *Theoria generationis* aus Wolffs Nachlaß in Moskau vorhandene «Notizen» vermuten lassen (Gaissinovitch 1957/58). Sie enthalten Meinungsäußerungen von einem Halleschen und drei Berliner Disputanten, deren Identität nicht zweifelsfrei geklärt werden konnte, die aber in Verbindung zu Wolffs Studienstätte, dem *Collegium medico-chirurgicum*, standen. Deren sachkundige Fragen hatte Wolff zusammen mit seinen Antworten notiert. Möglicherweise bildeten diese den Anlaß zur Niederschrift jenes erläuternden Manuskriptes, das Wolff später als die Grundlage für die Publikationen 1764 erwähnte (s.u.).

Schon gegen Ende des Jahres 1760 hatte der Mathematiker und stellvertretende Präsident der Berliner Akademie der Wissenschaften und engste Vertraute von Maupertuis, Leonhard Euler (1707–1783), Wolff für eine Professur in St. Petersburg empfohlen, als er am 15. Dezember 1760 an den Sekretär der Petersburger Akademie der Wissenschaften, G. F. Müller, schrieb, er wolle «etwas von einem geschickten jungen Mann, H. Wolff, Doct. Medicinae», melden, «welcher ganz vorzüglich sich zur Kaiserl. Academie schicken würde. Derselbe hat erstlich gar keine Neigung zur Praxis Medica, sondern legt sich einzig und allein auf das Studieren und Experimentieren. In der Anatomie, Botanik und Chemie könnte er mit gleichem Nutzen gebraucht werden. Er hat eine Disputation in Halle *De vegetatione et generatione plantarum et animalium* gehalten, welche Lehre auf ganz neue Gründe und Versuche gebaut ist und von allen Kennern bewundert wird. Außerdem hätte er auch sehr große Lust, sich bei der Kaiserl. Academie zu engagieren» (Rajkov 1964, S. 584). Eine Berufung Wolffs nach St. Petersburg kam damals noch nicht zustande. Zum Zeitpunkt dieses Briefes stand Preußen im Krieg gegen Rußland (Elisabeth II.), am 9. Okt. 1760 war Berlin vorübergehend von russisch-österreichischen Truppen besetzt, die dann einen Monat später von Friedrich II. bei Torgau geschlagen wurden; doch dauerten die Kämpfe um Schlesien noch das ganze Jahr 1761 bis zum Tod der Kaiserin von Rußland (5. Januar 1762) und länger an.

3.2 Wolffs Lehrtätigkeit

Bis zum Ende des Siebenjährigen Krieges ging Wolff 1761 als Militärarzt an das Feldlazarett des Preußischen Heeres in Breslau, dessen oberster Feldarzt der Direktor des Obermedizinalkollegiums, Christian Andreas Cothenius (1708–1789), war. Als dieser ihn «bald als einen wissenschaftlichen Mann und großen Denker» erkannte, beauftragte er Wolff, den jungen, oft mangelhaft ausgebildeten Feldwundärzten Vorlesungen über Anatomie zu halten, und befreite ihn vom Lazarettdienst.

Einem der jungen Ärzte, den Wolff 1762 als Assistenten einsetzte, verdanken wir einen zeitgenössischen Bericht darüber und die ersten biographischen Aufzeichnungen über Wolff. Christian Ludwig Mursinna (1744–1823) schrieb über Wolff: «Er lehrte Osteologie, Myologie und Splanchnologie [also Knochen-, Muskel- und Eingeweidelehre] für mehrere hundert Feldwundärzte; und da die Sterblichkeit groß war, fehlte es nie an Kadavern. Daher alle Wundärzte den fruchtbarsten Unterricht genießen konnten, daran auch bald alle Feld- und Stadtärzte teilnahmen. Wolff hatte einen so außerordentlich deutlichen, logischen Vortrag, daß jeder ihn leicht verstand und sich mehr oder weniger gründlich belehren konnte, wie dies die monatlichen Examina bezeugten.» (Mursinna 1819, zit. nach Goethe 1954, S. 187)

Nach dem Friedensschluß im Frühjahr 1763 wurde das Breslauer Feldlazarett aufgelöst und die Ärzte entlassen. Wolff und Mursinna kehrten nach Berlin zurück. Schon im Frühjahr 1762 hatte Wolff ein Gesuch an Cothenius in dessen Eigenschaft als Dekan des *Obercollegium medicum* gerichtet und um Erlaubnis gebeten, in Berlin öffentliche Vorlesungen über Physiologie zu halten. Cothenius reichte am 17. Mai 1762 Wolffs Gesuch an die Professoren des *Collegium medico-chirurgicum* ein, die in einer ausführlichen Stellungnahme unter Berufung auf ein Reglement der Akademie von 1754 auch Wolffs Gesuch wie die anderer vor ihm ablehnten. Die Begründung richtete sich nicht gegen Wolffs neue «Theorie», sondern zunächst gegen die beantragte Ausnahmeregelung generell und lautete, daß ein solches zusätzliches Kolleg nicht notwendig sei: «es würde auch ein solches ganz überflüssig sein» und dem Reglement vom 17.04.1754 «zum Nachteil gereichen, wenn anderen Doctoribus, welche nicht ordentliche Mitglieder des Collegio sind ... erlaubt würde, gleich den Profesoribus öffentlich zu lesen, zum Nachteil der letzteren».

Die gleiche Ablehnung wie Wolff erfuhr auch der Antragsteller Henckel, wobei es den ordentlichen Mitgliedern der Akademie und des *Collegium medico-chirurgicum* um die Wahrung ihrer Ehre, Privilegien und Einnahmen ging.

Cothenius erteilte Wolff schließlich aber die Erlaubnis, private Vorlesungen in Berlin zu halten, was er vier Jahre lang mit großem Erfolg durchführte, obwohl ihm nicht die Hilfsmittel des *Collegium medico-chirurgicum* zur Verfügung standen. Darüber berichtete später Mursinna, der zunächst eine Anstellung als Kompaniechirurg im Regiment Lottum erhalten und alsbald seinen Lehrer Wolff aufgesucht hatte. Er «fand ihn bei seinem Vater im engen Stübchen, aber unter Büchern vergraben» und erfuhr, daß Wolff «nächstens Privatvorlesungen über Logik, Physiologie, Pathologie und Therapie zu halten» gedenke und ihn wieder als Helfer beschäftigen wollte. Aus eigenem Erleben berichtete später Mursinna (der ab 1787 Professor am *Collegium medico-chirurgicum* und Chirurg an der Charité war), wie er Zettel mit den Vorlesungsankündigungen unter Studenten verteilte, «die bald solche reichlichen Unterschriften erhielten», daß er «nur mit Mühe einen Saal, sie zu fassen, finden konnte.»

Wolff lehrte unter ungleich schwierigeren Bedingungen als die Professoren, da er Saalmiete und Demonstrationsobjekte privat bezahlen mußte; daß er trotzdem durch seine Lehrmethode die Studenten mehr anzog, trug ihm nun erst die Gegnerschaft der Medizinprofessoren, besonders Meckels und Walthers, ein, die sich auch auf deren Hörer erstreckte (a.a.O.).

Wolffs Lehrerfolg beruhte auf dem folgerichtigen Aufbau seiner Vorlesungen – Logik, Physiologie, Pathologie, Therapie –, der einer gewissen Didaktik folgte: Die «Logik» behandelte wohl die methodologischen und theoretischen Grundlagen der Naturforschung als Einführung in die «Physiologie», worunter damals die Lebensprozesse der Ernährung, des Wachstums, der Fortpflanzung und Fortbewegung verstanden wurden und in der Wolff seine Epigenesis-Theorie behandelte. Darauf gegründet, trug Wolff dann «auch die Pathologie und spezielle Therapie ... so meisterhaft vor, daß es schien, als wenn er der größte praktische Arzt gewesen wäre», berichtet Mursinna (a.a.O.). Er besaß eine gute Literaturkenntnis über die verschiedenen Heilmethoden und vertrat einen eigenen Standpunkt gegenüber der «mechanischen Medizin».

Während seiner Berliner Zeit korrespondierte Wolff mehrmals mit Haller über die Theorie von der Generation und erhoffte von ihm Zustimmung zu seiner Epigenesis-Theorie, da er Haller als guten Experimentator und Wahrheitssucher einschätzte.

Die Auseinandersetzung mit dessen Einwänden veranlaßte Wolff zur Weiterführung seiner embryologisch-mikroskopischen Studien an Hühnerembryonen. Wie Mursinna berichtet, beschäftigte sich Wolff auch in den Berliner Jahren «mit der Naturkunde und vorzüglich mit Beobachtungen über die Erzeugung der Tiere ... Er hatte stets viele Hühner bei der Hand, die ihre gelegten Eier ausbrüten mußten. Er öffnete solche fast alle Viertelstunde, um unter dem Mikroskop die sukzessive Bildung der Embryonen zu erforschen und das Entdeckte auf die Erzeugung der Tiere überhaupt anzuwenden» (a.a.O.). Diese in seinem Vaterhaus durchgeführten mikroskopischen Untersuchungen, die zu seiner bedeutendsten Arbeit «über die Bildung des Darmkanals beim bebrüteten Hühnchen» (1769) führten, trugen Wolff Ende 1766 eine Augenentzündung ein, wie Wolff an Haller schrieb (Schuster 1941).

In Berlin veröffentlichte Wolff 1764 in deutscher, allgemeinverständlicher Sprache die Schrift *Theorie von der Generation*, die gleichsam als Lehrbuch für seine Vorlesungen diente, aber ursprünglich nicht zum Druck bestimmt war, sondern auf Wunsch seiner «guten Freunde» – darunter «der seel. Herr Dokt. Gustav Matthias Ludolf» – niedergeschrieben wurde. (Wolff 1764, Vorrede) Diese Forderungen seiner Freunde erinnern an die in Moskau aufgefundenen «Notizen» Wolffs in seinem Handexemplar der Dissertation (s.o.), die wohl der Anlaß zur Niederschrift des umfangreichen Manuskriptes waren.

Nachdem sich «die Umstände geändert» und Wolff die Erlaubnis zur Vorlesungstätigkeit erhalten hatte, entschloß er sich zur Drucklegung und zur Erweiterung des Manuskriptes, was er wie folgt begründet: «Es liegt mir jetzo eben so viel daran, meinen Zuhörern einen vollständigen Begriff von dem Generationsgeschäfte zu machen, als mir damals daran gelegen war, meinen Freunden meine Entdeckung in dieser Sache umständlich zu erklären. Das ist die Ursache, warum ich mich entschlossen habe, mein altes Manuscript wieder hervor zu suchen und es drucken zu lassen» (a.a.O.). Als weitere Ursache nennt Wolff die notwendige Auseinandersetzung mit dem jüngst erschienenen Werk von Charles de Bonnet (1762) und mit den brieflich und öffentlich geäußerten Zweifeln an der Epigenesis-Theorie von A. von Haller, den er als denjenigen anerkenne, «der am besten die Untersuchungen in diesem Theile der Physik zu beurtheilen im Stande ist». Auch diese Publikation sandte Wolff – wie bereits seine Dissertation – an Haller, der darauf jedoch wegen der schärferen Polemik gegen die Präformationslehren, besonders gegen Bonnet, und wegen des unerlaubten Abdruckes seiner Rezension von 1760 verärgert reagierte, wie Wolffs Antwortbrief vom 4. Mai 1765 zeigt (Schuster 1941, S. 207 f.).

Einen letzten Brief an den berühmten Göttinger Anatomen schrieb Wolff am 17. April 1767 aus Berlin, nachdem er in dem letzten Band von Hallers Lehrbuch «*Elementa physiologicae* ...» vom Frühjahr 1766 den unveränderten Widerspruch Hallers gegen Wolffs Theorie wiederfand, der mit dem ganzen Gewicht seiner Autorität den Satz «*nulla est epigenesis*» (es gibt keine Epigenese)

Wolffs Bemühungen um Nachweis der Embryonalentwicklung entgegenstellte, und aus einem letzten Brief Hallers dessen theologische Argumente für das Festhalten an der Präformationslehre erfuhr; denn «es ist wahr, daß gegen die Existenz der göttlichen Macht nichts dargetan werden kann, wenn ein Körper durch Naturkräfte und aus natürlichen Ursachen hervorgebracht werde» – also durch Epigenese. Wolffs Auffassung war bisher, daß «diese Kräfte selbst und die Ursachen, ja, die Natur selbst ... für sich in gleicher Weise einen Urheber ihrer selbst wie der organischen Körper» fordern. Doch gesteht er Hallers Argumenten den besseren Beweis für einen Schöpfergott zu und hält diesen für so wichtig, «daß ich beinahe nicht weiß, was ich in Zukunft hinsichtlich der Entwicklung der Generationstheorie machen soll» (Schuster, S. 213 f.).

Im gleichen Brief teilte Wolff mit, daß er nach Petersburg berufen sei, «um das Amt eines Professors der Anatomie und Physiologie und eines Mitgliedes der Akademie der Wissenschaften zu übernehmen mit einem Gehalt von 800 Rubel, und ich habe nicht lange überlegt, was ich tun sollte». Sobald er die 200 Rubel Reisegeld erhalten haben werde, werde er «in wenigen Tagen von hier abreisen» (a. a. O.). Die Entscheidung war Wolff wohl dadurch erleichtert worden, daß er auch 1764 bei einer Stellenbesetzung am *Collegium medico-chirurgicum* nicht berücksichtigt worden war.

Von Mursinna erfahren wir, daß Wolff sich in Berlin «ein armes aber schönes Mädchen antrauen ließ», mit ihr die Reise von Lübeck aus antrat und in Petersburg «vor dem Tore in einem kleinen Haus gewohnt» habe. Er war am 15. Mai 1767 erstmals in der Petersburger Akademie eingetroffen und am 1. Juni offiziell in sein Amt eingeführt worden; bei dieser Gelegenheit hielt er einen Vortrag über die *Epigenese* (Rajkov 1964, S. 584). Doch hat er seine embryologischen Untersuchungen in Rußland nicht weitergeführt, sondern nur seine in Berlin gemachten Beobachtungen über die Hühnchenentwicklung veröffentlicht (Wolff 1769). Nach Rajkov gehörten zu seinen Aufgaben die Verwaltung des Anatomischen Kabinetts der Kunstkammer und des Anatomischen Theaters, zeitweise auch des Botanischen Gartens der Akademie. Daraus resultierten seine wissenschaftlichen Arbeiten während der folgenden 27 Jahre.

3.3 Als Akademiker in St. Petersburg

Über diese Petersburger Zeit, sein Berufs- und Familienleben, ist wenig bekannt; weder gibt es Briefe noch autobiographische Notizen oder Erinnerungen von Freunden und Kollegen. Es muß angenommen werden, daß er in seiner bescheidenen Wohnung auf der Vasil'evsker Insel mit seiner Familie – seiner Frau und den drei Kindern Louisa, Maria und Karl – ein einsames Leben führte, das ganz der wissenschaftlichen Arbeit gewidmet war (Rajkov 1964, S. 584 und S. 599). Über diese legen die zahlreichen Publikationen in den Akademie-Schriften Zeugnis ab.

Als Anatom hatte Wolff die Pflichten eines Prosektors wahrzunehmen und Leichen zu sezieren, die von der Polizei zwecks Ermittlung der Todesursachen eingeliefert wurden. Wolff nutzte diese Aufgaben für wissenschaftliche Untersuchungen, wie er auch die Kadaver von Löwen und Tigern präparierte, die in dem Tiergarten verendet waren. Diese höfische Tierhaltung war – wie auch an den Höfen in Versailles und in Wien – eine Gelegenheit, an exotischen Tieren vergleichend-anatomische Untersuchungen durchzuführen, worüber Wolff einige Arbeiten veröffentlichte. Außerdem widmete er ausgiebige Studien der anatomischen Untersuchung von Mißbildungen, worüber es in der Petersburger Akademie umfangreiche Alkoholsammlungen gab und die auch als frischtote Leichen aufgrund eines kaiserlichen Befehls von Ärzten abgeliefert wurden, um im Kunstkabinett konserviert zu werden.

Die Leichensektionen waren für Wolff nicht nur eine Quelle weiterführender Erkenntnisse über die Gestaltungsgesetze des menschlichen Körpers, sondern der Bewunderung über die Schönheit der Körperbildungen.

Um diese Verhältnisse in allen Einzelheiten zu erkennen, bedurfte es großer Geschicklichkeit und Geduld unter den damaligen Umständen. «Tagelang arbeitete er in der übelriechenden Atmosphäre seines altertümlich eingerichteten anatomischen Theaters», schreibt Rajkov. «Wir müssen dabei bedenken, daß es damals noch keine konservierenden und desodorierenden Mittel gab und die schwierige Arbeit des Prosektors eine besondere Gewöhnung erforderte» (a.a.O., S. 591f.). Trotzdem konnte sich Wolff an der Schönheit der inneren Organisation auch der «Mißgeburten» erfreuen und schreibt darüber: «Zweifellos besitzen auch die Eingeweide eine eigene wahrhaftige und nicht scheinbare Schönheit. Ich sah bei einigen Monstra das Innere von so erstaunlicher Anmut und Eleganz, daß ich keinen Zweifel daran hege, daß die Natur, die diese Körper schuf, sich auch die Schönheit der Struktur als Ziel gesetzt haben mußte. Ja selbst in den allergemeinsten inneren Organen unseres Körpers herrscht eine bemerkenswerte Schönheit, die leichter aufzuspüren als mit Worten wiederzugeben ist.» (Wolff 1778, zit. nach der dt. Übers. von Rajkov 1964, S. 592)

Im Streit um die Präformationslehren kam dem Auftreten von Mißbildungen im 18. Jahrhundert ein besonderes Interesse entgegen, da sie die Absicht des Schöpfers und die Vorprägung in den Keimzellen seit Erschaffung der Welt in Frage stellten. Schon in seiner ersten Arbeit, der lateinischen Dissertation, behandelte er am Schluß dieses Thema und seine Absicht, später mehr darüber zu arbeiten, und Maupertuis hatte dies ebenfalls als notwendiges Forschungsprojekt bezeichnet und selbst entsprechende Untersuchungen in Berlin angestellt (s. o.). Auch das Berliner *Theatrum anatomicum* soll eine Sammlung von Monstra besessen haben, die aber Wolff nicht zur Verfügung stand. In Petersburg hatte er nun ungleich bessere Möglichkeiten, da die von ihm verwaltete akademische Sammlung aufgrund eines Erlasses von Zar Peter I. aus dem Jahre 1718 zur Zeit Wolffs schon 42 entsprechende Präparate enthielt.

So plante Wolff – außer einzelnen Publikationen – ein größeres Werk über Monstra, dessen Konzeption und umfangreiche Manuskripte sich im Nachlaß fanden. Nach einer Schätzung umfaßt die Beschreibung der Anatomie der Monstra und einzelner Organe samt Kommentaren rund 1000 handgeschriebene Seiten und dazu 52 sorgfältig gezeichnete Tafeln (Rajkov 1964, S. 596 f.). Von besonderem Interesse ist ein gesondertes Konzept von rund 106 Blatt, das Überlegungen zu einer «Theorie der Monstra» enthält und sich mit der Entstehung von Mißbildungen und darüber hinaus mit Fragen der Erblichkeit und Veränderlichkeit von Pflanzen und Tieren befaßt (s. u.). Denn Wolff konnte nicht glauben, daß die Weisheit göttlichen Waltens für die Mißbildungen verantwortlich zu machen ist. «Die Monstra stammen nicht von Gott, sondern sind eine Sache der Natur, der der Erfolg versagt geblieben ist.» (Wolff 1773, zit. nach Rajkov 1964, S. 594) Demzufolge müsse nach den natürlichen Ursachen und Prozessen geforscht werden, die solchen abnormen Embryonalentwicklungen zugrunde liegen, und auch nach denen, die die Artkonstanz des Erbgeschehens gewährleisten.

Diese Fragen beschäftigten Wolff in den letzten Jahrzehnten und zeigen ihn als einen originellen und progressiven Naturforscher, dessen vorwärts weisende Gedanken und Erkenntnisse aber zu seinen Lebzeiten nicht mehr bekannt wurden, während er mit den wissenschaftlichen Fortschritten der westeuropäischen Fachkollegen vertraut blieb. Als Akademiemitglied konnte er Entscheidungen mit beeinflussen und bewirken, daß Albrecht von Haller ungeachtet der Kontroversen über die Präformationslehre 1777 zum Ehrenmitglied der Petersburger Akademie der Wissenschaften berufen wurde.

Mit Aufmerksamkeit verfolgte er auch das Wirken seines Nachfolgers in Göttingen, Johann Friedrich Blumenbach (1752–1840), der sich der Epigenesistheorie zuwandte, aber seine besondere Kraft, einen «Bildungstrieb» für die Lebens- und Entwicklungsprozesse der Organismen, annahm und sich mit Fragen der Zeugung und Variabilität befaßte. Auf Wolffs Veranlassung schrieb die Petersburger Akademie eine Preisaufgabe zur Klärung der Frage über die «Nutritionskraft» aus, deren Gewinner Blumenbach (1789) wurde und deren Veröffentlichung Wolff Gelegenheit gab, auch seine Auffassung von der die Lebensprozesse «bewirkenden Kraft» neu zu formulieren (Wolff 1789).

Als Wolff am 22. Februar 1794 einem Schlaganfall erlag, widmete ihm die Petersburger Akademie einen ehrenvollen Nachruf in französischer Sprache, der weniger biographische Einzelheiten als ein allgemeines Charakterbild zeichnet:

«Er brachte nach St. Petersburg schon den wohlbefestigten Ruf eines gründlichen Anatomen und tiefsinnigen Physiologen, einen Ruf, den er in der Folge zu erhalten und zu vermehren wußte ... Geliebt und geschätzt von seinen Mitgenossen, sowohl seines Wissens als wegen seiner Geradheit und Sanftmuth, verschied er im einundsechzigsten Jahr seines Alters, vermißt von der ganzen Akademie, bei der er seit siebenundzwanzig Jahren sich als tätiges Mitglied erwiesen hatte. Weder die Familie noch seine hinterlassenen Papiere konnten irgend etwas liefern, woraus man einigermaßen eine umständlichere Lebensbeschreibung hätte bilden können. Aber die Einförmigkeit, in welcher ein Gelehrter einsam und eingezogen lebte, der seine Jahre nur im Studierzimmer zubrachte, gibt so wenig Stoff zu einer Biographie, daß wir wahrscheinlich hierbei nicht viel vermissen. Der eigentliche, bedeutende und nützliche Teil vom Leben eines solchen Mannes ist in seinen Schriften aufbewahrt, durch sie wird sein Name der Nachwelt überliefert ...» (zit. nach der Übers. von Uschmann 1955).

4. Werk und Wirkung

4.1 «Theoria generationis» (1759)

Wolffs wissenschaftliches Werk ist gleichzeitig der Leitfaden für seine Biographie, die eng mit seinen Publikationen über die zeitgenössischen Streitfragen verknüpft ist (vgl. Breidbach 1999).

Der Bedeutung der neuen Gedankengänge, die Wolff bereits in seiner ungewöhnlichen Dissertation *Theoria generationis* (1759) erstmals veröffentlichte, war er sich wohl bewußt und ließ sich auch durch eine wissenschaftlich unbestrittene Autorität wie A. von Haller nicht von der Richtigkeit seiner Beobachtungen abbringen. Während Wolff selbst den Hauptwert seiner Arbeit in den theoretischen Schlußfolgerungen aus den Untersuchungen sah und betonte, daß er der erste sei, der überhaupt eine Erklärung für den Zeugungsprozeß als Spezifik aller Lebewesen anbot, bedürfen auch die sorgfältigen mikroskopischen Beobachtungen der frühen Keimungs- und Entwicklungsprozesse an Pflanzen und Tieren Beachtung. Im ersten Teil beschreibt er eingehend die mikroskopischen Strukturen junger Pflanzenkeime, die entweder aus einer homogenen, klaren Substanz oder aus einfachen, saftgefüllten «Bläschen» (Zellen) bestehen. Im Ernährungsprozeß nimmt die Pflanze Flüssigkeit auf; durch diese Ernährungskraft oder «wesentliche Kraft» wird der Pflanzensaft in den zunächst zarten, unstrukturierten Substanzen bewegt, die dadurch zu Bläschen, Kanälen oder Gefäßen ausgedehnt werden. Durch Verdunstung entsteht eine Art Gerinnungsprozeß, wodurch sich feste Strukturen (Wände, Stengel, Blattrippen) herausbilden. Wolff verglich die Wachstumsprozesse von Kohl-, Kastanien- und Bohnenkeimen miteinander, beobachtete die Verzweigung der Blätter, die Entstehung der Blütenorgane (Kelch und Krone, Staubgefäße und Pollen), die durch Umwandlung von Blättern entstehen, und erklärt die Frucht- und Samenbildung durch Verminderung des Nährsaftes. Die Befruchtung durch den Pollen interpretiert er als «Lieferung eines vollkommenen Nahrungsmittels», wodurch neues Wachstum angeregt und die Entwicklung des Embryos bewirkt wird.

Nach dem gleichen Prinzip erklärt Wolff im zweiten Teil die allmähliche Herausbildung des Hühnerembryos, wobei er die Pflanzenentwicklung zum Modell nimmt. Er beschreibt die Keimscheibe, die nach 28stündiger Bebrütung aus einfachen «Kügelchen» besteht, durch die die «Nährsäfte» mit Hilfe der «wesentlichen Kraft» hindurchbewegt werden. Durch Ausdehnung und die «Erstarrungsfähigkeit» des Nährsaftes entstehen nach und nach die sichtbaren Organe, die vorher noch nicht vorhanden waren (Blutgefäße, Herz, Nieren, Darm). Indem Wolff Parallelen zwischen Pflanzen- und Tierkeimen zieht, glaubt er die allgemeinen Gesetze des Wachstums zu erkennen, die gleichzeitig die Prinzipien der «Zeugung» (*Generation*) sind.

Diese formuliert Wolff im dritten Teil als allgemeine Bildungsgesetze für alle Organismen, die auf dem Wirken der «wesentlichen Kraft» (Ernährungskraft) und der «Erstarrungsfähigkeit» bei der Entstehung von Muskeln, Nerven und Gehirn der Tiere bestehen und auch die Bildung von Mißbildungen klären soll.

Die Fragen und Einwände, die diese Schriften bei Freunden und bei Haller aufwarfen und die Wolff teilweise in «Notizen» festhielt, betrafen zum einen die Verallgemeinerung für alle Tierarten, zum anderen die Funktion der «Befruchtung» und der Geschlechter.

Diesen Einwänden kann man die Berechtigung nicht absprechen, und sie beschäftigten Wolff auch weiterhin bis in seine Petersburger Zeit hinein, wie die nachgelassenen Manuskripte zeigen.

Zweifellos beschäftigte Wolffs *Theoria generationis*, die Haller als «so wichtiges Werk» gekennzeichnet hatte, die Zeitgenossen in

Deutschland auch nach Wolffs Weggang weiter, denn 1774 ließ der Sohn von Wolffs Berliner Lehrer (J. F. Meckel d. Ä.), Philipp Friedrich Theodor Meckel (1756–1803), in Halle eine weitere lateinische Auflage der *Theoria generationis* anonym drucken, und Hallers Nachfolger in Göttingen, Johann Friedrich Blumenbach (1752–1840), zitierte Wolff in seinen Schriften.

4.2 «Die Theorie von der Generation» (1764)

Diese als Lehrbuch für seine Zuhörer in Berlin gedruckte Schrift ist eine in deutscher Sprache verfaßte erweiterte Darstellung der in der Dissertation vorgelegten Theorie und enthält auch Antworten auf die von Freunden gestellten Fragen (s. o.). «Ich sollte erklären», schreibt Wolff in der «Vorrede», «wie sowohl bey Pflanzen, als auch bey Thieren, Gefäße entstehen; warum diese ein Herz haben, und jene nicht; wie ferner überhaupt solche Theile bey beyden entstehen, die aus andern kleinen Theilen zusammengesetzt sind, und zusammengenommen unmittelbar den ganzen Körper ausmachen ... Besonders sollte ich umständlicher erklären, was es mit der Conception für eine Bewandniß hat.»

Das alles habe er in einem Manuskript getan. Für seine Studenten habe er es nun auch erweitert, hinsichtlich seiner Theorie «verschiedene Sachen hin und wieder hinzu gesetzt» und vor allem die Einwände von Bonnet (1762) und von Haller zu widerlegen versucht.

Die umfangreiche, 280 Quartseiten umfassende Schrift besteht aus zwei Abhandlungen von unterschiedlichem Charakter. Die erste enthält in drei Abschnitten eine philosophische, begriffstheoretische Erläuterung darüber, was unter «Anatomie» und «Physiologie» oder aber unter seiner «Theorie» zu verstehen ist und was «Generation» ist, die bisher noch niemand wirklich «erklärt» habe, weiterhin eine ausführliche Geschichte der bisherigen «Hypothesen von der Generation», von Aristoteles angefangen bis zu Wolffs Zeitgenossen, die die große Literaturkenntnis von Wolff zeigt, und schließlich im dritten Abschnitt eine ausführliche Verteidigung der Epigenesis und Widerlegung der Präformationshypothesen, wobei er nicht mit Polemik gegen jede Art von Konstanzgedanken in der Naturforschung spart. Er verteidigt eine «lebendige Natur, die durch ihre eigenen Kräfte unendliche Veränderungen hervorbrachte» (S. 73). Der Widerlegung der Einwände von A. von Haller sind mehr als 20 Seiten, denen von Charles Bonnet allein 40 Seiten gewidmet.

Die zweite «Abhandlung» enthält dann in 6 Kapiteln seine eigene «Theorie von der Generation», wie sie im wesentlichen in seiner lateinischen Dissertation behandelt ist, aber mit erläuternden Zusätzen besonders über die Entwicklung der tierischen Organe und über das, was er unter «Conception» versteht, also das, was seine

Freunde von ihm erbeten hatten. Bemerkenswert ist auch an diesen Ausführungen, wie er permanent Vergleiche von der Entwicklung der Pflanzenorgane zu der der tierischen Embryonalentwicklung zieht und die Ähnlichkeit als gesetzmäßiges Faktum auffaßt. «Es ist keine chimärische Analogie, sondern es ist gewiß, die Thiere haben mit den Blättern der Pflanzen in Ansehung ihrer Formation die mehreste Ähnlichkeit» (S. 210).

Bei Pflanzen unterscheidet er wie bei Tieren dreierlei unterschiedliche Gruppen von Körperteilen: einfache (Gefäße und Bläschen), aus Zellgewebe zusammengesetzte (Blattnerven, Epidermis, Rinde und Mark oder Muskeln, Knochen, Nerven etc. bei Tieren) und schließlich die wieder aus diesen bestehenden, relativ selbständigen Organe (Wurzel, Zweige, Stamm, Blätter, Kelch, Blütenorgane und Samen).

Die Hauptaussage von Wolffs Theorie besteht darin, daß die verschiedenen Teile einer nach dem anderen entstehen, und zwar so, «daß immer einer von dem anderen entweder excernirt oder deponirt wird», und zwar durch die «erstarrungsfähigen» Körpersäfte analog der Ernährungsprozesse. Diese Aussage war entgegengesetzt der Vorstellung der Präformisten, daß alle Körperorgane bereits im Keimzustand ausgebildet vorliegen und nur durch Wachstum sichtbar werden.

Wenngleich bei Wolff die Zellen und Gefäße am Beginn der Organbildung genannt werden, so unterscheiden sich seine Vorstellungen jedoch grundsätzlich von der im 19. Jahrhundert entstehenden Zellentheorie (s. den Beitrag zu Schleiden). Für Wolff besteht der Beginn der Keimlingsentwicklung in einer strukturlosen, homogenen Substanz, in der «zu allerletzt» die Zellen und Gefäße als Hohlräume entstehen. Dabei setzte er voraus, «daß der Theil, in welchem die Gefäße, oder die Zellen, formirt werden, schon existirte, obwohl ohne Gefäße, ohne Zellen und völlig unorganisch» (S. 222). Diese allerersten Teile einer Pflanze oder eines Tieres entstehen bei der «Conception» durch Zuführung des Pollens oder Spermas als neue Nährsubstanz, wie es Wolff bereits in der Dissertation erläuterte.

In einem Anhang schildert Wolff noch zusätzliche Beobachtungen mit Vergrößerungsgläsern über die Bildung des Blutes, Herzens und der Blutbewegung beim Hühnerembryo, die denen von Haller widersprechen und über die auch in den letzten Briefen mit Haller korrespondiert wurde.

4.3 Die Abhandlung «De formatione intestinorum» (Über die Bildung des Darmkanals im bebrüteten Hühnchen) (1768–69)

Diese erste Veröffentlichung in St. Petersburg setzte die Thematik der vorangehenden Publikationen fort, übertrifft aber diese an Genauigkeit der Beobachtungen und Beschreibung der Einzelheiten.

Sie wurde später als Vorbild für alle weiteren embryologischen Arbeiten betrachtet. Wie bisher knüpfte Wolff an seine Beobachtungen des Pflanzenwachstums an, wobei er festgestellt hatte, daß alle komplizierten Teile der Pflanze, z.B. Blütenorgane, auf die Form des Blattes zurückgeführt werden können und «nichts als Modifikation derselben sind».

Er habe die Beobachtungen an Pflanzen vorangeschickt, «um desto deutlicher das Wesen desjenigen Teils der Naturwissenschaften dartun zu können, der sich mit der Untersuchung der Erzeugung der Tiere beschäftigt» (nach Meckel 1812).

Wolff beschreibt dann ausführlich, wie sich sukzessive der Magen, der Darm, die Nieren aus einfachen blattförmigen Anlagen durch Zusammenfaltung bilden, die keinen Zweifel an der Wahrheit der Epigenese lassen. Nacheinander würden die verschiedenen Organsysteme nach dem gleichen Typus gebildet, zuerst das Nervensystem, dann die «Fleischmasse, welche eigentlich den Embryo ausmacht», dann das Gefäßsystem und dann der Darmkanal.

«Durch diese Untersuchung Wolffs wurde zum ersten Male ein Organ von seinem ersten Anfange bis zu seiner Vollendung verfolgt und, was noch wichtiger ist, die Bildung eines so zusammengesetzten Apparates wie der Darm auf eine einfache blattartige primitive Anlage zurückgeführt», schreibt über 100 Jahre später Albert von Kölliker (1884). Den deutschen Zoologen wurde Wolffs Arbeit erst 1812 durch die deutsche Übersetzung und Drucklegung von Johann Friedrich Meckel d.J. (1781–1833), dem Enkel von Wolffs einstigem Lehrer, bekannt. Er schrieb einleitend mit Bewunderung über «diese Genauigkeit im Beobachten, ohne von vorgefaßten Meinungen geleitet zu sein, ohne mehr zu sagen, als man sahe, und bloß wahrscheinliche Vermutungen als Gesetze festzustellen ...» Das allein könne zu einer wahren Bildungsgeschichte des Embryos führen und sei daher «nicht genug zu beherzigen und zu empfehlen» (a.a.O.).

Die Methode machte bald Schule: 1817 griff Christian Pander (1794–1865) das Thema der Hühnchenentwicklung wieder auf und entwickelte Wolffs Gedankengänge über die Analogie der blattartigen Organanfänge zur «Keimblätterlehre» weiter, die dann Karl Ernst von Baer (1792–1876) weiter ausformte. In seinem Werk *Über die Entwicklungsgeschichte der Thiere* (1828), in dem die Entwicklung des Hühnerembryos in klassischer Weise mit der verbesserten mikroskopischen Technik des 19. Jahrhundert behandelt wurde, heißt es: «Wolff hat zuerst diese Entwicklungsweise erkannt und vollständig auseinandergesetzt in der größten Meisterarbeit, die wir aus dem Felde der beobachteten Naturwissenschaften kennen ...»

Baer, der 33 Jahre an der gleichen Wirkungsstätte wie Wolff in St. Petersburg arbeitete, war der erste Gelehrte, der sich für Wolffs wissenschaftlichen Nachlaß interessierte und über seine Untersuchungen im Petersburger anatomischen Kabinett berichtete (Baer 1847).

4.4 Publikationen und Manuskripte über Mißbildungen

Aus der Petersburger Zeit sind zu Lebzeiten von Wolff eine Reihe von Veröffentlichungen hervorgegangen, die detaillierte anatomische Beschreibungen von Zootieren und von tierischen und menschlichen Mißbildungen umfaßten, die kein weiteres Aufsehen erregten, obgleich sie durchaus als folgerichtige Realisierung eines Forschungsprogrammes betrachtet werden können, das Wolff bereits in seiner Dissertation formuliert hatte. Dazu gehört seine umfangreiche Abhandlung *Von der eigenthümlichen und wesentlichen Kraft der vegetablischen, sowohl als auch der animalischen Substanz*, die im Anhang zu zwei Preisschriften «über die Nutritionskraft» 1789 in St. Petersburg erschien und Wolffs Auffassung über die 1759 erwähnte «wesentliche Kraft» eingehend erläutert. Das akademische Preisausschreiben hatte Wolff selbst angeregt und die Preisschriften von J. F. Blumenbach und Ignaz von Born (1742–1791) zum Anlaß genommen, seine eigene Vorstellung über eine Vegetationskraft zu publizieren. Es lag ihm offensichtlich daran, den Unterschied seiner Konzeption zu dem «Bildungsbetrieb» (*Nisus formativus*) Blumenbachs herauszustellen.

Wolffs Vorstellungen von einer *Vis essentialis*, deren Wirkung man in der Bewegung der ernährenden und bildenden Körpersäfte beobachten könne, unterscheide sich von der Anziehungs- und Abstoßungskraft in anorganischen Naturkörpern und müsse in Organismen «eine besondere Art der anziehenden und abstossenden Kraft bilden». Im Prinzip handele es sich aber um eine einzige Kraft als allumfassendes Weltprinzip, «die nur verschiedenartig in verschiedenen Substanzen erscheint». Daß Wolff jedoch nicht an eine immaterielle Kraft im Sinne des im 18. Jahrhundert herrschenden «Animismus» oder «Vitalismus» dachte, zeigt sein nachgelassenes Manuskript über die Seele (*theoria de anima*), in dem er sich mit den Auffassungen von Georg Ernst Stahl auseinandersetzt (Rajkov 1964, S. 588, 591).

Mit den anatomischen Abhandlungen über das Muskel-, Nerven- und Gefäßsystem bei Löwe und Tiger im Vergleich mit dem Menschen, insbesondere den eingehenden Studien des Herzmuskels, ruft Wolff bei Zeitgenossen und Nachkommen Staunen hervor. «Eine so ausführliche Beschreibung der Muskelbündel eines Organs bewältigte kaum irgend ein Anatom», schreibt Rajkov (1964, S. 591).

Besonderes Erstaunen rufen die unveröffentlichten Manuskripte in seinem Nachlaß hervor, die nicht nur ebenso subtile anatomische

Beschreibungen von Mißbildungen (Doppel- und Mehrfachbildungen) mit Zeichnungen enthalten, sondern auch theoretische Erörterungen über die Entstehung und die Ursachen dieser Monstra, über das Verhältnis von Seele und Gehirn und über die Vererbung von Mißbildungen und die allgemeinen Gesetze der Variabilität und der Erblichkeit von Arten. In einer über 100 Blatt starken Handschrift mit dem Titel *Objecta meditationum pro theoria monstrorum* und einem Konspekt für ein größeres Werk (*Distributio operis*) ist zu ersehen, daß sich Wolff in seinen letzten Lebensjahren nicht nur mit Fragen der Individualentwicklung, sondern auch mit Fragen der Veränderung von Arten beschäftigte und nichterbliche klimatische Veränderungen (wie er sie an Pflanzen aus Sibirien im Botanischen Garten von St. Petersburg erlebte) von erblichen Variationen unterschied. Die Erbkonstanz bei Tier- und Pflanzenarten führte er auf eine «*materia qualificata*» in den Organismen zurück, die selbst verändert werden müsse, bevor sich eine Art verändere (Rajkov 1964, S. 612f.). Daß es solche plötzlichen Veränderungen gibt, die dann erblich werden, beweisen sechsfingrige Menschen: «... der sechsfingrige Enkel, der von einem sechsfingrigen Elter abstammt, bezeugt mit seinen Fingern, daß die Schwierigkeit hier weder von der Natur abhängt, noch von Gottes Wunsch, diese oder jene Organisation einzuprägen. Die Schwierigkeit besteht vielmehr darin, daß wir es hier mit einer plötzlich zum Vorschein gekommenen Organisation zu tun haben ...» (Rajkov 1964, S. 611).

Die nur teilweise entzifferten Handschriften und der fragmentarische Charakter eines Teiles dieser Aufzeichnungen lassen nur vermuten, daß die «geniale Intuition dieses so bemerkenswerten Menschen» nahe an die «Theorien und Tatsachen der modernen Wissenschaft» heranreichen und von seinen Zeitgenossen nicht verstanden wurden (a. a. O.).

5. Nachruhm

Der erste, der Wolff ein literarisches Denkmal setzte, nachdem Meckel seine embryologische Arbeit 1812 bekannt gemacht hatte, war J. W. von Goethe im ersten seiner *Morphologischen Hefte* (1817). Im Anhang zum Wiederabdruck seiner *Metamorphose der Pflanzen* veröffentlichte Goethe C. F. Wolffs Texte «über Pflanzenbildung» und bezeichnete ihn als «vortrefflichen Vorarbeiter», dessen Ideen er seit mehr als 25 Jahren kenne und «von ihm und an ihm gelernt habe» (Goethe 1817).

Sowohl die Dissertation von 1759 als auch die deutsche Abhandlung von 1764 waren in Goethes Bibliothek vorhanden (Schuster

1937). In dem zweiten Heft *Zur Morphologie* (1820) nahm Goethe dann «Caspar Friedrich Wolffs erneuertes Andenken» von Mursinna auf und setzte den Vierzeiler darunter:

> Mag's die Welt zur Seite weisen,
> Edle Schüler werden's preisen.
> Die an deinem Sinn entbrannt,
> Wenn die Vielen dich verkannt.

Strenggenommen ist von einer direkten «Schülerschaft» wenig bekannt, wenn man die praktizierenden Ärzte aus der Berliner Lehrtätigkeit wie Mursinna oder Selle abrechnet. Die Erkenntnis der Epigenese – der Embryonalentwicklung – hat sich nicht unmittelbar durch Wolffs Wirken durchgesetzt, wenn auch die Embryologen des 19. Jahrhunderts C. F. Wolff als Vordenker würdigten. Die Epigenese ist in Deutschland eher durch J. F. Blumenbach und dessen Schüler populär geworden, wenn dieser auch in seiner Schrift *Über den Bildungstrieb und das Zeugungsgeschäft* (1781) Wolffs Dissertation zitierte. Aber sie wurde wohl weniger gelesen als Blumenbachs Schriften.

Erst nach J. F. Meckels deutscher Ausgabe von Wolffs Arbeit über den Darmkanal des Hühnchens (1812) «tauchte Schlag auf Schlag Wolffs Name in der Literatur auf» (Herrlinger 1966, S. 23). Im gleichen Jahr 1817, in dem Goethes Wolff-Andenken erschien, wurden die *Beiträge zur Entwicklungsgeschichte des Hühnchens im Eye* von Christian Heinrich Pander (1794–1865) veröffentlicht, die von dem Würzburger Anatomen Ignaz Döllinger (1770–1841) zur Nachprüfung von Wolffs Untersuchungen angeregt worden waren, ebenso wie die kurz danach veröffentlichten Arbeiten von K. E. von Baer (s. den Beitrag zu Baer).

«Die beiden Döllinger-Schüler sind sich stets bewußt gewesen, daß sie auf den Schultern von Caspar Friedrich Wolff standen. Sie haben seine Arbeiten durch und durch gekannt», und Baer meinte, daß Pander «auch zuerst die Schrift von Wolff verstanden habe» (Herrlinger 1966, S. 24).

Durch die Aufnahme von Wolffs Theorie in Johannes Müllers *Handbuch der Physiologie des Menschen* (Bd. 2, 1840) wurde sie schließlich zum Allgemeingut der Biologen, ebenso wie die Begriffe «Wolffscher Körper» und «Wolffscher Gang» für Urniere und Urnierengang.

Danksagung

Herrn Dr. Hartwig Benzler (Leipzig) danke ich für wichtige Hinweise.

Folkwart Wendland

Peter Simon Pallas
(1741–1811)

1. Einleitung

Pallas gilt als einer der ersten Naturforscher, die die methodologische Bedeutung von Carl von Linnés binärer Nomenklatur erkannt und sie konsequent angewandt haben. Als Zoologe hat er darüber hinaus Linnés Klasse der «Würmer» schon 1766 grundsätzlich revidiert und neu klassifiziert, die Biologie von parasitischen Würmern und die systematische Stellung von Korallen und anderen wirbellosen Meerestieren aufgeklärt und durch seine taxonomischen Untersuchungen an Wirbeltieren und Wirbellosen zur Verbesserung von Linnés Tiersystem beigetragen. Durch seine Beschreibungen der Tier- und Pflanzenwelt des Russischen Reiches trug er nicht nur wesentlich zur Artenbestandsaufnahme desselben bei, sondern gehört durch seine Beobachtung der Wechselbeziehungen zwischen Organismenwelt und Landschaftsraum auch zu den Vorläufern der Biogeographie und der Ökologie. Er vereinigte in sich sowohl die Universalität des traditionellen Gelehrten der Neuzeit als auch die in der zweiten Hälfte des 18. Jahrhunderts beginnende Spezialisierung als Botaniker, Zoologe und Geowissenschaftler.

2. Lebensweg

Peter Simon Pallas kam am 22. September 1741 als Sohn des bekannten Professors für Chirurgie am *Collegium medico-chirurgicum* und ersten Wundarztes der Charité, Simon Pallas (1694–1770), in Berlin auf die Welt. Bereits in der Kindheit fielen das frühe Interesse an der Zoologie und die Sprachbegabung auf, so daß er Lateinisch, wahrscheinlich auch Griechisch, Englisch, Französisch, später auch Russisch und Tatarisch gewandt beherrschte. Sein Vater erlaubte ihm, mit 13 Jahren Vorlesungen am *Collegium medicochirurgicum* zu hören.

Nachdem er mit knapp 17 Jahren im Jahre 1758 am *Collegium medico-chirurgicum* die anatomische Prüfung abgelegt hatte, besuchte er die Universitäten zu Halle an der Saale und Göttingen, wo er u. a. Vorlesungen zur Mathematik und Physik hörte. Sein Studium schloß er an der Universität zu Leiden mit einer Dissertation

Peter Simon Pallas (1741–1811), um 1790

zu den Eingeweidewürmern *De infestis viventibus intra viventia* (Pallas 1760) ab, mit der er bei Hieronymus David Gaubius (1705–1780) zum *Doctor medicinae* promoviert wurde. Anschließend begab er sich für neun Monate zum Studium medizinischer und anderer wissenschaftlicher Einrichtungen nach London. Dort lernte er frühzeitig zahlreiche Gelehrte kennen, die ihn in die berühmte *Royal Society of London* einführten. Seine bereits tiefgründigen zoologischen Kenntnisse und ersten gelehrten Arbeiten beeindruckten so sehr, daß ihn die *Royal Society* 1764, also mit 23 Jahren, zu ihrem Mitglied ernannte. Auf Verlangen des Vaters, der ihn als praktischen Arzt sehen wollte, kehrte er nach Berlin zurück. Es war vorgesehen, daß er als Arzt in ein Regiment des preußischen Generalfeldmarschalls Herzog Ferdinand von Braunschweig-Lüneburg (1721–1792) eintreten sollte, um während des Siebenjährigen Krieges auf dem westlichen Kriegsschauplatz zu dienen. Doch bevor er zum Einsatz kam, ging der Krieg zu Ende. Daraufhin reiste er im Juli 1763 erneut nach Holland, wo er während eines fast dreijährigen Aufenthaltes sich vor allem zoologischen Studien widmete, die berühmten Sammlungen reicher Naturaliensammler studierte, ordnete und in Publikationen auswertete. In Großbritannien und in den Niederlanden erhielt er die grundlegende wissenschaftliche Ausbildung und philosophische Prägung. Obgleich er der gelehrten Welt bereits durch mehrere zoologische Veröffentlichungen, dem *Elenchus Zoophytorum* (Pallas 1766), den *Miscellanea Zoologica* (Pallas 1766), den *Spicilegia Zoologica* (Pallas 1767–1780) bekannt geworden war, gelang es ihm nicht, in Deutschland oder den Niederlanden eine Anstellung als Naturforscher zu finden. Auch mußte er erkennen, daß die ihm vom Prinzen Wilhelm [V.] Batavus von Oranien (1748–1808) in Aussicht gestellte Teilnahme an einer Ostindienexpedition nur eine Vision war.

Nachdem er im Frühjahr 1767 auf Drängen des Vaters nach Berlin zurückgekehrt war, erhielt er über den Ständigen Sekretär der Akademischen Konferenz der 1724 gegründeten Russisch-Kaiserlichen Akademie der Wissenschaften zu St. Petersburg, Johann Jakob Stählin (1709–1785), den Ruf auf die Stelle eines Professors der Naturgeschichte und damit Akademiemitglieds. Nach langen Auseinandersetzungen mit den Eltern, ein typischer Generationskonflikt dieser Zeit, nahm er schließlich den verlockenden Ruf an diese berühmte Wissenschaftsakademie an und blieb ihr als Mitglied bis zu seinem Tode verbunden.

Pallas' Übersiedlung als vielversprechender junger Gelehrter nach Rußland fiel mit der großen Migrationsbewegung zusammen, die auf Grund der Notlage des Siebenjährigen Krieges und der Werbung durch Katharina II. (1729–1796) viele deutsche Bauern, Handwerker und gut ausgebildete Fachleute veranlaßte, in Rußland eine neue Heimat und ein wirtschaftlich ausreichendes Betätigungsfeld zu suchen und vielfach zu finden (Wendland 1997).

Pallas gehörte damit zu den vielen ausländischen Gelehrten, für die Rußland auf dem Hintergrund der von Zar Peter I. (1672–1725) eingeleiteten gesellschaftlichen, ökonomischen und wissenschaftspolitischen Veränderungen, um den Anschluß an das fortgeschrittenere Westeuropa zu gewinnen, auf Grund der sich bietenden Möglichkeiten eine große Anziehung ausübte. Der russische Staat suchte durch die Anwerbung von ausländischen Gelehrten und Fachkräften, durch den Ausbau von Ausbildungsstätten im eigenen Lande und die Entsendung von russischen Studenten in die Wissenschafts- und Manufakturzentren Mittel- und Westeuropas den wachsenden Bedarf an Fachleuten, speziell für den Bergbau, das Hüttenwesen, aber auch für die naturwissenschaftlich-technische Forschung, zu decken.

Pallas begab sich im Juli 1767, ob mit seiner Frau ist unklar, von Berlin nach Lübeck, um auf dem Seewege St. Petersburg zu erreichen. Die Petersburger Akademie betraute ihn bereits am 30. April

1767 mit der Vorbereitung und Leitung einer der fünf «physicalischen» Akademie-Expeditionen, die er im Alter von 27 Jahren am 21. Juni 1768 zusammen mit seiner Frau (?) antrat und am 30. Juli 1774 beendete.

Die Akademie-Expeditionen der Jahre 1768–1774 stellten auf Grund der intensiven Planung, Vorbereitung und differenzierten Aufgabenstellung, die sich in der von Pallas mitverfaßten Instruktion widerspiegelte, ein qualitativ neues Stadium in der Erforschung Rußlands dar. Zunächst waren nur astronomische Expeditionen geplant gewesen, die den Durchgang der Venus vor der Sonne im Jahre 1769 beobachten und die astronomisch-geodätischen Ortsbestimmungen in Rußland gegenüber denen von 1761 präzisieren und erweitern sollten. Die später hinzugekommenen «physicalischen» Expeditionen hatten die Aufgabe, die weitgehend unveröffentlicht gebliebenen Ergebnisse der Großen Nordischen Expedition 1733–1743 unter Leitung von Vitus Bering (1681–1741) zu erweitern, so daß nicht Neuentdeckungen, sondern die Erforschung des bereits Bekannten im Mittelpunkt stehen sollte (Robel 1976, S. 273). Wie die Instruktion erkennen läßt, stand im Mittelpunkt der sich thematisch verselbständigenden Expeditionen, dem allgemeinen Wohle des Staates und dem Fortschritt der Wissenschaften zu dienen (Scharf 1996, S. 159f.): komplexe naturwissenschaftliche, zoologisch-botanische und geologisch-geographische Beschreibung der bereisten Gebiete, Beschreibung des Standes der Wirtschaft und des Niveaus der Landwirtschaft, Durchführung geologischer Untersuchungen im Hinblick auf das Auffinden von Lagerstätten der wichtigsten Bodenschätze als Grundlage für die Errichtung von Hüttenwerken und Manufakturen, die Beschreibung der in den bereisten Gebieten lebenden Völkerschaften, ihrer Sprache, Geschichte, Volksmedizin, Sitten und Bräuche.

Die von Pallas geleitete sog. Orenburger Abteilung konzentrierte sich auf den mittleren und südlichen Ural, Westsibirien und Teile von Ost- und Südsibirien und auf die Kaspi-Senke. Auf Grund des aus Deutschen und Russen zusammengesetzten Personalbestandes sind die Akademie-Expeditionen als zeitlich begrenzte Arbeitszentren der russisch-deutschen Zusammenarbeit zu bezeichnen. Zu seiner Expedition gehörten die russischen Studenten des Akademischen Gymnasiums Ivan Bykov, Nikita Petrovich Rychkov (1746–1784), Nikita Petrovich Sokolov (1748–1795) und Vasilij Fedorovich Zuev (1754–1794), später auch Johann Peter Falk (1724–1774), Johann Gottlieb Georgi (1729–1802) als wissenschaftliche Hilfs- und Mitarbeiter, ein Präparator, ein Zeichner, ein Jäger sowie zur Sicherung mehrere Soldaten. Während seiner Expedition bestanden entsprechend den damaligen Kommunikationsmöglichkeiten in den Weiten des Russischen Reiches relativ intensive Verbindungen zu den Leitern der übrigen Expeditionsabteilungen, zu Ivan Ivanovich Lepechin (1740–1802), Falk und Georgi, zu Samuel Gottlieb Gmelin (1745–1774), Christopher Euler (1743–1808 oder 1812), Petr Borisovich Inochodcev (1742–1806) und Georg Moritz Lowitz (1722–1774). Wie zahlreiche briefliche Äußerungen belegen, waren die Expeditionen mit riesigen persönlichen Strapazen, Entbehrungen und Gefahren verbunden. Dementsprechend groß waren die menschlichen Opfer, die allerdings auch auf die revolutionären Wirren Emel'jan Ivanovich Pugachevs (1740 oder 1742–1775) in den Jahren 1773 und 1774 zurückgingen. Ihnen fielen Lowitz und Gmelin zum Opfer, während Falk Selbstmord verübte.

Entsprechend den Vorstellungen von Katharina II., welche die Expeditionen und ihre phänomenalen Ergebnisse für ihre publizistische Imagepflege nutzen wollte, wurden die Ergebnisse der aufnahmebereiten Öffentlichkeit in Mittel- und Westeuropa im Unterschied zu denen der Großen Nordischen Expedition unverzüglich zugänglich gemacht. Pallas hatte wie die übrigen Expeditionsleiter den Auftrag, noch während der Expedition den Reisebericht zu erarbeiten und zum Druck vorzubereiten. Der überaus schnell erarbeitete Reisebericht *Reise durch verschiedene Provinzen des Rußischen Reichs* mit einem Umfang von mehr als 2000 Druckseiten, in den er die Ergebnisse seiner Mitarbeiter unter korrekter Wahrung ihrer Autorschaft einarbeitete, erschien gedruckt bereits 1771, 1773 und 1776 (Pallas 1771–1776). Begünstigt durch mehrere Ausgaben, Auszüge und Nachdrucke vor allem außerhalb Rußlands, fand der Reisebericht eine relativ weite Verbreitung und machte ihn schlagartig berühmt. Dazu trug nicht zuletzt die Vermittlung von aktuellen allgemeinen und Fachinformationen in zahlreichen deutschen Zeitschriften und Referateorganen bei, deren Herausgeber, wie z. B. Anton Friedrich Büsching (1724–1793) in Berlin, mit ihm in engem brieflichen Austausch standen.

Die Akademie-Expeditionen waren für die Erforschung des Russischen Reiches von grundlegender und weitreichender Bedeutung, da es in relativ kurzer Zeit mit vergleichsweise geringem Finanzaufwand und wenigen Menschen gelang, weite Teile des Reiches wissenschaftlich komplex zu erforschen. Damit wurden wichtige Voraussetzungen für die Erschließung und Nutzung der natürlichen Produktivkräfte unter den Bedingungen des aufgeklärten Absolutismus in den ersten Regierungsjahrzehnten von Katharina II. geschaffen.

Die Leitung und Durchführung einer der großen Akademie-Expeditionen der Jahre 1768–1774 prägte Pallas, so daß er sich zu einem der bedeutendsten Gelehrten der damaligen Zeit entwickelte.

In dem Zeitraum von 1775 bis 1810 standen für Pallas neben umfangreichen wissenschaftsorganisatorischen Aufgaben, die ihm die Kaiserin persönlich oder der Senat bzw. Senatskollegien übertrugen, die Dokumentation, Auswertung und Veröffentlichung des riesigen Daten- und Sammlungsfonds seiner Expedition im Mittelpunkt. Das Ergebnis waren zahlreiche zoologische, botanische, geowissenschaftliche und ethnographische Monographien, Abhandlungen und Zeitschriftenaufsätze (s. Literaturverzeichnis), deren letzte noch nach seinem Tod erschienen (Pallas 1811–1831, postum).

In den Jahren 1793 und 1794 unternahm er eine zweite, selbstfinanzierte Forschungsreise, die ihn in Begleitung seiner zweiten (oder dritten?) Frau Katharina, geb. Po(h)llmann, und dem jungen Leipziger Zeichner Christian Gottfried Heinrich Geißler (1770–1844) durch Südrußland auf die Krim führte und einen zweiten großen Reisebericht zum Ergebnis hatte. Die Schönheit der Krim weckte in ihm den Wunsch, dort ungestört von dem hektischen Hof- und Wissenschaftsgetriebe von St. Petersburg die zoologischen und botanischen Synthesen voranzutreiben und zu vollenden. Dieser ihm von Katharina II. durch finanzielle und Landgeschenke erfüllte Wunsch erwies sich jedoch zum großen Teil als Illusion. Seine Kräfte wurden auf der Krim zwischen 1795 und 1810 durch langwierige Rechtsstreitigkeiten um die ihm übereigneten Ländereien und den Aufbau einer staatlichen Weinbauschule, Krankheiten und Folgen von Witterungsunbilden gebunden. Hinzu kam, trotz des unter Mühen aufrechterhaltenen Briefverkehrs, die eingeschränkte gelehrte Kommunikation mit der Petersburger Akademie und den Gelehrtenkreisen des übrigen Europas, die durch die politischen und kriegerischen Auseinandersetzungen der europäischen Großmächte mit Napoleon I. empfindlich gestört wurde. Trotz der dadurch in nicht unbeträchtlichem Maße reduzierten gelehrten Forschungsarbeit betrieb er weiterhin geologisch-geographische und ökonomische Studien, ohne die botanischen, archäologischen und ethnographischen Forschungen zu vernachlässigen. Die Ergebnisse fanden Eingang in dem 1799 und 1801 in Leipzig veröffentlichten zweibändigen Reisebericht (Pallas 1799–1801).

Seine Reise auf die Krim und sein dortiger langjähriger Aufenthalt standen in Zusammenhang damit, daß das Russische Reich durch seine Siege in den russisch-türkischen Kriegen 1768–1774 und 1787–1791 Südrußland und die Krim in Besitz nehmen und damit den strategisch wichtigen Zugang zum Schwarzen Meer erweitern konnte. In der Folgezeit wird dieser Raum zunehmend auch wissenschaftlich erforscht. Der relativ große Anteil an ökonomischen Fragestellungen in dem genannten Reisebericht und zahlreiche praktische Empfehlungen an die Statthalter von Neurußland und der

Krim, die teilweise praktisch umgesetzt wurden, ist mit der großen politisch-strategischen und ökonomischen Bedeutung der neugewonnenen Gebiete für das Russische Reich zu erklären. Um die Vollendung der *Zoographia Rosso-Asiatica*, vor allem um die Fertigstellung der Tierzeichnungen und -druckplatten besser voranzubringen, entschloß sich Pallas, die Krim zu verlassen und nach Berlin zu seinem alten Bruder August Friedrich Pallas (1731–1812) zurückzukehren. Im Frühjahr 1810 verließ er zusammen mit seiner verwitweten Tochter Albertine Freiin von Wimpffen (1777 oder 1778–1851) und seinem geliebten Enkel Woldemar (1801–1868), aber ohne seine Frau, von der er sich gütlich getrennt hatte, die Krim. In Berlin verblieb ihm jedoch nur noch eine kurze Zeitspanne, die er intensiv für die *Zoographia Rosso-Asiatica* anwendete, ehe er am 8. September 1811 in Berlin verstarb (Wendland 1992).

3. Werk

3.1 Allgemeines

Pallas hat zehn große zoologische und botanische Werke verfaßt, in denen er zumindest einen großen Teil seiner Beobachtungen und Auswertungsergebnisse niedergelegt hat. Das Ergebnis des Aufenthaltes in Großbritannien und den Niederlanden, wo er die Möglichkeit hatte, große naturhistorische Sammlungen zu besichtigen und an ihrem Material zu arbeiten, waren zwei bedeutende zoologische Werke, die 1766 in Den Haag bei Peter van Cleef erschienen, der *Elenchus Zoophytorum* und die *Miscellanea zoologica*. Die übrigen Werke sind das Ergebnis seiner Forschungstätigkeit an der Petersburger Akademie 1768/1774–1794 bzw. entstanden auf der Krim in den Jahren 1795 bis 1810 (Wendland 1992).

3.2 Zoologische Werke

Elenchus Zoophytorum. Dieses Werk enthält die für die damalige Zeit vollständigste Beschreibung von 250 Arten der sog. Pflanzentiere oder Tierpflanzen, die heute zu den Coelenterata und Korallen gerechnet werden. Pallas widmete das Werk seinem Lehrer Hieronymus David Gaubius, Doktor der Medizin und Professor der Chemie und Medizin an der Universität zu Leiden, der auch Leibarzt des Prinzen von Oranien-Nassau war. Pallas hat auch noch 1775 daran gedacht, sich weiter mit den Zoophyten zu beschäftigen, ohne diesen Wunsch verwirklichen zu können. Der *Elenchus Zoophytorum* erschien in mehreren Ausgaben in holländischer und deutscher

Sprache. Als Übersetzer und Herausgeber der *Lyst der Plant-Dieren* (Utrecht 1768) fungierte der mit ihm befreundete Pieter Boddaert (1730–1797), ein Arzt und Naturforscher in Utrecht, der auch mit Linnaeus in Verbindung stand. Die deutsche Übersetzung des *Elenchus Zoophytorum*, die *Charakteristik der Thierpflanzen* (Nürnberg 1787), hatte der Cottbusser Theologe und Naturforscher Christian Friedrich Wilkens (1722–1784) vorgenommen, die nach seinem Tode von Johann Friedrich Wilhelm Herbst (1748–1807), Prediger an der Berliner Marien- und Heiligen Geistkirche und Gründungsmitglied der Gesellschaft naturforschender Freunde Berlins, der auch Pallas angehörte, herausgegeben wurde. 1798 folgte noch das *Namensregister über die von Wilkens übersetzte Charakteristik der Thierpflanzen des Hrn. Pallas*, das Johann Samuel Schröter (1735–1808) verfaßt hatte. Die Bedeutung des *Elenchus Zoophytorum* lag nach Karl Asmund Rudolphi (1771–1832), dem ersten Biographen von Pallas, darin, daß es ein erfolgreicher Versuch des 25jährigen war, theoretische Überlegungen über die hierarchische Ordnung des Tierreichs anzustellen.

Er setzte sich kritisch mit der damals verbreiteten Stufenleiter-Ordnung (z.B. von Bonnet) auseinander, in der den Zoophyten die Stellung von Zwischengliedern zwischen Mineralreich und Lebewesen zugewiesen wurde, und stellte seine Gedanken zum natürlichen System des Tierreichs in kurzgefaßter Form erstmals vor. Unter natürlichem System verstand man im 18. Jahrhundert ein System, in dem man nach Johann Friedrich Blumenbach (1752–1840) «die Geschöpfe nach ihren meisten auffallenden Ähnlichkeiten, nach ihrem Totalhabitus und der darauf gegründeten sogenannten Verwandtschaft untereinander, zusammenordnet». Aus der einreihigen «Stufenleiter der Dinge» oder «scala naturae» von Charles Bonnet (1720–1793) und seiner Schule entwickelten Vitaliono Donati (1713–1762) und der mit Pallas korrespondierende Johann Hermann (1738–1800) in Straßburg das «Netz». Pallas' Grundidee von der Gliederung des Tierreichs beruhte auf der Organisationshöhe und dem Verwandtschaftsgrad der Tiere. Das von Bonnet angedeutete Bild des Baumes nutzte er, um die Verwandtschaftsverhältnisse der tierischen und pflanzlichen Lebewesen in Form eines Stammbaumes darzustellen, wobei er Übergänge von der anorganischen zur organischen Materie ablehnte.

Linnaeus, der mit seinem *Systema naturae* ein «künstliches» System geschaffen hatte (d.h., eines, das *nicht* auf die «meisten auffallenden Ähnlichkeiten» gegründet war), ging in seiner *Philosophia botanica* mit dem «methodus naturalis» selbst noch einen Schritt weiter. Er stellte sich eine Organismenart als ein Land auf einer Landkarte vor, das ringsum von anderen umgeben ist; die Grenze zwischen zwei Ländern kann eine längere oder kürzere Linie sein, die je nach ihrer Länge den Ähnlichkeitsgrad benachbarter Arten markiert. Wollte man dem Leibnizschen Stetigkeitsgesetz gerecht werden, so müßte aus der zweidimensionalen flächenhaften Darstellung der Ähnlichkeit von Organismen eine dreidimensionale, räumliche Darstellung entwickelt werden. Wenngleich ein solches System im 18. Jahrhundert nicht ausgeführt worden ist, besteht Pallas' Leistung darin, daß er den letzten Schritt auf dem Weg Leiter – Netz – Landkarte – Körper getan hat, indem er in der *Charakteristik der Thierpflanzen* die Möglichkeit einer räumlichen Anordnung der Organismen formuliert hat.

Sein Verdienst reicht aber noch weiter. Die Systeme Bonnets und seiner Nachfolger gruppierten die Organismen nach ihrer «Ähnlichkeit». «Ähnlichkeit» zweier Organe oder Organismen kann sowohl auf Homologie (Gleichartigkeit von Organen oder Strukturen im Sinne ihrer stammesgeschichtlichen Herkunft) als auch auf Analogie (strukturelle Ähnlichkeit von Organen auf Grund gleicher Funktion und Lebensweise, die sich unabhängig von stammesgeschichtlicher Verwandtschaft herausbildet) beruhen. Für den Begriff der Homologie stand bei Pallas «Struktur und Zeugungsart», für den Begriff der Analogie «superficielle und idealische Anverwandtschaft». Er verwandte für die Darstellung des natürlichen Systems der Organismen nicht nur erstmals das Schema des Baumes, sondern er erkannte auch, daß das natürliche System nur die Homologien der Organismen zum Ausdruck bringen kann.

Miscellanea Zoologica. 1766, im gleichen Jahr wie der *Elenchus Zoophytorum*, erschien in Den Haag bei Peter van Cleef eine Sammlung von 17 Aufsätzen über Wirbellose und Wirbeltiere, die Wilhelm V. von Oranien gewidmet war und die 1777 (?) in einer französischen und 1778 in einer lateinischen Ausgabe herauskam. Albrecht von Haller (1708–1778) bezeichnete die *Miscellanea Zoologica* als «opus quantivis pretii», und Rudolphi hielt sie «sowohl für Zoologie als vergleichende Anatomie ein köstliches, unentbehrliches Werk». Wegen der mangelhaften Qualität der Kupferstiche übernahm Pallas einen Teil der Aufsätze in die *Spicilegia Zoologica*.

Spicilegia Zoologica. Nachdem Pallas 1767 aus den Niederlanden nach Berlin zurückgekehrt war, begann er mit den Arbeiten an dem zoologischen Fortsetzungswerk *Spicilegia Zoologica*, von dem 14 Faszikel erschienen. Der größte Teil der Manuskripte über Wirbellose und Wirbeltiere war vor der Übersiedlung nach Rußland fertiggestellt, die Veröffentlichung zog sich aber auf Grund der Säumigkeit der Berliner Verleger Gottlieb August Lange, Christian Friedrich Voß und Johann Pauli bis 1780 hin. Pallas hatte die Herausgabe von mindestens sechs weiteren Heften geplant, dafür aber keine

Verleger mehr gefunden. Ohne Wissen des Autors besorgte Boddaert 1767–1770 eine holländische Ausgabe unter dem Titel *Dierkundig Mengelwerk*, und 1767–1779 erschienen die *Spicilegia Zoologica* auch in deutscher Sprache als *Naturgeschichte merkwürdiger Thiere*. Pallas beschrieb die äußere Gestalt und die Anatomie der behandelten Tiere so eingehend, daß Haller ihn zu den berühmtesten Begründern der vergleichenden Anatomie rechnete.

Novae Species Quadrupedum e Glirium ordine. 1778 und 1779 erschienen die *Novae Species Quadrupedum e Glirium ordine* auf Anregung von Johann Christian Daniel von Schreber (1739–1810) in Erlangen bei Wolfgang (1734–1798) und Johann Salomon (1769–1832) Walther. Dieses Werk enthielt eine Fülle neuer Beobachtungen zur Systematik, Anatomie, Lebensweise und Physiologie der beschriebenen Nagetiere. Rudolphi betonte die Bedeutung der physiologischen Versuche, die Pallas während seiner Akademie-Expedition zur Erforschung des Wärmehaushalts angestellt hatte. Sie fanden nur teilweise Eingang in die *Novae Species*, die übrigen unveröffentlicht gebliebenen Versuchsergebnisse wollte Rudolphi herausgeben, wozu es offensichtlich nicht gekommen ist.

Icones Insectorum. Nur zwei Jahre später begann Pallas mit der Herausgabe dieses den Insekten gewidmeten Werkes, das vermutlich als Teil der späteren *Zoographia Rosso-Asiatica* gedacht war. Von dem Werk sind in den Jahren 1781, 1782 und 1798 nur drei Hefte ebenfalls bei W. und J. S. Walther in Erlangen erschienen. Vom dritten Heft kam nur ein Druckbogen mit zwei Tafeln heraus. Die übrigen Tafeln lagen bereits ausgedruckt vor, als das Manuskript auf dem Wege von St. Petersburg nach Deutschland verlorenging. Im Museum für Naturkunde der Humboldt-Universität zu Berlin haben sich mehrere unveröffentlichte Manuskriptteile zu den Hemiptera, Orthoptera, Coleopter, Lepidoptera und Hymenoptera erhalten, die offenbar die Fortsetzung des Werkes bilden sollten. Der die Diptera betreffende Teil ist 1818 von Christian Rudolf Wilhelm Wiedemann (1770–1840) veröffentlicht worden.

Zoographia Rosso-Asiatica. Das berühmteste Werk von Pallas hat eine komplizierte und tragische Entstehungsgeschichte, ihre unvollständige Herausgabe hat sich über den Tod von Pallas bis 1831 hingezogen. Pallas hatte geplant, das zunächst als *Fauna Rossica* betitelte Werk in zwei Teilen herauszugeben. Der erste Teil sollte die Beschreibung der Säugetiere und Vögel enthalten, der zweite die der Amphibien, Reptilien, Fische und Invertebraten. Infolge des großen Umfangs erschien der erste Teil in zwei Bänden. Der dritte Band enthielt die Beschreibung der Amphibien, Reptilien und Fische, während der vierte Band über die Invertebraten unvollendet geblieben ist. Pallas hatte bereits 1778 daran gedacht, ein die Fauna und Flora des Russischen Reiches umfassendes Werk zu verfassen. Bis zu seinem Tode hat er daran gearbeitet und vor allem von der Krim aus versucht, den Text fertigzustellen, was ihm weitgehend gelungen ist, und den Druck des Textes sowie vor allem den Stich der Kupferplatten für die Abbildungen voranzubringen.

Die Rückkehr seines Zeichners Geißler 1798 von der Krim nach Leipzig erschwerte die Kommunikation zwischen dem Gelehrten und seinem Zeichner und Kupferstecher. Deshalb konnte Pallas der Petersburger Akademie erst im Jahre 1803 mitteilen, daß er den ersten Teil der *Zoographia* mit der Beschreibung der Säugetiere und Vögel abgeschlossen habe, aus unbekannten Gründen hatte die Akademie das Manuskript aber erst 1806 in Händen. Unter der Aufsicht von Wilhelm Gottlieb Tilesius von Tilenau (1769–1857) begann der Druck des Textes Ende 1807, der Druck des Textes über die Fische war erst 1814 abgeschlossen. Die Petersburger Akademie stimmte nach langem Zögern dem Ersuchen von Pallas zu, die Zeichnungen zu 122 Tafeln an Geißler in Leipzig zu senden. Geißler erhielt außerdem 21 Vogelbälge, um nach ihnen einige Zeichnungen zu verbessern und einige neu zu zeichnen. Infolge der politischen und kriegerischen Auseinandersetzungen zwischen Napoleon I. und den anderen europäischen Mächten rissen die Kontakte zu Geißler ab, wie von der Petersburger Akademie befürchtet. Sie brachten diesen infolge der steigenden Lebenshaltungskosten in bittere Armut, erschwerten Kostenkalkulation und Bezahlung der Arbeiten, obwohl die Petersburger Akademie entsprechende Anstrengungen über den russischen Konsul Johann Schwarz in Leipzig unternahm, die Arbeiten voranzubringen.

Da der Druck des ersten Teils 1809 abgeschlossen war, aber noch keine gestochenen Kupferplatten der Tafeln vorhanden waren, erhielt Pallas von der Petersburger Akademie den Befehl, die Arbeiten zu beschleunigen. Auch aus diesem Grunde entschloß er sich, die Krim zu verlassen und nach Berlin zurückzukehren. Vor seiner Abreise sandte er das Manuskript zum zweiten Teil der *Zoographia*, das die Beschreibungen der Amphibien, Reptilien und Fische umfaßte, sowie 99 Kupferplatten der Zeichnungen an die Petersburger Akademie. In Berlin wünschte Pallas das Manuskript nochmals durchzusehen, um Korrekturen und Zusätze anzubringen, was ihm die Petersburger Akademie aber verweigerte. Gleichzeitig mußte er feststellen, daß weniger gestochene Kupferplatten vorhanden waren, als Geißler in seiner Korrespondenz der Akademie in Aussicht gestellt hatte. Geißler, der zwar Probeabzüge von einigen Kupferplatten an die Petersburger Akademie geschickt hatte, hatte die Kupferplatten 1809 verpfändet. Im Einvernehmen mit der Petersburger Akademie forderte Pallas die noch nicht gestochenen Zeichnungen von Geißler zurück, um den Stich von einem anderen Stecher in Berlin oder St. Petersburg weiterführen zu lassen. Außerdem äußerte er erneut den Wunsch, daß der Stich der Kupferplatten und der Druck für den zweiten Teil unter seiner Aufsicht erfolgen sollten. Die Petersburger Akademie bestätigte jedoch 1811 und 1812 ihre Entscheidung, das Werk in St. Petersburg unter Aufsicht von Tilesius herstellen zu lassen, so daß die Zeichnungen zu diesem zweiten Teil der Petersburger Akademie erhalten blieben.

Nachdem Tilesius nach seiner Rückkehr nach Deutschland Geißler vergeblich in Leipzig gesucht hatte, fand ihn erst 1817 der Archäologe Heinrich Karl Ernst Koehler (1756–1838) in Nürnberg, wohin er sich während des Befreiungskrieges begeben hatte. Dabei bestätigte sich, daß Geißler die gestochenen Kupferplatten wie die Vogelbälge nicht nur verpfändet, sondern verkauft hatte. Versuche der Petersburger Akademie, mit ihm neue Bedingungen für die Fortführung des Stichs der Kupferplatten auszuhandeln, blieben erfolglos und fanden 1818, als der russische Konsul Schwarz gestorben war, ihr Ende. Über Schwarz war die Bezahlung der Geißlerschen Arbeiten erfolgt. Die Zeichnungen, die Geißler dem russischen Konsul übergeben hatte, kamen später wieder in die Obhut der Petersburger Akademie. Unter der Aufsicht der Petersburger Akademie wurde zwischen 1811 und 1814 der Druck fortgesetzt, so daß schließlich der gesamte Text, aber ohne die Tafeln, vorlag. Da bis 1826 alle Versuche gescheitert waren, den Stich der Kupferplatten und damit der Illustrationen des Werkes voranzubringen, bot die Petersburger Akademie nach Ankündigungen in St. Petersburg und Leipzig unter Darlegung der Gründe die drei Textbände ohne Abbildungen zum Kauf an.

Da die Petersburger Akademie weiterhin an der Fertigstellung der Tafeln zur *Zoographia Rosso-Asiatica* interessiert war, gewann und beauftragte sie Karl Ernst von Baer (1792–1876) mit der schwierigen Aufgabe, die verfahrene Angelegenheit zu bereinigen. Von Baer reiste im offiziellen Auftrag der Petersburger Akademie 1830 nach Deutschland, um das Schicksal der Zeichnungen und der Kupferplatten in Leipzig aufzuklären. Er mußte feststellen, daß Geißler 70 der ihm von Pallas zugesandten Originalzeichnungen verpfändet hatte, die nach dem Tode des Pfandleihers in verschiedene Hände gelangt waren. Ihm glückte es aber, 24 Zeichnungen zurückzukaufen und neun gestochene Kupferplatten zu erwerben. Vogelbälge fand Baer bei Christian Friedrich Schwägrichen (1775–1853), von dem er aber nur eine Liste der Exemplare erhielt. Als Schwägrichen gestorben war, gelangten diese Vogelbälge in den Bestand des Zoologischen Museums der Leipziger Universität. Nach seiner Rückkehr nach Königsberg verfaßte Baer einen ausführlichen

Bericht an die Petersburger Akademie, der nach seinem Eintreffen sofort verlesen wurde und auch gedruckt erschien (von Baer 1831). Baer hat sich zwischen 1830 und 1842 sehr intensiv um die Herausgabe der Illustrationen zur *Zoographia Rosso-Asiatica* bemüht. Der Erfolg dieser Bemühungen war, daß die Illustrationen schließlich in reduziertem Umfang, 48 Tafeln gegenüber 210 Tafeln, die Pallas vorgesehen hatte, zwischen 1834 und 1842 in sechs Lieferungen unter dem Titel *Icones ad Zoographia Rosso-Asiatica auctore P. S. Pallas* herauskamen.

Die Bedeutung der *Zoographia Rosso-Asiatica* ist, auch wenn sie unvollendet geblieben ist, sehr groß, da Pallas mit diesem Werk den Grundstein für die Erfassung und Systematik der Vertebraten im Russischen Reich gelegt hatte. Nach A. N. Svetovidov ist heute die Überprüfung der Pallasschen Typusexemplare und Typuslokalitäten und die Bestimmung des Typusranges der Artexemplare dringend geboten, um zu einer Stabilisierung der zoologischen Nomenklatur zu kommen (Svetovidov 1978; 1981, S. 45).

3.3 Botanische Werke

Enumeratio plantarum. Im Sommer 1781 hatte Pallas die Möglichkeit, als Begleiter des Grafen Aleksandr Sergeyevich Stroganov (1733–1811) erneut nach Sibirien zu reisen, er trennte sich aber bereits in Moskau von dessen Reisegesellschaft und kehrte nach einem Aufenthalt bei Prokopij Akinfievich Demidov (1710–1788) nach St. Petersburg zurück. Demidov gehörte zu der unvorstellbar reichen Dynastie der Demidovs und betätigte sich neben seinem großzügigen Mäzenatentum von Kunst und Wissenschaft auch als Amateurbotaniker. Pallas beschrieb zum Dank für die freundschaftliche Aufnahme den Bestand des botanischen Gartens von Demidov, den dieser sich schon in den 50er Jahren des 18. Jahrhunderts in Moskau hatte anlegen lassen. Dieser Pflanzenkatalog enthält in lateinischer und russischer Sprache die 2224 Pflanzenarten, die Pallas streng nach der binären Nomenklatur Linnés beschrieb.

Flora Rossica. Unter den botanischen Werken von Pallas nimmt die *Flora Rossica* den gleichen Rang wie die *Zoographia Rosso-Asiatica* auf zoologischem Gebiet ein. Mit ihr teilte sie auch das Schicksal, unvollendet geblieben zu sein. Die *Flora Rossica* war ein Auftragswerk, das er auf Befehl von Katharina II. zu erarbeiten hatte. Der Auftrag kam seinen Vorstellungen durchaus entgegen, da er aus dem ihm vorliegenden Material eine Flora des Russischen Reiches erarbeiten wollte. Am 28. Juli 1782 machte Pallas in einer Annonce die Öffentlichkeit mit dem Vorhaben bekannt. Die Anfertigung sowohl der Zeichnungsvorlagen für den Stich der Kupferplatten als auch die Kolorierung der Probe- und endgültigen Abzüge erforderten einen erheblichen Aufwand. Die Zeichnungen stammen von Karl Friedrich Knappe (1745–1808), der an der St. Petersburger Kunstakademie «Pflanzen- und Blumenmalerei» unterrichtete. Bei der Herstellung der Stiche und der Kolorierung der Abzüge wurde Pallas auf Veranlassung Katharinas II. tatkräftig von dem berühmten Botaniker Nikolaus Joseph Freiherr von Jacquin (1727–1817) in Wien unterstützt, dessen Unkosten über Pallas bezahlt wurden. Die beiden Teile des ersten Bandes wurden 1784 bzw. 1788/89 im Auftrage der Petersburger Akademie in der Typographie von Johann Jakob Weitbrecht (1744–1803) zu St. Petersburg gedruckt. Erst nach dem Tode von Pallas erschien 1815 der erste Teil des zweiten Bandes bei C. G. Schöne in Berlin.

Pallas hat immer wieder versucht, die Herausgabe des zweiten Bandes der *Flora Rossica* von 1792 an und auch auf der Krim noch zu bewerkstelligen. Als Fortsetzung des Werkes hat er das Manuskript *Icones plantarum selectarum* oder *Plantae selectae Rossicae* angesehen, das Pallas in seiner Leichtgläubigkeit an Geißler übergeben hatte, damit dieser sich um die Herausgabe kümmere (Sytin 1994, 1997). Baer hatte das Manuskript mit der Beschreibung von mehr als 100 Pflanzen und ca. 100 Tafeln bei seinen Recherchen nach den Zeichnungen und Kupferplatten der *Zoographia Rosso-Asiatica* bei dem Advokaten Rothe in Leipzig entdeckt und konnte es 1830 für die Petersburger Akademie zurückerwerben. 1831 erschien auf Veranlassung der Petersburger Akademie ein Band mit 25 Tafeln ohne Text, die dem zweiten Band der *Flora Rossica* zugeordnet wurden. Sie enthalten einen Teil der Zeichnungen zur ersten Centurie der *Icones plantarum selectarum*, deren Kupferplatten auch 1831 von der Petersburger Akademie erworben werden konnten.

Die *Flora Rossica* stellt die erste umfassende und wichtigste Übersicht der Flora des Russischen Reiches dar. Sie sollte die Pflanzenwelt des europäischen und asiatischen Rußlands beschreiben und auf 600 Tafeln darstellen. Der erste Band enthält die lateinisch abgefaßte Beschreibung der Morphologie und Systematik und die russischen Namen von 281 Pflanzen, hauptsächlich von Bäumen und Sträuchern einschließlich einiger arktischer Arten. Neben der Beschreibung der Pflanzen wird der wirtschaftlichen Nutzbarkeit der beschriebenen Pflanzen großer Raum eingeräumt.

Species Astragalorum. Während die *Flora Rossica* unvollendet geblieben war, konnte Pallas wenigstens von einem Teil der Schmetterlingsblütler eine zusammenhängende Darstellung liefern. Er hat das mit Zeichnungen von Geißler versehene Werk zwischen Frühjahr 1797 und Sommer 1799 geschaffen. Es erschien in 13 Teilen zwischen 1800 und 1803 bei Geißlers Schwager Gottfried Martini in Leipzig und fand bei den Botanikern eine günstige Aufnahme. Zur gleichen Zeit arbeitete Augustin Pyramus de Candolle (1778–1841) an der gleichen Thematik. De Candolle, dem umfangreichere Sammlungen als Pallas zur Verfügung standen, wahrte aber in seiner *Astragalogie* die Autorschaft von Pallas.

Illustrationes plantarum imperfecte. Während der Krimperiode entstand nach Abschluß der Arbeit an den *Species Astragalorum* ein weiteres botanisches Tafelwerk, das Pallas der Beschreibung und Abbildung der Halophyten oder Salzpflanzen der Kaspi-Senke und Sibiriens widmete. Von diesem Werk erschienen zwischen 1803 und 1806 bzw. 1807 (?) bei Martini in Leipzig vier Faszikel mit 59 Tafeln, die in Zeichnung und Stich wiederum von Geißler stammten (Pallas 1803–1806). Das Werk ist gleichfalls ein Torso geblieben, und zwar offenbar, weil der Buchmarkt in Deutschland wegen der politischen Ereignisse für den Verleger eines solchen Spezialwerks nur wenig kommerzielle Anreize bot.

3.4 Weitere biologische Erkenntnisse

Beiträge zur Biogeographie und Ökologie. Während die Biogeographie der Pflanzen und Tiere untersucht, inwieweit die verschiedenen Tier- und Pflanzengruppen an bestimmte Land- und Meereszonen gebunden sind und diese charakterisieren, beschäftigt sich die Ökologie mit den Beziehungen der Pflanzen und Tiere zu ihrer Umwelt. Dazu gehören die Anpassung der Arten an äußere Faktoren und die Beeinflussung durch das Existieren zusammen mit anderen Organismen.

Geographische und ökologische Aspekte spielten schon frühzeitig eine wichtige Rolle bei der Erforschung der Tier- und Pflanzenwelt der Erde. Dabei ging es zunächst um die globale Bestandsaufnahme der Arten, aber noch nicht um die Charakterisierung eines regionalen oder lokalen Landschafts- und Lebensraumes. Im Gefolge der zunehmenden Zahl von Forschungsreisen im 18. Jahrhundert, die immer größere und entferntere Räume der Kontinente und Meere erfaßten, fiel noch weitgehend zufällig eine Fülle von biogeographischen und ökologischen Fakten und Daten an.

Das Ziel von Pallas war es, den Artenbestand der Tier- und Pflanzenwelt des Russischen Reiches umfassend darzustellen. Auf der Grundlage der Akademie-Expedition konnte er die Tier- und Pflanzenarten großer geschlossener Landschaftsräume und die Wechselbeziehungen zu ihrem geologisch-geographisch definierten Lebensraum beschreiben, dessen Charakterisierung er große Bedeutung beimaß. Dadurch war es ihm möglich, bestimmte Verbreitungsgebiete bzw. -zonen von Tier- und Pflanzenarten zu umreißen.

Als Ergebnis der Akademie-Expedition konnte er die Beobachtungen von Johann Georg Gmelin (1709–1755) bestätigen und vertiefen, daß der Enisej eine Grenze zwischen west- und ostsibirischen Faunen und Floren bildet. Damit nahm er den Begriffsinhalt eines paläarktischen Tier- und Pflanzenreichs vorweg, auch wenn er den Begriff nicht geschaffen hat.

Damit gehört Pallas, wie schon vor ihm Gmelin und von Haller, zu den Vorläufern und Begründern der heutigen Biogeographie und Ökologie. Erste Ansätze dieser Vorgehensweise sind bereits in der *Spicilegia Zoologica* und in den *Novae Species Quadrupedum e Glirium ordine* erkennbar. Allerdings blieben die großen Werke *Flora Rossica* und die *Zoographia Rosso-Asiatica* unvollendet. Karl Ernst von Baer hat den Anteil der Naturforscher der Petersburger Akademie und den von Pallas an dieser Entwicklung deutlich herausgestellt (von Baer 1831, S. 1-3).

Taxonomische und theoretische Konsequenzen biologischer Beobachtungen. Bereits in seiner Dissertation *De infestis viventibus intra viventia* (1760) hatte Pallas nachgewiesen, daß Linné die Klasse der Würmer falsch zusammengestellt hatte und daß die Eier der Eingeweidewürmer von außen in den Körper ihrer Wirte gelangen und sich dort entwickeln. 1766 nahm er eine neue Einteilung der Linnéschen Klasse Vermes vor. Er stellte die Nacktschnecken und Sepien zu den Schaltieren, faßte die Ringelwürmer mit Gordius und den Eingeweidewürmern zusammen und richtete eine neue Hauptabteilung «Centronias» für die strahlig gebauten Tiere wie Seeigel, Seesterne und Aktinien ein. Durch seine Untersuchungen von Würmern, Coelenteraten und Wirbeltieren hat er zur Verbesserung der Ordnung des Tiersystems beigetragen, deren Ergebnisse er in den *Novae Species Quadrupedum e Glirium ordine* und der *Zoographia Rosso-Asiatica* niederlegte.

An den Untersuchungen von Vögeln und Säugetieren hatte er die Erkenntnis des geographischen Variierens gewonnen und war durch seine eigenen Sammlungen und die seiner Mitarbeiter sowie der Petersburger Akademie in die Lage versetzt, die allmähliche oder sprunghafte Änderung des Artbildes über weite geographische Räume, von Europa über Sibirien bis an die Küsten Nordamerikas, zu verfolgen. Erst Pallas suchte die Formenfülle durch eine nomenklatorische Norm zu fassen, da er sich der Notwendigkeit bewußt war, zwischen echten Species und deren klimatisch bedingten Abwandlungen zu unterscheiden. Wie Georges Cuvier (1769–1832) hat er die ersteren binär benennen, die anderen als *varietates* durch Hinweise auf ihre Differenzen kennzeichnen wollen, ohne sie zu benennen: «Varietates nullas neglexi, quae in Zoologia maximi momenti certae sunt.» Priorität hatte für ihn immer die Ursachenforschung: «omnis Naturae complexus ita est illustrandus, ut ordo rerum et leges generales creationis elucescant» (Pallas 1811, Bd. 1, S. X, XVIII). Demzufolge hielt er sich bei der Aufstellung neuer Arten sehr zurück, wie sich das am Beispiel der von ihm für die *Zoographia Rosso-Asiatica* untersuchten Vogelsammlung von Carl Heinrich Merck (1761–1799) verfolgen läßt. Aus dieser schied er nur 15 neue Arten aus, während ein heutiger Taxonom wenigstens 20 Arten und 22 Subspecies beschrieben hätte.

Die von ihm angestrebte Verbesserung der Ordnung des Tierreichs setzte die Kenntnis aller Körperstrukturen voraus. Das war methodologisch nur auf induktivem Wege, durch konsequente Anwendung der Methode der vergleichenden Anatomie auf das Tierreich und die Revision der untersten Kategorien, der Gattungen und Arten, möglich. Pallas ist neben Peter Camper (1722–1789) als Vorläufer und Wegbereiter von Cuvier für eine moderne Klassifikation anzusehen und kann als einer derjenigen Gelehrten gelten, die sich entwicklungsfähige Gedanken über das Wesen von Species und Subspecies gemacht haben.

Beiträge zur Veränderlichkeit der Arten. Im Jahre 1780 hielt Pallas einen Vortrag «Über die Ausartungen der Thiere» in der Öffentlichen Versammlung der Petersburger Akademie, in dem er seine Vorstellungen und Gedanken über die Veränderungen bzw. die Veränderlichkeit der Tierarten formulierte.

Bereits zu Lebzeiten Linnés war die Ansicht von einer absoluten Konstanz der Arten auf Widerspruch gestoßen, und man suchte nach den möglichen Ursachen und Bedingungen für die beobachtbaren Veränderungen und sogar für die Entstehung neuer Arten. Als Ursache für die Variabilität der Individuen, die zu neuen Arten führen könnte, hatte Linné die Bastardierung angesehen. Anhand von Kreuzungsversuchen versuchte man das Ausmaß der dadurch erzeugten Abänderungen zu ermitteln, so daß es um 1800 gesichert war, daß nur eng verwandte Formen fruchtbare Bastarde hervorbringen können, so daß das Kriterium der Erzeugung fruchtbarer Nachkommen neben anderen Merkmalen für die Definition und Abgrenzung der Art bereits allgemein herangezogen wurde (Jahn et al. 1982, S. 415).

Ausgehend von der eingehenden Beschäftigung mit den «Thierpflanzen», stand Pallas der Präformationstheorie ablehnend gegenüber (Pallas 1787, S. 29).

Caspar Friedrich Wolff (1734–1794), sein Kollege an der Petersburger Akademie, hatte diese Ansichten bereits weiterentwickelt und verstand unter «Transformation» einen Prozeß der erblichen Umbildung der Organismen auf Grund mutativer Veränderungen, die er von nichterblichen Modifikationen abgrenzte. Pallas entwikkelte ähnliche Gedanken, allerdings nicht in dieser konsequenten und theoriebildenden Form, wie das Wolff getan hatte.

Pallas interessierte sich sehr für das Phänomen des Variierens von Lebewesen infolge von Einflüssen der Umwelt oder inneren Faktoren. Im ersten Teil des erwähnten Vortrags, der zweite ist aus uns unbekannten Gründen nicht veröffentlicht worden und als Manuskript offenbar nicht mehr erhalten, behandelte er vor allem das Variieren der Tiere im Zustande der Domestikation. Pallas hielt die Arten für naturgegebene Einheiten, die nur innerhalb gewisser Grenzen wandelbar sind. Durch den Einfluß von Umweltbedingungen, wie Boden und Klima, können sich Größe und Färbung verändern. Allerdings können Veränderungen auch durch «verborgene Ursachen» oder «Zeugungskräfte» erzeugt werden, er nahm also eine Art Erbgut an, das zum Variieren der Lebewesen führen kann.

Bastardisierungsversuche von Wölfen, Schakalen, Hyänen und Füchsen mit Wölfen, von denen Pallas aus der Literatur und durch seinen Briefwechsel wußte und deren Ergebnisse er auf dem Landsitz Kuskovo bei Moskau des Grafen Nikolaj Petrovich Seremet'ev (1751–1809) gesehen hatte, ließen ihn zu der Erkenntnis gelangen, daß Haustiere, die das Ergebnis von Kreuzungen zwischen «natürlichen» oder wilden Arten sind, eine größere Variabilität als die «natürlichen» Arten zeigten. Er leitete daraus die Schlußfolgerung ab, daß bei der Bastardisierung eine Aufspaltung der Erbmerkmale erfolgt.

Pallas war auch der Ansicht, daß die Hausziegen durch Kreuzung mehrerer Bergziegenarten mit Steinböcken entstanden seien, da die Steinböcke gern Hausziegen begatten und mit ihnen fruchtbare Jungen zeugen. Damit setzte er sich in Widerspruch zu den damaligen Vorstellungen, denen zufolge sich der Steinbock im gezähmten Zustand entsprechend verändert habe. Charles Darwin (1809–1882) hat in seinem berühmten Werk *Die Entstehung der Arten durch natürliche Zuchtwahl* auf diesen Pallasschen Erkenntnissen aufgebaut.

Mißgeburten, wie Pallas sie in dem Aufsatz *Beschreibung eines cyclopischen Spanferkens, mit einem Elephantenähnlichen Rüssel* von 1772 beschrieb, sind vor allem durch äußere Faktoren bedingt, und erst danach bewirkt die «bildende Natur eine Umschmelzung der zerdrückten Theile, ... daß aus der Unordnung wiederum eine gewisse Ordnung entstehet» (Pallas 1772, S. 1). Er nahm eine gewisse Vererbung erworbener Eigenschaften an, auch dann, wenn diese Eigenschaften durch gewaltsame Einwirkung verursacht worden sind.

4. Würdigung

Unter den zahllosen Naturforschern des 18. Jahrhunderts heben sich Linné, Georges-Louis Leclerc Comte de Buffon (1707–1788) und Pallas als überragende Persönlichkeiten heraus, wobei die beiden Erstgenannten zweifellos berühmter als Pallas gewesen sind. Während Linné der bedeutendste Systematiker des 18. Jahrhunderts, Buffon ein großer spekulativer Denker war, verfügte Pallas über die größte Regionalkenntnis seiner Zeit vor Alexander von Humboldt (1769–1859) und wurde zu einem ungemein genauen Beobachter, umfassenden Beschreiber, Systematiker und Theoretiker. Humboldt bezeichnete ihn als den «so viel begabten Erforscher des Nördlichen Asiens, den ersten Zoolog seines Zeitalters» (Wendland 1992, S. 797).

Zu den Voraussetzungen, die Pallas zu einem der berühmten Naturforscher des 18. Jahrhunderts werden ließen, gehören seine intellektuellen Fähigkeiten, wie die hervorragende Beobachtungsgabe, ein gutes Gedächtnis und prägnante Ausdrucksweise. Die gründliche universitäre Ausbildung ließ ihn zu einem unermüdlichen disziplinierten wissenschaftlichen Arbeiter mit großen analytischen Fähigkeiten werden. Ausgehend von der Prägung durch das hugenottisch-reformierte Elternhaus, hat er vielleicht in Halle an der Saale pietistisches Gedankengut aufgenommen und ist dort und in Göttingen mit den Ideen der Aufklärung und des englischen Empirismus in Berührung gekommen. Sowohl am Berliner *Collegium medico-chirurgicum* als auch in Leiden hat er das Boerhaavesche Prinzip, Erkenntnisfindung und -anwendung miteinander zu verknüpfen, in sich aufgenommen. Die etwa bis 1780 nachweisbare aufklärerische Haltung weicht um die Jahrhundertwende einer resignierend-skeptischen Haltung.

Als Naturforscher ging Pallas, der jede Spekulation ablehnte und vorgefaßte Meinungen kritisch-rational und vorurteilsfrei prüfte, unter Rezeption des Wissensstandes der Zeit, methodologisch den induktiven Weg von der Beobachtung, Sammlung, Beschreibung und zeichnerischen Darstellung über den Vergleich, wenn möglich auch des Experiments, zur Synthese. Den eigenen Forschungsergebnissen und Hypothesen stand er durchaus kritisch gegenüber, so daß immer die Balance von Allgemeinem und Besonderem gewahrt blieb. Pallas war ein sammelnder und beobachtender, aber kein messender Gelehrter, seine Beobachtungen waren jedoch außerordentlich präzise, zuverlässig und umfassend. Die vorliegenden Quellen zeigen, daß er in der wissenschaftlichen Arbeit einem Kanon von Prinzipien folgte, der auf seinen Erfahrungen beruhte. Ausgehend von der Überzeugung, daß den Gelehrten als intellektueller Elite die führende und bestimmende Rolle bei der Wahrheitsfindung zukomme, stand für ihn die Suche nach Wahrheit an erster Stelle. Das zweite Prinzip enthielt die vollständige Erfassung, Wiedergabe und Nachprüfbarkeit der beobachteten Fakten und Daten. Dem dritten Prinzip entsprechend war die Ökonomie der Zeit auch in der wissenschaftlichen Arbeit zu berücksichtigen.

Als von den Ideen der Aufklärung beeinflußter Gelehrter interessierte ihn auch immer die Relevanz gelehrter Erkenntnisse für die gesellschaftliche Praxis. Seiner Ansicht nach hängt diese nicht allein vom Naturforscher ab, da Erkenntnisse der Grundlagenforschung oft erst zu einem viel späteren Zeitpunkt in der Praxis wirksam werden können. So nimmt es nicht wunder, daß er sich neuen Anforderungen hinsichtlich der praktischen Anwendung wissenschaftlicher Erkenntnisse zu stellen bereit war. Dazu zählt die erfolgreiche Lösung zahlreicher Aufgaben auch außerhalb seines engeren Forschungsspektrums und außerhalb der Petersburger Akademie, die ihm entweder von Katharina II. persönlich oder aber von den Reichskollegien übertragen wurden. So bemühte er sich, die Umsetzbarkeit zoologischer und botanischer Erkenntnisse in der Ökonomie und Landwirtschaft vor allem während seines Aufenthaltes auf der Krim und in seiner Mitarbeit in der Freien Ökonomischen Gesellschaft zu St. Petersburg voranzubringen. Jedoch hielten ihn diese Verpflichtungen von seinen Spezialarbeiten ab, da sie die dafür zur Verfügung stehende Zeit schmälerten.

Auf Grund seiner Leistungen auf wissenschaftlichem, wissenschaftsorganisatorischem bzw. -politischem Gebiet und des großen internationalen Ansehens erreichte Pallas im Laufe der Jahre in der Hierarchie der russischen Gesellschaft eine sehr hohe und geachtete Stellung, die ihn über den Kollegienrat (1782), Staatsrat (Jahr unbekannt) zum Wirklichen Staatsrat (1793), der vierten Position in der Rangordnung des russischen Staates, führte. Außerdem war er seit 1781 (?) Historiograph des Admiralitätskollegiums und wurde 1785 oder 1786 zum Mitglied des Bergkollegiums ernannt.

Eine in ihrer Bedeutung nicht hoch genug anzusetzende Voraussetzung für den wissenschaftlichen Erfolg des Gelehrten ist seine aktive Beteiligung sowohl an den russisch-deutschen als auch den russisch-europäischen Wissenschaftsbeziehungen gewesen. Über die Integration in das ganz Europa überziehende Kommunikations- und Informationsnetz der «Gelehrtenrepublik» war es ihm möglich, den notwendigen Tausch von Sammlungsobjekten aus den drei Reichen der Natur und die Rezeption der neuesten gelehrten Erkenntnisse zu organisieren. Das erfolgte zwar unabhängig, aber nicht unbeeinflußt von den politischen Ereignissen seiner Zeit, von den diplomatischen und kriegerischen Auseinandersetzungen der europäischen Mächte. Auf Grund seiner gelehrten Leistungen und herausgehobenen gesellschaftlichen Position konnte er zu einem bedeutenden Gestalter und Mittler innerhalb des intereuropäischen Netzes von Wissenschaftsbeziehungen werden. Knotenpunkte des Rußland einschließenden Kommunikationsnetzes bildeten die gelehrten Akademien und Gesellschaften. Zahlreiche Mitgliedschaften werteten nicht nur den Ruf des jeweiligen Gelehrten auf und mehrten den Ruhm der Akademien und Gesellschaften, sondern erleichterten auch die Anbahnung und Fortführung der Kommunikation mit anderen Mitgliedern. Pallas konnte von Rußland aus auf sein während der Aufenthalte in den Niederlanden und in Großbritannien geknüpftes Beziehungsnetz zu zahlreichen Gelehrten und anderen Persönlichkeiten aufbauen, das auch während der Akademie-Expedition und während der Jahre auf der Krim nicht «riß». Er stand mit zahlreichen Zoologen und Botanikern seiner Zeit in Verbindung, u.a. auch mit Buffon und Linné (Wendland 1992).

Während der im Dienste der Petersburger Akademie in Rußland verbrachten Dezennien entwickelte sich Pallas zu einem herausragenden, empirisch arbeitenden und induktiv denkenden Naturforscher, der die Wissenschaftsentwicklung in der zweiten Hälfte des 18. Jahrhunderts und im anbrechenden 19. Jahrhundert nachhaltig mitgetragen, gefördert und beeinflußt hat. Neben Zoologie und Botanik hat er sich in zahlreiche andere Wissenschaftsdisziplinen einarbeiten müssen, in jeder bedeutende Leistungen vollbracht, so daß sein Einfluß bis weit in die erste Hälfte des 19. Jahrhunderts hineinreicht.

Pallas vereinigte in sich sowohl Universalität als auch Spezialisierung. Damit wird an seiner Person die Wechselwirkung von Differenzierung und Spezialisierung sowie Integration der Wissenschaft zwischen 1762 und 1811 deutlich, die sich zunehmend zugunsten der sich verselbständigenden Wissenschaftsdisziplinen und damit der noch überschaubaren Teilsysteme der Wissenschaft verschob.

Pallas sah die Natur wohl als Einheit, ging aber nicht von einer geschlossenen Konzeption des Erkennenwollens der Natur insgesamt und des Zusammenfügens der Erkenntnisse zu einem Gesamtbild aus. Möglicherweise sah er das nicht als notwendig an, weil sich das riesige Territorium des Russischen Reiches gleichsam als Gesamtbild der Natur darstellte. Die Biologie verdankt Pallas zahlreiche bedeutende Leistungen:

1. Sammlung, Beschreibung und Abbildung der Tier- und Pflanzenwelt des Russischen Reiches in ihrem Zustand in der zweiten Hälfte des 18. Jahrhunderts. Das Ergebnis waren vor allem die *Zoographia Rosso-Asiatica* und die *Flora Rossica*.

2. Schaffung von Grundlagen der Biogeographie und Ökologie von Pflanzen und Tieren, indem er geologisch-geographisch bedingte Einflüsse auf die Verbreitung von Pflanzen und Tieren betonte.
3. Verbesserung der Taxonomie von Tieren und Pflanzen, indem er die vergleichend-anatomische Methode speziell auf die Wirbeltiere anwandte und die Einwirkung der Geobedingungen auf die Taxonomie berücksichtigte.
4. Entwicklung von Vorstellungen über das natürliche System des Tier- und Pflanzenreichs, indem er an die Stelle der von ihm abgelehnten Stufenleiter einen Stammbaum des Tier- und Pflanzenreiches setzte. In diesem Zusammenhang erkannte er in Ansätzen die Kategorien der Homologie und Analogie.
5. Entwicklung von evolutionären Vorstellungen über die Veränderlichkeit von Tier- und Pflanzenarten, über die Hybridisierung und Domestikation bei der Formenbildung sowie über die Vererbung erworbener Eigenschaften.

Über den Menschen Pallas und seinen Charakter wissen wir relativ wenig, so daß wir uns neben der Schilderung der Eindrücke des jungen russischen Offiziers Vladimir Vasil'evič Izamajlov (1773–1830) auf Briefe stützen müssen (Richter 1803, S. 147). Der wohl «merkwürdigste Zug seines Charakters» war die Zurückhaltung, Bescheidenheit, Anspruchslosigkeit und das Streben nach Harmonie, so daß er meist Auseinandersetzungen aus dem Wege ging. Daneben wird von Scherzhaftigkeit, aber auch von Ungeduld berichtet. In St. Petersburg forschte Pallas in seinem Hause, nicht aber in den Räumen der Petersburger Akademie, wo er zweimal wöchentlich in der Akademischen Konferenz anwesend zu sein hatte. Damit begab er sich in eine freiwillige Isolierung, um den Intrigen und Auseinandersetzungen zwischen den Akademiemitgliedern untereinander und zwischen dem Akademiedirektor, der Akademischen Konferenz und der Akademischen Kommission zu entgehen und um dadurch den für die Forschung nötigen Freiraum zu gewinnen. Seine eigentlichen Leidenschaften waren die sich selbst auferlegte Bestimmung, für die Wissenschaft tätig zu sein, und das Reisen zur Erkenntnisgewinnung. Als Gelehrter war Pallas auf die umfassende Wahrnehmung der ihn umgebenden Natur ausgerichtet, was die analytische Wahrnehmung und Einschätzung von Menschen, ihrer Lebensumstände, Tätigkeiten und Äußerungen einschloß; er verfügte durchaus über eine soziale Sehweise. Dazu gehörten auch Äußerungen und Reflexionen über die politischen Ereignisse der Zeit.

Olivier Rieppel

GEORGES CUVIER
(1769–1832)

1. Einleitung

«Die Geburt organisierter Wesen ist eines der größten Geheimnisse nicht nur im Haushalt der Organismen, sondern der Natur überhaupt; bisher sehen wir, wie Lebewesen sich entwickeln, nie aber, wie sie sich eigentlich bilden» (Cuvier 1817, S. 17). Die Gestalt Cuviers, viel bewundert von den einen, viel kritisiert von anderen, markiert zweifellos einen Meilenstein in der Geschichte der biologischen Systematik und Klassifikationslehre, in der Geschichte der vergleichenden und funktionellen Anatomie und in der Geschichte der Paläontologie. Dabei blickte er, später Anhänger der Doktrin der Präexistenz der Keime (Roger 1971; Rieppel 1986), weniger vorwärts als vielmehr zurück, auf das 18. Jahrhundert, mit derselben konservativen, in seinem Fall restaurativen politischen Einstellung, die auch den «Präformisten» des 18. Jahrhundert eigen war (Marx 1976; Sonntag 1983).

2. Cuviers Werdegang

Am 23. August 1769 wurde Georges Cuvier in ein bescheidenes, gutbürgerliches Elternhaus in Montbéliard geboren. Die Eltern sahen sich mit andauernden gesundheitlichen Problemen des Kleinkindes konfrontiert. Der Vater hatte in einem Schweizerregiment gedient, sich aber bei der Geburt seines Sohnes als rangniedriger Leutnant zur Ruhe gesetzt. Schon früh in seiner Kindheit wurde die überragende Intelligenz Georges Cuviers deutlich, der als Junge das Gesamtwerk Buffons las und mit zwölf Jahren seine erste naturkundliche Sammlung anlegte (Bourdier 1971; Kuhn-Schnyder 1983).

Montbéliard (Mömpelgard) war seit 1397 vom Burgund getrennt und dem Herzog von Württemberg unterstellt. Der Lutherischen Religion angehörig, wie die meisten seiner Mitbürger, hoffte der junge und mittellose Cuvier auf einen Freiplatz zum Studium der Theologie im Stift Tübingen. Auf die Ablehnung aus Tübingen folgte die Einladung durch Herzog Karl Eugen von Württemberg zum Studium an der Hohen Karlsschule in Stuttgart. Der Herzog war durch die Prinzessin von Württemberg, die in Montbéliard resi-

Georges Cuvier (1769–1832)

dierte, auf die Begabungen des jungen Studenten hingewiesen worden. In der Karlsschule, die Cuvier von 1784 bis 1788 besuchte, schrieb er sich vorwiegend in Kursen der administrativen, juristischen und ökonomischen Wissenschaften ein. Daneben verfolgte er aber auch seine naturwissenschaftlichen Interessen und sah sich dabei vor allem dem Einfluß Carl Friedrich Kielmeyers (1765–1844) ausgesetzt, der Cuvier das Sezieren lehrte. Mit Kielmeyer verband Cuvier eine bleibende Freundschaft. Durch seine Ernennung zum *chevalier* im Jahre 1787 erhielt Cuvier Zugang zur gehobenen Gesellschaft, ja selbst zum Herzog persönlich. Mit dem Ende seines

Studiums aber kam auch die Notwendigkeit, sich eine Verdienstquelle zu erschließen. Cuvier fand diese als Privatlehrer in einer wohlhabenden, protestantischen Familie in der Normandie. Geschützt vor den Revolutionswirren in Paris, benutzte Cuvier seine Freizeit zu naturwissenschaftlichen Studien. Pflanzen, Seevögel und Meerestiere führten Cuvier zum aristotelischen Begriff der «Kette der Wesen», der graduell abgestuften Ähnlichkeit unter den Organismen (Loyejoy 1936).

Wenn er in seinen Briefen an Freunde in Stuttgart Sympathien für die Revolution bekundete, so geschah dies nur, um allfällige Zensoren zu täuschen. In Wahrheit verachtete er zeitlebens das Gesetz der Massen. Der Briefwechsel zwischen Cuvier und seinem Stuttgarter Freund Christian Heinrich Pfaff belegt, daß Cuvier die Grundlagen seiner späteren Werke im Alter zwischen 19 und 23 Jahren entwickelte. Von Pfaff an die Schriften von Charles Bonnet (1720–1793), prominentester Vertreter des Konzeptes der «Kette der Wesen» seiner Zeit, erinnert, lehnte Cuvier diese Form der Naturordnung ab: «Ich glaube, daß im Wasser lebende Tiere für das Wasser geschaffen wurden und andere für das Leben in der Luft» (Bourdier 1971, S. 523). In den 1820er Jahren wird sich Cuvier im wissenschaftlichen Streit mit Étienne Geoffroy Saint-Hilaire gegen den Vergleich des Kiemendeckels der Fische mit dem Gehörknöchelchen der Terapoden aussprechen und statt dessen seine Überzeugung verteidigen, daß der Kiemendeckel ein für die Fische speziell erschaffenes Organ sei, das einzig der Atmung im Wasser diene. Insgesamt war Cuviers anfängliche Einstellung zum Konzept der «Kette der Wesen» ambivalent, mag er auch in den Anfängen seiner Zusammenarbeit mit Étienne Geoffroy Saint-Hilaire diesem Konzept, ja sogar einer «Temporalisierung» (Lepenies 1978) der «Kette der Wesen» nahegestanden haben. In seinen späteren Werken hat er diese Sicht der Dinge jedoch radikal überwunden und abgelehnt (Daudin 1926). Dies war vielleicht auch eine Folge der Krönung Napoleons zum Kaiser durch den Papst und der damit verbundenen Wiederherstellung der Staatsreligion (Bourdier 1972), obwohl Cuvier unerschütterlich am Protestantismus festhielt.

Den ehrgeizigen Cuvier zog es aus der Provinz nach Paris. Der Arzt und Agronom A. H. Tessier, der sich in der Provinz vor den Revolutionswirren versteckte, empfahl Étienne Geoffroy Saint-Hilaire (1772–1844), Cuvier zur Mitarbeit an das Museum in Paris zu berufen. Der *Jardin des Plantes* war per Dekret im Juni 1793 aus den Revolutionswirren reorganisiert und gestärkt als *Muséum National d'Histoire Naturelle* hervorgegangen, als ein Ort der öffentlichen Forschung und Lehre, das königliche Naturalienkabinett ersetzend (McClellan III 1985). Der junge Geoffroy Saint-Hilaire hatte an dieser Institution die Professur für die «Säugetiere, Cetaceen, Vögel, Reptilien und Fische» inne, während die Professur für «Insekten, Würmer und Crustaceen» an Jean Baptiste Lamarck (1744–1824) vergeben worden war. Dem Ruf folgend, traf Cuvier 1795 in Paris ein, infolge der Annexion Montbéliards durch Frankreich (1793) zum französischen Bürger geworden. Seine Berufung, kurz nach seiner Ankunft, zum Professor für Zoologie in den *Écoles Centrales* markierte den Anfang seines kometenhaften Aufstiegs durch die akademischen und politischen Institutionen in Paris. Im Gegensatz zu Geoffroy Saint-Hilaire lehnte es Cuvier ab, Napoleon auf dessen Ägyptenfeldzug (1798–1801) zu folgen, und nutzte statt dessen die Abwesenheit Geoffroys geschickt aus, um seine Position unter den Zoologen des *Muséum d'Histoire Naturelle* zu stärken (Appel 1987). Als Professor der Zoologie (1800) und Sekretär der Physikalischen Wissenschaften (1803) am *Collège de France* machte er schließlich die persönliche Bekanntschaft Bonapartes. Durch Napoleon beauftragt, die akademischen Institutionen in Italien, in den Niederlanden und in Süddeutschland zu reorganisieren, erwarb sich Cuvier durch seine glänzenden Dienste 1811 den Titel eines *Chevalier de la Légion d'Honneur*. 1814 erfolgte seine Ernennung zum *Conseiller d'Etat* unter Napoleon.

1814 wurde in Frankreich die Monarchie wiederhergestellt, und sie fand in Cuvier einen getreuen Diener. Den Staat auf höchster Ebene in Fragen des Kultur- und Erziehungswesens beratend, stieg Cuvier schließlich kurz vor seinem Tode (1832) bis zum *Pair* von Frankreich auf. Man sagt von Cuvier, er habe an sieben Schreibtischen gleichzeitig gearbeitet, autoritär, ungeduldig und leicht erregbar. Ausgestattet mit Professuren und Staatsämtern, hatte Cuvier drei oder vier Einkommensquellen, deren jede einzelne ihm ein komfortables Leben ermöglicht hätte. Seit 1804 mit der Witwe Davaucelle verheiratet, die ihm vier Kinder in die Ehe brachte und vier weitere gebar, hatte sich Cuvier unter der Fürsorge seiner Frau vom mageren *Naturaliste* aus Revolutionszeiten zur imposanten Persönlichkeit gewandelt. Hinter vorgehaltener Hand nannte man ihn «Mammut», in Anspielung auf seine Gestalt, wohl aber auch in Erinnerung an eine wissenschaftliche Großtat.

Für die vorrevolutionären Monarchisten und Gegner der Aufklärung war die Doktrin der Präexistenz der Keime Ausdruck einer von Gott gewollten Ordnung, die nicht nur die Vielfalt der Organismen durchdrang, sondern auch stabile Hierarchien der Gesellschaft zementierte. Wie noch eingehender zu erklären bleibt, leitet sich die Doktrin der Präexistenz der Keime wesentlich von dem Prinzip der «Korrelation der Teile» eines Organismus ab: Kein einzelner Teil, kein einzelnes Organ eines Organismus kann für sich alleine existieren, kann sich unabhängig von anderen Teilen ändern. Ein Organismus macht nur im funktionellen Zusammenhang seiner Ganzheit Sinn, und wie die Organe sich der Gesamtheit der Organisation harmonisch einfügen und sich damit dem übergeordneten Sinn und Ziel der Schöpfung unterordnen, so müßte sich auch das Individuum in die Ganzheit der menschlichen Gesellschaft einfügen und sich deren übergeordnetem Sinn und Ziel unterwerfen (Rieppel 1989). Laut Isodore Geoffroy Saint-Hilaire (1805–1861), Sohn des Étienne, war das Gesetz der «Korrelation der Teile» für Cuvier das einzige biologische Naturgesetz, dem sich Gott in seiner Freiheit und Allmacht selbst unterworfen hatte. Cuvier scheint konstitutionell nicht in der Lage gewesen zu sein, die Idee dauernder Veränderung zu ertragen (Coleman 1964), doch war sein Verhältnis zur Geschichte ironischerweise an jenem Punkt gebrochen, wo die sozialen Unruhen der Revolution sich in Cuviers Theorie revolutionärer Umbrüche der Erdgeschichte spiegeln: «... ich werde auch untersuchen, inwiefern die Geschichte der Religionen und der Völker der physikalischen Geschichte der Erde entspricht» (Cuvier 1825, S. 3). Es ist in diesem Widerspruch, in dem sich Cuviers strenge Ablehnung spekulativer Hypothesen verlor und er zu unbekannten Ursachen Zuflucht suchte, um eine Welt der festgefügten, von Gott gewollten Ordnung durch eine Serie erdgeschichtlicher Katastrophen hinweg zu erhalten.

In seinem letzten Vortrag, sechs Tage vor seinem Tod, gehalten im *Collège de France*, verwarf Cuvier zum letzten Mal den Pantheismus, der seiner Ansicht nach den Theorien Kielmeyers, Lamarcks und Geoffroys innewohnte, und lobte die göttliche Intelligenz, Schöpfer aller Dinge (Bourdier 1971; hier auch weitere Literaturzitate zum Leben und Werk von Cuvier). Cuvier, so scheint es im Rückblick, war von drei Kräften angetrieben: Wissenschaft, Religion und Politik (Appel 1987, S. 42).

Am 13. Mai 1832 starb Georges Cuvier in Paris. Sein Bruder Frédéric (1773–1838) wirkte – von Cuvier gefördert – ab 1797 ebenfalls am Pariser Museum für Naturgeschichte und ab 1804 als Inspektor der Ménagerie.

3. Werk

3.1 Die Methode der Klassifikation

Geprägt von einem strengen Protestantismus war Cuviers Arbeitsethik von einem ebenso strengen Empirismus durchdrungen. Er verwarf spekulative Überlegungen, suchte statt dessen nach «positiven», der akkuraten Beschreibung zugänglichen «Fakten». Seine Sicht der Naturgeschichte eröffnete Cuvier im Geiste Newtons: «Die *physique particulière* oder die Naturgeschichte (denn diese beiden Begriffe haben die gleiche Bedeutung) muß sich zum Ziel setzen, jene Gesetze, welche durch die verschiedenen Disziplinen der allgemeinen Physik erkannt werden, auf die Vielfalt der in der Natur lebenden Organismen anzuwenden und so die Phänomene zu erklären, welche von jedem dieser Lebewesen ausgehen» (Cuvier 1817, S. 3). Im speziellen heißt das: «Der Naturgeschichte muß als Basis ein *System der Natur* zugrunde liegen oder ein umfassender Katalog, in welchem alle bekannten Lebewesen einen Namen tragen, durch besondere Merkmale gekennzeichnet sind und in Abteilungen und Unterabteilungen klassifiziert sind, die ihrerseits benannt und charakterisiert sind ...» (Cuvier 1817, S. 8).

Dieses Ziel gesetzt, machte sich Cuvier mit einer Anzahl von Studenten und Mitarbeitern daran, ein umfassendes System der Natur zu erarbeiten, das Tierreich in der Form einer strikt dichotom gegliederten Hierarchie zu klassifizieren: «es gibt nur eine perfekte Methode, und dies ist die *méthode naturelle*; man nennt so ein System, in welchem die Arten einer Gattung einander näherstehen als den Arten aller anderen Gattungen; die Gattungen einer Ordnung einander näherstehen als die aller anderen Ordnungen, usf.» (Cuvier 1817, S. 11). Weite Teile des von Cuvier geschaffenen Systems haben heute noch Gültigkeit. Doch um sich selbst und seine Eitelkeit nicht in Frage zu stellen, hatte Cuvier nicht immer die besten Kräfte zu seinen Mitarbeitern gemacht, Fehler haben sich eingeschlichen, was aber auch schon alleine aus dem enormen Arbeitspensum heraus verständlich ist (Rieppel 1987). Ein wichtiger Aspekt des von Cuvier und seinen Mitarbeitern entworfenen Systems von «Gruppen innerhalb von Gruppen» (wie Charles Darwin sich später ausdrückte) war Cuviers Prinzip der «Subordination» der Merkmale, beeinflußt durch vorausgegangene Arbeiten der vergleichenden Anatomie von Félix Vicq-d'Azur (1748–1794). Vicq-d'Azur hatte sich seit 1791 vehement für eine Revision der von Buffon vorgeschlagenen Klassifikation der Säugetiere ausgesprochen und dabei betont, man dürfe Tiere nicht allein aufgrund ihrer äußeren Erscheinung klassifizieren, sondern müsse vor allem die vergleichende Anatomie der inneren Organe betonen. Auch hatte die Methode der Subordination der Merkmale sowie der hierarchischen Klassifikation, vor allem durch den Einfluß von Antoine-Laurent de Jussieus (1748–1836) *Genera Plantarum* (1789), in der zeitgenössischen Botanik bereits festen Fuß gefaßt (Daudin 1926). Cuvier war davon überzeugt, von vornherein wichtige von weniger wichtigen Merkmalen unterscheiden zu können und so umfassendere Gruppen auf der Basis wichtiger Merkmale, untergeordnete Gruppen auf der Basis weniger wichtiger Merkmale kennzeichnen zu können. Dabei hätten die übergeordneten Merkmale die Ausbildung der untergeordneten Merkmale bestimmt und so den Charakter der einzelnen Grundtypen der Organisation durch die Vielfältigkeit ihrer besonderen Ausbildung hinweg erhalten. Wie schon für Aristoteles, waren auch für Cuvier das Nervensystem sowie das Blutkreislaufsystem von besonderer Bedeutung in der Klassifikation der Tiere. Doch wie Coleman (1964) überzeugend darstellt, ist die von Cuvier propagierte Subordination der Merkmale eine nachträgliche Rationalisierung der Beobachtungsdaten. Eine frühere Klassifikation der Tiere von Julien-Joseph Virey (1775–1846), die in der Anatomie des Nervensystems fußte, modifizierend, unterteilte Cuvier das Tierreich in vier grundlegende Typen oder *embranchements* (Zweige), die er als gleichberechtigt nebeneinander stellte und die in sich hierarchisch gegliedert waren: Wirbeltiere (Vertebrata), Weichtiere (Mollusca), Gliedertiere (Articulata), und Strahltiere (Radiata). Das Postulat der vier Grundtypen tierischer Organisation bedeutete für Cuvier den endgültigen Bruch mit dem Konzept der «Kette der Wesen».

3.2 Das Gesetz der Korrelation der Teile

Spekulationen aus dem Wege gehend, äußerte sich Cuvier nur wenig zur Theorie der Fortpflanzung: Das Problem des Ursprungs des Keimes muß man «als weitgehend unverständlich [*incompréhensible*] betrachten» (Cuvier 1817, S. 45), also als ein der Wissenschaft grundsätzlich nicht zugängliches Problem. Ein Hinweis mußte genügen: «Die Antennen, die Flügel, alle Teile des Schmetterlings waren unter der Haut der Raupe verborgen, wie auch die Beine des Frosches von der Haut der Kaulquappe eingeschlossen werden» (Cuvier 1817, S. 46) – Bilder der Präformation, die aus Jan Swammerdams (1637–1680) *Bibel der Natur* (1752) entnommen sein könnten (Rieppel 1988). In seiner Korrespondenz mit Pfaff wurde Cuvier deutlicher: «Wir nehmen an, daß eine Art die gesamte Nachkommenschaft des ersten, von Gott geschaffenen Paares umfaßt» (Coleman 1964, S. 145).

Die Doktrin der Präexistenz der Keime lieferte Cuvier die theoretische Grundlage für das Postulat der Artkonstanz. Hatte nicht Étienne Geoffroy Saint-Hilaire von seiner Ägyptenreise Mumien mitgebracht? Cuvier stellte fest: «Er hat einbalsamierte Katzen, Ibis, Raubvögel, einen Rinderkopf mitgebracht, und im Vergleich zu heutigen Vertretern dieser Formen erkennt man ebensowenig einen Unterschied wie im Vergleich menschlicher Mumien mit dem Skelett heutiger Menschen» (Cuvier 1825, S. 63). Es ist diese grundlegende Konstanz der Arten, welche Cuvier davon überzeugte, daß die Vielfalt der Natur im starren Raster einer logisch strukturierten Klassifikation eingefangen werden könne, welche wiederum nur die Logik der Schöpfung widerspiegelt: «Man ist damit gezwungen zuzugeben, daß sich gewisse Formen seit dem Anbeginn der Dinge fortgepflanzt haben, ohne gewisse Grenzen der Variabilität zu überschreiten, und daß die Organismen, die zu einer solchen Form gehören, dasjenige darstellen, was wir eine Art nennen ...» (Cuvier 1817, S. 19).

Aus heutiger Sicht mag es unverständlich erscheinen, daß ein Intellekt wie der Cuviers bis ins 19. Jahrhundert hinein die Doktrin der Präexistenz der Keime (Rieppel 1986) hat vertreten können. Tatsächlich aber war diese Doktrin in einem sehr wichtigen Konzept der vergleichenden und funktionellen Anatomie verwurzelt, nämlich im Prinzip der funktionellen «Korrelation der Teile». Unter Bezugnahme auf die Allgemeingültigkeit physikalischer Gesetze stellte Cuvier fest: «Dennoch hat die Naturkunde auch ein rationales Prinzip, das ausschließlich ihr eigen ist und das sie mit Vorteil vielfältig anwendet. Es ist dieses das Prinzip der *condition d'existence* [der Lebensbedingungen], gemeinhin auch Zweckursachen genannt ... die verschiedenen Teile eines jeden Lebewesens müssen miteinander korreliert sein, um die Harmonie der organischen Ganzheit möglich zu machen, nicht nur innerhalb derselben, sondern auch in bezug auf deren Umwelt» (Cuvier 1817, S. 6).

Diese Textstelle könnte fast wörtlich aus den Schriften Aristoteles entnommen sein (Coleman 1964, S. 42), wurzelt aber auch tief in den Anschauungen von Cuviers Vorgängern, ihrerseits aristotelischen Anschauungen verpflichtet. Georges Buffon (1707–1788) hat in seiner Naturgeschichte die Harmonie der Organisation der Lebewesen und damit die Notwendigkeit der Korrelation der Teile herausgestrichen, doch kombiniert mit einem materialistischen Ansatz in der Erklärung der Fortpflanzung, was zu einem gedanklichen Seiltanz herausforderte. Dagegen war für Charles Bonnet das Gesetz der Korrelation der Teile eines der wichtigsten Argumente zugunsten der Doktrin der Präexistenz der Keime: «Die Teile des *Tout organique* sind so deutlich miteinander korreliert und einander untergeordnet, daß die Existenz der einen jene der anderen voraussetzt» (Bonnet 1769 I, S. 355). «Die Arterien setzen die Venen voraus; die einen wie die anderen setzen Nerven voraus; diese wiederum das Gehirn; letzteres das Herz; und sie alle setzen eine Vielfalt weiterer Organe voraus» (Bonnet 1764 I, S. 154). «Aus all dem habe ich eine allgemeine Schlußfolgerung gezogen, die ich für philosophisch halte; nämlich, daß die organischen Einheiten [d.h. die Arten] ursprünglich [d.h. zu Beginn der Schöpfung] präformiert worden sind ...» (Bonnet 1769 I, S. 356). In Umkehrung des Gesetzes der Korrelation der Teile schien es möglich, aus einem Teil das Ganze der organischen Einheit zu erschließen. Am 11. August 1770 schrieb Charles Bonnet an Albrecht von Haller: «... es genügt, Ihnen einen Fuß oder eine Hand zu zeigen, auf daß Sie die Gesamtheit erraten ...» (Sonntag 1983, S. 890).

Bei Cuvier heißt es später: «Jeder Organismus bildet in seiner Ganzheit ein einmaliges, eng verknüpftes System, dessen Teile in enger und wechselseitiger Beziehung zueinander stehen, gemeinsam ein und dieselbe Funktion anstrebend. Keiner dieser Teile kann sich verändern, ohne daß sich auch alle anderen Teile entsprechend verändern, was zur Folge hat, daß jeder einzelne Teil, für sich genommen, alle anderen Teile [des Organismus] anzeigt. Die kleinste Knochenfazette, die geringste Apophyse haben einen ganz bestimmten Charakter in bezug auf die Klasse, die Ordnung, die Familie und die Art, zu der sie gehören, so daß selbst ein gut erhaltenes Bruchstück eines Knochens ausreicht ... um all die anderen Merkmale [der Art] zu bestimmen mit derselben Sicherheit, als wenn man das ganze Tier vor sich hätte» (Cuvier 1825, S. 52).

Mit seinem Hang für theatralische Gesten lud Cuvier Zeugen zur vollständigen Präparation eines Beuteltierskelettes aus den Gipsbrüchen von Montmartre. Erst unvollständig freigelegt und doch schon (aufgrund anderer Merkmale) als das Skelett eines Beuteltieres bestimmbar, hatte Cuvier auf der Grundlage des Gesetzes der Korrelation der Teile die Existenz von Beutelknochen vorausgesagt, was denn auch durch die weitergehende Präparation des Fossils bestätigt wurde. Cuvier wertete dieses Resultat als Beweis des rational-wissenschaftlichen Charakters seiner Methode, doch gründete seine Voraussage mehr im Vergleich mit modernen Beuteltieren Amerikas und Australiens als in einer voraussagbaren Gesetzmäßigkeit der Natur (Rudwick 1972). Dennoch, das Gesetz der Korrelation der Teile war ein wichtiger Eckpfeiler für die Grundlagen der funktionellen Anatomie, die durch Cuvier und seine Mitarbeiter gelegt wurden. Das Gebiß eines karnivoren Säugetieres läßt eine ganze Anzahl von Voraussagen zu, das Gliedmaßenskelett, den Verdauungstrakt usw. betreffend – und umgekehrt. Der Verweis auf Zweckursachen, die dem Gesetz der Korrelation der Teile zugrunde liegen, macht deutlich, daß nach Cuvier jede einzelne Art vom Schöpfer einer bestimmten Stelle in Haushalt der Natur zugewiesen worden ist (Cuvier 1817, S. 20) und von ihm mit allen notwendigen Werkzeugen ausgestattet wurde, die in der entsprechenden Umwelt eine optimale Lebenserhaltung ermöglichen. Nach Cuvier ist ein Organismus «perfekt» an seine Umgebung angepaßt und von seiner

Umwelt und seiner Funktion in derselben her vollständig bestimmt (Ospovat 1981).

Indem Cuvier den Ursprung der Organismen auf Göttliche Präformation zurückführte, wie sie sich in der Doktrin der Präexistenz der Keime ausdrückt, entfiel die historische Dimension der Naturbetrachtung. Es erübrigte sich für Cuvier die Frage, ob es in der Organisation der Arten möglicherweise Unvollkommenheiten gäbe, die sich aus deren historischem Hintergrund erklären ließen. Unregelmäßigkeiten der Vererbung, die zu seiner Zeit schon Gegenstand interessierter Forschung waren, ließ Cuvier lediglich als Zufälligkeiten ohne weitere Bedeutung gelten. Der Variabilität der Arten waren nach seiner Meinung enge Grenzen gesetzt. Und ähnlich wie das Gravitationsgesetz die Bewegung der Planeten in einer zeitlosen Dimension bestimmt, unterliegt die Funktion der Organismen im Rahmen des biologischen Universums dem zeitlosen Gesetz der Korrelation der Teile. Das Gravitationsgesetz wie auch das Gesetz der Korrelation der Teile waren nach Cuviers Meinung Teile des göttlichen Schöpfungsplanes, zeitlose Gesetze, die in der Ewigkeit der Natur Gottes gründeten und als Sekundärursachen den harmonischen Lauf der Natur gleich dem Lauf eines Urwerks bestimmten.

3.3 Paläontologie: Cuviers Katastrophismus

Die Konstanz der Arten, die Subordination der Merkmale und die funktionelle Korrelation der Teile eines Organismus: sie sind die Grundstützen der vergleichenden und funktionellen Anatomie, wie sie von Cuvier begründet wurden, befangen im Anspruch auf zeitlose Gesetzmäßigkeit und logische Subordination. Doch blieb es Cuvier nicht verborgen, daß Tierformen aus früheren Epochen der Erdgeschichte den heutigen Organismen weniger ähnlich sehen als Tierformen späterer Abschnitte der Erdgeschichte, daß Reptilien zu einer Zeit schon existierten, zu der Säugetiere noch nicht zu existieren schienen. Cuvier erkannte im Laufe der Erdgeschichte, die sich in aufeinanderfolgenden Schichten von Sedimentgesteinen niederschlug, eine Abfolge von Organisationsformen, wobei jeweils verschiedene Tierformen für verschiedene Abschnitte der Erdgeschichte typisch zu sein schienen. Mit Hilfe von Alexandre Brongniart (1770–1847) versuchte Cuvier, die Schichtgesteine von Montmartre, die ihm unter anderem das erwähnte Beuteltierskelett lieferten, zeitlich einzustufen. Man spricht in diesem Zusammenhang von biostratigraphischer Forschung, welche unter den Voraussetzungen arbeitet, daß jede Gesteinsschicht einen bestimmten Abschnitt der Erdgeschichte repräsentiert, daß tiefer liegende Gesteinsschichten geologisch älter sind als darüber liegende und daß jede Epoche der Erdgeschichte durch eine spezielle, von anderen Epochen verschiedene Fauna (und Flora) charakterisiert war, die in den Sedimentgesteinen zumindest teilweise als Fossilien erhalten blieben. Treffen diese Voraussetzungen zu, so müßte es umgekehrt möglich sein, in den Brüchen von Montmartre das Alter der Gesteinsschichten aufgrund ihres Fossilinhaltes zu bestimmen.

Mit dem ihm eigenen Hang zur Perfektion suchte Cuvier auch in diesem Bereich historischer Forschung mit notwendigerweise unscharfen Grenzen nach einer den Gesetzen der Physik entsprechenden Präzision. Der Erfolg biostratigraphischer Forschung würde sich zweifellos erhöhen, wenn sichergestellt werden könnte, daß keine Art eines vorausgehenden Zeitabschnittes in der darüber liegenden Gesteinsschicht mehr auftritt, nicht mehr auftreten könnte: «Das Wichtigste aber, in der Tat der wichtigste Teil meiner gesamten Arbeit überhaupt, ist zu wissen, welche Art man in welcher Gesteinsschicht findet» (Cuvier 1825, S. 54). Zunächst einmal sah es tatsächlich so aus, als ob Tierformen früherer Zeiten heute nicht mehr existieren, also ausgestorben waren. Doch das Problem des Aussterbens von Tierarten stellte Cuvier vor eine heikle Frage. Warum sollten zunächst einmal Tierarten überhaupt aussterben, waren sie doch von Gott als Teil eines logischen Systems und in vollkommener Harmonie mit ihrer Umwelt geschaffen worden?

Von dieser Frage aber einmal abgesehen (Cuvier hat sie schlicht ignoriert), bot das Problem ausgestorbener Arten noch weitere Schwierigkeiten. Das Sammeln von Conchylien war im Frankreich des 18. Jahrhunderts eine unter den begüterten Gesellschaftsschichten weitverbreitete Freizeitbeschäftigung. Nach dem sonntäglichen Kirchgang lud man den Nachbar in sein preziöses Naturalienkabinett ein, um nach Gottes Wort nun auch Gottes Werk zu bewundern – und ihm dabei auch für die irdischen Güter zu danken, die er einem hatte zukommen lassen. Es blieb dabei nicht verborgen, daß gewisse fossile Schalen kein Gegenstück in der modernen Tierwelt zu haben schienen. Den Nachweis für das Aussterben zu erbringen war aber nicht einfach, weil doch stets die Möglichkeit gegeben war, daß sich das moderne Gegenstück eines fossilen Schalentieres in einer entfernten, versteckten, bislang noch von keinem Naturforscher begangenen Meeresbucht doch noch eines Tages finden würde.

Wieder war es Georges Buffon, der sich in seiner *Théorie de la Terre* (1749) ausführlich mit dem Problem ausgestorbener Tiere befaßte. Er beschrieb die zahlreichen Funde von Ammoniten (fossilen Kopffüßlern), deren lebendes Gegenstück noch nicht gefunden worden war, von denen jedoch anzunehmen war, daß sie noch immer unentdeckt in den Untiefen des Meeres existierten. In einem Nachtrag präsierte Buffon, daß französische Wissenschaftler mehr als 100 Arten von Ammoniten unterscheiden, die alle aber auch vom heute noch lebenden Nautilus unterschieden sind, so daß es sich bei den Ammoniten womöglich doch um ausgestorbene Arten handeln könnte, angepaßt an ein wärmeres Meer. Deutlicher aber als die Ammoniten oder andere Schalentiere würden die «außerordentlichen fossilen Knochen, die man in Sibirien, in Kanada, in Irland und andernorts findet, die Hypothese ausgestorbener Tierarten» bestätigen. Auch hierzu fügte Buffon als Nachtrag hinzu: «nach genauer und gewissenhafter Prüfung scheinen mir jene übergroßen Knochen, die ich erst für Reste unbekannter Tiere hielt, deren Arten ausgestorben wären, nun doch den ‹Arten› [zur Klärung des Artbegriffes bei Buffon siehe das ihm gewidmete Kapitel] des Elefanten und des Nilpferdes zugehörig; in Wahrheit aber gehören sie zu größeren Elefanten und Nilpferden, als wir sie heute kennen. Es gibt unter den landbewohnenden Tieren nur eine einzige ausgestorbene Art (*espèce perdue*), nämlich jenes Tier, dessen Molaren ich unter Angabe ihrer Größe habe zeichnen lassen.» Es handelte sich bei diesen Backenzähnen um jene des Mastodon, und es war die wissenschaftliche Beschreibung dieses Fossils, die Cuvier als Ausgangspunkt seiner paläontologischen Untersuchungen wählte.

«Nachdem man die Mehrzahl der [landbewohnenden Säugetiere], zumindest die großen, kennt, ist es einfacher festzustellen, ob fossile Knochen zu einer ihrer Arten gehören oder einer ‹verlorenen› Art zugehören. Ganz im Gegensatz zu den Schalentieren und den Meeresfischen ...» (Cuvier 1825, S. 3). Bewußt wählte Cuvier die Elefanten aus, um die Frage des Aussterbens zu klären, denn wäre ein fossiler Elefant mit dem heutigen nicht vergleichbar, so wäre es schwierig zu behaupten, die im Fossilbeleg auftretende Art wäre noch irgendwo in der Welt existent, bis ins 19. Jahrhundert hinein aber übersehen worden. Am 1er *Pluviôse, An VI* (Februar 1796), am Tag der ersten Sitzung des *Institut National*, hielt Cuvier seinen historischen Vortrag, in dem er nachwies, daß es nicht nur eine, sondern zwei moderne Arten von Elefanten gibt (indischer und afrikanischer Elefant) und daß das Mammut eine dritte, fossile Elefantenart darstellt, von den rezenten Arten deutlich zu trennen. Wie das Mastodon war damit auch das Mammut als ausgestorbene Art erkannt, als *espèce perdue*. Der Begriff einer *espèce perdue* war bewußt gewählt, um George Buffons alte Idee auszuschließen, daß das Mammut zwar bis heute überlebt hat, nur eben in einer veränderten Form – in der Form heutiger Elefanten.

Stand damit die Tatsache des Aussterbens von Arten fest, so blieb weiterhin zu klären, wodurch denn Arten zur Extinktion getrieben werden. Es ist dies der Zusammenhang, in dem Cuvier den sicheren Boden theoriefeindlicher, deskriptiver Wissenschaft verließ und zu einer höchst spekulativen Theorie wiederkehrender erdgeschichtlicher Revolutionen Zuflucht suchte. Für Georges Buffon waren Knochen von Großsäugern aus Sibirien der Nachweis, daß Elefanten vormals in der nördlichen Hemisphäre verbreitet waren, wo vormals ein wärmeres Klima herrschte als heute. Buffon glaubte, die Erde sei durch Abspaltung von der Sonne entstanden und seither einem Prozeß fortdauernder Abkühlung unterworfen. Mit weiterer Abkühlung des Erdballs wären die Elefanten aus den nördlichen Biotopen nach Süden, in das wärmere äquatoriale Klima, ausgewichen und hätten dabei einen evolutiven Wandel (in Buffons Terminologie eine «Degeneration») in ihrer Erscheinung erfahren. Die Entdeckung einer behaarten Mammutleiche im Permafrostboden Sibiriens wurde von Cuvier jedoch ganz anders gedeutet: Das sibirische Mammut muß urplötzlich von einer Katastrophe betroffen worden sein, die zu seinem Tod geführt hat – von einer Katastrophe, deren Ausmaß wir uns heute nicht mehr vorstellen können. Das Mammut muß einer urplötzlichen Vereisung zum Opfer gefallen sein. Wäre die Vereisung der nördlichen Halbkugel langsam vorangeschritten, hätte das Tier, wie von Buffon angenommen, gegen Süden ausweichen können. Wäre das Tier schon vor einer Vereisung zu Tode gekommen, so hätten die Haut und andere Teile des Körpers Zeit zur Verwesung gehabt. Daß fossile Elefanten an ein kühles Klima hätten angepaßt sein können, deshalb auch ein langhaariges Fell trugen, kam Cuvier nicht in den Sinn. Cuvier schloß, daß es im Laufe der Erdgeschichte zu wiederholten Katastrophen ungeahnten Ausmaßes gekommen sei, die weit über die Wirkungen des heute beobachtbaren Vulkanismus, der heute beobachtbaren Überschwemmungen, der heute beobachtbaren Erdrutsche oder heute beobachtbaren Erosionswirkungen hinausgingen. «Der Gang der Natur hat sich geändert, und keine der Wirkursachen, die sie heute benutzt, hat ihr ausgereicht, ihre früheren Werke zu vollbringen» (Cuvier 1812, S. 17). Gefrorene Leichen haben in der Geschichte der Biologie immer wieder eine wichtige Rolle gespielt. In seinem Reisebericht *The Voyage of the Beagle* (1839) berichtete Charles Darwin vom Fund einer intakten, gefrorenen Seemannsleiche bei der Durchfahrt durch die Magellan-Straße zwischen Chile und Feuerland. Der grausige Fund, geborgen aus einer Wechsellagerung von Vulkanasche und Eis, gab ihm Anlaß, über Cuviers Katastrophismus nachzudenken – und ihn abzulehnen.

Für Cuvier war die Wissenschaft der Biostratigraphie deshalb so präzise, weil Epochen der Erdgeschichte, d.h. aufeinanderfolgende Gesteinsschichten, durch umfassende Katastrophen voneinander getrennt seien. Diese Katastrophen hätten die jeweils existierende Fauna ausgelöscht, die nachfolgende erdgeschichtliche Eopche sei durch eine neue, von der alten verschiedenen Fauna gekennzeichnet. Um den Begriff der Ewigkeit Gottes nicht in Frage zu stellen, hat es Cuvier vermieden, diesen durch eine Hypothese wiederholter Schöpfungen in die raumzeitliche Beschränkung irdischer Prozesse einzubinden. Statt dessen entwickelte er eine komplexe Theorie geographisch begrenzter Katastrophen.

Hatte Cuvier anfänglich auch für globale Aussterbeereignisse plädiert, so hat er später, unter dem Einfluß von Jean-Guillaume Bruguière, eine komplizierte Theorie lokalen Aussterbens, kombiniert mit Faunenmigrationen, entworfen (Burkhardt 1977). Es war Cuvier klar, daß die Faunen früher erdgeschichtlicher Perioden im geographischen Raum eine weitreichende Homogenität aufweisen, jüngere Faunen dagegen einem höheren Grad von Provinzialismus unterliegen. Daraus schloß er, daß frühere Katastrophen weitreichendere Auswirkungen gehabt hatten als spätere. Immer aber sei erst ein kleinerer, später ein größerer Teil der Erdoberfläche von der Verwüstung ausgespart geblieben. Aus diesen Refugien sei dann die neue Fauna in die verwüsteten Gebiete eingewandert. Der Mensch erscheint zuletzt im Fossilbeleg, doch Cuvier wollte «in keiner Weise ausschließen, daß der Mensch nicht auch schon vor dieser Epoche existierte. Er hätte begrenzte Landstriche bewohnen können, aus denen er nach diesen furchtbaren Ereignissen die Erde neu bevölkerte; es kann auch sein, daß die Orte, wo sich der Mensch vormals aufhielt, [im Laufe der Erdgeschichte] völlig zerstört worden sind, so daß sich seine [fossilen] Knochen heute auf dem Meeresgrund finden» (Cuvier 1825, S. 68).

Zu Cuviers Gunsten muß gesagt sein, daß die Idee wiederkehrender Katastrophen im Laufe der Erdgeschichte, von William Whistons *New Theory of the Earth* (1696) übernommen, im Gedankengut französischer Naturforscher eine lange Tradition hatte und zum Beispiel in der *Palingénésie Philosophique* von Charles Bonnet (1769) eine phantastische Ausgestaltung erfuhr. Buffon hatte sich allerdings klar gegen solche Phantasmagorien ausgesprochen, nicht gegen dramatische Umwälzungen im Laufe der Erdgeschichte an sich, wohl aber gegen deren Erklärung durch unbekannte, phantastische Ursachen: «Als Historiker verwerfen wir solche Spekulationen ... welche von einer Umwälzung des Universums ausgehen ... Man muß seine Aufmerksamkeit auf den Globus richten, so wie er heute ist, all seine Teile studieren und durch Induktion von der Gegenwart auf die Vergangenheit schließen.» Was Cuvier mit seinem Katastrophismus verneinte, war das in der Paläontologie bis heute allgemein gültige Aktualitätsprinzip, wonach man die Prozesse vergangener erdgeschichtlicher Epochen auf der Grundlage heute gültiger Ursachen zu erklären versucht, um unbegründete Spekulationen zu vermeiden.

3.4 Cuvier: Gegner des Transformismus

Jean Baptiste Lamarck fiel es im Lichte solch wilder Theorien nicht schwer, sich gegenüber Cuvier zu behaupten. In seinem historischen Vortrag über die Elefanten hatte Cuvier kühn behauptet, daß durch entsprechend sorgfältige Forschung die Tatsache des Aussterbens von Tierarten auch für Schalentiere nachgewiesen werden könne. Durch den Vortrag Cuviers angestachelt, machte sich Lamarck daran, ein entsprechendes Forschungsprogramm zu entwickeln (Burkhardt 1977). Tatsächlich fand Lamarck wiederholt fossile Arten, die von modernen Vertretern der Gruppe deutlich zu unterscheiden sind, nur waren seine Schlußfolgerungen andere: Diese fossilen Arten sind nicht, wie Cuvier glaubte, durch Extinktion «verlorengegangen»! Statt dessen haben sie einen Prozeß der Veränderung durchgemacht. Und wenn Arten tatsächlich verlorengegangen zu sein schienen, wie etwa das Mammut, so mußte dies der Jagd durch den Urmenschen zugeschrieben werden. Lamarck begriff Fossilien als Vertreter evolutiver Entwicklungslinien. «... dieser bequeme Weg [von Cuviers Katastrophismus] ... kann nur Verlegenheit nach sich ziehen, wenn denn der Versuch unternommen wird, die Wege der Natur, deren wahre Ursachen man nicht erkannt hat, in einer Form zu erklären, die ausschließlich in der Einbildungskraft fußt ... [und] sich auf keinerlei Beweise stützen kann» (Lamarck 1809, S. 102). Lamarck fühlte sich dem Uniformitätsprinzip verpflichtet, wonach anzunehmen war, daß die Kräfte der Natur durch alle Zeiten absolut gleichförmig gewirkt haben, wirken und weiter wirken werden. Für ihn war dies der einzige zulässige Schlüssel zur geologischen Vergangenheit (Burkhardt 1977).

Wer im Glashaus sitzt, sollte nicht mit Steinen werfen. Lamarcks Evolutionstheorie war nicht gerade frei von Spekulation, im Gegenteil: vom Konzept der «Kette der Wesen» geprägt und von metaphysischem Vitalismus durchdrungen. Lamarck vertrat zwei korrelative Prinzipien von Transformation. Das erste Prinzip erklärte Anpassung der Organismen an eine dauernd sich verändernde Umwelt durch die Vererbung erworbener Eigenschaften. Das zweite erklärte die Höherentwicklung der Organismen entlang der «Kette der Wesen» durch die Wirkung geheimnisvoller, von den Körperflüssigkeiten ausgehender Kräfte. Cuvier hatte sich vehement gegen die Evolutionstheorie Lamarcks gestellt, stand diese doch in fundamentalem Gegensatz zu praktisch allen Prinzipien der Naturforschung, die ihm wichtig waren (Daudin 1926). Nimmt man mit Lamarck eine graduelle Veränderung der Organismen im Laufe der Erdgeschichte an, so lösen sich Artgrenzen in einem genealogischen Kontinuum auf. Wie später aus gleichem Grund Charles Darwin, mußte auch Lamarck die Existenz gegeneinander klar abgegrenzter Arten ablehnen, das Artkonzept vielmehr als konventionelles Hilfsmittel zur begrifflichen Erfassung der organischen Vielfalt verstehen. «... wenn sich die Arten graduell verändert haben, müßte man [im Fossilbeleg] Spuren dieser graduellen Veränderungen finden ... Bis heute ist dies nicht gelungen ... In den Eingeweiden der Erde sind deswegen keine Überreste einer derart seltsamen Genealogie erhalten geblieben, weil die Arten vergangener Zeiten ebenso unveränderlich waren wie die unserer Zeiten ...» (Cuvier 1825, S. 59). Das politische Gewicht hatte Cuvier zweifellos auf seiner Seite. Schließlich war er sich aber auch nicht zu schade, im Nachruf (1832) auf Lamarck diesen ehemaligen Kollegen der Lächerlichkeit preiszugeben, indem er Lamarcks Begriff der *besoins* durch den Begriff *désirs* ersetzte. Während Lamarck mit *besoins* rein physiologische Reaktionen des Organismus auf veränderte Umweltbedingungen, hervorgerufen durch den vermehrten oder verminderten Gebrauch organischer Werkzeuge, erfassen wollte, suggeriert das Wort *désirs* einen bewußten oder unbewußten *Wunsch* des Organismus zur Veränderung und Anpassung.

4. Der Akademiestreit von 1830

Bekannter noch als die Auseinandersetzung mit Lamarck ist Cuviers öffentlicher Streit mit seinem ehemaligen Freund Étienne Geoffroy Saint-Hilaire. Der Streit entzündete sich an der Arbeit zweier Studenten von Geoffroy, Laurencet und Meyraux, die im Jahre 1829 den Versuch unternommen hatten, die Anatomie von Kopffüßlern (Cephalopoden, einer Gruppe von Weichtieren) und Fischen (Wirbeltieren) auf einen gemeinsamen Körperbauplan zurückzuführen. Ihr Versuch, diese Arbeit in der Akademie der Wissenschaften in Paris vorzutragen, wurde von Geoffroy moderat unterstützt, von Cuvier aber massiv hintertrieben. Geoffroy Saint-Hilaire hielt die Autoren zwar nicht für absolut erfolgreich im Versuch, «die Allgemeingültigkeit des Naturgesetzes der *unité de composition*» nachzuweisen, betonte aber doch: «Die Herren Laurencet

und Meyraux haben die Bedürfnisse der Wissenschaft richtig erkannt, da sie den Versuch unternommen haben, den Hiatus zu verringern, den man zwischen den Cephalopoden und Tieren höherer Organisation wahrnimmt» (Geoffroy Saint-Hilaire 1830, S. 49). Daß das Prinzip der *unité de composition* ein zentrales Anliegen der wissenschaftlichen Zoologie sein müsse, verteidigte Geoffroy Saint-Hilaire nicht nur mit dem Verweis auf Aristoteles, sondern auch mit dem Hinweis auf die von Gottfried Wilhelm Leibniz vertretene Definition des Universums: Einheit in der Vielfalt (Geoffroy Saint-Hilaire 1830, S. 87). Für Cuvier war aber auch schon nur der Versuch eines Vergleichs von Weichtieren und Vertebraten ein Affront, hatte er doch auf Grund seiner Prinzipien die beiden Tiergruppen unterschiedlichen *embranchements* zugeordnet: «Herr Geoffroy Saint-Hilaire hat nach eigenem Bekunden gierig nach den Nachrichten von den Herren Laurencet und Meyraux gegriffen und behauptet, diese würden alles, was ich je über die Lücke, welche die Mollusken von den Wirbeltieren trennt, gesagt habe, vollständig widerlegen» (Geoffroy Saint-Hilaire 1830, S. 50). Anläßlich einer Sitzung der Akademie am 15. Februar 1830 kam es zwischen den beiden Professoren zum Eklat, es begann ein öffentlicher Streit, der sich über Monate hinwegzog und trotz der Unruhen der Julirevolution von der Presse intensiv begleitet wurde. Selbst aus dem fernen Weimar verfolgte Johann Wolfgang von Goethe die Auseinandersetzung und fand darin eine Konfrontation des analytischen Geistes Cuviers mit dem synthetischen Geiste Geoffroys: «Cuvier arbeitet unermüdlich als Unterscheidender, das Vorliegende genau Beschreibender ... Geoffroy de Saint-Hilaire hingegen ist im stillen um die Analogien der Geschöpfe und ihre geheimnisvollen Verwandtschaften bemüht» (Kuhn 1967). Nach Flourens (1865), «selbst ernannter Kommentator von Cuviers Werk» (Coleman 1964, S. 185), soll Cuvier als Sieger aus der Debatte hervorgegangen sein: «Überall, wo Cuvier Ordnung geschaffen hatte, hat [Geoffroy Saint-Hilaire] wieder Unordnung eingebracht; überall, wo Cuvier die Strukturen getrennt hatte, hat sie [Geoffroy Saint-Hilaire] wieder vermengt. Cuvier konnte dies nicht ertragen ...» (Flourens 1865, S. 14).
Doch die Akademie bezog keine Stellung, sondern verwies die Opponenten darauf, daß das Problem nicht mit Polemik zu lösen sei. Es ging in diesem Streit nicht um die Frage der Evolution, die Transformation von Arten, sondern um die Frage der Einheit des Bauplanes (*unité du type*) oder, wie Geoffroy es ausdrückte, um die *unité de composition*. Es ging um die Frage, ob Organismen von vordergründig unterschiedlicher Organisation durch mentale Abstraktion auf einen gemeinsamen Grundbauplan zurückgeführt wer-

den können. Cuvier lehnte solche Gedankenspiele ab, die er mit Recht der Naturphilosophie der deutschen Romantik entspringen sah. Hinter der Frage der Einheit des Bauplanes aber verbarg sich mehr, was die Kontrahenten damals schon gespürt haben mögen: Knapp 30 Jahre nach dem Akademiestreit erklärte Charles Darwin die *unité du type* durch *unity of descent*!

Olivier Rieppel

ÉTIENNE GEOFFROY SAINT-HILAIRE
(1772–1844)

1. Einleitung

Geoffroy Saint-Hilaire gehörte zu den ersten Zoologen des 1793 neu begründeten Pariser Nationalmuseums für Naturgeschichte, die weit über ihr Land hinaus die Entwicklung der Biologie in Europa prägten. Er gehörte zu den Gelehrten, nach denen Wissenschaft nicht im Spezialwissen steckenbleiben sollte; sie sollte vielmehr vom Speziellen zum Allgemeinen fortschreitend allgemeingültige Gesetze entdecken, die vor allem aber auch Zufälligkeit oder das willkürliche Eingreifen der «Ersten Ursache» in den natürlichen Lauf der Dinge ausschließen. Seine vergleichende Methode schuf Grundlagen der Biologie, die im 19. Jahrhundert zur Entfaltung kamen.

2. Étienne Geoffroy Saint-Hilaires Werdegang

Étienne wurde am 15. April 1772 in eine kinderreiche, aber wenig begüterte Familie geboren, ansässig in Etampes, einer kleinen Stadt nahe Paris. Er war das jüngste von vierzehn Geschwistern und erhielt als Kind den Übernamen Saint-Hilaire, den er später seinem Familiennamen beifügte. Durch seine Intelligenz, seine lebhafte Phantasie, seinen Charme und seine innere Getriebenheit fiel der Junge seinen kirchlichen Betreuern auf. Unter der Fürsorge von Abt de Tressan stand ihm eine glänzende Karriere in der Kirche bevor. Abt A. H. Tessier von Etampes führte Étienne erstmals in die Naturgeschichte ein (Bourdier 1972). Als Stipendiat im *Collège de Navarre* in Paris kam Étienne unter den Einfluß von Bernard de Jussieu (1699–1777), dem führenden Systematiker für Blütenpflanzen (Angiospermen) seiner Zeit. Jussieus epochemachendes Werk *Genera plantarum* (1789) ordnete die Blütenpflanzen in einem natürlichen System, dessen Kategorien durchgängig durch eine ganze Anzahl miteinander korrelierter Merkmale diagnostiziert waren (Stafleu 1973). In der Hierarchie der Kategorien spiegelte sich darüber hinaus die Subordination der Merkmale: Wichtigere Merkmale kennzeichnen umfassendere Gruppen, weniger wichtige Merkmale sind für weniger umfassende Gruppen charakteristisch.

Étienne Geoffroy Saint-Hilaire (1772–1844)

Mit dem Ausbruch der Revolution kam Étiennes kirchliche Karriere zu einem unerwarteten Ende. Dem Wunsch seines Vaters folgend, studierte er erst das Recht, gab dann aber seinen eigenen Neigungen den Vorzug und begann ein Studium der Medizin. Als *pensionnère libre* am *Collège du Cardinal Lemoine* in Paris fand Étienne im Abt René Just Haüy (1743–1822) einen illustren Freund (Bourdier 1972). Haüy war der führende Mineraloge seiner Zeit, ein Mitbegründer der Kristallographie (Hooykaas 1972). In seinem ersten Versuch der mathematischen Erfassung von Kristallstrukturen, dem *Essai d'une Théorie sur la Structure des Cristaux* (1784), fand Haüy die konstituierenden Elemente der Kristalle in einer strengen geometrischen Beziehung zueinander stehen. Die *géométrie naturelle* (Haüy 1801, S. xiii) der *molécules intégrantes* (Haüy 1801, S. xiv) der Kristalle hat er später in seinem Werk *Traîté de Minéralogie* weiter ausgebaut. Durch Haüy wurde Étienne mit praktisch allen wissenschaftlichen Größen seiner Zeit bekannt gemacht, unter anderen mit Louis Jean Marie Daubenton (1716–1800).

Geoffroy Saint-Hilaire ergriff die Chance und schrieb sich am *Collège de France* als Student von Daubenton ein. Daubenton war 1742 von Buffon an den *Jardin des Plantes* berufen worden, wo er sich sowohl mit Botanik als auch mit vergleichender Anatomie beschäftigte (Limoges 1978). Offen gegenüber dem neuen Zeitgeist, schrieb Daubenton mehrere Artikel für die von Diderot und d'Alembert herausgegebene *Encyclopédie*, trug aber auch wesentlich zu der von Buffon herausgegebenen *Histoire Naturelle* bei. Cuvier gratulierte Daubenton zu dessen exakten anatomischen Beschreibungen und nannte Daubenton «den Ersten, der Anatomie und Naturkunde in einer kontinuierlichen Weise miteinander verknüpft» habe (Limoges 1978, S. 112). Insbesondere bei der Behandlung der Skelettanatomie verschiedener Tiere hatte Daubenton großen Wert darauf gelegt, einander in ihrer relativen Lage entsprechende Elemente durchgängig mit demselben anatomischen Terminus zu bezeichnen. Dieses Vorgehen erleichterte ganz wesentlich die schnelle Erfassung von Ähnlichkeiten und Unterschieden im Skelett verschiedener «Quadrupeden» (Säugetiere) und legte zudem die Grundlage für das Werk eines anderen Studenten von Daubenton, Félix Vicq d'Azyr (1748-1794). Die von Daubenton entwickelte Methode, einander in der relativen Lage des organischen Gefügesystems entsprechende Teile mit demselben Namen zu belegen, führte dazu, daß Vicq d'Azyr im Jahre 1784, kurz vor Johann Wolfgang von Goethe, den Zwischenkieferknochen des Menschen entdeckte (Peyer 1950). «Welch eine Kluft zwischen dem os intermaxillare der Schildkröte und des Elephanten», exklamierte Goethe (1784 [1977], S. 300), doch die Entsprechung der beiden Elemente ergibt sich leicht durch deren Lage im Gefügesystem des Schädels und läßt sich darüber hinaus durch eine sozusagen lückenlose Formenreihe von Zwischengliedern anschaulich nachweisen.

Wegen seiner klerikalen Bindungen, die er nicht aufgeben wollte, wurde Haüy während der Französischen Revolution eingekerkert. Seine spätere Freilassung war vor allem dem romantisch verbrämten Drängen des jungen Geoffroy Saint-Hilaire zu verdanken, der verschiedene wissenschaftliche Größen dazu brachte, sich im Namen der *Académie des Sciences* bei den Behörden für Haüy zu verwenden. Nach den Erzählungen seines Sohnes Isodore hat sich der verkleidete Étienne darüber hinaus aber auch mit Leitern an den Gefängnismauern zu schaffen gemacht. Als Dank für diesen nicht ganz ungefährlichen Einsatz berief Daubenton, ein naher Freund Haüys und in der Zwischenzeit zum Nachfolger Buffons aufgestiegen, Geoffroy Saint-Hilaire an den *Jardin des Plantes* bzw. an das per Dekret vom 10. Juni 1793 ausgerufene *Muséum National d'Histoire Naturelle*. Im Alter von nur 21 Jahren war Geoffroy zum Nachfolger von Lacépède geworden, Professor für «Säugetiere, Cetaceen, Vögel, Reptilen und Fische». Eine lebendige Schilderung der damaligen Ereignisse und kompliziert verflochtener Intrigen am *Jardin des Plantes* findet sich bei Appel (1987, S. 20f).

Geoffroys früherer Mentor aus Etampes, der Abt A. H. Tessier, der auch als Arzt und Agronom tätig war, hatte sich vor den Revolutionswirren in der Provinz versteckt. In der Normandie war er auf den brillanten Georges Cuvier (1769–1832) aufmerksam geworden, den er Geoffroy als Mitarbeiter am *Muséum* empfahl. Im Jahre 1795 traf Cuvier in Paris ein und bewährte sich anfänglich glänzend als Mitarbeiter und Freund Geoffroy Saint-Hilaires. Die beiden jungen Wissenschaftler schwärmten, ganz im Sinne von Georges Buffon (1701–1788), von der «Kette der Wesen», sahen in Tarsiern das Zwischenglied zwischen Affen und Fledermäusen und kokettierten mit der Idee, die Vielfalt der Organisationsformen oder Arten von einem gemeinsamen Stamm abzuleiten (Bourdier 1972). Cuvier muß in dieser Zeit seinen neuen Freund und Kollegen auf die Ansichten seines früheren Lehrers aus Stuttgart, Carl Friedrich Kielmeyer (1765–1844), aufmerksam gemacht haben. Kielmeyer vertrat ein System der Natur, das mehr einer Naturphilosophie entsprach, durchtränkt von Vitalismus. Ein ganzes System von Naturkräften bestimmte die innere Harmonie der Organisation, die funktionelle Korrelation der Teile und die Reproduktion der Lebewesen. Dabei zeigte sich für Kielmeyer in der Embryonalentwicklung der Tiere eine Parallelität zur «Kette der Wesen»: Wenn er den Menschen am Anfangsstadium seiner Entwicklung als pflanzenartig bezeichnete, blickte Kielmeyer direkt auf Aristoteles zurück.

Doch über eine einfache Parallelität der Naturordnung – in der «Kette der Wesen» und in der Embryonalentwicklung ihrer Glieder – hinausgehend, sprach Kielmeyer als einer der ersten deutschsprachigen Autoren einen weiterführenden Gedankengang an: «... da die Vertheilung der Kräfte in der Reihe der Organisationen dieselbe Ordnung befolgt, wie die Vertheilung in den verschiedenen Entwicklungszuständen des nehmlichen Individuums, so kann gefolgert werden, daß die Kraft, durch die bei letztern die Hervorbringung geschieht, nehmlich die Reproduktionskraft, in ihren Gesetzen mit der Kraft übereinstimme, durch die die Reihe der verschiedenen Organisationen der Erde ins Dasein gerufen wurde ...» (Kielmeyer 1814, S. 40). Aristotelischen Ursprungs war auch sein vielleicht berühmtester Beitrag zur Naturphilosophie: sein Gesetz der Kompensation der Teile: «Aus dem Gleichgewicht der zerstörenden und erhaltenden Kräfte geht der Bestand unserer Welt hervor» (Kielmeyer 1814, S. 42; aus der Rede, gehalten 1793, zum Geburtstag des regierenden Herzogs Carl von Württemberg). In Goethes Prosa wird das Gesetz der Kompensation der Teile zum «haushälterischen Geben und Nehmen» (Goethe 1795 [1977], S. 239): So ist der Körper der Schlange «gleichsam unendlich ... weil er weder Materie noch Kraft auf Hilfsorgane zu verwenden hat. Sobald nun diese in einer anderen Bildung hervortreten, wie zum Beispiel bei der Eidechse nur kurze Arme und Füße hervorgebracht werden, so muß die unbedingte Länge sogleich sich zusammenziehen und ein kürzerer Körper stattfinden».

Kielmeyer seinerseits war, unter anderen, ein Schüler Johann Friedrich Blumenbachs (1752–1840), dessen Konzept eines *nisus formativus*, eines Bildungstriebes, sich ebenfalls in Geoffroys Werk wiederfindet (Geoffroy 1825a, S. 265; Geoffroy & Serres 1828, S. 207). «Vor ohngefähr drey Jahren, da ich einige Ferientage auf dem Lande zubrachte, fand ich in einem Mühlbache eine artige Art grüner Armpolypen ... mit deren Wundern ich meiner Gesellschaft einen Teil Ihrer Zeit vertreiben sollte», berichtet Blumenbach (1781, S. 9; zur Bedeutung der Entdeckung von *Hydra viridis* siehe das Kapitel über Georges Buffon in diesem Band). Aus der Regenerationsfähigkeit des Polypen schloß Blumenbach (1781, S. 12): «Daß in allen belebten Geschöpfen, vom Menschen bis zur Made und von der Zeder zum Schimmel herab [also quer durch die «Kette der Wesen»] ein besonderer, eingeborener, lebenslang thätiger, wirksamer *Trieb* liegt, ihre bestimmte Gestalt anfangs anzunehmen, dann zu erhalten, und wenn sie ja zerstört wieder herzustellen». Wenn auch vitalistisch gefärbt, so spielte der von Blumenbach postulierte *nisus formativus* doch eine gewisse Rolle in der Argumentation wider die Doktrin der Präexistenz der Keime, die auch Geoffroy ablehnte.

Geoffroy und Cuvier entfremdeten sich schon bald, und als Napoleon seinen berühmten Ägyptenfeldzug organisierte, schloß sich Geoffroy diesem Angebot begeistert an, wogegen Cuvier während dessen Abwesenheit seine Position am *Muséum* und in den akademischen Gremien von Paris weiter festigte. Geoffroy bereiste Ägypten von 1798 bis 1801, entlang dem Nil bis nach Aswan vorstoßend. Er sammelte menschliche und tierische Mumien, Material, das Cuvier später in seiner Widerlegung des Transformismus verwenden sollte: Wenn (im Vergleich der Skelette der Mumien mit den Skeletten heutiger Repräsentanten derselben Art) 3000 Jahre keine Veränderung gebracht haben, so kann man 3000, so oft man will, mit Null multiplizieren, das Resultat bleibt immer Null! Schon der große Réaumur hatte von riesigen Inkubatoren gesprochen, welche die Ägypter zur Zucht von Hühnern verwendeten. Geoffroy stellte den Antrag an das *Institut d'Égypte*, einen solchen zur Verfügung gestellt zu bekommen, nebst einer großen Anzahl von Eiern verschiedener Vögel. Sein Interesse galt dem Einfluß von Umweltbedingungen auf den sich entwickelnden Embryo, insbesondere hinsichtlich der Geschlechtsbestimmung. Es ist unklar, ob Geoffroy zu jener Zeit die Mittel erhielt, um diese Arbeiten durchzuführen (Appel 1987, S. 76), doch kam er später auf das Projekt zurück (Geoffroy 1825b) und fand dabei heraus, daß er den *nisus formativus* experimentell beeinflussen konnte. Die Rückreise nach Paris verzögerte sich durch Intervention der siegreichen Engländer; Cuvier insbesondere erwies sich als eigennützig, indem er Briefe Geoffroys mit der Bitte, ihn aus seinem Exil in Ägypten zu befreien, unbeantwortet ließ (Appel 1987).

Endlich zurück in Paris, widmete sich Geoffroy der deskriptiven Zoologie, der vergleichenden Anatomie und der Klassifikation der Tiere, er beschrieb das reiche, in Ägypten gesammelte Material und entwickelte vor diesem Hintergrund, und in Zusammenarbeit mit seinem Schüler und Freund Étienne Serres (1786–1868), seine Prinzipien der *Philosophie Zoologique*. Ab 1834 wurden Geoffroys Schriften allerdings immer vager, theoretischer, inflationierter. Er erblindete im Sommer 1840; ab 1842 begannen seine Geisteskräfte rapide zu schwinden. Durch seinen Tod am 19. Juni 1844 verlor die Pariser *scientific community* einen ihrer unkonventionellsten, dabei aber originellsten und innovativsten Denker. «Wie Haüy und Lamarck verfolgte auch Geoffroy die große, wenn auch mystisch angehauchte, Idee einer fundamentalen Einheit des Universums, des Lebens und des menschlichen Denkens» (Bourdier 1972, hier auch weitere Literaturzitate zum Leben und Werk von Étienne Geoffroy Saint-Hilaire).

3. Werk

3.1 Die «alte» und die «neue» Methode des zoologischen Vergleichs

Geoffroy erhob den Anspruch, die zoologische Forschung auf eine neue Stufe gehoben zu haben; er sprach von der «alten» und der «neuen» Methode (Geoffroy 1830, S. 3) oder von «Stufen der zoologischen Forschung» (er unterschied derer sieben: Geoffroy 1833a). Die «alte Methode» sucht die Unterscheidung des Ähnlichen, macht aus Organen, die eine gewisse Ähnlichkeit haben (wie die Hand des Orang-Utan und des Menschen), Unterschiede, aufgrund derer die Organismen in einem System der Natur klassifiziert werden können. Es ist dies ein komplettes, rationales (d.h. in der Logik der Subordination der Merkmale begründetes) System, das aber letztlich nicht über eine anfängliche Erfassung der organischen Vielfalt hinausgeht. Geoffroy wollte weiterschreiten und betonte (Geoffroy 1828, S. 211), man müsse die metaphysischen Prinzipien einer rationalen Philosophie, die es sich zur Aufgabe macht, alles zu bezweifeln (hier ist der methodische Zweifel Descartes angesprochen), überwinden, und er stellt die Frage: «ist es in der Tat logisch und philosophisch, in dieser Weise von Ähnlichkeit auf Verschiedenheit zu schließen, ohne auch nur zu versuchen, die ... Ähnlichkeit zu erklären». Was Geoffroy in komplizierte Satzgefüge packte, drückte Goethe einfacher aus: Cuvier, Repräsentant von Geoffroys «alter» Methode, arbeitet als Beschreibender, Unterscheidender, während der synthetische Geist Geoffroys nach Ähnlichkeiten, Beziehungen und Verwandtschaft sucht. In Geoffroys Worten: «... man bemüht sich nicht um Beziehungen (*rapports*), sondern begnügt sich mit der Suche nach unterschiedlichen Fakten» (Geoffroy 1830, S. 7).

Der Begriff der *rapports* erinnert an die von Haüy in Kristallen entdeckte *géométrie naturelle* und spielte im Denken Geoffroys eine entscheidende Rolle, wollte dieser doch in seiner «neuen» Methode des biologischen Vergleichs *«une rigeur mathématique»* einführen (Geoffroy 1830, S. 99), wie dies Haüy für die Mineralogie vorexerziert hatte. Geoffroy war sich dabei bewußt, daß sich die *rapports* nicht durch unmittelbare Beobachtung erschließen lassen, sondern daß deren Entdeckung einen Akt der mentalen Abstraktion voraussetzt.

Serres (1827a, S. 49) führte diese Notwendigkeit weiter aus: «Die organisierte Materie ist das Feld des Anatomen, die Philosophie liefert ihm die Werkzeuge, um dieses zu beackern. Die Beobachtung ist das erste seiner Mittel, die Abstraktion das Zweite.» Serres (1827a, S. 49) verwies darauf, daß ja selbst die Kenntnis eines einzigen Objektes einer Abstraktion bedarf, da jedes einzelne Objekt erst durch die Gesamtheit seiner Beziehungen (*rapports*) bestimmt wird. Die Individualität eines Objektes ergibt sich aus der Gesamtheit seiner Beziehungen, *«or, tout rapport est une abstraction»* (Serres 1927a, S. 50). Nach Leibniz beruhte die anschauliche Einheit eines zusammengesetzten Objektes auf der Vereinheitlichung einer Mannigfaltigkeit durch das Denken: «Was aus einer Mehrheit zusammengesetzt ist, ist nur durch den Geist eins» (Leibniz, zitiert nach Röd 1984, S. 78). So war sich denn Geoffroy bewußt, daß seine Methode des biologischen Vergleichs, welche die Vielfalt der Erscheinungen durch deren Beziehungen auf eine Einheit reduziert, die unmittelbare Beobachtung transzendiert. Er sprach von abstrakter, philosophischer, essentieller, idealistischer Ähnlichkeit. Im Vergleich der Kette der Weberschen Knöchelchen, die beim Karpfen das Hinterhaupt mit der Schwimmblase verbinden, mit Wirbelkörpern beschrieb Geoffroy deren relative Lage im gesamten Gefügesystem des Organismus und bezeichnete dies als die *philosophication* dieser Knöchelchen (Geoffroy 1824, S. 258). «Die Erfahrung muß uns die Teile lehren, die allen Tieren gemein und worin diese Teile bei verschiedenen Tieren verschieden sind, alsdann tritt die Abstraktion ein, sie zu ordnen und ein allgemeines Bild aufzustellen» (Goethe 1796 [1977], S. 277).

Vergleich und Unterscheidung sind korrelative Prinzipien in der vergleichenden Anatomie Geoffroys, so wie die Einheit in der Vielfalt korrelative Prinzipien waren im Denken von Gottfried Wilhelm Leibniz. Und es war diese Einheit in der Vielfalt der biologischen Organisationsformen, die Geoffroy mit den von ihm geforderten *rapports* herstellen wollte. Das Universum war von Leibniz als die *unité dans la variété* definiert worden, erinnerte sich Geoffroy (1833a, S. 69) und bezeichnet diese Einheit in der Vielfalt als «das Ziel der höchsten Abstraktion» (Geoffroy 1833a, S. 76). Für Leibniz ergab sich die Einheit in der Vielfalt aus dem Satz des ausreichenden Grundes: Verknüpft durch eine lückenlose Kette von Ursache und Wirkung, führte die Kontinuität der Phänomene letztlich auf deren Erste Ursache, Gott, den (einzig) ausreichenden Grund ihrer Existenz, zurück. Für Geoffroy würde die Natur in eine sinnlose *pluralité des choses* zerfallen, würde man die Einheit in der Vielfalt aus dem Auge verlieren (Geoffroy 1830, S. 86). Konsequenterweise kam in seiner «neuen» Methode des zoologischen Vergleichs, im Gegensatz zu den Anschauungen Cuviers, dem Konzept der «Kette der Wesen» eine entscheidende Bedeutung zu!

3.2 Die Entdeckung der Einheit in der Vielfalt

Geoffroy belegte die *unité dans la variété* der biologischen Organisationsformen mit verschiedenen Begriffen, wie die *unité d'essence*, (Geoffroy 1930, S. 22), *unité philosophique* (Geoffroy 1930, S. 87), *être abstrait* oder *type commun* (Geoffroy & Serres 1828, S. 211), *plan de l'organisation primitif* (Geoffroy 1825d, S. 88), *fond commun d'organisation* (Geoffroy 1833a, S. 66), meist aber *unité de composition* (z.B. Geoffroy 1925c, S. 16; 1833a, S. 66, 89). Wie aber war diese *unité de composition* zu entdecken?

Wie der Begriff der *composition* zum Ausdruck bringt, sah Geoffroy in den Organismen zusammengesetzte Lebensformen (analog zu Kristallen), zusammengesetzt aus Teilen, konstituierenden Elementen oder, allgemeiner, Organen, die in einer bestimmten Korrelation zueinander stehen (entsprechend der *géométrie naturelle* der Kristalle). Infolge der engen Korrelation der Teile eines Organismus, wie sie auch im Werk de Jussieus oder Buffons zum Ausdruck kam, sind diese Teile auf eine bestimmte relative Lage innerhalb des organischen Gefügesystems fixiert. Doch während für Cuvier die Korrelation der Teile eines Organismus in deren Funktion begründet war, lag die Ursache der Korrelation der Teile für Geoffroy in Gesetzmäßigkeiten der Struktur selbst. Dies schloß Geoffroy aus dem Studium von Mißbildungen, welche offenbar gewisse Gesetzmäßigkeiten der für sie typischen Organisationsform nie durchbrechen können. Ein Embryo kann zwei Köpfe haben oder vier Arme, doch nie war der Fall einer Mißgeburt bekannt geworden, bei welcher ein Arm aus der Stirne gewachsen wäre oder ein Kopf aus dem Bauch. «Die Anomalitäten der Monstren ... sind auf bestimmte physische Grenzen beschränkt, und diese Grenzen werden von den anatomischen Verbindungen der Arterien gesetzt» (Geoffroy 1825d, S. 89). Es sind also die Blutgefäße, die auch, wie noch zu zeigen sein wird, in der Embryonalentwicklung eine entscheidende Rolle spielen, welche nach Geoffroy die konstituierenden Teile einer organischen Struktur auf ihre relative Lage zueinander fixieren. Die *unité de composition* ergibt sich somit aus dem Vergleich der *connexion*, d.h. der relativen Lage der Elemente einer organischen Struktur innerhalb des Gefügesystems, unter Abstraktion von spezieller («akzidentieller») Form und Funktion. Schon im Jahre 1555 hatte Belon das Vogelskelett mit dem Menschenskelett verglichen und Elemente in entsprechender relativer Lage mit demselben Terminus belegt. Er hatte sich dabei aber eines Tricks bedient, um den Vergleich anschaulicher zu machen. Statt das Vogelskelett in seiner natürlichen Lebensstellung abzubilden, hat er es am Schädel aufgehängt und die Gliedmaßen locker herabhängen lassen. Damit hat er es dem Betrachter seiner Abbildung leichter gemacht, von der speziellen Form und Funktion der Skelettelemente des Vogels zu abstrahieren und diese lediglich in bezug auf ihre relative Lage hin mit den entsprechenden Elementen des menschlichen Skeletts zu vergleichen. Daubenton hat das Programm, einander entsprechende Elemente des Skelettes mit demselben anatomischen Terminus zu belegen, fortgeführt. Geoffroy Saint-Hilaire hat mittels dieser Methode die Zoologie auf eine neue Stufe der vergleichenden Biologie angehoben. Ein Journalist, der den berühmten Akademiestreit zwischen Cuvier und Geoffroy kommentierte, hat die Prinzipien der *Philosophie Zoologique* trefflich zusammengefaßt: «Die organische Ganzheit ist aus distinkten Teilen zusammengesetzt, die in einer bestimmten Beziehung *(rapport)* zueinander angeordnet sind ... es sind aber nicht die Organe, die sich ähnlich sind, sondern die Materialien, aus welchen sie gemacht sind. Diese Materialien ähneln sich aber weder in ihrer Form noch in ihrem Gebrauch, sondern in ihrer Anzahl, in ihrer Lage, in ihrer wechselseitigen Abhängigkeit, in einem Wort, in ihrer Beziehung zueinander. *Le Loi des connexi-*

ons, n'admet ni caprice, ni exceptions ...» (Geoffroy 1830, S. 213 f.).
Das Gesetz der wechselseitigen Beziehung (der Organe) erlaubt weder Abweichungen noch Ausnahmen. Die *unité de composition* wird von einfachen (Geoffroy 1824, S. 427), allgemeinen, universell gültigen (Geoffroy 1825 c, S. 16) Gesetzmäßigkeiten bestimmt. Die Betonung der zeitlosen Allgemeingültigkeit biologischer, in diesem Fall anatomischer Gesetzmäßigkeiten fußt im Aristotelischen, oder Leibnizschen, Uniformitätsprinzip und rührt somit an das Fundament der Wissenschaftlichkeit der vergleichenden Biologie schlechthin. Vom funktionalistischen Standpunkt Cuviers aus gesehen, war jede tierische Organisationsform, letztlich jede Art, für einen ganz bestimmten Platz im Haushalt der Natur geschaffen und mit den zur perfekten Anpassung in der jeweiligen Umwelt notwendigen Werkzeugen ausgestattet worden. So waren Fische beispielsweise mit einem zur Atmung dienenden Kiemendeckel ausgestattet, einem speziellen Merkmal, das zusammen mit anderen Merkmalen die Klasse der Fische kennzeichnet. Aus seiner strukturalistischen Perspektive aber machte Geoffroy darauf aufmerksam, daß im Gefügesystem der Organisation der Wirbeltiere der Kiemendeckel dieselbe relative Lage einnimmt wie das Gehörknöchelchen der Tetrapoden. Geoffroy gab ohne weiteres zu, daß das Gehörknöchelchen sich sowohl in der Größe (*volume*) wie auch in Form und Funktion vom Kiemendeckel der Fische unterscheidet, stellte aber fest, daß es sich dennoch um einander entsprechende, er nannte es *analoge*, Elemente handelt – allerdings unter dem Einfluß unterschiedlicher Funktionen in unterschiedlicher Umwelt verschieden gestaltet. Kiemendeckel und Gehörknöchelchen sind *essentiell* dasselbe Merkmal, ihre jeweilige Form und Funktion sind zufällige Attribute. «Ist der Kiemendeckel endlich nichts weiter als ein spezielles Organ, zugehörig nur jenen Arten, die ihn [vom Schöpfer] bekommen haben?»: eine rhetorische Frage, die Cuviers Position darstellen sollte (Geoffroy 1925 c, S. 15). Klar, man kann das so sehen und aufgrund dieser Sicht der Dinge den Kiemendeckel als diagnostisches Merkmal der Fische in einer Klassifikation der Wirbeltiere verwenden. Für Geoffroy ist die Frage so aber falsch gestellt, denn sie bedeutet, daß «man eine verallgemeinernde Betrachtungsweise verläßt und sich auf das Spezielle beschränkt» (Geoffroy 1825 c, S. 15).

Wissenschaft, nach Geoffroy, sollte nicht im Speziellen steckenbleiben, sie sollte vielmehr vom Speziellen zum Allgemeinen fortschreitend allgemeingültige Gesetze entdecken, die Erklärungen liefern und Voraussagekraft haben, die vor allem aber auch Zufälligkeit, oder das willkürliche Eingreifen der Ersten Ursache in den natürlichen Lauf der Dinge, ausschließen. Es ist dieses Ziel, dem sich aufgeklärte Geister verpflichtet fühlen (Geoffroy 1925 c, S. 16)!

«Nachdem die *unité de composition organique* einmal proklamiert war, mußte man sie auch mit Fakten belegen», schreibt Serres (1827b, S. 108), doch «um ihrer Entdeckung entgegenzuschreiten brauchte es Führer, die es einem beibrachten, wie sie zu erkennen war». Es sind aus dieser Notwendigkeit zwei allgemeine Prinzipien dieser [transzendentalen] vergleichenden Anatomie hervorgegangen 1. das *principe des connexions*, 2. das *principe de balancement*, das Prinzip der Kompensation. Die Entsprechung der Organe, die Geoffroy mittels des Lagekriteriums erkennen konnte, nannte er *analogie*; bei Sir Richard Owen (1804–1892) wird die *analogie* der französischen Autoren zur *homology*, Homologie im deutschen Sprachraum. In der Tat ist Homologie bis heute das Fundament der vergleichenden Biologie geblieben (Rieppel 1988).

3.3 Embryonalentwicklung und die «Kette der Wesen»

Sind Kiemendeckel der Fische und Gehörknöchelchen der Tetrapoden essentiell dasselbe Merkmal (wie Geoffroy glaubte), so muß geschlossen werden, daß sich dieses Merkmal in unterschiedlicher Umwelt und mit unterschiedlicher Funktion unterschiedlich entwickelt hat. Entwicklung oder *évolution* meint in diesem Zusammenhang die Embryonalentwicklung, während welcher die Organe durch Wachstum sich ausgestalten. Das Konzept homologer Organe (*analogies* in Geoffroys Sprachgebrauch) öffnete das Tor zur Frage, ob Umwelteinflüsse die Embryonalentwicklung beeinflussen können, und wenn ja, in welchem Maße? Die Untersuchung dieser Frage aber setzt voraus, daß man eine allgemeine Kenntnis der Mechanismen der Embryonalentwicklung hat.

Für Geoffroy war, wie bereits dargestellt, der Körper aus Teilen zusammengesetzt, im jeweiligen Rahmen einer Organisationsform durch die Blutgefäße in eine bestimmte Lagebeziehung eingebunden. Die Entwicklung des Keimes bedeutet zunächst einmal Wachstum und damit Ernährung. Die Blutgefäße sind es denn auch, die den verschiedenen Körperteilen die zu ihrer Entwicklung notwendigen Nahrungsmoleküle zuführen. Geoffroy hat, wie auch Étienne Serres, die Doktrin der Präexistenz der Keime abgelehnt. Im Rahmen dieser Doktrin, mit Charles Bonnet (1720–1793) als deren prominentestem Vertreter, mußte der Organismus als eine integrierte Ganzheit verstanden werden, die sich durch «Intussuszeptionswachstum» zum Adultus entwickelt. In den Spätphasen seiner Theoriebildung verstand Bonnet den präexistenten Keim als ein flüssiges Gebilde, durchzogen von einem eingefalteten Netz von Elementarfasern (Bonnet 1768). «Intussuszeptionswachstum» fand statt durch die Einlagerung von Nahrungsmolekülen in dieses Netz von Elementarfasern, das sich dadurch auch entfaltet – die ursprüngliche Bedeutung des Wortes *évolution* (Bowler 1975).

Serres (1827a) aber verwies darauf, daß der Körper nicht ein Ganzes darstellt, sondern aus Teilen zusammengesetzt ist: «Bordeu [Théophile de Bordeu 1722–1776] hat diese Idee mit großem Talent entwickelt» (Serres 1827a, S. 52). Serres wählte die Niere als Beispiel, die im Embryo aus acht oder zehn voneinander getrennten Primordien besteht, welche im Adultus zu einer integrierten Einheit zusammenwachsen: «Mehrere *individus organiques* gruppieren sich, um ein Ganzes zu bilden» (Serres 1827a, S. 61). Die Niere ist somit ein Organ, das sich nicht durch «Intussuszeptionswachstum» bildet, sondern durch «Juxtaposition» von Teilen, genau gleich wie ein Kristall. Das Wesentliche hier ist, daß Serres primäre morphogenetische Einheiten (*individus organiques*) identifiziert, die zur Adultform zusammenwachsen. Es muß somit im Rahmen der Embryonalentwicklung eine Anziehungskraft (*attraction générale*) wirksam sein; Anziehungskräfte in allen möglichen Zusammenhängen anzunehmen war seit Newtons Entwicklung einer vorbildlichen Himmelsmechanik allgemein üblich. Serres (1827a) gab zu, daß er die präzise Natur dieser Anziehungskraft nicht kenne; bei Geoffroy ist es der von Blumenbach postulierte *nisus formativus*.

Ein wesentlicher Unterschied aber blieb bestehen zwischen dem Wachstum eines Kristalles und jenem eines Organismus. Im Kristall bleiben die konstituierenden Teile während des Wachstums desselben unter sich einander alle ähnlich, unverändert. Im organisierten Wesen kann man dagegen eine Veränderung der konstituierenden Teile, der primären morphogenetischen Einheiten, feststellen. Serres betonte, daß selbst Albrecht von Haller (1708–1777), ein Vertreter der Doktrin der Präexistenz der Keime, hatte zugeben müssen, daß die Organe des Hühnchens während dessen Entwicklung sich in Form und Lage (nicht relative, aber absolute Lage) verändern. Es findet also im Laufe des Wachstums eine Metamorphose der organischen Teile statt: Bei Serres (1827a, S. 57) bedeutet *évolution* nicht mehr bloß die Auseinanderfaltung eines präexistenten Keimes, sondern die Metamorphose primärer morphogenetischer Einheiten im Laufe der Embryonalentwicklung. Wenn denn also Constant Duméril glaubte, im Schädel metamorphosierte Wirbel erkennen zu können, so war dies nichts weiter als die Manifestation der Einheit in der Vielfalt (Serres 1927a, S. 53). So wie sich verschiedene Organismen durch das *principe des connexion* auf eine *unité du type* reduzieren ließen, so läßt sich die Einheit in der Vielfalt der Teile eines Organismus durch die Metamorphose ursprünglich einander ähnlicher morphogenetischer Einheiten begründen. Auf die zentrale Bedeutung des Metamorphosebegriffs und seine entsprechende Beziehung zum Begriff des Typus in Goethes naturwissenschaftlichen Schriften sei hier nur am Rande hingewiesen.

Sich für die Entwicklung des Zentralnervensystems der Wirbeltiere interessierend, stellte Serres (1824) fest, daß die Entwicklung des Nervenstranges höherer Wirbeltiere nach und nach alle Adultstadien der niedrigeren Wirbeltiere durchläuft. Alle Unterschiede der Differenzierung der cerebro-spinalen Achse der Wirbeltiere ließ sich damit «auf einige Metamorphosen mehr oder weniger» reduzieren (Serres 1824, S. 378). Damit hatte Serres die Folge der Organisationsstufen, die sich in der Embryonalentwicklung abzeichnet, parallel gesetzt zur Folge der Organisationsstufen, wie sie sich in der «Kette der Wesen» abbildet. Eine weitere Stufe der *unité dans la variété* war erreicht: Das Kontinuitätsprinzip band die Vielfalt der Organisationsformen sowie die graduellen Metamorphosen primärer morphogenetischer Einheiten in einer einheitlichen Naturordnung zusammen.

Aus dem Kontinuitätsprinzip hervorgehend, hat das Konzept der «Kette der Wesen» aristotelische Wurzeln (Lovejoy 1936). Aristoteles hat aber auch in der Entwicklung des Menschen das sukzessive Erwachen einander übergeordneter Seelen beschrieben. Die erste im Embryo erwachende Seele ist die vegetative Seele, die allen Lebewesen, Pflanzen, Tieren und Menschen, gemeinsam ist und die die vegetativen Körperfunktionen steuert. Setzen Bewegungen des Fötus ein, so ist die animalische Seele erwacht, die nur den Tieren und dem Menschen gemeinsam ist und welche die somatischen Körperfunktionen steuert. Zuletzt erwacht im Menschenkind die rationale Seele, die nur dem Menschen zukommt. Was Aristoteles hier zum Ausdruck brachte, war das Konzept einer fundamentalen Parallelität der Ordnungszustände der Organisationsformen im Rahmen der Embryonalentwicklung einerseits, im Rahmen der «Kette der Wesen» andererseits. Diese Parallelität der Embryonalentwicklung zur «Kette der Wesen» durchlief eine lange geschichtliche Entwicklung, mündete in das sogenannte Meckel-Serres-Gesetz und blieb zuletzt im «biogenetischen Grundgesetz» Ernst Haeckels hängen (1834–1919) (Gould 1977).

3.4 Monstres par excès – monstres par défaut (Forschungen über Mißbildungen)

Geoffroys Ansichten zur Embryonalentwicklung deckten sich mit denjenigen von Étienne Serres: «Ein Batrachier ist erst ein Fisch unter dem Namen einer Kaulquappe, dann ein Reptil unter dem Namen eines Frosches» (Geoffroy 1833, S. 82). In Zusammenarbeit mit Serres suchte er die Forschung weiterzutreiben. Es blieb eine Vielzahl von Fragen übrig. Die primären morphogenetischen Einheiten sind die essentiellen Teile eines Organismus, durch die Blutgefäße in eine konstante relative Lage zueinander eingebunden, dabei aber der Metamorphose fähig, einer Veränderung also, die sich zu unterschiedlicher Form und Funktion auswachsen kann. Konnte dies auf Umwelteinflüsse während der Embryonalentwicklung zurückzuführen sein, wie dies die (vermeintliche) *analogie* des Kiemendeckels der Fische mit dem Gehörknöchelchen der Tetrapoden nahelegt? Und welche Grenzen sind solchen Umwelteinflüssen auf die Embryonalentwicklung gesetzt? Zugleich rekapitulieren die Metamorphosestadien der morphogenetischen Einheiten die «Kette der Wesen», doch wie konnte die Kontinuität der Embryonalentwicklung einerseits, die Kontinuität der «Kette der Wesen» andererseits, in Einklang gebracht werden mit den scheinbar unüberbrückbaren Lücken zwischen fundamentalen Organisationsformen, wie sie Cuviers Klassifikation des Tierreichs zugrunde liegen?

Um solche Fragen zu lösen, wandte sich Geoffroy nebst der künstlichen Inkubation von Hühnereiern (Geoffroy 1825b) der Untersuchung von Mißgeburten zu. Die von Cuvier beschriebenen Grundbaupläne tierischer Organisation mußten im *nisus formativus* begründet sein. Wie weit würde sich der Bildungstrieb experimentell beeinflussen lassen, welche Abweichungen von der typischen Organisationsform würde der Bildungstrieb (bei Mißgeburten) spontan zulassen?

Schon im 18. Jahrhundert hatte man zwei Formen von Mißbildungen unterschieden. Die *monstres par excès* waren durch überzählige Körperteile gekennzeichnet, wie etwa überzählige Finger und Zehen; die *monstres par défaut* dagegen waren durch das Fehlen von Körperteilen gekennzeichnet. Geoffroy (1825e) erkannte die *monstres par excès* als Hypertrophie, die *monstres par défaut* als Atrophie und führte deren Mißbildung auf die Wirkung des Blutkreislaufsystems zurück. Verengen sich Blutgefäße, werden weniger Nahrungsmoleküle herbeigeführt, Atrophie ist die Folge. Bei Erweiterung der Blutgefäße folgt Hypertrophie. Und da auch die Embryonalentwicklung dem die ganze Natur durchdringenden Kontinuitätsprinzip unterliegt, ist nicht verwunderlich, daß *monstres par défaut* in Parallelität zur «Kette der Wesen» Atavismen darstellen, *monstres par excès* dagegen über das arteigene Ziel der Entwicklung hinausschießen.

In Analogie zu solchen teratologischen Untersuchungen kann denn geschlossen werden, daß aus demselben organischen Primordium, das bei Tetrapoden das Gehörknöchelchen bildet, unter vermehrter Blutzufuhr sich der große Kiemendeckel der Fische bildet. Der Begriff von Mißbildung schließt das Vorhandensein überzähliger Organe oder das Fehlen von Organen wesenshaft ein. Dies kann aber für die Normalentwicklung einer organisierten Ganzheit nicht gelten. Offenbar kann, unter dem Einfluß der Umwelt, vermehrte oder verringerte Blutzufuhr die Form und Funktion primärer morphogenetischer Einheiten verändern, doch die Harmonie des Ganzen muß erhalten bleiben. Geoffroy stellte fest, daß zum Beispiel in der Organisation des Maulwurfs die Schnauze und mit ihr das Geruchsorgan eine eindeutige Hypertrophierung erfahren, während dagegen die dahinter liegenden Augen einer Atrophierung unterliegen (Geoffroy 1833, S. 67). Das Kielmeyersche Gesetz der Kompensation der Teile wird bei Geoffroy neben dem *principe des connexion* zum zweiten allgemeingültigen Gesetz der *Philosophie Zoologique*, dem *loi du balancement des Organes*. Ausführliche Studien zur Entwicklung des Gaumens bei Reptilien, welche Krokodilier einschlossen, die Geoffroy in Ägypten gesammelt hatte, sowie fossile Teleosauriden aus den Juragesteinen von Caen dienten Geoffroy zum Nachweis der Gesetzmäßigkeit dieser Kompensation der Teile (Geoffroy 1825f.).

Blieb die Frage unüberbrückbarer Lücken zwischen deutlich voneinander getrennten Organisationstypen, die Cuvier in unterschiedliche *embranchements* und deren Unterdivisionen eingeordnet hatte. Ein Vogel ist in seiner Organisation deutlich von einer Eidechse getrennt. Kann denn angenommen werden, daß unter dem Einfluß von Umweltfaktoren die Organisationsform eines Vogels durch einen kontinuierlichen Prozeß aus der Organisationsform eines Reptils hervorgegangen ist? «Es ist offenbar unmöglich, daß die Typen niedrigerer oviparer Tiere den höheren Typus, oder den Typus der Vögel, durch einen kontinuierlichen Prozeß hervorgebracht haben» (Geoffroy 1833a, S. 80). Nach dem Argumentationsmuster in Buffons erdgeschichtlichen Betrachtungen löste Geoffroy das Dilemma von Kontinuität und Diskontinuität mit der Annahme kontinuierlich wirksamer Ursachen, die diskontinuierliche Effekte haben kann. Die hochkomplizierte Lunge der Vögel kann sich nicht durch Transformation aus der adulten Lunge einer Eidechse entwickeln. Beide Typen von Lungen aber entwickeln sich aus einander entsprechenden organischen Primordien, die während früher Stadien ihrer Entwicklung sich durchaus ähnlich sehen. Es konnte also durchaus angenommen werden, daß selbst geringe Einflüsse auf die frühe Entwicklung der Lungenanlagen zu markanten Unterschieden im adulten Tier führen können: «Es genügte eine mögliche und wenig aufsehenerregende Zufälligkeit der ursprünglichen Entwicklung, doch zeitigte diese wichtige und unvorhersehbare Konsequenzen» (Geoffroy 1833a, S. 80).

Waren damit den schöpferischen Kräften der Natur keine Grenzen gesetzt? Der berühmte Akademiestreit mit Cuvier von 1830 entzündete sich an einer Arbeit von Geoffroys Studenten, welche die Lücke zwischen Invertebraten und Vertebraten schließen wollten, also letztlich Grenzen zwischen zwei von Cuvier postulierten *embranchements* überbrücken wollten. Geoffroy unterstützte diesen Versuch, blieb selber aber in dieser Frage durchaus moderat. Durch das Postulat eines *nisus formativus* war er grundsätzlich einer essentialistischen (typologischen) Sicht der Dinge verschrieben, die sich notorisch schlecht mit dem Kontinuitätsprinzip verbinden läßt. Inkonsequenzen der Argumentation sind somit von vornherein zu erwarten. Geoffroy akzeptierte die Existenz unterschiedlicher Grundtypen der Organisation, hielt sich selber auch zurück, die *embranchements* von Cuvier in Frage zu stellen, beschränkte seine Argumentation vielmehr auf den Rahmen der Wirbeltiere. Er konnte oder wollte sich aber letztlich nicht festlegen, welche genauen Grenzen der *nisus formativus* milieubedingten Veränderungen setzt: «Jedes System von Organen ist im Gegenteil bei allen [Organismen] eingeschlossen in irgendeine Grenze [*limite quelconque*] der Variation … die überhaupt mögliche Variation umfaßt lediglich ein mehr oder weniger großes Volumen der organischen Elemente» (Geoffroy & Serres 1828, S. 213), stets unter Berücksichtigung der Kompensation der Teile.

3.5 Die erdgeschichtliche Synthese

In Ägypten traf Geoffroy Saint-Hilaire auf das Nilkrokodil, gekennzeichnet durch eine verlängerte, jedoch vergleichsweise relativ kurze und gedrungene Schnauze. Dies steht im Gegensatz zum Gavial aus Indien, der vergleichsweise sehr lange und schlanke Kiefer aufweist. Wie standen nun im zoologischen System diese noch lebenden Typen von Krokodiliern zu den Teleosauriden, marine Krokodilier aus den Juragesteinen Frankreichs, die eine fast noch längere und schlankere Schnauze hatten als der Gavial, heute aber ausgestorben sind? Sind die heutigen Krokodilier durch Transformation aus fossilen Vorfahren hervorgegangen? Geoffroy kommt im Falle der fossilen Krokodilier, die er als Teleosauriden zusammenfaßt, zum Schluß, daß es sich um ausgestorbene Arten (*espèces perdues*) handelt und nicht um die Vorfahren heutiger Krokodilier. Dennoch hat ihn seine Beschreibung der Fossilien mit der Frage erdgeschichtlichen Wandels konfrontiert.

Wenn die Erdgeschichte auch, wie alle anderen Bereiche der Natur, kontinuierlich-gleichförmig wirksamen Gesetzmäßigkeiten unterliegt, so schließt es Geoffroy, wie vor ihm Buffon, doch nicht aus, daß dieselben Ursachen, die heute nur geringfügige Veränderungen bewirken konnten, in früheren erdgeschichtlichen Epochen Revolutionen auslösen konnten. «Es ist bekannt, daß die Erde mehreren Umwälzungen ausgesetzt war … und ihre Hülle, die Atmosphäre, hat ihre heutige Qualität erst nach langwierigen Kämpfen erreicht … dementsprechend war auch der Kampf des *nisus forma-*

tivus [in früheren erdgeschichtlichen Epochen] ein anderer» (Geoffroy 1828, S. 216). Wie bei Buffon: andere Lebensbedingungen, andere Nahrungsmoleküle, andere Erscheinungsformen der tierischen Organisation. Doch während sich bei Buffon die Lebensbedingungen auf dem Erdball infolge kontinuierlicher Abkühlung dauernd veränderten, war es bei Geoffroy die Atmosphäre, die sich dauernd veränderte und die zu früheren Zeiten das Atmen sehr viel schwieriger gemacht hat als heute. Die heutigen Krokodilier konnten also zu jener Zeit, als die Teleosauriden die Meere bevölkerten, nicht gelebt haben, da sie damals nicht hätten atmen können (Geoffroy 1833, S. 45).

Man erkennt hier, wie das ganze Forschungsprogramm Geoffroys denselben Problemkreis aus immer neuer Perspektive angeht. Das *principe des connexions* führt die Organismen auf ihre primären morphogenetischen Einheiten zurück; deren Entwicklung steht, bei Berücksichtigung des Kompensationsgesetzes, unter dem Einfluß des Blutkreislaufes; letzterer hängt aufs engste mit der Atmung zusammen. Es ist das Problem erschwerter Atmung im Wasser, das bei Fischen zur Bildung des Kiemendeckels führt aus einem Element, das bei Tetrapoden das Gehörknöchelchen bildet. Und wenn Geoffroy seine Aufmerksamkeit der Entwicklung des Gaumens bei Reptilien widmet, dann deshalb, weil bei Krokodilern sich ein sekundärer knöcherner Gaumen bildet, was bei diesen aquatischen Reptilien die adaptive Antwort auf das Problem der Atmung im Wasser darstellt.

Geoffroy unterscheidet drei Epochen der Entwicklung des Lebens auf der Erde. Die erste (das Mesozoikum) ist die «Periode, die zwischen der Geburt und dem Aussterben jener Saurier [Teleosaurier] liegt, die keine Analogie mit heute lebenden Tierformen aufweisen», Zeitgenossen der Gryphäen, Nautiloiden und Ammoniten (Geoffroy 1833b, S. 57). Man findet zu jener Zeit auch keine Tiere mit einer Säugetierlunge! Ein warmblütiges Tier stellt an die Atmung sehr viel höhere Ansprüche als ein Kaltblüter, und hätte sich zu jener Zeit ein Warmblüter gebildet, gleichsam als Mißgriff, wäre er bloß momentan aufgetreten, als Mißbildung, nur um sofort wieder zu erlöschen (Geoffroy 1833b, S. 58).

Die zweite Periode (das Tertiär), die man als «Mittelalter» bezeichnen könnte, umfaßt die Existenz all jener ausgestorbenen Arten, deren Aussehen zwar außerordentlich ist, aber doch nicht so seltsam wie jenes der Tiere der vorausgehenden Epoche. Dabei aber manifestieren sich in dieser zweiten Periode «Phänomene des Überganges ... denn überall zeigen sich Indizien eines fast unmerklichen Wandels tierischer Form» (Geoffroy 1833b, S. 58). Diese Arten von Elephanten, Nashörnern usw., von denen man sagt, es seien ausgestorbene Arten (*espèces perdues*), sind zwar mit den heutigen Arten nicht identisch, ihnen aber doch sehr nahestehend. «All dies wird uns nichts weniger als davon überzeugen, daß es dieselben Arten des Tertiärs sind, die uns bis heute überliefert geblieben sind, nur eben in leicht veränderter Form» (Geoffroy 1833 b, S. 59). Die dritte Epoche schließlich ist die geologische Gegenwart.

In seiner Summation ergibt sich aus der von Geoffroy entworfenen Naturgeschichte ein dreifacher Parallelismus, dessen Gültigkeit in seinen Grundzügen bis heute heftig diskutiert wird (Rieppel 1988): In der Anatomie der Tiere, zumindest innerhalb eines *embranchements* wie etwa jenem der Wirbeltiere, spiegelt sich eine zunehmende Organisationshöhe, so man vom Fisch zum Säugetier, zum Mensch aufsteigt. Dieselbe Zunahme der Organisationshöhe läßt sich im Laufe der Embryonalentwicklung aufzeigen. Schließlich spiegelt sie sich zum dritten im sukzessiven Auftreten der verschiedenen Organisationsformen im Laufe der Erdgeschichte. Die Einheit in der Vielfalt ist durchgängig hergestellt!

4. Ausblick

Man kann das Werk von Étienne Geoffroy Saint-Hilaire in seiner Bedeutung nicht hoch genug einschätzen. Durch seine Nähe zur deutschen Naturphilosphie – Geoffroy (1833 b, S. 77) bewunderte das überwältigende Genie Goethes – könnte man versucht sein, ihn mit den gedanklichen Exzessen in Verbindung zu bringen, die sich etwa in den Schriften von Lorenz Oken (1779–1851) oder Carl Gustav Carus (1789–1869) niederschlagen. Damit aber wäre sowohl Goethe als auch Geoffroy Unrecht getan. Die Ansichten von Geoffroy und Goethe, wenn auch von überraschender Ähnlichkeit, haben unterschiedliche Wurzeln, und es scheint wahrscheinlich, daß Geoffroy die naturwissenschaftlichen Schriften Goethes erst nach 1820 kennenlernte (Appel 1987, S. 159). Nachdem er Goethe als Mitstreiter für eine in der Philosphie verwurzelte Naturforschung erkannt hatte, machte es sich Geoffroy zum Anliegen, die Ansichten Goethes in Frankreich zu vertreten, so wie Goethe ihn im Akademiestreit von 1830 gegen Cuvier unterstützte. «... die höchste Autorität Deutschlands ... der gefeierte Goethe ... hat soeben meinem Werk die größte Ehre erwiesen, die ein französisches Buch erwarten kann» (Geoffroy, zitiert nach Appel 1987, S. 167). Offenbar hatte der Akademiestreit, wie auch Goethe erkannte, politische Implikationen, die über die Frage der *unité de composition* der Wirbeltiere und der Wirbellosen hinausging. Er war Ausdruck eines Anspruches auf freie Meinungsäußerung gegen das *scientific establishment*, besonders gegen das politische Übergewicht Cuviers, in der Akademie der Wissenschaften (Appel 1987).

Die dauernden Attacken des mit politischer Macht und Ansehen ausgestatteten Cuviers haben zweifellos dazu beigetragen, das Werk Geoffroys in ein falsches Licht zu rücken. Cuvier, der sich auf Beobachtung beschränken wollte und jede darüber hinausgehende Abstraktion verurteilte, hat nie begriffen, daß Abstraktion ein wesentlicher Teil jeglicher Wahrnehmung ist und daß Erkenntnis sich nicht in der Beschreibung von Einzeldaten erschöpfen kann. Tatsächlich wirkten sich Cuviers endlose Tiraden gegen Geoffroy sowie gegen Jean Baptiste Lamarck (den Geoffroy gegen Cuvier verteidigte und den er vor allem jüngeren Lesern sehr zur Lektüre empfahl) zum Nachteil der Entwicklung der biologischen Wissenschaften in Frankreich aus (Bourdier 1971, S. 527).

Zur Blüte kam das Werk Geoffroys im Denken von Sir Richard Owen (Rupke 1994). Das Konzept eines archetypischen Wirbeltierbauplans von Owen fußt in Geoffroys *unité de composition*, und die einander in ihrer relativen Lage innerhalb des Gefügesystems entsprechenden Organe definierte Owen als Homologie. Homologie bedeutete für Owen «dasselbe Organ in verschiedenen Tieren unter jedwelcher Variation von Form und Funktion». Owen allerdings war seinerseits ein Gegner Darwins und vielleicht deshalb keine optimale Plattform zur Vermehrung von Geoffroys Ruhm.

So blieb es zuletzt Charles Darwin vorbehalten, die *unité du type*, die sich aus dem *principe des connexions* erschließen läßt, durch die *unity of descent* zu erklären: «On my theory, unity of type is explained by unity of descent» (Darwin 1859, S. 206; hierzu auch Ospovat 1981). Die Bedeutung von Homologie änderte sich damit zur Bezeichnung desselben Organs in verschiedenen Tieren, die dasselbe von einem gemeinsamen Vorfahren ererbt haben. Damit ist deutlich, daß erst die Anwendung des *principe des connexions* es ermöglicht, aufgrund homologer Organe auf gemeinsame Vorfahrenschaft zu schließen. Als Charles Lyell (1797–1875) Darwins soeben erschienenes Buch On the Origin of Species las, stolperte er, auf Seite 480, über den Satz «daß die eminentesten Naturforscher eine Veränderlichkeit der Arten abgelehnt haben». Lyell schrieb Darwin am 3. Oktober 1859: «*You do not mean to ignore G. St. Hilaire & Lamarck*». Darwin änderte den Satz in späteren Ausgaben in «... die eminentesten lebenden Naturforscher» (Burkhardt & Smith 1991, S. 340, 342).

Darwins Theorie von Variation und Selektion lieferte die erste allein auf natürlichen Ursachen beruhende Erklärung für die Transformation von Arten, wie sie sich aus der *unité de composition* erschließen läßt. Die Einheit in der Vielfalt war damit auf eine neue Ebene gehoben worden.

Wolfgang Lefèvre

JEAN BAPTISTE LAMARCK
(1744–1829)

1. Einleitung

Der Name Jean Baptiste Lamarcks fällt gewöhnlich, wenn es um die Geschichte der modernen biologischen Evolutionstheorie geht. Er gilt als derjenige Biologe vor Charles Darwin, der dieser Theorie am nächsten gekommen sei, und zuweilen darüber hinaus auch als derjenige, bei dem – trotz auf der Hand liegender theoretischer Irrtümer wie etwa der Annahme der Vererbung erworbener Eigenschaften – sogar Theorieelemente zu finden seien, die Schwächen der etablierten Evolutionstheorie überwinden helfen könnten. Wie die folgende Skizze des Lebens und wissenschaftlichen Werks des historischen Lamarck hoffentlich zeigen wird, beruhen diese Wertschätzungen weitgehend auf Unkenntnis oder aber Fehlinterpretationen seiner biologischen Theorien. Es ist deswegen zunächst offen, ob ihm in Kenntnis seiner Theorien der Titel eines «Klassikers der Biologie» zugestanden würde. Auf der anderen Seite ist merkwürdigerweise die wissenschaftliche Leistung Lamarcks weitgehend aus dem Gedächtnis der Nachwelt verschwunden, um derentwillen er zweifellos ein «Klassiker» ist – seine Leistung als Begründer der modernen Zoologie der Wirbellosen.

2. Lebensweg

Die Hauptstationen des äußeren Lebensschicksals Lamarcks sind seit langem rekonstruiert. Trotz mancher Ergänzungen und Richtigstellungen, die die Forschung seither vornahm, ist Marcel Landrieus *Lamarck – le fondateur du transformisme: sa vie, son œuvre* von 1909, dem Gedenkjahr an Lamarcks *Philosophie zoologique* (1809), nach wie vor die grundlegende Biographie.

Jean Baptiste Lamarck – vollständig lautet sein Name Jean Baptiste Pierre Antoine De Monet, Chevalier de Lamarck – wurde am 1. August 1744 als elftes Kind der Eheleute Marie-Françoise de Fontaines de Chuignolles und Philippe Jacques de Monet de La Marck in Bazentin-le-Petit, einer kleinen Ortschaft in der Picardie, geboren. Die Familie gehörte zum niederen Adel der Picardie und war nur wenig begütert. So waren es vermutlich wie in ähnlich gelagerten Fällen zu jener Zeit in erster Linie ökonomische Erwägun-

Jean Baptiste Lamarck (1744–1829)

gen, die die Eltern bewogen, Jean Baptiste nicht wie seine Brüder und der Familientradition entsprechend Offizier werden zu lassen, sondern für ihn die Laufbahn eines Geistlichen zu bestimmen. Mit elf Jahren wurde er deswegen auf das Jesuiten-College in Amiens gesandt, das er offenbar nur unfreiwillig besuchte. Denn er verließ es unmittelbar nach dem Tod des Vaters 1759 und ging zur Armee. Er nahm noch am Siebenjährigen Krieg (1756–1763) teil und zeichnete sich in einem Gefecht bei Vellinghausen in Westfalen durch Tapferkeit aus. Danach war er in verschiedenen Forts sowohl an der Ostgrenze Frankreichs wie an der Mittelmeerküste stationiert. 1768 mußte er aus Gesundheitsgründen den Militärdienst quittieren. Er ging nach Paris, wo er zeitweise in einer Bank arbeitete und von 1770 bis 1774 Medizin studierte, ohne ein Examen abzulegen. Zu dieser Zeit kam er in Berührung mit den damals bedeutendsten Gelehrten Frankreichs auf dem Gebiet der Botanik, namentlich dem älteren Bernard de Jussieu (1699–1776) und dem jüngeren Antoine-Laurent de Jussieu (1748–1836), wie der Zoologie und hier insbesondere mit Georges-Louis Leclerc Buffon (1707–1788), der für Lamarcks weiteren Lebensweg wie auch seine wissenschaftliche Orientierung von entscheidender Bedeutung war.

Lamarck begegnete diesen bedeutenden Naturalisten keineswegs als ein blutiger Laie. Im Gegenteil konnte er bereits damals als Spezialist für die Pflanzenwelt Frankreichs gelten, ein Expertentum, das er sich an den verschiedenen Orten Frankreichs erworben hatte, an denen er während seiner Militärlaufbahn stationiert gewesen war. Er verfaßte in den 1770er Jahren eine *Flore françoise*, die durch Vermittlung Buffons 1779 als ein dreibändiges Werk auf Staatskosten erschien. Mit diesem Buch, das noch mehrere Auflagen erlebte, machte sich Lamarck einen Namen als Naturalist. Wiederum durch die Vermittlung Buffons wurde er noch im gleichen Jahr als Mitglied der Pariser *Académie des Sciences*, und zwar als Mitglied der Botanischen Klasse, berufen. Damit war freilich bis 1790, als er zum «Pensionnaire» der Akademie ernannt wurde, kein Einkommen verbunden, ebensowenig wie mit der Position eines «Correspondant» am *Jardin des Plantes*, die ihm Buffon 1781 verschaffte. So war in den 1780er Jahren seine Mitarbeit an der *Encyclopédie méthodique: botanique* (1782–1823), einem achtbändigen Werk, von dem er die ersten drei Bände (I 1783–85, II 1785–86, III 1789–1792) allein verfaßte, wie an dem Parallelunternehmen, dem sechsbändigen *Tableau encyclopédique et méthodique des trois règnes de la Nature: botanique* (1791–1823), zugleich seine Erwerbsquelle. 1788 wurde er «Botaniste du roi avec le soin et la garde des herbiers», hinter welchem Titel sich die sehr bescheiden bezahlte Stellung eines Kustos des Herbariums am *Jardin des Plantes* verbarg.

Die große Französische Revolution, die im Juli 1789 begann, führte auch zu einer grundlegenden Neuorganisation der wissenschaftlichen Institutionen Frankreichs. Im Zusammenhang mit Lamarck verdient dabei der Beschluß der Nationalversammlung vom Juni 1793 unser besonderes Interesse, das ehemalige königliche Naturalienkabinett zusammen mit dem ehemals königlichen *Jardin des Plantes* und der ehemals königlichen Menagerie zu einem Naturhistorischen Museum zusammenzufassen. Das so gegründete *Muséum National d'Histoire Naturelle*, zu dessen ersten Direktor Louis Jean Marie Daubenton (1716–1800), der damals führende Vergleichende Anatom und langjährige Gefährte Buffons, berufen wurde, war in erster Linie ein naturhistorisches Forschungsinstitut und wurde zunächst mit neun Professuren ausgestattet. Bei der Besetzung der zwei Professuren, die bei der Gründung für die Zoologie zur Verfügung standen, berief der gerade auf diesem Gebiet unvergleichlich kompetente Daubenton zwei Naturalisten, die sich bis dahin einen Namen auf anderen Gebieten gemacht hatten: den damals 21 Jahre alten Mineralogen Étienne Geoffroy de Saint-Hilaire (1772–1844) für die ersten vier Linnéschen Tierklassen (Vierbeiner, Vögel, Reptilien, Fische) und für die Klassen Insekten und Würmer eben unseren auf dem Gebiet der Botanik ausgewiesenen Lamarck. Zweifellos stellten diese Berufungen auch eine Verlegenheitswahl dar – so waren z. B. die drei Professuren für Botanik bereits vergeben. Die Wahl Lamarcks beruhte jedoch nicht einfach nur auf dem Vertrauen, das seinen allgemeinen Fähigkeiten als Naturbeschreiber und Klassifikator entgegengebracht wurde, sondern wohl auch auf der Tatsache, daß er als ein herausragender Sammler und Klassifizierer von Muscheln galt. Jedenfalls haben die exzellenten Leistungen sowohl Geoffroy de Saint-Hilaires wie Lamarcks auf dem Gebiet der Zoologie die Entscheidung Daubentons, wie wir heute wissen, glänzend gerechtfertigt. Und ohne diese Entscheidung hätte Lamarck zweifellos nicht die Arbeit in Angriff genommen, auf der – von heute aus gesehen – sein wertvollster und bleibender Beitrag zur modernen Biologie beruht, nämlich die Arbeit, die ihn zum Begründer der Zoologie der Wirbellosen machte.

Mit 49 Jahren also hatte Lamarck endlich eine Position erhalten, die ihm beste Bedingungen für seine Arbeit bot, zum einen finanziell, obwohl Lamarck, damals bereits Vater von sechs Kindern, wohl nie wirklich frei von wirtschaftlichen Sorgen war, zum anderen aber und vor allem wissenschaftlich. Für seine beschreibenden, vergleichenden und klassifizierenden Studien der Wirbellosen hätte er kaum anderswo so ausgezeichnete zoologische Sammlungen finden können wie am Pariser *Muséum*, wobei diese Bestände während der Revolutionskriege durch Konfiskationen von Naturalienkabinetten – namentlich in Holland – noch erheblich erweitert wurden. Hinzu kam der ständige Austausch mit den Kollegen am *Muséum*, die zweifellos damals die europäische Elite auf naturhistorischem Gebiet darstellten – auf dem Gebiet der Botanik z. B. arbeiteten damals am *Muséum* der schon erwähnte jüngere Jussieu, André Thouin (1747–1823) sowie René Louiche Desfontaines (1752–1833), und auf dem Gebiet der Zoologie wurden wenig später Georges Cuvier (1769–1832) für Vergleichende Anatomie und Pierre André Latreille (1762–1833) für Entomologie berufen. Darüber hinaus nahm Lamarck, solange es seine Gesundheit erlaubte, aktiv am wissenschaftlichen Leben der Akademie teil, die 1793 zwar geschlossen, zwei Jahre später aber im Rahmen des neu gegründeten *Institut national des sciences et des arts* wiedereröffnet wurde und deren Botanischer Klasse Lamarck bis zu seinem Lebensende angehörte. In diesem Zusammenhang verdient schließlich die *Société d'histoire naturelle de Paris* besondere Erwähnung, die 1790 aus der *Société Linnéenne* hervorging, die ihrerseits 1787 als Antwort auf die Londoner *Linnean Society* gegründet worden war. Diese Gesellschaft, in der Lamarck von Anfang an sehr aktiv war, vereinte praktisch alle namhaften Pariser Wissenschaftler auf den

Gebieten der Botanik, Chemie, Mineralogie, Vergleichenden Anatomie und Zoologie.

Lamarcks Aufgabe als Professor am *Muséum* war zum einen die Organisation und Ordnung der Sammelbestände auf dem Gebiet der ihm zugeordneten Tierklassen. Zum anderen hatte er zoologische Vorlesungen zu halten und begann damit bereits 1794. Darüber hinaus erwartete die Pariser Wissenschaftlerwelt von ihm Veröffentlichungen, die seinen botanischen vergleichbar wären, und zwar erwartete man speziell von ihm ein Werk über Muscheln, das er 1798 als bald fertig ankündigte, das aber nie erschien. Statt dessen veröffentlichte Lamarck 1801 das *Système des animaux sans vertèbres*, sein erstes bedeutendes Werk auf dem neuen Forschungsgebiet. «Animaux sans vertèbres», «wirbellose Tiere» – die bis zum heutigen Tag gebrauchte Großgliederung der Tierklassen in solche der «Wirbeltiere» und die der «Wirbellosen» stammt von Lamarck und geht auf dieses Werk zurück, mit dem sich Lamarck als allgemein anerkannte Autorität auf diesem Gebiet der Zoologie etablierte. Es dauerte dann noch einmal fast fünfzehn Jahre bis zur Veröffentlichung seiner *Histoire naturelle des animaux sans vertèbres*, die in sieben Bänden von 1815 bis 1822 erschien und als das Werk anzusehen ist, von dem die moderne Zoologie der Wirbellosen ihren Ausgang nahm.

Sieht man auf Lamarcks Veröffentlichungen, so ist man erstaunt, mit wie vielen und auf den ersten Blick nicht zusammenhängenden Themen er sich neben seiner zoologischen Berufsaufgabe seit dem Antritt der Professur 1793 beschäftigt hat. Um dies nur an den Buchveröffentlichungen, die jeweils von kleineren Arbeiten zum gleichen Gegenstand begleitet waren, zu verdeutlichen: 1794 erschien ein zweibändiges Werk, die *Recherches sur les causes des principaux faits physiques*, das allerdings auf ein Manuskript aus den 1770er Jahren zurückging und bei dem es sich um nichts Geringeres als um den Versuch einer neuen Grundlegung von Physik und Chemie handelte. 1796 erschien die *Refutation de la théorie pneumatique ou de la nouvelle doctrine des chimistes modernes*, in der er sich mit der auf Lavoisier zurückgehenden Oxydationschemie anlegte. 1797 erschien ein weiteres Buch zur Chemie, die *Mémoires de physique et d'histoire naturelle*. Beginnend mit dem Jahr 1800 und endend 1810, gab Lamarck alljährlich *Annuaires météorologiques* heraus, also Jahrbücher für Meteorologie. 1802 folgte seine *Hydrogéologie*, eine geologische Theorie über die Bildung der jetzigen Gestalt der Erde und die dabei beteiligten Faktoren. Noch im gleichen Jahr brachte er die *Recherches sur l'organisation des corps vivans* heraus, in der er die physikalisch-chemische Theorie der Lebensvorgänge zusammenfassend darstellte, zu der er um 1800 herum gelangt war. 1803 erschien sein letztes botanisches Werk, die zweibändige *Introduction à la bo-*

tanique, die Mirbels fünfzehnbändige *Histoire naturelle des végétaux* eröffnete. 1809 schließlich erschien die *Philosophie zoologique*, in der er seine Transformationstheorie umfassend darlegte. Auf die Frage des Zusammenhangs zwischen diesen Schriften werden wir noch zurückkommen. Hier, wo es zunächst nur um eine grobe Skizze der Biographie Lamarcks geht, müssen noch zwei Tatsachen festgehalten werden. Zum einen, daß seine Arbeiten zur Physik, Chemie, Geologie, Meteorologie bis hin zur Physiologie nicht das Resultat von Mußestunden eines vielseitig interessierten Naturwissenschaftlers waren. Dagegen spricht schon ihr Umfang. Eher könnte man auf die Idee kommen, daß es sich hier um die Arbeiten handelt, die ihm am meisten am Herzen lagen, während er die zur Zoologie der Wirbellosen eher aus Pflichtbewußtsein unternahm. Zweitens ist festzuhalten, daß Lamarck, der auf dem Gebiet der Botanik wie auch spätestens von 1801 an auf dem der Zoologie der Wirbellosen ein hochangesehener Naturwissenschaftler seiner Zeit war, mit seinen Schriften auf den anderen Gebieten bei seinen Zeitgenossen keinerlei Anklang fand. Dies hat viel dazu beigetragen, daß er sich zunehmend mißverstanden und ausgegrenzt fühlte, Verschwörungstheorien, insbesondere gegenüber Cuvier, nachhing und in seinem Alter verbitterte. Er starb am 28. Dezember 1829 in Paris.

3. Werk

3.1 Botanik und Zoologie – der Systematiker Lamarck

Die Ausgangsbedingungen, die Lamarck als junger Mann auf dem Gebiet der Botanik vorgefunden hatte, und die, mit denen er später auf dem Gebiet der Zoologie der Wirbellosen konfrontiert wurde, waren grundverschieden. Während das letztere Gebiet so gut wie unbearbeitet war und allererst einer Grundlegung bedurfte, hatte sich die Botanik im 18. Jahrhundert durch die Leistungen von Pioniergestalten wie Joseph Pitton de Tournefort (1656–1708), Carl von Linné (1707–1778), Michel Adanson (1727–1806) oder des erwähnten älteren Jussieu zu einem wohletablierten Fach entwickelt. Entsprechend unterschiedlich waren die Aufgaben, die er auf den beiden Feldern zu lösen hatte. Gleichwohl können wir seine Arbeiten auf diesen Gebieten unter einem gemeinsamen Gesichtspunkt behandeln: In beiden Fällen arbeitete Lamarck als Systematiker, und die wesentlichen Probleme, die sich ihm dabei stellten, sind durchaus vergleichbar. Lamarck selbst betonte oft die Wichtigkeit von Klassifikationsprinzipien der Botanik für die Zoologie und auch umgekehrt, daß die Richtigkeit von Prinzipien, die in der Botanik mehr zu vermuten als wirklich demonstrierbar seien, durch die Zoologie ihre Bestätigung erführen.

Lamarck unterschied in der Systematik zwischen «classification» (Einteilung oder Zuordnung) einerseits und «distribution» (Anordnung) andererseits. Bei der «Classification» geht es einmal um die Identifikation und Unterscheidung von Taxa auf den verschiedenen taxonomischen Rängen – also von Arten, von Gattungen, von Familien, von Ordnungen oder von Klassen; zum anderen aber um die Zuordnung eines Taxons zu einem jeweils höherrangigen – also einer Art zu einer Gattung, einer Gattung zu einer Familie etc. Bei der «Distribution» dagegen ging es um das Verhältnis der verschiedenen (gleichrangigen) Taxa zueinander, um ihre «Verwandtschaft» (*affinité*), wie man damals sagte.

Bei den Wirbellosen beanspruchte natürlich zunächst die «Classification» den Hauptteil der Arbeit. Lamarck konnte sich so wenig auf brauchbare Vorarbeiten stützen, daß er ein Klassifikationssystem hier praktisch erst schaffen mußte. Auf der anderen Seite beherbergte das Muséum eine enorme Sammlung an Material, das der Klassifikation harrte, und diese Sammlung wuchs weiterhin ständig an. So führte z. B. allein die Südsee-Expedition des Kapitän Baudin in den Jahren 1800–1804 der zoologischen Sammlung des *Muséums* mehr als 18 000 neue Exemplare zu, die nahezu 4000 Arten repräsentierten, von denen etwa 2500 bis dahin unbekannt gewesen waren (Burkhardt 1995, S. 119 f.). Und der Löwenanteil dieser neuen Arten fiel natürlich ins Reich der Wirbellosen. Lamarck hatte hier Herkulesarbeit zu leisten. Es war in dieser Situation eine große Erleichterung, als Latreille für die Insekten berufen wurde.

Um von der klassifikatorischen Leistung Lamarcks im Reich der Wirbellosen wenigstens eine gewisse Vorstellung zu vermitteln: Linné hatte in diesem Reich zwei Klassen unterschieden – die der Insekten und die der Würmer, wobei letztere eine Art Restklasse war. Lamarck begann 1795 mit einer Unterteilung in sechs Klassen, die anscheinend auf Cuvier zurückgeht (Burkhardt 1995, S. 120): Mollusken (Weichtiere), Crustaceen (Krebse), Insekten, Würmer, Echinodermata (Stachelhäuter) und Zoophyten. Nicht einmal fünfzehn Jahre später, in der *Philosophie zoologique* von 1809, unterteilte er in zehn Klassen: I. Mollusken mit 2 Ordnungen zu 82 bzw. 142 untergeordneten Taxa, II. Cirripedien (Rankenfüßer) mit 4 untergeordneten Taxa, III. Anneliden (Ringelwürmer) mit 2 Ordnungen zu 8 bzw. 11 untergeordneten Taxa, IV. Crustaceen mit 2 Ordnungen zu 16 bzw. 30 untergeordneten Taxa, V. Arachniden (Spinnen) mit 2 Ordnungen zu 16 bzw. 7 untergeordneten Taxa, VI. Insekten mit 8 Ordnungen zu 1, 18, 20, 15, 27, 17, 10 und 97 untergeordneten Taxa, VII. Würmer mit 3 Ordnungen zu 13, 2 und 4 untergeordneten Taxa, VIII. Radiata (Strahltiere) mit 2 Ordnungen zu jeweils 11 untergeordneten Taxa, IX. Polypen mit 4 Ordnungen zu 3, 37, 5 und 5 untergeordneten Taxa und schließlich X. Infusorien mit 2 Ordnungen zu 6 bzw. 3 untergeordneten Taxa. (Lamarck 1809 I, Kapitel 8) Damit war der Grundriß gelegt, den Lamarck in seiner *Histoire naturelle des animaux sans vertèbres* ausführte und der für ein halbes Jahrhundert die Grundlage für die Zoologie der Wirbellosen bleiben sollte.

Diese Leistung ist natürlich nur zu verstehen, wenn man die parallelen Anstrengungen anderer Naturforscher der Zeit berücksichtigt, auf die sich Lamarck stützen konnte, wobei vor allem Jean-Guillaume Bruguière (1750–1799) und Guillaume-Antoine Olivier (1756–1814) zu erwähnen sind, mit denen Lamarck befreundet war. Wenn auf dem Gebiet der Wirbellosen damals in wenigen Jahren vollbracht wurde, was im 17. oder 18. Jahrhundert auf vergleichbar komplizierten Gebieten die Anstrengungen von Generationen erfordert hatte, so ist weiterhin und vor allem in Rechnung zu stellen, daß diese Leistung nicht denkbar wäre ohne die Fortschritte, die zur gleichen Zeit auf dem Gebiet der zoologischen Morphologie von Cuvier am Muséum gemacht wurden. In seiner ersten Abhandlung (1792) zur Klassifikation der Muscheln, die später die 1. Ordnung der Mollusken, also Weichtiere, bilden sollten, stützte sich Lamarck allein auf die Muschelgehäuse, während er den Muschelorganismus selbst, der in den Naturalienkabinetten natürlich auch gar nicht vorhanden war, unberücksichtigt ließ. Erst nach Abschluß dieser Arbeit erfuhr er von den morphologischen Studien, die Cuvier vor seiner Pariser Zeit, als er im Dienst einer Adelsfamilie an der Küste der Normandie lebte, an Muschelorganismen unternommen hatte (Corsi 1988, S. 62 ff.). Allen späteren Arbeiten Lamarcks über Wirbellose lagen dagegen die jeweiligen Erkenntnisse der vergleichenden Anatomie zugrunde. Lamarck selbst hat in seiner *Philosophie zoologique*, also zu einer Zeit noch, da sein Verhältnis zu Cuvier bereits sehr gespannt war, diese Bedeutung der Cuvierschen Morphologie für seine zoologische Arbeit anerkannt (vgl. Lamarck 1809 I, S. 122 ff., 1809d I, S. 123 ff.).

Bei seinen systematischen Arbeiten in den 1770er und 1780er Jahren auf dem Gebiet der Botanik hatte Lamarck keine vergleichbaren Pionieraufgaben der Klassifikation zu lösen. Bei allen Kontroversen der Zeit um das am besten geeignete Klassifikationssystem war doch der Grundriß der Klassifikation zumindest für die europäischen Pflanzen längst erarbeitet. Hier konnte es im Prinzip nur noch um Ergänzungen, Korrekturen oder Revisionen in Einzelheiten gehen bzw. um die Einfügung bisher unbekannter oder unberücksichtigter Arten oder Gattungen. Die vielen Artikel, die Lamarck in den

1780er und frühen 1790er Jahren auf botanischem Gebiet veröffentlichte, dienten genau diesen Zwecken. Und auch die Bedeutung der *Flore françoise* Lamarcks lag nicht etwa darin, daß sie für die französische Pflanzenwelt allererst ein Klassifikationssystem entwickelt hätte. Bedeutend war sie vielmehr deswegen, weil sie eine der ersten systematischen Bestandsaufnahmen von Regionalfloren darstellte, und zwar eine Bestandsaufnahme innerhalb eines vorhandenen klassifikatorischen Rahmens. Gerade auch der von Lamarck in diesem Werk vorgeschlagene diagnostische «Schlüssel», d. h. ein System von dichotomischen Unterscheidungen, das die Bestimmung einer Pflanze besonders leicht und sicher machen sollte, würde gar keinen Sinn machen, wenn er nicht ein Klassifikationssystem voraussetzen könnte. Das analytische Verfahren dieses «Schlüssels» (vgl. Stevens 1994, S. 22) führte nicht selbst zu einem System und konkurrierte mit vorhandenen Systemen lediglich hinsichtlich der diesen impliziten analytischen Struktur. Das war insbesondere hinsichtlich des Linnéschen Systems der Fall, weswegen sich Lamarck damit auch die Protektion Buffons erwarb, der aus verschiedenen Gründen in Opposition zu dem großen Schweden stand (Burkhardt 1995, S. 24).

Was in Lamarcks Augen auf dem Feld der botanischen Systematik nicht weniger als auf dem der zoologischen tatsächlich noch einer Grundlegung bedurfte, war nicht die «Classification», sondern die «Distribution», also die Anordnung der Taxa nach ihrer «Affinité», nach ihrer «natürlichen Verwandtschaft».

»Verwandtschaft» zwischen Taxa bedeutete damals selbstverständlich so wenig einen genealogischen Verwandtschaftsgrad unter ihnen, wie unter ihrer «natürlichen» Anordnung etwa eine Anordnung nach phylogenetischen Zusammenhängen verstanden wurde. Das Ideal eines «natürlichen Systems», um das damals gestritten wurde, war vielmehr zum einen Ausdruck der dem ganzen 18. Jahrhundert geläufigen Einsicht, daß alle bis dahin aufgestellten Klassifikationssysteme zumindest hinsichtlich der höheren taxonomischen Ränge – also oberhalb des Rangs Gattung – «künstlich» waren, d. h., daß sie allein unter diagnostischen Gesichtspunkten Sinn machten – also in ihrer Zweckmäßigkeit für unsere Klassifikationsbedürfnisse –, nicht jedoch als Widerspiegelungen der Verhältnisse zwischen den Taxa, die von Natur aus unter ihnen bestehen. Positiv lagen zum anderen dem Ideal eines «natürlichen Systems» damals im allgemeinen zwei naturphilosophische Grundüberzeugungen zugrunde. Die eine ist unter dem Namen «Kette der Wesen» bekannt und besagte in ihrem Kern, daß die natürlichen Dinge eine kontinuierliche Abfolge bilden sollten, d. h., daß es Aufgabe eines «natürlichen Systems» ist, alle Naturdinge des Mineral-, Pflanzen- und Tierreichs nach graduellen Ähnlichkeitsabstufungen anzuordnen.

Die andere, als «Stufenleiter» bekannte aber, daß diese kontinuierliche Anordnung zugleich als eine Anordnung nach Graden der Vollkommenheit zu verstehen ist. Im Zusammenhang der Klassifikationssysteme akzentuierte die Kontinuitätsvorstellung das Problem, inwiefern die scharfen Unterscheidungen unter den Taxa, auf die zu diagnostischen Zwecken aller Wert zu legen war, die Naturreiche nicht diskreter darstellen, als sie in Wirklichkeit sind. Das konnte so weit gehen, daß überhaupt jede Klassifikation mit dem Argument als «künstlich» kritisiert wurde, daß es in der Natur nur eine kontinuierliche Abstufung unter Individuen gebe, während alle Kollektive, also auch die Arten bzw. die Arten mit ihren Varietäten als unterste taxonomische Einheiten, Artefakte der Klassifikation seien, die die wirkliche Kontinuität unter den Naturwesen zerstückeln. In dieser Extremform, wie sie in der zweiten Hälfte des 18. Jahrhunderts z. B. Charles Bonnet (1720–1793) vertrat, lief die naturphilosophische Idee der «Kette der Wesen» darauf hinaus, daß ein «natürliches» Klassifikationssystem ein Widerspruch in sich selbst ist. Anders als die Metapher «Kette der Wesen» nahelegt, mußte diese Kontinuitätsvorstellung aber keineswegs zwingend zu einer linearen Anordnung der Naturdinge führen, sondern wurde auch – z. B. von Linné – durch «Landkarten»-Anordnungen realisiert, d. h. so, daß die Anschlüsse nach Ähnlichkeit in verschiedene Richtungen verfolgt wurden. Demgegenüber macht die «Stufenleiter»-Idee der Abstufung nach Vollkommenheitsgraden eine lineare Anordnung zwingend. Ganz abgesehen von den unlösbaren Schwierigkeiten, nach welchen Kriterien denn der jeweilige Grad der Vollkommenheit bestimmt werden soll, liegt es von heute aus auf der Hand, daß das Prinzip einer linearen Anordnung selbst dann, wenn es gemäßigt jeweils nur innerhalb eines der drei Naturreiche gelten soll, notwendig zu einem System führt, das mit dem Stammbaumsystem, das wir nach Darwin als das «natürliche» begreifen, unvereinbar ist.

Wie bereits zuvor einige Passagen in der *Flore françoise* (vgl. z. B. «Problème I» im *Discours préliminaire*, Lamarck 1779 I, S. xciii), so zeigt der programmatische Artikel «Botanique» im ersten Band der *Encyclopédie méthodique: botanique* von 1783, daß es Lamarck von Anfang an bei den «rapports naturels» unter den Naturwesen, hier den Pflanzen, um ein «natürliches System» genau im Sinne dieser beiden naturphilosophischen Prinzipien seiner Zeit ging. Was das Kontinuitätsprinzip angeht, so lehnte er allerdings die Idee einer durch alle drei Naturreiche sich fortsetzenden graduellen Abfolge der Naturwesen strikt ab, folgte ihm aber jeweils innerhalb der drei Reiche. Natürlich war er als praktischer Systematiker nicht so radikal wie Bonnet, sah aber – seinem Mentor Buffon folgend – in der

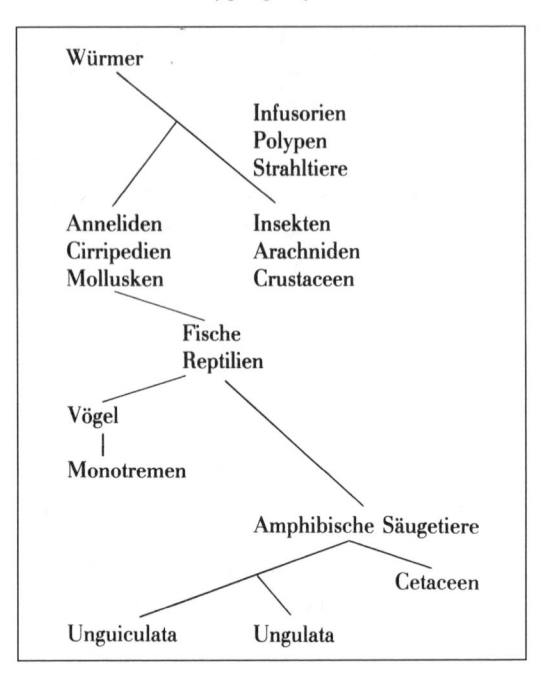

```
Würmer
    \
     \      Infusorien
      \     Polypen
       \   Strahltiere
        \ /
Anneliden      Insekten
Cirripedien    Arachniden
Mollusken      Crustaceen
         \    /
          Fische
          Reptilien
         /
      Vögel
        |
      Monotremen

              Amphibische Säugetiere
                        \
                         \   Cetaceen
                          \ /
Unguiculata   Ungulata
```

*Lamarcks Anordnung der Tierklassen in den
Zusätzen zur Philosophie zoologique*

Zerstörung natürlicher Kontinuitäten die bedenklichste Schwäche des Sexualsystems Linnés. (Ob er und Buffon dabei dem Systematiker Linné gerecht wurden, ist hier nicht zu untersuchen.) Und was die «Stufenleiter»-Idee angeht, so gab es für Lamarck keinen Zweifel, daß eine «natürliche Distribution» die (gleichrangigen) Taxa gemäß ihrem Vollkommenheitsgrad anzuordnen hatte, und d.h. linear.

Natürlich entging es einem so guten Systematiker wie Lamarck nicht, daß eine solche Anordnung nicht gelingen will, ohne an bestimmten Stellen grob willkürliche Übergänge zu machen. Als er 1785 im Artikel «Classes» im zweiten Band der *Encyclopédie méthodique: botanique* eine sechs Klassen umfassende lineare Anordnung gemäß Vollkommenheit vorschlug, hatte er auf dem Gebiet der Botanik bereits die Hoffnung verloren, daß sich dieses Anordnungsprinzip auf den darunter liegenden taxonomischen Rängen überzeugend im Material durchführen lasse (vgl. Burkhardt 1995, S. 57f.). Neue Hoffnung faßte er, als er sich in das Gebiet der Wirbellosen einarbeitete. Aber selbst wenn er auch hier später Abstriche sogar hinsichtlich der Anordnung auf der Ebene der Klassen zu machen hatte (vgl. z.B. das berühmte Anordnungsschema der Tierklassen in den Zusätzen zum 1. Teil der *Philosophie zoologique* – Abb. auf S. 186), hat er niemals den leisesten Zweifel an dem Prinzip gehabt, daß eine «natürliche» Anordnung der Klassen eine nach dem Grad der Vollkommenheit sein müsse. Dies ist um so bemerkenswerter, als damals gerade am Pariser *Muséum*, insbesondere durch die Arbeiten Cuviers, das «Stufenleiter»-Prinzip (und übrigens genauso das Kontinuitätsprinzip) in Frage gestellt und nachhaltig erschüttert wurde. Daß dies Lamarck nicht beeindruckte, hatte damit zu tun, daß dieses Prinzip Ende der 1790er Jahre einen der Ausgangspunkte seiner Transformationstheorie bildete, wie umgekehrt diese Theorie, nachdem sie einmal entwickelt war, jenes Prinzip zur Konsequenz hatte. Ehe wir uns dem zuwenden können, muß eine Seite des Lamarckschen Werks vorgestellt werden, die einen – von Spezialisten abgesehen – weitgehend unbekannten Lamarck zeigt.

3.2 «Physique terrestre» – der Globaltheoretiker Lamarck

Wie bereits oben in der biographischen Skizze angeführt, veröffentlichte Lamarck zwischen 1793, als er am *Muséum* die Professur für die Zoologie der Wirbellosen antrat, und 1809, dem Erscheinungsjahr der *Philosophie zoologique*, nur einige wenige kleine Arbeiten zur botanischen oder zoologischen Systematik. Dagegen publizierte er in dieser Zeit zum Teil mehrbändige Werke auf so unterschiedlichen Gebieten wie Physik, Chemie, Geologie, Meteorologie oder Physiologie. Daß zwischen diesen verwirrend heterogenen Schriften ein Zusammenhang besteht, ja daß sie Teile eines großen einheitlichen Projekts darstellen, hat m.W. zuerst Arnold Lang gesehen, der Übersetzer der ersten deutschen Ausgabe der *Philosophie zoologique*, die 1876 erschien: «Obschon nun alle meteorologischen, chemischen und physikalischen Theorien Lamarcks keinen Wert für die exakte Wissenschaft haben, da sie nicht auf dem Experiment fußen, so sind sie doch höchst charakteristisch für sein Streben, im Wechsel der Erscheinungen das Gesetzmäßige aufzufinden. Noch bis zu Anfang dieses [19.] Jahrhunderts beschäftigte er sich mit den genannten Zweigen der Naturwissenschaft. Er wollte seine sämtlichen Beobachtungen und Theorien in einem einzigen Werk zusammenfassen. Dieses Werk sollte den Titel *Physique terrestre* führen und in drei Teile zerfallen. Im ersten Teil, der *Hydrogéologie*, wollte er die Entstehung der gegenwärtigen äußeren Erdkruste erklären; im zweiten, der *Météorologie*, die Atmosphäre und ihre Veränderungen behandeln, und im dritten, der *Biologie*, seine allgemeinen Betrachtungen und Theorien über die Organismen niederlegen. Dieses Vorhaben hat Lamarck indessen nicht vollständig ausgeführt. Die *Météorologie* blieb ungeschrieben; mehrere kleine Schriften über diese Wissenschaft hat er um die Wende des Jahrhunderts herausgegeben. Ebenso hat er auch die *Biologie* nicht geschrieben, hat aber in seinem kleinen Werke *Recherches sur l'organisation des corps vivants* die Ansichten, die er in derselben ausführlich darlegen wollte, kurz zusammengefaßt. Wir können indessen die *Philosophie zoologique* für seine *Biologie* halten, da sich die darin niedergelegten Betrachtungen nicht bloß auf Tiere, sondern zum großen Teile auch auf die Pflanzen erstrecken. Von allen drei Teilen erschien in der ursprünglich beabsichtigten Form nur die *Hydrogéologie* (...)» (zitiert nach Tschulok 1937, S. 36f.).

Was die große Dimension dieses Projektes angeht, nämlich die Idee, die Gegenstände und Prozesse der – mit heutigen Worten – Lithosphäre, Biosphäre und Atmosphäre in ihrem Zusammenhang darzustellen, so war Lamarcks Plan wahrscheinlich durch das Vorbild seines großen Mentors Buffon inspiriert, der ja ebenfalls versucht hatte, geologische und physiologische Vorgänge in einer einheitlichen Theorie zu fassen. Man kann also verstehen, daß seine Zeitgenossen sein Projekt als «System à la Buffon» verstanden und, soweit sie mit solchen Systemen nichts mehr zu tun haben wollten, es bereits mit dieser Charakterisierung abtaten. In fast allen Einzelheiten jedoch wird man Lamarck zugestehen müssen, daß er durchaus eigene Wege ging, ja zuweilen eigenwillige.

Das betrifft insbesondere seine Darlegungen zur Physik und Chemie, die sich zwar prinzipiell im Rahmen der damals in Physik sowohl als auch Chemie weitverbreiteten Imponderabilien-Theorien bewegen, gleichwohl den Eindruck von Privattheorien erwecken, wobei freilich prinzipiell zu beachten ist, daß, anders als später im 19. Jahrhundert nach Herausbildung disziplinärer Zusammenhänge im modernen Sinn, im 18. Jahrhundert die Koexistenz individueller Theorievarianten selbst auf relativ etablierten Feldern wie z.B. der Mechanik etwas ganz Gewöhnliches war. Wichtiger als dies scheint mir jedoch folgendes zu sein. Selbst in Werken mit erklärtermaßen Grundlegungsansprüchen wie den bereits 1776–80 verfaßten, aber erst 1794 veröffentlichten *Recherches sur les causes des principaux faits physiques* oder der *Réfutation de la théorie pneumatique ou de la nouvelle doctrine des chimistes modernes* von 1796 ging es Lamarck nicht um eine Grundlegung von Physik oder Chemie schlechthin, sondern um grundlegende physikalische bzw. chemische Prozesse einer «Physique terrestre», d.h. grundlegender Vorgänge der Lithosphäre, Biosphäre und Atmosphäre. In dieser Hinsicht waren aber alle damaligen Theorien, auch die, die wir heute zur Vorgeschichte unserer modernen Theorien rechnen, ganz unzulänglich.

Im Rahmen dieses Artikels ist es nicht möglich, auf die Inhalte der «Physique terrestre» Lamarcks näher einzugehen. Für das Verständnis seiner biologischen Theorien ist es vor allem wichtig hervorzuheben, daß Lamarck lange Zeit nicht sah, wie gerade das, was für ihn an «Systemen à la Buffon» so faszinierend war, realisiert werden könnte, nämlich eine die Prozesse der lebendigen wie der leblosen Natur einheitlich erklärende Theorie. Konnte in der Mitte des 18. Jahrhunderts Buffon noch Entstehung wie Entwicklung von Organismen mit mechanischen Modellen der Zusammenfügung vorausgesetzter «organischer Moleküle» unter bestimmten globalen physikalischen Parametern erklären, ohne allzu großen Anstoß unter den Naturwissenschaftlern zu erregen, so wurde das in der zweiten Hälfte des Jahrhunderts zunehmend undenkbar.

In diesem Zusammenhang verdient ein charakteristischer Zug der chemischen Theorie Lamarcks Aufmerksamkeit, einer Theorie, die er im wesentlichen in der zweiten Hälfte der 1770er Jahre, d.h. ohne Kenntnis der damals gerade beginnenden Lavoisierschen «Revolution», zwar unter Anlehnung an das Lehrgebäude des damals einflußreichen Hilaire Marin Rouelle (1718–1778), aber durchaus in einer idiosynkratischen Weise entwickelte (vgl. Burlingame 1981). Nach dieser Theorie haben alle chemischen Verbindungen die natürliche Tendenz zur Dekomposition und zerlegen sich auch tatsächlich unter normalen Bedingungen, wie sie auf der Erde herrschen. Aber wo kommen dann die zerfallenden Verbindungen ursprünglich her? Verbindungen bilden sich nach dieser Theorie nur in Organismen, und zwar unter der Wirkung eines den Organismen eigenen und bislang unerklärlichen vitalen Prinzips. Alle Verbindungen, die wir auf unserer Erde außerhalb von Organismen antreffen, wurden also ursprünglich von Organismen als eine ihrer Substanzen synthetisiert und befinden sich jetzt auf irgendeiner Stufe ihrer schrittweisen Dekomposition.

So merkwürdig diese Auffassung – auch im Kontext der Chemie vor Lavoisier – als chemische Theorie anmutet, so verständlich, wenn auch extrem, erscheint sie im Kontext des damaligen Vitalismus, d.h. im Rahmen physiologischer Theorien, die dezidiert bestritten, daß die spezifischen Lebensprozesse mit den Theorieangeboten der Mechanik erklärt werden können, und ein in den Organismen wirksames Lebensprinzip postulierten, das für diese Prozesse verantwortlich sei. Lamarcks Auffassungen vor der zweiten Hälfte der 1790er Jahre waren vitalistisch, auch wenn er, dem Vorbild Buffons verpflichtet, all die Zeit nach einer einheitlichen «Physique terrestre» suchte, freilich nach einer, die nicht reduktionistisch wäre, sondern der Spezifik des Lebendigen Rechnung trüge. Die scharfe Trennlinie, die er auf diese Weise zwischen lebendiger und unbelebter Natur zog und die seiner oben angesprochenen Ablehnung einer alle drei Naturreiche verknüpfenden «Kette der Wesen» zugrunde lag, trug maßgeblich zur Herausbildung der heute geläufigen Unterscheidung zwischen «organisch» und «anorganisch» bei und bildet auch den Hintergrund der Tatsache, daß Lamarck zu denen gehörte, die an der Wende des 18. zum 19. Jahrhundert den Neologismus «Biologie» einführten.

Eine spezielle Konsequenz seiner chemischen Theorie im Hinblick auf die gesuchte «Physique terrestre» bestand aber darin, daß alles Leben bereits vorhandenes Leben voraussetzte. Die spezifischen organischen Substanzen, aus denen ein Lebewesen besteht, sind ja chemische Verbindungen, die nach Lamarcks Theorie nur ein Organismus dank seines eigentümlichen vitalen Prinzips synthetisieren konnte. Lamarcks chemische Theorie machte also die Urzeugung von Organismen undenkbar und damit das zentrale Verbindungsglied zwischen belebter und toter Natur, das Buffons übergreifende Theorie ermöglicht hatte. Und es war genau die – erstmals im *Système des animaux sans vertèbres* (1801) ausgesprochene – Annahme, daß die primitivsten Organismen in den beiden organischen Naturreichen «direkt» von der Natur hervorgebracht seien, die den Durchbruch für seine «Physique terrestre» brachte und darüber hinaus, wie wir sehen werden, für seine Transformationstheorie.

Lamarck hat sich nie dazu geäußert, wie der Widerspruch zwischen seiner chemischen Theorie und seiner Urzeugungsannahme auszuräumen sei, und ebensowenig, was ihn um 1800 herum veranlaßte, die bis dahin von ihm abgelehnte Urzeugungshypothese für bestimmte einfache Organismen zu akzeptieren. Möglicherweise stand das, wie Burkhardts Rekonstruktion nahelegt (vgl. Burkhardt 1995, S. 137ff.), im Zusammenhang damit, daß er sich Ende der 1790er Jahre genötigt sah, eine andere Hypothese in gewissen Grenzen zu akzeptieren, die er bis dahin vehement verneint hatte, nämlich die Extinktionsannahme, d. h. die Annahme, daß Organismenarten im Laufe der Erdgeschichte ausgestorben seien.

Die Vermutung, daß Arten ausgestorben sein könnten, war seit längerem dadurch nahegelegt worden, daß die fossilen Reste häufig Arten bezeugten, für die man keine rezenten Vertreter kannte. Andererseits war man sich in einer Zeit, in der jede Expedition mit einer Fülle neuer Arten bekannt machte, wohl bewußt, wie lückenhaft die Kenntnis der rezenten Arten noch war. Die Extinktionshypothese erhielt erst wirklich Gewicht durch die stratigraphische Verortung der Fossilien, d. h. dadurch, daß gezeigt werden konnte, daß den verschiedenen geologischen Schichten spezifische fossile Floren und Faunen entsprechen. Dies geschah aber gerade zur Zeit Lamarcks, und für den französischen Kontext waren die Untersuchungen, die Cuvier im Pariser Becken durchführte, bahnbrechend in dieser Hinsicht. Da man sich zu dieser Zeit das Aussterben von

Arten nur als Folge geologischer Katastrophen vorstellen konnte, führte die Extinktionshypothese zu einer Theorie der Erdgeschichte, die mit jähen Zäsuren und Diskontinuitäten rechnete. Und dies war einer der wesentlichen Gründe, warum sich Lamarck mit dieser Hypothese zunächst nicht anfreunden konnte. Lamarck vertrat nämlich in seiner Geologie einen «aktualistischen» und «uniformistischen» Standpunkt, d. h., er ging davon aus, daß man zur Rekonstruktion der Erdvergangenheit nur solche physikalischen und chemischen Faktoren unterstellen dürfe, wie man sie aktuell am Werke sieht, und auch nur in ihrer heute beobachtbaren Stärke. Unter diesen Annahmen konnte sich Lamarck aber keine erdgeschichtlichen Ereignisse vorstellen, die Arten nicht nur an einem bestimmten Ort, sondern global vernichtet haben könnten. Wenn er von den *Recherches sur l'organisation des corps vivans* von 1802 an die Extinktionsannahme einräumte, so – wie im Fall der Urzeugung – wiederum nur für die primitivsten Organismen, die kaum mehr als ein Klümpchen Schleim oder Gallerte sind und entsprechend über keine Mittel verfügen, um sich unter wechselnden Umweltbedingungen zu behaupten.

Wie immer der Zusammenhang zwischen der um 1800 herum offenbar gleichzeitig erfolgenden Akzeptanz der Urzeugungsannahme einerseits und der Extinktionshypothese andererseits im einzelnen gewesen sein mag, offenbar bildeten in beiden Fällen physiologische Annahmen Lamarcks hinsichtlich der primitivsten Organismen eine entscheidende Voraussetzung. Die physiologischen Theorien im Rahmen seiner «Physique terrestre» sind es auch, die den Schlüssel für seine Transformationstheorie liefern.

3.3 Leben – der Physiologe Lamarck

Wie bereits gesehen, vertrat Lamarck bis zur Mitte der 1790er Jahre vitalistische Auffassungen. Wie viele andere Naturforscher der Zeit glaubte auch er, daß die spezifischen Prozesse und Leistungen, die für Organismen charakteristisch sind – also Assimilation der Nahrung, Reproduktion des eigenen Organismus, Zeugung von Nachkommen, Ontogenese, Reizbarkeit etc. – nicht wie sonstige Naturprozesse in letzter Instanz als mechanische Vorgänge zu begreifen sind, und zwar prinzipiell nicht, d. h. auch nicht als besonders komplizierte. Vielmehr sei bei diesen Prozessen eine Kraft oder ein Prinzip wirksam, das für die lebenden Naturwesen spezifisch sei, eine «Lebenskraft» bzw. ein «Lebensprinzip». Vor 1793, also bevor tierische Organismen aufgrund seiner Professur am *Muséum* zu seinem speziellen Forschungsgegenstand wurden, waren seine physiologischen Vorstellungen darüber hinaus weitgehend von der damaligen Pflanzenphysiologie geprägt, wobei diese Physiologie von heute aus gesehen nicht nur sehr simpel, sondern vor allem auch trotz des «Lebensprinzips» sehr mechanistisch aussieht.

Lamarck folgte nur der Hauptansicht des 18. Jahrhunderts, wenn er ganz allgemein das Phänomen Leben als eine spezifische Aktivität von Organismen verstand, als eine Bewegung, die sich in ihrem Kern als eine Interaktion zwischen ihren flüssigen und festen Körperteilen darstellt, wobei im Verlauf des Lebensprozesses, nachdem das Reifestadium überschritten ist, die festen Teile immer mehr an Elastizität verlieren, bis sie schließlich so rigid werden, daß der Prozeß der Wechselwirkung zwischen festen und flüssigen Teilen ernsthafte Störungen erleidet und die Lebenstätigkeit zum Erliegen kommt. In der zweiten Hälfte des 18. Jahrhunderts nahm man weiterhin an, daß die Interaktion zwischen den festen und flüssigen Teilen der Organismen von außen stimuliert und bedingt werde, nämlich durch subtile Fluida. Unter subtilen Fluida verstand man imponderable Stoffe, die die Physik in der zweiten Hälfte des 18. Jahrhunderts zur Erklärung bestimmter Phänomene im Zusammenhang z.B. mit Wärme, Magnetismus, Elektrizität oder Licht unterstellte und von denen man annahm, daß sie in der Atmosphäre verbreitet und darüber hinaus fähig seien, die Körper zu durchdringen. Die Lebensaktivität der Organismen stellte sich so aber als eine Interaktion zwischen ihren festen und flüssigen Teilen dar, die von subtilen Fluida stimuliert und bedingt ist, wobei der Unterschied zwischen tierischen und pflanzlichen Organismen u.a. darin bestehen sollte, daß bei den tierischen die Wirkung eines subtilen Wärmefluidums angenommen wurde, bei den pflanzlichen aber zusätzlich auch noch die eines subtilen Elektrizitätsfluidums. Die Annahme, daß die in der Atmosphäre verbreiteten subtilen Fluida die Lebensprozesse stimulieren und in Gang halten, bildete den Hintergrund für Lamarcks Interesse an der Meteorologie und seine Versuche, Gesetzmäßigkeiten der atmosphärischen Prozesse zu finden.

Diese hier natürlich nur in den gröbsten Zügen umrissene Auffassung des Lebensprozesses, die in ihren Grundzügen keineswegs eine Schöpfung Lamarcks war, sondern in der einen oder anderen Variante damals von allen Naturforschern geteilt wurde, ist essentiell mechanistisch. Die Wechselwirkung zwischen den flüssigen und festen Teilen ist im Prinzip keine andere als in einem Pumpmechanismus mit elastischen Gefäßen oder einer Apparatur, in der Kapillareffekte etc. ausgenutzt werden. Und auch die subtilen Fluida agieren im wesentlichen mechanisch, indem sie z.B. Verdünnungen oder Ausdehnungen etc. bewirken. Dem «Lebensprinzip» kommt dabei im Grunde nur die Funktion der unbekannten Ursache zu, die dafür verantwortlich ist, daß bei organischen Substanzen die subtilen Fluida den organismenspezifischen Prozeß der Wechselwirkung zwischen flüssigen und festen Teilen in Gang setzen und unterhalten können. Es ist unschwer zu sehen, daß im Rahmen dieser Physiologie das «Lebensprinzip» in dem Moment überflüssig würde, in dem unter der Organisation eines Organismus eine solche Anordnung seiner flüssigen und festen Teile verstanden wird, bei der es nur einer äußeren Anregung bedarf, um den «Leben» genannten Bewegungsprozeß zwischen beiden auszulösen. Diese Konsequenz zog Lamarck denn auch wirklich in der zweiten Hälfte der 1790er Jahre. Während er in den 1794 veröffentlichten *Recherches sur les causes des principaux faits physiques* noch von einem den Menschen immer unbegreiflich bleibenden «Prinzip» des Lebens sprach, erklärte er 1797, daß Leben nichts anderes ist als «die Bewegung in den Teilen der organisierten Wesen, welche aus der Ausübung der Funktionen ihrer wesentlichen Organe resultiert» (Lamarck 1797, S. 255).

Zu der Auffassung, daß Organismen allein aufgrund ihrer Struktur, nämlich ihrer Organisation, zu der spezifischen Lebensbewegung fähig sind, gelangte Lamarck wahrscheinlich nicht zuletzt dadurch, daß er sich seit 1793 in ganz anderer Weise mit tierischen Organismen und insbesondere mit den oftmals wenig artikulierten Organismen von Wirbellosen zu beschäftigen hatte. So könnten nach Burkhardt (1995, S. 101) die in der zweiten Hälfte des 18. Jahrhunderts entdeckten Reanimationsmöglichkeiten der Gewebe primitiver tierischer Organismen (vgl. Lamarck 1809 I, S. 405, 1809d II, S. 34) ihn zu diesem Verständnis der Organisation als einer materiellen Struktur geführt haben, die für den Lebensprozeß disponiert ist und ihn ausführt, wenn sie entsprechend stimuliert wird. Um daraus Schlußfolgerungen ziehen zu können, die den Lebensprozeß allgemein betreffen, also auch für Pflanzen gültig sind, mußte Lamarck allerdings ein Äquivalent für die physiologische Funktion finden, die er der im 18. Jahrhundert als Spezifikum tierischer Gewebe entdeckten Irritabilität zuschrieb. Denn die Irritabilität erfüllte im Fall der tierischen Organismen zu einem guten Teil die Funktion eben des «Lebensprinzips». So lag es beispielsweise an ihr, daß für den Lebensprozeß der tierischen Organismen die stimulierende Wirkung nur eines subtilen Fluidums, nämlich des Wärmestoffs, nötig sein sollte. Indem Lamarck dem Zusammenspiel von Wärme- und Elektrizitätsfluidum der Atmosphäre im Fall der Pflanzen zutraute, was die Irritabilität zusammen mit dem Wärmefluidum bei den tierischen Organismen leistete (Lamarck 1797, S. 300), schien die vergleichsweise unkomplizierte Organisation der Pflanzen zu zeigen, daß es, entsprechende stimulierende Fluida in der Atmosphäre vorausgesetzt, allein auf die Organisation für die Disposition zum Lebensprozeß ankommt.

Diese Analogie zwischen der Reizbarkeit tierischer Gewebe und den stimulierenden Wirkungen bestimmter subtiler Fluida der Atmosphäre auf pflanzliche Organisationen stellte anscheinend den entscheidenden Schritt zu der neuen mechanistischen Physiologie dar, die Lamarck von nun an vertrat (vgl. Lamarck 1809 II, S. 1 ff., 1809 d II, S. 44 ff.). Im Zuge dieser neuen Physiologie ging er bald dazu über, die Physiologie der primitivsten tierischen Organismen nach Analogie der Pflanzen zu konzeptualisieren und auch für sie anzunehmen, daß ihre Lebenstätigkeit allein durch äußere Stimuli erregt und unterhalten werde. Die vielleicht wichtigste Konsequenz dessen war aber, daß damit die Urzeugung keine Undenkbarkeit mehr darstellte, die er wenig später denn auch tatsächlich vertrat.

Neben und zusammen mit der Denkbarkeit der Urzeugung war an Lamarcks mechanistischer Physiologie seine Auffassung der ontogenetischen Entwicklung von Lebewesen von entscheidender Bedeutung für die Entwicklung seiner Transformationstheorie. Wie praktisch alle Naturforscher in der zweiten Hälfte des 18. Jahrhunderts verstand Lamarck die Embryologie als einen epigenetischen Prozeß. Am Anfang dieses Prozesses steht nach dieser Auffassung nicht die fertige Struktur und Organisation des Lebewesens en miniature, die es nur noch zur Größe des erwachsenen Organismus bringen muß, sondern ein kaum strukturierter Keim, der sich differenziert und Schritt für Schritt die Struktur und Organisation ausbildet, die ihm im Reifezustand zukommt. Lamarck dachte sich auch diesen epigenetischen Bildungsprozeß als Resultat des mechanischen Zusammenwirkens von flüssigen und festen Körpersubstanzen und subtilen Fluida. Die organische Struktur ist dabei auf jedem Entwicklungsstadium einerseits die Voraussetzung der bestimmten Weise des mechanischen Zusammenspiels dieser Faktoren. Aber aus diesem Zusammenspiel resultiert andererseits zugleich eine neue Struktur, die der nächsten epigenetischen Organisationsstufe, die ihrerseits wiederum Voraussetzung eines neuen Zusammenspiels dieser Faktoren ist etc. Dieser Prozeß hat einen eindeutigen Richtungssinn: vom Undifferenzierten zum Differenzierten, vom Einfachen zum Komplexen.

Für den Systematiker Lamarck stand aber fest, daß die Lebensformen im Pflanzen- und Tierreich in natürlicher Weise linear nach dem Modell der Stufenleiter anzuordnen seien, und zwar eben nach der graduellen Zunahme ihrer Differenziertheit und Komplexität. Konnte diese Zunahme an Differenziertheit und Komplexität nicht analog zu der gedacht werden, die im epigenetischen Prozeß der Keimesentwicklung zu beobachten ist? Und wenn dieser Prozeß durch das Zusammenwirken der flüssigen und festen Teile des Organismus unter Einwirkung der subtilen Fluida erklärt werden konnte, warum dann nicht auch die Entstehung der zunehmend komplexer werdenden pflanzlichen bzw. tierischen Organisationsformen selbst? Und in der Tat ging die im Rahmen seiner mechanistischen Physiologie entwickelte epigenetische Theorie der Individualentwicklung nahtlos in eine Theorie der Entstehung der tierischen bzw. pflanzlichen Organisationsformen über. Dies wird eindrücklich durch eine Textpassage von 1802 belegt, bei der man oftmals nicht genau weiß, wovon die Rede ist, von der Ontogenese oder der Genese der Organisationsformen: «Achtet man fortgesetzt auf die Untersuchung der Organisation verschiedener zur Beobachtung gelangter Lebewesen, ferner auf die verschiedenen Systeme, die diese Organisation in jedem organischen Reiche bietet, endlich auf gewisse Veränderungen, die man sie unter bestimmten Umständen erleiden sieht, so gelangt man zum Schluß zur Überzeugung:

1. daß das Eigentümliche der organischen Bewegung nicht nur im Entwickeln der Organisation liegt, sondern auch noch in der Vervielfältigung der Organe und der zu erfüllenden Funktionen [...]
2. [...]
3. daß das Eigentümliche der Bewegung der Flüssigkeiten in den biegsamen Teilen der sie enthaltenden lebenden Körper darin besteht, daß sie sich Wege bahnen, Ablagerungsorte und Austrittsstellen schaffen; daß sie sich Kanäle und demzufolge verschiedene Organe schaffen; daß sie diese Kanäle und Organe wechseln je nach dem Wechsel der Bewegungen oder der Flüssigkeiten, die ihnen stattgeben; endlich daß sie diese Organe und Kanäle stufenweise vergrößern, verlängern, teilen und verfestigen, und zwar durch die Stoffe, die sich von den in Bewegung befindlichen Flüssigkeiten unaufhörlich bilden und absondern und von denen ein Teil sich den Organen assimiliert und sich mit ihnen vereinigt, ein anderer Teil nach außen abgegeben wird.
4. daß der Zustand der Organisation in jedem Lebewesen erlangt wurde durch das schrittweise Fortschreiten der Einwirkung der Bewegung der Flüssigkeiten und durch die Einwirkung der Veränderungen, welche diese Flüssigkeiten fortwährend erlitten [...]
5. daß jede Organisation und jede Form, die durch diese Ordnung der Dinge und durch die dazu beitragenden Umstände erlangt worden ist, nach und nach durch die Fortpflanzung erhalten und übertragen wurden, bis neue Modifikationen dieser Organisation und dieser Formen auf demselben Wege und durch neue Umstände hervorgerufen wurden.
6. Endlich, daß durch die ununterbrochene Wirkung dieser Ursachen oder dieser Naturgesetze, einer langen Zeit und einer fast unfaßbaren Mannigfaltigkeit der einwirkenden Einflüsse die Lebewesen aller Ordnungen sukzessive gebildet worden sind» (Lamarck 1802,

S. 8f., dt. nach Tschulok 1937, S. 122f.; vgl. Lamarck 1809 I, S. 373f., 1809d II, S. 14f.).

Diese Passage läßt erkennen, daß es die Sache nicht richtig träfe, würde man Lamarcks Theorie der Arttransformation als eine Übertragung der Ontogenese auf die Phylogenese kennzeichnen. Der ontogenetische Prozeß und die Höherentwicklung der Art sind vielmehr nur Seiten ein und desselben Prozesses. Sie resultieren, wie der sechste Grundsatz sagt, aus der «ununterbrochenen Wirkung dieser Ursachen», und zwar aus Ursachen, die zugleich die ontogenetische Entwicklung und die Höherentwicklung der Art bewirken. Wie die Grundsätze 4) und 5) zeigen, werden die ontogenetisch gemachten Entwicklungsfortschritte zum Ausgangspunkt weiterer Entwicklungen der Art. Die Ontogenese ist also von Lamarck nicht einfach auf die Phylogenese übertragen worden. Es trifft die Sache eher, wenn man sagt, Lamarck glaubte, daß die Ursachen und Gesetzmäßigkeiten der Ontogenese zugleich die Ursachen und Gesetzmäßigkeiten der Artentwicklung sind; daß sich aus diesen Ursachen und Gesetzmäßigkeiten nicht nur die Bildung eines Organismus erklären lasse, sondern ebenso die Bildung des Pflanzen- und Tierreichs.

3.4 Lamarcks Theorie der Transformation der Arten

Anders als später Darwin, hat Lamarck, von den wenigen Bemerkungen am Beginn der Einleitung seiner *Philosophie zoologique* abgesehen, nie aufgezeichnet, wie genau der Denkweg verlief, der ihn um 1800 herum zu seiner Theorie der Arttransformation führte. Gleichwohl ist einigermaßen klar, welche wesentlichen Gedankenkreise dabei zusammenspielten: Seine Überzeugung als Systematiker, daß sowohl im Tier- als auch im Pflanzenreich die natürliche «Distribution» darin besteht, die Taxa zumindest auf dem taxonomischen Rang der Klassen linear nach Komplexität anzuordnen, und ebenso die, daß die scharfen Trennlinien zwischen den Taxa eher ein Artefakt unserer Klassifikation sind; die Überwindung seiner vitalistischen Physiologie zugunsten einer mechanistischen, die ihm die Urzeugung denkbar machte und eine epigenetische Theorie der Ontogenese beinhaltete, die nahtlos in eine Transformationstheorie der Arten überging; und nicht zuletzt sein großes Projekt einer «Physique terrestre», die durch die Transformationstheorie zu einer Gesamttheorie der Naturprozesse auf dieser Erde zu werden versprach, die die Erklärung der Vielfalt der Lebensformen einschloß.

Nach Burkhardt (1995, S. 130ff.) ist es möglich, daß die Ende der 1790er Jahre unter den Naturforschern in Paris lebhaft geführte Debatte um die Möglichkeit einer Extinktion von Arten, in die Lamarck als Spezialist für Muscheln unvermeidlich verwickelt war, die

Rolle eines Kristallisationskerns spielte, an den alle diese Gedankenelemente anschossen und zu seiner Transformationstheorie führten. Denn diese Debatte bildete nicht nur den unmittelbaren Kontext, in dem sich Lamarck zur Annahme der Urzeugung durchrang. Sie trug auch wesentlich dazu bei, daß er von da an die Wandelbarkeit der Arten, die in gewissen Grenzen damals allgemein akzeptiert wurde, in großem Maßstab für möglich hielt. Diese Erweiterung der Grenzen, in denen er nun Artmutabilität für denkbar annahm, war dabei vielleicht anfänglich nicht mehr als ein Ausweg, um trotz der immer erdrückenderen paläontologischen Befunde weiterhin die Extinktion höherer Arten, die mit seinen geologischen Überzeugungen unvereinbar war, bestreiten zu können.

Die Eigenart der Transformationstheorie Lamarcks läßt sich vielleicht am besten verdeutlichen, wenn man versucht, eine scheinbare Nebensächlichkeit zu verstehen. Bekanntlich gehören nach der heutigen, auf Darwin zurückgehenden Evolutionstheorie die Hominiden zu den jüngsten Arten. Bei Lamarck dagegen sind sie zweifellos die allerältesten, während etwa ein Polyp zu den jüngsten zählt, und zwar folgt das zwingend aus seiner Theorie.

Dieser Theorie zufolge entstehen die einfachsten Organismen im Pflanzen- bzw. Tierreich durch Urzeugung. Diese Urzeugung fand nicht nur zu einer weit zurückliegenden erdgeschichtlichen Zeit statt, sondern geschieht «noch täglich in derselben Weise an günstigen Orten und zu günstigen Zeiten» (Lamarck 1809 I, S. 274, 1809d I, S. 207). Durch Urzeugung können nach Lamarck allerdings «nur die einfachst organisierten» Lebewesen entstehen. Die heutige Vielfalt von Flora und Fauna, die Existenz komplex gestalteter Organismen läßt sich dagegen nicht auf Urzeugung zurückführen. Sie ist vielmehr das Resultat einer Fähigkeit, die den einfachsten Organismen mit ihrer Urzeugung verliehen wurde, nämlich der Fähigkeit, Fortschritte in ihrer Organisation zu machen und diese Fortschritte zu vererben. Aufgrund dieser Fähigkeit durchlaufen die Organismen in der langen Folge der Generationen eine Stufenleiter der Organisation mit dem Richtungssinn: vom Einfachen zum Komplexen, vom undifferenzierten zum differenzierten Organismus. Diese Theorie liefert also die Erklärung dafür, daß sich die Vielfalt der Flora und Fauna, wie Lamarck überzeugt ist, jeweils linear als eine Stufenleiter gemäß Organisationsgrad «natürlich» anordnen läßt. Jede Organisationsform auf den beiden Stufenleitern stellt also die urgezeugten Organismen auf einem bestimmten Entwicklungsstand dar. Da es keinen Grund für die Annahme gibt, daß die verschiedenen Organismen diese Entwicklungsgeschichte unterschiedlich schnell durchlaufen, läßt sich aus der Entwicklungshöhe der Organisationsformen auf ihr Alter schließen, also darauf, wie-

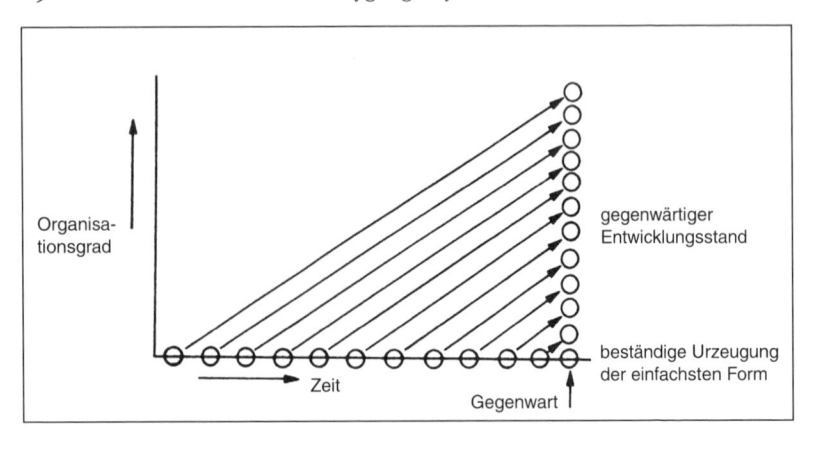

Schema zu Lamarcks Transformationstheorie

viel Zeit seit der Urzeugung des Organismus vergangen ist, von dem sich die in Frage stehende Form herleitet. Der Grundsatz einer Altersbestimmung kann gemäß dieser Theorie nur lauten: Je höher entwickelt, desto älter.

Lamarcks Chronologie verliert im Rahmen dieser Theorie alles Verwunderliche. Um so merkwürdiger erscheint dagegen diese Theorie. Man sieht jetzt sofort, daß sie wirklich eine Transformationstheorie und keine Deszendenztheorie ist, d.h. keine Theorie der Abstammung der Arten voneinander. Denn wie ein Blick auf das Schema (Abb. oben) zeigt, stammen die rezenten Arten der verschiedenen Klassen nicht voneinander ab: Sie haben zwar – im jeweiligen Naturreich – alle *gleichartige* Vorfahren, aber keine *gemeinsamen*. Ohne gemeinsame Vorfahren kann aber natürlich keine Rede von Abstammung sein. Wir haben also zu konstatieren: 1. Zwischen den rezenten Arten der verschiedenen Klassen besteht kein genetischer Zusammenhang. Die verschiedenen Entwicklungskohorten vollziehen ihre Höherentwicklung unabhängig voneinander. Es handelt sich um autarke, parallele Evolutionen. 2. Bei diesen parallelen Evolutionen handelt es sich qualitativ immer um die gleiche Evolution. Ausgehend von den urgezeugten Organismen, durchlaufen die Entwicklungskohorten auf der tierischen bzw. pflanzlichen Entwicklungslinie die gleiche Abfolge der immer höher entwickelten Ausbildung ihrer Organisation. Zwischen den Kohorten gibt es also nur den Unterschied, welchen Entwicklungsgrad sie auf der Linie einer für alle gleichen Evolution jeweils erreicht haben.

Während der erste Punkt von Bedeutung ist, um zu sehen, daß es sich bei Lamarcks Theorie nicht etwa um eine andere Begründung der gleichen biologischen Evolutionstheorie handelt als bei Darwin, sondern um eine grundsätzlich andere Theorie, ist der zweite Punkt wichtig hinsichtlich der Nachwirkung Lamarcks. Denn bei diesem zweiten Punkt geht es darum, daß Lamarck sich die Entwicklung der Formenvielfalt, wenigstens was den grundsätzlichen Organisationstypus der einzelnen Klassen angeht, als einen innerorganismisch angelegten und determinierten Prozeß denkt, also als eine zwar nicht von einem Ziel her gelenkte, aber doch als eine gerichtete Evolution, und nicht wie Darwin als das Resultat der Wechselwirkung zwischen den Organismen und ihrer Umwelt und vor allem untereinander, bei welcher der Zufall eine konstitutive Rolle spielt.

Die Wechselwirkung zwischen Lebewesen und ihrer Umwelt spielt für Lamarck bei der Erklärung der Formenvielfalt auf den niedrigen taxonomischen Rängen eine Rolle, also vor allem hinsichtlich der Arten und Gattungen. Dabei handelt es sich jedoch um einen zur organismusinternen Anlage der Höherentwicklung hinzukommenden und ergänzenden Faktor, mit dessen Hilfe erklärt werden kann, «[...] warum die Organisation der Tiere [für die Pflanzen gilt das gleichfalls – W. L.] in ihrer wachsenden Ausbildung von den unvollkommensten bis zu den vollkommensten Tieren nur eine *unregelmäßige Stufenfolge* darbietet, in der eine Menge von Unregelmäßigkeiten und Abweichungen vorkommen, die in ihrer Mannigfaltigkeit keinen Schein von Ordnung haben. [...] Es wird in der Tat klar sein, daß der Zustand, in dem wir alle Tiere antreffen, einerseits das Ergebnis der wachsenden *Ausbildung* der Organisation ist, die anstrebt, eine *regelmäßige Stufenfolge* herzustellen, und andererseits die Folge der Einflüsse einer Menge sehr verschiedenartiger Verhältnisse, die ständig bemüht sind, die Regelmäßigkeit in der Stufenfolge der wachsenden Ausbildung der Organisation zu zerstören» (Lamarck 1809 I, S. 220f., 1809d I, S. 177).

Lamarcks Theorie der Arttransformation stützt sich also zum einen auf das Hauptprinzip einer in den Organismen angelegten, gesetzmäßigen Höherentwicklung, das den prinzipiellen, normalen und in den Bauplänen der Klassen auch gesetzmäßig realisierten Weg der Transformation und vor allem ihre Richtung erklärt, und zum anderen auf die Wechselwirkung zwischen den Organismen und ihrer Umwelt als ergänzenden Faktor oder Nebenprinzip, das die Abweichungen von jenem normalen Weg sowie die Formenvielfalt innerhalb der Klassen erklärt.

Was lange Zeit – von Spezialisten abgesehen – allgemein unter Lamarcks Evolutionstheorie verstanden wurde, war eben dieses Nebenprinzip. Nach ihm kann die Umwelt nicht direkt abwandelnd auf die Organisationsformen einwirken, sondern nur vermittels der Reaktionen der Organismen auf ihre Umwelt. Und zwar denkt sich Lamarck diesen Vorgang prinzipiell so (vgl. Lamarck 1809d I, Kap. 7):

Veränderte Umweltbedingungen nötigen die betroffenen Lebewesen zu einer Änderung ihrer «Gewohnheiten» (habitudes), die einen neuartigen Gebrauch von Organen beinhaltet. Dieser neuartige Gebrauch führt aber zu Modifikationen der betroffenen Organe, Modifikationen, die auf die Nachkommen vererbt werden.

Weil diese Theorie oftmals wenig sachkundig angeführt wird, ist es vielleicht nicht überflüssig, dazu wenigstens drei kurze Punkte anzumerken. 1. Die Vererbung erworbener Eigenschaften war keine originelle Annahme Lamarcks, sondern eine allgemein geteilte Überzeugung, und zwar nicht nur im 18. Jahrhundert, sondern auch noch das ganze 19. Jahrhundert hindurch; auch Charles Darwin z.B. ging noch davon aus. 2. Die Idee der Evolutionsbedeutsamkeit eines gewandelten Gebrauchs von Organen erwies später im Kontext der vollständig andersartigen Evolutionstheorie Darwins ihre Fruchtbarkeit. 3. Es finden sich bei Lamarck Formulierungen, die sich auf den ersten Blick so lesen, als führe er die Verhaltensänderung der Organismen auf so etwas wie eine Vorstellung oder einen Wunsch der Organismen zurück (vgl. z.B. Lamarck 1809 I, S. 233f., 1809d I, S. 184f.). Die Lamarck-Forschung ist sich heute weitgehend einig, daß dies eine Fehlinterpretation wäre.

In diesem Zusammenhang sollte zum Schluß noch darauf hingewiesen werden, daß Lamarck im Rahmen seiner «Physique terrestre» im Gegenteil den Versuch unternahm, auch die höheren psychischen Funktionen wie Fühlen, Wahrnehmen, Denken oder Wollen naturwissenschaftlich zu erklären. Diesem Thema ist der 3. Teil seiner *Philosophie zoologique* sowie sein letztes größeres Werk gewidmet, das *Système analytique des connaissances positives de l'homme* von 1820.

4. Resonanz und Nachwirkung

Lamarck war zu seinen Lebzeiten ein hochgeachteter Systematiker, zunächst in der Botanik, später in der Zoologie der Wirbellosen, und gehörte zeitweise, insbesondere in den 1790er Jahren, durchaus zu den wissenschaftspolitisch einflußreichsten Persönlichkeiten Frankreichs. Mit dem großen theoretischen Projekt seines Lebens jedoch, der «Physique terrestre», fand er keinen Anklang bei seinen Zeitgenossen. Und das gilt nicht nur für seine Theorien auf physikalischem und chemischem Gebiet, sondern ebenso für seine spezifisch biologischen Theorien, also seine Physiologie und seine Transformationstheorie. Es war nicht einmal so, daß sie bestritten oder bekämpft wurden; sie wurden einfach als keiner Auseinandersetzung wert betrachtet.

Vielleicht bereits als Reaktion auf das Schweigen, mit dem seine theoretischen Schriften aufgenommen wurden, sorgte Lamarck geschickt dafür, daß seine biologischen Theorien wenigstens nicht übersehen werden konnten: Dem 1. Band seines großen systematischen Werks über die Wirbellosen, der *Histoire naturelle des animaux sans vertèbres*, die in sieben Bänden von 1815 bis 1822 erschien und an der in der ersten Hälfte des 19. Jahrhunderts kein Zoologe und wohl überhaupt niemand vorbeikam, der auf dem Gebiete der Biologie oder Geologie arbeitete, stellte er eine Einleitung voran, in der er seine Transformationstheorie in konzentrierter Form und wesentlich besser lesbar als in der manchmal etwas weitschweifigen *Philosophie zoologique* darstellte. Tatsächlich scheint seine Transformationstheorie auch nie völlig vergessen worden zu sein, und zwar auch und gerade außerhalb Frankreichs nicht (vgl. für Deutschland Schilling 1990 und für England Hull 1984).

Gleichwohl blieb seine Transformationstheorie weitgehend unbeachtet, bis man sich ihrer im Zuge der Auseinandersetzungen für und wider die Deszendenztheorie Charles Darwins in den 1860er und 1870er Jahren wiedererinnerte. Als Historiker muß man allerdings sagen, daß die damals einsetzende «Wiederentdeckung» Lamarcks nichts mit einer Entdeckung zu tun hat, sondern besser als die Erfindung eines Lamarck bezeichnet werden sollte, der außerhalb der Phantasien der damaligen Lamarckianer nie existiert hat. So wurde nicht einmal wahrgenommen, daß die Transformationstheorie des historischen Lamarck keinen Abstammungszusammenhang zwischen den Arten etablierte. Und das physiologische Fundament der Theorie, mit dem in der zweiten Hälfte des 19. Jahrhunderts natürlich noch weniger anzufangen war als zu Lamarcks Zeiten, wurde verschwiegen oder als unbedeutender und zeitbedingter Irrtum im Nebensächlichen nur kurz erwähnt. Nach meiner Kenntnis war es erst Tschuloks Lamarck-Studie von 1937, die den systematischen Zusammenhang zwischen den physikalisch-chemischen, den geologischen, meteorologischen und physiologischen Theorien als das Theoriegebäude rekonstruierte, aus dem heraus Lamarcks Transformationstheorie in ihrer Eigenart verstanden werden kann.

Der Lamarckismus, der seit der Etablierung der Darwinschen Evolutionstheorie periodisch auftrat, hat also nichts mit einer Wiederbelebung und Fortführung der den Beteiligten meist unbekannten Transformationstheorie des historischen Lamarck zu tun. Er ist vielmehr ein Sammelname für theoretische Positionen im konzeptuellen Rahmen der von Darwin begründeten Evolutionstheorie. Dieser Name hat nur insofern einige Berechtigung, als und insofern es bei diesen Positionen um Versuche geht, mit Problemen der Evolutionstheorie dadurch fertigzuwerden, daß die Prozesse der biologischen Evolution insgesamt oder einige ihrer Teilprozesse als gerichtet gedacht werden.

Jörg Nitzsche

GOTTFRIED REINHOLD TREVIRANUS (1776–1837)

1. Einleitung

Obwohl als Biologe nicht so bekannt wie Linné, Darwin oder Haeckel war es Treviranus, der den Begriff «Biologie» wenn nicht erstmals prägte, so aber im heutigen Sinne in die Wissenschaft einführte und dadurch ein mehrbändiges Werk mit dem Titel *Biologie, oder Philosophie der lebenden Natur für Naturforscher und Aerzte* populär machte. Dessen Entstehung und die Gründe für die geringe Bekanntheit des bedeutenden Gelehrten sind auch in seinem Lebensgang zu suchen. Das komplizierte Beziehungsgefüge zwischen Leben und Werk wird im folgenden dargestellt.

2. Lebensweg

2.1 Von der Medizin zur Biologie 1776–1806

Gottfried Reinhold Treviranus wurde als erstes von neun Kindern aus der Ehe des Kaufmanns Joachim Johann Jacob Treviranus mit der Kaufmannstochter Catharina Margarethe Talla am 4. Februar 1776, also im Jahr der amerikanischen Unabhängigkeit, in Bremen geboren. Von seinen acht jüngeren Geschwistern starben drei kurz nach der Geburt. Treviranus war der erste, der mit der sieben Generationen langen Pfarrerstradition seiner Familie brach und sich der Wissenschaft zuwandte, ähnlich wie sein drei Jahre jüngerer Bruder Ludolph Christian, der als Professor für Botanik Bekanntheit erlangte. Mathematik hätte er am liebsten studiert, doch die Eltern zwangen ihn wegen ihrer schlechten finanziellen Situation zum Medizinstudium, um ein sicheres Einkommen zu garantieren.

Als 17jähriger ging Treviranus im April 1793, vier Jahre nach der Französischen Revolution, zum Studium der Medizin an die Georg-August-Universität nach Göttingen, der damals berühmtesten medizinischen Akademie, mit einem ganz auf praktische Relevanz und effizienten Empirismus ausgerichteten Lehrplan. Treviranus lebte in Göttingen sehr zurückgezogen, nur mit Ludwig Heinrich Christian Niemeyer (1775–1800) war er befreundet. Er finanzierte sich sein

Studium selbst, wohnte in ärmlichen Verhältnissen und erkrankte 1794 an Tuberkulose.

Die Vorlesungen in der medizinischen Fakultät besuchte Treviranus bei Heinrich August Wrisberg (1739–1808), Johann Friedrich Stromeyer (1750–1830), Johann Friedrich Gmelin (1748–1804), Justus Arnemann (1763–1806), August Gottlieb Richter (1766–1812) und Friedrich Benjamin Osiander (1759–1822). Den stärksten Einfluß auf ihn nahm Richter, der für möglichst einfache und natürliche Heilverfahren plädierte.

Treviranus beschränkte sich jedoch nicht auf die Medizin, sondern besuchte auch Vorlesungen in Mathematik (bei Abraham Gotthelf Kästner), «Naturlehre» (bei Johann Friedrich Blumenbach) und Philosophie (bei Friedrich Bouterwek). Von Einfluß auf sein Werk waren besonders die Vorlesungen über Kants naturwissenschaftliche und erkenntnistheoretische Schriften, die *Metaphysischen Anfangsgründe der Naturwissenschaft* und die *Kritik der Urteilskraft*. In der Naturlehre weckte Blumenbach mit seiner Schrift *Über den Bildungstrieb* und der darin formulierten Theorie von der Lebenskraft in Treviranus das Interesse an der Physiologie. Sie schien Treviranus die einzige Möglichkeit zu sein, die damals von ihm als sehr unwissenschaftlich empfundene Medizin auf sicheren wissenschaftlichen Boden stellen zu können. Bei Blumenbach schrieb Treviranus seine Dissertation *De emendanda physiologia*, über die Verbesserung der Physiologie. Thema dieser Arbeit ist die Geschichte, der Status quo und die anzustrebende Entwicklung der Physiologie. Unter Physiologie verstand Treviranus dabei die «Wissenschaft vom Leben», die er 1802 in «Biologie» umbenennen und deren Weiterentwicklung er sein ganzes Forscherleben widmen sollte.

Als Zwanzigjähriger hatte Treviranus eine solide Ausbildung sowohl in der Medizin als auch in der Mathematik erhalten, die ihm zwei verschiedene Laufbahnen öffnete. Zum einen offerierte ihm Kästner einen Lehrstuhl für Mathematik, sicherlich ein Traumangebot, da er so die seinen Neigungen entsprechende mathematischwissenschaftliche Karriere hätte einschlagen können. Doch die schlechte finanzielle Lage seiner Eltern vereitelt diesen Plan, sein Vater drängt ihn, sich als praktischer Arzt in Bremen niederzulassen. Treviranus fühlte sich als ältester Sohn und nach abgeschlossener Berufsausbildung in die Pflicht genommen, für seine Familie zu sorgen. Er fügte sich daher dem Drängen seines Vaters und kehrte im Oktober 1796, zwei Wochen nach der Promotionsprüfung, nach Bremen zurück.

Am 9. November 1796 wurde Treviranus zum Professor für Mathematik und Medizin am Gymnasium illustre in Bremen ernannt. Diese Stellung verpflichtete zu wissenschaftlichen Vorträgen und

Gottfried Reinhold Treviranus (1776–1837)

zur Behandlung der Patienten des Städtischen Krankenhauses. Die Praxis der Medizin in Bremen unterschied sich erheblich von der in Göttingen. So stand Bremen am Ende des 18. Jahrhunderts ganz im Zeichen des tierischen Magnetismus und der Person von Arnold Wienholt (1749–1804), der 1786 durch Johann Caspar Lavater (1741–1801) persönlich in die Technik des Magnetisierens eingeführt worden war. Zwei Konsequenzen aus der ärztlichen Tätigkeit verdienen besonders hervorgehoben zu werden: erstens die Verbindung mit Elisabeth Focke, zweitens die Hinwendung zur biologischen Grundlagenforschung.

Beim Magnetisieren verliebte Treviranus sich in Elisabeth Focke, eine seiner ersten Patientinnen, die Schwester seines Jugendfreundes Christian Focke und Tochter des wohlhabenden Bremer Schottherrn Henrich Focke (1732–1801) und seiner Frau Marie Sophie Elisabeth, geb. Hanewinkel (1734–1803). Sie heirateten am 20. Dezember 1797 und hatten drei Kinder, Eduard (1798–1851), Marie Sophie Elisabeth (1801–1858) und Heinrich (1802–1865).

Trotz dieses Glücksfalls empfand Treviranus die ärztliche Tätigkeit als einen sehr «unglücklichen Beruf». Wegen seiner angegriffenen Gesundheit litt er unter den Anstrengungen des Arztseins. Zudem erschwerte ihm sein Charakter einen unbefangenen Umgang mit seinen Patienten. «Es ekelte mich das geistlose Herumtreiben unter so manchen Menschen, denen ich lieber Beten und Arbeiten als Arzneien verordnet hätte, unbeschreiblich an.» Mehr noch aber störte ihn die praktische und theoretische Unzulänglichkeit der Medizin, derentwegen ein Arzt keinen großen Nutzen stiften könne. «Der Zweck der Medizin ist Erhaltung der Gesundheit und Heilung der Krankheiten. Ihre Theorie beruhet also auf der Kenntniss des gesunden und kranken Körpers. Beyde Zustände nun sind verschiedene Modifikationen des Lebens. Um jene Frage zu beantworten, müssen wir also erst ausmachen, was Leben ist, und also die Biologie um Rath fragen» (Treviranus 1802, S. 9).

Damit soll die zweite Konsequenz aus seinem vom tierischen Magnetismus geprägten ärztlichen Alltag angesprochen werden, nämlich seine Abwendung von der Medizin und die Hinwendung zur wissenschaftlich-theoretischen Grundlagenforschung, besonders zur Biologie, in deren Folge sein Hauptwerk *Biologie, oder Philosophie der lebenden Natur* (1802–1822) entstand.

Treviranus hat die *Biologie* auch deshalb verfaßt, um nicht nur die Biologie und die Medizin, sondern die menschliche Gesellschaft insgesamt auf sicherere Füße zu stellen. Ohne explizit einen über die Naturwissenschaften hinausgehenden gesellschaftspolitischen Anspruch zu formulieren, finden sich immer wieder Andeutungen und Hoffnungen auf einen erzieherischen Einfluß seiner *Biologie* auf die Menschen und die Gesellschaft. Humanität wird dabei verstanden als Einsicht des Menschen in seinen ihm zugewiesenen Platz im System, im Organismus der Natur.

Aus seiner Biographie, die durch die Polarität von Sehnsucht nach freier Selbstentfaltung und dem Zwang zu einer der Selbstaufgabe nahekommenden Pflichterfüllung gekennzeichnet ist, läßt sich der Wunsch nach Orientierung und Geborgenheit gut verstehen. Nur in der Mitte zwischen den beiden Extremen der absoluten Autonomie einerseits und der totalen Abhängigkeit andererseits kann sich das Individuum entwickeln. Nur dort ist es ein zwar beschränktes, aber doch nicht aus seiner Eigentümlichkeit verdrängtes Wesen. Dieses Lebensgefühl findet sich auch in seiner Biologietheorie wieder. Es fällt nicht schwer, hier einen Versuch zu sehen, die Erfahrungen seines Lebens in einen Sinnzusammenhang zu stellen. Während sein jüngerer Bruder sein Leben nach eigenen Plänen gestalten konnte, wurden Treviranus als ältestem Sohn der Familie immer wieder Grenzen gesetzt und Pflichten auferlegt, die seine eigenen Pläne zunichte machten. Ist es also Rationalisierung von vertanen Chancen, denen er immer noch nachtrauert, oder ist es wirkliche Einsicht in die durch die Naturforschung als allgemeingültig erkannten Gesetzmäßigkeiten, wenn er schreibt, «daß dem Leben jedes einzelnen Körpers ... Gränzen gesetzt seyn müssen, weil die Schrankenlosigkeit desselben unaufhörliche Revolutionen im allgemeinen Organismus verursachen würde» (Treviranus 1803, S. 6)?

Trotz aller Einengungen hat es Treviranus geschafft, sich aus einer materiell unsicheren Situation zu befreien; wenn auch nicht vermögend, verfügte er doch über sichere und feste Einkünfte. Auch in privater Hinsicht war er in ein festes System von Beziehungen eingebunden. Seine Frau, ihre drei Kinder und ein fester Freundeskreis sorgten für ein insgesamt positives Lebensgefühl bei dem eher zur Melancholie neigenden Treviranus. Schließlich hatte er auch bis 1806 mit den drei ersten Bänden seiner *Biologie* eine Grundlage und ein Theoriegebäude geschaffen, das ihm als Leitfaden für weitere Forschung in den kommenden Jahren dienen konnte.

2.2 Vom Lebenskampf zum Naturfrieden 1807–1830

Wie schon so oft in seinem Leben erfüllten sich jedoch seine Erwartungen nicht. Seine Lebensumstände verschlechterten sich in den nächsten zweieinhalb Jahrzehnten so sehr, daß er trotz aller Anspruchslosigkeit und Bescheidenheit zunehmend depressiver wird. Nicht Genuß, Unbeschwertheit und produktives Arbeiten, sondern zunehmende Desillusionierung und Vereinsamung kennzeichnen seine Situation, wozu auch die politische Entwicklung Bremens durch die Napoleonische Zeit beitrug.

Ohne einem damals weitverbreiteten Nationalismus zu frönen, war Treviranus von einer auch ideologisch fundierten antifranzösischen Einstellung geprägt. Voller Spott und Ironie berichtet er von seinem Frankreichbesuch 1810 bei Georges Cuvier über die aufgeblasene Atmosphäre und Oberflächlichkeit in Paris, über den Triumph des Scheins über das Sein. Andererseits anerkannte er auch die wissenschaftlichen Leistungen von Georges Cuvier (1769–1832) und genoß den persönlichen Kontakt mit ihm und anderen Wissenschaftlern seiner Zeit wie Alexander von Humboldt (1769–1859), Alexandre Brongniart (1770–1847), Antoine-Laurent de Jussieu (1748–1836) und René Louiche Desfontaines (1750–1833). Dennoch machte er für den politischen und wirtschaftlichen Niedergang Bremens ganz eindeutig die französische Politik verantwortlich. Dazu haben sicherlich auch seine eigenen schlechten Lebensverhältnisse unter der französischen Besatzung (höhere Steuern) und das daraus resultierende Gefühl der Fremdbestimmung (persönliche Auflagen) beigetragen. Aber auch die Jahre nach 1815, nach dem Ende der französischen Besatzung, sind gekennzeichnet durch ein Scheitern seiner politischen Bemühungen und einer daraus resultierenden Abwendung vom gesellschaftlich-politischen Leben. So wurden zum Beispiel seine Vorschläge zur Verbesserung des Gesundheitswesens, die eine stärkere Beteiligung der Ärzte an politischen Entscheidungsprozessen vorsahen, mit dem Argument abgelehnt, daß sie zu tief in die Gesamtverfassung Bremens eingreifen würden.

Schwerer wogen die Krankheiten, die sowohl Treviranus selbst als auch seine Familie betrafen. Nicht nur seine Frau und seine Tochter erkrankten unter den sich verschlechternden Lebensbedingungen, sondern auch bei ihm selbst machte sich die Tuberkulose immer wieder bemerkbar. Am schlimmsten traf es seinen Bruder Ludolph Christian, der 1809 lebensgefährlich an Typhus erkrankte und fast ein Jahr lang seiner ärztlichen Tätigkeit nicht nachgehen konnte und dann im August 1812 die Professur für Botanik in Rostock übernahm. Damit hatte Treviranus nicht nur seinen vertrautesten Gesprächspartner verloren, sondern auch einen wissenschaftlichen Kollegen, der ihn im ärztlichen Alltag immer wieder entlastet hatte.

Treviranus litt also nicht nur an dem Scheitern seiner politischen Vorstellungen, sondern auch unter seinen privaten Lebensbedingungen. So weckten stärker noch als die politische Desillusionierung seine privaten Verpflichtungen in Familie und Beruf den Wunsch nach Unabhängigkeit, nach der Fähigkeit, sein Leben selbst gestalten zu können. Die Klagen über sein «Gefesseltseyn» in der Rolle des Familienvaters und Arztes nehmen in seinen Briefen von Jahr zu Jahr zu. Ein Gefühl zunehmenden Scheiterns bemächtigt sich seiner. Mit Menschen sei Glück und Zufriedenheit auf Erden nicht zu erreichen, sie könne man nur in der Natur finden. Aus dieser Ohnmacht heraus, sich selbst gemäßere Lebensbedingungen schaffen zu können, zog er sich zurück. Das zentrale Motiv ist das der Unabhängigkeit und der damit verknüpfte Wunsch nach Ruhe und Frieden. Nicht so sehr die Unfähigkeit, sich auf die Welt einzulassen und Kompromisse mit ihr zu schließen, als vielmehr die Unmöglichkeit, von dieser Welt in Ruhe gelassen zu werden, weckte die Sehnsucht nach Distanz und Autarkie. Der Zwang zur sozialen Interaktion stellte für ihn eine große Anstrengung dar, die Erschöpfung und depressive Verstimmungen verursachte.

Diese Einsamkeit und Einzigartigkeit findet auch Ausdruck in seiner Stellung innerhalb der *scientific community* des frühen 19. Jahrhunderts. Allen gängigen Systemen in der Medizin und Naturforschung seiner Zeit stand er sehr distanziert gegenüber; er kritisierte sowohl die spekulativ-naturphilosophische als auch die empirisch-positivistische Wissenschaft, argumentierte sowohl gegen den Brownianismus als auch gegen Homöopathie und tierischen Magnetismus. Die fehlende Verankerung in einer bestimmten Schule in Verbindung mit einer ausgeprägten Sehnsucht nach Unabhängigkeit machen es verständlich, daß Treviranus innerhalb der etablierten Strukturen an den Universitäten, die er für den miserablen Zustand der Wissenschaften mitverantwortlich machte, keinen Platz für sich sah und deshalb auch zwei Berufungen auf Lehrstühle in Göttingen und Leipzig ablehnte.

Seine eigene Position positiv zu beschreiben fällt schwer, am ehesten kann man ihn wohl als einen Grenzgänger zwischen Naturphilosophie und Empirismus charakterisieren. Treviranus sah deutlich die Notwendigkeit einer naturphilosophischen Durchdringung der Biologie und der Medizin, er forderte gleichzeitig immer eine experimentelle Forschung, die an empirisch-positivistischen Standards orientiert war. Gerade dieses Gefühl, eine scheinbar singuläre Position in der Wissenschaft zu vertreten, motivierte ihn gegen Ende seines Lebens, noch einmal ein Fazit seiner wissenschaftlichen Arbeit zu ziehen. Anstelle einer Neuauflage seiner sechsbändigen *Biologie* faßte er die im Laufe der ersten drei Jahrzehnte des 19. Jahrhunderts gemachten Entdeckungen in der Naturforschung in einem System zusammen und publizierte sie unter dem Titel *Die Erscheinungen und Gesetze des organischen Lebens* (1831–1833), worin er sein in der *Biologie* formuliertes erkenntnistheoretisches Credo über die Verbindung von Philosophie und Empirie näher ausführt. Vor allem wandte er sich darin gegen die zeitgenössischen Tendenzen einer mechanistischen Auffassung der Lebensphänomene, der er sein spiritualistisches Verständnis des Lebens entgegensetzte.

Treviranus vollzieht damit eine Veränderung seiner Position, die neben wissenschaftsimmanenten Gründen sicherlich auch die persönlichen Lebensumstände und -erfahrungen widerspiegelt. Auch er hat sein Heil nicht in den Beziehungen zu Menschen oder im Engagement für die Gesellschaft gefunden, sondern nur durch die Ausbildung seines eigenen Wesens in der Einsamkeit und Abgeschiedenheit der Natur. Die Rationalisierung und Spiritualisierung seines Lebensverständnisses und seiner Lebensführung führten ihn am Ende seines Lebens zu einem versöhnlicheren Umgang mit sich und der Welt. Nach den Kämpfen und Enttäuschungen im privaten, politischen und wissenschaftlichen Bereich entwickelte er erstmals einen Lebensstil, in dem Platz für Genuß und Freude ist. Die Natur schenkte, was er im Leben vermißte, nämlich Ruhe, Ordnung, Frieden und Berechenbarkeit. Er starb während einer Grippeepidemie am 16. Februar 1837. Was ist geblieben?

3. Werke

3.1 «Biologie, oder Philosophie der lebenden Natur» 1802–1822

In der Einleitung zum ersten Band seines sechsbändigen Hauptwerks *Biologie, oder Philosophie der lebenden Natur für Naturforscher und Aerzte* gibt Treviranus im Jahr 1802 die bis dahin umfassendste Definition der Biologie: «Die Gegenstände unserer Nachforschungen werden die verschiedenen Formen und Erscheinungen des Lebens seyn, die Bedingungen, unter welchen dieser Zustand statt findet, und die Ursachen, wodurch derselbe bewirkt wird. Die Wissenschaft, die sich mit diesen Gegenständen beschäftigt, werden wir mit dem Namen der Biologie oder Lebenslehre bezeichnen» (Treviranus 1802, S. 4). Das Wort «Philosophie» im Titel ist dabei nicht im Sinne von reiner oder spekulativer Philosophie zu verstehen, sondern in der Bedeutung von theoretisch oder allgemein, wie etwa in der *Philosophie zoologique* (1809) von Jean Baptiste Lamarck (1744–1829) oder der *Philosophie anatomique* (1818–1822) von Étienne Geoffroy Saint-Hilaire (1772–1844). Entsprechend ist die *Biologie* von Treviranus einer der ersten Versuche, alle Phänomene der Natur im Sinne einer Allgemeinen und Theoretischen Biologie zusammenzufassen. Dazu sollten die Entdeckungen der antiphlogistischen Chemie seit Antoine Laurent de Lavoisier (1743–1794), der Physik von Luigi Galvani (1737–1798) und Alessandro Volta (1745–1827), der Botanik seit Carl Linnaeus (1707–1778) und Antoine-Laurent de Jussieu (1748–1836), der Zoologie seit George-Louis Leclerc Buffon (1707–1788), Felix Vicq d'Azir (1748–1794) und John Hunter (1728–1793), der Mineralogie und Geologie seit Andreas Gottlob Werner (1749–1817) zusammengebracht und systematisch geordnet werden in Beziehung auf ihren obersten Gegenstand, dem Leben als solchem. Die Biologie als Lehre vom Leben wird damit erstmals als eine Wissenschaft in ihrem eigenen Recht begriffen und terminologisch zum Ausdruck gebracht (Jahn 1985, S. 319).

Leben meint in diesem Zusammenhang nicht nur die lebenden Organismen, sondern das Gesamtsystem der Natur, also auch deren anorganische Komponenten. Das «letzte Ziel» der Biologie «ist die Erforschung der Triebfedern, wodurch jener grosse Organismus, den wir Natur nennen, in ewig reger Thätigkeit erhalten wird» (Treviranus 1802, S. V). Treviranus sucht nach einer Formel, nach einer Grundidee, mit der die Ordnung der gesamten Natur zu fassen ist. Nicht eine bloss beschreibende Aufzählung der Naturphänomene, sondern die Erkenntnis der inneren Einheit der Natur ist für ihn das Ziel der Naturforschung. In Leibnizscher Tradition strebt er nicht nur Wissenstotalität (eine Zusammenstellung aller Fakten), sondern Wissenskohärenz (eine ordnende Aufeinanderbeziehung allen Wissens) an.

Zu diesem Zweck versucht Treviranus zuerst zu klären, was Leben ist, wie es charakterisiert und definiert werden kann, wodurch es sich von der anorganischen Natur unterscheidet. Er gelangt zu folgender Definition des Lebens: «Das physische Leben ist daher ein Zustand, den zufällige Einwirkungen der Aussenwelt hervorbringen und unterhalten, in welchem aber, dieser Zufälligkeit ohngeachtet, dennoch eine Gleichförmigkeit der Erscheinungen herrscht» (Treviranus 1802, S. 23). Mit Gleichförmigkeit der Erscheinungen meint Treviranus die Fähigkeit lebender Körper, alle vitalen Funktionen unter unterschiedlichsten Lebensbedingungen aufrechterhalten zu können. Die Funktionskontinuität bei zufälligen und ständig wechselnden äußeren Verhältnissen stellt das unterscheidende Charakteristikum zwischen lebender und lebloser Natur dar. Während die leblose Natur diesen Veränderungen passiv unterworfen ist, besitzt die lebende Natur das Vermögen, ihnen etwas Eigenständiges entgegenzusetzen. Zur Erklärung dieses Unterschieds entwirft Treviranus eine auf dem Wechselspiel von Grund- und Lebenskraft beruhende Lebenstheorie. Sie bildet das Fundament für seine späteren Theorien über die Evolution, die Lebenskraft, die zweckmäßige Interdependenz aller Wesen sowie die Ursachen und Bedingungen des Lebens.

Sein Konzept der Grundkraft entwickelt Treviranus in der Auseinandersetzung mit Kants *Metaphysischen Anfangsgründen der Naturwissenschaft* (1786) und Schellings *Ideen zu einer Philosophie der Natur* (1797). Da keine Kraft ohne eine Gegenkraft vorstellbar ist, wird die Grundkraft zum Ausgangspunkt einer dynamischen, sich wechselseitig bedingenden Kette von Kräften. «Jede einzelne Kraft ... ist also durch alle übrigen, und alle übrigen sind durch jede einzelne. Jede ist Ursache und zugleich Wirkung, Mittel und zugleich Zweck, jede ein Organ, und das Ganze ein grenzenloser Organismus» (Treviranus 1802, S. 34). Da deshalb jede Materie nur dadurch Materie ist, daß andere Materien auf sie einwirken, kann das Weltall nirgends Grenzen haben, es ergibt sich daraus die Unendlichkeit des Universums. Zweitens bedingt die wechselseitige Abhängigkeit aller Materien und aller Kräfte, daß es keine Bewegung im Universum geben kann, ohne daß das Ganze daran teilnimmt.

Diese dynamisch und antagonistisch ablaufenden Veränderungen bewirken die Verwandlung der körperlichen Urformen. Unter Antagonismus versteht Treviranus ein Prinzip der gegenseitigen Beschränkung der verschiedenen Kräfte zur Erhaltung eines Gleichgewichts im Organismus der Erde, und zwar sowohl zwischen den verschiedenen Naturreichen als auch innerhalb derselben sowie innerhalb eines Individuums. Dieser Antagonismus wird auch selbst wieder beschränkt, und zwar durch das Prinzip der Sympathie, das die verschiedenen Teile des Gesamtorganismus zu einem Ganzen vereinigt. Jedes materielle System durchläuft so, angetrieben von den Urveränderungen im Weltall und modifiziert durch das Prinzip von Antagonismus und Sympathie, eine unendliche Reihe von Veränderungen.

Damit also seine These, das entscheidende Merkmal des Lebendigen bestehe in der Gleichförmigkeit der Erscheinungen bei ungleichförmigen Einwirkungen der Außenwelt, bestehen kann, muß es zusätzlich zur Grundkraft noch eine andere Kraft geben, «muß ein Damm vorhanden seyn, woran sich die Wellen des Universums brechen, um die lebende Natur in den allgemeinen Strudel nicht mit hereinzuziehen» (Treviranus 1802, S. 51). Als dieses Mittelglied zwischen dem allgemeinen Organismus und der Materie der lebenden Organismen, wodurch die veränderliche Stärke der äußeren Einwirkungen Gleichförmigkeit erhält, identifiziert Treviranus in Rückgriff auf Blumenbachs Bildungstrieb die «Lebenskraft» und stellt fest: «Nach dem bisher Gesagten sind also zwey Grundkräfte, die repulsive Kraft und die Lebenskraft, die einzigen, deren wir zur Möglichkeit der materiellen Welt bedürfen. Jene bildet die leblose, diese in Verbindung mit jener die lebende Natur» (Treviranus 1802, S. 56).

Lenoir hat dieses Konzept als «teleomechanisch» charakterisiert (1981, S. 128–154), Treviranus habe damit zur Vollendung gebracht, was Kant zuerst Blumenbach zugeschrieben habe, nämlich die «Vereinigung zweier Prinzipien, dem der physisch-mechanischen und der bloß teleologischen Erklärungsart der organisierten Natur, welche man sonst geglaubt hat unvereinbar zu sein» (Kant 1986, S. 466, Brief an Blumenbach vom 5.8.1790). Das bedeutet, daß ein organischer Körper genauso wie die anorganische Materie den mit der Grundkraft verbundenen chemisch-physikalischen Gesetzmäßigkeiten unterworfen ist. Die Lebenskraft hebt die lebende Natur nicht aus dem Zusammenhang des Gesamtorganismus Natur heraus, sie schafft keine absolute Autonomie der lebenden Natur. Sie bewirkt jedoch, daß die belebte Natur nicht einfach ein Spielball der Veränderungen des Universums ist, sondern die äußeren Einwirkungen modifiziert. «Die Bewegungen, die wir an dem lebenden Organismus wahrnehmen, ... unterscheiden sich in keinem Stücke von denen, die wir in der leblosen Natur finden, als blos darin, daß die äussern Anlässe, denen sie ihr Entstehen verdanken, nicht unmittelbar, sondern durch die Lebenskraft modifizirt, auf die Materie des lebenden Körpers einwirken» (Treviranus 1802, S. 57f.). In der Natur drückt sich das so aus, daß die lebenden Körper im Vergleich zu den leblosen nicht fundamental anders, aber komplexer organisiert sind.

Treviranus geht davon aus, daß das Leben aus einem von Anfang an vorhandenen monistischen Verbund von Lebenskraft und Lebensmaterie entsteht. Leben ist also weder das Ergebnis eines übernatürlichen oder hyperphysischen Ereignisses noch das Produkt eines linearen Entwicklungsprozesses aus anorganischer Materie. Lebenskraft und Lebensmaterie bedingen sich wechselseitig, alle Lebensformen verdanken ihr Entstehen ursprünglich einem Lebenskraftprinzip, das mit der nach dem Tod formlos werdenden lebenden Materie unzertrennlich verbunden ist und sich nach der Verschiedenheit der äußeren Einflüsse in unterschiedlichen Gestalten äußert.

Je nachdem, welche äußeren Einflüsse auf diesen Verbund von Lebenskraft und Lebensmaterie einwirken, entwickeln sich unterschiedliche Lebensformen. Wegen der Lebenskraft sind diese Formen aber nicht einfach Produkte des Universums, sondern sie entstehen im Wechselspiel zwischen Lebens- und Grundkraft. Mittels ihrer Lebenskraft haben die Lebewesen die Fähigkeit, sich den verändernden Lebensbedingungen anzupassen. «In jedem Körper liegt die Fähigkeit zu einer endlosen Mannichfaltigkeit von Gestaltungen; jeder besitzt das Vermögen, seine Organisation den Veränderungen der äussern Welt anzupassen» (Treviranus 1805, S. 423). Durch diesen Prozeß der Evolution, der permanenten Adaptation der Lebewesen an sich verändernde Umweltbedingungen seien alle Lebewesen zu dem geworden, was sie jetzt sind, indem sich einfachere Organismen im ewigen Umwandlungsprozeß der Natur zu immer höheren Lebensformen allmählich entwickelt haben. «Wir glauben daher, daß die Encriniten, Pentacriniten, Ammoniten, und die übrigen Zoophyten der Vorwelt die Urformen sind, aus welchen alle Organismen der höhern Classen durch allmählige Entwickelung entstanden sind» (Treviranus 1805, S. 225). Dieser Prozeß sei im übrigen auch jetzt noch nicht abgeschlossen; man müsse davon ausgehen, «daß die Natur noch nicht die höchste Stufe der Organisation in dem Menschen erreicht hat, sondern in ihrer Ausbildung noch weiter fortschreiten und noch erhabenere Wesen, noch edlere Gestalten einst hervorbringen wird» (Treviranus 1805, S. 226).

Hinsichtlich der Lebensentwicklung erweist sich Treviranus damit als ein Vertreter der Realdeszendenz, die von einer realen Variabilität der Arten durch Adaptation an sich verändernde Umwelteinflüsse ausgeht. Er steht damit im Gegensatz zu den meisten von Schelling beeinflußten romantischen Naturforschern wie Steffens, Oken und Carus, die an eine Idealdeszendenz glauben (von Engelhardt

1979). Gelegentlich wird Treviranus auch in Verbindung zur Evolutionstheorie Darwins gebracht, doch scheinen trotz einiger Gemeinsamkeiten die Unterschiede zu überwiegen. Bei Treviranus gibt es kein darwinistisches Gegeneinander, keine Selektion und kein «survival of the fittest», sondern ein ökologisches Miteinander, eine auf Harmonie und Gleichgewicht ausgerichtete Zweckmäßigkeit, deren einziges Ziel die Selbsterhaltung des Gesamtorganismus der lebenden Natur ist.

Diese Erkenntnis der Selbsterhaltung als des obersten Prinzips der lebenden Natur führt Treviranus zu einer Differenzierung zwischen dem Mechanismus der unbelebten und dem Organismus der belebten Natur, die sich direkt auf die Beschäftigung mit Kant während der Göttinger Studienjahre zurückführen läßt. Kant hatte bereits 1788 in *Über den Gebrauch teleologischer Prinzipien in der Philosophie* und deutlicher noch 1790 in der *Kritik der Urteilskraft* am Beispiel von Uhr und organisierter Natur eine ähnliche Differenz zwischen Mechanismus und Organismus postuliert. Für Kant unterscheidet sich der Organismus der lebenden Natur durch die Fähigkeit zur Regeneration und Reproduktion von dem Mechanismus der unbelebten Natur. Wie auch Leibniz, auf dessen naturphilosophische Schriften er sich explizit beruft, geht Treviranus davon aus, daß die Natur ein geschlossenes Ganzes bildet, dessen einzelne Teile in enger Verbindung stehen. Um nicht die Selbsterhaltung der Natur zu gefährden, müssen sowohl die Handlungen und Aktivitäten der lebenden Körper als auch die Zufälligkeit der äußeren Einwirkungen ihre Grenzen haben.

Dieser Gedanke führt direkt ins Zentrum des Treviranusschen Biologiekonzeptes, das die Erhaltung der Natur davon abhängig macht, «daß die Einwirkungen eines Theils jener Organismen auf die Aussenwelt die entgegengesetzten von denen sind, die ein anderer äussert» (Treviranus 1802, S. 67f.). Damit wird die Einheit und das gegenseitige Aufeinander-angewiesen-Sein der belebten und der unbelebten Natur beschworen. Sowohl die Teilbereiche als auch der Gesamtorganismus der Natur können nur dann fortbestehen, wenn sie synergistisch funktionieren. Diese Ansicht sieht Treviranus auch durch die Empirie bestätigt. So ernährt sich zum Beispiel das Pflanzenreich von anorganischen Stoffen und dient seinerseits dem Tierreich zur Nahrung. Die Tiere versorgen ihrerseits wieder die Pflanzen mit Nahrung und zerfallen mit dem Tod in anorganische Substanz. Damit hat Treviranus den Kreislauf zwischen den drei Naturreichen (Anorganik, Pflanze, Tier und Mensch) dargelegt und den engen Zusammenhang von belebter und unbelebter Natur in eine allgemeine Theorie der Biologie eingefügt. «Jedes der drey Naturreiche ist folglich Mittel und zugleich Zweck, jedes ein Glied einer in sich zurückkehrenden Kette von Veränderungen, worin das mittlere immer Wirkung des vorhergehenden und zugleich Ursache des folgenden ist» (Treviranus 1802, S. 66). Die Einheit und der Zusammenhang der Natur kann nur durch unterschiedliche, auf der Erde koexistierende Lebens- und Organisationsformen erreicht und gewährleistet werden. Zwischen diesen besteht eine prinzipielle Verwandtschaft insofern, als sie sich alle aus einer gemeinsamen Grundform entwickelt haben.

Anthropozentrische Ausbeutung der Natur fällt letztlich auf den Menschen zurück, wird zur Autoaggression, indem sie die Grundlagen des Gesamtorganismus, von dem der Mensch ein Teil ist, zerstört. Da die Organisation der Natur auf einem kompensativen Regulationsvorgang beruht, bedarf der Mensch anderer Organismen, die seinem eigenen Handeln entgegengesetzte Wirkungen auf die Natur ausüben. Dieses im heutigen Sinne ökologische Konzept wird konsequent zu Ende geführt, indem Treviranus davon ausgeht, daß die Erhaltung der Natur und ihrer Individuen nur durch quantitativ und qualitativ unterschiedliche Lebensformen gewährleistet werden kann.

Diese Überlegung überträgt Treviranus auch auf die Medizin und sein Verständnis von Gesundheit und Krankheit. Ausgehend von der Überzeugung, daß Physiologie und Pathologie nicht grundsätzlich verschieden sind, folgen Krankheit und Gesundheit bei Treviranus denselben Gesetzmäßigkeiten wie alle übrigen Lebenserscheinungen. Gesundheit und Krankheit werden nicht nur in den allgemeinen Funktionszusammenhang der Natur eingebettet, beide haben für den Lebensprozeß tragende Rollen, sie werden als unverzichtbare Elemente zum Funktionserhalt der Gesamtnatur begriffen. Die Analyse der Bedeutung von Gesundheit und Krankheit steht daher auch weniger im Zeichen eines praxisorientierten Leitfadens für die Medizin als vielmehr des Versuchs einer Integration dieser beiden Phänomene in den Gesamtzusammenhang der Natur.

Im Zentrum seines Nachdenkens über Gesundheit und Krankheit steht das Bemühen um die Sichtbarmachung einer biologischen Dimension der Lebenswirklichkeit, die im Wechselverhältnis von Gesundheit und Krankheit besonders deutlich hervortritt, nämlich der Zweckmäßigkeit und Selbstheilkraft der Natur. So stellt er fest, daß die für das Leben wesentlichen Phänomene des Wachstums und des Alterns ohne die Lehre von den verschiedenen Ursachen und Formen der Krankheiten nicht verstanden werden können. Auch Gesundheit und Krankheit unterliegen dem dynamischen Antagonismus von äußeren Reizen und innerer Kraft sowie der Zwecktätigkeit der organischen Natur. Genau wie das Leben verdanken auch Gesundheit und Krankheit ihr Entstehen dem Wechselverhältnis von äußeren Einflüssen (wie Wärme, Luft und Nahrungsmitteln) und innerem Reaktionsvermögen. Sie haben daher keinen ontologisch unterschiedlichen Status, sondern sind verschiedene Modifikationen des Lebens, wie Wachen und Schlaf, Jugend und Alter. Gesundheit ist das Produkt eines Gleichgewichts zwischen den äußeren Reizen und der inneren Lebenskraft, während Krankheit aus einem Mißverhältnis derselben resultiert. Seiner Lebensdefinition folgend, führt dies zu einer «Erklärung von Gesundheit und Krankheit. Gesundheit ist das Vermögen, Krankheit das Unvermögen eines lebenden Körpers in der zur Erreichung der Zwecke seines Daseyns nothwendigen Sphäre der Zufälligkeit äusserer Einwirkungen sein Leben fortzusetzen» (Treviranus 1802, S. 73). Krankheit ist eine Lebenserscheinung, für die die allgemeinen Gesetze der organischen Natur gelten; es sei undenkbar, daß durch Krankheit Kräfte in den Körper gebracht werden, die im gesunden Zustande nicht vorhanden sind. Was sich in der Krankheit verändert, ist nicht die Qualität der lebenskonstituierenden Elemente, sondern deren Verhältnis zueinander. Als Folge der Störung dieser für den gesunden Zustand nötigen Ordnung der Körperfunktionen ist «mit jeder Krankheit eine Abweichung des lebenden Körpers von seiner naturgemäßen Wirkungsart verbunden» (Treviranus 1802, S. 75). Diese kann aber nicht selber schon die Krankheit sein, denn ihrer Entstehung muß eine Abweichung des lebenden Körpers von seiner naturgemäßen Lebensform vorangegangen sein; sie ist daher bloß Symptom. Dabei folgt die Ausprägung der Symptome dem allgemeinen Lebensgesetz des Antagonismus, nach dem eine Tätigkeit oder eine Abweichung in ihrer spezifischen Form der sie verursachenden Kraft genau entgegengesetzt ist. Die Symptome der Krankheit resultieren aus der äußerst variablen Reaktionsweise des Organismus auf Umwelteinwirkungen; sie sind also in erster Linie nicht Folge der äußeren Einwirkungen, sondern der Reaktion der Lebenskraft oder Naturheilkraft auf die einwirkenden Reize.

Die Genesung verdankt sich einem nur den Lebewesen vorbehaltenen Vermögen, nämlich der Heilkraft der organischen Natur. «In allen Arten von acuten Krankheiten bemerken wir gewisse Kräfte im menschlichen Körper, durch deren Thätigkeit derselbe oft ohne fremde Hülfe geheilt und die Ursachen jener Uebel aus ihm entfernt werden. Wir nennen diese Kräfte Heilkräfte der Natur (vires naturae medicatrices)» (Treviranus 1802, S. 75). Diese Kräfte sind in der materiellen Organisation der lebenden Körper verankert, um sie zu einem an den Zwecken der Natur orientierten Leben zu befähigen. Sie schlummern also nicht etwa im Zustand der Gesundheit und werden nur durch Krankheit geweckt, sondern sie sind ein Teil der immer existenten und unzerstörbaren Lebenskraft.

Am treffendsten läßt sich das Krankheitsverständnis von Treviranus als biologisch charakterisieren; er verwirft jede Form eines ontologischen Krankheitsbegriffs, der Krankheit als ein Wesen für sich, als eine eigenständige Entität betrachtet. Statt dessen vertritt er eine dynamisch-physiologische Ansicht. Krankheit ist eine lebensimmanente Erscheinung, sie ist ein wesentliches Charakteristikum des Organischen. Sie hat keinen autonomen Status, sondern repräsentiert den Ablauf der Lebenserscheinungen unter bestimmten Bedingungen und trägt alle Eigenschaften des Lebens in sich. Folglich ist Krankheit keine normativ festlegbare und meßbare Größe, sondern ein Prozeß, dessen Bedeutung nur in Relation zum Zweck des Lebens zu bestimmen ist; an ihrer Ausprägung ist immer auch die Heilkraft der Natur beteiligt.

Die Konsequenzen, die sich aus diesem Verständnis der Selbstheilkraft für die Medizin ergeben, liegen auf der Hand. Ähnlich wie andere Vertreter eines Naturheilkraftkonzeptes mißt Treviranus der Medizin und ihren therapeutischen Möglichkeiten nur eine geringe Bedeutung bei. Seine Skepsis gegenüber der Medizin resultiert im wesentlichen aus den Schwierigkeiten der medizinischen Diagnostik (Treviranus 1802, S. 119-152). Für den praktischen Arzt gebe es zwei Wege zur Erkennung von Krankheiten, die Empirie und den Dogmatismus. Die Empiriker könnten entweder über die Induktion oder das Experiment Aufklärung über den Zustand eines Patienten erlangen. Da aber Induktion meist nur zur Wahrscheinlichkeit, selten aber zur Gewißheit führt und das Experimentieren aus ethischen Gründen dem Arzt verboten ist, wird klar, daß die bloße Empirie nicht als Richtschnur für die Medizin taugt. Der Dogmatiker sucht nach dem Wesen und dem Grund der Krankheitssymptome. Ihm geht es um ein fundamentaleres Verständnis der Ursachen von Krankheit und ihrer Bedeutung in der Natur. Die Grundlage des Dogmatismus ist die Biologie, verstanden als eine allgemeine und theoretische Lehre aller Lebenserscheinungen. Wenn auch der Dogmatismus damit dem epistemologischen Ideal von Treviranus entspricht, so scheitert er in der Praxis an der Unvollständigkeit des Wissens und den Grenzen des menschlichen Erkenntnisvermögens. Für die Medizin bedeutet dies, daß es nicht möglich ist zu unterscheiden, inwieweit ein bestimmtes Symptom Folge der direkten Krankheitsursache oder Reaktion der Selbstheilkraft ist. Jede medizinische Praxis, sowohl eine empirisch wie auch eine dogmatisch begründete, müsse sich also auf ein Gemisch von Wahrheiten und Irrtümern stützen. Da der Arzt in der Regel nicht weiß, worauf die Natur hinauswill, wird jede Therapie «gegen eine Anzahl Kranker, die sie rettet, vielleicht eine eben so große aufopfern, und läßt sich eben deswegen im Allgemeinen als verwerflich ansehen» (Treviranus 1802, S. 142).

Aus diesem Grund fordert Treviranus eine äußerst strenge Indikationsstellung bei der Anwendung therapeutischer Verfahren. Wenn die Medizin schon nicht viel positiven Nutzen stiften kann, soll sie wenigstens keinen Schaden anrichten. Auf keinen Fall dürfe sich eine Therapie gegen das Wirken der Natur wenden; dies sei nicht nur für das erkrankte Individuum unnütz, sondern auch für alle übrigen Lebewesen schädlich, da dadurch das Gleichgewicht in der Natur gestört würde. Die Aufgabe des Arztes sollte sich darauf beschränken, die Selbstheilkräfte der Natur zu unterstützen. Dies gelte auch für den Prozeß des Sterbens. Es ist zu akzeptieren, daß für jedes Lebewesen eine Zeit kommt, «wo seine Organisation mit der Aussenwelt nicht länger bestehen kann» (Treviranus 1802, S. 71), das heißt, wo es stirbt. Sterben ist unerläßlich für das Gleichgewicht der Natur, es ist der Übergang des Lebens in andere Formen, von denen eine die anorganische Natur ist.

Durch diese Gesetze und regulativen Prozesse erreicht die Natur Einheit bei der größten Mannigfaltigkeit, verwirklicht sie ihren Zweck, die Selbsterhaltung; durch sie «ist die ganze Sinnenwelt nur ein einziger Organismus, ist das Kleinste in ihr das, was es ist, nur dadurch, daß es mit dem Größten in Wechselwirkung steht, und hat auch das Größte sein Daseyn nur durch das Kleinste» (Treviranus 1803, S. 3), eine stark an Newton erinnernde Konzeption, die man als «biologischen Dynamismus» bezeichnen kann. Der Zweck der Natur ist Selbsterhaltung, und zwar sowohl des Gesamtsystems als auch aller Teilorganismen. Sie erreicht das dadurch, daß alles mit allem selbstregulierend in Wechselwirkung steht, durch die Interaktion der mechanischen Grundkraft mit der teleologischen Lebenskraft. Dieses Organisationsprinzip hat nicht nur für den Gesamtorganismus, sondern auch für jedes einzelne individuelle Lebewesen Gültigkeit.

3.2 «Erscheinungen und Gesetze des organischen Lebens» 1831–1833

Mit den *Erscheinungen und Gesetzen des organischen Lebens* ging es Treviranus um eine nochmalige Demonstration der Tragweite seines in der *Biologie* formulierten erkenntnistheoretischen Credos, daß nur die Verbindung von Philosophie und Empirie einen Fortschritt in der Naturwissenschaft gewährleisten könne. Das auf zwei Bände angelegte Werk übernahm im wesentlichen die Gliederung der *Biologie*. Der empirische Teil wurde teils gestrafft, teils ergänzt durch neue Erkenntnisse der Naturforschung. Die wesentlichen Veränderungen gegenüber der *Biologie* bestehen einmal in der Aufnahme zweier neuer Kapitel über «Constitution, Temperament, Gesundheit und Krankheit» und «Erlöschen des Lebens und Uebergang des Organischen in andere Formen des Daseyns», zum anderen in der Formulierung eines spiritualistischen Verständnisses des Lebens. Besonders mit letzterem wandte sich Treviranus gegen den Zeitgeist und die immer stärker empirisch-positivistisch werdenden Auffassungen über die Phänomene des Lebens. Seine zentrale These von der Zweckmäßigkeit der Natur behielt er bei, ihre Ursache sah er jedoch nicht mehr in einem an die Materie gebundenen biologischen Dynamismus Newtonscher Prägung, sondern in einem als Instinkt verstandenen «geistigen Prinzip», das bereits antizipierend wirksam wird, das Tätigkeiten veranlaßt, die sich erst im nachhinein als zweckmäßig erweisen.

Während man die Lebensdefinition der *Biologie* im Sinne einer Synthese, einer Zusammenführung der im 18. Jahrhundert sich bekämpfenden mechanistischen und vitalistischen Anschauungen interpretieren kann, als teleomechanistisches Konzept, ist für Treviranus in den *Erscheinungen und Gesetzen* eine mechanistische Anschauung mit dem Leben unvereinbar. «Der Mechanismus zerstört sich selber, indem er für den Zweck, für den er bestimmt ist, arbeitet; hingegen der Organismus hat sein Bestehen durch die ihm eigene Wirksamkeit» (Treviranus 1831, S. 8). Diese nur dem Leben zukommende zweckgerichtete, auf die Erhaltung und Ausbildung des eigenen und allen anderen Lebens ausgerichtete Selbsttätigkeit hat ihre Ursache im Instinkt.

Der Instinkt läßt sich nur «entweder in einer allgemeinen Weltseele, oder in einer Seele jedes lebenden Einzelwesens suchen» (Treviranus 1831, S. 10). Die Weltseele kommt für Treviranus nicht in Frage, da sie alles individuelle geistige Sein aufheben würde und so mit der Definition des Lebens als eines selbsttätigen Prinzips zwischen einer durch die Lebenskraft vermittelten Freiheit und der durch die Gültigkeit der chemisch-physikalischen Gesetze bedingten Gebundenheit, also mit der relativen Autonomie des individuellen Lebens, unvereinbar sei. Statt dessen zieht Treviranus den Schluß, daß die Zweckmäßigkeit der Natur in einem «in jedem individuellen Leben ... für sich bestehenden Princip» (Treviranus 1831, S. 10) liegt, das geistiger Art ist; nur so wird «die Identität des Lebens und Beseeltseyns begreiflich» (Treviranus 1831, S. 11).

Mit seinem Begriff von «Beseeltsein» greift Treviranus über ein rationales Bewußtsein hinaus. Abstrahierendes und reflektierendes Denken kann nie die Sicherheit und Zweckmäßigkeit garantieren, die für den Fortbestand der Natur nötig ist. Der Instinkt ist aber nur Ausdruck, nicht Ursache der in der ganzen Natur zu beobachtenden Zweckmäßigkeit. Die letzte Ursache für die Zweckmäßigkeit der Natur sieht Treviranus in einem geistigen Prinzip, das sich zwar als Instinkt äußert und zu erkennen gibt, das letztlich aber einem «dunklen Bewußtseyn» entstammt, einer nicht näher bezeichneten «produktiven Einbildungskraft» des Unbewußten, die einerseits ins Körperliche, andererseits ins Geistige wirkt und so nicht nur zu physischer, sondern auch zu ästhetischer und moralischer Zweckmäßigkeit in allen Lebenserscheinungen führt. «Alles Beobachten jener Zweckmäßigkeit ... führt zu einem Urgrund, der sich nur ahnen läßt» (Treviranus 1831, S. 4 f.).

Diese Spiritualisierung überträgt Treviranus auch auf sein Verständnis von Gesundheit und Krankheit. Zwar ist für die Gesundheit nach wie vor ein harmonisches Verhältnis zwischen äußeren Einwirkungen und innerer Beschaffenheit des Individuums nötig, doch ist dieses nicht mehr Folge der materiellen Organisation und der dynamischen Interdependenz aller Lebewesen, sondern eines geistigen Prinzips, das durch den Instinkt oder auch durch die Seele vermittelt wird. So stellt er fest, daß jede Theorie, die den Menschen und die lebende Natur ohne Selbstbestimmung und ein geistiges Prinzip konzipiert, zum Materialismus und Fatalismus führen muß. Diese deutliche Betonung der Eigenständigkeit der Lebewesen schlägt sich in der Definition von Gesundheit so nieder, daß unter dieser nun eine «aus keinem innern Grund beschränkte Zweckmäßigkeit der Selbstthätigkeit» (Treviranus 1833, S. 147) verstanden wird.

Damit wird statt der Interdependenz zwischen Individuum und Umwelt die Autonomie und Selbsttätigkeit eines jeden einzelnen Lebewesens in den Vordergrund gestellt. «Gegen die Beschränkungen, denen das Leben in jeder Sphäre vom Zufalle ausgesetzt ist, behaupten sich alle lebende Wesen durch Wirken ihrer Selbstthätigkeit» (Treviranus 1831, S. 166).

Die großen Fortschritte der Medizin des 19. Jahrhunderts sind ohne die theoretischen, an Zweckmäßigkeit und Interdependenz des Lebens orientierten Arbeiten von Treviranus nicht denkbar. Sein Verdienst liegt dabei nicht so sehr in der Vermehrung des empirischen Wissens, sondern in seinen theoretischen Reflexionen. Man kann die *Biologie* und die *Erscheinungen und Gesetze des organischen Lebens* gewissermaßen als einen Blueprint für die biologisch-physiologische Forschung des 19. Jahrhunderts lesen, sie schlagen eine Brücke von der philosophisch orientierten Naturforschung um 1800 zur empirisch-positivistischen Naturwissenschaft. Führende Naturforscher wie Johannes Müller (1801–1858), Karl Ernst von Baer (1792–1876) und Justus von Liebig (1803–1873) beziehen sich in ihren Arbeiten teilweise explizit auf Treviranus und bemühen sich um eine empirische Verifizierung seiner biologischen Thesen. Auch Hermann von Helmholtz (1821–1894) und Emil Heinrich Du Bois-Reymond (1818–1896) begreifen die theoretisch geprägte Physiologie des frühen 19. Jahrhunderts als Ausgangspunkt für ihre empirisch-positivistischen Forschungen und unterstützen Bemühungen um eine neue Wissenschaftstheorie. Als repräsentativ können sie allerdings nicht gelten; auch ihnen ist es nicht gelungen, eine einseitige Betonung der mechanistisch-naturwissenschaftlichen Aspekte des Lebens zu verhindern.

In den letzten Jahren scheint jedoch die Bereitschaft zur Auseinandersetzung mit den philosophischen, sozialen, ethischen und anthropologischen Aspekten der Naturwissenschaften wieder zu wachsen. Ein immer deutlicher artikuliertes Unbehagen an einer durchtechnisierten Welt hat das Interesse an alternativen Konzeptionen von Wissenschaft geweckt. Die Überlegungen von Treviranus zur Ethik und Handlungslegitimation sowie die Preisgabe eines anthropozentrischen Weltbildes und die Öffnung der Anthropologie zur Ökologie können sicherlich mit Gewinn aufgenommen werden. Bei der Bestimmung der wissenschaftstheoretischen Grundlagen der Biologie und der Medizin, in der Diskussion über allgemeine Konzepte und epistemologische Prinzipien wie Materialismus oder Vitalismus, Mechanismus oder Organismus, Kausalität oder Finalität kann die Lektüre der *Biologie* oder der *Erscheinungen und Gesetze des organischen Lebens* fruchtbare Impulse geben.

Ilse Jahn

ALEXANDER VON HUMBOLDT
(1769–1859)

Es gab in der Vergangenheit Naturforscher, die jede Disziplin – auch die Biologie – als Repräsentanten in Anspruch nehmen kann. Wie für Leibniz und Goethe gilt das auch für Alexander von Humboldt. Da er sich selbst primär als «Geognosten» bezeichnete, bedarf die Aufnahme unter die «Klassiker der Biologie» einer besonderen Erklärung.

Humboldt war kein Spezialist für ein bestimmtes Fach, wenn er auch beruflich vor allem für Bergbau und Montanwissenschaft qualifiziert und sein Studienfach Kameralistik (Wirtschaftslehre) war. Sein wissenschaftliches Interesse ging aber weit darüber hinaus. Er suchte der «Erde» als Gesamtphänomen von den verschiedenen Seiten her nahezukommen, indem er die Naturgeschichte der Mineralien, Pflanzen und Tiere ebenso wie die Naturerscheinungen von Wasser, Feuer und Luft, von Magnetismus und Elektrizität als zur Erde gehörig untersuchte und dies alles schließlich als kosmisches Phänomen betrachtete. Der im 18. Jahrhundert gebräuchliche umfassende Begriff «Geognosie» drückte diese Gesamtsicht besser aus als die heutige Bezeichnung «Geologie». Für den Biologen ist seine Erkenntnissuche von Bedeutung, weil er sich eine Zeitlang intensiv mit den Lebensprozessen und der Spezifik der Lebewesen befaßte, den Phänomenen des «Lebens» experimentelle Untersuchungen widmete, mit denen er Impulse für moderne physiologische Richtungen des 19. Jahrhundert gab, und durch die Beobachtungen über Zusammenhänge zwischen Klima und Organismen die Biogeographie entscheidend beeinflußte. Es wird die Aufgabe dieser Biographie sein, diese Teilaspekte seines Wirkens hervorzuheben.

1. Lebensabriß der Jugend- und Berufsjahre

Alexander von Humboldt wurde am 14. September 1769 in Berlin geboren. Sein Elternhaus stand in der Jägerstraße 22 an der Stelle, wo heute das Hauptgebäude der Berlin-Brandenburgischen Akademie der Wissenschaften steht. Sein Vater Alexander Georg (1720–1779) war Offizier und Kammerherr am preußischen Hof und hatte den Adel von seinem Vater geerbt, der ihn 1738 verliehen bekam. Seine Mutter, Marie Elisabeth (1741–1796), war die Tochter des

Manufakturbesitzers Colomb, einer hugenottischen bürgerlichen Familie, und Witwe des Grundbesitzers von Hollwede. In die zweite Ehe mit A. G. von Humboldt brachte sie einen Sohn, Ferdinand von Hollwede (1763–1817), und reiche Güter ein, die den Wohlstand der Familie sicherten. Dazu gehörte auch Gut und Schloß Tegel, wo Alexander und sein älterer Bruder Wilhelm von Humboldt (1767–1835) einen Teil ihrer Kindheit und ersten Erziehung verbrachten und wo Alexander erste Naturbeobachtungen machte. Die Ausbildung lag in Händen von Privatlehrern, zu denen der Schulreformer Joachim Heinrich Campe (1746–1818) gehörte. Ab 1777 lag die Erziehung in den Händen des Pädagogen Gottlob Johann Christian Kunth (1757–1829), der weitere Gelehrte zum Unterricht heranzog. Nach dem frühen Tod des Vaters entwickelte sich ein enges Vertrauensverhältnis zu Kunth, der den Brüdern bis in die ersten Studiensemester zur Seite stand. Von Oktober 1787 bis März 1788 studierten Wilhelm und Alexander an der Universität Frankfurt an der Oder, Alexander auf Wunsch der Mutter Kameralistik (Volkswirtschaftslehre), wozu Rechnungswesen, Jura und oft auch angewandte Botanik gehörten.

Während Wilhelm anschließend zum Weiterstudium nach Göttingen reiste, blieb Alexander ein Jahr in Berlin, das er zur Weiterbildung in naturwissenschaftlichen Fächern nutzte, denen damals an Universitäten noch wenig Raum gegeben wurde. Aus Jugendbriefen erfährt man, daß sich Humboldt in diesem Jahr mit dem Botaniker Carl Ludwig Willdenow (1765–1812) anfreundete, die botanische Terminologie erlernte, im Tiergarten Moose, Flechten und Schwämme sammelte und ein Herbarium anlegte (Jahn & Lange 1973, S. 40–46).

Erstaunlicherweise formulierte der noch nicht 20jährige damals schon weitgespannte Forschungsziele für die Botanik, die er für eine Wissenschaft hält, von der sich «die menschliche Gesellschaft am meisten zu versprechen hat». Diese Überzeugung schöpfte er auch aus historischen Studien «der ältesten Pflanzenkenner», die ihm deshalb wichtig sind, weil er «an einem Werke über die gesamten Kräfte der Pflanzen» sammelte (a.a.O., S. 41). Seit Humboldt im Sommer 1788 den Kontakt mit Willdenow gesucht hatte, dessen Flora von Berlin (1787) er schon in Frankfurt/Oder zum autodidaktischen Pflanzenstudium genutzt hatte, begleitete ihn die Liebe zur Botanik lebenslang; die Pläne für ein eigenes botanisches Werk wurden in diesen Jugendjahren wiederholt erwähnt, zwei Jahre später spricht er genauer von einem pflanzengeographischen Werk («Geschichte der Pflanzenwanderungen»), das er zusammen mit Georg Forster plane (a.a.O., S. 163 f.), und im Mai 1795 verspricht er, Goethe ein Werk über Höhlenpflanzen zu widmen.

*Alexander von Humboldt (1769–1859),
nach einer Zeichnung von François Gérard, 1805*

Zunächst aber setzte Humboldt 1789 bis 1790 für zwei Semester sein Studium an der Universität Göttingen fort, wo er «allein für Naturgeschichte und Sprachen» lebte, mit den Botanikern Heinrich Friedrich Link (1767–1851) und Christian Hendrik Persoon (1755–1857) sowie mit dem holländischen Mediziner Steven Jan van Geuns (1767–1795) verkehrte, mit dem er im Herbst 1789 eine Studienreise durch Hessen, die Rheinlande und die Pfalz machte.
Auch botanisierte er im Harz und im Eichsfeld und «träumte» sich «bisweilen nach beiden Indien, aber die Möglichkeit einer solchen Reise wurde mir noch nicht klar», heißt es im Rückblick (Humboldt 1801). Seine Hochschullehrer waren vor allem Johann Friedrich Blumenbach (1752–1840), der Naturgeschichte, vergleichende Anatomie und Physiologie lehrte und mit Humboldt Reizversuche an Froschschenkeln machte, der geistvolle Physiker Georg Christoph Lichtenberg (1742–1812), der Schwiegervater Georg Forsters (1754–1794). Diesen hatte Humboldt mit van Geuns im Oktober 1789 in Mainz besucht. Die Bekanntschaft mit Georg Forster

hatte für Humboldt weittragende Bedeutung. Mit diesem erfahrenen Weltreisenden, der James Cook auf der Weltumsegelung (1772–1775) begleitet hatte, trat Humboldt am Ende der Göttinger Studienzeit eine ausgedehnte Reise zum Niederrhein, nach Holland, England und Frankreich an, die seiner Reisesehnsucht weitere Nahrung gab: «Wie sehr erwachte diese Sehnsucht vollends bei dem Anblick des allverbreiteten, beweglichen, länderverbindenden Ozeans, den ich bei Ostende zuerst sah» (Biermann 1987, S. 36–40). Auf der Rückreise erlebte er in Paris den Enthusiasmus der Französischen Revolution, deren Ideen sich Forster verschrieben hatte und die auch Humboldt berührten. Über Forster, der ihm auf der Reise auch mineralogisch-geologische Erfahrung vermittelte, sagte Humboldt später: «Die meisten der geringen Kenntnisse, die ich besitze, verdanke ich ihm» (Humboldt, Autobiographie 1799, in Biermann 1987, S. 25). Nach der Rückkehr besuchte Humboldt von August 1790 bis März 1791 in Hamburg die «Handelsakademie» von Georg Büsch (1728–1800), die für die Ausbildung von Kaufleuten und Staatsbeamten im Finanzfach bestimmt war, und bewarb sich dann bei dem Minister des Bergwerks- und Hüttendepartements, Friedrich Anton Freiherr von Heinitz (1725–1802), um eine Anstellung im preußischen Bergdienst, wofür seine mineralogische Schrift (1790) eine Empfehlung war. Nachdem er noch eine neunmonatige Ausbildung (vom Juni 1791 bis Februar 1792) an der von Heinitz gegründeten Bergakademie in Freiberg (Sachsen) absolviert hatte, wo er nicht nur praktische Erfahrungen in der Arbeit unter Tage und in der Markscheidekunst sammelte, sondern auch neue botanische Untersuchungen anstellte, wurde er am 6. März 1792 zum Bergassessor am preußischen Bergdepartement ernannt, wodurch seine weitere berufliche Laufbahn im preußischen Staatsdienst bestimmt wurde. Seine schnelle Einarbeitung, seine sachkundigen Berichte von Dienstreisen durch Polen, Böhmen und Franken über Hüttenbetriebe und Bergwerke verschafften ihm schon 1793 die verantwortliche Stellung des Oberbergmeisters für die 1791 an Preußen gekommenen fränkischen Fürstentümer Ansbach-Bayreuth.

Sein Wohnsitz war seit 1793 in Steben, von wo aus er die Bergwerke des großen Gebietes mit allen fachlichen, technischen, kaufmännischen und auch sozialen Belangen unter dem Minister Karl August Fürst von Hardenberg (1750–1822) leitete. Seine Leistungen für den fränkischen Bergbau in den vier Jahren seiner Verwaltung spiegeln sich in vielen amtlichen Berichten und Briefen wider, von denen nur die Gründung einer freien Bergschule in Steben und die Erfindung und Erprobung von Sicherheits- und Rettungsgeräten genannt werden sollen. Bald folgte seine Ernennung zum Bergrat (1794) und zum Oberbergrat (1795).

Neben diesen hauptberuflichen Verwaltungs- und Aufsichtsaufgaben, wozu auch zeitweilig der «Federdienst» – also Schriftverkehr – für Hardenberg gehörte, verfolgte Humboldt quasi nebenbei seine botanisch-biologischen Pläne weiter und untersuchte die erstaunlichen Phänomene der unterirdisch wachsenden Pflanzen auf ihre Lebens- und Wachstumsbedingungen. Bereits in den Freiberger Bergwerksgruben hatte er die dort vorkommenden Pflanzenarten beschrieben und in einer lateinischen Schrift *Florae Fribergensis specimen* (1793) veröffentlicht, die C. L. Willdenow gewidmet ist.

Im Anhang dazu verfaßte er das Ergebnis experimenteller Untersuchungen über die chemischen Lebensprozesse dieser Höhlenflora, wozu er in einem stillgelegten Stollen einen «Versuchsgarten» anlegte. 1794 sind diese *Aphorismen aus der chemischen Physiologie der Pflanzen* in deutscher Übersetzung separat erschienen; sie dokumentieren eine neue Forschungsrichtung, die Anwendung der neuen Chemie von Lavoisier auf die Pflanzenphysiologie, die Humboldt schon von Chr. Girtanner in Göttingen kennenlernte und bei Experimenten mit Martin Heinrich Klaproth (1743–1817) und Friedrich S. Hermbstaedt (1760–1833) in der Hofapotheke in Berlin erprobte. Diese ersten biologischen Arbeiten fanden bei führenden Botanikern Beachtung und führten 1793 zur Ernennung als Mitglied der Deutschen Akademie der Naturforscher Leopoldina.

Während seines bergmännischen Dienstes führte Humboldt zwischen 1793 und 1796 die Untersuchungen über die Lebensprozesse der unterirdisch wachsenden Pflanzen weiter, protokollierte die Reaktion von Pflanzen und Keimen auf Chemikalien, ihre Atmung und Assimilation, ihre Wachstumsprozesse im Dunkeln und im Sonnenlicht, machte Experimente in Gruben und in Glasgefäßen («in vitro») zur Kontrolle und stellte mikroskopisch-histologische Beobachtungen über die Epidermis und die Gestalt und Funktion der «Spaltöffnungen» (Schließzellen) unter verschiedenen Klimabedingungen an. Es waren Vorarbeiten für ein größeres botanisches Werk, das er unter dem Titel *Ueber die Vegetation im Inneren des Erdkörpers, ein Fragment aus der allgemeinen Naturbeschreibung* herausgeben und Goethe widmen wollte. «Ich dachte, das Leben, nicht die Form der lichtscheuen Pflanzen darzustellen und hier eine Probe zu liefern, wie nach meinen Einsichten organische Wesen behandelt werden müssen», schrieb er am 21. Mai 1795 an Goethe (Jahn/Lange 1973, S. 420).

Daneben führte Humboldt auch schon elektrische Reizversuche mit Pflanzen durch, nachdem er auf seiner Dienstreise durch Süddeutschland, Österreich, Mähren und Polen 1792 in Wien von den Kontroversen zwischen Luigi Galvani (1737–1798) und Alessandro Volta (1745–1827) über vermeintliche «tierische Elektrizität» gehört hatte und die Idee aufgriff, man könnte die «Lebenskräfte» mit

Elektrizität bzw. mit dem «Galavanismus» identifizieren. Bereits ab 1794 nutzte Humboldt die Besuche bei seinem Bruder (der seit 1794 mit seiner Familie in Jena wohnte), um dort in dem «Anatomischen Theater» unter Anteilnahme des Mediziners Justus Christian Loder (1753–1832), des Physikers Johann Wilhelm Ritter (1776–1810), J. W. von Goethes und seines Bruders Wilhelm galvanische Reizversuche an Tieren verschiedenster Art anzustellen. Er hoffte nachweisen zu können, daß in den tierischen und pflanzlichen Geweben ein der Elektrizität ähnlicher Strom fließt und die Lebensphänomene bewirkt. Während er um 1793 – wie Girtanner – den Sauerstoff als «Lebenskraft» annahm, kam er später zu der Überzeugung, daß nur das Zusammenwirken vieler Stoffe und Kräfte die Lebenserscheinung hervorrief.

Im Herbst 1796 starb seine Mutter nach längerer Krankheit an Brustkrebs, und Alexander erhielt das Gut Ringenwalde und 90 000 Taler als Erbteil, während sein Bruder Wilhelm Gut Tegel erbte und später dort seinen Wohnsitz nahm.

Das ererbte Vermögen erlaubte Humboldt nun die Realisierung seiner langgehegten Reisepläne, und er ging zielstrebig an die Vorbereitung, nachdem ihm für Ende 1796 die Entlassung aus dem Bergdienst genehmigt worden war.

Zunächst setzte er 1797 seine Experimente mit Tieren in Jena fort und dehnte sie über galvanische Versuche hinaus auf chemisch-physiologische Experimentalreihen aus, in deren Verfolgung er schließlich feststellte, daß die organischen Gewebe, also Muskel- und Nervenfasern, nicht – wie A. von Haller und Christoph Girtanner meinten – aus einer «lebenden» Substanz bestehen, sondern ihre Lebensprozesse beliebig verändert werden können; das heißt, Humboldt gewann die Überzeugung, daß die Lebenserscheinungen mit den bereits erkannten Naturgesetzen erklärbar sind und keine besondere «Lebenskraft» existiert (Humboldt 1797, Bd. 2, S. 432f.). In diesem Zusammenhang maß Humboldt der Elektrizität (Galvanismus) eine neue besondere Bedeutung bei, und er nahm diese Fragestellung auch auf seine große Amerikareise mit (s. u.).

In die Zeit seiner längeren Aufenthalte in Jena fällt die engere, bald freundschaftliche Beziehung zu Goethe, die 1794 begann und bis zu Goethes Tod (1832) andauerte. Sie war nicht auf Goethes Interesse an Humboldts Versuchen begrenzt, sondern berührte vor allem Fragen der Pflanzengestalt und deren Entwicklung, mit denen sich Goethe seit 1786 und bei der Konzeption seiner Lehre über die *Metamorphose der Pflanzen* (1790) in diesen Jahren intensiv beschäftigte. Goethe schätzte die anregenden Gespräche mit Humboldt außerordentlich, «in denen er Gegenstände verschiedenster Materie unter einem übergeordneten Gesichtspunkt zu beleuchten verstand und eine ungeheure Menge von Fakten ständig parat hatte» (Hein, S. 46). Die Einflußnahme war wechselseitig. Hatte Goethe 1797 über Humboldts Gegenwart in Jena geschrieben, sie reichte, allein hin, «eine ganze Lebensepoche interessant auszufüllen» und bringe alles in Bewegung, «was nur chemisch, physisch und physiologisch interessant sein kann ...» (an Knebel, März 1797), so äußerte Humboldt 1806 rückblickend auf diese Zeit, er sei durch Goethes Natureinsichten gehoben, gleichsam mit neuen Organen ausgerüstet worden.

Auch diese Fragestellungen über den Zusammenhang zwischen Pflanzengestaltung und Klima eines Erdstriches bewegten Humboldt auf seiner großen Reise weiter und führten zu seinem Goethe gewidmeten Werk (Humboldt 1806).

Die Jahre 1797–1798 waren mit Vorbereitungen für eine große Reise ausgefüllt, deren Ziel noch gar nicht feststand. Ein ursprünglicher Plan, über Österreich und Italien nach den Antillen zu reisen, um den Vulkanismus zu studieren, bestimmte die wissenschaftlichen Vorbereitungen, die im Erwerb und im Erproben verschiedenster Meßinstrumente bestanden. Mit Thermometer, Eudiometer und Barometer führte er Luftgütemessungen (Gehalt an Sauerstoff, Feuchtigkeit und Kohlendioxid) und Höhenbestimmungen der Berge in Deutschland und Österreich durch, besuchte in Wien medizinische Vorlesungen und die botanischen Sammlungen der Amerikareisenden Nikolaus (1727–1817) und Joseph von Jacquin (1766–1839) und übte sich mit dem Geologen Leopold von Buch (1774–1853) in Salzburg in barometrischen und meteorologischen Messungen in den Salzburger Alpen.

Die Reise von Jena über Dresden und Prag nach Wien war gemeinsam mit Wilhelm von Humboldt und dessen Familie durchgeführt worden. Da die Kriegszüge Napoleons durch Italien und Nordafrika die weiteren Reisepläne veränderten und der Bruder statt nach Italien nach Paris weiterreiste, folgte ihm Alexander Ende April 1798 dorthin. Zunächst hoffte er, sich der von dem französischen Direktorium geplanten Weltreise des Kapitäns Nicolas Baudin (1754–1803) anschließen zu können, die jedoch ebenfalls nicht zustande kam. Als neues Reiseziel wurde von Marseille aus Nordafrika ins Auge gefaßt. Als auch diese Absicht an den Eroberungszügen Napoleons nach Ägypten scheiterte, brach Humboldt Ende 1798 nach Spanien auf. Auf Empfehlung der Pariser Botaniker hatte Humboldt den jungen Arzt Aimé Bonpland (1773–1858) als Reisebegleiter gewinnen können, der botanisch sehr versiert war.

Auf der Reise über die Pyrenäen nach Gerona und Barcelona, zum Montserrat und über Valencia nach Madrid vermaß er mit Sextant und Chronometer, Thermometer und Barometer die Berghöhen Spaniens, was die Grundlagen für ein erstes Landschaftsrelief eines großen Gebietes schuf (Biermann 1983, S. 41). In Madrid fand

Humboldt durch alte Beziehungen zu dem spanischen Politiker Mariano Louis de Urquijo (1768–1831) Zugang zum Königshof und erhielt mit seinem Reisebegleiter im März 1799 als einer der ersten Forscher die Erlaubnis zu einer Expedition durch die spanischen Kolonien in Mittelamerika.

Nach mehrmaligen Besuchen am Königshof in Aranjuez brachen Humboldt und Bonpland im Mai 1799 von Madrid nach dem Hafen von La Coruña auf und schifften sich am 5. Juni auf der spanischen Korvette *Pizarro* ein.

Bei einer Zwischenlandung auf den Kanarischen Inseln konnte Humboldt am 21. Juni 1799 den Pik von Teneriffa (Pico de Teide) besteigen und in Orotava die alten Drachenbäume bewundern. Seine anschauliche Reisebeschreibung von diesen Erlebnissen beeinflußte 30 Jahre später Charles Darwin für seine Weltreise.

2. Die große Forschungsreise und ihre Auswertung

2.1 Experimente mit dem großen «Zitteraal»

Auf der Überfahrt von La Coruña nach Mittelamerika setzte Humboldt auch die Experimente über tierische Elektrizität fort. Er hatte neben Meßinstrumenten auch den «Galvanischen Apparat» (ein Paar Metallstäbe, Pinzetten, Glastafeln und Skalpelle; nach Humboldt 1797, S. 3) mitgenommen und experimentierte schon auf dem Schiff mit Meerestieren wie zum Beispiel mit der Meduse *Dagysa notata*, deren Reaktionen auf elektrische Reize er beschreibt. Nach der Ankunft in Cumaná in Nueva Barcelona (heute Venezuela) am 16.7.1799 und auf der Weiterreise zu den Missionen und Klöstern im Süden von Venezuela (bis 24.9.1799) galvanisierte er auch Insekten und Wirbeltiere neben anderen biologischen, geologischen und astronomischen Beobachtungen.

Ende November 1799 wurde die Expedition nach Caracas und Anfang Februar 1800 durch die Steppen von Venezuela (Llanos) fortgesetzt, um eine Bootsfahrt auf dem Rio Apure zum Orinoko anzutreten. Am Abschluß der Reise über die Llanos konnte Humboldt an einem See bei Calabozo vom 14. bis 24. März 1800 die berühmt gewordenen «Zitteraale» untersuchen, deren spektakuläres Einfangen mit Hilfe von Pferden er in seiner ersten zoologischen Veröffentlichung nach der Rückkehr eingehend beschrieb (Humboldt 1808).

Diese Beobachtungen über den elektrischen Süßwasserfisch (*Gymnotus electricus*) waren keineswegs durch Zufall oder günstige Gelegenheit zustande gekommen, sondern seit der Landung in Cumaná angestrebt worden. Humboldt wußte von diesen Tieren durch

Publikationen von Amerikaforschern seit 1766, zuletzt von dem Schweden Fahlberg, der ein lebendes Exemplar 1797 in Stockholm hielt. Er hoffte schon seit seiner Abreise aus Europa, mit lebenden Tieren in Amerika experimentieren zu können, und fragte bereits in Cumaná die Fischer nach diesen Tieren, erhielt aber zunächst nur Zitterrochen ähnlich der Art, die er «an den südlichen europäischen Küsten» gesehen hatte (*Raja torpedo*) und die «nur höchst schwache elektrische Schläge austeilen». Doch galvanisierte, sezierte und zeichnete Humboldt das Gehirn auch dieses Rochens und beschrieb seine Reaktionen auf die galvanischen Versuche im Vergleich zu seinen bisherigen Experimenten.

Monatelang suchte er nach dem viel stärkeren «Zitteraal» vergeblich, von dessen Organisation und Anatomie er sich bessere Aufschlüsse über die Art dieser tierischen Elektrizität und den Lebensprozeß überhaupt erhoffte. Obwohl diese Tiere in den kleinen Flüssen und stehenden Gewässern der Gegenden vorkamen, die Humboldt und Bonpland durchreisten, hatten «die Bewohner dieser wüsten Erdstriche .. aber eine so große Scheu vor den elektrischen Schlägen», daß er trotz hoher Belohnungen kein lebendes Tier erhalten konnte, bis er nach Calabozo kam, wo er sich entschloß, die Tiere an Ort und Stelle selbst zu beobachten und «Versuche in freyer Luft und am Ufer der Sümpfe, in welchen die Gymnoten lebten, anzustellen» (Humboldt 1808, S. 58–66). Wie das mit Hilfe halbwilder Pferde gelang, die in die Sümpfe getrieben wurden, um die ersten Schläge der angreifenden Fische abzufangen und diese schließlich so zu ermüden, daß sie gefahrlos an Land gezogen werden konnten, beschreibt Humboldt ausführlich (vgl. Jahn 1969, S. 78–82).

Aus diesen Beobachtungen und weiteren Experimenten und Selbstexperimenten zog Humboldt den Schluß, daß die Stärke der elektrischen Schläge vom Gesundheitszustand des Zitteraales abhängt, diese «natürliche Elektricität» durch die Stärke der Lebenskraft modifiziert wird und mithin eine physiologische Funktion ist, die von dem Zustand des Nervensystems beeinflußt wird.

Diese Fragestellungen, denen Humboldt später in Paris weitere Untersuchungen widmete, beschäftigten ihn fast lebenslang und führten Jahrzehnte später in Verbindung mit dem Berliner Physiologen Johannes Müller (1801–1851) und seinem Schülerkreis zur Begründung der Elektrobiologe (s. u.).

2.2 Flußreise auf dem Orinoko

Im weiteren Verlauf der Reise begannen die Forscher am 30. März 1800 eine abenteuerliche und gefährliche Flußfahrt von San Fernando den Rio Apure abwärts bis zur Mündung in den Orinoko, diesen flußaufwärts und auf mehreren Nebenflüssen zum Rio Negro und auf diesem nach San Carlos, dem südlichsten Punkt der Reise. Ab 10. Mai 1800 folgten sie dem Rio Negro aufwärts bis zur Einmündung des Casiquiare, den sie flußaufwärts bis zum Ausfluß des Orinoko beschifften und dem sie noch aufwärts bis Esmeralda folgten. Dabei konnte Humboldt die Gabelung des Casiquiare feststellen, die die vermutete Verbindung zwischen den Stromsystemen des Orinoko und des brasilianischen Amazonas herstellte. Am 23. Mai wurde von Esmeralda die Rückreise stromabwärts angetreten, und als die Reisenden am 13. Juni in Angostura das Ende der 75tägigen Flußfahrt erreichten, hatten sie 2250 km Wasserweg zurückgelegt, von Krokodilen, Schlangen und Jaguaren bedroht und von Moskitos gequält. Der Reisegefährte Bonpland erwies sich mehr als einmal durch «erstaunliche Proben von Mut und Gelassenheit» als Lebensretter (Biermann 1983, S. 44f.).

Die zoologischen Beobachtungen dieser berühmten Orinoko-Reise schlossen so wie die Versuche mit Zitteraalen an die letzten biologischen Studien in Europa an, als Humboldt gemeinsam mit Goethe und seinem Bruder Wilhelm bei dem Anatomen Justus Christian Loder (1753–1832) in Jena vergleichende Zootomie betrieb (Jahn 1968/69) und in Paris die Arbeiten von Georges Cuvier (1769–1832) kennenlernte.

War es Humboldt bei den anatomischen Arbeiten vor der Amerikareise weniger auf den Vergleich der Organbildung als auf die Lebensfunktionen angekommen, so veranlaßte erst die Notwendigkeit, während der Expedition die Beobachtungen an Ort und Stelle am frischen Tiermaterial aufzeichnen und auswerten zu müssen, diese einzige vergleichend-anatomische Arbeit Humboldts (s. u.).

Zu den eindrucksvollsten Erlebnissen auf dieser Flußfahrt durch die Urwälder Südamerikas gehörten die nächtlichen Tierstimmen der Brüll- und Nachtaffen, die Humboldt beschrieb und zeichnete, des großen Jaguars und der kleinen Peccaris, des Faultiers «und einer Schaar von Papageien, Parraquas (Ortaliden) und anderer fasanenartigen Vögel», wie es Humboldt im ersten Band seiner Ansichten der Natur (1808) anschaulich schildert.

Auch Beobachtungen über verschiedene Verhaltensweisen und vielfältige Biokommunikation zwischen den Vögeln und kleinen Affen (die in Käfigen auf den Booten mitgeführt wurden) und ihren freilebenden Artgenossen beschreibt Humboldt.

Beim Befahren des mächtigen Orinoko, seiner Nebenflüsse und des Rio Negro konstatierte Humboldt die großen Unterschiede dieser Flußlandschaften, «ihren eigenthümlichen, individuellen Charakter. Das Bett des Orinoco ist ganz anders als die Betten des Meta, des Guaviare, des Rio Negro und des Amazonenstromes. Diese Un-

terschiede rühren nicht bloß von der Breite und der Geschwindigkeit des Stromes her; sie beruhen auf einer Gesamtheit von Verhältnissen, die an Ort und Stelle leichter aufzufassen als zu beschreiben sind» (Humboldt 1859, zit. nach Scurla 1980, S. 135 f.).
Stets suchte Humboldt auf dieser Reise die Gesamtheit der Lebensbedingungen der Landstriche zu erfassen, nicht nur die Einzelheiten aus allen Fachrichtungen zu beschreiben.

Besonders großes Interesse brachten Bonpland und Humboldt, dieser ebenfalls in Anknüpfung an seine Jugendarbeiten, der Pflanzenwelt entgegen. Die gesamte Tier- und Pflanzenwelt auf dieser Flußreise war neuartig für die wissenschaftliche Welt. «Ich konnte kaum ein Zehntel von alledem sammeln, was wir sahen. Ich bin überzeugt, wir kennen keine drei Fünftel der Pflanzen, die es hier gibt» (zit. nach Scurla 1980, S. 131).

Der Platz für Koffer und Kisten mit getrockneten Pflanzen und anderen Sammlungen war auf den schmalen Indianerbooten begrenzt. Als sie nach der Rückkehr nach Angostura am 10. Juli 1800 wieder nach Nueva Barcelona und am 24. November von dort nach der Insel Kuba aufbrachen, hatten sie so viele Herbarpflanzen mitgebracht, daß eine Kiste mit 1600 Exemplaren von Cumaná an den Freund Willdenow nach Berlin abgeschickt werden mußte.

2.3 Erforschung der Insel Kuba

Nach ihrer Ankunft in Havanna am 19. Dezember 1800 erkundeten sie drei Monate lang die Insel naturhistorisch und völkerkundlich und vermehrten ihre Sammlungen beträchtlich, so daß sie einen Teil der Pflanzensammlungen in Havanna zurückließen, zwei weitere gleichartige Teile nach London und Paris absandten, die jedoch ihr Ziel nicht erreichten.

Als Humboldt bei seinem zweiten Kuba-Aufenthalt vom 19. März bis 29. April 1804 die in Havanna deponierten Sammlungen abholte und mit weiteren vereinte, führte er 27 Kisten getrockneter Pflanzen mit sich. Insgesamt hatten die Reisenden rund 60.000 Pflanzen, darunter etwa 3400 neue Arten, gesammelt (Dobat 1985, S. 176).

Besonders beeindruckte und erzürnte Humboldt auch auf Kuba die Sklaverei, die er öfters in seinen Veröffentlichungen geißelte.

2.4 Reise durch die Anden

Nach der Orinokofahrt und der Erkundung der Insel Kuba schloß sich als weitere große Reise die Expedition in die Anden an. Zunächst waren sie am 15. März 1801 von der Südküste Kubas nach

Cartagena (heute Kolumbien) geschifft und vom April 1801 nach einer 55tägigen Flußfahrt auf dem Magdalenenstrom bis zu der Bergwerkstadt Honda gelangt, um von dort zur Hochebene von Bogotá aufzusteigen. Dort blieben sie 2 Monate als Gast bei dem als Botaniker berühmten Geistlichen José Celestino Mutis (1732–1808), der Chinarindenbäume anbaute und ein großes Herbarium besaß, das Bonpland und Humboldt zum Vergleich mit ihren Sammlungen nutzten. Mutis hatte zu dieser Zeit sein großes Werk über die «Flora von Bogotá» vollendet und 2–3000 Pflanzenzeichnungen anfertigen lassen (Scurla 1980, S. 148), so daß die Reisenden von seinen Erfahrungen und Kenntnissen großen Gewinn zogen. Im September 1801 wurde die mühevolle Überquerung der Kordillen bis in 3000 m Höhe zu Fuß mit 12 Ochsen als Lasttieren fortgesetzt, bis sie am 6. Januar 1802 Quito erreichten, wo sie 8 Monate blieben.

Humboldt nutzte diesen Aufenthalt zur Erforschung des Vulkangebietes und bestieg, vermaß und erkundete zwischen März und Juni 1802 mehrere Vulkane, den Cotopaxi und Pinchicha, und bestieg schließlich am 26. Juni den damals höchsten Berg der Welt, den Chimborazo, Bergbesteigungen, die Humboldt in seinem Reisetagebuch anschaulich beschrieb (Faak 1986, S. 189–208 und S. 215–225).

Hier reiften seine pflanzengeographischen Erkenntnisse über die Abhängigkeit der Verbreitung der Pflanzen von Klima und Höhenlage, die er später in einem eindrucksvollen Gemälde festhielt (Hein, 1985, S. 70f.).

Von Quito aus reisten sie in Begleitung von Carlos Montúfar weiter, der später als Kämpfer gegen die spanische Kolonialherrschaft bekannt wurde und sicher in seiner revolutionären Gesinnung auch von Humboldt beeinflußt wurde.

Während der Reise von Quito im heutigen Ecuador nach Lima in Peru (9. Juni bis 23. Oktober 1802) wurden nicht nur der Chimborazo bestiegen und Bergwerke besucht, sondern auch alte Inkasiedlungen studiert und völkerkundliche Studien über die Vorfahren der Inkas und ihre Sprachen angestellt, worüber Humboldt seinem Bruder nach Rom berichtete: «das Studium der amerikanischen Sprachen hat mich ebenfalls sehr beschäftigt .. Vorzüglich lege ich mich auf die Inkasprache», heißt es im Brief vom 25.11.1802. Durch den Reichtum dieser Sprachen, Sagen und Inschriften, die Humboldt sammelte, war er überzeugt, «daß Amerika einst eine weit höhere Kultur besaß, als die Spanier dort 1492 vorfanden» (zit. nach Scurla 1980, S. 165).

Der zweimonatige Aufenthalt in Lima (23. Okt. bis Dez. 1802) gab Humboldt Gelegenheit, im dortigen Staatsarchiv auch Quellenstudien über die Geschichte von Wirtschaft, Bergbau und Bevölkerung zu treiben.

2.5 Küstenfahrt nach Mexiko

Die Küstenfahrt von der Hafenstadt Callao nach Guayaquil (Ecuador) Ende Dezember und von dort nach Acapulco (Mexiko) (17.2. bis 22.3.1803) ermöglichte Humboldt, durch genaue Messungen der Meeresströmungen den kalten Perustrom und seinen Einfluß auf Klima und Vegetation dieser Küstenländer zu beschreiben und dieses – den Einwohnern seit 300 Jahren bekannte Phänomen – in der wissenschaftlichen Literatur bekannt zu machen, was später zur Benennung dieses «Humboldt-Stromes» führte. Von März 1803 bis Januar 1804 weilten die Forschungsreisenden in Mexiko-Stadt, von wo aus vielfältige Exkursionen in das Landesinnere zu Bergwerken und aztekischen Siedlungen durchgeführt wurden und Humboldt viele Daten sammeln konnte, über geographische und geologische Bedingungen, Einwohnerzahlen und ethnographische Verhältnisse. Agrikultur, Fabrik- und Verkehrswesen, die den Stoff für seine fünfbändige Monographie *Über den politischen Zustand des Königsreiches Neuspanien* (1809) ergaben. Diese Schrift über Mexiko «darf als die erste moderne Länderkunde bezeichnet werden. Sie eröffnete eine neue Epoche in der Entwicklung der Geographie und der Staatenkunde», da sie auf konkretem Zahlenmaterial fußte (Scurla 1980, S. 169). Humboldt identifizierte sich damals so sehr mit den Geschicken und künftigen Möglichkeiten dieses Landes, daß er erwog, dahin überzusiedeln und in Mexiko-Stadt ein «Zentralinstitut der Wissenschaften» zu gründen. Deshalb wurde ihm 1827 sogar die mexikanische Staatsbürgerschaft verliehen, 1859 der Ehrentitel «Wohltäter des Vaterlandes» zuerkannt und bis zur Gegenwart sein Andenken lebendig gehalten (Biermann 1983, S. 52). Genaue Zeitangaben aller Unternehmungen dieser Reise, die hier nicht nachgezeichnet werden können, finden sich in einer «Chronologischen Übersicht» (Biermann, Jahn und Lange 1983).

Nach einem zweiten kurzen Aufenthalt auf Kuba (19. März bis 29. April 1804), bei dem die zurückgelassenen Sammlungen wieder in Empfang genommen wurden (s.o.) und Angaben für ein ebenso umfassendes Werk (*Versuch über den politischen Zustand der Insel Kuba*) vervollständigt wurden (Biermann 1980, S. 50), segelten die Reisenden nach Philadelphia und am 29. Mai nach Washington, wo sie bis zum 13. Juni 1804 blieben und mehrmals mit dem Präsidenten der USA, Thomas Jefferson (1743–1826), zusammentrafen. Der Besuch dieses Landes zum Abschluß seiner Reise galt vor allem einem Vergleich zwischen den spanischen Kolonialländern Süd- und Mittelamerikas und dem unabhängig gewordenen demokratischen Staatswesen. Doch verurteilte er den Widerspruch zwischen dem Geist der Staatsverfassung und der auch dort noch anzutreffenden Versklavung der Schwarzen: «Ich habe den Zustand der Schwarzen in den Ländern gesehen, wo Gesetze, Religion und nationale Gewohnheit sich vereinen, um ihr Los zu mildern, und doch habe ich bei meiner Abreise von Amerika denselben Abscheu vor der Sklaverei gefühlt, den ich schon in Europa gehabt hatte» (zit. nach Scurla 1980, S. 179).

3. Ein Gelehrtenleben in Paris und Berlin

Nachdem Humboldt am 3. August 1804 in Bordeaux wieder in Europa gelandet war, reiste er zunächst nach Paris, wo er von den Gelehrten der französischen Akademie der Wissenschaften ehrenvoll erwartet wurde. Bereits am 6. Februar 1804 – während er noch (nach seinem Mexikoaufenthalt) in Veracruz weilte – war er zum Korrespondierenden Mitglied der Pariser Akademie ernannt worden, der er aus Amerika laufend über seine neuen Entdeckungen berichtet hatte. Von Mitte September 1804 bis Anfang März 1805 hielt Humboldt zweimal monatlich Vorträge vor dieser Akademie über neue Ergebnisse seiner Forschungen, über die Geologie der Kordillen, über Erdmagnetismus, über Pflanzengeographie und über eudiometrische Experimente über die Luftzusammensetzung sowie über neue Fisch- und Affenarten. Von März bis Juli 1805 reiste Humboldt mit französischen Gelehrten nach Italien, unter anderem zu seinem Bruder nach Rom und zur Vermessung und Besteigung des Vesuv nach Neapel (20., 28. Juli und 4. August), dessen Ausbruch er vom 12. bis 17. August mit Leopold von Buch (1774–1855) und Louis-Joseph Gay-Lussac (1778–1850) beobachtete, bevor er mit diesen beiden Freunden am 18. September von Rom aus nach Berlin reiste.

Nach neunjähriger Abwesenheit sah Humboldt am 16. November 1805 seine Vaterstadt wieder, hielt bereits fünf Tage später seine Antrittsrede vor der Berliner Akademie der Wissenschaften, die ihn schon am 19. Februar 1805 zum ordentlichen Mitglied gewählt hatte, und wurde zum preußischen Kammerherrn ernannt mit einer jährlichen Pension von 2500 Talern.

Ab Januar 1806 hielt Humboldt auch vor der Berliner Akademie monatlich wissenschaftliche Vorträge über Forschungsergebnisse seiner Reise, zuerst über die «Urvölker von Amerika» und über die «Physiognomik der Pflanzen», und begann mit der Niederschrift seiner *Ansichten der Natur*, die er seinem Bruder widmete (Mai 1807). Dieses Werk spiegelt die Eindrücke «großer Naturgegenstände» wider, die Humboldt «in den Wäldern des Orinoco, in den Steppen von Venezuela, in der Einöde peruanischer und mexikanischer Gebirge» gewonnen hatte und die teilweise «an Ort und Stelle niedergeschrieben» worden waren (Humboldt 1808, Vorrede). Die hier angewandte «ästhetische Behandlung naturhistorischer Gegenstände» unterscheidet sich von den Veröffentlichungen der Jugendzeit und läßt den Einfluß Goethes in den Jahren vor Antritt der Reise ahnen. Neben dem *Kosmos* (1845) ist dieses Buch das meistgelesene Humboldts und wurde immer wieder aufgelegt (Biermann 1980, S. 57). Die wissenschaftliche Auswertung und Veröffentlichung aller Reiseergebnisse in Französisch und Deutsch erstreckte sich über 30 Jahre und wurde nie ganz vollendet (s. u.).

Humboldts Bestreben, seine Erkenntnisse über die Tropenländer des neuen Kontinents mit den Verhältnissen der alten Welt, insbesondere mit denen Asiens, zu vergleichen und somit allgemeine erdgeschichtliche Aufschlüsse zu gewinnen, ließen ihn seit seiner Rückkehr nach neuen Reisegelegenheiten (Indien, Tibet) suchen und auch danach streben, seine Erfahrungen mit denen anderer Expeditionen und deren Sammlungen zu vergleichen. Dafür boten sich damals in Berlin kaum Möglichkeiten, zumal die napoleonischen Eroberungskriege auch Preußen heimgesucht hatten. Er nahm deshalb gern einen diplomatischen Auftrag zur Vorbereitung des Staatsbesuches eines preußischen Prinzen in Frankreich wahr und reiste am 13. November 1807 nach Paris ab. Auch nach Erfüllung seiner politischen Mission blieb Humboldt nun bis zum Frühjahr 1827 in Paris.

Im Kreis der französischen Akademiker, am *Institut de France* und am Nationalmuseum für Naturgeschichte fand er nun «die erforderlichen wissenschaftlichen, künstlerischen und technischen Voraussetzungen für die Herausgabe seines großen Reisewerkes» (1805-1835) und wurde «ein integrierter Bestandteil des französischen Geisteslebens» (Biermann 1980, S. 58).

Regelmäßig las Humboldt vor der Pariser Akademie der Wissenschaften Abhandlungen über seine Forschungsergebnisse, über physikalische und klimatologische, geologische und zoologische Beobachtungen, aber auch über völkerkundliche und linguistische, historische und wirtschaftliche Probleme der amerikanischen Völkerschaften. Durch seinen Einfluß auf die französischen Gelehrten konnte er zahlreichen deutschen Kollegen den Zugang zur Pariser Akademie und zu den wissenschaftlichen Bildungseinrichtungen ebnen (Biermann 1983). Da Humboldt durch die wissenschaftliche Kommunikation der Pariser Akademiker mit Gelehrten der ganzen wissenschaftlichen Welt die neuesten Erkenntnisse und Entdeckungen zugänglich waren, sorgte er für einen permanenten Wissenstransfer nach Deutschland und veranlaßte auch noch in den letzten Lebensjahren schnelle Übersetzungen französischer Publikationen ins Deutsche sowie deutscher Mitteilungen ins Französische. Daß sich Humboldts kosmopolitisch-wissenschaftliche Gesinnung auch in den Zeiten der kriegerischen Auseinandersetzungen zwischen Deutschland und Frankreich und dem aufkeimenden Nationalbewußtsein über politische Barrieren hinwegsetzte und den wissenschaftlichen Austausch zwischen Fachkollegen förderte, trug nicht unwesentlich zum Aufblühen der Naturwissenschaften in Deutschland im 19. Jahrhundert bei.

So galt Humboldt bereits in den 20 Jahren seines Pariser Aufenthalts, bei dem die Drucklegung seines umfangreichen Reiseberichtes sein Hauptanliegen war, auch als «aller Gelehrten irdische Vorsehung» (Du Bois-Reymond 1883), was sich erst recht zeigte, nachdem der fast 60jährige nach Berlin zurückgekehrt war.

Als die Arbeit an seinem Reisewerk in Paris im wesentlichen beendet, sein ererbtes Vermögen für diese kostbare Publikation aufgebraucht war und der preußische König (Friedrich Wilhelm III.) die Anwesenheit seines Kammerherrn ebenso sehr wünschte wie der Bruder Wilhelm von Humboldt, der seit 1819 als Privatgelehrter für vergleichende Sprachen in Tegel lebte, kehrte Alexander definitiv in die Heimat zurück und ließ sich am 12. Mai 1827 in Berlin nieder. Der König hatte ihm eine jährliche Vergütung von 5000 Talern ausgesetzt und einen jährlichen mehrmonatlichen Aufenthalt in Paris zugesichert.

Kurze Zeit nach der Übersiedlung nahm er sein Privileg als Mitglied der Preußischen Akademie der Wissenschaften wahr, Vorlesungen in Berlin zu halten, und hielt vom 3. November 1827 bis zum 26. April 1828 insgesamt 61 Vorlesungen in der 1810 durch seinen Bruder gegründeten Universität. Während dieses Wintersemesters las er wöchentlich zweimal über «physische Weltbeschreibung» für Studenten in einem großen, neu geschaffenen Saal. Er nannte sie selbst «Kosmos-Vorlesungen» und gab ihre Themengliederung in der Vorrede zum ersten Band des *Kosmos* (Humboldt 1845, S. IX–XII) wieder, wo er auch erwähnt, daß er die Vorlesungen vorher «viele Monate erst zu Paris in französischer Sprache gehalten habe. Daneben hielt Humboldt noch 16 öffentliche Vorträge (ab 6. Dezember 1827) zum gleichen Thema in der damals neu erbauten «Singakademie», die zum Vorbild populärer naturwissenschaftlicher Volksbildung wurden und großen Zuspruch fanden. Schon am 17. Dezember 1827 schrieb der Dichter Karl von Holtei (1798–1880) an Goethe: «Achthundert Menschen atmen kaum, um den Einen zu hören. Es gibt keinen großartigeren Eindruck, als irdische Macht König und Hofstaat zu sehen, wie sie dem Geiste huldigt; und schon deshalb gehört Humboldts jetziges Wirken in Berlin zu den erhebendsten Erscheinungen der Zeit» (Scurla 1980, S. 251).

Im September des gleichen Jahres 1828 fand in Berlin die 7. Versammlung Deutscher Naturforscher und Ärzte, die Lorenz Oken (1779–1851) zur Überwindung der deutschen Kleinstaaterei 1822 gegründet hatte, ein unerwartet großes Echo, da Humboldt als örtlicher Geschäftsführer fungierte. Er hielt am 18. September die Eröffnungsrede, in der er ebenso auf die «geistige Einheit» Deutschlands und die «Einheit der Natur» anspielte, wie er «den belebenden Einfluß wissenschaftlicher Mitteilung aus den verschiedensten Ländern Europas» hervorhob. In der Tat waren berühmte Naturforscher aus England, aus Schweden, aus Holland, aus Dänemark, aus Rußland nach Berlin gekommen. Mit etwa 600 Teilnehmern überstieg die Besucherzahl an den Veranstaltungen die der früheren Versammlungen um das Vier- bis Fünffache. Um dennoch einen fruchtbaren wissenschaftlichen Erfahrungsaustausch zu gewährleisten, organisierte Humboldt zusammen mit dem Berliner Zoologen Hinrich Lichtenstein (1780–1857) thematische Arbeitssitzungen und eröffnete die Sitzung der Mineralogen. (*Isis* 1829).

4. Die russisch-sibirische Reise

Parallel zu diesen ersten Aktivitäten in Berlin erfolgten Verhandlungen mit dem russischen Finanzminister Georg Graf von Cancrin über eine Forschungsreise in die russischen Bergbaugebiete im Ural, die Humboldt zusammen mit dem Mineralogen Gustav Rose (1798–1873) und dem Zoologen Christian Gottfried Ehrenberg (1795–1876) von April bis Dezember 1829 durchführte. Wenngleich diese russisch-sibirische Reise unter praktisch-wirtschaftlichen Aspekten für den Zarenhof und mit dem Schutz und der Unterstützung der russischen Krone vor sich ging und keinen Vergleich mit der freien Forschung in Südamerika zuließ, so gab sie doch Humboldt endlich die langersehnte Gelegenheit, die Natur und die Bergwelt Asiens mit den Verhältnissen des neuweltlichen Kontinents zu vergleichen. Er konzentrierte sich auf geologische, geomagnetische und klimatologische Untersuchungen, auf Beobachtungen und Messungen zur physischen Geographie und konnte schon aus Rußland nach Paris berichten, «der wissenschaftliche Zweck meiner Reise ist über meine Erwartungen hinaus erfüllt worden» (Biermann 1983, S. 79). Sie ging zunächst über Moskau, Kasan, Perm nach Jekaterinburg (heute Swerdlowsk), das zunächst zum Standquartier wurde (15. Juli bis 18. Juli 1829) und von wo aus die Berg- und Hüttenwerke im Ural zur Begutachtung der Platin- und Goldvorkommen besucht wurden – der eigentliche Auftrag des Zaren. Dann führte die Expedition weiter durch Sibirien über Tobolsk und Tara zum Altai, wo sie am 2. August Barnaul erreichten, dort die Silber- und Bleischmelzhütten, das Museum und private Sammlungen besichtigten (vgl. den Beitrag zu Ehrenberg). Von Ustkamenogorsk wurde ein Abstecher bis zur chinesischen Grenze unternommen und die Rückreise auf dem Fluß Irtysch am 19. August angetreten. Die Tour zum südlichen Ural über Semipalatinsk, Omsk und Petropawlowsk bis nach Miask wurde zu geographischen Ortsbestimmungen, mineralogischen, botanischen und zoologischen Sammlungen genutzt, und am 14. September beging Humboldt in Miask seinen 60sten Geburtstag. Auf der Weiterreise nach Orenburg wurden Edelsteinbrüche und Salzwerke besichtigt. Auf dem Weg nach Astrachan besuchte Humboldt die deutschen Siedlungen am linken Wolga-Ufer (3. Okt. 1829), nahm in Saratow magnetische Messungen vor, besichtigte in Sarepta (9.–10. Okt.) die Einrichtungen und Sammlungen der Herrnhuter Gemeinde und erreichte am 12. Okt. Astrachan.

Mit einem Dampfboot fuhren die Forscher zu den Wolgamündungen und auf den Kaspi-See, wo geomagnetische und geographische Bestimmungen, Temperatur- und Luftdruckmessungen vorgenommen, Fische (Störe) gefangen und Wasserproben genommen wurden. Außer den montanwissenschaftlichen Ergebnissen für den russischen Hof, den klimatologischen und geographisch-geologischen Beobachtungen Humboldts, die seine globalen vergleichend-geowissenschaftlichen Erkenntnisse abrundeten, hatten die Reisebegleiter wertvolle mineralogische Naturalien, botanische und zoologische Sammlungen erworben, die noch viele Jahrzehnte danach ihre Forschungen bestimmten. Für Ehrenberg waren die Beobachtungen und Sammlungen von Mikroorganismen dieser Reise der entscheidende Anstoß, die Infusorien-Studien wieder aufzunehmen und zu einem speziellen Forschungszweig (Mikrogeologie und Mikrobiologie) auszubauen (vgl. den Beitrag zu Ehrenberg).

Nachdem die Expedition am 21. Oktober Astrachan verlassen hatte, wurden noch Kalmücken- und Kirgisenfürsten besucht und ein Abstecher zum Don gemacht, bevor man über Woronesch und Tula am 3. November Moskau erreichte, wo Humboldt ein glanzvoller Empfang durch die Universität und die Naturforschende Gesellschaft zuteil wurde. Als die Reisenden am 13. November 1829 wieder in St. Petersburg eintrafen, hatten sie 15.000 km zurückgelegt und 858 Poststationen mit Pferdewechsel passiert. Am Hof und in der Akademie der Wissenschaften wurden die Forscher gefeiert. Humboldt zog bereits auf einer ihm zu Ehren veranstalteten Akademiesitzung am 16. November ein Fazit seiner Reise und entwickelte ein Programm für die russische Naturforschung (Aufbau von meteorologischen und erdmagnetischen Meßstationen im gesamten Zarenreich, periodische Messungen der Wasserspiegelsenkung am Kaspi-See und der Jahreswärme), das zeigte, daß sich Humboldt schon seit mehr als 20 Jahren mit solchen Projekten beschäftigte (Hein 1985, S. 128).

Wie sich mit dieser russisch-sibirischen Expedition ein Jugendtraum Humboldts erfüllt hatte, zeigt das Thema seines ersten Vortrages in der Akademie der Wissenschaften schon bald nach der Rückkehr nach Berlin (28. Dezember 1829). Er sprach nämlich am 13. Mai 1830 über «die Gebirgsketten und Vulkane im Innern von Asien» und knüpfte damit an seine Jugendarbeiten und an die südamerikanische Reise an.

5. «Aller Gelehrten irdische Vorsehung»

Nach diesem wichtigen Lebensereignis waren Humboldt noch 30 produktive Lebensjahre vergönnt, um diese Reise nach Innerasien in zwei großen Publikationen und vielen Vorträgen auszuwerten (Humboldt 1831, 1843) und ungeachtet der zunehmenden Spezialisierung der Naturwissenschaften sein Hauptprojekt einer «Physik der Erde», einer Gesamtschau aller die Erde gestaltenden Naturkräfte, auszuführen, die er schließlich Kosmos nannte (1845-1859).

Dafür baute er seine wissenschaftlichen Verbindungen in alle Welt und in dem engsten Umkreis der Berliner Gelehrten aus, so daß seine umfangreiche Korrespondenz auch als ein wissenschaftliches «Werk» gelten kann, das ca. 50000 Briefe (rd. 2500 Briefpartner) umfaßte, von denen nur 13000 erfaßt sind; von den an ihn gerichteten Schreiben sind höchstens 4% bekannt (Biermann 1983, S. 118ff.).

Noch mehr – er förderte bereitwillig junge Forschungsreisende, die in fernen Kontinenten Beobachtungen sammeln konnten, die ihm fehlten: den Kaukasusforscher Hermann Abich (1806-1886), die Himalaja-Forscher Gebrüder Adolf, Hermann und Robert von Schlagintweit, den «wissenschaftlichen Entdecker» Japans, Philipp Franz von Siebold (1796-1866) (Biermann 1983, S. 81), die Australienforscher Ludwig Leichhardt (1813-1848) und Richard Schomburgk (1811-1891), die Botaniker Karl Heinrich Emil Koch (1809-1879), Ferdinand Deppe (1794-1860) und Franz Julius Ferdinand Meyen (1804-1840), die Zoologen Chr. G. Ehrenberg, Hermann Burmeister (1807-1892) und Wilhelm Peters (1815-1883), um nur einige zu nennen, denen Humboldts Reiseförderung zuteil wurde. Seine Hilfe bei Berufungen und Publikationen auch für Biologen ging weit darüber hinaus (Jahn 1972).

Sie betraf auch keineswegs nur die von ihm bevorzugten Fachgebiete oder alle Naturwissenschaften, besonders Mathematiker, sondern auch Philologen und Künstler, worüber es umfangreiche Veröffentlichungen gibt (Biermann 1985, Jahn 1972). Für die Berliner Museen bewirkte er den Ankauf wertvoller Sammlungen, und noch in seinem letzten Lebensjahr setzte er sich für das Zustandekommen der «Humboldt-Stiftung zur Unterstützung junger jüdischer Gelehrter» ein (Biermann 1985, S. 175).

Neben diesen Fürsprachen für einzelne Gelehrte, die seine Stellung am Königshofe und 1840–1854 als Mitglied des preuß. Staatsrates ermöglichte, verwendete er sich auch für die Gesamtheit der Wissenschaftspolitik, so zum Beispiel, als er 1840 und nochmals 1848 als Wirtschaftsexperte Pläne für die Dotation der Universität Berlin mit aufgeschlüsselten Gehaltserhöhungen für Hochschullehrer aller vier Fakultäten vorlegte oder als er 1850 die Wiederbesetzung des Direktorats des Botanischen Gartens nach dem Tode von H. F. Link zu beeinflussen suchte, indem er Grundsätzliches über «die Bedürfnisse für die Hochschule» ausführte (Jahn 1972, S. 141).

Allgemeine Gedanken über die wichtige Rolle der Hochschulen für das geistige Leben eines Volkes und die Notwendigkeit ihrer Förderung äußerte er auch 1843 vor Studenten der Universität Greifswald und der Landwirtschaftsschule in Eldena bei ihrem Besuch mit dem König, wobei er für sofortige Mittelbewilligung sorgte (Biermann 1980, S. 89).

Trotz der intensiven Arbeiten an den Manuskripten für die Bücher über die russisch-sibirische Reise und für den fünfbändigen *Kosmos*, die – neben der umfangreichen Korrespondenz (meist ca. 3000 Briefe jährlich) – vorwiegend nachts geschrieben wurden, bewältigte Humboldt noch zahlreiche kurze und längere Reisen in Begleitung der Könige (bis 1840 Friedrich Wilhelm III., dann Friedrich Wilhelm IV.), wo häufig auch offizielle Reden zu halten waren.

Weit über die Anliegen des preußischen Staates hinaus, für den er Wirtschaftsgutachten erstellte, war er international als wissenschaftlicher Gutachter gefragt, zum Beispiel für die Instruktion der englischen Antarktis-Expedition (1839) oder für die österreichische Novarra-Expedition (1857), auch für die russische Chronometer-Expedition an der Ostseeküste (1833) und für die Anlage der preußischen Telegraphenversuchsstation (1839). Sein Interesse für den wissenschaftlichen Fortschritt war sozusagen weltumfassend, was sich insbesondere in den Anregungen für die über die ganze Erde zu verteilenden geomagnetischen und klimatologischen Meßstationen (1836) und die kartographische Darstellung der Isothermen (Linien gleicher Wärme) spiegelt.

Alexander von Humboldt, der nie einen akademischen Abschluß oder eine Staatsprüfung absolviert hatte, erhielt 1805 die Doktorwürde der Universität Frankfurt/Oder, an der er 1787 sein erstes Studiensemester studiert hatte; 1845 wurde er Ehrendoktor der Philosophie der Universität Tübingen, 1848 Dr. phil. und Dr. med. h. c.

der Universität Prag und 1853 Dr. der Rechte h.c. der Universität Saint Andrews und erhielt noch viele andere Ehrungen und Orden. Als Kanzler der 1842 gestifteten Friedensklasse des preußischen Ordens *Pour le mérite* für Künste und Wissenschaften konnte er selbst auf Verleihung dieser höchsten Auszeichnung Einfluß nehmen. Bis zu den letzten Lebenstagen schaffensfreudig und leistungsfähig, erlag er am 6. Mai 1859 einem Schlaganfall in seiner Berliner Wohnung (Oranienburger Straße), durch einen Staatsakt wurde er am 10.5. im Berliner Dom geehrt und am 11. Mai auf dem Familienfriedhof bei Schloß Tegel neben seinem Bruder beigesetzt, der schon 1835 dort begraben worden war.

6. Werk und Wirkung

Während die Jugendwerke vor Antritt der Amerikareise durch Suchen und Tasten nach Forschungsaufgaben mit höchstmöglichem Nutzen charakterisiert sind und vom Ringen um Anerkennung bei den großen Gelehrten seiner Zeit begleitet waren, ging erst von den Ergebnissen der Südamerika-Expedition eine weitreichende Wirkung aus und machte ihn und seine Forschungsmethode zum großen Vorbild für mehrere Disziplinen.

Insbesondere waren es der Vortrag über die *Ideen zu einer Physiognomik der Gewächse* (1806) und die *Ideen zu einer Geographie der Pflanzen, nebst einem Naturgemälde der Tropenländer* (1808), der als erster Band der deutschen Ausgabe des Reisewerkes erschien und Goethe gewidmet war und die Humboldt selbst als erstes unter seinen «wichtigsten und eigentümlichsten Arbeiten» nennt. Diese vergleichend pflanzengeographische Schrift hatte Goethe so stark beeindruckt, daß er eine Skizze über den Höhenvergleich der Bergketten in der Alten und Neuen Welt und ihre Vegetation entwarf, noch bevor Humboldt seine Vegetationsprofile (1815) publizierte. Er begründete damit, daß er nicht nur Artenbeschreibungen neuer Pflanzen lieferte, sondern die Klima- und Wachstumsbedingungen der Standorte, basierend auf Temperatur- und Höhenmessungen, mitteilte, eine «vergleichende Erdkunde» und die Pflanzengeographie als neue Disziplinen einführte, denen sich bald in Frankreich Alphonse P. de Candolle (1856) widmete, die in Deutschland Heinrich August Grisebach (1872) als Universitätsdisziplin begründete und Oscar Drude (1890) weiterentwickelte, hatte doch Humboldt auf viele offene Fragen hingewiesen. Eng mit diesen pflanzenökologischen Beobachtungen verbunden war Humboldts «genialste Leistung», die Schaffung des Begriffes der «Isothermen» und die graphische Darstellung der durchschnittlichen Jahrestemperatur von

53 Standorten in Amerika, Europa, Afrika und Asien (1817) (Hein 1985, S. 102). Die «Theorie der isothermen Linien» zählte Humboldt zu seiner zweitwichtigsten Leistung.

Sie beruhte ebenfalls auf der von Humboldt durchweg angewandten Methode des Vergleichs, die ihm gestattete, aus exakten Einzelbeobachtungen ganzheitliche Einsichten zu gewinnen. Diese Methode führte auch zu seinen «Beobachtungen über den Geomagnetismus, welche die über den ganzen Planeten auf seine Veranlassung verbreiteten magnetischen Stationen zur Folge gehabt haben», was Humboldt an dritter Stelle zu seinen folgenreichsten Arbeiten zählte (Biermann 1980, S. 73). Auch diese Anregungen haben auf biologische Fragen bis zur Gegenwart Auswirkungen, zum Beispiel auf die Deutung paläobiologischer Phänomene oder Fragen des Vogelzuges.

Große Bedeutung erlangte die vergleichend-anatomische Methode für die Zoologie vor allem durch Humboldts Lehrer Blumenbach und die Pariser Zoologen Georges Cuvier und Étienne Geoffroy Saint-Hilaire, die Humboldt noch vor Antritt seiner Amerikareise konsultiert hatte. Bei der Untersuchung der Tiere am Orinoko praktizierte Humboldt auch diese Methode.

Schon die ersten Hefte des zoologischen Teiles seines großen Reisewerkes (Paris 1805–1809) schließen sich methodisch und thematisch eng an die vergleichend-anatomischen Arbeiten der Pariser Gelehrten am *Muséum d'Histoire Naturelle* an. Humboldt hatte zur Klärung von Fragen über das Zungenbein der Krokodile während eines «Aufenthaltes zu Mompoze, im Königreiche Neu-Grenada, oft zwanzig bis dreyßig kleine, eben aus dem Ey gekrochene, lebendige Krokodille» untersucht (Humboldt 1806, S. 19), wie es 30 Jahre später Étienne Geoffroy Saint-Hilaire (1772–1844) zur Klärung des Bauplanes von Fischen und Reptilien beschreibt. Als sich Humboldt nach 1800 durch anatomischen Vergleich der so verschieden gestalteten Stimmorgane der Krokodile, Vögel und Affen über Ähnlichkeiten und Unterschiede zu orientieren versuchte, gab es noch kaum theoretische Anhaltspunkte für die verwandtschaftlichen Beziehungen dieser Wirbeltiergruppen, wie sie 50 Jahre später durch stammesgeschichtliche Erkenntnisse vorlagen. 30 Jahre nach Humboldts Aufzeichnungen griff Johannes Müller (1801–1858) in Berlin auch die Probleme der Lautbildung von neuem auf und beschrieb die Anatomie des Kehlkopfes. Auch die Funktion der Schwimmblase der Fische, die Humboldts Interesse am Orinoko erregt hatte, wurde von Müller neu untersucht, wozu ihm Humboldt seine Aufzeichnungen von der Reise überließ.

Das große Werk von der südamerikanischen Reise wurde zunächst französisch geschrieben und besteht aus 6 Teilen, jeweils mit mehreren Bänden (1805–1836, erschienen in Paris, in Tübingen und

Stuttgart): Teil I enthält in 7 Bänden die allgemeine Reisebeschreibung, historische und politische Bände (Kuba-Essai) und Atlanten, Teil II die Zoologie (2 Bände), Teil III den Versuch über den politischen Zustand des Königreichs Neuspaniens (Mexiko) (5 Bände), Teil IV astronomische Beobachtungen und barometrische Messungen (5 Bände), Teil V Pflanzengeographie (2 Bände), Teil VI Botanik (18 Bände).

Außer der großen Prachtausgabe mit vielen Abbildungen erschien parallel dazu noch eine «kleine Ausgabe» in Oktavformat und nur teilweise deutscher Übersetzung mit unterschiedlichen Erscheinungsjahren (vgl. hierzu Leitner 1995).

Der allgemeine Reisebericht war für ein breites Publikum bestimmt, enthielt aber nicht die Beschreibung der ganzen Reise. Dessenungeachtet wurde er weit verbreitet, verschiedentlich übersetzt und regte zur Nachahmung an.

So schilderte besonders auch Charles Darwin (1809–1882) in seiner Autobiographie, daß er schon während seines letzten Studienjahres (1830) mit tiefstem Interesse Humboldts Reisebericht studiert habe. Vor allem dieses Werk habe in ihm den brennenden Wunsch ausgelöst, ebenfalls einen bescheidenen Beitrag zu dem Gebäude der Naturwissenschaft zu leisten. Kein einziges von Dutzenden anderer Bücher habe ihn so stark beeinflußt wie dieses (und John Herschels Naturphilosophie). «Ich schrieb aus Humboldts Werk lange Stellen über Teneriffa ab und las sie auf einer Exkursion laut meinen Freunden vor», so daß diese ihn halb scherzhaft, halb ernstlich zu einer Reise ermutigten. Unter diesen Freunden war auch der Botaniker Steven Henslow (1796–1861), dessen Empfehlung dann 1831 Darwin die Teilnahme an jener Weltreise verdankte, die seinen Ruhm begründete. Auch während der Weltumsegelung mit der *Beagle* führte Darwin Humboldts Reisebeschreibung mit und nutzte sie bei der Verarbeitung der eigenen Reiseerlebnisse in Südamerika, was er in seiner eigenen Reiseschilderung erwähnt:

Als Darwin seinen eigenen Reisebericht (1839) sofort nach Erscheinen an Humboldt schickte, antwortete dieser am 18. Sept. 1839 dem jungen Naturforscher in einem langen, seine Beobachtungen kommentierenden Brief voller Bewunderung; im Hinblick auf die Berufung auf seine Anregungen meinte er: «Nach der Wichtigkeit Ihrer Arbeit wäre das der größte Erfolg, den meine schwachen Arbeiten erreichen konnten. Die Werke sind nur gut, so weit sie bessere entstehen lassen» (Jahn 1969, S. 184f.).

Das mag für viele seiner Werke gelten, auch für sein letztes, den *Kosmos* (1845–1862), der «gewissermaßen ein europäischer Bestseller» wurde. Schon die ersten Bände waren 1851 in 10 Sprachen übersetzt, in England entstanden gleichzeitig drei verschiedene, konkurrierende Fassungen. Humboldt schätzte die Gesamtzahl der «in beiden Welttheilen heute existierenden» englischen Exemplare auf 25 000. Auch die französische Ausgabe wurde gut aufgenommen und von der Akademie gelobt. In Deutschland erlebten die ersten zwei Bände in den ersten fünf Jahren eine Auflage von ca. 20 000 Exemplaren; sie wurden als erste Klassiker-Veröffentlichung in die «Deutsche Volksbibliothek» aufgenommen und krönten Humboldts Streben nach Popularisierung der Naturwissenschaften (Leitner 1995, S. 24).

Mit der zunehmenden Spezialisierung der Naturforscher nach der Mitte des 19. Jahrhundert, als mehr und mehr das Verständnis für Humboldts ganzheitliche Weltsicht schwand, erhoben sich auch kritische Stimmen gegen Humboldts Arbeitsmethoden und seinen Versuch, das gesamte Wissen über die Erde und die auf ihr wirkenden Kräfte zusammenzufassen (Biermann 1980, S. 108f.). 10 Jahre nach seinem Tod war die Erinnerung an Humboldts hilfreiche Persönlichkeit bei den Zeitgenossen noch so lebendig, daß Rudolf Virchow (1821–1902) den Vorschlag zur Aufstellung eines Denkmals vor der Berliner Universität 1869 nur für Alexander machte. Erst dann wurde daran erinnert, daß eigentlich Wilhelm von Humboldt ihr Gründer war, was die Gestaltung beider Denkmäler fast 15 Jahre verzögerte. Als sie schließlich am 3. August 1883 eingeweiht wurden, mußte Du Bois-Reymond wesentlich länger bei der Schilderung von Alexanders Leistungen verweilen, um sein Wirken ins Gedächtnis zu rufen.

Etwa zur gleichen Zeit hatte Joseph Hooker 1881 bei Charles Darwin angefragt, welche Meinung er über Alexander von Humboldt habe, da es zur Zeit Sitte sei, ihn als einen oberflächlichen Mann zu verunglimpfen, und Darwin antwortete:

«Ich möchte sagen, er war wundervoll! Vor allem wegen seiner nahezu erreichten Allwissenheit, als wegen seiner Originalität. Aber ob seine Stellung als Wissenschaftler so hervorragend ist, wie wir beide denken, so kann man ihn auf jeden Fall in Wahrheit den Vater einer großen Nachkommenschaft von Forschern und Forschungsreisenden nennen, die, zusammengenommen, sehr viel für die Entwicklung der Naturwissenschaften getan haben» (Jahn 1972, S. 144).

Nicolaas Rupke

RICHARD OWEN
(1804–1892)

1. Einleitung – Biologie ohne Darwin

In seiner Zeit war Richard Owen, der Londoner vergleichende Anatom und Paläontologe, für vielleicht ein Jahrzehnt der bekannteste britische Wissenschaftler. Sein Name wurde in einem Atemzug mit dem Isaac Newtons genannt, und er wurde als die britische Antwort auf Frankreichs Georges Cuvier (1769–1832) bzw. Deutschlands Alexander von Humboldt (1769–1859) verehrt. Obwohl solche Vergleiche seinen Ruf zu übertriebener Größe ausdehnten, kann doch mit Recht gesagt werden, daß Owen unter den Naturforschern des viktorianischen Großbritanniens in seiner Bedeutung an zweiter Stelle gleich hinter Charles Darwin (1809–1882) steht.

Dennoch hat man mit Owens Namen nicht viel mehr als seinen berüchtigten Angriff auf Darwins *Origin of Species* (1859) verbunden. In der darwinistischen Literatur des Jahrhunderts von 1860 bis 1960 diente dieser Angriff dazu, Owen als den «Bösewicht» («bad guy») zu bezeichnen: als antidarwinistischen Kreationisten. Tatsächlich richtete sich Owens Ablehnung des *Origin of Species* nur gegen den Mechanismus der natürlichen Selektion, nicht gegen das Prinzip der Evolution. Er selbst befürwortete eine Evolutionstheorie lange vor Darwin, jedoch begriff er Evolution, wie neuere Studien zur Rehabilitation Owens zeigen, als einen sprunghaften und zielgerichteten Prozeß, und Owen wurde damit zu Englands wichtigstem Vertreter der hauptsächlich deutschen idealistischen Evolutionstradition (Desmond 1982, 1989; Richards 1987; Rupke 1994, 1995; Sloan 1992).

Diese Tradition könnte als «Biologie ohne Darwin» apostrophiert werden; allerdings kann diese Bezeichnung noch eine andere Bedeutung haben. Mit dem Schlagwort «Biologie ohne Darwin» wäre es möglich, eine Geschichte der Biologie des neunzehnten Jahrhunderts zu charakterisieren, welche andere Kräfte außerhalb der Dynamik der Evolutionsdebatte berücksichtigt. Genauer gesagt: Owen zu verstehen wäre nicht gleichzusetzen mit dem Verständnis von Owens Einstellung zur Evolutionsfrage, sondern könnte auch bedeuten, seine Rolle in der viktorianischen Museumsbewegung anzuerkennen (Rupke 1988, 1995).

2. Lebensweg

Für eine konventionelle Ereignisdarstellung von Richard Owens Leben ist die beste Quelle noch immer die viktorianische Biographie des Typs *Life and Letters* (Leben und Werke) seines Enkels (Owen 1894; vgl. aber auch Gruber & Thackray 1992). Owen wurde am 20. Juli 1804 in Lancaster geboren, als zweites von sechs Kindern, und war der jüngere der beiden Söhne. Sein Vater, der ebenfalls Richard hieß, war ein West-Indien-Kaufmann; seine Mutter Catherine, geborene Parrin, war hugenottischer Abstammung. Richards Vater starb früh, im Jahr 1809. In der Zeit von 1810 bis 1820 besuchte Richard die örtliche Hauptschule. Zwischen 1820 und 1824 wurde er zu Chirurgen bzw. Apothekern in Lancaster in die Lehre geschickt und bekam so Zutritt zu Post-mortem-Sektionen am Distriktgefängnis. Akademische Bildung erwarb er an der Universität von Edinburgh, aber lediglich ein halbes Jahr lang (Herbst 1824–Frühjahr 1825).

Von Edinburgh ging Owen nach London, wo er als Präparator für die Vorlesungen eines der damals bekanntesten Chirurgen, John Abernethy (1764–1831), am *St Bartholomew's Hospital* angestellt wurde. 1826 wurde Owen Mitglied des *Royal College of Surgeons* und eröffnete eine Arztpraxis. Im folgenden Jahr wurde er, im Alter von 22 Jahren und auf Drängen von Abernethy, Assistenz-Kurator von William Clift (1775–1849) am *Hunterian Museum* des *Royal College of Surgeons*. 1830 besuchte Cuvier das Museum, und im Jahr darauf machte Owen einen Gegenbesuch bei Cuvier in Paris.

1835 heiratete Owen Caroline Clift, die Tochter seines Vorgesetzten, nach einer unrühmlich langen Verlobungszeit von neun Jahren. Zwei Jahre später wurde er mit 32 Jahren der erste ständige «Hunterian» Professor am *College of Surgeons*, und von da an hielt er bis zum Ende seiner Beschäftigung am *College* (1856) jährlich eine Vorlesungsreihe über vergleichende Anatomie und Physiologie (Rupke 1985; Padian 1996). Ebenfalls 1837 wurde sein einziges Kind William geboren, der tragischerweise im Jahre 1866 durch einen Sprung in die Themse Selbstmord verübte.

Von 1842 bis 1856 war Owen als Nachfolger von Clift Konservator des *Hunterian Museums*. Nachdem er seine Anstellung am *College of Surgeons* niedergelegt hatte, wurde er zum ersten «superintendent» der naturgeschichtlichen Sammlungen des Britischen Museums ernannt, mit einem Gehalt von 800 Pfund Sterling pro Jahr. 1883 zog sich Owen aus dem öffentlichen Leben zurück. Taub und an Stomatitis erkrankt, starb er am 18. Dezember 1892.

Owen erhielt vielfältige Ehrungen, darunter die Wollaston-Medaille der *Geological Society* für seine Arbeiten über Darwins *Beagle*-Fos-

Richard Owen (1804–1892)

silien (1838), die Copley-Medaille der *Royal Society* für sein Gesamtwerk (1851), und er wurde – auf Empfehlung Alexander von Humboldts – als Nachfolger des verstorbenen dänischen Physikers Christian Oersted (1777–1851) in die vom preußischen König gestiftete Friedensklasse des Ordens *Pour le mérite* aufgenommen. Aus Anlaß seines Rückzugs ins Privatleben wurde Owen zum *Knight Commander of the Bath* ernannt (1884).

3. Werk

3.1 In der Museumsbewegung des 19. Jahrhunderts

Die wichtigsten beruflichen Positionen Owens waren Kuratorenstellen für naturhistorische Sammlungen. Man kann ihn deshalb in erster Linie als einen «Museumsmann» bezeichnen. Im Jahre 1856 waren noch alle Sammlungen des Britischen Museums einschließlich der naturwissenschaftlichen gemeinsam im *Bloomsbury Temple* untergebracht. Owens Hauptziel bestand darin, ein eigenständiges Nationalmuseum für Naturgeschichte aufzubauen. Nach vielen politischen Debatten und Verzögerungen war er damit schließlich erfolgreich. Das Museum entstand zwischen 1873 und 1881, und von 1880 bis 1883 überwachte Owen den Umzug der naturgeschichtlichen Sammlungen aus dem klassizistischen «Tempel» von Bloomsbury in die neugotische «Kathedrale» von South Kensington.

Owens Museen – das *Hunterian*, das Britische und das Museum für Naturkunde – stellten neue Räume für wissenschaftliche Aktivitäten dar, und man könnte behaupten, daß eine sorgfältige Untersuchung der Eigenschaften und Bedingungen dieser «Räume des Wissens» (vgl. z. B. Ophir & Shapin 1991; Livingstone 1995) eine Interpretationsgrundlage für Owens Œuvre bietet, die weit über die Erklärungsmöglichkeiten der Darwinkontroverse und der «politics of evolution» (Desmond 1989) hinausgeht (Rupke 1988, 1994; zum Thema Naturkundemuseen siehe auch Gunther 1980; Sheets-Pyenson 1988; Winsor 1991; Hooper-Greenhill 1992; Forgan 1994; Pickstone 1994).

Der erste Raum, in den sich Owen als «Museumsmann» hineinbegab und welcher sein Werk entscheidend prägte, war die Umgebung politischer Gönner und Schirmherren. Sowohl das *Hunterian Museum* als auch das Britische Museum wurden von Treuhändergremien verwaltet, die sich aus *Ex-officio*-Treuhändern und gewählten Mitgliedern zusammensetzten. Unter diesen befanden sich prominente Vertreter der Regierung, der Anglikanischen Kirche, der Universitäten Oxford und Cambridge, die Präsidenten verschiedener Gesellschaften und Vereinigungen der Hauptstadt und mehrere Aristokraten: Menschen, deren Gemeinsamkeit darin bestand, daß sie anglikanischer Konfession waren und eine Oxbridge(Oxford + Cambridge)-Ausbildung absolviert hatten. Im Falle des Britischen Museums hatten drei Ex-officio-Treuhänder die Schirmherrschaft über die Ernennungen: der Erzbischof von Canterbury, der *Lord Chancellor* und der Sprecher des *House of Commons* (Unterhaus). Die Beteiligung führender Politiker in dem Gremium entsprach der Tatsache, daß das Museum durch die öffentliche Hand finanziert wurde.

Unterstützung der Obrigkeit war deshalb ein Conditio sine qua non für den Erfolg von Owens Museumsplänen, und er erhielt diese von Politikern und politisch einflußreichen Persönlichkeiten, welche am *Christ Church (College)* in Oxford studiert hatten und zum Freundeskreis um den Oxforder Geologen William Buckland (1784–1856) gehörten. Buckland stellte zum Beispiel für Owen die Verbindung zu dem liberalen Tory-Premierminister Robert Peel (1788–1850) her. Nach dessen plötzlichem Tod fiel Peels politisches

Erbe William Ewart Gladstone (1809–1898) zu, dem Gründer der Liberalen Partei und dreifachen Premierminister. Besonders deutlich wurde die Förderung, die Owen durch Westminster genoß, während der frühen 1860er Jahre, als eine Reihe von Parlamentsdebatten über Owens Pläne stattfanden, ein naturgeschichtliches Museum aufzubauen, das unabhängig vom Britischen Museum sein sollte.

Auch stammten die vielen Ehrenämter und Auszeichnungen, die Owen erhielt, aus dem liberal-anglikanischen Kreis um Buckland, Peel und Gladstone, insbesondere eine «civil list pension» von 200 britischen Pfund im Jahr (1842), Angebote, in den Ritterstand erhoben zu werden (1845 – abgelehnt; 1883), die Ehrendoktorwürde für bürgerliches Recht der Universität Oxford (1852) und die Aufnahme in mehrere prestigeträchtige Londoner «dining clubs», einschließlich des angesehensten von allen, «The Club» (1845) (Rupke 1994, S. 55–59).

3.2 Funktionalistische Arbeiten

Diese umfassende Förderung blieb jedoch nicht ohne Bedingungen. Im Gegenteil: Indem sie Owen und seine Museumsprojekte unterstützten, erwarteten seine «Oxbridge»-Gönner auch von ihm, seine Wirbeltiermorphologie und -paläontologie als Illustration einer bestimmten Epistemologie auszuführen, nämlich im Sinne der Paleyschen Naturtheologie. Zu dieser Zeit waren Oxford und Cambridge noch anglikanische Institutionen, und das Studium der Naturwissenschaften legitimierte sich an diesen alten englischen Universitäten durch ein Darbieten von Beweisen für eine absichtsvoll geschaffene Natur. Darüber hinaus kam die Darstellung eines zielgerichteten Plans und des Phänomens perfekter Anpassung in der Natur dem Landadel sehr entgegen, der seine Söhne nach Oxbridge schickte. Das «design argument» in der Naturtheorie war nämlich dazu geeignet, den sozialen Status quo und damit die Privilegien der herrschenden Klasse zu rechtfertigen, indem es die Welt als ein vom Schöpfer perfekt entworfenes Ganzes darstellte.

Mit anderen Worten: Der politische Raum liberaler, anglikanischer Förderung zwang Owens Werk in den Rahmen des Cuvierschen Funktionalismus (zu Cuviers Epistemologie siehe Russell 1916; Appel 1987). Den Wünschen der Förderer seiner Museumspläne zu entsprechen bedeutete schlicht und einfach, das Paleysche «design argument» wissenschaftlich zu untermauern. Und in der Tat bestand ein wichtiger Bereich von Owens Werk in einer Reihe brillanter funktionalistischer Arbeiten (beginnend mit Owen 1832), weshalb ihn seine Freunde aus Oxbridge den «britischen Cuvier» tauften. Der Großteil von Owens Studien zur Wirbeltierpaläontologie stellte Beispiele für den Cuvierschen Funktionalismus dar. Hierzu gehörte sein Werk über fossile Reptilien, besonders die Dinosaurier (die ihm ihren Namen verdanken [Owen 1841, S. 103]), ebenso wie seine Arbeit über fossile Säugetiere, insbesondere die Megatheroiden (Owen 1842, 1861). Grundlegend für diese Forschungen zur Wirbeltierpaläontologie war Owens klassische Arbeit über die vergleichende Anatomie der Zähne (Owen 1840–1845).

Sein vielleicht sensationellstes, funktionalistisch geprägtes Werk war die Rekonstruktion des Moa, eines flügellosen, mit dem Strauß verwandten Riesenvogels, der erst in jüngster Zeit im Gefolge der Seßhaftwerdung der Maori in Neuseeland ausgestorben war. Owens Arbeit über den Moa wurde zum *locus classicus* der Cuvierschen Tradition in England, indem sie die Aussage von Cuvier belegte, daß von einem einzelnen Bruchstück der ganze Knochen und von ihm das komplette Skelett eines Tieres abgeleitet werden kann.

Die Geschichte des Moa begann 1839, als Owen ein Fundstück gezeigt wurde, das wie ein Röhrenknochen eines Rindes aussah und an beiden Enden abgebrochen war. Es handelte sich um das Fragment eines Oberschenkelknochens, und Owen konnte skizzieren, wie der vollständige Knochen ausgesehen hatte, und daraus schließen, daß er zu einem straußenartigen Vogel gehörte. Die Bestätigung dafür kam 1843, als Buckland zwei Kisten mit Knochen aus Neuseeland erhielt, die er an Owen weiterleitete, der, einem Geisterbeschwörer gleich, daraus den *Dinornis Novae-Zealandiae* rekonstruierte plus einer Reihe weiterer Dinornis-Arten – ein Vorgang, welcher von der adeligen Gesellschaft einschließlich des Prinzgemahls Albert und des Premierministers mit größter Spannung verfolgt wurde (Gruber 1987; Rupke 1994, S. 106–160).

3.3 Formalistische Studien

Der zweite Wissensraum, in dem sich Owen als Museumsbiologe und -paläontologe bewegte, war ein Kreis renommierter Wissenschaftler seiner Zeit – Kollegen in London. Es gab damals verschiedene Lehr- und Forschungseinrichtungen in der englischen Hauptstadt, welche wie das *Hunterian Museum* und das *Natural History Museum* zu dem Zweck konzipiert wurden, den Naturwissenschaften ein breites Betätigungsfeld zu eröffnen. Herausragend unter diesen Einrichtungen waren erstens die *Royal Institution*, die 1799 gegründet wurde und die Basis für Humphry Davy (1778–1829), William Thomas Brande (1788–1866), Michael Faraday (1791–1867) und andere Chemiker darstellte; zweitens das *Hunterian Museum*, ebenfalls 1799 gegründet, wo Clift und andere Biologen arbeiteten und Owen die erste Hälfte seiner wissenschaftlichen Laufbahn zubrachte; drittens das *Museum of Practical Geology*, das 1840 gegründet und elf Jahre später durch die Zusammenlegung mit der *School of Mines* (Bergbauschule) erweitert wurde und dem als Lehrer unter anderen Edward Forbes (1815–1854) und Thomas Henry Huxley (1825–1895) angehörten; viertens das Britische Museum, in dem die Naturgeschichtsabteilungen berufliche Nischen für die unterschiedlichsten Naturforscher boten, wie zum Beispiel den Botaniker Robert Brown (1773–1858) und besonders Owen in der zweiten Hälfte seiner Karriere; und fünftens die *University of London*, genauer gesagt das 1826 bzw. 1829 gegründete *University College* und das *King's College*, wo u. a. Owens Kollegen Robert Edmond Grant (1793–1874), William Sharpey (1802–1880) und William Benjamin Carpenter (1813–1885) auf dem Gebiet der Biomedizin lehrten.

Die Ziele dieser Institutionen unterschieden sich fundamental von denjenigen Oxfords und Cambridges. An letzteren Universitäten waren die Naturwissenschaften Teil des «liberal education»-Lehrprogramms, und jeglicher Nützlichkeitsanspruch in der Ausbildung wurde emphatisch verneint. Im Gegensatz dazu vertraten die genannten fünf Londoner Institutionen einen klar utilitaristischen Standpunkt: Praktische und berufsorientierte Anleitung war deren erklärtes Ziel. Mit diesem pragmatischen Unterbau hatte die Londoner Wissenschaft keine Verbindung zu einer Naturtheologie nötig, um ihre Weiterentwicklung zu rechtfertigen. In London war es wenig nützlich, die Naturwissenschaften als Beweisquelle für die Schöpfungstheorie zu präsentieren, und in der Tat war auf diesem Gebiet Oxbridge führend. Darüber hinaus waren die meisten Londoner Wissenschaftler keine ehemaligen Oxbridgestudenten, sondern hatten ihre Ausbildung außerhalb von England, in Edinburgh oder zusätzlich auf dem Kontinent, erhalten. Von dort brachten sie eine andere Epistemologie mit, insbesondere den Idealismus romantischer Naturphilosophie, in welcher mehr die transzendentale Logik der Form als die funktionale Adaptation das entscheidende Kriterium war, nach dem die physische Wirklichkeit – besonders die organische Welt – erklärt wurde. Diejenigen biomedizinischen Wissenschaftler, welche die transzendentalistische Epistemologie befürworteten, hatten eine Edinburgher Vergangenheit: Neben den genannten Londonern sollten auch der Embryologe Martin Barry (1802–1855) und der Anatom Robert Knox (1793–1862), der 1842 aus Edinburgh nach London kam, genannt werden (Rehbock 1983).

So war Funktionalismus die Epistemologie der Naturwissenschaften in Oxbridge, während Transzendentalismus die Wissenschaftsauffassung der Londoner Institutionen darstellte, zumindest bevor der wissenschaftliche Naturalismus der Darwinisten seinen Aufstieg in den 1860er Jahren begann (Ospovat 1981). Obwohl Owens

Freunde in Oxbridge ihn sowohl direkt mit Geld und Ehrungen als auch indirekt durch die Förderung naturgeschichtlicher Forschung unterstützten und obwohl er seinen Zahlherren mit einer Reihe von spektakulären funktionalistischen Studien zu Diensten war, wurde er nie wirklich einer der ihren. Auch seine Aufnahme in die *Peelite Society* änderte nichts an der Tatsache, daß Owens eigener sozialer Hintergrund und seine persönlichen Fernziele sich von denen seiner Gönner unterschieden. Zum Beispiel hatte er nie eine Oxbridge-Ausbildung genossen, sondern in Edinburgh studiert, wenn auch nur für ein Semester.

Es war dieser Raum Londoner Wissenschaftler, die in Edinburgh studiert hatten, in welchem Owen parallel zu seinen funktionalistischen Arbeiten und zur Verwirrung von Zeitgenossen und späteren Historikern ein Forschungsprogramm über transzendentale Morphologie aufbaute. Tatsächlich besteht sein bleibendes Verdienst darin, daß er es war, der die Tradition transzendentaler Morphologie von Lorenz Oken (1779–1851), Carl Gustav Carus (1789–1869) und vielen anderen zu ihrer höchsten Vollkommenheit führte. Dies geschah etwa um die gleiche Zeit, als er über den Moa, das Megatherium, die Dinosaurier usw. publizierte, sowie im Laufe der folgenden Arbeiten. Beginnend im Jahre 1840, katalogisierte er systematisch die osteologische Sammlung des *Hunterian Museum* und hielt währenddessen seine Vorlesungen zur vergleichenden Anatomie und Physiologie der wirbellosen Tiere und Wirbeltiere (Owen 1843, 1846), gab einen Bericht an die *British Association* heraus (1846), der in Buchform unter dem Titel *On the Archetype and Homologies of the Vertebrate Skeleton* («Über den Archetypus und die Homologien des Wirbeltierskeletts») veröffentlicht wurde (Owen 1848) und publizierte eine Vorlesung an der *Royal Institution* mit dem Titel *On the Nature of Limbs* («Über die Natur der Gliedmaßen») (1849b).

Um die Unzulänglichkeit der funktionalistischen Methode zu demonstrieren, nahm Owen gewöhnlich die Entwicklung des Schädels als Beispiel, weil es gerade die Interpretation des Schädels war, mit der die transzendentale Anatomie in der Öffentlichkeit am meisten in Verbindung gebracht wurde (Rupke 1993, 1994, S. 109f.). Der Schädel des menschlichen Fötus besteht zum Zeitpunkt der Geburt aus etwa achtundzwanzig einzelnen Teilstücken, von denen man glaubte, daß ihre Bedeutung in der Funktion bestünde, den Geburtsvorgang zu erleichtern, indem sie eine Verformung des Kopfes ermöglichten. Im Gegensatz dazu erfordert die Geburt von bestimmten anderen Wirbeltieren, wie etwa Beuteltieren oder Vögeln, in keiner Weise einen verformbaren, anpassungsfähigen Kopf bei der Geburt, und trotzdem verknöchern ihre Schädel von derselben

Anzahl von Punkten wie beim menschlichen Embryo. Die Bedeutung der knöchernen Teile des Schädels liegt deshalb nicht in irgendeiner besonderen Funktion – so argumentierte Owen –, sondern ergehe sich aus der Wirbel-Theorie des Schädels, nach welcher der Schädel eine Fortsetzung der Wirbelsäule darstellt und als aus einer Anzahl von Wirbeln zusammengesetzt angesehen werden kann.

Owen ging noch weiter und zeigte, daß das gesamte Skelett jeder Wirbeltierklasse als eine Reihe von idealen Wirbeln interpretiert werden konnte. Diese fischartige Aneinanderkettung von fast undifferenzierten Wirbeln definierte Owen als Wirbeltier-Archetypus. Die Bedeutung eines Organs leitete sich deshalb nicht von seiner spezifischen Funktion, sondern von seinem Platz im gesamten Lebewesen ab – das heißt von seinen homologen Beziehungen (Rupke 1993, 1994, S. 161–219).

Eines von Owens bekanntesten Verdiensten, hervorgegangen aus seinen vergleichenden anatomischen Arbeiten, war seine einleuchtende und präzise Definition der Konzepte von «Homologie» und «Analogie». Eine Homologie wurde folgendermaßen definiert: «The same organ in different animals under every variety of form and function» (dasselbe Organ bei verschiedenen Tieren in jeder Variante von Form und Funktion). Eine Analogie war dagegen «A part or organ in one animal which has the same function as another part or organ in a different animal» (ein Körperteil oder Organ bei einem Tier, das dieselbe Funktion wie ein anderes Körperteil oder Organ bei einem anderen Tier hat; Owen 1848, S. 7; siehe auch 1843, S. 374, 379). Um den Unterschied zu veranschaulichen, führte Owen das Beispiel einer kleinen Eidechse an, der «Flugechse» *Draco volans*, bei der fünf Rippenpaare auffällig verlängert sind, um die Membran zu halten, die zu einer Art Segelorgan ausgefaltet werden kann. Die Vorderbeine des kleinen Drachens verhalten sich homolog zu den Flügeln eines Vogels, während der «Fallschirm» sich analog zu diesen, aber homolog zu den Rippen verhält. Im Gegensatz dazu verhält sich die Brustflosse eines fliegenden Fisches nicht nur analog zum Flügel des Vogels, sondern – anders als das Segelorgan des Flugdrachens – auch homolog zu ihm (vgl. auch Haupt 1935; Panchen 1994).

Während Owen durch den Moa unter den Größen des anglikanischen Oxbridge berühmt wurde, machten ihn dagegen seine Homologieforschungen zu einem gerngesehenen Gast bei dem in Schottland geborenen und ausgebildeten Historiker und Schriftsteller Thomas Carlyle (1795–1881) und dessen Kreis in London beheimateter Schotten, welche jenseits des Ärmelkanals in Deutschland nach kultureller Anregung suchten.

3.4 Beziehungen zwischen Biologie und «Empire»

Ein dritter Raum, in dem sich Owen als Kurator des *Hunterian* und Britischen Museums bewegte, war durch die Beziehung der Sammlungen zum Britischen Empire bestimmt. Schon während seiner Zeit am *Hunterian Museum* war Owen darauf bedacht, daß die zoologischen Sammlungen eine nationale Angelegenheit sein sollten. Am *British Museum (Natural History)* waren die Sammlungen *per definitionem* national. Dabei bedeutete «national» nicht unbedingt, daß sie sich ausschließlich aus Objekten zusammensetzten, die von den Britischen Inseln stammten. Die Anschaffungsgrundsätze waren weit politischer konzipiert. Vom ersten Anfang seiner Museumskarriere bis zum Schluß war Owen fortwährend und entschieden am internationalen Wettbewerb um die Bereicherung nationaler Museen beteiligt, insbesondere beim Erwerb von Objekten aus der kolonialen Naturgeschichte. Die Fülle der Ausstellungsstücke symbolisierte die Ausdehnung der imperialen Herrschaft und spiegelte das Ausmaß der weltumspannenden britischen Handelsmacht wider.

Die Entdeckung und Eroberung neuer Kolonien bedeutete nicht nur Reisen durch unberührte Gegenden oder einfach das Kartographieren unbekannter Landstriche; auch war Herrschaft über solche Gebiete nicht schlicht eine Sache der Errichtung von Missions- und Handelsstationen oder der Einsetzung von Kolonialverwaltungen. Sie bedeutete auch, daß die Welt der Natur in ihrer ganzen Mannigfaltigkeit beschrieben, benannt, erforscht und in Besitz genommen werden mußte. Der Naturforscher zu Hause war darum der unverzichtbare Verbündete des Entdeckers in Übersee, und das Naturgeschichtsmuseum, in dem die Tausenden von fremdartigen Fischen, Reptilien, Vögeln, Säugetieren, Insekten und Fossilien aufbewahrt, klassifiziert, interpretiert und ausgestellt waren, wurde ein herausragendes Symbol britischer Herrschaft, nicht nur über die Natur im allgemeinen, sondern auch besonders über bestimmte koloniale Besitztümer (Ritvo 1987, S. 205). Auf diese Art wurden die Museen zu Schaukästen des Empire, wo die Besucher Eroberungstrophäen bewundern konnten.

Owen trat aktiv für die Förderung eines kolonialen Naturstudiums ein. Er baute ein Netz von Kontakten auf, dem Marineoffiziere, Regierungsbeamte, Missionare, Kolonialgouverneure, Siedler und Reisende angehörten, von denen er zahlreiche Lieferungen von Objekten aus allen Teilen des Britischen Empire erhielt (Gruber & Thackray 1992, S. 25–93). Schon früh in seiner Karriere schrieb Owen zum Nutzen seiner Sammler ein Büchlein mit *Directions for Collecting and Preserving Animals* («Anweisungen zum Sammeln und Aufbewahren von Tieren») und steuerte später das Zoologiekapitel im von der Admiralität herausgegebenen *Manual of Scientific Inquiry* («Handbuch der wissenschaftlichen Forschung», Owen 1849c) bei.

Die Auswirkung, welche dieser Standort im Zentrum des Empire auf Owens Werk hatte, ist leicht festzustellen. Seine systematische Beteiligung an der kolonialen Naturgeschichte wird durch mehrere parallele Aufsatzserien illustriert, die er über Beuteltiere – rezente und ausgestorbene –, über Monotremen, über den *Dinornis* und andere flugunfähige Vögel und über fossile Reptilien Südafrikas schrieb, und jede dieser Serien war eine Reflexion der programmatischen Bereicherung des Museums durch Australien, Neuseeland und, später, durch das Kap und andere afrikanische Gebiete (Owen 1877, 1879; Moyal 1975; Gruber 1987, 1991; Rupke 1994, S. 70–88). Die australischen Monographien, etwa neunzig insgesamt, waren die zahlreichsten und brachten Owen den Beinamen «Vater der australischen Paläontologie» ein. Mit anderen Worten war der Effekt dieser Räumlichkeit auf Owens Werk nicht primär aufgrund seiner gewählten Epistemologie sichtbar, sondern seiner Themenwahl. Obwohl einige der Kolonialthemen, wie etwa die Beschaffenheit des Schnabeltiers, eine wichtige Rolle in der damaligen Evolutionsdebatte spielten, war Owens Arbeit zu dieser Frage kein Teil einer programmatischen «Evolutionspolitik», wie Desmond (1989, S. 276–288) behauptet. Wohl gab es eine übergeordnete Strategie für Owens Bevorzugung bestimmter Themen, jedoch war diese Strategie weder danach ausgerichtet, materialistische Transmutationisten zu widerlegen noch eine theistische Evolutionstheorie zu unterstützen, sondern darauf, eine möglichst erlesene Sammlung an Museumsobjekten zusammenzustellen.

Ganz offensichtlich stellten auch die Größe und innere architektonische Formgebung der Owenschen Museen eine prägende Umgebung für Owens Werk dar. Lange Zeit seines Lebens war Owen mit dem Thema «Museumsvergrößerung» beschäftigt. Am *Hunterian* erreichte er, daß ein zusätzlicher Ausstellungsraum für die osteologische Sammlung gebaut wurde, aber das Museum wurde nie in dem Umfang vergrößert, den Owen sich gewünscht hätte. Das *Natural History Museum* dagegen wurde nahezu vollständig nach seinen Vorschlägen errichtet. Er schrieb 1862 eine aufschlußreiche Abhandlung *On the Extent and Aims of a National Museum of Natural History* («Über Umfang und Ziele eines Nationalen Naturgeschichtemuseums»), in welcher er ausführte, daß dieses Museum ein zentrales «Index-Museum» enthalten sollte, in welchem einheimische britische Sammlungen und eine begrenzte Anzahl von «type specimens» (Belegexemplaren) ausgestellt werden sollten, die primär für die Bildung der breiten Öffentlichkeit bestimmt seien. In den verschiedenen Galerien wollte er eine möglichst vollständige Ausstellung aller Genera und sogar Spezies, um so vorwiegend die Bedürfnisse der wissenschaftlichen Besucher und Forscher zu erfüllen.

Um den großen Raumbedarf zu dramatisieren, begründete Owen detailliert, wie wünschenswert eine Wal-Galerie wäre, in welcher die größten bekannten Exemplare aller Wal-Familien und Arten ausgestellt werden sollten: Kleine Objekte könnten in jedem Museum untergebracht werden, «aber die gewaltigsten, merkwürdigsten, seltensten Exemplare der höchsten Tierklasse können nur in den Galerien eines nationalen (Museums) studiert werden» (Owen 1962, S. 22 f.). Große Wirbeltiere, besonders Wale, gehörten damit zu seinen speziellen Interessen. Owen wollte außerdem alle bekannten Arten der größten Landsäugetiere, der Elefanten, ausstellen, mit der Begründung, daß ein Naturforscher in einem nationalen Museum nicht nur die Möglichkeit haben sollte, die Unterschiede zwischen den Genera, sondern auch zwischen den einzelnen Arten zu erforschen. Weil England die Hauptkolonialmacht in den Tropen war, hatte es die besondere Verpflichtung, in sein Nationalmuseum die großen tropischen Säugetiere aufzunehmen. Ebenso sollte das Museum die riesigen paläontologischen Ungetüme der Vorzeit enthalten: Mastodon, Megatherium, Dinornis und viele andere. Zusätzlich forderte Owen Platz für Laboratorien, eine Bibliothek und einen Vortragssaal, und er schätzte, daß *in toto* ein einstöckiges Gebäude von «10 acres» (etwas über 4 Hektar) oder ein zweistöckiges von «5 acres» benötigt würde.

Politische Opposition verhinderte die Realisierung von Owens großen Plänen etwa ein Jahrzehnt lang, und es bedurfte eines weiteren Jahrzehnts, um das Museum zu bauen. Mit anderen Worten, etwa zwanzig Jahre nachdem Owen seinen Vorschlag für ein nationales Naturgeschichtsmuseum vorgebracht hatte, wurde das neue Gebäude der Öffentlichkeit übergeben (1881). Damit ging Owens lebenslanger Traum in Erfüllung, und nicht lange danach zog er sich vom aktiven Dienst als Kurator zurück.

Räumliche Großzügigkeit und architektonische Pracht hatten eine übertragene, symbolische Bedeutung im Sinne eines Prestigegewinns für Owen und seine Museumskollegen. Während der Parlamentsdebatten in den frühen 1860er Jahren über Owens Pläne kam die Unterstützung hauptsächlich von den Liberalen, im besonderen von Gladstone, wohingegen sich die Tories gegen Owen wandten. Ein Parlamentsabgeordneter machte die Forderung nach einer großzügigen Wal-Galerie lächerlich, indem er das Unterhaus warnte, man müsse zur Unterbringung auch nur der gewünschten Schmetterlingssammlung einen neuen «Crystal Palace» errichten, wenn Owens Pläne verwirklicht würden (Rupke 1994, S. 38).

In gewisser Weise reflektierten die Parlamentsdebatten der frühen 1860er Jahre den Opportunismus der Parteipolitik. Trotzdem waren die Debatten über das Britische Museum mehr als nur ein Versuch der Tories, die liberale Whig-Regierung jener Tage anzugreifen. Owens Antrag war Teil eines größeren Plans zur Emanzipation und Reformierung der Naturwissenschaften, welcher in Gestalt des geplanten Naturgeschichtsmuseums die Parlamentarier dazu zwang, der wissenschaftlichen Forschung einen eigenen Wert beizumessen und der im Entstehen begriffenen Klasse der Berufswissenschaftler eine soziale Nische zuzuordnen. Letztere fanden einen natürlichen Verbündeten in der Liberalen Partei, besonders unter ihrer neuen Mitgliederschaft aus Mittelklassekaufleuten und Industriellen. Die Konservativen waren erwartungsgemäß mehr daran interessiert, den Aufstieg des Landadels und der Aristokratie abzusichern.

4. Owen und Darwin

«Biologie ohne Darwin» bedeutet allerdings nicht, daß Darwin und die Darwinisten aus der Owen-Biographie ausgeklammert werden sollten. Dieser Ausdruck soll lediglich darauf hinweisen, daß man durch die Konzentration auf die Frage der organischen Evolution keinen Erklärungshintergrund erhält, der hinreichend feinkörnig für die Beurteilung von Owens wissenschaftlichem Werk ist. Indessen hat Owen selbst gelegentlich das Problem des Ursprungs der Lebensformen angesprochen. Zugegeben, er war während der 1830er Jahre ein ausgesprochener und wohlbekannter Anwalt der Schöpfungslehre. Aber Mitte der 1840er Jahre hatte Owen keine Schwierigkeiten mehr mit den Fakten der Evolution und hatte in den Worten seines Enkels «eine gewisse Neigung» zu der Theorie vom Arten-Transformismus (Owen 1894 Bd 1, S. 255). Seit dieser Zeit und über einen Zeitraum von vier Dekaden hat Owen – manchmal ausdrücklich, manchmal versteckt – in Artikeln, Monographien, einem Lehrbuch und Briefen seinen Glauben an die natürliche Entstehung der Arten ausgedrückt (z.B. Owen 1849b, S. 86, 1863, S. 62f., 1868, 1883). Es ist erstaunlich, daß diese Fülle an Beweisen aus erster Hand bisher systematisch ignoriert und Owen auf die Rolle des Erz-Kreationisten festgelegt wurde und daß erst in den letzten Jahrzehnten Historiker begonnen haben, Owens Beteiligung an der viktorianischen Evolutionsdebatte neu zu untersuchen (MacLeod 1965; Desmond 1982, 1989; Richards 1987; Sloan 1992; Rupke 1994, S. 220–258, 1995).

Als Mechanismus des Artenwandels kam für Owen die Darwinsche natürliche Selektion nicht in Frage, und entsprechend attakkierte er Darwin in seinem berüchtigten infamen Essay über dessen *Origin of Species* im *Edinburgh Review* ([Owen] 1860). Nur die Auslöschung von Arten könne mit natürlicher Selektion erklärt werden, nicht derer Entstehung. Owen war ein überzeugter Teleologe, der an einen zielgerichteten Prozeß der Geschichte des Lebens glaubte (Owen 1851, 1860). Außerdem widersprach er dem Lyellschen Gradualismus, von der Darwins Theorie ausging, während Owen vielmehr glaubte, daß neue Arten plötzlich und auf dem Wege größerer Mutationen entstehen. In diesem Zusammenhang verwies er auf das Phänomen der Parthenogenese oder des «Generationswechsels» (Owen 1849a), von welchem Owen glaubte, daß es von besonderer Wichtigkeit für die Frage der Abstammung der Arten sei. Owen erforschte den Wechsel zwischen sexueller und asexueller Generationen, die im Reproduktionszyklus beispielsweise von Quallen auftreten. Es ist charakteristisch für solche alternierenden Generationen, daß sie so sehr voneinander abweichen können wie unterschiedliche Arten oder sogar Gattungen, Familien und Ordnungen. Owen bezeichnete diesen Formwechsel als «Metagenese». Man könne sich vorstellen, daß der metagenetische Kreislauf unter bestimmten Bedingungen unterbrochen werde und die einzelnen Stadien sich vereinzelt weiter fortpflanzten. Auf diese Weise hätten neue Gattungen usw. entstehen können. Obwohl keine solche Aufspaltung des Zyklus je dokumentiert wurde, versorgte das Phänomen der Metagenese Owen doch mit einer Analogie für einen möglichen, teleologischen und sprunghaften Vorgang der Evolution. Ähnliche Mutationsvorstellungen sind später von Rudolf Albert von Kölliker (1817–1905) oder St. George Jackson Mivart (1827–1900) befürwortet worden (Rupke 1994, S. 216–219, 229f.).

Owens Auseinandersetzung mit den Darwinisten wird generell als intellektueller Konflikt gedeutet – eine Uneinigkeit über die «Evolution». Es war jedoch weniger das Gewicht von Owens Einwänden gegen die natürliche Selektion, sondern die Bedrohung durch seine institutionelle Macht, die hinter dem Kampf steckte, welcher im Gefolge des *Origin of Species* über die Öffentlichkeit hereinzubrechen begann, und der Riß im Gefüge des wissenschaftlichen England, der Owen von seinen darwinistischen Kritikern spaltete, hatte längst begonnen, sich abzuzeichnen, bevor irgendeine Uneinigkeit über die natürliche Selektion auftauchte, und Auslöser waren Owens Museumspläne.

In der Mitte der 1850er Jahre war Owen der in der Öffentlichkeit am meisten beachtete Wissenschaftler im britischen Empire. Mit Sitz am *British Museum*, im Zentrum eines weltweiten Versorgungsnetzes für Ausstellungsstücke, war er der Bewahrer und Deuter der Sammlungen des Imperiums. Einer seiner Freunde nannte ihn bewundernd einen «Imperator» (Rupke 1994, S. 97). Die Woge seiner Popularität bei seinen Gönnern und in der Öffentlichkeit war höher denn je angewachsen. Am Ende der 1850er Jahren begann sich dies jedoch zu ändern, als Konkurrenzdenken und Neid unter einigen seiner Kollegen die Form einer organisierten Opposition annahmen und sowohl Darwin und Huxley als auch der Geologe Charles Lyell (1797–1875) und der Botaniker Joseph Dalton Hooker (1817–1911) und mehrere andere Anhänger eines wissenschaftlichen Materialismus sich zu dem Zweck zusammenschlossen, den beständigen Fortgang von Owens institutioneller Selbstbeförderung aufzuhalten. Ihr Ziel war es, Owens Plan eines eigenständigen Naturgeschichtsmuseums zu durchkreuzen.

Owen trat zum ersten Mal im September 1858 öffentlich für die Idee eines großen, vom Britischen Museum unabhängigen Naturgeschichtsmuseums ein. Im Februar 1859 verfaßte er seinen ersten detaillierten Plan für eine nationale Naturgeschichtssammlung. Kaum daß Owen seine Pläne öffentlich bekannt gemacht hatte, startete Huxley eine Kampagne, um sie zu durchkreuzen. Im November 1859 setzte Huxley eine Denkschrift an den «Chancellor of the Exchequer» (Finanzminister) auf, die von einer kleinen Zahl von Kollegen, unter ihnen Darwin, mitgetragen wurde, in welcher er gegen eine zentrale Naturgeschichtsinstitution argumentierte und für eine Aufteilung der Naturgeschichtssammlungen des *British Museum* in Bloomsbury. Ihre auseinandergerissenen Teile sollten in anderen Londoner Museen ihren Platz finden – ein Plan, von dem besonders Huxley und Hooker profitiert hätten. Huxley stellte sich auch gegen Owens Forderung nach großzügigen Museumsräumen, indem er angab, daß zwei (oder zweieinhalb) «acres» (0.8 bis 1 Hektar) anstatt Owens zehn «acres» ausreichen würden.

Wenn also festzustellen ist, daß Owens Attacke gegen Darwin und dessen *Origin of Species* im *Edinburgh Review* im April 1860 kaum eineinhalb Jahre nach dem Versuch von Huxley, Darwin und anderen stattfand, Owens Plan für dasjenige seiner Werke zu sabotieren, welches das monumentalste sein sollte, dann wird deutlich, daß die Owen-Darwin-Kontroverse eher aus der Perspektive von Owens Museumsaktivitäten als aus der Evolutionsdebatte heraus zu verstehen ist.

Hannelore Landsberg

CHRISTIAN GOTTFRIED EHRENBERG
(1795–1876)

«Der Welten Kleines auch ist wunderbar und groß.
Und aus dem Kleinen bauen sich die Weiten.» (Ehrenberg 1818)

1. Einführung

Christian Gottfried Ehrenberg, Professor der Medizin, ist ein Naturforscher der Generation Alexander von Humboldts. Sein Leben war wie bei diesem bestimmt von Forschungsreisen, umfangreicher Publikationstätigkeit, vielseitiger Forschung und aktiver Teilnahme am gesellschaftlichen Leben der aufstrebenden königlichen Residenz Berlin, ihrer Akademie, der Universität und einer Vielzahl wissenschaftlicher Gesellschaften.

Besondere Verdienste erwarb sich Ehrenberg jedoch durch seine mikroskopischen Analysen rezenter und fossiler Mikroorganismen.

Heute wird Ehrenberg zu den bedeutendsten Naturforschern des 19. Jahrhunderts gezählt und gilt als einer der Väter der Mikrobiologie und Mikropaläontologie. Seine beiden monumentalen Hauptwerke *Die Infusionsthierchen als vollkommene Organismen. Ein Blick in das tiefere organische Leben der Natur* (1838) und *Mikrogeologie. Das Erden und Felsen schaffende Wirken des unsichtbar kleinen selbständigen Lebens auf der Erde* (1854/56) bestechen auch heute noch durch die sowohl wissenschaftlich exakten als auch ästhetisch schönen Zeichnungen.

Die Entwicklung und zunehmende Nutzung der Mikroskopie erfuhr durch Ehrenberg einen maßgeblichen Impuls. Seine Forschungen ebneten den Weg für die epochalen Entdeckungen in der Zellforschung in der zweiten Hälfte des 19. Jahrhunderts.

Ehrenbergs umfangreiche Sammlung naturkundlicher Objekte, vor allem aber mikroskopischer Präparate und wissenschaftlicher Zeichnungen als Belege zu den oben genannten Werken sowie umfangreiche Korrespondenzen gehören zum ältesten und wertvollsten Bestand des Museums für Naturkunde der Humboldt-Universität zu Berlin. Bis heute lassen sich in den Proben und dazugehörigen detailgenauen Zeichnungen für die Wissenschaft neue Arten nachweisen. Aus diesem Grund sind die Ehrenberg-Sammlungen Gegenstand der aktuellen Forschung.

2. Lebensweg

2.1 Kindheit, Lehr- und Wanderjahre

Christian Gottfried Ehrenberg wurde am 19. April 1795 in dem kleinen Städtchen Delitzsch bei Leipzig geboren, einem Ort, dessen winklige Gassen, malerischer Wallgraben, bewachsene Stadtmauer und ein anheimelndes Schloß es dem Besucher auch heute leichtmachen, sich in die Zeit um 1800 zurückzuversetzen.

Der Vater, Johann Gottfried Ehrenberg (1757–1826), hatte sich 1778 in Delitzsch zunächst als Schreiber niedergelassen. Später, nach kurzer Ehe mit Johanna Eleonore Müller und zum zweitenmal verheiratet mit Christiana Dorothea Becker, erhielt er als Hospitalvorsteher und Stadtrichter ein ansehnliches Auskommen. Auf diese Weise war es ihm möglich, seinen drei Söhnen, Christian Gottfried (1795–1876), Wilhelm Ferdinand (1796–1849) und Carl August (1801–1849), eine solide Ausbildung zu finanzieren.

Sein ältester Sohn, Christian Gottfried, besuchte zunächst die Lateinschule in Delitzsch. Hier wurde unter der sachkundigen Anleitung eines Pfarrers der Nachbargemeinde sein Interesse an naturkundlichen Studien, vor allem in Botanik und Insektenkunde, gefördert. Er erlernte hier das Handwerk naturwissenschaftlichen Sammelns und Konservierens, Tätigkeiten, die ihn bis zu seinem Lebensende begleiten sollten. Als Vierzehnjähriger übersiedelte Ehrenberg an das berühmte thüringische humanistische Gymnasium Schulpforta, die alte Fürstenschule Pforta bei Naumburg. Auch hier, als Gymnasiast, versetzte er seine Lehrer in Erstaunen, indem er nicht nur die klassischen Sprachen, insbesondere Latein, mit Erfolg erlernte, sondern Linnés «systema naturae» nutzte, um die Pflanzen der näheren Umgebung zu bestimmen (Koehler 1943).

1815, mit Beginn seines Studiums in Leipzig, mußte der zwanzigjährige Student seine naturkundlichen Neigungen jedoch zunächst dem Studium der Theologie unterordnen. Ehrenbergs Vater hatte als Müllerssohn seinen Weg zum gutsituierten Beamten mit der tatkräftigen Hilfe von Kirchenmännern gemacht. So war es sein Wunsch, daß sein ältester Sohn, für den ein Studium vorgesehen war, dieses Fach studierte. Dem jungen Christian Gottfried allerdings erschien einzig die Möglichkeit einer späteren Missionstätigkeit in fernen Ländern verlockend. Dagegen waren ihm Fächer wie die «Lehre von den Engeln» besonders unverständlich, wie sein Biograph eindrucksvoll schilderte (Laue 1895).

So erklärte sich denn auch Ehrenbergs Vater mit einem Wechsel des Studienfachs einverstanden, und der junge Naturforscher ging

Christian Gottfried Ehrenberg (1795–1876) im Alter von 61 Jahren. Ölgemälde von E. L. Radtke im Auftrag des Königs Friedrich Wilhelm IV. anläßlich der Verleihung des Ordens Pour le mérite

den damals üblichen Weg zu den Naturwissenschaften über ein Studium der Medizin. Doch auch hier machte sich bei ihm bald Enttäuschung breit. Bis auf wenige Ausnahmen bewegte sich die wissenschaftliche Beweisführung auf einem so unbefriedigenden Niveau, daß Ehrenberg 1817 Leipzig und die dortige Universität verließ.

Sein Weg führte ihn nun in die preußische Residenzstadt Berlin, wo er seinen Militärdienst ableisten und sich weiteren Studien widmen wollte.

Zu Fuß marschierte Ehrenberg in Begleitung eines Freundes über Eilenburg, Torgau nach Wittenberg. Von dort aus setzten sie den Weg in einer Lohnkutsche fort, die sie weiter über Potsdam, mit einem Blick auf Sanssouci, am 14. August 1817 bis zur Stadtgrenze von Berlin brachte. «Beim Eintritt in die Stadt glaubte ich, wir seien durch nasse Wolken in den lieben Himmel gerathen, so flimmerten die 1000 Laternensterne nah und fern um uns herum.» Die Stadt Berlin beeindruckte den Studenten zunächst tief, begeistert berichtete er über die großzügigen Paläste und öffentlichen Gebäude und das quirlende Leben der Stadt. Seine ausgedehnten Spaziergänge führten ihn jedoch nach halbstündiger Wanderung schon in die abgelegeneren Stadtteile mit kleinen Lehmhäusern, ungepflasterten Wegen und ausgedehnten Gärten und Feldern.

Nachdem Ehrenberg erfahren hatte, daß sich sein Militärdienst noch hinausschieben ließe, belegte er kurzentschlossen noch einige klinische Kurse und bestand im Juni 1818 das Rigorosum. Während dieser Zeit arbeitete er konzentriert an seiner Dissertation. Das Material für seine Studien über die Berliner Pilzflora fand er in der nahen Umgebung der Stadt, im weiten Tiergarten und am Tegeler See. Innerhalb eines Jahres hatte er die verschiedensten Pilzarten gesammelt und unter diesen 248 für Berlin bisher unbekannte Arten, von denen wiederum 62 Arten für die Wissenschaft gänzlich neu waren (Laue 1895). 1818 erschien seine Dissertation unter dem Titel *Sylvae Mycologicae Berolinensis* («Die Schimmelwälder Berlins»). Mit seinen mikroskopischen Beobachtungen konnte er dabei die geschlechtliche Fortpflanzung der Pilze aufzeigen und den damals noch herrschenden Urzeugungshypothesen energisch widersprechen. Auch späterhin verfolgte Ehrenberg kritisch die aufgestellten Hypothesen über die Entstehung und Fortpflanzung der Pilze und vertrat unbeugsam deren nachgewiesene geschlechtliche Fortpflanzung (Geus 1987).

Nach Aufnahme in die Kaiserliche Leopoldinisch-Carolinische Deutsche Akademie der Naturforscher erschien in deren Schriften 1821 gleichfalls eine Abhandlung Ehrenbergs über die Genese der Pilze.

Von den Gelehrten Berlins, u. a. dem Anatomen Karl Asmund Rudolphi (1771–1832), dem Botaniker Heinrich Friedrich Link (1767–1851) und dem Mediziner Christoph Wilhelm Hufeland (1762–1836), war Ehrenberg entgegenkommend aufgenommen worden. Die ehrwürdige Gesellschaft Naturforschender Freunde zu Berlin hatte ihn eingeladen, regelmäßig an ihren Sitzungen teilzunehmen. Ehrenberg blieb dieser Gesellschaft bis zu seinem Tod eng verbunden.

Als begabter promovierter Mediziner hätte sich Ehrenberg nun in seiner Heimatstadt als Arzt niederlassen sollen, doch schon längst hatte er sich der Naturwissenschaft verschrieben.

Einer seiner Förderer, der Direktor des Zoologischen Museums Hinrich Lichtenstein (1780–1857), hatte ihn mit dem Dichter, Naturforscher und Weltumsegler Adelbert von Chamisso (1781–1838) bekannt gemacht. Während der Bearbeitung eines Teils von dessen Sammlungen, die während der Weltumsegelung auf dem russischen Schiff *Rurik* gemacht wurden, erlernte Ehrenberg nicht nur die wissenschaftliche Bearbeitung von Expeditionsmaterial, sondern gleichzeitig entstand eine Freundschaft, die bis zum Tod des Dichters dauerte. Von dieser Freundschaft zeugt eine spannende Korrespondenz, vor allem aus der Zeit von Ehrenbergs erster eigener Forschungsreise (Stresemann 1954).

2.2 Forschungsreisen

2.2.1 Die große Reise nach Afrika. Schon früh hatte sich in Ehrenberg ein Reisedrang geregt, der nicht mehr mit Wanderungen in seiner näheren Umgebung zu stillen war. Durch die Bearbeitung der wertvollen Ausbeute Chamissos hatte sie neue Nahrung erhalten. Mit seinem Studiengenossen und Freund, Wilhelm Friedrich Hemprich (1796–1825), wurden Reisepläne nach Tibet, Madagaskar und Java erörtert. Doch der Zufall und ihr guter Ruf als begabte Naturforscher führten zu dem ehrenvollen Auftrag durch die Berliner Akademie der Wissenschaften, an einer archäologischen Reise zu den Nilländern teilzunehmen. Heute findet diese Reise in populären Werken über die Erforschungsgeschichte des schwarzen Erdteils kaum noch Erwähnung, obwohl sie eine der frühesten und gründlichsten Expeditionen im nördlichen Afrika war, die der wissenschaftlichen Erforschung dieser Region diente.

Mit der Empfehlung Alexander von Humboldts versehen, begleiteten sie den Altertumsforscher und vormaligen Prinzenerzieher General Nicolaus Johann Heinrich Menu von Minutoli (1772–1846) in das nördliche Afrika.

Die Studienreise dieses Archäologen hatte vornehmlich geographische, historische und antiquarische Ziele. Die beiden Naturforscher erwirkten deshalb vorsorglich eine Vollmacht, sich gegebenenfalls von Minutoli trennen zu können, um ihren eigenen naturwissenschaftlichen Forschungen nachzugehen, von der sie dann auch bald Gebrauch machten.

Am 6. August 1820 lichtete die österreichische Brigg *Il Filosofo* in Triest die Anker, an Bord die gründlich vorbereiteten 24 und 25 Jahre alten Freunde Hemprich und Ehrenberg.

In Alexandrien, wo die Reisegesellschaft zusammentreffen sollte, hatten Hemprich und Ehrenberg Gelegenheit, sich in der Stadt und ihrer kargen Umgebung umzusehen und auf einer Probeexpedition Erfahrungen, sowohl in bezug auf das naturwissenschaftliche Sammeln als auch auf damit verbundene Beobachtungen, zu machen. Die erste Sendung mit Naturalien konnte auf diese Weise schon im Oktober 1820 zusammengestellt werden und war wohl eine der wenigen Sendungen, die als Ergebnis einer Exkursion ohne Entbehrungen, klimatische und gesundheitliche Katastrophen und andere Desaster zusammengestellt wurde.

Im Gegensatz dazu mußte die erste von den fünf Teilexpeditionen in die Libysche Wüste jäh beendet werden. Die Unzuverlässigkeit der Begleitmannschaft, die Ehrenberg in einem Brief an Lichtenstein beklagt, die «in einem Moment zerstört oder verdirbt, was wir mit tagelanger Mühe gesichert zu haben meynten» (ZMB, SI, Bl. 47), stellte ein unerwartetes Hemmnis dar. Die Feindseligkeiten der ansässigen Beduinenstämme, die schon General Minutoli veranlaßt hatten, entnervt den Rückweg nach Kairo anzutreten, und ein kräftezehrender Sandsturm schwächten die Expeditionsteilnehmer mehr und mehr. Die Forschungen und Beobachtungen blieben auf die Nähe der Zelte beschränkt, und selbst Ehrenbergs mikroskopische Untersuchungen des verschmutzten Wassers mußten in aller Heimlichkeit geschehen. Das Ziel, die alte griechische Ansiedlung Cyrenaika, wurde nicht erreicht.

Geschwächt von einem Gewaltmarsch, auf der Flucht vor den feindseligen Beduinenstämmen und in großer Sorge um zwei schwer erkrankte Expeditionsmitglieder, kehrten die Reisenden nach Alexandrien zurück. Bedrückt schrieb Hemprich an Lichtenstein, daß sie von einem Unglück nach dem anderen betroffen seien. Am 13.12.1820 verstarb in Alexandrien Ludwig Theodor Liman, der als archäologischer Begleiter Minutolis mitgekommen war.

Nahe Kairo, im Schatten der Pyramiden von Gizeh, verstarb bald darauf, im Februar 1821, auch der Delitzscher Landsmann Wilhelm Söllner, Gehilfe der Naturforscher. Während der Pflege des Kranken besuchten Ehrenberg und Hemprich abwechselnd die Pyramiden und sammelten auch dort Pflanzen und Tiere, von denen sich zahlreiche als wissenschaftlich neu erwiesen.

Bedrückt von den Mißerfolgen der bisherigen Reise und finanziellen Problemen, verursacht durch einen skrupellosen preußischen Konsul und ausbleibende Nachrichten aus Berlin, wurde deshalb die zweite Expedition schon bald gestartet, zumal von seiten des Ministeriums gedrängt wurde, Ergebnisse, die den Aufwand rechtfertigten, vorzuweisen. Ziel war das 1500 km entfernte nilaufwärts gelegene Dongola. Doch diesmal war es Ehrenberg, der schwer erkrankte und nach ausbleibenden Nachrichten in Deutschland gar für tot gehalten wurde. Hemprich, der die Pflege seines Freundes übernommen hatte, sandte Lichtenstein «meine und unsere Reise- und leider zugleich unsere Unglücksgeschichte» (ZMB, SI, Bl. 65–69). Sobald Ehrenberg reisefähig war, setzten die beiden jungen Forscher ihr ehrgeiziges Unternehmen jedoch unbeirrt fort.

In Berlin machte man sich inzwischen große Sorgen um die Gesundheit und Sicherheit der Reisenden. Die zwecks Desinfektion in Essig getränkten, beräucherten und dadurch braungefärbten und an den Rändern ausgefransten Briefe Hemprichs und Ehrenbergs wurden ebenso mit Spannung erwartet wie die Zeichnungen und Naturaliensendungen, deren erste am 9. Dezember 1821 in Berlin angekommen war.

Das Ziel der dritten Teilexpedition war das Rote Meer, das sie zu Fuß und per Schiff erreichten. Von ihrer ersten Station, der Stadt Tor, aus unternahmen sie verschiedene Exkursionen zu Wasser und zu Lande und waren in wenigen Wochen genauso erfolgreich wie zuvor während der drei Jahre in Ägypten. Die Besteigung des wasserreichen Berges Sinai hatte besonders ihre Ausbeute an neuen Pflanzenarten (über 1000 Arten) und Sämereien vermehrt.

Im Libanon und in Syrien, dem sich anschließenden Reisegebiet, verliefen ihre Unternehmungen gleichfalls glücklich. In ihrer Ausbeute befand sich sogar ein Bär, wie Ehrenberg an Lichtenstein schrieb (Stresemann 1954).

Auf ihrer letzten Expedition zogen die Forscher wieder zum Roten Meer und dabei südlicher, als sie je gewesen waren. Auf diesem Abschnitt sollte erneute Unbill die Reisenden begleiten. Ein Fehlschuß, der einem Beduinen den Fuß zerschmetterte, verursachte Schwierigkeiten und Unkosten. Feindseligkeiten gegenüber Christen hinderten sie an Sammelexkursionen, und erst als sie in Massaua, einer Küstenstadt Eritreas, angekommen waren, konnten sie wieder ergiebigere Sammelexkursionen in Angriff nehmen. Doch mitten im schönsten Erfolg wurden sowohl Ehrenberg, Hemprich als auch die übrigen Teilnehmer von schlimmen Fieberanfällen heimgesucht. Am 30. Juni 1825 starb Wilhelm Hemprich in den Armen seines Freundes. Diesen schmerzlichen Verlust verwand Ehrenberg nur schwer. Um das Andenken an seinen Freund zu wahren, verfügte er, daß die Sammlung ohne Ausnahme als «Hemprich und Ehrenberg Sammlung» zu benennen sei, was bis heute so gehandhabt wird. Zweifel nagten an ihm, ob die Resultate dieser Reise 9 Menschenleben aufwogen. Aus drei geplanten Jahren waren sechs geworden, und selbst die ehrenvolle Rückkehr nach Deutschland wurde zur Enttäuschung, als er feststellen mußte, daß die so mühsam erworbenen Sammlungen nicht mehr vollzählig zur wissenschaftlichen Bearbeitung zur Verfügung standen. So konnte auch das großangelegte Projekt der Publikation der Ergebnisse nicht zu dem Erfolg führen, der ihm angemessen gewesen wäre.

Die gesamte Ausbeute von 46 000 Pflanzen, 34 000 Tieren und 300 Gesteinsproben war derart gewaltig, daß der Botaniker Dietrich Franz Leonhard Schlechtendahl (1794–1866) äußerte, ihm sei bange, «wie diese Massen geordnet, bearbeitet, beschrieben, gezeichnet, gedruckt und gestochen erscheinen sollen» (Stresemann 1954, S. 135).

Ehrenberg bezog ein «Atelier der Universität» in der Nähe der zoologischen Sammlungen im Universitätsgebäude. Im März 1827 wurde Ehrenberg zum außerordentlichen Professor an der Medizinischen Fakultät der Universität Berlin ernannt. Seine Vorlesung hatte das Thema «Einleitung in das physiologische und anatomische Studium der wirbellosen Thiere». Mit seiner Aufnahme in den Lehrkörper der Universität und einer fortlaufenden jährlichen «Remuneration» von 1000 Talern war Ehrenbergs finanzielles Auskommen gewährleistet (Laue 1895). Gemeinsam mit mehreren Künstlern begann er an der Herausgabe der Reisergebnisse als Reisebericht und der wissenschaftlichen Beschreibung und Abbildung aller entdeckten Pflanzen und Tiere in einem Prachtwerk, den *Symbolae physicae*, zu arbeiten. Als Grundlage dienten neben den Originalobjekten die während der Reise angefertigten Zeichnungen und Notizen Ehrenbergs. Diese Aufgabe ging zunächst zügig voran, und die ersten Teile «Säugetiere» und «Vögel» erschienen schon 1828. Das Gesamtprojekt wurde jedoch nicht vollendet. Die detailgenauen Abbildungen benötigten unerwartet viel Zeit, fehlende Sammlungsstücke und ungenaue Dokumentation im Zoologischen Museum entmutigten Ehrenberg zunehmend.

Sein Interesse richtete sich bald mehr und mehr auf die kleinsten Organismen, die Infusorien, zu deren Studium er selbst in Afrika stets sein Mikroskop mit sich geführt hatte. Durch eine erneute Reise erhielt dieses Interesse neue Impulse (Jahn 1998).

2.2.2 Mit Alexander von Humboldt und Gustav Rose zu Ural und Altai. Ehrenberg war nun gesellschaftlich geachtet und anerkannt. Besondere Freundschaft und Fürsorge erfuhr er durch Alexander von Humboldt. Dieser bot ihm 1829 eine erneute Gelegenheit zu einer wissenschaftlichen Expedition, diesmal in den asiatischen Teil Rußlands (Laue 1995, S. 151). Diesem verlockenden Angebot konnte Ehrenberg, trotz der unvollendeten Bearbeitung der Afrikaergebnisse, nicht widerstehen. Es war geplant, Ural und Altai wissenschaftlich, vornehmlich bergbaukundlich, zu erforschen. Ehrenberg sollte die Funktion des Zoologen, Botanikers und Arztes einnehmen. Die Unternehmung im asiatischen Teil Rußlands wurde auf das großzügigste von der russischen Regierung unter Zar Nikolaus gefördert und finanziert, so daß die Reisebedingungen alles übertrafen, was die Forscher bisher an Unterstützung erlebt hatten.

Während der 18750 km langen Reise sammelte Ehrenberg ausgiebig Pflanzen und Tiere. Umfangreiche Boden- und Gesteinsproben dienten seinen mikroskopischen Untersuchungen, denn selbstverständlich befand sich in seinem Reisegepäck neben Doppelflinte, Zeichenpapier und Verpackungsmaterialien ein gutes Chevalliersches Mikroskop.

Die Reise führte mit aller damals zur Verfügung stehenden Bequemlichkeit in extra angefertigten Kutschen entlang und auf der Wolga nach Kasan, Jekatharinenburg und in den südlichen Ural. Entzückt genossen die drei Forscher die parkähnlichen Wälder des Urals. Mehrere Wochen war Jekatharinenburg ihr Standquartier und Ausgangspunkt ausgedehnter Exkursionen zu den verschiedenen erzreichen Bergwerken des Urals. Ein Diamant aus dem Ural, den Humboldt als Geschenk erhielt, ist heute ein vielbeachtetes Ausstellungsstück im Museum für Naturkunde Berlin. Die übrigen Sammlungen waren in Jekatharinenburg gesichtet, geordnet, in 14 Kisten verpackt und zur Beförderung nach St. Petersburg übergeben worden.

In der nun folgenden Etappe, weiterhin unter Begleitung und wohl auch Beobachtung der russischen Beamten, lenkte die Expedition ihre Aufmerksamkeit auf Ziele in Westsibirien (vgl. den Beitrag zu Humboldt). In Barnaul, dem Bergbauzentrum am Rande des Altai, freundlich aufgenommen, entdeckte Ehrenberg bei einem deutschen Naturaliensammler zu seiner großer Freude Insekten, die er selbst in Afrika gesammelt hatte. Durch Tausch waren sie hierher nach Asien gekommen.

Die Reise ging bis in das chinesische Grenzland und durch die Steppe nach Omsk, um im südlichen Ural weitere Streifzüge zu unternehmen. Von Orenburg reiste man entlang der Wolga bis Astrachan. Mit Hilfe eines Dampfbootes erkundeten die drei Forscher das Kaspische Meer. Die südlichste Stelle ihrer Reise erreichten sie auf der kleinen Insel Birutschicassa. Ehrenberg hatte mit tatkräftiger Unterstützung durch Humboldts Diener (Johann Seifert) beständig Pflanzen und Tiere gesammelt. Hier nun, an dem durch Humboldts geophysikalische Messungen in einem antimagnetischen Zelt berühmt gewordenen Punkt, gelang es Ehrenberg, «mit besonderer Geschicklichkeit» eine Anzahl Schlangen zu fangen (Rose 1837/1842, S. 312). Mit dem Fundort «Astrachan» versehen, sind auch sie heute Bestandteil der Sammlungen des Berliner Naturkundemuseums.

Das Tagebuch der Reise (Rose 1837–1842), als zweibändiges Werk von Gustav Rose publiziert, muß heute als einzige umfangreiche, jedoch überaus sachliche Quelle aller Recherchen dienen. Für Ehrenberg war diese Reise letzter Anstoß, sich nunmehr nahezu ausschließlich mit mikroskopischen Organismen zu beschäftigen.

Die botanische und zoologische Ausbeute kam in die Königlichen Museen.

Die botanischen Sammlungen in Berlin-Dahlem sind durch die Bombardierung Berlins im Zweiten Weltkrieg zerstört worden. Nur die Sammlung der Moose blieb erhalten und wurde erst 1963 ausführlich beschrieben (Schultze-Motel 1963).

2.3 Jahre der Reife als Mikroskopiker

Für Ehrenberg begann nach der Rückkehr aus Rußland ein neuer Lebensabschnitt, sowohl in familiärer Hinsicht als auch im Profil seiner wissenschaftlichen Arbeit.

1839 zum Ordinarius für Theorie, Geschichte und Methodik der Medizin an der Medizinischen Fakultät der Berliner Universität ernannt, setzte er seine mikroskopischen Studien fort. Seine Vorlesungstätigkeit war bekannt für karge Vorträge, aber um so anschaulichere praktische Übungen am Mikroskop. In seinem Arbeitszimmer versammelte er die Interessenten um sein Mikroskop und wies mit ruhigen treffenden Worten auf die besonderen mikroskopischen Beobachtungen hin.

Einen Studenten hatte Ehrenberg durch seine Arbeiten besonders beeinflußt, Ernst Haeckel (1834–1919). Dieser gestand 1859 seinem Vater, er habe sich «in Florenz ein Mikroskop von dem berühmten Professor Amici für 250 Frank (ungefähr 70 Gulden) gekauft, ein ebensolches, wie auch Professor Ehrenberg von seiner letzten italienischen Reise mitgebracht hatte. Es ist dies ein sogenanntes Immersionsinstrument, wie sie bisher nur dieser ausgezeichnete Optiker anfertigen konnte» (Uschmann 1983, S. 54). Begeistert schilderte Haeckel seine nunmehrigen Möglichkeiten der mikroskopischen Beobachtung, die es ihm ermöglichten, radiäre Rhizopoden zu beobachten, die Ehrenberg erst wenige Jahre zuvor entdeckt hatte.

Die Anwendung der Wasserimmersionsmikroskope hatte eine stürmische Entwicklung von Mikrobiologie, Histologie und mikroskopischer Anatomie ausgelöst. Auf dem Gebiet der Medizin suchte Ehrenberg seine Ergebnisse in der Protozoenforschung bei der Bekämpfung von Seuchen wie Cholera und Pest einzusetzen. Der Mediziner von heute wird den Namen Ehrenberg eher im Zusammenhang mit der Entdeckung der Nervenzelle in Verbindung bringen, auch wenn Ehrenberg noch nicht den Begriff «Nervenzelle» benutzte, der erst 1839 durch die Arbeiten von Schwann und Schleiden geprägt wurde (Kirsche 1977).

Wenn Ehrenberg die Publikation eines umfassenden Afrika-Reisewerkes auch abgebrochen und für die Sibirienreise nicht geplant hatte, so fanden vor allem seine mikroskopischen Entdeckungen und Forschungen in späteren Arbeiten doch immer wieder ihren Niederschlag in Akademievorträgen und Veröffentlichungen. So publizierte er 1829 über die geographische Verbreitung der «Infusionsthierchen» in Nordafrika und Westasien, 1830 zur Kenntnis der Organisation der Infusorien und ihrer geographischen Verbreitung besonders in Sibirien, im selben Jahr über neue Beobachtungen blutartiger Erscheinungen in Ägypten, Arabien und Sibirien, verbunden mit einer Übersicht und Kritik der früher bekannten. 1832 und 1834 erschienen Arbeiten über die Natur, Bildung und Systematik der Korallenbänke im Roten Meer, von denen sich selbst Charles Darwin (1809–1882) anregen ließ und die Korallenforscher bis heute profitieren.

2.4 Der Naturforscher und Mikroskopiker als Persönlichkeit des Berliner Lebens

Als Ehrenberg 1826 von seiner fast sechs Jahre währenden Reise nach Nordafrika zurückgekehrt war, hatte ihn in Berlin warme Anerkennung, nicht nur durch seine Freunde, sondern auch von staatlicher Seite erwartet. Vom König zu dessen «Lieblingsaufenthalt», der Pfaueninsel, geladen, traf er hier auch Alexander von Humboldt, Lichtenstein, der wissenschaftlicher Ratgeber für die Tierhaltung auf der Pfaueninsel war, und andere Gelehrte. Solche Einladungen wiederholten sich, und Ehrenberg war gerngesehener Gast, der interessant von seinen Reiseerlebnissen zu erzählen wußte und so auch unter den Adligen der Stadt, wie Fürst Wittgenstein, Graf Itzenplitz oder Herrn von Treskow, Gesprächspartner fand, mit denen er über arabische Pferdezucht und Bewässerungstechniken in Ägypten sachkundig diskutieren konnte. Wohler fühlte sich Ehrenberg aber im Kreise Gleichgesinnter, so in den bekannten Zirkeln Hufelands und im Hause Wilhelm von Humboldts (1767–1835), dessen Frau Caroline (1766–1829) Ehrenberg gern als spannenden Erzähler auf ihren Soireen hatte.

Ehrenbergs mikroskopische Arbeiten fanden in der Berliner Öffentlichkeit u. a. deshalb Beachtung, weil er sich auch mysteriöser Erscheinungen annahm, die bis heute die Gemüter erregen. So analysierte er die verschiedenen Verursacher des Meeresleuchtens und führte mit Proben von Meerwasser dieses beeindruckende Phänomen vor.

Lili Lepsius, die Frau des Ägyptologen Richard Lepsius (1810–1884), berichtete in ihren Tagebüchern am 2. Oktober 1848 von einem Besuch bei Ehrenberg: «Bei Professor Ehrenberg, dem Entdecker der Infusorien, haben wir neulich in eine wunderbare Welt hineingeblickt. Seine Infusionstierchen greifen sogar in die Kulturgeschichte ein: Das Fronleichnamfest ist 1264 vom Papst Urban IV. gestiftet worden, als er, die Transsubstantiation der Hostie bezweifelnd, um ein Zeichen bat, worauf ihn ein Blutstropfen, den er auf der consecrierten Hostie bemerkte, überzeugte. Solche Erscheinungen sind aber mehrfach beobachtet worden, und der mittelalterliche Aberglauben schrieb sie dem Einfluß der Juden zu, die die Hostie gequält haben sollen. In Berlin sind wegen dieses vermeintlichen Frevels einmal 68 Juden hingerichtet worden. Ehrenberg hat nun die Erklärung dieses historischen Wunders gegeben. Man kann die roten Flecke auch auf Kartoffeln beobachten, sie auf Reis, Semmel, Oblaten übertragen, wo sie sich rasch vermehren. Bei 800facher Vergrößerung erkennt man, daß es Kolonien von Infusorien sind, die alsdann die Größe von feinsten Grieskörnern haben und blutrot gefärbt sind. Sie vermehren sich durch Teilung sehr schnell, so daß eine Untertasse voll Kartoffelmus nach drei Tagen ganz davon bedeckt ist. Er zeigte uns noch Feuersteine, die unter dem Mikroskop ganz aus Infusionsthierchen bestehen. Man muß unwillkürlich die Allmacht Gottes in diesen kleinen Schöpfungen bewundern und ebenso den menschlichen Geist, der diese verschlossene Welt den Augen Aller zu erschließen imstande ist» (Lepsius 1933, S. 78 f.).

Anlaß für Ehrenbergs Suche nach dem Phänomen der blutigen Hostien war ein aufsehenerregender Fall während der Cholera-Epidemie im Herbst 1848, der auch Ehrenbergs beide Brüder Ferdinand und Karl zum Opfer fielen. Im Haus eines anderen Opfers, einer jungen Frau, die an den Werderschen Mühlen wohnte, hatten sich vor deren Tod auf den Speisen im Küchenschrank blutartige Flecke gezeigt. Voller Panik verließ die Familie das Haus, und Ehrenberg wurde als anerkannter Mikroskopiker, der auch schon bei der Lösung von Kriminalfällen geholfen hatte, zu Rate gezogen. Durch Übertragung von Spuren der blutartigen Reste auf frische Kartoffeln u. ä. konnte Ehrenberg als Verursacher dieses Phänomens Organismen nachweisen, die heute den Bakterien zugeordnet werden.

Ähnliches Aufsehen erregte Ehrenbergs Entdeckung, daß ein großer Teil des Untergrundes Berlins aus «lebendiger Dammerde» bestand, noch lebenden und sich vermehrenden Infusorien. Diese stellten eine Ursache für Schäden an Gebäuden dar. Um wilden Spekulationen den Wind aus den Segeln zu nehmen – es wurde die Theorie verbreitet, daß die Häuser eines Tages davonkriechen könnten –, sah sich Ehrenberg veranlaßt, in der Singakademie einen öffentlichen Vortrag zu halten (Laue 1895, S. 94 f.).

Für Demonstrationen am Königlichen Hof, in der Akademie oder anderen Einrichtungen hatte Ehrenberg sein Mikroskop und verschiedene Arten von Organismen mitzubringen. Für diese Vorführungen besorgte sich Ehrenberg unter großer Anteilnahme der Berliner Straßenjungen und später auch seiner Kinder aus Feuerlöschtonnen, Tümpeln und fließenden Gewässern der näheren Umgebung Wasserproben.

2.5 Verantwortung als Familienvater

«Wie so ganz anders erscheint einem doch die Welt im Kreise seiner Familie als ohne dergleichen. Es ist ein Ausweiten und Breiterwerden der eigenen Individualität, welches freilich den Stürmen mehr Fläche bietet, aber auch weiter in den Weltenraum hinein ragt, und viele Sonnenstrahlen auffängt, die neben dem schmalen isolierten Individuum unwirksam vorüberfliegen», schrieb Ehrenberg an seinen Münchener Freund Carl Friedrich Philipp von Martius (1794–1868) und enthüllte die Quelle, die ihm Kraft und Lebensfreude in sein Forscherleben brachte (Hanstein 1877, S. 150).

Im Hause seines Universitätskollegen Heinrich Rose (1795–1864), Bruder von Gustav Rose, seinem Reisegenossen in den Ural, hatte Ehrenberg Julie Rose (1803–1848), die Schwester der Frau Heinrichs, kennengelernt. Am 20. Mai 1831 heiratete der fünfunddreißigjährige Ehrenberg. Das junge Paar fand sich schnell in die geselligen Kreise aus dem Umfeld der Universität. Herzliche Freundschaft verband sie mit den Familien Heinrich und Gustav Rose, Chamisso, des Physikers Poggendorff und nicht zuletzt A. von Humboldt. Im folgenden Sommer wurde ihr erstes Kind, Johannes Alexander, geboren, seine Taufpaten waren A. von Humboldt, Link und Rudolphi. Bald nach der Geburt von Tochter Helene wurde die Familie von einem schweren Schlag getroffen, der Ehrenberg noch viele Jahre verfolgte. Sein Sohn verstarb nach einem unglücklichen Sturz. Ehrenberg erfuhr Trost von allen Seiten, doch mit der Geburt jeder weiteren Tochter – 1835 wurde Mathilde, 1836 Laura und 1838 Clara geboren – wurde ihm der Verlust des Sohnes wieder bewußt. Er haderte so sehr mit seinem Schicksal, daß seine jüngste Tochter

Clara, die in seinen letzten Lebensjahren zu seiner unersetzlichen Stütze wurde, noch in ihren Lebenserinnerungen erwähnt, daß sie «ein nicht gern empfangenes» Kind gewesen sei (C. Ehrenberg 1905, S. 10). Endlich – 1840 – wird der zweite Sohn Hermann Alexander geboren, wieder steht Alexander von Humboldt Pate.

Reisende aus aller Welt, die Ehrenberg Proben überbrachten, und selbst so exotische Gäste wie ein südamerikanischer Indianer besuchten mit den Brüdern Robert und Richard Schomburgk nach deren Rückkehr aus Britisch-Guayana die Familie. Zuvor war der «Macusi-Indianer» schon den Mitgliedern der Gesellschaft Naturforschender Freunde «vorgeführt» worden.

Die Führung eines solchen großen Haushaltes und die selbstlose Fürsorge um die Familie blieben jedoch für Ehrenbergs Frau Julie nicht ohne Folgen. Ein Lungenleiden schwächte ihre Gesundheit. Nach siebzehn Jahren glücklichster Ehe verstarb Julie Ehrenberg am 5. Juli 1848.

Der vor Kummer ergraute Ehrenberg bemühte sich nach besten Kräften, seinen fünf Kindern die Mutter zu ersetzen (Abb. 2). Seine wissenschaftliche Arbeit verlegte er in die Nachtstunden, um möglichst viel Zeit mit seinen Kindern zu verbringen. Die Tradition der wöchentlichen Spaziergänge wurden beibehalten. Auf Sammelexkursionen mit Studenten durften die Kinder dabeisein und eigene Sammlungen anlegen. Der Vater versuchte die Naturverbundenheit seiner Kinder zu fördern und setzte dabei besondere Erwartungen in den Sohn Hermann. Physikalische Spielereien vom Jahrmarkt, mikroskopische Präparate oder naturwissenschaftliche Phänomene wurden gemeinschaftlich erkundet. Tochter Clara erinnerte sich noch Jahre später an eine totale Sonnenfinsternis im Jahr 1851, die Ehrenberg gemeinsam mit Kindern und Freunden im Garten beobachtete (C. Ehrenberg 1905, S. 85 f.).

Nach vierjähriger Trauerzeit heiratete Ehrenberg eine jüngere Freundin seiner ersten Frau, Lina Friccius (1812–1895), die Nichte des Chemikers Eilhard Mitscherlich. Die Familie nahm nun auch wieder am gesellschaftlichen Leben teil. 1856 zog die Familie in die Wohnung im Haus der Gesellschaft Naturforschender Freunde, die dem jeweils ältesten ordentlichen Mitglied der Gesellschaft zustand und die bisher der Entomologe des Zoologischen Museums Klug bewohnt hatte. Hier lebte Ehrenberg bis zu seinem Tod, und sein Haus blieb Mittelpunkt der großen Familie.

2.6 Lebensende

Das «Haus Ehrenberg» im Gebäude der Gesellschaft Naturforschender Freunde blieb nach Auszug der Töchter und des Sohnes, die bis auf Clara alle eigene Familien gegründet hatten, weiterhin

*Christian Gottfried Ehrenberg mit seinen Kindern
nach dem Tod seiner Frau Julie, um 1848*

ein Ort des wissenschaftlichen Austausches, den viele berühmte Männer und Frauen besuchten. So waren die Forschungsreisenden Schlagintweit, Nachtigall, Barth und Parthey seine Gäste. Die couragierte Weltreisende Ida Pfeiffer und der Wiener Professor Schmarda, der an der Weltumsegelung der *Novara* teilgenommen hatte, besuchten ihn, wie auch Ferdinand von Richthofen, der ebenfalls häufiger Gast war. 1868 war das Haus in der Französischen Straße 29 Ort einer bewegenden Feier anläßlich Ehrenbergs 50. Doktorjubiläum.

Ein Oberschenkelhalsbruch und ein Augenleiden setzten dem unermüdlichen Forscher an Mikroskop und Zeichenblatt 1865 jäh eine bittere Grenze. Zwei lange dunkle Wartejahre auf eine Staroperation zählten mit zu den schwersten in seinem Leben.

Erst der wiedergewonnene Blick durch sein Mikroskop, die «kleine Welt» wieder vor Augen, gaben ihm seinen Lebensmut zurück. Von nun an war ihm Tochter Clara unentbehrliche Assistentin, Schreiberin, Vorleserin und Zeichnerin, sie «lieh ihm Auge und

Hand», wie es Schwiegersohn Johannes Hanstein (Hanstein 1877) beschrieb. Alle Arbeiten seiner letzten Jahre sind auf diese Weise Gemeinschaftsarbeiten geworden. Die bescheidene Clara blieb jedoch immer im Hintergrund und soll hier als eine der wenigen wissenschaftlich tätigen Frauen dieser Zeit gewürdigt werden. Ehrenbergs wunderbares Gedächtnis blieb bis in die letzten Lebensjahre erhalten. Nachdem für die Unterbringung seiner Sammlungen in der Universität gesorgt war, ließen im Frühjahr 1876 seine Kräfte merklich nach, und am 27. Juni 1876 schloß der große Gelehrte Christian Gottfried Ehrenberg für immer die Augen.

3. Werk und Wirkung

3.1 Das übersichtliche Bild vom kleinsten Leben der Erde

Nach einer Vielzahl von Einzelarbeiten und Vorträgen in der Königlich Preußischen Akademie der Wissenschaften, deren Mitglied Ehrenberg seit 1827 war, erschien 1838 das bald weltweit berühmte Werk *Die Infusionsthierchen als vollkommene Organismen. Ein Blick in das tiefere Leben der Natur*. Mit diesem zweibändigen Foliowerk, der zweite Band enthält 64 colorierte Kupfertiefdrucktafeln, fügte Ehrenberg seine Forschungsergebnisse über einzellige Lebewesen, hauptsächlich Diatomeen, Ciliaten und Rotatorien, nun in einem Werk zusammen. Noch heute gilt dieses Werk Ehrenbergs als die zentrale Veröffentlichung, die Ehrenberg zu einem der Pioniere in der Protozoenforschung werden ließ (vgl. Regine Jahn 1995). Die Beschreibung der etwa 350 neuen Arten sowie einer Anzahl neuer Gattungen war in deutsch, lateinisch und französisch verfaßt. Die vergebenen deutschen Namen wie «geselliges Zittertierchen» *Vibrio tremulans*, «sterntragendes Kugeltier» *Volvox stellatus*, «kleinmündiges Glockenthierchen» *Vorticella microstoma* oder «Rüssel-Blumenrädchen» *Floscularia proboscidea* zeugen von Ehrenbergs Bemühen, die von ihm beschriebenen Einzeller schon durch die Benennung zu charakterisieren. Ihr «Aufenthalt», d. h. ihr nachgewiesenes Vorkommen sowohl geographisch als auch die Art des Gewässers betreffend, wurde genau angegeben, folgend den eigenen Beobachtungen und den Mitteilungen anderer Forscher. Ein eigenes Kapitel widmete Ehrenberg der Methode des Sammelns, der Beobachtung und des Aufbewahrens der Infusorien. Auf die Notwendigkeit qualitativ hochwertiger Mikroskope und Methoden der Färbung und Aufbewahrung wies er, wie auch in späteren Arbeiten immer wieder, nachdrücklich hin. Im letzten Absatz dieses Kapitels hob Ehrenberg die Vorteile der Präparation auf Glimmerobjektträgern mit Kanadabalsam hervor, die sich bei ihm schon 4 Jahre erhalten hätten (Ehrenberg 1838, S. XVIII). Die inzwischen um 160 Jahre älteren mikrobiologischen Originalpräparate Ehrenbergs sind heute noch Bestandteil der «Ehrenberg-Sammlung», gut erhalten und wissenschaftlich nutzbar.

Ehrenberg fütterte die Infusorien (Aufgußtierchen) mit Farbstoffen und konnte so die inneren Körperstrukturen erkennen und darstellen. Dabei interpretierte er jedoch mehr oder weniger klar erkennbare Strukturen als Organe, vergleichbar mit denen bei Vielzellern, wie z.B. Mägen, Nervenstränge oder Gefäßsysteme. Solcherart «übereinstimmender Bauplan der inneren Anatomie» von Einzellern und Mehrzellern rief heftige Kritik hervor, die Ehrenberg zwar nicht an seinen Forschungsergebnissen zweifeln ließ, ihn jedoch dazu bewog, die Haltbarkeit seiner Vergleichssammlungen ständig zu verbessern (vgl. Ilse Jahn 1998). Einige Mechanismen, wie das Gleiten der Diatomeen, die Ehrenberg wohl beschreiben konnte, ohne jedoch Bewegungsstrukturen nachweisen zu können, sind bis zur Gegenwart ungeklärt (Hausmann 1996).

Den ausführlichen Artbeschreibungen waren im zweiten Band Kupfertafeln zugeordnet, die damals wie heute die Fachwissenschaftler faszinieren. Die Zeichnungen sind ein ästhetischer und künstlerischer Genuß. Die wissenschaftliche und künstlerische Qualität der Abbildungen kann sich ohne Einschränkungen an den Möglichkeiten moderner Technik messen lassen, auch wenn nicht alle wissenschaftlichen Ergebnisse Bestand hatten (Laue 1895, S. 216ff.). Ehrenberg kommt das Verdienst zu, eine zweckmäßige Forschungsweise gefunden und den sicheren und wiederholbaren Nachweis geführt zu haben, daß die untersuchten Kleinstorganismen einer gesetzmäßigen und komplizierten Organisation unterliegen.

3.2 Die mikrogeologischen Studien

Neben der Untersuchung lebender Mikroorganismen richtete Ehrenberg seine Forschungen gleichermaßen auf fossile Kleinlebewesen. Diese fossilen Mikroorganismen, versteinerte einzellige Lebewesen, beschaffte er sich zunächst durch eigene Sammlungen in seiner unmittelbaren Umgebung in Berlin oder während seiner Reisen. Mit zunehmender Popularität war es ihm jedoch immer leichter möglich, Wissenschaftler und Forschungsreisende in allen Teilen der Welt um Erdproben für die mikroskopische Untersuchung zu bitten. So sind die Sammlungen der Originalproben ein Streifzug durch fast alle Regionen der Erde. Die Liste der Sammler gleicht einer Aufzählung berühmter Naturforscher, Reisender und Auswanderer (Locker 1980a).

Um viele gesammelte Proben ranken sich spannende Geschichten und Schicksale. So hatte der Afrikareisende Heinrich Barth (1821–1865) die entsprechende Bitte um Sammlungen aus Zentralafrika erst nach seiner Rückkunft erhalten. Um Ehrenberg trotzdem mit Proben zu versorgen, sandte er ihm seine «unfreiwilligen Beiträge». Zu deren Herkunft schrieb er Ehrenberg: «Ich lag zweimal auf meiner Reise mit oder vielmehr unter meinem Pferde im Sumpf. ... Ich erlaube mir ... Ihnen anbei mein Kladde-Tagebuch, das ich stets auf dem Marsche ausfüllte, jener Reisestrecke zu übersenden, dessen Durchwässerung, wie ich mit der größten Sicherheit angeben kann, von Buggoma stammt» (zit. bei Ehrenberg 1860, S. 152f.).
Ehrenberg untersuchte die zwischen den Bücherblättern erhaltenen Substanzen und beschrieb das Ergebnis: «Während das bloße Auge nur eine homogene sehr feine erdige Materie sieht, hat die 3000malige Vergrößerung in ganzer Summe 73 nennbare Formen erkennen lassen, von denen 70 organische sind» (ebd., S. 153). Nach Vergleich mit Proben von 1856 erwiesen sich vier der organischen Formen für die Wissenschaft als neu.
Auf seine persönliche Bitte hin erhielt Ehrenberg Schlämme aus Australien von den Brüdern Richard und Julius Schomburgk. Richard Schomburgk und ein weiterer Bruder Otto waren 1849 nach Südaustralien ausgewandert. Nördlich von Adelaide, am Gawlerfluß, hatten sie dort den Ort Buchsfelde gegründet, im Andenken an die Unterstützung bei ihrer Auswanderung durch den Berliner Geologen Leopold von Buch (1774–1853).
Von Richard und dem älteren Robert Schomburgk hatte Ehrenberg zuvor schon umfangreiche Proben von deren Reisen in Britisch-Guayana bzw. Barbados analysiert (Landsberg 1996). Von den Galápagosinseln und aus Argentinien sandte Darwin Stein- und Bodenproben (Locker 1980b). In Nordamerika ließ die amerikanische Regierung durch die Assistenzärzte aller Forts Materialien sammeln und 1852 an Ehrenberg senden (Laue 1895, S. 210). Japanische «Cultur-Erden» erhielt Ehrenberg auf sein Ersuchen hin 1845 «durch Hrn. Sieboldt, den um die Kenntnis von Japan am meisten verdienten Reisenden» (Ehrenberg 1854, S. 146).
Ergebnis all dieser Untersuchungen war sein zweites Hauptwerk, die «Mikrogeologie» von 1854/56. In dieser zweibändigen Publikation hatte Ehrenberg die Analysen von 800 untersuchten Proben beschrieben und gezeichnet und damit ein Werk vorgelegt, das bis heute die Grundlage der Mikropaläontologie darstellt.
Die Untersuchungen über die mikroskopische Struktur bestimmter Erdschichten führten zu einer steilen Entwicklung der Geologie nicht nur in wissenschaftlicher, sondern auch in wirtschaftlicher Hinsicht. Bei der Verlegung und Reparatur der transatlantischen Te-

legraphenkabel genommene Grundproben führten zu unerwarteten und aufsehenerregenden Ergebnissen. Ehrenberg konnte eindeutige Beweise für die Existenz einer Fauna in mehr als 3500 m Tiefe erbringen und bekräftigte die Überzeugung, daß bei systematisch betriebenen Tiefseeforschungen sich den Zoologen eine völlig neue Welt eröffnen werde. So verwundert es nicht, daß bei der Bearbeitung der Grundproben einer der berühmtesten Tiefsee-Expeditionen der «Valdivia» 1898–1899 Ehrenberg im Literaturverzeichnis einer der meistgenannten Autoren ist.

Einem ähnlich unwirtlichen Lebensraum wendet sich gerade wieder verstärkt die aktuelle Forschung zu, den Polareismassen. Doch schon 1841 konnte Ehrenberg in den Spalten der polaren Eismassen mikroskopisches Leben nachweisen (Zölffel & Hausmann 1990).

Ehrenbergs «Lebenswerk», seine umfangreiche Sammlung von Originalproben, mikroskopischen Präparaten (mikrogeologischen und mikrobiologischen Präparaten), die Zeichenblattsammlung, Briefsammlung, dazugehörige Register und sein Mikroskop, wurden noch vor seinem Tod geschlossen an das Mineralogische Museum in die Hände Ernst Beyrichs (1815–1896) übergeben. Die «Ehrenbergsammlung» ist einer der wertvollsten Sammlungskomplexe des Museums für Naturkunde der Universität zu Berlin und unvermindert Gegenstand intensiver Forschung (Lazarus 1998).

3.3 Der Systematiker Ehrenberg und die Lehre Darwins

Ehrenbergs langes Forscherleben erstreckte sich über eine Epoche bahnbrechender Entdeckungen. Er selbst hatte auf dem Gebiet der Erforschung der rezenten und fossilen Mikroorganismen einen maßgeblichen Anteil daran.

Diese Forschungen waren auch die Grundlage der persönlichen Beziehung Ehrenbergs zu Charles Darwin (1809–1822) und reichten bis in das Jahr 1847 zurück. Die beiden Forscher hatten schon 1844 und 1845 miteinander korrespondiert (PMB, Ehrenbergsammlung). Darwin war vor allem an der mikroskopischen Untersuchung von Passatstaub interessiert, der im Atlantik häufig auf Schiffe fällt und dessen Herkunft unklar war. Ehrenberg hatte sich mit dem «kleinsten Leben» im atmosphärischen Staube des atlantischen Ozeans schon längere Zeit selbst beschäftigt und darüber 1844 und 1845 publiziert. Unzählige Erdproben, etwa 100 Sendungen, von Darwin verdankte Ehrenberg der Vermittlung des Naturforschers Ernst Dieffenbach (1811–1855), der Darwins Reiseberichte übersetzte und deshalb häufig in England weilte. Darwin interessierte an den übersandten südamerikanischen Proben vor allem die Zusammensetzung der Sedimente sowohl aus Resten ausgestorbener Säugetiere als auch rezenter Molluskenarten. Hierdurch sollte der genealogische Zusammenhang zwischen diesen ausgestorbenen und den lebenden verwandelten Arten bewiesen werden (Jahn 1982). Ehrenbergs Unterstützung bei der Identifizierung der kieselschaligen Einzeller war auf diese Weise mittelbar eine Unterstützung von Darwins Überlegungen zur Artenproblematik.

In der Geschichte der Biologie stellte das Jahr 1859 eine besondere Zäsur dar. Es war das Jahr des Erscheinens von Darwins Werk *On the Origin of Species*. Ehrenberg, als Vertreter der «exakten Naturwissenschaft», der alle naturphilosophischen Spekulationen ablehnte, stand den neuen Gedanken der Abstammungslehre ausgesprochen kritisch gegenüber. Diese Ablehnung teilte er mit der Mehrzahl der Museumszoologen seiner Zeit.

Tochter Clara schildert das Dilemma: «Dann las ich Darwin, ‹Die Entstehung der Arten›, vor, und welch ein reicher Genuß wurde es für mich, so in die Tiefen der Wissenschaft eindringen zu dürfen und das Für und Wider gegen diese Hypothese in klarer, faßlicher Form oftmals auseinandergesetzt zu hören. Denn so hoch Vater Darwin als feinen und scharfsinnigen Beobachter schätzte, so wenig konnte er sich befreunden mit dem von der Natur gewollten ‹Kampf ums Dasein›, und mit der langen, von Darwin für seine Umwandlungstheorie notwendigen Zeit von Millionen von Jahren zur Entstehung der Erde, während die eigenen Untersuchungen über das kleinste Leben ganz andere Vorstellungen gaben. Gerade die Beständigkeit des Formenkreises dieser kleinsten Lebewesen vom heutigen Tag bis in die tiefsten fossilen Erdschichten schienen gegen eine notwendige Umwandlungstheorie zu sprechen» (C. Ehrenberg 1905, S. 148).

Die Konstanz der Arten war für die Systematiker der ersten Hälfte des vorigen Jahrhunderts eine Selbstverständlichkeit, wozu sich selbst Darwin für die Zeit des Antritts seiner Weltreise bekannte (Bolling 1976). Bei aller Ablehnung hatte sich Ehrenberg durchaus mit den Ideen Darwins vertraut gemacht. Ihm war besonders die Lehre vom Kampf ums Dasein suspekt. Er war der Überzeugung, damit könne man nur auslesen, aber nichts Neues schaffen. Berücksichtigt man, daß Mutationen und ihre Häufigkeit noch unbekannt waren, so wird dieser Gedankenansatz verständlich. Mit seinen fossilen Infusorien hatte er einen ganz gegensätzlichen Eindruck gewonnen, so daß er Darwins Lehre als «unbewiesene Hypothese» ablehnte.

3.4 Ehrenberg als Mitglied wissenschaftlicher Gesellschaften und Gremien und die Würdigung seiner Lebensleistung

Die Gesellschaft Naturforschender Freunde zu Berlin (GNF) war die erste von ca. 70 Vereinen und Gesellschaften, in denen Ehrenberg ab 1820 wirkte oder Aufnahme als Ehrenmitglied fand. In der GNF fand Ehrenberg eine wissenschaftliche Heimat, die er selbst aktiv mitgestaltete. Die Gesellschaft verdankte ihm über 200 Veröffentlichungen in ihren Schriften, gewissenhaft geführte Tagebucheintragungen und zahlreiche anregende Gespräche und Vorführungen von interessanten Präparaten und lebenden Organismen während der Sitzungen. In den Protokollen der Sitzungen sind Teilnehmer, benutzte Instrumente, vorgelegte Abbildungen, zu untersuchende Organismen und der Ablauf der Demonstrationen ausführlich beschrieben (Jahn 1991). Als Ehrenberg 1856 in die Wohnung im Gebäude der Gesellschaft einzog (s. o.), hatte er gerade das Amt des Rektors der Universität angenommen. Das «Rektordiner» in Gesellschaft A. von Humboldts, der wie so oft die Zuhörer in seinen Bann zog, fand just in diesem, den naturkundlich interessierten Berlinern wohlbekannten Haus und Versammlungsort statt.

1826 war Ehrenberg Korrespondierendes und ein Jahr später Ordentliches Mitglied der Preußischen Akademie der Wissenschaften zu Berlin geworden. Seine Beziehungen zu diesem Gremium reichten jedoch schon bis in die Vorbereitungszeit der Orientreise mit Hemprich zurück. Von der Akademie mitfinanziert, gehörte dieses Reiseunternehmen zu einem der Felder, auf denen die Akademie mit naturwissenschaftlichen Forschungsergebnissen auf breites öffentliches Interesse stieß. Auch hier zählt Ehrenberg mit 274 Publikationen zu den produktivsten Mitgliedern. Ab 1842 hatte er die Funktion des Sekretärs der Mathematisch-physikalischen Klasse inne, die er über zwanzig Jahre ausübte und erst aufgab, als ihn gesundheitliche Probleme dazu zwangen.

An der Friedrich-Wilhelms-Universität zu Berlin bekleidete Ehrenberg in den Jahren 1853, 1860, 1863 das Amt des Dekans der medizinischen Fakultät und in der Amtsperiode 1855–56 das des Rektors der Universität.

Diese Ämter und seine Auszeichnung als «Ritter des Ordens Pour le mérite» brachten es mit sich, daß Ehrenberg zu allen größeren Hoffesten geladen wurde. Für Ehrenberg selbst mögen diese Einladungen zwar ehrenhaft gewesen sein, seiner Mission, der Verbreitung der «Kenntnis über das mikroskopische Leben», kam die Mitgliedschaft in gelehrten Gesellschaften des In- und Auslandes weit mehr entgegen. In England war er schon 1837 in die *Royal Society of science* aufgenommen worden. Während verschiedener

Besuche in England, so auf der Naturforscherversammlung zu
Newcastle 1838 und dem wissenschaftlichen Kongreß 1847 in Oxford, wurde Ehrenberg nach eigenen Vorträgen und mikroskopischen Vorführungen begeistert gefeiert und mit höchsten Ehrungen
versehen. Hier hatte er auch während einer Teestunde im Botanischen Garten Darwin kennengelernt. In Cambridge wurde er unter
Anteilnahme der Königin und deren Gefolge zum *Master of arts*
von Cambridge ernannt und ihm das Ritterkreuz der Ehrenlegion
verliehen. Ehrenberg war ein geduldiger Vortragender an seinem
Mikroskop, die förmlichen Ehrungen und Empfänge betrachtete er
jedoch mit einer gewissen Belustigung. In Paris, wo er 1838 als Gast
der Akademie weilte, hatte sein Infusorienwerk größtes wissenschaftliches Aufsehen erregt, als es von A. von Humboldt der Akademie vorgelegt worden war.

1860 erhielt er den Sitz im *Institut de France*, der mit dem Tod
Alexander von Humboldts frei geworden war. Diese und eine Vielzahl anderer Gremien machten es sich zur Ehre, Ehrenberg ein Podium für seine Forschungsergebnisse und hohe Anerkennung zu geben. Die Akademien zu München, Stockholm, Kopenhagen, St. Petersburg und Wien zählten ihn zu ihren Mitgliedern, 1869 verlieh
ihm die französische Akademie den ehrenvollen *Prix Cuvier*.

1875, ein Jahr vor seinem Tod, widerfuhr ihm eine besondere
Ehre. Die Akademie der Wissenschaften zu Amsterdam, auf deren
Versammlungen Ehrenberg vor Jahren schon seine «Welt des Kleinen» vorgestellt hatte, verlieh ihm, als dem verdienstvollsten lebenden Forscher unter den Mikroskopikern, die erstmals vergebene
Leeuwenhoek-Medaille, eine Entscheidung, die einstimmig angenommen worden war, denn «Christian Gottfried Ehrenberg hatte
keine Mitbewerber. Und in Wahrheit, meine Herren, er hat keine!»
wie es der Präsident der Akademie formulierte (zit. bei Laue 1895,
S. 238). Antoni van Leeuwenhoek (1632–1723) hatte 1675 die Infusorien mit einem einfachen Mikroskop entdeckt. 200 Jahren später
wurde Ehrenbergs Lebensleistung als Begründer einer neuen Wissenschaftsdisziplin, der jetzigen *Mikropaläontologie*, gewürdigt.

Dietrich von Engelhardt

LORENZ OKEN
(1779–1851)

1. Einleitung

Lorenz Oken kommt in der Kultur- und Wissenschaftsgeschichte in mehrfacher Hinsicht eine ausgezeichnete Bedeutung zu: als Biologe und Naturphilosoph, als Gründer der Gesellschaft Deutscher Naturforscher und Ärzte, als Gründer und Herausgeber der enzyklopädischen Zeitschrift *Isis*, als Hochschullehrer und Wissenschaftspolitiker, insgesamt als eine faszinierende, an Natur wie Geist interessierte Gestalt der Epoche der Romantik und des Idealismus um 1800.

2. Lebensweg

Lorenz Oken wurde am 1. August 1779 in dem Dorf Bohlsbach in der Nähe des badischen Offenburg geboren. Sein Vater war der Bauer Johann Adam Ockenfuß, laut Überlieferung ein aufbrausender und redseliger Mann, der gern Geschichten aus der Vergangenheit erzählte und kommende Ereignisse prophezeite. Seine Mutter Maria Anna Ockenfuß, geb. Fröhle, war eine eher stille Frau. Das Wappen der Familie, die sich bis ins 14. Jahrhundert zurückverfolgen läßt, zeigt zwei blutende Ochsenfüße auf Goldgrund. In seinem Verhalten wurde Oken als direkt und von heftigem Temperament, zugleich dankbar und treu gegenüber seinen Lehrern und Freunden beschrieben, in seiner Gestalt als klein und hager, mit südlichem Teint, scharf geschnittenen Gesichtszügen, schwarzem Haar und dunklen Augen. Ab 1804 benutzte er die Kurzform seines Namens, «um den Spöttereien über den ganzen auszuweichen» (Ecker 1880, S. 9).

Nach Schulbesuchen von 1793–98 im Franziskaner-Gymnasium in Offenburg und von 1799–1800 in der Stiftsschule in Baden-Baden – beide Eltern waren bereits vor 1793 gestorben – studierte Oken von Herbst 1800 bis Sommer 1804 Medizin in Freiburg, beschäftigte sich aber ebenso intensiv mit den Naturwissenschaften und der Philosophie. 1802 erschien die *Uebersicht des Grundrisses des Systems der Naturphilosofie* im Geist der Naturphilosophie Friedrich Wilhelm Joseph Schellings (1775–1854), die neben späteren kleineren

Abhandlungen ihre umfassende Ausarbeitung in dem dreibändigen *Lehrbuch der Naturphilosophie* von 1809–11 mit weiteren Auflagen von 1831 und 1843 erfahren sollte. 1804 wurde er mit der ungedruckten Dissertation *Febris synochalis biliosa cum typo tertiano et complicatione rheumatica* promoviert. Anschließend setzte Oken seine Studien im Wintersemester 1804/05 in Würzburg fort, wo er bei Ignaz Döllinger (1770–1841) physiologische und bei Schelling philosophische Vorlesungen besuchte und seine Schrift *Die Zeugung* verfaßte, die 1805 gedruckt wurde. Neben Schelling wurde Oken in diesen Jahren vor allem von dem Philosophen Franz von Baader (1765–1841) beeinflußt.

Im Sommer 1805 wechselte Oken an die Göttinger Universität und habilitierte sich dort auch im gleichen Jahr. Über den Mediziner und Anthropologen Johann Friedrich Blumenbach (1752–1840) urteilte er Schelling gegenüber in einem Brief vom 24.5.1805 ausgesprochen enttäuscht: «Die Eintheilung der Thiere hingegen las er herab, als wenn es eine mathematische Wahrheit wäre, daß sie so eingetheilt werden müßten, wie er sie eingetheilt hat. – Nicht Ein Wort zur Rechtfertigung dieser Eintheilung. Nicht Ein Wink zu einer andern, zu einer Verbesserung» (Ecker 1880, S. 180). In die Göttinger Zeit fielen morphologische Studien zur Entwicklung des Darms beim Hühnerembryo (veröffentlicht 1806). Seit dem Winter 1805 war Oken als Dozent aktiv und hielt Vorlesungen über Biologie und Zeugung (WS 1805/06), Biologie und vergleichende Physiologie (SS 1806); den 1805 erschienenen *Abriß des Systems der Biologie* widmete er seinem Lehrer Josef Anton Maier in Baden-Baden, der ihn während der Schuljahre mit der Physik und Naturgeschichte vertraut gemacht hatte.

In den Wintermonaten 1806/07 begab sich Lorenz Oken auf die Insel Wangerooge, führte entwicklungsgeschichtliche Forschungen an Robben und Rochen durch, vollendete eine Abhandlung über «Nabelbrüche» und war auch als Arzt tätig. Auf der Reise von Göttingen nach Wangerooge durch den Harz im August 1806 gelangte Oken bei der Betrachtung eines Schädels einer Hirschkuh zur Einsicht, daß der Schädel die Wirbelsäule darstelle.

Im Sommer 1807 erfolgte – Oken hatte die Hoffnung auf eine akademische Laufbahn schon fast aufgegeben – durch Fürsprache J. W. von Goethes (1749–1832) die Berufung als a.o. Professor für Medizin nach Jena. In seiner Antrittsvorlesung «Über die Bedeutung der Schädelknochen» stellte Oken seine Wirbeltheorie des Schädels vor, die Jahre später einen ebenso leidigen wie weitbeachteten Prioritätsstreit mit Goethe nach sich zog.

Eine Berufung 1811/12 nach Rostock kam wegen der Ablehnung der Naturphilosophie bei den dortigen Professoren in der medizini-

Lorenz Oken (1779–1851), um 1815

schen Fakultät nicht zustande. Oken ging Jahre später im 1. Band der von ihm 1817 begründeten Zeitschrift *Isis* ebenso kritisch wie satirisch auf diese Reaktion der Rostocker Kollegen ein.

Oken blieb in Jena und wurde 1812 zum Professor für Naturgeschichte in der philosophischen Fakultät ernannt, war aber weiterhin Extraordinarius in der medizinischen Fakultät und Direktor des Medizinergartens der Universität. Er hielt Vorlesungen über Mineralogie, Botanik, Zoologie wie über Physiologie, pathologische Anatomie und Naturphilosophie. Jena war nach der Göttinger morphologischen Zeit die Phase intensiver naturphilosophischer Publikationen, zu denen sechs sogenannte Programmschriften und das *Lehrbuch der Naturphilosophie* (1809–11) gehörten.

1814 heirateten Lorenz Oken und Louise Stark, eine Tocher des Mediziners und Geburtshelfers Johann Christian Stark (1753–1811); zwei Kinder (Offo und Clotilde) wurden in der Ehe geboren.

Die politischen Ereignisse der Zeit stimulierten Oken auch in publizistischer Hinsicht. Seine aus zwei Teilen bestehende militärpolitische Schrift *Neue Bewaffnung, neues Frankreich, neues Deutsch-*

land (1814) pries die Wehrkunst als Verbindung der Künste und Waffen und enthielt praktische Vorschläge der Kriegsführung sowie ein Plädoyer für ein einiges Deutschland mit dem österreichischen Kaiser an der Spitze.

Die Teilnahme mit weiteren Professoren 1817 am Wartburgfest und die entsprechende Berichterstattung in der *Isis* führten im Januar 1818 zur Konfiskation der entsprechenden Nummer 195, zu Gerichtsverfahren und der amtlichen Aufforderung zur Einstellung der Zeitschrift oder zur Aufgabe der Professur. Da Oken auf seine *Isis* nicht verzichten wollte, blieb nur der Verzicht auf die universitäre Position. Die Entlassung 1819 aus dem Professorendienst wurde vom Senat der Universität in einem Schreiben vom 19.6.1819 ausdrücklich bedauert. Den Druck der *Isis* verlegte Oken von Jena nach Leipzig. Das Urteil Goethes, der in einem «Gutachten» vom 5.10.1816 dem Großherzog das Verbot der *Isis* nahegelegt hatte, spielte offensichtlich eine nicht unerhebliche Rolle in diesen einschneidenden Lebens- und Berufsveränderungen: «Mit dem Verbot des Blattes wird das Blut auf einmal gestopft; es ist männlicher, sich ein Bein abnehmen zu lassen, als am kalten Brande zu sterben», schrieb J. W. von Goethe an Großherzog Carl August am 5.10.1816 (Goethe, Briefe Bd. 3, S. 371). Oken äußerte sich schon nach wenigen Jahren in Jena seinerseits in einem Brief an Schelling vom 19.12.1809 recht distanziert und abschätzig über Goethe, nannte ihn «eitel» und lehnte für sich seinen Wunsch ab, «daß man sich nach ihm modle, auch wohl, daß man sein Taglöhner sei» (Ecker 1880, S. 209).

Nach Aufenthalten in München und Paris, wo es zu Kontakten mit dem Naturforscher Georges Cuvier (1769–1832) und eigenen Forschungen in den naturhistorischen Sammlungen der französischen Hauptstadt kam, las Oken im Wintersemester 1821/22 in Basel über Naturphilosophie, Naturgeschichte und Physiologie; dem Antrag der Basler Universität auf Ernennung zum ordentlichen Professor der Medizin kam das Ministerium nicht nach. Im Sommer 1822 nahm Oken in Bern an der Tagung der 1815 entstandenen Allgemeinen Schweizerischen Gesellschaft für die gesamten Naturwissenschaften teil.

Seit 1822 lebte Oken wieder in Jena als Privatgelehrter. Eine Berufung nach Freiburg zerschlug sich; die entscheidenden Hintergründe sind noch ungeklärt. Die Zustimmung war bei vielen Freiburger Kollegen groß, auch Oken zeigte sich bei Erfüllung verschiedener von ihm erhobener Forderungen – größere Unterstützung der Universität in den Bereichen der Forschung und Lehre, ungehinderte Herausgabe der *Isis*, persönliches Salär – an diesem Ruf an seine Heimatuniversität, für deren Erhaltung er sich bereits vehement 1817 in der *Isis* eingesetzt hatte, sehr interessiert.

1822 gründete Oken – angeregt durch die Schweizerische Naturforschende Gesellschaft für die gesamten Naturwissenschaften – mit einigen anderen Naturforschern und Medizinern der Romantik die noch heute bestehende Gesellschaft Deutscher Naturforscher und Ärzte, die selbst wieder das Vorbild für die Einrichtung ähnlicher Gesellschaften in vielen anderen Ländern abgab.

1827 wurde Oken, dem der bayerische König Ludwig I. (1786–1868) sehr gewogen war, als Professor für Physiologie nach München berufen und trug in seinen Vorlesungen neben Physiologie über Naturgeschichte und Naturphilosophie vor. Mit verschiedenen Kollegen stand Oken in anregenden Kontakten; zu Schelling war das Verhältnis offensichtlich nicht ohne Spannungen, auch mit dem romantischen Naturforscher Gotthilf Heinrich von Schubert (1780–1860) kam es zu Differenzen.

Als Hochschullehrer muß Oken überaus lebendig und anregend gewesen sein. Über seine Vorlesungen in der Naturgeschichte in Jena berichtete der ebenfalls naturphilosophisch beeinflußte Physiologe und Zoologe Emil Huschke (1797–1858): «So bizarr oft sein Styl, so gewandt und fließend war sein lebendiger Vortrag, so daß der Schüler gern auf die Worte des gefeierten Meisters schwören möchte. Alle Breite vermeidend, war er stets anregend, indem er nicht nur zu merken, sondern auch zu denken gab» (Ecker 1880, S. 15). Ein Eindruck von seiner Vortragsweise wird auch in einem Brief des Studenten und späteren Botanikers Alexander Braun (1805–1877) an seine Schwester überliefert: «Oken ist ein kleines, verständiges Männlein, das sehr klug und einsichtsvoll spricht. Er erklärt uns den Bau der ganzen Natur und sucht uns die ewigen Gesetze zu zeigen, nach denen alles in unserer Welt entstehen, bestehen und wieder vergehen muß. Wir haben ihn alle gern, und wie Schubert das Gemüt anregt, so beschäftigt er den Verstand auf das nützlichste und angenehmste» (Pfannenstiel 1951, S. 18). Ähnlich positiv fiel das Urteil des Zoologen Louis Agassiz (1807–1873) aus: «Einer der anziehendsten Professoren war Oken. Ein Meister in der Kunst des Lehrens, übte er einen beinahe unwiderstehlichen Einfluß auf seine Schüler aus» (a.a.O., S. 19). Sein außerordentlich erfolgreiches Engagement als Lehrer konnte Oken sich offensichtlich bis ins hohe Alter erhalten.

Auch in München entstanden bald Zwistigkeiten mit der Regierung, die schließlich zur Amtsenthebung führten, nicht zuletzt wegen der Kritik Okens an der Vernachlässigung der Naturwissenschaften im bayerischen Schulunterricht. Oken wurde nach Erlangen «versetzt», wie es in der entsprechenden amtlichen Entscheidung hieß. Dem Gesuch Okens, die Versetzung in eine Berufung umzuwandeln, woraufhin er als Universitätsprofessor bestehen zu müssen glaubte, konnte oder wollte das Ministerium nicht entsprechen; die Entlassung war die unvermeidbare Konsequenz.

Am 5.1.1833 wurde Oken als Professor für Allgemeine Naturgeschichte, für Naturphilosophie und Physiologie des Menschen in der philosophischen Fakultät der neugegründete Universität in Zürich gegen starke Widerstände vor allem unter den naturwissenschaftlichen Kollegen berufen; Polarität war offensichtlich nicht allein eine zentrale Kategorie seiner Naturauffassung, sondern auch seines eigenen Lebens. Oken wurde zum Dekan der Philosophischen Fakultät, zu der in jener Zeit auch die Naturwissenschaften gehörten, wie auch zum ersten Rektor der Züricher Universität gewählt. Seine Erwartungen waren, wie er in seiner Rede zu Beginn des Rektorats ausführte, hochgespannt: «Die Universität ist neu und mithin noch rein von allen Mißständen, von allen eingewurzelten bösen Gewohnheiten. Sie beginnt ein unschuldiges, hoffnungsvolles Leben» (Oken 1833).

Neben seiner Forschungsaktivität und seinen Publikationen war Oken weiterhin in der Lehre im Bereich der Naturgeschichte aktiv. Mit nach Zürich war der seit vielen Jahren mit ihm befreundete Mediziner Johann Lukas Schoenlein (1793–1864) gekommen. Zu seinen Schülern zählte auch der Naturforscher und Dichter Georg Büchner (1813–1837), der bei ihm 1836 mit der Arbeit *Mémoire sur le système nerveux du Barbeau* promoviert wurde und sich in Zürich für das Fach vergleichende Anatomie habilitierte; eine entsprechende Vorlesung konnte von Büchner im Wintersemester 1836/37 noch vor seinem frühen Tod angeboten werden: «Ich bin der erste der an der Universität Zürich vergleichende Anatomie liest; der Gegenstand ist für die Studenten noch neu, aber sie werden bald erkennen wie wichtig er ist» (zitiert nach Hauschild 1987, S. 36).

In den kommenden Jahren galt das Engagement Okens vor allem der Herausgabe der *Isis*, für die er eine Fülle eigener Beiträge verfaßte, sowie dem Druck der dreizehnbändigen *Allgemeinen Naturgeschichte für alle Stände* (1833–1845). Im übrigen wurde es um Oken, der auf politische Äußerungen weitgehend verzichtete, allmählich stiller. Ein bemerkenswertes Beispiel seines anhaltenden Interesses an Fragen der politischen und sozialen Wirklichkeit auch noch in dieser Lebensphase stellte sein öffentliches Eintreten 1848 für eine humanere Tötungsart der Tiere in Schlachtereien dar, das auch mit einer praktischen Demonstration am 2. September 1848 verbunden war: «Das Kalb war augenblicklich todt: dessen ungeachtet sagten die umstehenden Metzger, daß sie bey ihrer alten Manier zu schlachten bleiben wollten» (Oken 1848, Sp. 1061).

Am 11. August 1851 starb Oken an einer Bauchfellentzündung, er wurde ohne festliche Reden der Universität und der Stadt auf dem Züricher Jakobsfriedhof beerdigt; Studenten veranstalten abends einen Fackelzug an sein Grab, der spätere Professor der Botanik Carl Cramer (1831–1901) sprach ein Wort des Abschieds. In seiner Gedächtnisrede vom 1. November 1851 bezeichnete der Physiologe und damalige Dekan der Medizinischen Fakultät Carl Ludwig (1816–1895) Oken als einen Mann von «edler Gesinnung», der, «wegen seiner unentwegten, alle Richtungen des Geistes und Lebens umfassenden Bestrebungen nach Freiheit, vielfach verfolgt, und alle Anerbieten, die ihn von der betretenen Bahn hätten ableiten können, mit der reinsten und strengsten Gewissenhaftigkeit zurückweisend, endlich in Zürich den lange gesuchten, freien Wirkungskreis gefunden» habe (Ludwig 1851). Am Ufer des Zürichsees wurde an der Stelle, wo Oken sich besonders gern aufgehalten hatte, 1854 der Okenstein errichtet mit der Widmung: «Dem grossen Naturforscher, welcher der Ruhm der Zürcher Hochschule war, dem unabhängigen Mann». Am 29. April 1898 wurde Okens Leichnam auf den Friedhof Außersihl überführt. Die Universität Zürich ließ zum hundertjährigen Jubiläum 1951 an seiner Grabstätte die folgende Inschrift anbringen: «Lorenz Oken 1779–1851. Die Universität Zürich ihrem ersten Rektor in ehrendem Gedenken 1951.»

3. Werk

3.1 Schriften

Okens Forschungen erstreckten sich über alle Bereiche der Natur und waren mit zahlreichen neuen Beobachtungen in der Anatomie, Physiologie und Zoologie verbunden, bezogen sich vor allem auf Themen der Naturphilosophie und grundsätzliche Fragen der Naturwissenschaft. Die Weite seiner Bildung und seiner Interessen dokumentiert auf eindrucksvolle Weise der *Catalog der Bibliothek*, der 1852 in Zürich anläßlich der Versteigerung seiner Bücher angefertigt und publiziert wurde.

In Notizen, Rezensionen, Aufsätzen, umfassenden und mehrbändigen Werken veröffentlichte Oken seine empirischen Forschungen, bildungspolitischen Auffassungen, theoretischen Konzepte und philosophischen Reflexionen. Eine Serie kleinerer Programmschriften behandelte verschiedene Einzelthemen: I. Theorie der Sinne, II. Schädelknochen, III. Universum, IV. Licht, Finsternis, Farbe und Wärme, V. System der Erze, VI. Wert der Naturgeschichte. Für die von ihm und dem romantischen Mediziner Dietrich Georg Kieser (1779–1862) herausgegebenen *Beiträge zur vergleichenden Zoologie* (1805–07) verfaßte Oken selbst mehrere Studien, zu denen eine *Ent-*

wicklung der wissenschaftlichen Systematik der Thiere (1806) gehörte. Im *Abriß des Systems der Biologie* (1805) und im *Lehrbuch der Naturphilosophie* (1809–11, ³1843) stellte Oken seine naturphilosophischen Ideen und Ansätze in ausführlicher Form vor. Die *Allgemeine Naturgeschichte für alle Stände* (1833–45) bietet eine breitangelegte Beschreibung der gesamten Natur, deren Lücken ihm selbst bewußt waren.

Neben den naturwissenschaftlich-naturphilosophischen Schriften publizierte Oken auch historische und politische Arbeiten. Der Bericht über das Wartburgfest 1817 enthielt die Titel der bei dieser Zusammenkunft verbrannten Schriften, bot den Studenten, die wegen der Teilnahme verfolgt werden sollten, Unterstützung und Verteidigung an und endete mit den Worten: «So haben Deutschlands Studenten das Fest auf der Wartburg begangen! Viele, die über Deutschland Rath halten, und mehr noch Unrath halten, könnten die Versammlung auf der Wartburg zum Muster nehmen» (Oken 1817, Sp. 1559). In späteren Jahren ging Oken auch archäologischen Fragen und Themen der Zoologiegeschichte nach. Die Fülle seiner Beiträge für die *Isis* bedarf noch einer bibliographischen Zusammenstellung wie wissenschaftshistorischen Untersuchung.

Fundamental für Okens Naturphilosophie ist die Verbindung von Physik und Metaphysik, deren Trennung sich nach ihm nur negativ für beide Seiten auswirken kann. Der Naturphilosophie seiner Zeit wirft Oken eine Vernachlässigung der Empirie vor: «Es muß ein ganz anderer Ton in der Naturphilosophie angestimmt werden, als der gegenwärtige ist. Alle Manier muß aus der Darstellung verschwinden, und Schriften, welche über Nacht von Menschen, die von der Natur gerade so viel wissen, als Don Quichotte von der Ritterschaft, geboren werden, und denen man das naturphilosophische Aushängeschild vorsetzt, müssen ohne Schonung vertilgt werden. Sie tragen nicht nur nichts zur Beförderung der Wissenschaften bei, sondern wenden auch solide Gelehrte von ihr ab, weil sie das für das eigentliche Wesen der Naturphilosophie halten, was in den meisten Schriften dieses Titels ausposaunt wird» (Oken 1808, zitiert nach 1939, S. 7).

Ebenso kritisch wird von Oken aber auch die empirische Naturforschung der Zeit beurteilt, die auf Spekulation ihrerseits meinte verzichten zu können. «Wo die Objekte zersplittert, isoliert umherliegen, da herrscht Tod, und Leben wird nur erzeugt durch die Einigung, durch die Liebe der einzelnen. Solange die Empirie nicht unter der Fahne der Spekulation Schutz sucht, und diese sich nicht zum geselligen Umgang mit jener herabläßt; solange die Aufzählung organischer Individuen und unorganischer Naturprodukte, die Darstellung der Physik und Chemie nur nach den Vorschriften des Sehens und Greifens betrieben wird, solange nicht alle Teile der Mathematik unter sich, und mit dem übrigen des möglichen Wissens den Bund der innigsten Freundschaft feiern; solange unterdrückt leblose Nacht jeden Funken, der in der Finsternis aufzulodern beginnt. Die Empirie ist das Objekt ohne Handeln, die Spekulation das Handeln ohne Objekt – auf beiden ruht der Fluch der Vernichtung, wenn diese voll Stolz ihren Flug nach der Unendlichkeit nimmt, und jene niedrig im Staube kriecht. Die Aussöhnung beider gebärt dem Menschen das Wissen, führt ihn in den Tempel der Gottheit und der Natur, welches Erbauen des letztern die Arbeit der Naturphilosophie ist» (Oken 1802, zitiert nach 1939, S. 5f.). Empirie und Spekulation gehören zusammen, Philosophie und Wissenschaft der Natur ergänzen sich gegenseitig: «Ohne das Experiment ist das Naturphilosophirn vag, ohne Stütze. Ohne Raisonnement ist die Naturheilkunde geistlos» (Oken 1806, zitiert nach Pfannenstiel 1951, S. 87).

Entwicklung ist für Oken eine zentrale Kategorie der Natur wie der Kultur. Leben besitzt Geltung für die gesamte Natur, nicht allein für ihren organischen Teil. Als Basis der pflanzlichen und tierischen Organismen werden von Oken «Infusorien» oder schleimige Urbläschen angenommen, die aus der anorganischen Materie entstehen sollen. «Der erste Übergang des Unorganischen in Organisches ist die Verwandlung in ein thermisches Bläschen (ich habe es in meiner Zeugungstheorie Infusorium genannt), welches aus Gründen, die dieses Ortes nicht sind, im Wasser zu Tier, in der Luft aber zu Pflanzen determiniert wird» (Oken 1808, zitiert nach 1939, S. 141). Entwicklung besitzt einen realen und einen ideellen Sinn. Entwicklung darf nach Oken, worin er mit den naturphilosophischen Vorstellungen Schellings und Hegels (1770–1831) übereinstimmt, bei den Lebewesen aber nicht im Sinne einer stammesgeschichtlichen Abstimmung verstanden werden: «Alles ist im philosophischen Sinn zu nehmen» (Oken 1805, S. 53). Oken kann in dieser Perspektive nicht als Vorläufer von Charles Darwin (1809–1882) angesehen werden.

Die Entwicklung der Natur bis zum Menschen wird von Oken als eine Vorwärts- und Rückwärtsentwicklung gedacht, in Hauptepochen gegliedert, in denen die Natur sich jeweils ausgeruht habe, «um wieder aufs neue Kräfte zu sammeln zu ferneren Epochen» (a.a.O., S. 196f.). Die Welt der Naturerscheinungen ist ein historisiertes System, das weder als ein Netz noch als eine einlinige Leiter zu denken ist, vielmehr als eine Integration aus Raum und Zeit, nach einem «stereotischen Neze» geordnet, nach einer «Leiter, deren Basis ein Nez ist» (a.a.O., S. 203). Im Menschen kehrt die Natur zu dem wieder zurück, was sie «vor der ursprünglichen Entzweiung in dem Ur» war, vor ihrer Trennung in die Mannigfaltigkeit der leblosen und belebten Natur. Organe und Körperfunktionen oder mathematische Zahlen- und Formbeziehungen sind für Verständnis und Gliederung der Naturerscheinungen entscheidend. Die wesentlichen Unterschiede in der belebten Natur gehen nach Oken auf das «Ungleichgewicht der Organe» zurück. Respiration, Digestion und Hirnaktivität bestimmen die Abgrenzung zwischen den drei Tierreichen der Wirbellosen, Vögel, Fische und Amphibien sowie den Säugetieren. In Orientierung an den Organen lassen sich im Prinzip fünf Tierklassen unterscheiden: Hauttiere oder Wirbellose, Zungentiere oder Fische, Nasentiere oder Lurche, Ohrentiere oder Vögel, Augentiere oder Säugetiere (Oken 1843, Vorwort). Die Gliederung der Pflanzen erfolgt ebenfalls nach der natürlichen Ordnung.

Organismus und Welt gehören nach Oken wesentlich zusammen, das Universum soll «als Fortsetzung des Sinnensystems» (1808) betrachtet werden können, ist selbst ein Organismus. Naturgeschichte, Anatomie und Physiologie werden in diesem Parallelismus oder besser dieser Einheit von Mikro- und Makrokosmos entworfen und beschrieben. Zwischen anorganischer und organischer Natur besteht ein innerer Zusammenhang. «Wie in der Chemie die Verbindungen einer gesetzmäßigen Zahl folgen, so auch in der Anatomie die Organe, in der Physiologie die Verrichtungen, und in der Naturgeschichte die Classen, Zünfte und selbst Sippen der Mineralien, Pflanzen und Thiere» (Oken 1843, S. V).

«Der Zauberstab der Analogie» (Novalis) wird von Oken wie den anderen romantischen Naturforschern und Medizinern aufgrund dieser Verbindungsvielfalt intensiv geschwungen: «Der Erdbildungsproceß ist ein Magneto-Chemismus»; «Ein Thier ist eine Unendlichkeit von Pflanzen»; «Das Hirn ist der Magen des Nervensystems»; «Der Mensch ist die ganze Mathematik» (a.a.O., S. 144, 169, 298, 21). Als reale Gleichsetzungen, was nicht der Vorstellung von Oken entspricht, mußten diese Analogien bei den Naturwissenschaftlern aus seiner Zeit bis in die Gegenwart auf Unverständnis und Ablehnung stoßen.

Naturphilosophie hat nach Oken die Aufgabe, die Genese der Natur aus dem Nichts und ihre Entwicklung zum Menschen und seinem Selbstbewußtsein nachzuvollziehen und verständlich zu machen: «Sie hat die ersten Entwicklungsmomente der Welt vom Nichts an darzustellen; wie die Elemente und die Weltkörper entstanden; wie sie sich zu höheren und manichfaltigen ausgebildet, sich in Mineralien geschieden, endlich organisch geworden und im Menschen zum Selbstbewußtseyn gekommen sind» (a.a.O., S. 1). Naturphilosophie bildet mit Geistphilosophie das Ganze der Philosophie, die nach Oken im Wesen Mathematik ist: «Die Philosophie ist die Erkennung der mathematischen Ideen, oder schlechthin der Mathematik» (ebda.).

Der Mensch hat in der Perspektive der Verbindung von Natur und Kultur nach Oken, wovon auch die anderen Naturforscher und Mediziner der Romantik überzeugt waren, eine besondere Verantwortung für die Natur zu übernehmen. Der Mensch sei dazu berufen, die Natur zu erhöhen und zu vergeistigen, er lasse sie «in ihm ihre verklärte Auferstehung erkennen» (Oken 1805, S. IV). Der Mensch ist Abschluß und Vollendung der Natur: «Im Menschengeschlecht ist die Welt individual geworden. Der Mensch ist das ganze Ebenbild der Welt. Seine Sprache ist der Geist der Welt. Alle Verrichtungen der Thiere sind im Menschen zur Einheit, zum Selbstbewußtseyn gekommen» (Oken 1843, S. 521). Religion, Kunst und Wissenschaft haben ihre Basis in der Welt der Natur wie in der Welt der Ideen.

Große Beachtung fand in der Zeit die Kontroverse, ob Goethe oder Oken die Priorität der Wirbelsäulentheorie des Schädels zukomme. Auf die morphologische Homologie zwischen Schädel und Wirbelsäule war Oken 1806 vor seinen Kontakten zu Goethe, wie er selbst 1818 in der *Isis* berichtet, auf einem Harzausflug gestoßen, als er einen gebleichten Schädel einer Hirschkuh fand: «Aufgehoben, umgekehrt, angesehen, und es war geschehen. Es ist eine Wirbelsäule! fuhr es mir wie ein Blitz durch Mark und Bein – und seit dieser Zeit ist der Schädel eine Wirbelsäule» (Oken 1818, Sp. 511). In den Kiefern des Schädels sollen sich nach Oken die Arme und Füße wiederholen, in den Zähnen die Nägel der Füße und Hände. Die Antrittsvorlesung «Über die Bedeutung der Schädelknochen» von 1807 mit dieser Idee hatte Oken auch Goethe übersandt und in Reaktion eine Einladung nach Weimar erhalten. Eine unmittelbare Auseinandersetzung zwischen Goethe und Oken über Inhalt und Urheberschaft der Entdeckung fand nicht statt. Erst 1824 erwähnte Goethe Okens Interpretation und betonte seine eigenen Prioritätsrechte, da er bereits im Mai 1790 in Venedig an einem zerschlagenen Schafschädel diese Entdeckung gemacht habe, worüber er allerdings im Gegensatz zu Oken nicht publiziert hatte; Oken wird in dem Beitrag von 1824 zwar nicht genannt, wohl aber mit dem abschätzigen Hinweis gemeint, daß im «Jahre 1807 diese Lehre tumultuarisch und unvollständig ins Publicum gesprungen» sei (Goethe 1824, zitiert nach 1954, S. 357). Auffassungen dieser Art entsprachen aber dem Geist der Zeit; 1798 war auch der französische Naturforscher Étienne Geoffroy Saint-Hilaire (1772–1844) während eines Ägyptenaufenthaltes auf die Idee der Umwandlung des Wirbels zum Schädel gekommen.

Den Plagiatsvorwürfen, die auch von Hegel (1965, § 344, Zusatz S. 593) und Arthur Schopenhauer (1788–1860) (in einem Brief an Goethe vom 11.11.1815, siehe Goethe 1969, Bd. 2, S. 176) geteilt wurden, trat Oken mehrfach entschieden entgegen. In seinem romantischen Verständnis des Wirbelsäulenprinzips geht Oken ohnehin über Goethe hinaus: «Der ganze Mensch ist nur ein Wirbelbein» (Oken 1807, zitiert nach 1939, S. 29). Der Mediziner, Naturphilosoph und Maler Carl Gustav Carus (1789–1869) setzte sich in der historischen Einführung seiner Schrift *Von den Ur-Theilen des Knochen- und Schalengerüstes* (1828) für Oken ein, da der Streit nur nach Publikationen beurteilt werden dürfe: «Sollte Göthe wirklich eine Unwahrheit gesagt haben, um sich den Ruhm dieser Idee zuzueignen? Uebrigens daß alle öffentliche Anregung von Ihnen zuerst ausgegangen ist, glaube ich entschieden nachgewiesen zu haben» (Carus an Oken am 21.1.1829, zitiert nach Ecker 1880, S. 172).

Oken veröffentlichte nicht nur eigene Studien, sondern gab auch Schriften anderer Naturforscher heraus, so zum Beispiel die *Einleitung in die Entomologie* (1823, engl. 1818) von William Kirby (1759–1850) und William Spence (1783–1860), die wie er für den Bildungswert der Naturforschung und auch speziell der Insektenkenntnis für die Jugend eintraten. In die deutsche Übersetzung ließen die englischen Forscher Okens Terminologie aufnehmen, der selbst diese Ausgabe durch eigene Bemerkungen bereicherte und mit einem Register versah.

3.2 Die Zeitschrift «Isis»

Die von Oken in den Jahren 1817–1848 edierte *Isis* stellt ein wissenschafts- wie kulturhistorisches Dokument ersten Ranges aus jener Übergangsepoche von Idealismus und Romantik in Positivismus und Realismus dar. Die Zeitschrift, deren Analyse noch aussteht, war enzyklopädisch angelegt; Naturwissenschaften und Medizin, Technologie und Ökonomie, Kunst und Geschichte sollten Beachtung finden, explizit ausgeschlossen wurden allerdings Jurisprudenz und Theologie, «weil sie sich zu sehr vom Menschlichen zurückgezogen haben» (Isis 1817, Sp. 5). Die Geschichte galt Oken auch für die *Isis* als fundamental: «Die Geschichte aber ist die Menschheit; einer aber ist Nichts. Darum sey die Geschichte der Spiegel dieser Zeitschrift, die Natur ihr Fußboden, die Kunst ihre Säulenwand. Den Himmel lassen wir uns offen» (a.a.O., Sp. 6). Ausdrücklich wollte Oken, was ihm aber nicht gelang, die *Isis* als unpolitische Zeitschrift verstanden wissen, sie sollte «dem freiesten Verkehr» gewidmet sein, «in ihrem Haven kann landen und lösen wer nur immer mag und wer etwas hat» (a.a.O., Sp. 2). Nicht berichtet werden sollte auch «von eleganten Unterhaltungen, Theaterstreichen, von Ueberschwemmungen, Feuersbrünsten, Beinbrüchen, Diebstählen und dergleichen merkwürdigen Dingen» (a.a.O., Sp. 5).

3.3 Die Gesellschaft Deutscher Naturforscher und Ärzte

Eine wesentliche Bedeutung Okens lag nicht zuletzt in der Gründung 1822 der Gesellschaft Deutscher Naturforscher und Ärzte, die auf ihn und einen Kreis weiterer Naturforscher und Ärzte zurückging und auf deren Versammlungen von ihm auch mehrfach selbst Vorträge gehalten wurden. Mündliche Darstellung der Forschungsergebnisse, Kritik und Anregungen durch anwesende Kollegen, persönliche Kontakte und menschenfreundlicher Stil in den wissenschaftlichen Veröffentlichungen bezeichnete Oken als zentrale Ziele dieser im Geist der Romantik eingerichteten Gesellschaft in seinem «Ersten Aufruf zur Versammlung der deutschen Naturforscher» von 1821.

Als offene Wandergesellschaft mit freien Vorträgen unterschied sich die Gesellschaft Deutscher Naturforscher und Ärzte von den im Mittelalter entstandenen Universitäten ebenso wie von den während des 17. und 18. Jahrhunderts gegründeten Akademien wie der Londoner *Royal Society* (1662), der Pariser *Académie des Sciences* (1666), der *Academia Naturae Curiosorum* (1652), der *Akademie der Wissenschaften zu Berlin* (1700) oder der russischen *Academia Scientiarum Imperialis Petropolitana* (1726).

Vorangegangen war der Gesellschaft Deutscher Naturforscher und Ärzte die 1815 eingerichtete und auch heute noch aktive Allgemeine Schweizerische Gesellschaft für die gesamten Naturwissenschaften wie die nur wenige Jahre bestehende sowie lokal begrenzte im Jahre 1801 gegründete Vaterländische Gesellschaft der Ärzte und Naturforscher Schwabens.

Die Gesellschaft Deutscher Naturforscher und Ärzte regte verschiedentlich im Ausland zur Gründung ähnlicher Gesellschaften an: in England zur *British Association for the Advancement of Science* (1831), in Frankreich zu den *Congrès Scientifiques* (1833), in Italien zur *Riunione degli Scienziati Italiani* (1839), in den skandinavischen Ländern zu den *Skandinavska Naturforskarnes och Läkare* (1839). Aus der Gesellschaft Deutscher Naturforscher und Ärzte gingen schließlich in Deutschland zahlreiche naturwissenschaftliche und medizinische Fachgesellschaften hervor.

An der Gründungsversammlung der italienischen Naturforschergesellschaft (*Riunione degli Scienziati Italiani*) im Jahre 1839 in Pisa nahm Oken teil und hielt eine naturphilosophische Rede über die drei Reiche der Natur («Idee sulla classificazione filosofica dei tre regni della natura»).

Einheit der Natur und Verbindung von Natur und Kultur sollten Vorträge und Gespräche der deutschen Naturforscher- und Ärzteversammlungen bestimmen. Der Geist der Zeit und die Dynamik des wissenschaftlichen Programms zielten auf Spezialisierung und Trennung. Mit der Einrichtung der Sektionen im Jahr 1828 auf der Berliner Versammlung kam es zu einer einschneidenden Neuerung, die keineswegs allgemeine Zustimmung fand, aber für den Fortbestand der Gesellschaft ausschlaggebend war. In der weiteren Entwicklung vor allem während des 19. Jahrhunderts konnte die Gesellschaft Deutscher Naturforscher und Ärzte Spiegel wie Ursache der Forschungen und Fortschritte der Naturwissenschaften und Medizin sein; die wesentlichen Themen, Beobachtungen und Erkenntnisse der Zeit wurden von bedeutenden Naturwissenschaftlern und Medizinern auf den Versammlungen vorgetragen und diskutiert; stets blieb der Blick auf die internationale Situation gerichtet, nahmen Wissenschaftler aus zahlreichen Ländern an den Vorträgen wie gesellschaftlichen Veranstaltungen teil.

Den Naturwissenschaften sprach Oken einen hohen Bildungswert zu. Die umfangreiche Darstellung der Naturgeschichte in 13 Bänden richtete sich an «alle Stände». Entsprechend setzte er sich auch für einen naturwissenschaftlich geprägten Schulunterricht ein. In der programmatischen Rede «Ueber den Werth der Naturgeschichte, besonders für die Bildung der Deutschen» zu Beginn seiner Zoologievorlesung im Jahre 1809 in Jena kritisierte Oken das utilitaristische Verständnis der Naturforschung, deren Bedeutung nach ihm keineswegs nur im Leiblichen, sondern vor allem im Geistigen liegt. In dem 1829 vor der Naturforscher- und Ärzteversammlung in Heidelberg gehaltenen Vortrag «Für die Aufnahme der Naturwissenschaften in den allgemeinen Unterricht» griff Oken die Enttäuschung vieler Naturforscher und Ärzte der Zeit über die Vernachlässigung der Naturwissenschaften im bayerischen Schulunterricht auf: «Nicht einmal erwähnt sind die Naturwissenschaften, als wenn sie nicht ins Leben und Weben des gegenwärtigen Zeitalters wesentlich gehörten; nicht selbst Leben und Weben hätten und daher Anspruch auf rechtliche Anerkennung, so gut als Lateinisch und Griechisch, ja noch mehr: denn sie leben wirklich, während man jene nur mit dem Blasebalg mühsam bey Odem hält» (Oken 1829).

Okens Plädoyer für eine Aufnahme der Naturwissenschaften in den schulischen Unterricht und einen naturwissenschaftlich bestimmten Bildungsbegriff fand zu seiner Zeit unterschiedliche Resonanz. Der für den neuen Schulplan in Bayern verantwortliche Philologe und Pädagoge Friedrich von Thiersch (1784–1860) trat Oken und seiner Rede von 1829 entgegen; vor allem Naturgeschichte führe bei den Schülern zu «Zerstreuung und Langeweile» als den «beyden schlimmsten Feinden» (von Thiersch 1829, auch Höfl 1830) des schulischen Unterrichts. Die naturwissenschaftlichen und medizinischen Kollegen stimmten Oken dagegen meist zu. Auch in späteren Jahren kam es auf den Versammlungen Deutscher Naturforscher und Ärzte wiederholt zu entsprechenden Ausführungen. Es ging bei diesen Kontroversen um das Verständnis der Bildung und die Rolle der Naturwissenschaften in der modernen Welt, zur Diskussion stand die Alternative von klassischer und naturwissenschaftlicher Bildung.

4. Wirkung

Oken löste als Mensch wie als Forscher Kritik und Ablehnung aus, gewann aber ebenso Zustimmung und Anerkennung. Das Spektrum der zeitgenössischen Reaktionen war groß. Persönliche und wissenschaftliche Kontakte bestanden zu Philosophen, Künstlern, Literaten, Naturforschern und Medizinern des In- und Auslandes. Das Interesse der Medizin- und Wissenschaftsgeschichte ist bis in die Gegenwart nicht abgebrochen.

Bei allen Einwänden erkannte Goethe die Bedeutung von Oken an und bezeichnete 1828 ihn als «genialen» und ihm «gleichgesinnten» Wissenschaftler (Eckermann 1968, S. 604, 672). Schelling sagte Okens Gedanken zur Physiologie eine große Wirkung voraus, warnte Oken aber in einem Brief vom 26.11.1808 vor der Sprache und den geistreichen Aperçus und Analogien: «Der Werth jedes guten Gedankens kann durch den einfachen Ausdruck nur erhöht werden. Genug haben wir endlich solcher Knallfeuerchen gesehen» (Ecker 1880, S. 115). Henrik Steffens (1773–1845) schätzte ebenfalls Oken vor allem als Physiologen, während er sich als den kongenialen Fortsetzer von Schelling betrachtete: «denn die von Oken gegründete Schule konnte durchaus nicht als eine naturphilosophische im eigentlichen Sinne betrachtet werden» (Steffens 1840–44, Bd. 6, S. 36). Oken distanzierte sich selbst in seinen Schriften und Rezensionen von der romantischen Manier vieler zeitgenössischer Naturpublikationen. Die Hervorhebung des Lebens und der Entwicklung wurde als die große Leistung Okens angesehen, der damit, wie von Carus betont wurde, die Natur in ihrer Einheit begriff und sie zugleich mit der Welt des Menschen in einen Zusammenhang brachte: «Mit großen gewaltigen Zügen wagte er es zuerst in die chaotische Mannichfaltigkeit von Natur, Formen und Thatsachen einen einzigen Mittelpunkt, ein einziges neues belebendes Princip einzuführen, und dies Princip war das genetische, das Princip der Entwicklung» (Carus 1848, S. 422).

1816 wurde Oken von der Universität Gießen die philosophische Ehrendoktorwürde zuerkannt («naturae scrutatori perito sagaci de disciplinis physicis et illustrandis et promovendis quam maxime merito», Ecker 1880, S. 18). Die Gemeinde Wipkingen verlieh ihm das

Schweizer Bürgerrecht. Das Gymnasium in Offenburg, wo Oken zur Schule gegangen war, gab sich 1875 seinen Namen. In verschiedene Akademien wurde Oken aufgenommen, 1818 in die Deutsche Akademie der Naturforscher Leopoldina, als korrespondierendes Mitglied in die Königliche Sozietät der Wissenschaften zu Göttingen. Ein Mineral wurde nach Oken benannt (Okenit), ebenso trägt eine Pflanzengattung seinen Namen (Okenia).

Okens Veröffentlichungen, die auch verschiedentlich übersetzt wurden, gewannen im In- wie Ausland Resonanz. Sein Einfluß war mittelbar wie unmittelbar und entfaltete sich auf verschiedenen Ebenen. Die Sprachschöpfungen Lurche, Echsen, Kerte, Nesthocker, Nestflüchter, Zelle, Infusorien gingen in die wissenschaftliche Terminologie ein und wurden selbst in der Dichtung beachtet (Jean Paul, Hesperus, Vorrede zur 3. Aufl., 1819). Mit dem Zoologen Carlo Bonaparte (1803-1857), einem Neffen Napoleons I. und Hauptinitiator der naturwissenschaftlichen Gesellschaftsgründung in Italien, Teilnehmer auch mehrfach an den deutschen Versammlungen, war Oken persönlich befreundet. Naturforscher wie Albert Kölliker (1817-1905), Carl Wilhelm von Naegeli (1817-1891), Jakob Henle (1809-1885) bezeichneten sich als von ihm angeregt. Karl Ernst von Baer (1792-1876) erklärte Okens Studien bei aller Ablehnung gegenüber ihrer naturphilosophischen Fundierung zu einem «Wendepunkt für eine richtigere Erkenntniß des Säugethier-Eies» (von Baer 1828, S. XVII). Der vergleichende Anatom Richard Owen (1804-1892) will die Begriffe der Homologie und Analogie der Organe von Oken übernommen haben (Owen 1848, S. 8). Brehms *Tierleben* basierte nicht unwesentlich auf Okens *Naturgeschichte*, wie von Alfred Edmund Brehm (1829-1884) im Vorwort zur ersten Auflage von 1863 selbst ausdrücklich betont wurde. Thomas Henry Huxley (1825-1895) verband «the names of Goethe and of Oken as the originators of the hypothesis of the vertebral structure of the skull as a matter of equity and to aid in redeeming a great name from undeserved obloquy; though in strict technical justice the claim of the one to priority lapsed through lack of publication» (Huxley 1864, S. 279). Der italienische Physiologe Angelo Camillo de Meis (1817-1891) griff Okens Gedanken in der Studie *I tipi animali* (1872) wie auch in anderen Publikationen auf.

Okens Wirkung geht nicht zuletzt auf die von ihm 1822 gegründete Gesellschaft Deutscher Naturforscher und Ärzte zurück. Wiederholte Würdigungen in allgemeinen Eröffnungsreden auf Versammlungen dieser Gesellschaft seit ihrer Gründung bis in die Gegenwart wie auch die Verleihung der Lorenz-Oken-Plakette an bedeutende Wissenschaftler hielten und halten weiterhin die Erinnerung an ihn lebendig.

In seiner Rede über «Die Freiheit der Wissenschaft im modernen Staatsleben» vor der Gesellschaft Deutscher Naturforscher und Ärzte gedachte 1877 Rudolf Virchow (1821–1902) ausdrücklich des Gründers dieser Gesellschaft: «Und solange es eine deutsche Naturforscherversammlung gibt, so lange sollen wir uns dankbar erinnern, daß dieser Mann bis zu seinem Tode alle Zeichen des Märtyrers an sich getragen hat, so lange sollen wir auf ihn weisen als auf einen jener Blutzeugen, welche die Freiheit der Wissenschaft für uns erkämpft haben» (1877, S. 146).

In zahlreichen Studien der Medizin- und Wissenschaftsgeschichte wie in allgemeinen Untersuchungen zur Situation der Philosophie und Naturphilosophie um 1800 wurde im Verlauf des 19. und 20. Jahrhunderts auf Oken eingegangen. Das international renommierte *Dictionary of Scientific Biography* widmete 1970 einen Beitrag der Vita und den Leistungen von Lorenz Oken (Marc Klein).

Naturwissenschaftler und Mediziner setzten sich ihrerseits im 20. Jahrhundert mit Oken auseinander. Der Biologe Alfred Kühn (1885–1968) gelangte 1948 im Rahmen einer interdisziplinären Tübinger Vorlesungsreihe zur Romantik zu einer ambivalenten oder komplexen Beurteilung des *Lehrbuchs der Naturphilosophie*: «Weithin klingt das Buch wie ein Naturmythos voll tiefer Mystik, oft dunkel und widerspruchsvoll, dann herrscht ein Spiel mit willkürlich gesetzten Begriffen, dann wieder wird man überrascht durch scharfe biologische Beobachtungen und Verknüpfungen» (Kühn 1948, S. 222). Seinen Festvortrag über Lorenz Oken als ersten Rektor der Universität Zürich verband der Paläontologe Emil Kuhn-Schnyder (1905–1994) mit der Einsicht: «Aus der Geschichte der deutschen Philosophie ist der Name Oken nicht wegzudenken. In der Zoologie hat er sich einen bleibenden Platz errungen» (1980, S. 12). Der Biologe Hubert Markl hob 1984 in seinem Dankeswort zur ersten Verleihung der Lorenz-Oken-Medaille hervor: «Den Zusammenhang der Dinge erkennen wollen, so daß die ganze Natur, uns eingeschlossen, nach allgemeingültigen Prinzipien erklärbar wird, solch Streben ist zu achtenswert, als daß einer dadurch entwürdigt werden könnte, weil er zwar das Ziel erkannte, aber den Weg dorthin verfehlte. Das Urvertrauen darauf, daß man die Welt verstehen kann, wenn man sich nur genug darum bemüht, teilt jeder Naturforscher mit Oken. Es ist, wie Einstein unnachahmlich sagte, das Vertrauen auf einen guten Schöpfer, der die Welt einsehbar und den Menschen einsichtig schuf: ‹subtle is the Lord, but he is not mischievous›» (Markl 1985, S. 19f.).

Elena Muzrukova

KARL ERNST VON BAER
(1792–1876)

1. Einleitung

«Einen großen Weisen» nannte Vladimir Ivanovich Vernadski (1863–1945) Karl Ernst von Baer, der ein Mitglied der russischen Akademie der Wissenschaften und einer der namhaftesten Biologen der ersten Hälfte des 19. Jahrhunderts war. Baers Name ist nicht allein eine Angelegenheit der Vergangenheit. Auch heutzutage haben viele seiner Ideen nichts von ihrer Aktualität verloren. Deshalb wundert uns diese hohe Einschätzung Baers durch Vernadski durchaus nicht, denn nur «Große Weise» bleiben über alle Zeiten hinweg lebendig (Vernadski 1927).

Baers wissenschaftliche Tätigkeit war breit gefächert. Sie umfaßte nicht nur die Embryologie und die vergleichende Anatomie. Baer war ein hervorragender Naturforscher, ein begabter Anthropologe und Ethnograph, ein kluger Pädagoge, der seinen Nachkommen viele wertvolle Gedanken über den Aufbau des Unterrichtswesens an den Mittel- und Hochschulen hinterlassen hat. Mit anderen Worten, in welchem wissenschaftlichen Bereich Baer auch wirken mochte – überall befruchtete er die weitere Forschung aufs anregendste. Aber sein Hauptinteresse galt zweifelsohne der Embryologie. Baers Werk *Über die Entwicklungsgeschichte der Thiere* (1828) wurde zu einem Meilenstein in der Geschichte der Embryologie und legte das Fundament für diese wissenschaftliche Disziplin.

2. Lebensweg

Karl Maximovich von Baer wurde am 17. Februar 1792 in Piib, einem kleinen Ort im ehemaligen estländischen Gouvernement, geboren. Nach der Beendigung der Mittelschule in Reval (Tallinn) nahm er sein Studium an der medizinischen Fakultät der Universität Dorpat (Tartu) auf.

Als 1812 der Vaterländische Krieg gegen Napoleon ausbrach und die Armee des Generals MacDonald Riga belagerte, ging Karl Ernst von Baer freiwillig zu den Truppen, wo er unter sehr schweren Bedingungen gegen eine Typhusepidemie ankämpfte, wobei er selbst

Karl Ernst von Baer (1792–1876)

um ein Haar an Typhus gestorben wäre (eine seltsame Schicksalslaune wollte es, daß viele Jahre später sein ältester Sohn, sein Lieblingskind, auch ein Student der Universität Dorpat, an Typhus starb).

1814 beendete Baer sein Medizinstudium und wurde mit einer Arbeit zum Thema «Über ethnische Krankheiten der Esten» promoviert, woraus man auf sein schon damals aufkeimendes Interesse für Ethnographie und Anthropologie schließen kann. Im selben Jahr fuhr er ins Ausland, um sich in der praktischen Medizin weiterzubilden. In Berlin traf er mit Christian Heinrich Pander (1794–1865), dem künftigen Embryologen und Paläontologen, zusammen, der ihm zuredete, in Berlin zu bleiben und Vorlesungen in Zoologie und Botanik zu besuchen. Doch Baer war fest entschlossen, ein wirklich praktischer Arzt zu werden, und fuhr deswegen nach Wien, wo er an verschiedenen Kliniken tätig war.

Er verstand aber sehr rasch, daß nicht die Medizin, sondern die Biologie seine wahre Berufung sei, und gab kurz entschlossen die Medizin auf. Er verließ Wien und machte sich zu Fuß auf die Suche nach einer Universität, wo er sich mit der vergleichenden Anatomie, einem Fach, welches ihn besonders begeisterte, befassen konnte.

Baer gelang es herauszufinden, daß Ignaz Döllinger (1770–1841) an der Universität Würzburg Vorlesungen über vergleichende Anatomie hielt. Er begab sich sofort nach Würzburg. Als er aber im Herbst 1815 dort endlich ankam, stellte es sich heraus, daß Döllinger in diesem Semester den betreffenden Vorlesungszyklus nicht hielt. Baer war sehr betrübt und enttäuscht. Döllinger bemerkte das und sagte zu ihm: «Wozu brauchen Sie Vorlesungen? Bringen Sie irgendein Tier mit, dann ein anderes, und studieren Sie deren Körperbau!»

Am nächsten Morgen kaufte Karl Ernst von Baer in einer Apotheke einen Blutegel und machte sich unter Döllingers Anweisung daran, den Blutegel zu sezieren. Danach untersuchte er den Bau einer ganzen Reihe anderer Wirbelloser. Döllinger unterstützte Baer und lenkte erstmals dessen Interesse auf die Embryologie, obwohl es sich durch verschiedene Umstände ergab, daß Baer sich erst viel später der eigentlichen Entwicklungsgeschichte der Tiere widmen konnte (Raikow, 1968).

Der Einfluß Döllingers kam auch darin zum Ausdruck, daß Baer mancherlei Versuchung der damals so beliebten Naturphilosophie, die er bei Professor I. Wagner hörte, erfolgreich widerstehen konnte. Schon damals begriff Karl Ernst von Baer sehr wohl, daß nur der Weg vom «Einzelnen» zum Abstrakten ein wirklich fruchtbarer ist. Inzwischen übersiedelte Karl Burdach (1776–1847), der Professor in Dorpat war, nach Königsberg und bot Baer an, das Amt eines Prosektors zu übernehmen. Baer nahm dieses Angebot an und fuhr im Juli 1819 nach Königsberg. Die 17jährige Tätigkeit Karl Ernst von Baers in Königsberg war sehr fruchtbar. Er begann einen Vorlesungszyklus in vergleichender Anatomie der Wirbellosen und wurde 1819 Ordinarius der Zoologie.

Wie Baer in seiner *Autobiographie* gestand, war ihm in den Arbeiten von Caspar Friedrich Wolff (1734–1794) und C. H. Pander zur Entwicklung des Kükens vieles nicht klar, und er beschloß deshalb, ihre Beobachtungen zu wiederholen. Auf der Grundlage eigener Beobachtungen hielt Baer 1821 in der Königsberger Medizinischen Gesellschaft drei Vorlesungen über die Entwicklung des Kükens. Das Angebot von K. F. Burdach, für das unter seiner Redaktion entstehende *Handbuch der Physiologie* das Embryologie-Kapitel zu schreiben, trug dazu bei, daß Baer sich immer mehr in diesen Wissenschaftszweig vertiefte. Um die Grundlagen der Embryologie der Tiere einleuchtend darlegen zu können, wollte er zunächst einmal klären, auf welche Art und Weise sich die Haupttypen der Tiere entwickeln, worin hier die Unterschiede bestehen, sowie verschiedene Klassen der Wirbeltiere diesbezüglich vergleichen (von Baer 1950, S. 312–318). Da es in Königberg nicht genug Material zur Beobachtung der Wirbellosen gab, konzentrierte sich Baer auf die Entwicklung der Wirbeltiere.

Nachdem Baer die Entwicklung von Frosch, Salamander und Eidechse gründlich untersucht hatte, wandte er sich den Säugetieren zu. Besonders interessierte ihn die Frage nach dem Säugetierei vor dem Entwicklungsbeginn. Diese Frage war damals noch ungeklärt, denn das, was man im 18. und im 19. Jahrhundert als ein Säugetierei beschrieb, war entweder ein Follikel oder ein in seiner Entwicklung mehr oder weniger fortgeschrittener Keim. Als Forschungsobjekt diente Baer ein Hund. Es gelang ihm, ein unbefruchtetes Ei zu entdecken und zu beschreiben (1827). Über diese Entdeckung erzählt er sehr ausführlich und bildhaft in seiner Autobiographie. Was Baer am meisten überraschte, war, daß das Säugetierei bzw. dessen Inhalt dem Dotter eines Vogeleies sehr ähnlich war. Die Mitteilung über diese Entdeckung richtete Baer im darauffolgenden Jahr in schriftlicher Form an die Petersburger Akademie der Wissenschaften, die seine Entdeckung hoch einschätzte und ihn zuerst zu ihrem korrespondierenden und 1828 zum ordentlichen Mitglied wählte. Als Baer jedoch im gleichen Jahr nach Petersburg kam und feststellen mußte, daß dort keine entsprechenden Bedingungen für seine Embryologie-Forschungen vorhanden waren, verzichtete er auf den Titel eines Akademiemitgliedes und ging nach Königsberg zurück, wo er sich weiterhin intensiv mit der Embryologie beschäftigte. Die *Entwicklungsgeschichte der Thiere*, Karl Ernst von Baers fundamentales Werk, erschien 1828 in Königsberg mit dem ersten Band, der gänzlich der Entwicklung des Kükens und jenen weitreichenden Verallgemeinerungen, zu denen er aufgrund seiner Beobachtungen kam, gewidmet war. Aber weder die Entdeckung des Säugetiereies noch das Buch selbst wurden gebührend beachtet. Es folgte ein allgemeines Stillschweigen, und – was noch schlimmer war – die Priorität Baers wurde in Zweifel gezogen. Er war tief beleidigt, trotzdem hoffte er noch, Geldmittel zu finden, um die Arbeit fortsetzen zu können, weil seine Interessen auf dem Gebiet der Embryologie nach wie vor weit gestreut waren.

Er schrieb in seiner Autobiographie: «Ich hielt es für meine Lebensaufgabe, die wichtigsten Entwicklungstypen und die wichtigsten Organisationsgruppen im Tierreich darzustellen» (von Baer 1950, S. 296). In den letzten Jahren seines Lebens in Königsberg (1830–1834) erforschte Baer nicht nur die Entwicklung von Mammalia, sondern auch die von Schildkröten, Fröschen und Fischen und versuchte sich an der Erforschung des Wachstums und der Entwicklung der Pflanzen. Infolge langjähriger unermüdlicher Arbeit war seine Gesundheit stark angegriffen, die Hoffnung auf den Abschluß des von ihm geplanten großartigen Forschungsprogramms erwies sich als unerfüllbar. 1834 wählte die Petersburger Akademie der Wissenschaften Karl Ernst von Baer erneut zum ordentlichen Akademiemitglied. Im gleichen Jahr verließ er Preußen und übersiedelte nach einem kurzen Besuch in Estland nach Petersburg.

In Petersburg ging Baer verschiedenen Tätigkeiten nach. Zuerst wurde er dem Fachbereich Zoologie zugeteilt, nach 1846 dem der Anatomie. Freiwillig übernahm er das Amt des Bibliothekars der Auslandsabteilung der Akademie der Wissenschaften und brachte die große Büchersammlung der Bibliothek in Ordnung, womit er wieder einmal seine umfangreichen Kenntnisse und ungeheure Arbeitsfähigkeit unter Beweis stellte. Bis heute heißt diese Sammlung die «Baer-Bibliothek».

In dieser Zeit veröffentlichte er nur einige Arbeiten zur Embryologie, darunter z.B. Arbeiten über Monstrositäten, die ihn sehr interessierten und deren Erforschung er für außerordentlich wichtig hielt, um den normalen Verlauf der Embryogenese erkennen zu können.

Wie bereits erwähnt, sind alle wichtigen Entdeckungen Karl Ernst von Baers auf dem Gebiet der Embryologie in der in Königsberg herausgegebenen *Entwicklungsgeschichte der Thiere* dargelegt. Der erste Band kam 1828, der zweite 1837 und der abschließende Teil des zweiten Bandes erst nach Baers Tod 1888 heraus. Auf die Analyse dieser Leistungen Baers werden wir etwas später zu sprechen kommen. An dieser Stelle soll aber nicht unerwähnt bleiben, daß es eben Rußland war, wo er seine herausragende Persönlichkeit und vielseitige Begabung zur Entfaltung bringen konnte (Bljacher 1955).

Elf Jahre lang, von 1841 bis 1852, war Baer als Professor für Anatomie an der Medizinisch-Chirurgischen Akademie in St. Petersburg tätig. Gemeinsam mit dem berühmten Chirurgen N. I. Pirogow gründete er das Anatomische Institut und das Kabinett für vergleichende Anatomie. Auf seine Anregung hin wurden zahlreiche Sammlungen, Präparate, Mikroskope usw. erworben. In diesen Jahren unternahm er den Versuch, zu den Problemen der Embryologie zurückzukehren. Seine Tätigkeit als Professor der Medizinisch-Chirurgischen Akademie brachte ihn auf den Gedanken, ein Handbuch der Embryologie des Menschen und der Tiere zu schreiben. Es war als ein breitangelegtes Werk geplant, in dem nicht nur die Fragen der eigentlichen Keimentwicklung, sondern auch allgemeine Fragen der Reproduktionsformen, des Befruchtungsprozesses, der Vererbung, der Monstrositäten usw. behandelt werden sollten. Während der Vorarbeiten zu diesem Handbuch, das aus unbekannten Gründen leider nur ein Vorhaben bleiben sollte, wollte Baer seinen langgehegten Plan verwirklichen, den Befruchtungs- und Entwicklungsprozeß bei den Wirbellosen zu untersuchen. Er fühlte, daß seine Kenntnisse auf diesem Gebiet sehr unzureichend waren. Das wurde besonders deutlich, nachdem in den 30er und 40er Jahren des 19. Jahrhunderts zahlreiche neue Untersuchungen erschienen waren, die die Entwicklung der Zellentheorie und ihre Ausbreitung auf die Prozesse von Befruchtung und Entwicklung zum Inhalt hatten.

Zur Ausführung dieses Vorhabens unternahm Baer 1845–1846 zwei längere Reisen an die Mittelmeerküste und an die Adria, wo er die Prozesse der Befruchtung und der anfänglichen Entwicklung von Stachelhäutern (Echinodermata) und Seescheiden (Ascidien) untersuchte. Aus dem von ihm veröffentlichten kurzen Bericht über die Ergebnisse seiner Versuche einer künstlichen Befruchtung der Eier dieser Tiere und den Prozeß ihres Furchenziehens geht offensichtlich hervor, daß es ihm gelungen ist, die Rolle des Kerns bei diesen Prozessen zu verfolgen und den Prozeß der Kernteilung sowie die weitere Teilung des ganzen Eies in Blastomeren bis zu 32 zu beschreiben, soweit die Dauer eines Menschenlebens solch langwierige Beobachtungen überhaupt zuläßt. Eine vollständige Beschreibung seiner Beobachtungen samt Abbildungen konnte Baer jedoch nicht veröffentlichen. Das war sein letzter Versuch, auf dem Gebiet der Embryologie zu forschen. Denn danach galt sein Interesse ausschließlich Fragen, die mit der wissenschaftlichen Geographie sowie mit der Anthropologie verbunden waren (s. u.).

In seiner Petersburger Zeit trat Karl Ernst von Baer wiederholt mit öffentlichen Vorlesungen und Vorträgen auf. Seine Rede «Über die Entwicklung der Wissenschaften», die er 1836 auf der Jahrestagung der Akademie gehalten hatte, und sein Vortrag «Von der richtigen Ansicht über die lebendige Natur und ihre Anwendung auf die Entomologie», den er am 10. Mai 1860 bei der Eröffnung der Russischen Entomologischen Gesellschaft, deren erster Präsident Baer war, gemacht hatte, waren von sehr großer Bedeutung. Dieser Vortrag wurde 1861 in den *Aufzeichnungen* der Gesellschaft veröffentlicht.

Baers Leben in Petersburg war bescheiden. Es war nicht einfach, mit sechs Kindern in einer Großstadt zu leben, zumal Baer noch aus der Zeit in Königsberg mit Schulden belastet war. Seine Bekannten und Freunde stammten hauptsächlich aus akademischen Kreisen. Der berühmte Chirurg N. I. Pirogow und der Chemiker N. I. Sinin standen ihm nahe. Er war mit V. I. Dal, dem bekannten Arzt und Schriftsteller, Verfasser des *Wörterbuches der russischen Sprache*, eng befreundet. Die Freunde versammelten sich meistens freitags bei Baer. Diese Abende waren in der gelehrten Welt von Petersburg sehr bekannt, und es galt als eine große Ehre, eingeladen zu werden.

1862 wurde Baer emeritiert zum Ehrenmitglied der Akademie der Wissenschaften gewählt. Am 18. August 1864 feierte er das 50jährige Jubiläum seiner Doktorwürde. Der Jubilar, der damals 73 Jahre alt war, lud alle scherzhaft zu seinem nächsten Jubiläum in 50 Jahren ein. Die Akademie stiftete einen Baer-Preis für die beste Arbeit in biologischen Wissenschaften, der alle drei Jahre verliehen werden sollte. Die ersten Wissenschaftler, die 1867 diesen Preis erhielten, waren zwei junge Embryologen, Aleksandr Onufrievich Kowalevski (1840–1901) und Ilya Ilich Metchnikov (1845–1916), auf die Rußland mit Recht stolz sein kann. Baer hat die Preisträger herzlich begrüßt.

1867 übersiedelte Baer in seine ihm ans Herz gewachsene Universitätsstadt Dorpat, wo er sich, frei von allen offiziellen Verpflichtungen, seinen Interessen widmen konnte. Die Regierung gewährte ihm eine Lebensrente von 3000 Rubel pro Jahr, die ihn in den letzten Jahren seines Lebens aller finanziellen Sorgen enthob. Er verfaßte eine Reihe historischer und philologischer Artikel, nahm auch Stellung zu Darwins Theorie, die immer mehr an Popularität gewann (s. u.).

Am 16. November 1876 verschied Karl Ernst von Baer nach kurzer Krankheit, drei Monate vor seinem 85. Geburtstag. Zu seinem zehnten Todestag wurde in Dorpat ihm zu Ehren ein Denkmal von dem bekannten Bildhauer A. M. Opekushkin errichtet.

3. Werk und Wirkung

3.1 Die embryologischen Arbeiten

Karl Ernst von Baer kann zu Recht als Begründer der klassischen Embryologie bezeichnet werden. Er ging in die Geschichte vor allem als großer Embryologe ein, der viele neue Fakten und Gesetzmäßigkeiten der Embryonalentwicklung entdeckte. Außer der Entdeckung des Säugetiereis (s. o.) beschrieb Baer den ursprünglichen Keimstreifen des Kükens sowie die Herausbildung von Leber und Lungen.

Er gilt als Begründer der Theorie der Keimblätter und entdeckte das Gesetz der Keimähnlichkeit, das eine wesentliche Rolle in der weiteren Geschichte der Biologie spielen sollte. Seine Vorstellung von der gegenseitigen Bedingtheit einzelner Entwicklungsprozesse formulierte Baer in einer allgemeinen These, laut der jedes vorhergehende Entwicklungsstadium die Grundlage für das nachfolgende darstellt. Aufgrund der Analyse der Entwicklung des Kükens definiert Baer das «Gesetz der Entwicklung» wie folgt: «Bei der Betrachtung des Keimbildungsprozesses fällt einem zuallererst und vor allem auf, daß aus etwas Homogenem und Ganzem nach und nach etwas Heterogenes und Teilbares entsteht (von Baer 1828, S. 153). Baer meint, dieses Gesetz ließe sich so selbstverständlich aus der Entwicklung des Kükens ableiten, daß eine weitere Beweisführung überflüssig wäre. Deshalb beschränkt er sich darauf, auf die Entstehungsmöglichkeiten der Heterogenität (laut moderner Terminologie: Differenzierung) hinzuweisen. Er unterscheidet zwischen der ursprünglichen, histologischen und morphologischen Absonderung.

Infolge der usprünglichen Absonderung erfolgt die Teilung des Keimes in zwei Schichten – in die obere, von ihm als serös bezeichnet, und in die untere, die schleimige. Diese Teilung setzt bereits zwölf Stunden nach Beginn der Bebrütung ein. An anderen Stellen spricht Baer von der ursprünglichen Keimteilung in zwei Blätter – in ein animalisches und ein vegetatives (plastisches), von denen jedes sich jeweils wiederum in zwei Blätter teilt, und zwar das animalische in ein Haut- und ein Muskelblatt, das vegetative aber in ein Gefäß- und ein Schleimblatt. Die Einbringung des Terminus «Keimblatt» in die Wissenschaft stellte einen wichtigen Schritt in der Erforschung der einzelnen Etappen der Embryogenese dar. T. Detlaf und J. Oppenheimer haben Baers Lehre von den Keimblättern genau untersucht und deren Bedeutung für die Entwicklung der klassischen Embryologie hervorgehoben (Detlaf 1953, 1957; Oppenheimer 1967).

Die Erforschung der frühen Entwicklung des Hühnerkeimes führte Baer zu noch einer wichtigen Entdeckung – der Entdeckung der Chorda dorsalis, eines allen Wirbeltieren gemeinsamen Keimorgans. Die Chorda stellt eine symmetrische Achse des Keimes dar, an der sich alle restlichen Teile orientieren.

Baer trug wesentlich dazu bei, daß die Vorstellung von der Furchung des Eies viel präziser als früher wurde. Er beschrieb ausführlich das folgerichtige Auftreten von meridionalen und äquatorialen Furchen. Die Termini, die Baer einführte, sind nach wie vor in Verwendung. In seiner Autobiographie schrieb er über seine Arbeiten in Embryologie, die er vor der Entstehung der Zellentheorie verfaßt hatte. Dabei gesteht er offen, daß er künstlich befruchtete Fischeier weggeworfen hatte im Glauben, daß sie im Prozeß des Zerfalls begriffen waren, weil auf deren Oberfläche zuerst zwei größere und dann vier weitere Höcker zu beobachten waren. In Wirklichkeit waren das aber Zeichen der Eifurchung.

Man muß betonen, daß Baer mit schwacher Vergrößerung (einer Lupe) und ohne Färbungen arbeitete, deshalb konnte er den feinen Bau des Keimgewebes nicht sehen und daher die Furchung des Amphibieneies mit der Zellteilung nicht identifizieren. In seiner Autobiographie schrieb er: «Daß es sich hier um die Zellteilung handelt, darüber habe ich natürlich in jener Zeit nicht gesprochen, denn die Zellentheorie, nach der die Tiere auch aus Zellen bestünden, wurde erst 1839 von T. Schwann begründet, und es lag mir völlig fern, die Bauelemente der Tiere ‹Zellen› zu nennen» (von Baer 1950, S. 385).

Noch Jahre später konnte sich der Begründer der Keimblätterlehre nicht damit anfreunden, daß man an den Prozeß der Embryogenese mittels «Zellen» heranging. Vielleicht ist es nicht nur durch seine Abneigung gegen das Mikroskop zu erklären, sondern auch durch die typologischen Vorstellungen Baers, aus denen er eine immanente Vorbestimmtheit (Determiniertheit) des Entwicklungsprozesses ableitete.

Mit seinem «Gesetz der Entwicklung» postulierte Baer, daß im Prozeß der embryonalen Entwicklung die Merkmale von Typ, Klasse, Ordnung, Familie, Art, Gattung nacheinander auftreten, d.h., das Gemeinsame bildet sich früher als das Besondere heraus. Baer begründete seine Typentheorie mit vergleichenden Untersuchungen an verschiedenen Vertretern des Tierreiches. Einen Typ nannte Baer die Lage organischer Elemente und Organe in bezug zueinander, die ihrerseits Ausdruck verschiedener Lebensäußerungen sind, z.B. des «wahrnehmenden und des aussondernden Pols» (von Baer 1828, S. 208). Deshalb sind sowohl der Typ als auch das Schema der Keimentwicklung durch bestimmte geometrische Beziehungen gekennzeichnet. Baer stellte vier Typen der Wirbellosen und der Wirbeltiere fest: 1) strahlender oder peripherer, 2) gliedförmiger oder länglicher, 3) massiver oder Mollusca, 4) Wirbeltiertyp. Auf Grund dieser Klassifikation der Entwicklungstypen wurde die Theorie der Organisationstypen erarbeitet, deren Begründer neben Georges Cuvier (1769–1832) auch Baer ist, jedoch ist die Untermauerung des Begriffs «Typ» vom Standpunkt der Embryologie aus das historische Verdienst von Karl Ernst von Baer, denn nach Baers Meinung tritt der Typ in seiner reinsten Form in der Keimentwicklung in Erscheinung, weil die Merkmale größerer systematischer Einheiten früher zum Vorschein kommen als diejenigen kleinerer Einheiten.

Vergleichende Forschungen verschiedener Wirbeltiere ließen Baer eine Gesetzmäßigkeit ableiten, die Darwin später das «Gesetz der Keimähnlichkeit» nannte. Es kommt in einer wachsenden Ähnlichkeit der Keime von Wirbeltieren zum Ausdruck, wenn man ihre Entwicklung rückwärts verfolgt, d.h., die Keime höherer Tiere erinnern nicht an die erwachsenen Formen der niederen, sondern nur an die entsprechenden Stadien ihrer Keime. Im frühesten Stadium der Entwicklung sind laut Baer allen erforschten Wirbeltieren eine gemeinsame blasenartige Form eigen, die dem ersten Entwicklungsstadium – blastula – entspricht. Jedoch lehnte Baer die Einheit des Ursprungs der Tiere ab und hielt den Übergang von einem Typ zum anderen für unmöglich. Er schrieb: «Jeder Typ wird von Anfang an fixiert und beherrscht allein die ganze Entwicklung» (von Baer 1828, S. 220).

In seinen theoretischen Überlegungen hat Baer in vielem die Ideen von A. O. Kowalevski und Ernst Haeckel (1834–1919) vorweggenommen. Aber im Gegensatz zu diesen brachte er die Gemeinsamkeit des ersten blasenartigen Stadiums und der ersten Absonderung der Keime (d.h. der Herausbildung der Keimblätter) nicht in Zusammenhang mit dem gemeinsamen Ursprung der Tierformen, was später viele Streitigkeiten bei der Deutung seiner Typenlehre zur Folge hatte.

Wer weiß, vielleicht kommt gerade darin die prophetische Weisheit Baers zum Ausdruck.

3.2 Stellung zur Evolutionstheorie Darwins

Im historischen Abriß, den Darwin seinem Buch vom *Ursprung der Arten* vorausschickte, wird zwar Baer unter seinen Vorgängern genannt (1859). Jedoch wollte dieser die Evolution nur begrenzt akzeptieren, im Rahmen der vier von ihm definierten Haupttypen der Tiere. Darüber hinaus teilte er die Meinung Darwins nicht, daß dem Existenzkampf und dem Überleben der sich am besten Angepaßten eine entscheidende Bedeutung zukommen sollte.

Nach Baer (1876) trägt die Evolution einen zielgerichteten Charakter und wird von einer besonderen Kraft gesteuert, dem Streben nach Vollkommenheit. Führend sei die immanente Teleologie, mit deren Hilfe er auch die Prozesse der Ontogenese zu erklären versuchte. Die von ihm in Schutz genommene teleologische Deutung der Evolution und der Ontogenese stützte sich auf die Traditionen der klassischen deutschen Philosophie, welche die Teleologie der immanenten Ziele als einen der führenden Faktoren der Entwicklung schlechthin betrachtete. Obwohl Baer dem Einfluß der Daseinsbedingungen auf den Organismus als einem Faktor individueller Veränderlichkeit eine große Bedeutung beimaß, ging er dennoch als Begründer einer besonderen Richtung im Evolutionismus in die Geschichte ein. Die Anhänger dieser Richtung sind der Meinung, daß nicht die äußeren, sondern die inneren Faktoren den Ausschlag geben. Der markanteste Vertreter dieser Richtung war im 20. Jahrhundert Pierre Teilhard de Chardin (1881–1955). Darwins Theorie fand Baer zwar sehr interessant, hielt sie aber für eine noch nicht bewiesene Hypothese, welche die Zweckmäßigkeit durch eine Koppelung von Zufälligkeiten erklärt. Was die Frage einer teleologischen Deutung der Ontogenese angeht, polemisierte Baer nicht gegen Darwins Theorie, sondern eher gegen die «Generelle Morphologie» von Ernst Haeckel und dessen biogenetisches Gesetz (von Baer 1876, S. 67f.).

3.3 Geographische und anthropologische Forschungen

Sehr viel Zeit widmete Baer geographischen Forschungen und unternahm mehrere Reisen, die manchmal mit erheblichen Schwierigkeiten verbunden waren (Nowaja Semlja, Tschudowskoe osero, Wolga, Tschernoe more, Kaspiiskoe more). Die Reise zum Kaspischen Meer 1853–1856 zeitigte nicht nur dessen Beschreibung und die Herausgabe einer ganzen Reihe von Büchern über Rußlands Geographie, sie brachte darüber hinaus wertvolle praktische Empfehlungen. Baer untersuchte vor allem die Existenzbedingungen der Fische in dieser Region, bestimmte die Orte ihrer Reproduktion sowie die Ursachen der Populationsschwankungen. Er gab wichtige Hinweise, wie man den Fischfang in der Kaspischen Region verbessern könnte, und machte die Menschen mit dem Astrachaner Hering vertraut, von dem es dort riesige Vorräte gab und der bis dahin für ungenießbar galt (von Baer, Kaspiiskie dnewniki, 1853–1857). Außerdem brachte er gesammelte Mollusken, Krebse, Vögel und Säugetiere mit, wodurch die Sammlungen des Zoologischen Museums der Akademie der Wissenschaften wesentlich ergänzt wurden. Diese Reisen ließen Baer eine Gesetzmäßigkeit entdecken, laut der auf der nördlichen Halbkugel die rechten Flußufer und auf der südlichen Halbkugel die linken Flußufer unterspült werden. Er erklärte diese Erscheinung durch das Phänomen der Erdumdrehung. Diese Gesetzmäßigkeit erhielt den Namen «Baers Gesetz» und ist unter diesem Namen in die Wissenschaft eingegangen (von Baer, Perepiska po problemam geografii, 1970).

Karl Ernst von Baer verstand sehr wohl die Bedeutung der wissenschaftlichen Geographie für ein so großes Land wie Rußland, deshalb wurde er 1848 einer der Gründer sowie Mitglied des Rates und Vorsitzender der Ethnographischen Abteilung der Geographischen Gesellschaft. Nach Baers Ansicht bestand die Hauptaufgabe dieser Abteilung darin, die anthropologische Geographie weiterzuentwickeln und die wenig erforschten Völkerschaften auf dem Territorium Rußlands zu beschreiben. Ein großes Aufsehen erregte Baers Aufsatz *Über ethnographische Forschung im allgemeinen und in Rußland im besonderen*, der 1848 in der Zeitschrift der Gesellschaft erschien. In den offiziellen Kreisen war man von diesem Aufsatz gar nicht angetan. Nichtsdestoweniger haben die ethnographischen Ansichten Baers in der russischen Wissenschaft einen weiten Widerhall gefunden. Nach seinem Programm wurden Forschungen über sibirische Völkerschaften durchgeführt, z. B. von Schenk, der 1855–1856 am Amur forschte. Die Begeisterung für die Ideen Baers, der darauf bestand, daß die Menschheit als Arteneinheit anzusehen ist, bewog den hervorragenden Reisenden und Gelehrten N. N. Miklucho-Maklai, eine Expedition nach Neuguinea zu unternehmen. Diese Expedition begründete seinen Weltruf.

Angeregt durch die von ihm verwalteten anatomischen Sammlungen der Petersburger Akademie, befaßte Baer sich viel mit Anthropologie, insbesondere mit der Kraniologie – der Erforschung des Menschenschädels. Er entwickelte seine eigene Klassifikation der Schädel, die auf dem System einer genauen Abmessung der Schädel in verschiedene Richtungen basierte. Baer widmete der Kraniometrie eine beträchtliche Anzahl von Aufsätzen, wobei er das Material aus der Schädelsammlung der Akademie verwendete. Das kraniologische System nach Baer war von großer Bedeutung für die Geschichte der Anthropologie, da es die Grundlage für spätere kraniologische Systeme lieferte. 1861 erläuterte Baer zum erstenmal sein kraniologisches System auf einer Anthropologentagung in Göttingen (von Baer 1864, S. 60–75).

Der Name Karl Ernst von Baers ist jedem gebildeten Menschen ein Begriff. Er wird in jeder Vorlesung zur Biologie und Anatomie erwähnt, als eine der größten Koryphäen der Wissenschaft. Von vielen seiner Zeitgenossen wird betont, daß Baer sein Leben der Wissenschaft widmete. Obwohl seiner Abstammung nach nicht Russe, verbrachte er den größten Teil seines Lebens in Rußland. Seine Ideen und Werke aber gehören der ganzen Menschheit.

Ilse Jahn

Matthias Jacob Schleiden
(1804–1881)

1. Einleitung

M. J. Schleiden hat als Mitbegründer der «Zellentheorie», die durch die Untersuchung der Individualentwicklung aller Organismen einen hohen Stellenwert in der biologischen Forschung erhielt, einen festen Platz in der Geschichte der Biologie. Darüber hinaus wirkte er durch ein methodisches Programm reformierend und anregend auf die Entwicklung der Botanik in Deutschland und gewann der mikroskopischen Forschung viele Anhänger, ungeachtet dessen, daß seine eigenen mikroskopischen Beobachtungen und seine theoretischen Folgerungen nicht fehlerfrei waren. Seine wissenschaftliche Polemik rief heftige Kontroversen und Gegnerschaft hervor, so daß seine bewegte Biographie viele außergewöhnliche Facetten aufweist.

2. Lebensweg

Matthias Jacob Schleiden wurde am 5. April 1804 in Hamburg als ältester Sohn des Arztes Andreas Benedikt (1777–1853) geboren, der seit 1821 Stadtphysikus in Hamburg war. (Qu. 12). Seine Mutter, Sophie Eleonore (1776–1856), war Tochter des Hamburger Kaufmannes und Kommissionsrates Peter Michael Bergeest. Schleiden wuchs mit drei Geschwistern auf, den beiden Schwestern Wilhelmine Marie (1806–1855; verheiratet mit Dr. Wilhelm Hübbe) und Marie Caroline (1808–1855; verh. mit Johann Gottfried Hallier) sowie dem jüngeren Bruder Carl Heinrich (1809–1890), der prägenden Einfluß auf Schleiden gewann. Mit ihm erhielt er eine gediegene bürgerliche Erziehung, besuchte 1810–1821 das Johanneum, dann bis 1824 das akademische Gymnasium in Hamburg, wo er durch den Botaniker Johann Georg Christian Lehmann († 1860) für diese Wissenschaft begeistert wurde. Auf Wunsch der Eltern aber ergriff er das Jurastudium und studierte 1824–1827 an der Universität Heidelberg Rechtswissenschaften. Nach der erfolgreichen Promotion zum Dr. beider Rechte (1826) ließ er sich in Hamburg als Notar nieder, bereute aber schon bald diese Berufswahl, in der ihm wohl der Erfolg versagt blieb (Qu. 7: Vita 1839), und versuchte 1830, seinem unglücklichen Leben ein Ende zu setzen. Den Suizidversuch,

Matthias Jacob Schleiden (1804–1881)

von dem Schleiden lebenslang eine Narbe an der Stirn davontrug, empfand die ganze Familie als Unglück und Schande, was sich in den Familienbriefen widerspiegelt, aber verhinderte, daß über die auslösende Ursache und den Hergang mehr bekannt wurde (Hallier 1882, Möbius 1904, Schober 1904).

Inzwischen hatte sein Bruder Heinrich in Jena (wo bereits sein Vater 1796–1798 Medizin studiert hatte) ein Theologiestudium begonnen, dort den Philosophen Jacob Friedrich Fries (1773–1843) kennengelernt und 1830 sein Studium in Göttingen fortgesetzt. So erhielt M. J. Schleiden vom Vater die Erlaubnis, in Begleitung des Bruders 1831 ein neues Studium in Göttingen zu beginnen. Er wählte die Medizin, in deren Rahmen Botanik gelehrt wurde, und schloß sich dem Botaniker Friedrich Gottlieb Bartling (1777–1855) an. Zusammen mit dem Studienfreund Eduard Bertuch (1812–1834), einem Enkel des Weimarer Verlegers, übte er sich im Botanisieren und Pflanzenbestimmen und erbte bei dessen frühem Tod sein reichhaltiges Herbarium (Qu. 2). Unter dem Einfluß seines Bruders Heinrich und bestärkt von dem Hochschullehrer Carl Friedrich

Gauß (1777–1855), wandte er sich auch der Philosophie von J. F. Fries zu, die ihm neuen Sinngehalt für naturwissenschaftliche Erkenntnistätigkeit erschloß und ihn über die botanische Taxonomie hinaus nach neuer Orientierung suchen ließ. Zwar nennt er unter den Göttinger Hochschullehrern der Medizin vor allem Carl Himly (1772–1837), Konrad Johann Martin Langenbeck (1776–1851), Georg Friedrich Louis Stromeyer (1804–1876) und Wilhelm Eduard Weber (1804–1891) als prägende Lehrer (Qu. 7: Vita 1839), suchte aber wohl weitergehende Anregungen in seinem Lieblingsfach Botanik und wechselte 1835 an die Universität Berlin, wo sein Onkel Johannes Horkel (1769–1846) Professor für vergleichende Physiologie war und vor allem die mikroskopisch-pflanzenanatomische Forschung pflegte. Unter seiner Anleitung begann Schleiden mikroskopische Untersuchungen über Befruchtung und Embryonalentwicklung von Blütenpflanzen und schloß sich der irrtümlichen Hypothese seines Onkels und anderer «Pollinisten» an, die glaubten, daß sich der Pflanzenembryo im Pollenschlauch entwickele (Schleiden 1837).

Diese Studien begründeten Schleidens Vorliebe für die Entwicklungsgeschichte der Pflanzen, die für ihn zum Schlüssel der gesamten Botanik wurde und zu eingehender Untersuchung embryonaler Pflanzenzellen führte. Durch den englischen Botaniker Robert Brown (1773–1858), der 1831 den Zellkern entdeckt hatte und anläßlich einer Europareise 1836 auch Berlin und Johann Horkel besuchte, wurde Schleiden auf die Bedeutung der mikroskopischen Zellstudien hingewiesen. Er entwickelte dann als zweite neue Theorie die Aussage, daß der Beginn jeder Pflanzenentwicklung innerhalb einer Zelle zu suchen sei, daß also die Zelle der Ausgangspunkt jeder Pflanzengestalt und jeder Organstruktur sei (Schleiden 1838). Nachdem Schleiden diese Entdeckung seinem Studienfreund Theodor Schwann (1810–1882) gezeigt hatte, der gleiche Beobachtungen in embryologischem Gewebe von Tieren bestätigte, entwickelte dieser aus den vergleichend-mikroskopischen Beobachtungen die berühmt gewordene «Zellentheorie» (Schwann 1839). In Berlin übte zu dieser Zeit der Physiologe Johannes Müller (1801–1858) in der medizinischen Fakultät großen Einfluß auf die Studenten aus, veröffentlichte Schleidens Beobachtungen in seiner Zeitschrift und verbreitete die «Zellentheorie» als neue Lehre für entwicklungsgeschichtliche Studien. In diesen Berliner Jahren, in denen Schleiden nach einem neuen Beruf und einer akademischen Stelle suchte, äußerte er in seinen Briefen an den Bruder, er würde am liebsten «Physiologe» werden, worin sich neben Einflüssen von J. Horkel auch die von Joh. Müller widerspiegeln, da die Berliner Botaniker, besonders H. F. Link (1767–1851) und F. J. F. Meyen (1804–1840), keine wissenschaftliche Schule bildeten und Schleidens Kritik hervorriefen. Bereits im ersten Jahr seines Berliner Aufenthaltes hatte Schleiden seinem Vetter Rudolph Schleiden (1815–1895) die Konzeption seines später berühmten Lehrbuches (1842) vorgetragen, wohl die «Methodische Einleitung», in der sich der Einfluß der Friesschen Philosophie aus der Göttinger Studienlektüre niederschlug (R. Schleiden 1886, S. 206–209). Schon Anfang Januar 1837 hatte er dem Bruder aus Berlin geschrieben, es sei nur zu wahr, «daß in diesem Augenblick kaum 3 Männer in der Botanik einen Namen haben, denen man auch nur die unbedeutendste Tatsache aufs Wort glauben darf, und unzählige lassen sich nennen, denen man in ihren Werken die offenbarsten Lügen nachweisen kann ... Wer es mit sich und der Wissenschaft redlich meint, ist gezwungen, alles selbst zu sehen, zu untersuchen und die ganze Wissenschaft sich selbst neu zu bilden» (Qu. 1, Nr. 10).

Der nun schon 35jährige Schleiden, der nun noch mehr als früher unter Leistungsdruck gegenüber dem Elternhaus stand, war zwar für Botanik hinreichend qualifiziert und 1838 schon Mitglied der Deutschen Akademie der Naturforscher Leopoldina geworden, war aber durch den «Dr. beider Rechte» nicht für einen botanischen oder medizinischen Beruf legitimiert und für einen medizinischen Studienabschluß (Staatsexamen, Promotion) befähigt; Bewerbungen an den Universitäten Halle, Jena, Petersburg, ja Kalkutta scheiterten (Schober 1904). Hierin spiegelte sich auch die damalige Situation der biologischen Fächer an den meisten Universitäten wider, die – wie die Botanik – noch keine eigenen Lehrstühle besaßen, sondern größtenteils noch im Rahmen der medizinischen Fakultäten vertreten wurden, d.h. eine medizinische Promotion erforderten.

In dieser schwierigen Situation, zu der wohl noch private Probleme durch eine nicht «standesgemäße» Partnerbeziehung kamen, suchte Schleiden abermals den Ausweg in einer «Flucht» aus Berlin und einem nochmaligen Suizidversuch in Wernigerode, wo er sich nach Genesung vom Dezember 1838 bis August 1839 im Pfarrhaus des Pastors Friedrich aufhielt. Diese Vorgänge sind naturgemäß in keiner Biographie der Verwandten veröffentlicht, wenn auch angedeutet (Schober 1904, Anm. 1, S. 45f.), aber auch durch Briefe Heinrich Schleidens an J. F. Fries (Qu. 4) und von Robert Froriep an seinen Vater Ludwig von Froriep belegt (Qu. 5) sowie durch die Briefe von Schleiden an seinen Bruder Heinrich 1838 und 1839 erhärtet (Qu. 1). Die Beziehungen des mit Schleiden befreundeten Mediziners Robert Froriep (1804–1861) in Berlin zu seinem Vater in Weimar (Qu. 5) bzw. dessen Studienfreundschaft zu Schleidens Vater und der gute Kontakt zum Weimarischen Hof – unterstützt von A. von Humboldt – eröffneten nunmehr für M. J. Schleiden einen Weg für eine Universitätslaufbahn an der Universität Jena, die

u. a. unter der Oberhoheit des Großherzogtums Sachsen-Weimar stand (Jahn 1963 a). Nachdem er am 27. November 1839 von der philosophischen Fakultät zum Dr. phil. promoviert worden und am 14. Januar 1840 von den Fürstenhöfen in Weimar und Meiningen zum außerordentlichen Professor ernannt worden war (Qu. 7), kündigte er schon für das Sommersemester 1840 die ersten Vorlesungen an, die sich zunächst auf «Allgemeine (bzw. philosophische) Botanik» und «Gebrauch des Mikroskops» beschränkten (Qu. 8). Als er jedoch 1842 auch «Vergleichende Physiologie» und «Physiologie des Menschen» lesen wollte, begannen jahrelange Auseinandersetzungen mit der medizinischen Fakultät, deren Privilegien diese Lehrveranstaltungen waren, bis Schleiden seine Vorlesung ab 1843 als «Anthropologie» ankündigte (womit er 20 Jahre lang den größten Lehrerfolg hatte) (Qu. 7), er 1846 als «Honorarprofessor» von den Fürstenhöfen in die medizinische Fakultät versetzt wurde und 1849 eine ordentliche Professur für Naturwissenschaften, 1850 einen neuen Lehrstuhl in der medizinischen Fakultät erhielt (Jahn 1963 a+b), nachdem er eine Berufung nach Bern (1840), nach Gießen (1846) und nach Erlangen und Berlin (1850) abgelehnt hatte (Jahn 1987). Schleiden war inzwischen weit über die Grenzen des Kleinstaates hinaus bekannt und geachtet und zog durch seinen Ruf, vor allem durch sein Lehrbuch *Grundzüge der wissenschaftlichen Botanik* (1842–43), zahlreiche Studenten an die Universität Jena. Dazu kam die Gründung einer modernen Lehreinrichtung für Medizin- und Landwirtschaftsstudenten, nämlich ein «Physiologisches Institut» (1843 als «Physiologisches Praktikum») ab 1845 zusammen mit dem Mineralogen Ernst Erhard Schmid und zwei Medizinern privat eingerichtet, in dem Medizin- und Landwirtschaftsstudenten in mikroskopischen und chemischen Übungen angeleitet wurden (s. u.).

Als Schleidens akademische Laufbahn gesichert war, hatte er 1844 die Tochter des Weimarischen Arztes Sophie Wilhelmine Bertha Mirus († 1854) geheiratet und mit ihr drei Töchter Christiane Eleonore Bertha (geb. 5.12.1844), Marie Sophie Benedicta (geb. 2.4.1846) und Wilhelmine Louise Melanie (geb. 20.10.1849), die spätere Ehefrau des Senatspräsidenten O. Freytag in Berlin (Qu. 12).

1855 schloß Schleiden eine zweite Ehe mit Therese (1821–1896), der Tochter des Juraprofessors Theodor Marezoll in Leipzig, die das später wechselvolle Leben Schleidens teilte.

Nachdem Schleiden 1850 Ordentlicher Professor für Naturwissenschaften in der medizinischen Fakultät geworden war, starb der bisherige Direktor des Großherzoglich-Botanischen Gartens, der Honorarprofessor für Naturgeschichte in der Philosophischen Fakultät Friedrich Sigmund Voigt (1781–1850), und Schleiden wurde auch Direktor des Botanischen Gartens, den er teilweise neu anlegen, erweitern und mit Gewächshäusern ausstatten ließ (Jahn 1963a). Die Belastungen mit administrativen Aufgaben im letzten Jahrzehnt seines Jenaer Wirkens, zu denen außer der Verwaltung des Gartens mehrmals das Dekanat und Prüfungsverpflichtungen gehörten (z.B. 1861 die Habilitation Ernst Haeckels), sowie 1859 die «unfruchtbare Ehre» des Prorektorats der Universität, die mit viel «Actenarbeit» verbunden war (gegen die er «von jeher einen Widerwillen» hatte) und ihm viele gesellschaftliche Repräsentationspflichten auferlegte, griffen zunehmend seine Gesundheit an, wie er in Briefen an Marie Rückert klagte (Jahn 1987, S. 33f.). Dabei war Schleiden auch im letzten Jenaer Jahrzehnt wissenschaftlich äußerst aktiv.

Ab 1851 hatte er zusätzlich noch neue Lehrveranstaltungen am pharmazeutischen Institut von H. W. Ferdinand Wackenroder (1798–1854) übernommen, durch seine taxonomischen Arbeiten über Chinarinden (1847) die mikroskopische Pharmakognosie begründet, eine Sammlung mikroskopischer Dauerpräparate dazu angelegt und diese neue Teildisziplin durch sein *Handbuch der medicinisch-pharmaceutischen Botanik und botanischen Pharmacognosie* (1851–1857) gekrönt.

Schleiden war indessen nicht ausschließlich Naturwissenschaftler. Er hatte auch künstlerische Neigungen und Fähigkeiten, die in einer Vielzahl von Landschaftsaquarellen zum Ausdruck kamen und sich vor allem in seinen sprachlichen Ausdrucksformen niederschlugen. So veröffentlichte er 1858 anonym eine Sammlung von Gedichten unter dem Pseudonym «Ernst» und ergänzte seine privaten Briefe (z.B. an die Familie Rückert) mit Gedichten (Qu 2.). Der gewandte Umgang mit Sprache und Schrift zeigt sich auch in seinen weitverbreiteten populären Büchern wie *Die Pflanze und ihr Leben* (1848), das bis 1864 sechs Auflagen und zwei englische Übersetzungen (1848, 1854) erlebte und ebenso Schüler für die Botanik anzog wie sein Lehrbuch (1842), das in diesen Jahren auch drei Auflagen (1845/46, 1849/50, 1860) erreichte. Ein zweites populärwissenschaftliches Buch *Studien* (1855) ging ebenfalls aus populären Vorträgen in den Jenaer «Rosensälen» hervor, diente der Aufklärung gegen Aberglauben und spiegelt den Einfluß A. von Humboldt wider, der ihn in Berlin gefördert hatte (Qu. 7). Die breitangelegte Aufklärungsarbeit, die sich in seinen Altersstudien fortsetzte, hing wohl eng mit seinen bürgerlich-demokratischen Überzeugungen zusammen, die ihn auch im Jenaer Volksverein und «Reformverein» und 1848 als Delegierter in der Frankfurter Paulskirche kurze Zeit politisch aktiv werden ließen. Doch kann die Enttäuschung über die politische Entwicklung nicht als Ursache für das Aufgeben der akademischen Stellung in Jena betrachtet werden, wie manche Biographien glaubten. Nach seinem eigenen Zeugnis (Qu. 2) verursachte der jahrelange Zwiespalt zwischen kreativem, wissenschaftlichem und künstlerischem Schaffensdrang und den erzwungenen Administrationspflichten psychische und physische Erkrankungen (Apathie, Kopfschmerz, Rheuma, Asthma), so daß er 1862 um Urlaub von den Lehraufgaben bat, um einen Kuraufenthalt in der Sächsischen Schweiz anzutreten (Qu. 9). Als er an dessen Ende in Dresden öffentliche Vorträge hielt und deshalb von dem Jenaer Regierungsbeauftragten einen «Verweis» erhielt, fühlte sich der verdienstvolle Wissenschaftler so tief gekränkt, daß er 1863 sein Entlassungsgesuch vom Lehramt in Jena einreichte und sich nach Dresden zurückzog, wo er – nach einem kurzen Zwischenspiel in Dorpat (Tartu) – bis 1871 eine vielseitige naturwissenschaftliche und schriftstellerische Tätigkeit entfaltete (Krüger 1995).

Bereits im März 1863 wurde Schleiden vom russischen Minister Golowin – vermutlich auf Betreiben des Grafen Alexander von Keyserling (Kurator der Universität Dorpat), der Schleiden aus Berlin kannte (Ottow 1922, S. 131), oder auch der Großfürstin Maria Pawlowa, der Schleiden seine Arbeiten geschickt haben soll (Möbius 1904, S. 7), eine Honorarprofessur für Pflanzenphysiologie und Anthropologie an der Universität Dorpat (heute Tartu) angeboten, womit an seine erfolgreichsten Vorlesungen in Jena angeknüpft wurde (Jahn 1990). Der gutbesuchten Antrittsvorlesung am 16. Oktober 1863 folgte eine Wintervorlesung über «Anthropologie», an der 85% der Studenten und auch akademische Lehrer teilnahmen. Als jedoch Schleiden im Dezember 1863 von der russischen Regierung zum kaiserlichen Hofrat und Ordinarius ernannt wurde, was trotz der Proteste der Universitätsleitung gegen die Einrichtung eines «außeretatsmäßigen» Lehrstuhles erfolgte, mehrten sich unter Beteiligung der Dorpater Tageszeitungen die Anfeindungen innerhalb und außerhalb der Universität gegen seine Vorlesungen, in denen er auch den Darwinismus verteidigte (Schleiden 1863 a+b, 1869 b). Diesen abermaligen Kontroversen war Schleiden um so weniger gewachsen, als auch seine Familie in Mitleidenschaft gezogen wurde. So bat er im Sommersemester 1864 um Urlaub, verließ im Juni Dorpat und reichte von Dresden aus sein Abschiedsgesuch ein, das ihm im September 1864 unter Gewährung eines lebenslangen «Ehrensoldes» genehmigt wurde (Möbius 1904, S. 7).

Damit endete Schleidens Wirken als Hochschullehrer und mündete in ein höchst produktives Privatgelehrtendasein ein, in dem er sich vorwiegend kulturhistorischen und anthropologischen Forschungen widmete. Dresden, wo er sich von 1864 bis 1871 niederließ, hatte ihn schon 1862 angezogen, um dort wegen der (im Vergleich zu Jena) leistungsfähigeren Bibliotheken ein geplantes *Handbuch der Anthro-*

pologie zu schreiben, wie er in seinem Urlaubsgesuch an den Jenaer Kurator erwähnt hatte (Qu. 9).

Wenn Schleiden auch dieses Projekt nicht mehr verwirklichte, so entstand doch in Dresden seine umfangreiche Monographie *Das Meer* (1865), das drei Auflagen erlebte (1874, 1884) und in dem er die Ökologie eines Lebensraumes sowohl naturwissenschaftlich wie auch kulturhistorisch schildert und – ähnlich wie in der Studie *Für Baum und Wald* (1870) – den Einfluß des Menschen auf die Natur hervorhebt. Darüber hinaus ist die Dresdner Zeit auch durch seine kollegialen Beziehungen zu dem damaligen Präsidenten der Deutschen Akademie der Naturforscher (Leopoldina), Carl Gustav Carus (1789–1869), vor allem deren Direktor Ephemeridum H. G. Ludwig Reichenbach (1793–1879) geprägt, dem Direktor des Botanischen Gartens zu Dresden, Mitbegründer und Vorsitzender der Naturwissenschaftlichen Gesellschaft *Isis* (bis 1866). Seit Mai 1866 war Schleiden aktives Mitglied der *Isis*, hielt dort Vorträge (z. B. 1870 über Carl von Linné), war ab 1869 Mitglied der «Bibliothekskommission» und 1870 Vorsitzender der Sektion Botanik der *Isis* (Krüger 1995, S. 16–18), erlebte die von der *Isis* maßgeblich mitgestaltete 42. Versammlung Deutscher Naturforscher und Ärzte 1868 mit und hielt den Festvortrag für die Feiern zum 100sten Geburtstag Alexander von Humboldts (1869b). Viele Erlebnisse dieser Dresdner Jahre – auch die der Kriegsereignisse von 1866 – sind von Schleiden in seiner zweiten Sammlung *Gedichte von Ernst* (1873) festgehalten (Krüger 1995, S. 18–27).

Was ihn jedoch veranlaßte, 1871 Dresden zu verlassen und nach Darmstadt überzusiedeln, wo er von 1872–1873 wohnte und die Arbeit an seiner großen Monographie über *Die Rose* (1873) abschloß, ist noch unbekannt (Krüger 1995, S. 73–75). Möglicherweise war ihm der Dresdner Kollegenkreis dadurch verleidet, daß sich nach dem Tod des Leopoldina-Präsidenten (1869) heftige Streitigkeiten über die Nachfolge im Präsidentenamt unter den Mitgliedern ausbreiteten und Schleidens Freund Reichenbach 1871 in der Wahl unterlag, so daß Schleiden am 16. Mai 1871 unter Protest aus der Akademie austrat (Uschmann 1977). Denkbar wäre auch ein Ortswechsel wegen der häufiger werdenden Asthmaanfälle, die er in vertraulichen Briefen an Marie Rückert schildert (Qu. 2) und die mit der Feststellung enden: «Die Zeit des Handelns ist vorbei und es kommt die Zeit des ruhigen Ertragens» (18. 2. 1873).

Wie aus diesem Briefwechsel zu entnehmen ist, lebte Schleiden dann von Dezember 1873 bis Anfang 1881 mit Frau Therese und der ältesten Tochter in Wiesbaden, wo er wieder am regen wissenschaftlichen Leben teilnahm (Krüger 1995, S. 93–130). So war er Mitglied einer geselligen Runde (dem «runden Tisch»), in der auch der Schauspieler Carl Schultes (1822–1904) verkehrte, wurde am 19.12.1874 Mitglied des *Nassauischen Vereins der Naturkunde*, der mit der Dresdner *Isis* in Kontakt stand und 1873 Gastgeber der 46. Versammlung Deutscher Naturforscher und Ärzte war (Krüger 1995, S. 123–125), und hielt dort auch Vorträge über seine letzte Monographie, *Das Salz* (1875), die in dieser Wiesbadener Zeit vollendet wurde.

In diese letzten Jahren fallen auch Artikel und Schriften über die Geschichte des Judentums, die ihn schon seit 1858 beschäftigt hatte (Schleiden 1858) und in denen er die kulturhistorische Bedeutung der Juden beschrieb (Schleiden 1876, 1877, 1878). Ab April 1881 wohnte Schleiden in Frankfurt am Main, wo er nach schwerem Krankenlager (an dem ihm Martin Möbius, der Neffe seiner Frau, besuchte) am 23. Juni 1881 starb. Bei der Trauerfeier auf dem Frankfurter Hauptfriedhof wurde er von dem Naturforscher Georg Heinrich Otto Vogler (1822–1897) und dem Vorsitzenden des Mendelssohn-Vereins geehrt, der ihm für sein Eintreten für das Judentum dankte (Möbius 1904, S. 8).

3. Wirken als Hochschullehrer und Gartendirektor

Dem sprachgewandten Schriftsteller, der mit logischer Schärfe und spitzer Feder seine Überzeugungen verteidigte und Kontrahenten angriff, kann man kaum glauben, was er in vertraulichen Briefen seinem Bruder gestand, nämlich, daß er «eine angeborene Tölpelhaftigkeit für das praktische Leben» habe und lieber ganz zurückgezogen leben würde. Bereits seit seiner Heidelberger Studienzeit begleitete ihn der – auch in Briefen aus Göttingen (1832) und Wernigerode (1839) zitierte – Ausspruch von Thomas a Kempis: «wer seine Zelle liebt, wird seinen Frieden in ihr finden», den er schließlich über das Aquarell seines Jenaer Arbeitszimmers (1841) schrieb. Er zweifelte zunächst daran, daß er «als Privatdozent an einer Universität genügend bezahlende Hörer fände, um davon zu leben, und würde lieber als Übersetzer englischer, französischer und italienischer wissenschaftlicher Werke seinen Lebensunterhalt verdienen. Die Familie wisse gar nicht, was es ihn für Überwindung kostete, drucken zu lassen, Vorlesungen zu halten», weil er dergleichen Kämpfe «in aller Stille abzumachen pflegte» (Qu. 1, Brief vom 19. Juni 1839).

Nachdem er in Jena 1840 mit Vorlesungen begonnen hatte (s. o.), brauchte er sich 20 Jahre lang um seinen Erfolg keine Sorge mehr zu machen, denn schon in den ersten Semestern hatte er in den Spezialvorlesungen über «Gebrauch des Mikroskops», «Philosophische» bzw. «Allgemeine Botanik» und «Analytische Botanik» zwischen 12 und 17 zahlende Hörer. Nach Erscheinen seines methodisch neuen Lehrbuches (1842) stiegen die Hörerzahlen in «Allgemeiner Botanik» auf permanent über 40 Studenten, flankiert durch die rege Beteiligung von 10–20 Studenten an den praktischen Übungen im Physiologischen Institut ab 1845 (Qu. 8). Daneben stiegen die Hörerzahlen in der jedes Wintersemester gelesenen «Anthropologie» von 14 im Jahre 1843/44 auf 74 im Jahre 1848/49 und pendelten sich bis zum Semester 1861/62 auf etwas über 50 Hörer aller Fakultäten ein (bei einer Gesamtfrequenz der Universität von rd. 400 [Jahn 1990, S. 416]). Über den Lehrstoff der anthropologischen Vorlesung geben zwei Nachschriften von 1843/44 des Medizinstudenten Erdmann August Balduin Schubart und von 1845/46 des Landwirtes August Rückert Aufschluß, die zeigen, daß Schleiden zunächst ausführlich über «Physische Anthropologie» – wohl nach dem Vorbild von Johannes Müllers «Physiologie des Menschen» (1833–40) – gesprochen hat. Seine Lehrziele waren am Beispiel Joh. Müllers (1801–1858) orientiert, als er am 1. Juli 1842 seinem Bruder von ersten Lehrerfolgen berichtete: «Das ganze frische nachwachsende Geschlecht der Naturforscher ist in der neuern physiologischen Schule von Müller pp. gebildet und von Natur auf meiner Seite, weil es ja eben nur diese Tendenz ist, die ich auch für die Botanik geltend machen will» (Qu. 1, Nr. 19; Jahn 1991, S. 160).

Im zweiten Teil der «Anthropologie» trug er dann die von der physischen Organisation abgeleitete Erkenntnistheorie nach dem Vorbild der Kant-Friesschen Schule vor (vgl. Schleiden 1861/62). Ein geplantes Lehrbuch wurde nicht fertiggestellt, während über die botanischen Vorlesungen sein zweibändiges Werk (1842-1843) informiert (s. u.). Außer den schon genannten Lehrveranstaltungen über Allgemeine und Analytische Botanik wurden noch «Pflanzengeographie» (1842/43), «Pflanzenanatomie und -physiologie» (1842/43), «Pflanzenchemie und Physiologie» (1844), «Phytochemie und Physiologie in Anwendung auf Agrikultur» (1844/46), «Ackerbau und Pflanzenkultur» (1845), «Theorie des Ackerbaus» (1845/46) im Wechsel mit «Allgemeiner» und «Analytischer Botanik» angekündigt, aber mit geringerer Beteiligung. Die später berühmten Botaniker K. H. Emil Koch, Hermann Schacht, Fritz Müller, Hermann Theodor Geyler, Peter Harting, Carl Naegeli (1844), Leo und August Rükkert, Alfred Edmund Brehm, Albert Wigand, Leopold Dippel, Hermann Müller, Ernst Stahl, Ernst Hallier, Ferdinand Radlkofer u. a. waren unter den Studenten (Qu. 8).

Ab 1851, als Schleiden in Wackenrodes Pharmazeutischem Privatinstitut mitwirkte, kamen die Vorlesungen «medicinisch-pharmazeutische Botanik» im Sommer und «Botanische Pharmacognosie» im Winter mit 10 bis 20 Hörern dazu (Qu. 8).

Eine besondere Rolle im Hochschulunterricht spielte das 1845 gegründete *Physiologische Institut*, an dem sich der Mineraloge Ernst Erhard Schmid durch chemische Praktika und die Mediziner Ottomar Domrich und Heinrich Haeser durch histologische und chemisch-physiologische Unterweisungen beteiligten. In fünf *Programmen* (1843, 1845, 1847, 1849? und 1855) wird über die Art der Untersuchungen, die apparative Ausstattung und die Aufgabenverteilung unter den vier Direktoren berichtet und als Besonderheit dieses Privatinstitutes gegenüber ähnlichen Instituten an den Universitäten Göttingen, Rostock, Breslau hervorgehoben, daß diese Einrichtung nicht vorrangig für die Forschungsarbeiten der Direktoren, vielmehr als Bestandteil des botanischen, landwirtschaftlichen und medizinischen Unterrichts primär zur Übung für die Studenten vorgesehen sei. Die Direktoren stellten dafür ihre privaten Mikroskope zur Verfügung (Schleiden allein ein großes Schiecksches und ein Plösslsches Mikroskop sowie zwei Präpariermikroskope) und eine chemische und physikalische Laboreinrichtung für analytische Arbeiten, wobei Schleiden vorwiegend die mikroskopischen Arbeiten anleitete (Heinecke und Jahn 1995). Wie ein Student den Unterricht Schleidens 1846–47 und 1849 erlebte, erfährt man aus den Briefen Leo Rückerts (1827–1904) an seinen Vater. Er bestätigt darin, daß das Programm realisiert wurde (Jahn 1993, S. 125 f.).

Außer Medizin-, Landwirtschafts- und Pharmaziestudenten besuchten auch Interessierte anderer Berufe das Physiologische Institut, wie zum Beispiel der «Mechaniker Zeiß aus Weimar» ab 1845 (Drittes Programm 1847). Aus diesem direkten Kontakt von Carl Zeiß (1816–1888) mit M. J. Schleiden ging dessen wirksame Unterstützung zur Niederlassung von Carl Zeiß in Jena und 1846 der Begründung seiner mechanischen Werkstätte hervor, die sich später zu dem erfolgreichen Carl-Zeiß-Werk entwickelte (Jahn 1963). Als wegen mangelnder staatlicher Unterstützung das Institut 1856 aufgelöst worden war, erkannte die Universität seinen Wert und begründete nach Schleidens Weggang von Jena in der Medizinischen Fakultät ein universitätseigenes Physiologisches Institut und in der Philosophischen Fakultät ein Pflanzenphysiologisches Institut und einen eigenständigen Lehrstuhl für Botanik, was Schleiden selbst nicht erreicht hatte (Jahn 1963). Ihm wurde lediglich die Direktorenstelle des Großherzoglich-Botanischen Gartens mit übertragen, nachdem Friedrich Sigmund Voigt 1850 verstorben war, der die Verwaltung als Weimarischer Honorarprofessor wahrgenommen hatte (s. o.).

Erst mit Schleiden übernahm ein Ordinarius der Universität die Gartendirektion, der ab 1851 in größerem Ausmaß als bisher die großen Gartenanlagen des vom Weimarischen Hof finanzierten Gartens in den Universitätsunterricht einbezog, ein *Alpinum* und ein

Arboretum anlegen und die Gewächshäuser erneuern ließ. Nach Ablauf von Schleidens Direktorium belief sich der Pflanzenbestand auf rund 5500 Arten. Für die Vorlesungen wurden täglich von mehreren Arten 20 bis 50 Exemplare zur Demonstration und für Bestimmungsübungen abgeschnitten. Außerdem konnten die Studenten für einen geringen Preis geschnittene Pflanzen für ihr Herbarium halbjährlich abonnieren (Hallier 1864, S. 10).

Eine weitere Neuerung war die Anlage eines «Normal-Herbariums» im Zusammenhang mit der Neuaufstellung des «Botanischen Kabinettes» in den Jahren 1857–1858, das beim Ausscheiden Schleidens 900 Arten aus der Jenaer Flora enthielt und den Anfang für ein Universitätsherbarium für Unterrichtszwecke darstellte (Qu. 10).

Diese Aktivitäten zur Verbesserung der Universitätsausbildung in Jena standen auch im Einklang mit den Bestrebungen des Jenaer «Reformvereins», dem Schleiden seit 1848 angehörte und der sich für die Lehr- und Lernfreiheit einsetzte.

4. Werk und Wirkung

4.1 Die botanisch-wissenschaftlichen Werke

Die ersten Schriften mit nachhaltiger Wirkung beruhten auf den mikroskopischen Untersuchungen, die Schleiden in Berlin unter Anleitung seines Onkels Johannes Horkel durchführte. Schon die erste Schrift *Einige Blicke auf die Entwicklungsgeschichte des vegetabilischen Organismus bei den Phanerogamen* (1837) löste heftige Diskussionen für und wider seine neue Befruchtungshypothese aus. Die seit dem 18. Jahrhundert gesicherte Annahme, daß Stempel der Blütenpflanzen die weiblichen, Staubgefäße mit dem Pollen die männlichen Sexualorgane der Pflanzen seien, war seit 1820 durch einige naturphilosophische Botaniker wieder in Frage gestellt worden, die forderten, daß der Befruchtungsvorgang noch genauerer Untersuchungen bedürfe. Mehrere Mikroskopiker widmeten sich seit Beginn der 30er Jahre den Untersuchungen der Embryobildung im «Ovulum» der Blütenpflanzen, wie zum Beispiel die österreichischen Botaniker Stephan Endlicher (1804–1849) und Franz Unger (1800–1870), die ebenfalls 1836–1838 die Vermutung äußerten, daß sich der Pflanzenembryo im Pollenschlauch nach Durchwachsen der Mikropyle entwickle (Haberlandt 1899, S. 66–76). Das Hineinwachsen des Pollenschlauches in den Fruchtknoten war schon von mehreren Mikroskopikern wie G. B. Amici (1786–1863) beobachtet worden, so daß Schleidens erste Veröffentlichung (1837) nicht verwunderte. Massiven Widerspruch rief aber die zweite Arbeit *Über*

Bildung des Eichens und Entstehung des Embryo's bei den Phanerogamen (1839) hervor, in der er mit Abbildungen demonstrierte, daß der Embryo innerhalb der Spitze des Pollenschlauchs nach Eindringen in die Mikropyle entstehen sollte – eine Fehldeutung der mikroskopischen Schnittbilder –, und daraus ableitete, daß der Pollen das weibliche, Narbe mit Fruchtknoten aber das männliche Geschlecht repräsentiere. Diese falsche Befruchtungshypothese würzte Schleiden auch mit scharfer Polemik gegen andere Auffassungen, so daß vermehrte Forschungen einsetzten, die bald zu einer Berichtigung von Schleidens Interpretation und darüber hinaus zur Aufklärung des komplizierten Befruchtungsprozesses bei Pflanzen führten, woran Schüler Schleidens maßgeblich beteiligt waren (Amici 1847, Hofmeister 1849, von Mohl 1851, Pringsheim 1854, Radlkofer 1856).

Aus diesen mikroskopischen Arbeiten entstand Schleidens weitere einflußreiche Arbeit *Beiträge zur Phytogenesis* (1838), die den Ausgangspunkt für die umfassende «Zellentheorie» bildete. Hier entwickelte Schleiden eine Hypothese über die Zellbildung als Anfangsprozeß aller pflanzlichen Keimesentwicklung überhaupt, die einen Schlüssel für die Gestaltbildung jeder erwachsenen Pflanze und ihrer einzelnen Organe zu liefern versprach.

Nachdem er beim Präparieren von Zellgewebe erlebt hatte, daß eine Einzelzelle isoliert lebensfähig war, erkannte er die Zelle als morphogenetischen Grundbaustein jeder Pflanzenbildung, auf deren Untersuchung sich künftig die Entwicklungsgeschichte zu konzentrieren habe. Den von Robert Brown entdeckten Zellkern und das von ihm beobachtete Kernkörperchen deutete er als neue Zellen, die innerhalb der Zellflüssigkeit entstehen sollten. Durch Schleidens Studienfreund Theodor Schwann (1810–1882) wurde diese Zellbildungstheorie auf das Tierreich ausgedehnt, zu einem alle Organismen betreffenden Bildungsprinzip deklariert und die Zellneubildung in der Zellflüssigkeit als ein chemisch-physikalischer Prozeß analog der Kristallbildung eingehend beschrieben (Schwann 1839). Weder Schleiden noch Schwann haben also «die Zelle entdeckt», wie häufig in Lehrbüchern und Lexika behauptet wird, denn über den zelligen Aufbau des Pflanzenkörpers lagen seit dem 17. Jahrhundert mikroskopische Beobachtungen vor, und Schleidens Berliner Kollege Julius Ferdinand Meyen (1804–1840) hatte bereits in seinem Lehrbuch *Phytotomie* (1830) mit guten Abbildungen den zellulären Aufbau der Pflanzen und die Funktion der verschiedenen Pflanzengewebe dargestellt, also eine «Zellenlehre» entwickelt. Gerade an diesem Beispiel entzündete sich Schleidens Kritik an der zeitgenössischen Botanik, die die Entwicklungsgeschichte der Pflanzen, ihrer Gewebe und Organe vernachlässigt habe (Schleiden 1842).

Die Schleiden-Schwannsche Zellentheorie lieferte also – trotz ihrer unrichtigen Ausgangsposition – eine ganz neue Organismustheorie, wonach sich die Organismen, ihre Entwicklung und auch ihre Krankheiten (Virchow 1858) als Folge chemisch-physikalischer Mechanismen deuten ließen. Der Aufschwung der Zellforschung, der sich auch infolge der Polemik gegen die irrtümliche Zellbildungshypothese und der Verbesserung des Mikroskopebaues in der Folgezeit entwickelte, sicherte bald die schon 1836 von Hugo von Mohl (1805–1872) gemachten Beobachtungen über Zellteilung als Ausgangspunkt der Embryonalentwicklung zum Beispiel durch Carl Naegeli (1844) oder Franz Unger (1846), doch ließ man lange Zeit verschiedene Formen der Zellbildung gelten, bis Strasburger (1879) bewies, daß Zellen nur durch Teilung entstehen, der die Teilung des Zellkernes vorausgeht. Damit war auch erst die Rolle des Zellkernes und der (durch Schleiden entdeckten) Kernkörperchen sicher definiert.

Die Zellentheorie und die darauf aufbauende neue Organismustheorie wurde von Schleiden durch sein Hauptwerk *Grundzüge der wissenschaftlichen Botanik* (1842–1843) weit verbreitet. Sein Anliegen war aber vor allem methodischer Art. Er wandte sich gegen die herkömmliche Behandlung der Botanik, entweder als nur deskriptive Artenanalytik durch die Systematiker oder aber durch spekulative Hypothesenbildung durch die romantische Naturphilosophie. Er setzte diesen Strömungen, wie sie sich in den zeitgenössischen Zeitschriften spiegelten (Qu. 3, Brief 1845), sein Programm für die Botanik als «induktive Wissenschaft» entgegen und erläuterte sein Anliegen in einer *Methodologischen Einleitung* von 166 Seiten. Sie enthält in 13 Paragraphen zunächst einen geschichtlichen Überblick über die Perioden der Botanik, in denen die Artenkenntnis den Hauptinhalt der Botanik bildete. Die «eigentliche wissenschaftliche Botanik», deren Ziel die Einsicht «in die gesetzmäßige Entwicklung des Pflanzenlebens in allen Phasen seiner Existenz ist», beginne mit Robert Brown, in dem sich alle Zweige botanischen Wissens «zu einem harmonischen Ganzen» durchdrangen (S. 4–5). Doch mangele es dieser jungen Wissenschaft noch an einer richtigen Methode, wofür er dann die Kantisch-Friesische Philosophie als Grundlage anführt, indem er sich mit dem Verhältnis zwischen Erfahrungs- und Vernunftwissen auseinandersetzt sowie mit dem Begriff des Organischen und des Anorganischen, des Tieres und der Pflanze. Der Einteilung der Botanik in einen allgemeinen und einen speziellen Teil folgt dann im allgemeinen Teil eine Gliederung in «Vegetabilische Stofflehre» und «Lehre von der Pflanzenzelle», im speziellen Teil in «Morphologie» und «Organologie» (die er der «Anatomie» und «Physiologie» in der Zoologie gegenüberstellt [S. 36–37]) und die aus den «Bildungsgesetzen» abgeleitet werden sollen. Als wichtigsten

Punkt betrachtet er die Charakterisierung der Botanik als eine theoretische Disziplin, analog der Physik und Chemie, und der großen Bedeutung von Beobachtung und Experiment als Forschungshilfsmittel, modifiziert in ihrer Anwendung auf die Pflanze in ihrer ständigen Veränderung (S. 99). Deshalb steht die Entwicklungsgeschichte an der Spitze aller Forschung, und zwar nicht nur als methodische, sondern auch als die heuristische Maxime der Botanik und reichste Quelle für neue Entdeckungen (S. 105–107). 24 Seiten sind allein der Anleitung zum «Gebrauch des Mikroskops» gewidmet (S. 112–136), wobei er nicht nur die Leistung von Mikroskopen verschiedener Hersteller, Probleme der Mikrometrie und Beleuchtung, der optischen Bedingungen des «Sehens» und der Täuschungsmöglichkeiten beschreibt, sondern auch eingehend Hilfsmittel zur Herstellung von Mikropräparaten mitteilt. Schließlich wird noch der sprachlichen und zeichnerischen Darstellung der wissenschaftlichen Resultate ein Abschnitt gewidmet (S. 160–166), wobei er sich scharf gegen die verschleiernde Verwendung von Fremdworten wendet. Überhaupt sind alle Abschnitte mit bissiger Kritik an den zeitgenössischen Kollegen wie Meyen und Link, Nees von Esenbeck und Justus Liebig gewürzt, womit Schleiden verdeutlichen wollte, wie er sich die neue induktive Botanik *nicht* vorstellt.

Als Alexander von Humboldt, dem das große Werk gewidmet ist, 1842 für den ersten Band dankte, charakterisierte er den polemischen Ton treffend: «... Ihre Wahrheitsliebe gibt Ihren Schriften die Form eines blutigen Feldzuges. Irrtümer und abweichende Meinungen stellen sich Ihnen stets als Nachtgestalten der Lüge und bösartigen Truges dar. Meyen und Corda sind Ihre Hausdämonen, und einer der ausgezeichnetsten Chemiker unseres Zeitalters, Liebig, ist ‹unsinnig und unverschämt› (p. XVII, 15, 175), wenn er nicht ‹albern› (p. 182) ist. Ob Sie mir die Heiterkeit meiner Zitate verzeihen werden? Sie sehen, ich zähle die Verwundeten auf dem Schlachtfelde, unternehme aber nicht die Heilung der Schwerverwundeten ...» (Kohut 1904/05, S. 326).

Es blieb nicht aus, daß die Angegriffenen sich wehrten, wie Christian Gottlieb Nees von Esenbeck (1776–1858) in seiner Rezension der *Grundzüge* (in der Jenaischen Allgemeinen Literatur-Zeitung 2, 1843, S. 475 f.), in der er Schleiden «gröbste Unwissenheit» gegenüber Hegels Philosophie nachweist.

Darauf antwortete Schleiden mit seiner 80 Seiten umfassenden Schrift über *Schellings und Hegels Verhältnis zur Naturwissenschaft* (1844), in der er gegen die Schellingsche Naturphilosophie, deren Anhänger Nees von Esenbeck war, die Kantisch-Friesische Philosophie ausspielt, von deren allgemeiner Anerkennung der Fortschritt in den Naturwissenschaften abhänge (S. 21). Auf ihr beruhe seine methodologische Einleitung, die er mit Fries «Satz für Satz durchgesprochen habe» (S. 9).

Hier hat Schleiden zweifellos übertrieben, denn als er 1839 nach Jena kam, war sein Buch – zumindest dessen Einleitung – in den wesentlichen Teilen fertig; er schrieb seinem Bruder im Juni 1839 aus Wernigerode, daß er sich «mit Eifer an die Vollendung einer kleinen selbständigen Schrift» mache, die seine «Ansichten über Wesen und Methode in der Botanik zum Gegenstand hat», und im Juli 1839, sie enthalte sein «botanisches Glaubensbekenntnis», was nicht ohne scharfe Polemik abgehe und «wahrscheinlich einigen Lärm machen» werde (Qu. 1, Briefe Nr. 12 und 13), vgl. auch Jahn 1993, S. 118f.).

Eine kritische philosophische Analyse der *Grundzüge* zeigt auch eine nur geringe Durchdringung des Textes mit Friesschen Gedankengängen, trotz der häufigen Verweise auf ihn in Fußnoten (Charpa 1989, S. 14–17), so daß an einer engeren persönlichen Einflußnahme von Fries während Schleidens ersten Jenaer Jahren zu zweifeln ist, zumal Fries damals schon krank war (Brief vom 2.10.1841, Qu. 1, Nr. 17).

Viele zeitgenössische Botaniker beurteilten Schleidens Lehrbuch (1842–43) als Beginn einer neuen Epoche in der Botanik (Unger, in Haberlandt 1899, S. 130; Jost 1942), und es ist anzunehmen, daß eben das «kämpferische Auftreten Schleidens» und seine Angriffe gegen die spekulative Naturphilosophie «Begeisterung für sein Fach zu wecken vermochten» (Charpa 1989, S. 17). Das wirkte sich nicht nur auf die Hörerzahlen in seinen Lehrveranstaltungen aus, sondern führte auch außerhalb dieses Hochschulortes zum Aufgreifen seiner Programme, wie zum Beispiel von Wilhelm Hofmeister zu zeigen ist (vgl. den Beitrag zu Hofmeister).

Vergleicht man den Aufbau der *Grundzüge* mit älteren Handbüchern der Botanik oder aber mit seinen Nachfolgern, so wird das Neue der Konzeption deutlich. Erst von der Zeit Schleidens ab beginnen die Lehrbücher mit der Darstellung der «vegetabilischen Stofflehre» und der Zelle, der sich dann erst die Morphologie der ganzen Pflanze anschließt, während früher vom Pflanzensystem und der Pflanzengestalt ausgegangen wurde.

Es ist offensichtlich, daß damit einer materialistischen und kausalmechanischen Betrachtungsweise der Organismen der Weg bereitet wurde, auch wenn Schleiden selbst gegen den «Materialismus der neueren Zeit» Stellung nahm und sich gegen diese Konsequenzen, die Rudolf Virchow 1858 zog, entschieden aussprach (Schleiden 1863a).

Auch seine Parteinahme für den Evolutionsgedanken Darwins und die Abstammung des Menschen (Schleiden 1863b) schloß sich in seiner Aussage enger an die zu gleicher Zeit in Jena gehaltenen Vorträge von Karl Snell (1863) an als an die Interpretation von Ernst Haeckel.

Die zweite Auflage der *Grundzüge* trägt nicht nur den neuen Titel «Die Botanik als inductive Wissenschaft behandelt» (1845), sondern wurde «gänzlich umgearbeitet», indem auch Teile aus der Schrift über Schelling und Hegel (1843) übernommen und die von Naegeli (1844) beschriebene Zellteilung erwähnt wurde. Die nachfolgenden Auflagen (1849, 1861) wurden nicht mehr tiefgreifend verändert, auch nicht in der Darstellung der (inzwischen erheblich weiterentwickelten) Mikroskopie oder durch Berichtigung der falschen Befruchtungshypothese, an der Schleidens Schüler Hermann Schacht (1814–1864) bis 1850 festhielt, die aber ein anderer Schleidenschüler, Ludwig Radlkofer, erst 1856 – auch für Schleiden überzeugend – korrigierte.

Ludwig Radlkofer (1829–1927) hatte 1854–1855 im Physiologischen Institut gearbeitet und an Schleidens Arbeiten über die Chinarinden und an dem *Handbuch der medicinisch-pharmaceutischen Botanik ...* (1851–1857) Anteil genommen. Mit diesem Handbuch begründete Schleiden die mikroskopische Bestimmungsmethode für die botanische Pharmakognosie, die Radlkofer dann als Professor für Botanik in München (1863–1913) weiterführte. Er wandte die anatomische Analyse für pflanzliche Pharmaka generell in der Pharmakognosie und darüber hinaus in der botanischen Systematik an. Auch Albert Wigand (1821–1886), der schon 1845 in Schleidens Physiologischem Institut arbeitete, bezieht sich in seinem *Lehrbuch der Pharmakognosie* (1863) auf Schleidens Handbuch.

4.2 Populärwissenschaftliche Schriften

Nicht weniger einflußreich und noch weiter verbreitet als die *Grundzüge* (1842–43) war eine Sammlung allgemeinverständlicher Vorträge in *Die Pflanze und ihr Leben* (1848), die bis 1864 sechs Auflagen erlebte und zunächst 12, später 14 in sich abgeschlossene Kapitel enthält. Wie Schleiden im Vorwort erwähnt, entstand das Buch aus den seit 1840 in Jena für gebildete Laien gehaltenen öffentlichen «Vorlesungen», die wohl den berühmten «Kosmos-Vorlesungen» in der Berliner Singakademie von A. von Humboldt nachgestaltet wurden. Schleiden wollte auch damit «die wichtigeren Probleme der eigentlichen Wissenschaft der Botanik» dem allgemeinen Verständnis seiner Jenaer Kollegen näherbringen und zeigen, «wie die Botanik fast mit allen tiefsten Disziplinen der Philosophie und Naturlehre aufs Engste zusammenhängt» und sich nicht im Blumenpflücken und Heusammeln erschöpft.

So beginnt das gut illustrierte Buch mit einem Kapitel über *Das Auge und das Mikroskop* – analog der ersten Universitätsvorlesungen Schleidens – und behandelt nach den Kapiteln «Über den inneren Bau der Pflanzen», «Über die Fortpflanzung der Gewächse» und «Die Morphologie der Pflanzen», (die den ersten Teilen seiner Grundzüge entsprechen) auch Kapitel über «das Wetter», über «Pflanzen als Nahrung des Menschen», über «Milchsaft der Pflanzen» und «Cactuspflanzen» sowie «Pflanzengeographie», «Geschichte der Pflanzenwelt» und «Ästhetik der Pflanzenwelt». Schon von der zweiten Auflage (1850) an wurden zwei Vorträge ergänzt über «Das Wasser und seine Bewegung» und «Das Meer und seine Bewohner», die schon ein Vorgriff auf die erst 1867 erschienene Monographie *Das Meer* (1867) waren.

Mit ihr wollte Schleiden, als Gegenstück zur *Pflanze und ihr Leben,* eine populäre Darstellung des Tierlebens von den «niedrigsten Formen» bis zu den Wirbeltieren geben, so stellt er «das Meer als die Ursprungsstätte für die verschiedenen Abtheilungen der Thiere» dar, fängt «von der unorganischen, unbelebten Natur an und folgt dann den ersten Spuren der spät auftretenden organischen Welt durch alle zahlreichen Wandelungen bis zu immer höheren Entwicklungsstufen» (Vorrede), wobei mehrere Kapitel der «Geographie des Meeres», der Bewegung und Beschaffenheit des Meerwassers in den verschiedenen Regionen bis zum Polarkreis und der Pflanzenwelt gewidmet sind, bevor die einzelnen Tierklassen – auch mit Bezug zu ihrer Nutzung durch den Menschen – geschildert werden.

Noch in Jena aber entstand als zweite populäre Schrift das aus den «Winter-Vorträgen» in den Sälen der «Rose», (des Gesellschaftshauses der Universität) hervorgegangene Buch *Studien* (1855), das dem Dichter Friedrich Rückert (1788–1866) gewidmet ist. Da Schleiden die sieben Kapitel jeweils mit einem Gedicht von Rückert eingeleitet hat, erntete er in Gedichtform Rückerts Kritik, der diese gegen allerlei Aberglauben gerichtete Vortragssammlung zwiespältig aufnahm (Qu. 2;) (Jahn 1987, S. 31, und 1993, S. 134). Von den Vorträgen, die damals aktuelle Themen aufgreifen, behandelt nur der vierte («Beseelung der Pflanzen») ein botanisches Thema und richtet sich gegen Gustav Theodor Fechner (1848), der mit seinem Buch *Professor Schleiden und der Mond* (1856) in feinsinniger Weise darauf antwortete, so daß Schleiden die Angriffe gegen Fechners Seelenlehre in der zweiten Auflage der Studien (1857) wegließ (Möbius 1904, S. 81 f.).

Die kulturgeschichtlichen Themen gewannen in den Jahren nach dem Rücktritt vom Lehramt mehr und mehr die Überhand in der Buchproduktion Schleidens. Zwar hatten schon die erfolgreichen Vorlesungen über Anthropologie während seiner akademischen Lehrtätigkeit in Jena und Dorpat solche Studien angeregt. Aber entscheidende Impulse erhielt er schließlich durch die wissenschaftshistorischen Untersuchungen für seine Prorektoratsrede über die «Geschichte der Botanik» in Jena 1858 (Schleiden 1859), die bis zur Gegenwart die beste aktenkundige und quellenkritische Arbeit über dieses Thema war.

So hat Schleiden während der Wintermonate 1866–1867 sechs populäre Vorträge im Hotel de Pologne in Dresden gehalten, wie sie bereits 1864 in Dorpat vorgetragen wurden (Krüger 1995, S. 27). Aus dieser Reihe über *Bilder aus der Geschichte der Menschheit* wurde nur der letzte über *Die Umwandlung der Weltordnung am Ende des Mittelalters* (1867) gedruckt (a. a. O.).

In dieser Zeit entstand auch die «an Fachmänner und Laien» gerichtete «Schutzschrift» *Für Baum und Wald* (1870), die eine Zwischenstellung zwischen biologischer Aufklärungsarbeit und Kulturgeschichte einnimmt. Sie enthält in 35 kleinen Kapiteln einen direkten Appell an Forst- und Staatsbeamte zu Schutz und Schonung der Wälder und knüpfte an zwei Vorträge in der botanischen Sektion der Gesellschaft *Isis* im Herbst 1869 an, die protokolliert worden sind (Krüger 1995, S. 59). In der nur rund 150 Seiten starken Schrift beginnt Schleiden seine Ausführung mit der jahrtausendealten Beziehung des Menschen zu Bäumen, der religiösen Verehrung und Symbolik in alten Kulturen, woran sich die biologische Charakteristik des Baumes, seine Physiologie, Lebensbedingungen, Klassifizierung, Ökologie anschließt, auch Erörterungen über «Baum und Klima», Atmosphäre, Wasserhaushalt, Nutzen einschließt.

Den Hauptteil bilden 20 Kapitel über die Geschichte der «Entwaldung» seit etwa 500 v. Chr. bis zur Gegenwart, geographisch gegliedert vom Orient bis Skandinavien und Island, von Rußland bis Nordamerika und in den einzelnen europäischen Ländern. Über klimatische und anthropogene Waldschäden und Waldverwüstungen und ihre landschaftlichen Folgen wurden historische Dokumente über 2000 Jahre (von Herodot und Theophrast, Strabo und Varro) herangezogen und aus Berichten über die Veränderung von Pflanzenanbau und -vorkommen auf Veränderung des Wasserhaushaltes und der Fruchtbarkeit der Böden geschlossen, auch Dokumente über Wasserstandsmessungen an Elbe, Rhein und Oder seit der Mitte des 18. Jahrhunderts berücksichtigt (Krüger 1995, S. 66).

Schleidens Anliegen ist einmal, die naturwissenschaftliche Aufklärung über den Zusammenhang aller Naturressourcen und die Wechselwirkung verschiedener Naturfaktoren als notwendige Basis für globale Maßnahmen deutlich zu machen, und zum anderen, die Verantwortung des Staates zur Schaffung von Rechtsgrundlagen anzumahnen, um die Privatnutzung des Waldes einzudämmen.

4.3 Kultur- und philosophiegeschichtliche Forschung

Ganz anderer Art und nur bedingt den populären Aufklärungsschriften zuzurechnen sind die zwei Monographien über *Die Rose* (1873) und *Das Salz* (1875), denen jahrzehntelange kultur- und literaturhistorische Studien zugrunde liegen. Schleiden spricht «von einem halben Menschenalter», daß ihm der Gedanke kam, «einmal den Einfluß der Natur auf die Kulturgeschichte der Menschheit an drei Beispielen aus den sogenannten drei Reichen der Natur zu entwickeln. Ich wählte dazu das Salz, die Rose und das Pferd» (Vorwort zu Schleiden 1875). Während es zu dieser Zeit schon zahlreiche kultur- und wirtschaftshistorische Schriften über das Salz gab, (die Schleiden im Vorwort referiert) und das «Pferd» wegen seiner Darstellung von Victor Hehn (Kulturpflanzen und Hausthiere ²1874) «vorläufig» von Schleiden zurückgestellt wurde (ebd.), war *Die Rose. Geschichte und Symbolik in ethnographischer und kulturhistorischer Beziehung* (1873) ein erstmaliger «Versuch» und wurde in dem Bewußtsein geschrieben, daß etwas Ähnliches vor ihm «noch Niemand versucht hat» (Vorwort, S. III). Die sechs großen Abschnitte sind nach Geschichtsperioden und nach Völkern gruppiert und behandeln die Urzeit der Rose, die Rose im Altertum (Griechen und Römer), die Rose in der römischen Kaiserzeit und dem Christentum, die Rose bei den Germanen, im Morgenland und in der Neuzeit.

Wenngleich sich Schleiden bemühte, in seiner Muttersprache, der deutschen, «möglichst rein und klar zu schreiben», Fremdworte und «Phrasendrescherei» zu vermeiden, so ist das Buch mit zahlreichen wissenschaftlichen Anmerkungen und exakten Quellennachweisen keine «populäre» Lektüre, sondern eine unerschöpfliche Fundgrube historischer Literaturquellen, die auch über Schleidens Sprachkenntnisse in Erstaunen versetzen. Biologische Fakten enthalten eigentlich nur der erste Abschnitt, in dem die Kenntnisse über fossile Urkunden und die Suche nach dem ersten Auftreten von Rosengewächsen in der Erdgeschichte referiert werden, und zwar in enger Verknüpfung mit der Urgeschichte der Menschheit, sowie der letzte Abschnitt über die Rose in der Neuzeit, in dem die Morphologie und Systematik ausführlich behandelt werden. Dabei finden wir wieder ein klares Bekenntnis für Darwin, «seit dessen einflußreichen Arbeiten der Artbegriff in der Natur eine so ganz andere Bedeutung erhalten hat. Wir sehen jetzt ein, daß die Arten nichts Feststehendes, Gegebenes, sondern etwas Fließendes sind, stetige Reihen sich aus einander in der Zeit hervorbringender Formen, die man nur für einen gegebenen Zeitpunkt als fixiert annehmen und nach Zweckmäßigkeitsregeln anordnen kann» (Schleiden 1873, S. 287f.). Danach wird noch ausführlich auf die Geographie, auf die Geschichte von Züchtungen und Zeiten der Einfuhr neuer Arten sowie berühmte europäische Rosengärten eingegangen (S. 290–305), bevor Schleiden sein Buch mit einer Sammlung deutscher Rosengedichte und -mythen abschließt.

Der im wesentlichen historisch-ethnographische Aufbau des Werkes erinnert stark an die Konzeption seiner anthropologischen Vorlesung, wie sie in der Jenaer Nachschrift vorliegt (s. o.). Die Motivation zu den kultur- und wissenschaftshistorischen Arbeiten muß wohl in Verbindung zu jener Vorlesung gesucht werden. Interessant ist ein Hinweis von Martin Möbius (1904, S. 90) auf ein Manuskript über Schleidens Stellung zum Christentum, über das er «schon von früh her nachgedacht hatte» und zu deren Darstellung er sich während der Bearbeitung des Kapitels über die *Rose im Christentum* gedrängt fühlte.

Dieses «Glaubensbekenntnis» hatte er bei der Drucklegung aus dem Manuskript der *Rose* ausgemerzt, um es separat zu publizieren, wozu es aber nicht mehr kam. Nach dem von Möbius referierten Inhalt stand er im Jahre 1874 wohl skeptischer zur christlichen Tradition, als 1839 in den Briefen an Heinrich Schleiden ausgesprochen wurde (Qu. 1, Nr. 13). Diese Skepsis hatte sich bei seinen Studien über die Rolle der Juden in der Geschichte entwickelt, deren Bedeutung ihm bei seinen Forschungen über die Geschichte der Botanik (1858) bewußt geworden war und für deren Anerkennung er seither auch publizistisch eintrat (s. o.).

5. Ehrungen zu Lebzeiten Schleidens

Als im April 1804 die Ehrungen Schleidens anläßlich seines 100sten Geburtstages in Hamburg und Frankfurt am Main stattfanden, stand noch nicht das Denkmal im Botanischen Garten zu Jena, das Ignatius Taschner im Auftrag der Stadt Jena schuf. Es wurde erst bei der Gedächtnisfeier am 18. Juni 1904 enthüllt, da der Geburtstag (5. April) in die Semesterferien fiel. Aber schon zu Lebzeiten Schleidens hatte die Universität Jena eine Ehrung anläßlich des 40jährigen Doktorjubiläums (1879) vorbereitet – nachdem 1876 das Diplom zum 50sten Doktorjubiläum in Heidelberg überreicht worden war. Auf Vorschlag der Medizinischen Fakultät Jena und initiiert von Eduard Strasburger (1844–1912) und Ernst Haeckel (1834–1919), wurde ein Album mit Photographien der Mitglieder der Medizinischen (7) und Philosophischen (12) Fakultät zusammen mit einem Glückwunschschreiben im August 1879 Schleiden in Wiesbaden persönlich überreicht. Über zahlreiche posthume Ehrungen in Hamburg, Frankfurt am Main, Jena, Tartu und Wiesbaden trug M. Krüger (1995, S. 179–188) reiches Material zusammen.

Gerhard Wagenitz

WILHELM HOFMEISTER
(1824–1877)

1. Einleitung

Wilhelm Hofmeister hat durch seine Arbeiten den Zusammenhang des Entwicklungszyklus zwischen den großen Gruppen der Pflanzen von den Moosen bis zu den Samenpflanzen als erster erkannt und so überzeugend dargestellt, daß diese rein morphologisch-entwicklungsgeschichtlich gewonnene Erkenntnis auch die Grundlage für die phylogenetischen Überlegungen späterer Jahre sein konnte. Außerdem war er der erste, der einen klaren Zusammenhang zwischen Zellenlehre und Morphologie herstellte.

2. Lebensweg

Der Lebenslauf des Botanikers Wilhelm Hofmeister war für einen deutschen Professor auch im vorigen Jahrhundert ungewöhnlich, heute ist er undenkbar. Er war Autodidakt im besten Sinne, hatte nie studiert und wurde nach 16 Jahren (von der ersten Veröffentlichung an gerechnet) als Privatgelehrter von der Regierung (nicht der Fakultät!) zum Professor in Heidelberg berufen. Nur knapp vierzehn Jahre konnte er bis zu seinem frühen Tode in Heidelberg und Tübingen erfolgreich forschen und lehren.

Friedrich Wilhelm Benedikt Hofmeister wurde am 24. Mai 1824 in Leipzig geboren. Sein Vater, Friedrich Hofmeister (1782–1864), war ein Mann mit unternehmerischem Mut. Um heiraten zu können, machte er sich schon mit 19 Jahren in Riesa selbständig. Nach dem frühen Tod (1801) der ersten Frau war er in der bekannten Musikalienhandlung Breitkopf und Härtel, in der er gelernt hatte, angestellt, bis er sein eigenes Geschäft, die Verlags-, Buch- und Musikalienhandlung Friedrich Hofmeister in Leipzig, begründete, die noch heute seinen Namen trägt. Bekannt wurde sie u.a. durch das *Handbuch der musikalischen Literatur*, viel später erschien im Verlag Hofmeister der bekannte *Zupfgeigenhansl*. Ein Verdienst des Vaters war auch die Gründung eines Schutzvereins gegen musikalische Nachdrucke. Aus der 1813 geschlossenen zweiten Ehe mit Friederike Seidenschnur (?–1861) gingen unser Wilhelm Hofmeister und eine Tochter Clementine hervor. Die Geschwister standen sich zeitlebens sehr nahe. Nach einigen Jahren Privatunterricht ging Wilhelm von 1834 bis 1839 auf die Städtische Realschule in Leipzig mit – wie es heißt – gutem Lehrerkollegium und mäßigen Schülerzahlen. So gut diese Schulbildung auch war, Hofmeister benutzte in den nächsten Jahren jede Gelegenheit, sich weiter fortzubilden. Sein Vater, der selbst ein ansehnliches Herbar besaß, förderte das Interesse an der Natur. Wie so oft bei Jungen richtete es sich zunächst mehr auf die Tiere, besonders auf Käfer und Schmetterlinge. Mit 15 Jahren trat er als Volontär in eine Musikalienhandlung in Hamburg ein, deren Besitzer mit seinem Vater befreundet war. Nach zwei Jahren ging er zurück nach Leipzig und wurde Auslandskorrespondent im Geschäft des Vaters, schon bald auch Mitbesitzer des Musikverlages mit seinem Halbbruder Adolph, da sich der Vater früh daraus zurückzog. Der Vater blieb aber noch Verleger naturkundlicher Werke. Vor allem gab er die ornithologischen und botanischen Abbildungswerke des mit ihm befreundeten Heinrich Gottlieb Ludwig Reichenbach (1793–1879) heraus. Am 15. November 1847 heiratete Wilhelm Hofmeister Agnes Lurgenstein (1824–1870), die Tochter eines Leipziger Fabrikanten, mit der er neun Kinder hatte und eine glückliche Ehe führte. Die bei Karl von Goebel (1855–1932; 1924) abgedruckten Briefe an seine Frau geben Zeugnis davon und erfreuen durch die humorvollen Beobachtungen seiner Umwelt und der Mitmenschen.

Hatte er sich in Hamburg in seiner freien Zeit autodidaktisch allgemein der Fortbildung in den Naturwissenschaften gewidmet, so begann er jetzt mit botanischen Studien. Die entscheidende Anregung kam durch ein Lehrbuch der Botanik, das 1842/43 in zwei Bänden erschien. Es waren die *Grundzüge der wissenschaftlichen Botanik* von Matthias Jacob Schleiden (1804–1881), ein Werk, das ganz ungewöhnlich anregend und reformierend wirkte, auch da, wo die darin vertretenen Thesen sich als irrig erwiesen. Es ist aber typisch, daß Hofmeister bald erkannte, daß die Arbeiten von Hugo von Mohl (1805–1872) mit ihrer nüchternen Beschreibung des Gesehenen und den hervorragenden Zeichnungen für ihn ein besseres Vorbild waren. Die erste Arbeit, die er 1847 veröffentlichte, betraf bereits das Gebiet, das ihn berühmt machen sollte, die Entwicklungsgeschichte der Pflanzen, sie wurde ins Französische übersetzt. Der von Robert Brown (1773–1858) und Schleiden übernommene Grundgedanke, daß man in der Morphologie die Dinge in ihrer Entwicklung beobachten müsse, um sie zu verstehen, wurde zu seinem Credo. In einer seiner wenigen polemisch gehaltenen Artikel, der gegen Ludolph Christian Treviranus (1779–1864) gerichtet ist, verteidigt er diesen Gedanken vehement und vergleicht die Angriffe der Vertreter der alten, statischen Betrachtungsweise mit den Kämpfen der Rheinschif-

Wilhelm Hofmeister (1824–1877), um 1867

fer gegen die Dampfboote. Sein Hugo von Mohl gewidmetes Werk von 1849 über die Embryologie der Blütenpflanzen führte 1851 zur Verleihung des Ehrendoktors der philosophischen Fakultät der Universität Rostock. Johannes Roeper (1801–1885), gestützt auf das Urteil von Hugo von Mohl, hatte seine Leistung erkannt und ihn vorgeschlagen. Nach Erscheinen des Buches von 1851 (*Vergleichende Untersuchungen der Keimung, Entfaltung und Fruchtbildung höherer Kryptogamen*) war seine wissenschaftliche Leistung allgemein anerkannt. Aber es dauerte noch 12 Jahre, bis es zu einer Berufung kam, und zwar auf sehr ungewöhnliche Weise. In Heidelberg war der Lehrstuhl für Botanik schon 1854 durch den Tod von Gottlieb Wilhelm Bischoff (1797–1854) frei geworden. Die Fakultät hatte mehrere Vorschläge gemacht, aber es kam zu keiner Berufung. Im Mai 1863 bat das Großherzoglich Badische Ministerium von sich aus die Fakultät um ihre Meinung zu Hofmeister mit der Bemerkung: «Er wird uns als einer der ersten Botaniker in Deutschland, als ein Mann von genialer Begabung, größter Arbeitskraft und vortrefflicher Darstellungsgabe bezeichnet ...». Als nicht sofort eine Antwort kam, wurde die Fakultät am 5. Juni 1863 durch die Berufung von W. Hofmeister zum ordentlichen Professor der Botanik und Direktor des botanischen Gartens vor vollendete Tatsachen gestellt.

In dem aus wenigen Räumen bestehenden Institut arbeitete Hofmeister mit seinen Schülern intensiv an entwicklungsgeschichtlichen Fragen, später kamen auch experimentalphysiologische Arbeiten hinzu. Es waren zunächst glückliche Jahre für Hofmeister mit seiner Frau, der großen Kinderschar (acht Kinder waren in Reudnitz bei Leipzig geboren, ein neuntes im September 1863 in Heidelberg) und einem Kreis befreundeter Kollegen, zu denen u. a. der Historiker Heinrich von Treitschke (1834–1896) gehörte. Der Tod seiner Frau und der jüngsten Tochter an Tuberkulose beendete diese Epoche. Streitigkeiten innerhalb der Universität führten zusätzlich dazu, daß ihm Heidelberg verleidet wurde. So nahm er 1872 gerne einen Ruf nach Tübingen an, auf den Lehrstuhl des von ihm verehrten Hugo von Mohl. Der Bericht der Fakultät an den Senat hatte ihn «unbestritten einen der bedeutendsten seines Faches» genannt und sich außerstande gesehen, «noch andere Namen von ähnlicher Bedeutung zu nennen» (Univ.-Arch. Tübingen, Sign. 126/296). Persönlich kamen für Hofmeister schwere Zeiten: 1875 starben zwei seiner Söhne in Cannes, ebenfalls an der Schwindsucht.

Am 26. Februar 1876 vermählte er sich in zweiter Ehe mit Johanna Schmidt, der ältesten Tochter eines Arztes in Lindenau bei Leipzig. Er freute sich noch über die Ehrung durch die von der holländischen Gesellschaft der Wissenschaften verliehene große goldene Boerhaave-Medaille und erlebte die Hochzeit seiner ältesten Tochter, aber schon im Mai des Jahres traf ihn ein Schlaganfall, der ihn zwang, seine Professur niederzulegen. Die letzten Monate verlebte er in Lindenau, der Heimat seiner Frau, wo er am 12. Januar 1877 verstarb.

3. Werk und Wirkung

3.1 Embryologie und Befruchtung der Angiospermen

Mit seinen ersten Arbeiten griff Hofmeister in eine Kontroverse ein, die um die Mitte des vorigen Jahrhunderts zu den ganz wichtigen und umstrittenen Fragen gehörte: Was geschieht eigentlich bei der Befruchtung der bedecktsamigen Blütenpflanzen, der Angiospermen? Man wußte, daß dazu zunächst die Pollenkörner auf die Narbe gebracht werden müssen. Es war auch bekannt, daß sie nicht als Ganzes durch den Griffel in das Innere des Fruchtknotens gelangen, sondern daß sie Pollenschläuche aussenden, die durch den Griffel bis zu den Samenanlagen wachsen, die sich dann zu den

Samen weiterentwickeln. Der italienische Physiker und Botaniker Giovanni Battista Amici (1786–1863) hatte dies 1830 als erster eindeutig festgestellt und in seiner Bedeutung erkannt. Schleiden behauptete nun (1837) aufgrund von Fehldeutungen mikroskopischer Bilder, dieser Pollenschlauch dringe zwar in die Samenanlage und in den Embryosack ein, sei aber allein für die Bildung des Embryos verantwortlich. Damit war alles auf den Kopf gestellt. Das Pollenkorn, allgemein als etwas Männliches angesehen, sollte zum Ausgangspunkt des Embryos werden. Diese Meinung teilten auch andere Botaniker wie Franz Unger (1800–1870) und Hermann Schacht (1814–1864), die deshalb als «Pollinisten» bezeichnet wurden. Im Grunde war nicht mehr einzusehen, was überhaupt die «mütterliche» Pflanze zu den Nachkommen beitrage, sie sollte höchstens Nährmaterial liefern. Diese Vorstellung wurde zuerst von Franz Julius Ferdinand Meyen (1804–1840; 1840) und dann von Giovanni Battista Amici (1847) und H. von Mohl (1847) scharf abgelehnt. W. Hofmeister griff zunächst 1847 und dann 1849 in diese Debatte ein. In seiner ersten Arbeit untersuchte er Vertreter der *Onagraceae* (Nachtkerzengewächse), die – was er natürlich nicht wissen konnte – einen besonderen Embryosacktyp besitzen. Er erkannte die Eizelle («das wahre Ey der Pflanze») und sah, daß diese sich weiterentwickelt. Dabei nahm er hier und auch später an, daß das befruchtende Agens nur durch die Wände von Pollenschlauch und Embryosack osmotisch weitergegeben wird. Er konnte nämlich – eine für uns heute kaum vorstellbare präparatorische Leistung – Pollenschlauch und Embryosack voneinander trennen und meinte, sie seien unversehrt. Daß tatsächlich durch eine Öffnung zwei männliche Fortpflanzungszellen (*Spermazellen*) in den Embryosack eintreten, wurde erst viel später im Verlaufe der Fortentwicklung der mikroskopischen Technik an Schnitten gesehen, und manche Einzelheiten wie das frühzeitige Degenerieren einer der Zellen, die die Eizelle begleiten (einer *Synergide*), konnten erst mit dem Elektronenmikroskop im 20. Jahrhundert nachgewiesen werden. Das große Geschick im Präparieren wurde durch Hofmeisters starke Kurzsichtigkeit unterstützt, die es ihm offenbar möglich machte, weitgehend auf eine Präparierlupe zu verzichten. Es wird aber auch berichtet, daß er – zumal er es ablehnte, eine Brille zu tragen – bei anderen Arbeiten dadurch erheblich behindert war.

3.2 Der Generationswechsel der Moose, Farnpflanzen und Gymnospermen

Die Entdeckung, mit der der Name Hofmeister immer verbunden sein wird, ist die Aufklärung des Generationswechsels der Landpflanzen von den Moosen bis zu den Nacktsamern (*Gymnospermen*, hierzu gehören die Nadelhölzer). Ganz allmählich hatte sich in der ersten Hälfte des 19. Jahrhunderts ein Bild von der Fortpflanzung der Moose und Farnpflanzen geformt. Die männlichen Fortpflanzungsorgane der Laubmoose kannte man schon im 18. Jahrhundert, Johann Hedwig (1730–1799) verglich sie mit den Staubbeuteln der Blütenpflanzen. Auch die darin gebildeten *Spermatozoiden*, die männlichen Fortpflanzungszellen, waren gesehen worden. Ihre Bedeutung für die Befruchtung war aber höchst umstritten, sie wurde von Schleiden gänzlich negiert. Bei den Farnen wurden sie erst von Carl von Naegeli (1817–1891; 1844) entdeckt. Die weiblichen Organe der Moose hatten schon Pier Antonio Micheli (1679–1737) und Hedwig im 18. Jahrhundert gesehen. Bischoff (1835) nannte sie *Archegonien*, und 1848 entdeckte Michael Hieronim Graf von Leszczyc-Suminski (1820–1898) sie auf dem Vorkeim (dem *Prothallium*) der Farne. Aber die Zusammenhänge waren noch ganz unklar. Was man beobachtete, war bei den Moosen eine Entwicklung aus einem algenartigen Gebilde (dem *Protonema*) zu einer beblätterten oder ungestaltet blattartigen (*thallosen*) Pflanze, auf der die Befruchtung stattfindet und auf der dann eine Struktur (das *Sporogon*) entsteht, die Sporen bildet, die man lange Zeit für Samen hielt. Bei den Farnen waren zwei Ausbildungsformen der Pflanze zu erkennen: ein blättchenartiger Vorkeim (das *Prothallium*), aus dem nach Befruchtung die eigentliche Farnpflanze hervorgeht, die Sporenbehälter (*Sporangien*) trägt. Besonders schwierig zu deuten waren die Verhältnisse bei den Nacktsamern (*Gymnospermen*), bei denen nach der Befruchtung ein Samen gebildet wird. Schon in seiner Arbeit von 1849 *Ueber die Fruchtbildung und Keimung der höheren Cryptogamen* sind die Grundgedanken des Vergleichs zu erkennen, den Hofmeister durchführte. Der entscheidende Ausgangspunkt war dabei der Bruch in der Entwicklung beim Übergang von der gametenbildenden zur sporenbildenden Generation (vom *Gametophyten* zum *Sporophyten*, um heutige Begriffe zu benutzen). Hofmeister hatte gesehen, daß sowohl in der Zentralzelle des *Archegoniums* der Moose als auch in der der Farne auf dem *Prothallium* eine ähnliche Neuentwicklung beginnt. Der entscheidende Satz sei zitiert: «In einer von einem bei beiden großen Pflanzengruppen wesentlich gleichartig gebauten Organ [dem *Archegonium*] umschlossenen Zelle [der Eizelle] bildet sich ein selbständiger, morphologisch von der Mutterpflanze unabhängiger Zellenkörper, dem bei den Moosen lediglich die Fruchtentwicklung, bei den Farrn auch der weit überwiegende Theil des vegetativen Wachstums obliegt.» Dies führte ihn zur Gleichsetzung der beblätterten Pflanze eines Laubmooses mit dem *Prothallium* eines Farnes einerseits und zum Vergleich des *Sporogons* (der gestielten «Frucht» der Moose) mit der beblätterten Farnpflanze andererseits. Damit war allein auf der Grundlage einer genauen Analyse der Keimesentwicklung der Schleier gelüftet, den das verschiedene äußere Aussehen der Entwicklungsstadien gebildet hatte, und der Weg frei für einen richtigen Vergleich. In einer Buchbesprechung von 1850 verwendete Hofmeister zum ersten Mal den aus der Zoologie übernommenen Ausdruck «Generationswechsel» für dieses Phänomen. Heute verbinden wir es bei den Pflanzen mit einem Wechsel der Kernphasen: die *Gameten* bildende Generation (*Gametophyt*) ist *haploid* (mit einem Chromosomensatz), die *Sporen* bildende (*Sporophyt*) *diploid* (mit zwei Chromosomensätzen). Aber diese Verhältnisse wurden erst um die Wende zum 20. Jahrhundert klar. Noch schwieriger als die Erkenntnis des Zusammenhanges der Moos- und Farnpflanzen war die Aufklärung der Verhältnisse bei den Nadelhölzern (*Coniferen*), der wichtigsten Gruppe der Nacktsamer. Wie man aus einer Fußnote der Arbeit von 1849 (S. 58) ersehen kann, hatte Hofmeister schon zu diesem Zeitpunkt die entscheidende Erkenntnis: Man mußte die *Coniferen* mit den Gruppen der Farnpflanzen vergleichen, die zwei Sorten von Sporen ausbilden (*heterospor* sind).

Von den Entdeckungen dieser Arbeit (Hofmeister 1851) schrieb Julius Sachs (1832–1897) in seinem einflußreichen Lehrbuch (1873, S. 339), sie seien «eine der folgenreichsten Entdeckungen, die jemals auf dem Gebiete der Morphologie und Systematik gemacht wurden». Und über 40 Jahre später (1916) spricht Otto Renner (1883–1960) von der «größten Tat der botanischen Morphologie». Schon früh wurde auch die Bedeutung dieser Arbeiten für die Durchsetzung des Evolutionsgedankens anerkannt. So schreibt Sachs in seiner *Geschichte der Botanik* (1875, S. 217): «Als acht Jahre nach Hofmeister's vergleichenden Untersuchungen Darwin's Descendenzlehre erschien, lagen die verwandtschaftlichen Beziehungen der großen Abtheilungen des Pflanzenreiches so offen, so tief begründet und so durchsichtig klar vor Augen, daß die Descendenztheorie eben nur anzuerkennen brauchte, was hier die genetische Morphologie thatsächlich zur Anschauung gebracht hatte.» Der Morphologe Josef Velenovský (1858–1949) schreibt (1909/10) sogar: «Hofmeister hat tatsächlich vor Darwin die Evolution im Pflanzenreich bewiesen.» Auch wenn man das so nicht sagen kann, läßt sich kaum bestreiten, daß die Ergebnisse von Hofmeister es vielen Botanikern erleichtert haben, den Evolutionsgedanken zu akzeptieren. Das hat in jüngster Zeit auch Ernst Mayr (1984, S. 174) hervorgehoben.

3.3 Physiologie

Ab 1857 begann Hofmeister mit Arbeiten zur Physiologie im heutigen Sinn, die man damals Experimentalphysiologie nannte (zur «Physiologie» wurden auch Morphologie und Anatomie gerechnet, soweit sie funktionelle Aspekte berücksichtigten). Vielleicht meinte er, auf dem Gebiet der Entwicklungsgeschichte seien die wesentlichen Dinge erforscht. Das war allerdings ein Irrtum. Jedenfalls wandte sich Hofmeister zunehmend einem neuen Gebiet zu, der Physiologie des Saftsteigens und der Bewegungen der Pflanzen. Es sind durchgehend Probleme, die mit physikalischen oder physikochemischen Methoden und Überlegungen zu lösen waren, an der Entwicklung der chemischen Physiologie hat sich Hofmeister nicht beteiligt, nur für die Charakterisierung von Zellbestandteilen benutzte er mikrochemische Reaktionen. Auch auf diesem für ihn neuen Gebiet hat Hofmeister einige beachtenswerte Ergebnisse erzielt und die Forschung auch dort angeregt, wo er irrte. So gehörte er zu den ersten, die die Bedeutung des 1861 von Thomas Graham (1805–1869) geschaffenen Kolloidbegriffes für die Biologie erkannten, durch den die Beschreibung des Protoplasmas verbessert werden konnte. Aber Hofmeisters Ergebnisse sind nicht vergleichbar mit seinen Entdeckungen in der Entwicklungsgeschichte. Bei seinen Überlegungen spielen die Eigenschaften der Zellmembranen eine große Rolle. Darunter verstand er die Zellwände, und es ist nicht immer deutlich, wieweit er auch die noch nicht näher charakterisierten, physiologisch entscheidend wichtige Plasmamembran mit einbezog. Die Methoden, die Hofmeister anwandte, waren durchweg sehr einfach. So schlossen seine Messungen über Menge und Druck des Blutungssaftes bei Pflanzen auch methodisch an die Arbeiten von Stephen Hales (1677–1761) aus dem Jahre 1727 (!) an. Trotzdem gelang ihm hier der wichtige Nachweis einer temperaturunabhängigen Periodizität des Blutens.

Wenig Glück hatte Hofmeister mit seiner Erklärung der positiven Reaktion der Wurzel auf die Erdschwere, des «positiven Geotropismus». Er meinte, daß dies ein passiver Vorgang sei, da die Wurzel in der krümmungsfähigen Region sozusagen «weich» sei und sich die Spitze daher der Schwerkraft folgend nach unten biegen würde. Es gab aber schon vorher experimentelle Hinweise für eine aktive Wachstumsreaktion beim «positiven Geotropismus». Eine Arbeit von Albert Bernhard Frank (1839–1900) aus dem Jahr 1868 bestätigte dies. Hofmeister reagierte hierauf heftig und nicht überzeugend. Er tat das, was er früher anderen vorgeworfen hatte: Trotz überzeugender Gegenargumente blieb er bei seiner Auffassung. Pfitzer (1903) nennt diese Kontroverse den «einzigen schweren Mißerfolg in seinem Wirken».

3.4 Das Handbuch der physiologischen Botanik

Im Jahre 1861, also schon zwei Jahre vor seinem Dienstantritt in Heidelberg, faßte Hofmeister mit «einigen ihm befreundeten Forschern» den Plan zu einem mehrbändigen Handbuch der Botanik. Die Bezeichnung «Handbuch der physiologischen Botanik» sollte deutlich machen, daß die Systematik ausgeschlossen war, alle übrigen Gebiete wurden damals als physiologisch bezeichnet. Im Vorwort zum ersten Band heißt es: «In einer Menge von Rinnsalen, kaum übersichtlich, fliesst der Strom der Literatur unserer Wissenschaft.» Dem sollte abgeholfen werden. Die Planung, wie sie 1867 bei Erscheinen der ersten Abteilung von Band 1 vorgestellt wurde, sah als Mitarbeiter vor: W. Hofmeister (Zellenlehre, Allgemeine Morphologie, Morphologie und Physiologie der Moose und Gefäßkryptogamen und Geschlechtliche Fortpflanzung der Phanerogamen), Thilo Irmisch (1816–1879: Lehre von der Sproßfolge), Anton de Bary (1831–1888, Anatomie der Gefäßpflanzen, Morphologie und Physiologie der Pilze, Flechten und Algen) und J. Sachs (Experimentalphysiologie der Pflanzen). Hiervon erschienen die beiden ersten Teile von Hofmeister, zwei von de Bary (Anatomie, Pilze und Flechten) und – als erster Band bereits 1865 – die Experimentalphysiologie von J. Sachs. Das Werk blieb also ein Torso, aber die erschienenen vier Bände leiteten eine neue Epoche der Botanik ein, mit ihnen wurde eine «Allgemeine Botanik» zum Programm gemacht. Das wird sehr deutlich in den beiden Teilbänden, die Hofmeister selbst bearbeitete. *Die Lehre von der Pflanzenzelle* (1867) ist die erste Zellbiologie der Pflanzen. Die Abschnitte behandeln «Das Protoplasma», «Zellbildung», «Die Zellhaut» (Zellwand) und «Geformte Inhaltskörper der Zelle». Dabei werden Beispiele aus allen verschiedenen Pflanzengruppen herangezogen. Die moderne Auffassung wird bereits darin deutlich, daß mit dem Protoplasma und seinen physikalischen Eigenschaften begonnen wird. Einen großen Raum nimmt dabei die Protoplasmaströmung ein, deren physikalische Erklärung versucht wird. Im Abschnitt Zellbildung wird die Zellteilung als der normale Fall anerkannt, aber auch die freie Zellbildung, und die Sporen- und Pollenbildung ausführlich behandelt. An der Farnpflanze *Psilotum* hat Hofmeister bereits klar erkennbar Chromosomen abgebildet (Fig. 16: «Die eiweissartige Flüssigkeit im Mittelraum ist zu unregelmässigen Klumpen geronnen, die in der Aequatorialebene der Zelle zu einer plattenförmigen Anhäufung sich gruppieren»). Für die Zellteilung stellt er die Regel auf (sie wurde auch als «Hofmeistersche Regel» bezeichnet), daß die neue Zellteilung «in einer Ebene vor sich geht, welche zu der Richtung des intensivsten vorausgegangenen Zellenwachsthums senkrecht ist». Die allgemeinen Überlegungen zum Verhältnis von Zelle und Organismus sind von besonderer Bedeutung. Es gab damals (und gibt sie auch heute noch) Forscher, die die Autonomie der Zelle gegenüber dem Organismus in den Vordergrund stellen. Hofmeister betont dagegen die Einheitlichkeit der lebenden Substanz, eine Auffassung, die erst kürzlich (vgl. Kaplan & Hagemann 1991) wieder herausgestellt wurde.

Die Allgemeine Morphologie von 1867 war nicht weniger originell als seine Zellenlehre. Sie stand in deutlichem Gegensatz zu der damals von Alexander Braun (1805–1877) vertretenen idealistischen Morphologie, für die die Metamorphosen der Grundorgane und ihre Anordnung und Verknüpfung das Wesentliche waren. Den Unterschied der Auffassung von Hofmeister hat Goebel in seiner Biographie (1924, S. 66 ff.) ausführlich dargelegt. Hofmeister wollte die Gestaltbildung auf die Physiologie des Wachstums zurückführen, ein ehrgeiziges, auch heute noch nicht bewältigtes Vorhaben. Dabei beschäftigte ihn ganz besonders die Theorie der Blattstellungen. Die auf Alexander Braun und Carl Friedrich Schimper (1803–1867) zurückgehende «Spiraltheorie», nach der die Blattanlagen sich entlang einer Spirale (besser Schraubenlinie) am Stengel differenzieren, lehnte er ab. Er beobachtete, daß sich eine neue Blattanlage dort bildet, wo die schon vorhandenen den größten freien Raum gelassen hätten. Diese mechanistische Vorstellung sollte die Blattstellung erklären und fand als eine zweite «Hofmeistersche Regel» große Beachtung. Sie regte zur weiteren Bearbeitung des Problems an, gab allerdings auch keine wirkliche Erklärung und war nur annähernd zutreffend. Das Buch ist reich an eigenen Beobachtungen und Untersuchungen, z. B. zur Frage der Wirkung von Außenfaktoren auf die Gestalt der Pflanze. Hofmeister ergreift eindeutig Partei für die Darwinsche Evolutionstheorie und betont, daß Verwandtschaft «nur als Blutsverwandtschaft, als wahre Consanguinität aufgefasst einen greifbaren Sinn hat» (S. 564). Das Buch ist auch darin ungewöhnlich, daß alle 134 Abbildungen Originale sind (allerdings mit einigen Wiederholungen), und zwar Schemata, Zeichnungen von Vegetationskegeln und Schnitte durch Knospen. Weder eine ganze Pflanze noch eine Blüte oder ein anderes Organ sind dabei! Der Originalität des Handbuches entsprach jedoch keine Breitenwirkung, zumal es nicht für Studenten gedacht war und sie auch kaum ansprechen konnte. Das 1868 in erster Auflage erscheinende Lehrbuch von Sachs, das das Gesamtgebiet der Botanik umfaßte, wurde das maßgebende Botanikwerk der kommenden Jahrzehnte. Kaplan & Cooke (1996) gehören zu den wenigen, die in neuerer Zeit die beiden Bände von Hofmeister genau studiert haben. Sie bezeichnen sie als «absolutely breathtaking in their breadth, depth, and synthesis» und sagen von ihnen: «they never cease to inspire the reader.»

4. Wilhelm Hofmeister als Forscher in seiner Zeit und als Lehrer

Wie war es möglich, daß Hofmeister in so wenigen Jahren derartig folgenreiche Entdeckungen machen konnte, und wie konnten sie sich so schnell durchsetzen? Seine Ausrüstung für die entwicklungsgeschichtlichen Arbeiten war denkbar einfach: ein gutes Mikroskop, ein einfaches Präparierbesteck mit scharfen Messern, eine ruhige Hand zum Präparieren und zwar stark kurzsichtige, aber in der Nähe leistungsfähige Augen. Aber das alles hatten auch andere. So wichtig die hervorragende Beobachtungsgabe und die Kunst des Mikroskopierens auch waren, entscheidend war es, die richtigen Vergleiche zu finden. Diese Ideen erst machten aus seinen Beobachtungen ein epochemachendes Werk. Erstaunlich ist auch, wie schnell er unter den Botanikern bekannt wurde. Dazu muß man bedenken, wie klein die Gruppe derjenigen war, die auf dem Gebiet der Morphologie und Entwicklungsgeschichte der Pflanzen tätig waren. Sie verfolgten intensiv die Arbeiten in den wenigen Zeitschriften, die damals Arbeiten dieser Gebiete aufnahmen, in Deutschland vor allem die *Flora*, die *Botanische Zeitung* und (ab 1858) die *Jahrbücher für wissenschaftliche Botanik*. Mehrere Arbeiten von Hofmeister erschienen außerdem in Übersetzung in den *Annales des Sciences Naturelles* in Frankreich und den *Annals and Magazine of Natural History* in London. Außerdem gab es einen regen Briefwechsel zwischen den Forschern und gelegentliche Treffen, die Hofmeister dank seiner wirtschaftlichen Unabhängigkeit auch wahrnehmen konnte. Dabei spielten die seit 1822 jährlich stattfindenden Tagungen der Gesellschaft Deutscher Naturforscher und Ärzte eine herausragende Rolle. In der Botanischen Sektion dieser Tagungen wurden neueste Forschungsergebnisse vorgestellt und diskutiert (Pfannenstiel 1958). Hofmeister nahm z. B. auf der Versammlung in Göttingen 1854 teil. Er wurde zum Schriftführer bestellt und berichtete darüber noch im selben Jahr. Ein Jahr vorher hatte er in Berlin Alexander Braun und Nathanael Pringsheim (1823–1894) besucht, wobei er auch seine Präparate demonstrierte. Schon 1852 war er von der Sächsischen Gesellschaft der Wissenschaften als ordentliches Mitglied aufgenommen worden, 1855 wurde er *Foreign Member of the Linnean Society*. Den Vorschlag hierzu hatte nach dem Präsidenten als erster Robert Brown unterzeichnet, und man darf annehmen, daß er dabei die treibende Kraft war. 1859 wurde Hofmeister Mitglied der Leopoldina und 1870 auswärtiges Mitglied der Göttinger Sozietät der Wissenschaften, 1867 erhielt er die Ehrendoktorwürde der medizinischen Fakultät der Universität Halle-Wittenberg. 1861 war er schon so bekannt, daß es ihm gelang, einige der führenden Botaniker der Zeit (De Bary, Sachs) zur Mitarbeit an dem von ihm konzipierten Handbuch der physiologischen Botanik (s. oben) zu bewegen.

Der Aufbau der Arbeiten von Hofmeister entspricht nicht den heutigen Vorstellungen: Es fehlt meist eine Einleitung, die das Problem vorstellt, die Methoden werden kaum erwähnt, es beginnt sogleich mit einer detaillierten Darstellung der Ergebnisse, und auch die Zusammenfassung ist oft nicht leicht lesbar. Hofmeister läßt in seinen Arbeiten nur wenig von den Überlegungen erkennen, die ihn zu seiner Entdeckung des Generationswechsels geführt haben. Man darf aber wohl annehmen, daß er bewußt oder unbewußt davon ausging, es müsse einen einheitlichen Gesichtspunkt geben, unter dem die so verschiedenen Entwicklungsabläufe der Moose, Farnpflanzen und Gymnospermen zu verstehen seien.

Über Hofmeister als akademischen Lehrer berichteten (1903) Ernst Pfitzer (1846–1906), der bei ihm in Heidelberg hörte, und Goebel, einer seiner letzten Schüler in Tübingen. Goebel (1924, S. 126) sagt es sehr klar: Hofmeister war «ein ganz vorzüglicher Lehrer für solche, die schon einiges Verständnis mitbrachten, also für die ‹wenigen›. Die ‹vielen› verschwanden schon nach wenigen Stunden auf Nimmerwiedersehen.» Und schließlich sei noch der Bericht von Pfitzer (1903, S. 274) aus seinen glücklichen Jahren in Heidelberg zitiert: «Hofmeister selbst war den ganzen Tag im Laboratorium, immer bereit zu helfen, wenn die eigene Kraft des Schülers nicht ausreichte. Und wie haben wir ihn alle verehrt, den kleinen beweglichen Mann mit der dunklen Hautfarbe, den lebhaften Augen und den schnellen Bewegungen eines Südfranzosen, dem vornehmen Charakter und der fabelhaften Geschicklichkeit im Präparieren!» Eine Schule hat Hofmeister nicht begründet, und es gibt nur sehr wenige, die bei ihm promovierten, wie Eugen Askenasy (1845–1903) und Nicolaus Jacob Carl Müller (1842–1901). In Heidelberg arbeiteten in seinem Labor der spätere Physiologe Theodor Wilhelm Engelmann (1843–1909), der Österreicher Josef Boehm (1831–1893), der Franzose Pierre Marie Alexis Millardet (1838–1902) und mehrere russische Botaniker, von denen Kliment Arkadevic Timirjasev (1843–1920) ein bedeutender Pflanzenphysiologe wurde. Am bekanntesten ist unter seinen Schülern der Morphologe Karl von Goebel (1855–1932), der nach Hofmeisters Tod in Straßburg bei De Bary promovierte. Mit seiner Biographie (1924) setzte er seinem Lehrer ein bleibendes Denkmal.

Danksagung

Für Auskünfte und die Übersendung von Kopien danke ich der *Linnean Society London* und den Archiven folgender Institutionen: Akademie der Wissenschaften zu Göttingen, Martin-Luther-Universität Halle-Wittenberg, Sächsische Akademie der Wissenschaften zu Leipzig, Eberhard-Karls-Universität Leipzig. Herr Prof. Dr. M. Bopp stellte das Porträt aus dem Besitz des Botanischen Instituts der Universität Heidelberg zur Verfügung.

Ekkehard Höxtermann

JULIUS SACHS
(1832–1897)

1. Einleitung

Sachs gilt als Begründer der neueren Pflanzenphysiologie. Er erhob die experimentelle Kausalanalyse pflanzlicher Lebensleistungen zum Gegenstand der Botaniker. Mit dem Programm, «die allgemeineren Lebenserscheinungen der Pflanzen in ihre Einzelvorgänge zu zerlegen und sie auf ihre Ursachen zurückzuführen» (1865, S. V), wurde die physiologische Forschung zu einer aufstrebenden, anerkannten Richtung der allgemeinen Botanik. Wenngleich die Anfänge pflanzenphysiologischer Forschung bis ins 17. Jahrhundert zurückreichen, so führte erst Sachs die älteren, vereinzelten Erkenntnisse und Erklärungen, insbesondere der Keimung und Ernährung, des Wachstums, des Saftsteigens und der Bewegungen der Pflanzen, zu einem relativ geschlossenen Fach mit eigenen Inhalten und Methoden zusammen. Die neue Disziplin konstituierte sich mit der Assimilationstheorie der Stärkebildung (1862) als Kern einer Stoffwechselphysiologie der Pflanzen.

2. Lebensweg

Ferdinand Gustav Julius Sachs wurde als das achte von neun Kindern des Graveurs und Kupferstechers Christian Gottlob Sachs (?–1848) und seiner Ehefrau Maria Theresia, geb. Hoffbauer (?–1849), am 2. Oktober 1832 in Breslau (heute Wrocław/Polen) geboren. Die Vorfahren der Familie evangelischen Glaubens waren in der Land- und Forstwirtschaft tätig gewesen. Der naturverbundene Vater hielt die Kinder zu regelmäßigen, weiten Wanderungen und geduldigen Beobachtungen von Pflanzen und Tieren an. Die Naturerlebnisse bildeten einen Ausgleich zu den lähmenden Alltagssorgen. Die Eltern vermochten weder ihre ärmlichen Verhältnisse dauerhaft zu überwinden, noch konnten sie den frühen Verlust von fünf ihrer Kinder verwinden. 1839/40 versuchte die Familie kurzzeitig in der nahe gelegenen Kreisstadt Namslau (heute Namysłów) an der Weida und in dem Dorf Böhmwitz ihr Glück. Nach Breslau zurückgekehrt, brachte die Freundschaft mit Emanuel (1831–1882) und Karel (1834–1868) Purkynje, den Söhnen des benachbarten, tschechischen Physiologen Jan

Julius Sachs (1832–1897), um 1869

Evangelista Purkynje (1787–1869), «einen Lichtstrahl in mein einförmiges Leben» (Sachs 1883, S. 27). Nach vier tristen Jahren in der Seminarschule erreichte die Mutter unter großen Anstrengungen 1845 die Aufnahme ihres jüngsten Sohnes in das angesehene Breslauer Elisabet-Gymnasium – gemessen an dem bescheidenen, aber sicheren Zuverdienst der handwerklich ausgebildeten älteren Brüder ein außergewöhnlicher, gewagter Schritt in eine unsichere Zukunft. Der völlig unzureichende naturwissenschaftliche Unterricht veranlaßte den Schüler zur außerschulischen Lektüre naturkundlicher und -philosophischer Schriften, darunter der Werke von Lorenz Oken (1779–1851), und zu ausgedehnten selbständigen Übungen und Studien, so zu einer umfassenden Monographie des Flußkrebses, die später die erste Veröffentlichung (1853) des angehenden Naturforschers begründen sollte. Sachs begann zudem, für ein geringes Entgelt wissenschaftliche Zeichnungen für Purkynje anzufertigen. Als 1848 der Vater einem Schlaganfall erlag und kurz darauf die Mutter der Cholera zum Opfer fiel, verließ der eltern- und mittellose Obersekundaner 1850 das Gymnasium, um zur See zu fahren.

In dieser bedrückenden Lage erinnerte sich Purkynje, der 1850 einem Ruf an die Medizinische Fakultät nach Prag gefolgt war, des bedrängten, begabten Freundes seiner Söhne. Der Physiologe hatte selbst durch Cholera- und Typhusepidemien in Breslau zwei Töchter und seine junge Frau verloren und nahm die Waise 1851 wie einen Sohn in sein Haus und Institut auf. Sachs diente dem Gönner als Privatassistent und wissenschaftlicher Zeichner und erhielt hier ganz gewiß jene Anstöße, die seinem Leben fortan die Richtung gaben. Noch im Jahr der Übersiedlung legte er am Prager Clementinum die Reifeprüfung ab und nahm im Dezember 1851 das Studium der Naturwissenschaften auf.

Wie schon am Gymnasium bildete sich Sachs auch an der Universität weitgehend autodidaktisch weiter. Er las Schleidens *Grundzüge der Wissenschaftlichen Botanik* (1842/43), Hofmeisters *Vergleichende Untersuchungen* (1851) und Ungers *Anatomie und Physiologie der Pflanzen* (1855), setzte sich intensiv mit Mathematik und Physik auseinander und entfaltete seine zeichnerischen Talente. Weder der Botaniker Vincenz Franz Kosteletzky (1801–1887) mit seinen pharmazeutischen und systematischen Neigungen noch der Chemiker Friedrich Rochleder (1819–1874) mit seinen pflanzenchemischen Themen zog den Studenten sonderlich an. Größeren Einfluß gewann einzig der Philosoph Robert Zimmermann (1824–1898), der der Philosophie und Pädagogik von Johann Friedrich Herbart (1776–1841) mit dem Ideal einer sittlichen Selbstbestimmung und individuellen Begabtenförderung anhing.

Sachs verwendete seine Studienzeit schon bald auf erste Versuche *Ueber das Wachsthum der Pflanzen* (1853), die er gemeinsam mit dem Freund und späteren Botanikerkollegen Emanuel Purkynje im Hause des «Ziehvaters» ausführte, der wohl, wenn auch uneingestanden, zum eigentlichen Mentor wurde. «Experimentieren lernen konnte er gewiß von ihm besser als von irgendeinem Botaniker jener Zeit.» (Pringsheim 1932, S. 12) Purkynjes Programm einer allgemeinen Physiologie schloß die Lebensleistungen der Tiere wie der Pflanzen ein (vgl. Strbánová 1989, S. 239). Am 17. Juli 1856 wurde Sachs zum Dr. phil. promoviert. Eine Dissertation, wie andernorts üblich, mußte in Prag nicht vorgelegt werden. Sachs hatte bis dahin aber schon an die 20 überwiegend morphologisch-entwicklungsgeschichtliche Übersichtsreferate, zumeist in der von Purkynje 1853 begründeten tschechischen Zeitschrift *Živa*, publiziert.

Mit der Promotion trennte sich Sachs von Purkynje und zog in eine Privatwohnung in der Prager Neustadt, wo er alle weiteren Experimente vornahm. Die gesteigerte finanzielle Not versuchte er mit privatem Unterricht, literarischen Arbeiten, fortgesetzten zeichnerischen Hilfsdiensten und anderen zeitraubenden Nebentätigkeiten zu lindern. Dennoch habilitierte sich der junge Pflanzenphysiologe bereits im Folgejahr mit einer früheren Veröffentlichung zur *Morphologie des Crucibulum vulgare Tulasne* (1855) und dem ersten Teil einer größeren Abhandlung *Über die Functionen des Wassers im Pflanzenreiche* (Dokument 1, S. 9). Die physikalische Durchdringung der letztgenannten Untersuchung irritierte den Botaniker Kosteletzky, der sich außerstande sah, die Versuche zur Verdunstung der Pflanzen beurteilen zu können, und eine gesonderte physikalische Expertise forderte. Der Mineraloge und Paläontologe August Reuss (1811–1873) und der Zoologe Friedrich Stein (1818–1885) sprachen sich jedoch nachdrücklich für den Kandidaten aus, der «auf dem einzig wahren, aber freilich schwierigen und bisher von wenigen Botanikern betretenen Wege des Experimentes» wissenschaftliche Resultate einer Prüfung unterzöge (Dokument 1, S. 9/10). Die gegensätzlichen Gutachten des Prüfungskomitees wurden durch eine nachträgliche, zustimmende Stellungnahme des Lemberger (heute Lvov/Ukraine) Physikers Viktor Pierre (1819–1886) zugunsten Sachs' ausgeräumt. Nach der Probevorlesung im März, einer «Schilderung der Bewegungserscheinungen im Pflanzenleben», wurde er mit «Allerhöchster Entschließung» vom 23. Juli 1857 «Privatdocent für Pflanzen-Physiologie» in Prag und damit überhaupt der erste Privatdozent dieser Richtung an einer Universität.

Entgegen bisheriger Annahmen hatte Sachs im Philosophischen Professorenkollegium der Universität Prag offenbar einflußreiche Förderer gefunden, die um das Manko einer Physiologie der Pflanzen und ihre praktische Bedeutung wußten. Ihre Erwartungen wurden schon bald erfüllt, als Sachs 1857 Pflanzen in Wasserkultur nahm – eigentlich, um die Stellung der Seitenwurzeln besser ergründen zu können. Der Tharandter Agrikulturchemiker Julius Adolph Stöckhardt (1809–1886) war offenbar durch Stein, der erst 1855 von Tharandt nach Prag gekommen war, über die Versuche unterrichtet worden und erkannte sofort deren Tragweite für ernährungsphysiologische Fragen. Er bat den vielversprechenden jungen Privatdozenten um eine Denkschrift *Ueber den Nutzen der Pflanzenphysiologie für agriculturchemische Anstalten* (1858).

Das überzeugende Memorandum eröffnete Sachs eine Stelle an der «Königlich Sächsischen Akademie für Forst- und Landwirthe zu Tharand» bei Dresden. Er trat im April 1859 als physiologischer Assistent in die landwirtschaftliche Abteilung von Stöckhardt ein. Hier eröffneten sich ihm zum ersten Male «die reichen Mittel» eines gut ausgestatteten Laboratoriums. Sachs führte hauptsächlich *Vegetationsversuche mit Ausschluß des Bodens über die Nährstoffe und sonstigen Ernährungsbedingungen von Mais, Bohnen und anderen Pflanzen* (1860/61) durch, setzte aber auch die in Prag begonnenen

Untersuchungen zur Abhängigkeit der Keimung, Wurzelbildung und Transpiration von Licht, Temperatur und Bodenbeschaffenheit fort. Mit ersten Studien zur *Chemischen Wirkung der Lichtstrahlen auf das Chlorophyll* (1859) erweiterte er sein Arbeitsfeld um stoffwechselphysiologische Themen.

Das gleichermaßen auf wissenschaftliche wie wirtschaftliche Fragen ausgerichtete Forschungsprogramm empfahl Sachs für den Aufbau einer landwirtschaftlichen Abteilung an der Gewerbeschule in Chemnitz nach dem Tharandter Vorbild. Im Februar 1861 ging er als «Lehrer der Physiologie der Thiere und Pflanzen» und Leiter der landwirtschaftlichen Versuchsstation nach Chemnitz. Labor und Versuchsgarten waren noch im Aufbau begriffen, als er nur zwei Monate später einem Ruf als «Lehrer für Naturgeschichte» (Botanik, Zoologie und Mineralogie) an die Landwirtschaftliche Akademie Poppelsdorf bei Bonn folgte. Hier war vor allem der Akademiedirektor Eduard Hartstein (1823–1869) an dem vielseitigen, jungen Botaniker interessiert (vgl. Weiling 1984b).

Erst diese Anstellung gab Sachs die gewünschte finanzielle Sicherheit, um im Mai 1861, in den Pfingstferien, seine Verlobte Johanna Claudius (1837–1901) in Prag zu heiraten. Den Eheleuten wurden vier Kinder geboren: Elisabeth (1862–1936), Hugo (1865, nach sechs Wochen verstorben), Richard (1867–1934) und Maria (1869–1932). Der Sohn und die jüngere Tochter wirkten später als Kunstmaler.

Nach fünf äußerst arbeitsreichen Jahren in Prag und Tharandt trat der 28jährige Sachs in Bonn-Poppelsdorf die wohl fruchtbarste Schaffensperiode seines Lebens an. Er dehnte seine Versuche auf nahezu alle Gebiete der experimentellen Pflanzenphysiologie aus und erlangte Weltgeltung. Die frühen Arbeiten über Keimung und Transpiration wurden zur chemischen Seite hin vertieft. Der Nachweis der Bildung, Umwandlung und Verlagerung wichtiger Zellinhaltsstoffe ging mit der aufsehenerregenden Entdeckung grundlegender physiologischer Lichtwirkungen einher. Die Erkenntnisse *Ueber den Einfluss des Lichtes auf die Bildung des Amylums in den Chlorophyllkörnern* (1862) wie *Ueber den Einfluss des Tageslichtes auf Neubildung und Entfaltung verschiedener Pflanzenorgane* (1863) eröffneten neue Horizonte der Stoffwechsel- und Entwicklungsphysiologie. Die Untersuchungen gründeten sich vielfach, wie schon die ernährungsphysiologischen Hydrokulturversuche, auf neue, einfache Methoden und Meßgeräte, die noch heute untrennbar mit Sachs' Namen verbunden sind. Die Poppelsdorfer Arbeiten spiegelten nicht zuletzt den Einfluß kollegialer Verbindungen wider. So stand Sachs den Bonner Pionieren der mikroskopischen Anatomie, den Botanikern Hermann Schacht (1814–1864) und Johannes von

Hanstein (1822–1880) ebenso wie dem Histologen Max Schultze (1825–1874), nahe. Unter dem Dekanat Schultzes erhielt Sachs dann 1868 auch die Ehrendoktorwürde der Medizinischen Fakultät (vgl. Weiling 1976).

1862 zum Professor ernannt, verwirklichte Sachs nun auch seinen schon 1859 in Tharandt in Angriff genommenen Plan, die älteren wie neueren *Untersuchungen über die allgemeinsten Lebensbedingungen der Pflanzen und die Functionen ihrer Organe*, so der Untertitel, in einem *Handbuch der Experimental-Physiologie der Pflanzen* (1865) zusammenzufassen. Das Buch, sogleich vergriffen und wenig später auch ins Russische (1867) und Französische (1868) übersetzt, machte ihn mit einem Schlag berühmt. Hatte Rochleder 1857 in Prag noch gemeint, der junge Pflanzenphysiologe könnte das Gesamtgebiet seines Faches in nur zwei bis drei Stunden vortragen (vgl. Pringsheim 1932, S. 15), so legte Sachs nun eine 514 Seiten starke, kritische Bestandsaufnahme vor, deren Kapitel zu wesentlichen Teilen in seinem Laboratorium entstanden waren. In den Landwirtschaftsstudenten Hugo Thiel (1839–1918), Wilhelm Rimpau (1842–1903) und Eugen Askenasy (1845–1903) fand Sachs auch seine ersten Schüler. Unter dem Eindruck des just erschienenen Handbuchs kam 1866 mit Gregor Kraus (1841–1915) erstmals ein auswärtiger Botaniker gezielt zu Sachs, um bei ihm zu arbeiten. Der wachsenden, hohen Anerkennung in der Fachwelt stand indes ein gleichbleibender Mangel an Mitteln und Mitarbeitern an der Landwirtschaftsakademie gegenüber.

So erhoffte sich Sachs wohl vor allem eine finanzielle Besserstellung, als er im April 1867 einem Ruf an die Universität Freiburg i. Br. folgte. Der dortige Botaniklehrstuhl hatte freilich noch nicht jenen Glanz, den ihm erst der Vorgänger Anton de Bary (1831–1888), Sachs und ihre Nachfolger allmählich verliehen. Die unzureichenden Bedingungen machten es Sachs leicht, schon im Oktober 1868, nach nur drei Semestern, das Amt des ausscheidenden August Schenk (1815–1891) in Würzburg zu übernehmen. Damit endeten die Wanderjahre. Das Freiburger Interim hatte er fast ausschließlich auf die Fertigstellung seines *Lehrbuchs der Botanik* (1868) verwendet.

Die Universität Würzburg bot Sachs schließlich jene Verhältnisse, die ihn zum Bleiben veranlaßten, wenn es auch vieler weiterer Jahre bedurfte, um aus bescheidenen Anfängen bis 1885 ein Institut aufzubauen, wie es dem führenden Experimentalphysiologen jener Zeit zusagte. Bei aller Bereitwilligkeit der Behörden war der Institutsausbau nicht zuletzt immer neuen, verlockenden Berufungen zu verdanken. Nachdem Sachs noch in Freiburg 1867 einen Ruf nach Dorpat (heute Tartu/Estland) erhalten hatte, erreichten ihn nun ehrenvolle Angebote aus Jena (1868), Heidelberg (1872), Wien

(1873), Berlin (1877 Universität, 1880 Landwirtschaftliche Hochschule), Bonn (1880) und München (1891), die er allesamt, mehr oder weniger zögernd, ausschlug. Würzburg bildete fortan den Lebensmittelpunkt des Botanikers und wurde zu einem Mekka der experimentellen Botanik, das viele junge Forscher, vor allem vorgebildete «Praktikanten», anzog. Hier lebte Sachs ganz der Wissenschaft, unternahm keine größeren Forschungsreisen und wirkte durch seine Abhandlungen, Bücher und Schüler.

Nach den eingehenden Analysen der Temperatur- und Lichteinflüsse auf Keimung, Wachstum und Entwicklung untersuchte Sachs in Würzburg nun auch das Verhalten der Sprosse und Wurzeln gegenüber der Schwerkraft. In ausgedehnten, morphogenetisch-entwicklungsphysiologischen Arbeiten über *Stoff und Form der Pflanzenorgane* (1880, 1882) griff er außerdem frühe Versuche zur Organbildung (1863) wieder auf und führte sie auf «chemische Correlationen» und «organbildende Stoffe» zurück. Die eigenen experimentellen Untersuchungen traten jedoch stark hinter schriftstellerischen Verpflichtungen zurück. Das Freiburger *Lehrbuch* (mit 644 Seiten und 358 Abbildungen) erschien 1874 bereits in einer vierten, stark erweiterten Auflage (mit 944 Seiten und 492 Abbildungen). «Ohne Übertreibung dürfen wir es als das beste Botanik-Lehrbuch der Neuzeit ansprechen.» (Mägdefrau 1992, S. 264) Das Werk zeichnete sich durch große Sachlichkeit und zahlreiche, beispielhafte Illustrationen, fast durchweg nach eigenhändigen Vorlagen, aus. Sachs vertrat die Ansicht: «Was man nicht gezeichnet hat, hat man nicht gesehen» (vgl. Scott 1925, S. 10). Viele seiner Holzschnittfiguren wurden zum Gemeingut der Botanik und werden noch heute reproduziert. Der ungeheure Arbeitsaufwand verleidete Sachs weitere, zeitraubende Folgeauflagen. Doch an die Stelle des Lehrbuchs traten andere umfangreiche Werke. Nach einer für einen Experimentator ungewöhnlichen und durch das parteinehmende, kritische Urteil des Verfassers neuartigen *Geschichte der Botanik vom 16. Jahrhundert bis 1860* (1875) legte Sachs mit den *Vorlesungen über Pflanzen-Physiologie* (1882) noch eine sehr persönliche Sicht auf den Gegenstand seiner Forschungen vor, «ein kleines Buch» über «die wichtigsten Grundprobleme der Botanik nach meinen Anschauungen» ohne «den ganzen widerlichen Ballast von Literatur» (Sachs an Thiel, 15.5.1879, in Pringsheim 1932, S. 284f.). Die Bücher wurden zum großen Teil neu aufgelegt, von Schülern fortgeführt und ins Französische, Russische, Englische und Japanische übertragen.

Dem erfolgreichen Buchautor Sachs trat in Würzburg der weithin anziehende und ungemein anregende Lehrer zur Seite. Die fesselnden, anschaulichen Vorlesungen mit den selbstgezeichneten Wandtafeln und sinnfälligen, experimentellen Demonstrationen fanden großen Zuspruch (vgl. Gimmler & Czygan 1997). Während die Zahl der regulären Hörer, darunter viele Medizin- und Pharmaziestudenten, stetig stieg (der Hörsaalanbau von 1885 faßte 160 Plätze), hielt Sachs die Schar der Anwärter auf einen Labortisch durch hohe Ansprüche klein. 1878 gab es zehn Arbeitsplätze. Unter dem Eindruck des *Lehrbuchs* und seiner Folgeauflagen strebten zahlreiche junge, hoffnungsvolle Botaniker des In- und Auslandes in die fränkische Residenzstadt, um sich unmittelbar vor Ort mit Sachs' Ergebnissen, Methoden und Theorien vertraut zu machen. Einige blieben bis zur Promotion oder Habilitation. Soweit bisher bekannt, umfaßte die Würzburger Sachs-Schule insgesamt ca. 40 fortgeschrittene «Praktikanten», die später zumeist selbst Lehrstühle besetzten. Ihre Reihe wurde 1870 von Friedrich Schmitz (1850–1895), Johannes Reinke (1849–1931) und Wilhelm Pfeffer (1845–1920) eröffnet. Ihnen folgten hauptsächlich ausländische Gäste. Besonders enge Beziehungen entwickelten sich zur englischen Botanik. Als letzter Doktorand kam 1893 Otto Appel (1867–1952). Mit dem wachsenden Zustrom von Studenten und «Praktikanten» wurde 1872 eine Assistentenstelle eingerichtet, die späterhin bekannte Botaniker wie Karl Prantl (1849–1893), Hermann Müller-Thurgau (1850–1927), Karl Goebel (1855–1932), Adolph Hansen (1851–1920) oder Fritz Noll (1858–1908) innehatten. Von der Attraktivität und dem Spektrum dieser «Schule der experimentellen Pflanzenphysiologie» zeugen drei Bände mit *Arbeiten des Botanischen Instituts in Würzburg* (1871–1888).

Der angesehene Forscher und Lehrer erfuhr hohe wissenschaftliche Auszeichnungen, war Ehrendoktor der Universitäten in Bonn (1868) und Bologna (1888) und gehörte m.W. neun wissenschaftlichen Akademien wie auch zahlreichen bedeutenden wissenschaftlichen Gesellschaften an. Mit dem Verdienstorden der Bayerischen Krone wurde er 1877 in den persönlichen Adel erhoben.

Sachs' Leben war reich an Ehrungen – wie an Entbehrungen. «Ich war 37 Jahre alt, nachdem ich 20 Jahre täglich 14–15 Stunden gearbeitet hatte, als es mir zum erstenmale gelang, 200 Thaler in einem Staatspapiere anzulegen» (Sachs an Goebel, in Goebel 1897, S. 109). Im Sommer begann er früh um 4 Uhr zu arbeiten und war bis spät abends tätig. Erholungszeiten oder gar Urlaub gönnte er sich nicht. Entspannung suchte der leidenschaftliche Zigarrenraucher bei einer Virginia. Die ununterbrochene angespannte Arbeit und frühzeitige Gewöhnung an Anregungsmittel schwächten die Gesundheit und ließen ihn vorzeitig altern. Eine weitere Bürde bedeutete die Erkrankung seiner «gemütskranken Frau», die 1880 in einer psychiatrischen Anstalt Aufnahme fand. Das letzte Lebensjahrzehnt des Botanikers war von wiederkehrenden Schwächezuständen und chronischen, schweren Krankheiten überschattet, die er mit Disziplin und Willenskraft ertrug (weitere Einzelheiten zum Lebensbild siehe Pringsheim 1932 und Gimmler 1984, 1995).

War der junge Sachs einst 1856/57 in engen, anregenden Kontakt zu führenden Kollegen, besonders zu Wilhelm Hofmeister (1824–1877), Carl Naegeli (1817–1891) und Franz Unger (1800–1870), getreten, so verschloß er sich im Alter zunehmend und beschloß sein von Arbeit und Anstrengung ausgezehrtes Leben in Einsamkeit und Zurückgezogenheit. Das bittere Lebensende war auch einem Wesenszug geschuldet, durch den selbst wohlmeinende Kollegen und Schüler von ihm abrückten. Sachs trat vermeintlichen Opponenten in der Regel barsch und abweisend entgegen. Wenn er vertrauten Menschen auch offenherzig und nachsichtig anhing, so trübten rigorose, brüske Kontroversen das kollegiale Verhältnis. Streitlustig und unnachgiebig stellte er sich immer wieder gegen namhafte Forscher. Die rigide Ablehnung hemmender wie richtungsweisender Ansichten und Modelle führte zur Isolation. Sachs trat auch nicht der 1882 gegründeten Deutschen Botanischen Gesellschaft bei. «Seine Größe bestand vielleicht gerade darin, daß ihn nichts abgelenkt oder gebeugt hat» (Pringsheim 1932, S. 236).

Sachs starb am 29. Mai 1897 im 65. Lebensjahr und fand auf dem Würzburger Hauptfriedhof seine letzte Ruhestätte. 1967 wurde die Grabstelle aufgelassen und in ein Ehrengrab der Universität (Abt. 1, Feld 140) überführt.

3. Werk

Mit Sachs entwickelte sich die Pflanzenphysiologie zu einer selbständigen, aufstrebenden Teildisziplin der Botanik. Viele ihrer Richtungen nahmen bei ihm ihren Anfang und gründeten sich auf neue, sinnfällige Methoden. Aus der Fülle der technischen Innovationen und bahnbrechenden Entdeckungen möchte ich ausgewählte Einzelleistungen vorstellen. Die Zuordnung der innig miteinander verwobenen Arbeiten kann indes nur eine grobe Schablone sein.

3.1 Von Verdunstungs-, Wurzel- und Keimungsstudien zur Ernährungs- und Stoffwechselphysiologie

Sachs berichtete Unger im Oktober 1857 von Wurzelstudien des vergangenen Sommers durch die «Zucht von Landpflanzen in Wasser, und zwar so, daß ich dieselben vom Saamen an bis zur Blüthe ohne Erde zu ziehen suchte, [... um] auch die Wurzeln Monate lang immerfort bequem beobachten» zu können (vgl. Weiling 1984a,

S. 46). Die Hydrokultur, wie sie schon John Woodward (1665–1728) 1699 und Henri Louis Duhamel du Monceau (1700–1782) 1758 angewendet hatten, aber wieder in Vergessenheit geraten war (vgl. Hauptfleisch 1897, S. 433), wurde noch im Sommer 1858 von Stöckhardt, der bereits mit Nährlösungen in Sandkulturen experimentierte, erstmalig für «Vegetationsversuche in Wasser und verdünnten Salzlösungen» eingesetzt, um über «die Wurzelausscheidungen, die Aufnahme der Pflanzennährmittel, die specifische Wirkung der einzelnen Nährmittel und vieles Andere in kurzer Zeit ganz bestimmte Aufschlüsse» zu gewinnen (Stöckhardt 1859, S. 35). Sachs' Methode zur *Erziehung von Landpflanzen in Wasser* (1860) hatte aber auch Widerstände zu überwinden. Wilhelm Knop (1817–1891), der an der Landwirtschaftlichen Versuchsstation in Möckern bei Leipzig zunächst an ähnlichen Versuchen scheiterte, verdächtigte Sachs der Verwendung erdgezogener Pflanzen. Wie jener jedoch 1860 nachwies, hatte sein Kritiker die Lichtverhältnisse nicht beachtet. Stöckhardt, Sachs, Knop und andere ermittelten dann an Sand- und Wasserkulturen die allgemeine physiologische Wirkung der Mineralsalze und den Nährstoffbedarf wichtiger Kulturpflanzen. Standardisierte Nährlösungen wie die Knopsche Lösung (Knop 1863, S. 102) sind noch heute im Gebrauch. Sie führten zu einer glänzenden Bestätigung der Mineraltheorie der Pflanzenernährung (1826 bzw. 1840) von Carl Sprengel (1787–1859) und Justus Liebig (1803–1873), die sich nun endgültig gegen die Humustheorie einer «organischen» Ernährung durchsetzte. Auch der lange Streit über die Quelle des Kohlenstoffs der Pflanzen (Luft oder Boden) wurde beigelegt und zugunsten Liebigs (1840) und anderer Vertreter eines atmosphärischen Ursprungs entschieden. Weitverbreitete Pflanzenkrankheiten konnten als Mangelsymptome gedeutet werden.

Die Kulturversuche führten immer wieder auch zu *Wurzel-Studien* (1860). Sachs erschloß gewissermaßen die zuvor kaum beachtete Wurzel für die experimentelle Botanik. Er erkannte in den Wurzelhaaren die Organe der Wasser- und Nährstoffaufnahme – eine Funktion, die man zuvor der Wurzelspitze zugeschrieben hatte. Die korrodierende Wirkung von Wurzeln auf Marmorplatten (1860) und andere Gesteine (1864) legte offen, daß Wurzeln nicht nur gelöste Stoffe aufzunehmen vermögen. Die Wurzelarbeiten hingen untrennbar mit Studien zur Transpiration und Wasserleitung in den Pflanzen zusammen, die Sachs mit einer «Imbibitionstheorie» (1865) erklärte. Er vermeinte, aus Quellungserscheinungen an Hölzern (1860) auf eine reibungslose Wasserbewegung in «imbibierten» (gequollenen) Holzzellwänden schließen zu können. Da er die herkömmliche Ansicht luftführender Gefäße teilte, folgte seines Erachtens das Wasser über die verholzten Zellwände der Gefäßstränge einem Verdunstungssog. Sachs hielt an der Wasserleitung im Holz zeitlebens fest, wenngleich er noch erlebte, wie seine Opponenten in den 90er Jahren den tatsächlichen Wasserfluß in den Gefäßräumen selbst immer wahrscheinlicher machten. Mit Hilfe einer auch von anderen verwendeten «Lithiummethode» bestimmte Sachs (1877) die bis dahin höchste Geschwindigkeit des Transpirationsstromes, die sich als richtig erwies. Neben dem Wasser- und Nährstofftransport interessierte er sich auch für die «Translocation der plastischen Stoffe», die Verlagerung der Assimilationsprodukte und Speicherstoffe, für die er effektive Nachweisverfahren einbrachte.

Pringsheim (1932, S. 35) würdigte Sachs als Begründer der Mikrochemie in der Stoffwechselphysiologie. Die Verbindung von Mikroskopie und chemischer Mikroanalytik war jedoch nicht neu. Die Fortschritte der optischen Technik und organischen Analyse hatten schon Schacht veranlaßt, die *Physiologische Botanik*, so der Titel seines Buches von 1852, durch «vergleichende, mikroskopisch-chemische Untersuchungen» zu befördern. Spezifische Zersetzungs-, Löslichkeits- und Färbungsunterschiede ermöglichten eine qualitative, topochemische Analyse des «inneren Baus und Lebens der Gewächse» (vgl. Höxtermann 1990). Schacht verwendete auch schon Kalilauge als Aufhellungsmittel und Jodjodkalium als Stärke-Reagens, was man später Sachs zuschrieb. Die 1814 von Jean Jacques Colin (1784–1865) und Henri-François Gaultier de Claubry (1792–1878) entdeckte Jodfärbung der Stärke hatte François-Vincent Raspail (1794–1878) 1825 in die Mikroskopie eingeführt. Sachs wandelte die Methode 1859 insoweit ab, als er durch Erwärmung der Objekte selbst kleinste Stärkekörnchen sichtbar machte – eine entscheidende Voraussetzung für seine Entdeckungen zum Stärkestoffwechsel. Er machte die Jodprobe der Stärke mit dem eindrucksvollen Nachweis ihres Ursprungs und Umsatzes (1862) sowie den augenfälligen Blattschablonen (1884) aber zweifelsohne populär. Sachs erweiterte das mikrochemische Repertoire um andere *Neue mikroscopisch-chemische Reactionsmethoden* (1859) und führte mit der schwefelsauren Zellwand-Reagens und den «Aschebildern» von Gewebeschnitten (1859), der alkalischen Eiweißfärbung mit Kupfersulfat (Biuretreaktion, 1862) oder der alkoholischen Inulinfällung (1864) noch heute gebräuchliche Verfahren in die Anatomie der Pflanzen ein.

Die mikrochemischen Arbeiten folgten aus den Keimungsstudien, die Sachs 1858 in Prag aufgenommen hatte. In dem Bestreben, die histologischen Wandlungen der Gewebe des Keimes mit den sie begleitenden chemischen Stoffumsätzen zu verbinden, kam er von der deskriptiven, mikroskopischen Keimungsgeschichte zur kausalanalytischen, mikrochemischen Keimungsphysiologie. Bei der Keimung ölhaltiger Samen machte Sachs 1859 sogleich eine außergewöhnliche Beobachtung, als er die Bildung von Stärke feststellte. Die Umwandlung von Kohlenhydraten in Fette war allgemein bekannt, nicht aber der umgekehrte Weg. Untersuchungen zur Keimung stärkeführender Samen (1859, 1862/63) folgten. An Bohnen beobachtete Sachs die Entleerung der Keimblätter und das Vorhandensein von Stärke in den Wurzelhauben und Schließzellen, wenn ansonsten keine Stärke mehr nachweisbar war. «Aschebilder» zeigten, daß bei der Keimung nicht nur organische Speicherstoffe, sondern auch anorganische Verbindungen in die Wachstumszonen verlagert werden.

Die mikroskopisch-chemischen Untersuchungen an Keimpflanzen führten schließlich auch zur Klärung elementarer Zusammenhänge bei der Photosynthese grüner Pflanzen. Die überzeugenden Versuche zwischen 1859 und 1864 festigten nachhaltig die junge experimentalphysiologische Richtung der Botanik. Sachs setzte 1862 an die Stelle verschwommener, widersprüchlicher Vorstellungen klare, einleuchtende und leicht nachprüfbare Aussagen: Nach Verbrauch der Reservestärke tritt neue Stärke zunächst in den «Chlorophyllkörnern» (Chloroplasten) und später im Stengel auf. Etiolierte, im Dunkeln gezogene Pflanzen bilden gelbliche Vorstufen der «Chlorophyllkörner», die im Licht ergrünen. Erst danach entstehen Stärkekörnchen. Die am Tage gebildete Stärke wird nächtens wieder abgebaut und abtransportiert (1863). Sachs folgerte, «dass die Stärke in den Chlorophyllkörnern ein Produkt des lebendigen Chlorophylls ist [...] und durch die assimilirende Thätigkeit des Letzteren entsteht» (1862, S. 167f.). Der untrennbare Zusammenhang des Gaswechsels der Pflanzen mit dem Blattgrün und dem Licht, wie ihn Jan Ingen-Housz (1730–1799) schon 1779 aufgezeigt hatte, war klar; welche Rolle allerdings die von Hugo von Mohl (1805–1872) 1837 beobachteten Stärkeeinschlüsse der «Chlorophyllkörner» spielten, war unbekannt geblieben (vgl. Höxtermann 1992). Erst Sachs entwirrte das komplexe Geschehen und deutete die funktionelle Einheit von Licht, Chlorophyll und Stärke richtig: Die «Chlorophyllkörner» sind «das Assimilationsorgan der Pflanze» (1865, S. 320). Sachs' «Diffusionstheorie» des Stärketransports, die Annahme einer parenchymatischen «Wanderstärke» (1863), bestätigte sich aber nicht.

Auf der Suche nach dem Prinzip der photosynthetischen Lichtwirkung hatte die unterschiedliche Verteilung von Leuchtkraft, Wärme und Silbersalzschwärzung im Sonnenspektrum immer wieder zu Farblichtversuchen geführt. Das wegen seines geringen fotografischen Effektes als nichtchemisch angesehene gelbe Licht schien am stärksten zu wirken (vgl. Höxtermann 1995). Wenn aber die hellsten Strahlen des Spektrums die stärkste «Kohlensäurezersetzung» bewirkten, dann erschien die bis dato übliche Unterscheidung chemischer (silbersalzfärbender) und nichtchemischer (hell leuchtender und wärmender) Strahlen fragwürdig. Dieser Einwand bewegte Sachs 1864, als er für Versuche in blauem und gelbrotem Licht die berühmte Blasenzählmethode ersann. Das Zählen der aus dem abgeschnittenen «Stammende» von Wasserpflanzen austretenden Gasblasen erbrachte in kurzer Zeit vergleichbare Daten von ein und derselben Pflanze bei wechselnden äußeren Bedingungen und erlaubte erstmals die Bestimmung der Assimilationsgeschwindigkeit. Das gelbrote Licht erwies sich als weit wirksamer als die blauen, sogenannten chemischen Strahlen. Bei der Chlorophyllbildung hingegen schienen beide Spektralregionen gleichermaßen aktiv. Die Beschränkung photochemischer Wirksamkeit auf blaues Licht war somit hinfällig. Sachs faßte seinen *Beitrag zur Kenntniss der Ernährungsthätigkeit der Blätter* 1884 zusammen und stellte selbst in dieser letzten Arbeit über die Kohlendioxidassimilation noch zwei Varianten zur Bestimmung der Assimilationsgröße vor, die zu klassischen Demonstrationsmethoden wurden. Die makroskopische Jodprobe an ausgekochten und mit Alkohol ausgezogenen Blättern beeindruckte durch die unverzügliche und scharfe Lokalisierbarkeit der Stärkebildung, wohingegen die Wäge- oder Blatthälftenmethode durch Ermittlung der Trockengewichtszunahme ein quantitatives Assimilationsmaß lieferte.

Im Ergebnis seiner Assimilationsarbeiten war Sachs in der Lage, die photosynthetische Kohlendioxidaufnahme klar gegen die respiratorische Sauerstoffaufnahme abzugrenzen. Die Atmung der Pflanzen, gleichwohl bereits 1777 von Carl Wilhelm Scheele (1742–1786) entdeckt, war namentlich durch Liebig (1840) völlig verkannt worden und wurde erst von Sachs zutreffend als energetische Grundlage der «inneren und äusseren Arbeitsleistungen der Zellen» (1865, S. 264) durch «Verbrennung organischer Körper» (1865, S. 285), vornehmlich von Kohlenhydraten, ausgelegt. Die energieliefernde, substanzverzehrende Atmung wurde der substanzbildenden Assimilation gegenübergestellt. «Mit dem Worte Assimilation bezeichne ich ausschliesslich diejenige Thätigkeit der Pflanze, die sich durch Sauerstoffabscheidung kennzeichnet, vermöge deren also aus sauerstoffreichen unorganischen Nährstoffen sauerstoffarme, verbrennliche Substanz erzeugt wird» (1865, S. 18).

3.2 Von der Keimungsgeschichte zur Wachstums- und Reizphysiologie

Die frühen Arbeiten zur Keimungsgeschichte führten nicht nur zu fundamentalen stoffwechselphysiologischen Erkenntnissen; sie begründeten zugleich neue wachstums- und reizphysiologische Forschungsrichtungen. Der Ermittlung erster Temperaturgrenzen (1859) folgten umfassende *Physiologische Untersuchungen über die Abhängigkeit der Keimung von der Temperatur* (1860). Sachs bestimmte mit selbstgebauten Thermostaten die Temperaturkurven des Wachstums und führte neben den beiden gebräuchlichen «Kardinalpunkten» Minimum und Maximum den Begriff des «Optimums» ein. Der Toleranzbereich variierte je nach Herkunft und Entwicklungsstadium der Pflanzen. Besondere Aufmerksamkeit fanden die unteren (1860) und oberen Wachstumsgrenzen (1864). Bewegliche Pflanzenorgane reagierten auf Temperaturextreme mit Starrezuständen (1863). Bei niedrigen Temperaturen war zwischen Gefrieren und Erfrieren zu unterscheiden. Den Kältetod führte Sachs auf Zellwandschädigungen zurück, während er für den Hitzetod protoplasmatische Ursachen einräumte: «An keinem anderen Gebilde der Pflanzenzelle verwirklicht sich der Begriff des ‹Lebendigen› in so auffallender, sichtbarer Weise wie an dem Protoplasma [...]» (1864, S. 37).

Die wachstumsphysiologischen Versuche zur Temperaturabhängigkeit wurden ab 1869 auf den Lichteinfluß ausgedehnt. Für die kontinuierliche Messung des Längenwachstums entwickelte Sachs graphische Methoden, wie sie Carl Ludwig (1816–1895) mit seinem «Kymographion» (1847), einem Wellenschreiber, in die Physiologie eingeführt hatte. Während in der Physiologie der Tiere und des Menschen weitere selbstschreibende Meßapparate folgten (vgl. de Chadarevian 1993), waren Sachs' Konstruktionen eines «Zeigers am Faden» (1868), dann eines «Zeigers am Bogen» (1870, S. 632), jeweils in den beiden ersten Lehrbuchauflagen beschrieben, und schließlich eines «selbstregistrirenden Auxanometers» (1871) sehr wahrscheinlich die ersten skalaren bzw. graphischen Meßgeräte in der Pflanzenphysiologie. Die Bezeichnung «Auxanometer» geht auf ein von August Grisebach (1814–1879) eingesetztes, genormtes Zahnrädchen zur Markierung wachsender Sprosse (1843, S. 269) zurück. Die Analyse äußerer Faktoren setzte die Kenntnis des unbeeinflußten Wachstumsverlaufs unter gleichbleibenden Bedingungen voraus. Schon bei seinen ersten Keimungsstudien hatte Sachs 1859 ein ungleichmäßiges, zunächst beschleunigtes und dann abklingendes Wachstum beobachtet, was seit längerem bekannt war. Mit auxanometrischen Messungen an Sprossen (1872) und mit Tuschemarkierungen an Wurzeln (1873) bestätigte er die Universalität dieses an- und abschwellenden Wachstums, das er nun als «grosse Periode» des Wachstums (1872, S. 102) bezeichnete und mit der an- und auslaufenden Streckung der neugebildeten Zellen erklärte.

Die Wachstumsarbeiten schlossen Überlegungen *Ueber die Anordnung der Zellen in jüngsten Pflanzentheilen* (1877) ein. Sachs war bereits an Dattelkeimlingen (1862) aufgefallen, daß die äußeren Zellschichten eines Bildungsgewebes sich stets senkrecht zur Oberfläche teilten. Neben diesen «antiklinen» Zellwandrichtungen traten in den inneren Zellregionen auch «perikline», parallel zur Organoberfläche entstehende Teilungswände auf (1877). Glaubte man bis dahin, daß die Scheitelzellen der Sproß- und Wurzelspitzen die höchste Teilungsrate zeigten, so sah Sachs in ihnen ein relativ «ruhendes Zentrum» in einem Netz teilungsaktiver Folgezellen.

Die Erforschung äußerer Wachstumseinflüsse berührte unweigerlich reizphysiologische Themen, die Sachs von den ersten Prager Versuchen (1857) bis zu seiner letzten Experimentalarbeit (1895) unablässig beschäftigten. Im Mittelpunkt standen die Tropismen, die gerichteten Krümmungsbewegungen der Pflanzen. Sachs fragte schon früh nach den Ursachen der Lichtwendungen der Pflanzen (1857), schloß kausale Transpirations- oder Wärmeeffekte aus und führte die Krümmungsreaktion auf ungleiches Flankenwachstum von Licht- und Schattenseite zurück. Die periodische Tag- und Nachtstellung der Blätter wurde hingegen als eine von der Lichtrichtung unabhängige, endogen verursachte Bewegung erkannt (1857). Sachs bezog 1864 die phototropen Reaktionen auch in seine Farblichtversuche zur Chlorophyllbildung und «Kohlensäureassimilation» ein und entdeckte die auslösende Wirkung des blauen Lichtes.

Das besondere Interesse galt aber zweifelsohne dem Schwerkraftreiz. Sachs erfaßte die lichtunabhängige Auf- und Abwärtsbewegung bestimmter Pflanzenteile im Schwerefeld, von Albert Bernhard Frank (1839–1900) 1868 als «Geotropismus» bezeichnet, unabhängig von jenem als tropistische Reizreaktion. In der klassischen Veröffentlichung *Ueber das Wachsthum der Haupt- und Nebenwurzeln* (1873) wurden mit der Tuschemarkierung, dem Wurzelkasten und dem Rotationsgerät Methoden vorgestellt, die seither das Forschungsgebiet bestimmten. Der «Wurzelkasten» mit schrägen Glaswänden, an denen das Wurzelwerk anlag, erlaubte direkte, vergleichende Beobachtungen. Wie schon die ersten Prager Arbeiten über die Stellung der Seitenwurzeln (1857) gezeigt hatten, folgten Wachstum und Verzweigung der Wurzeln Regeln, die man ihnen zuvor abgesprochen hatte. Drehapparate zur Ausschaltung der einseitigen Schwerkraftwirkung auf Pflanzen hatten schon John Hunter (1728–1793) und Thomas Knight (1759–1838) um 1800 angewandt (vgl. Darwin 1881, S. 425). Sachs erwähnte den experimentellen Umlauf von Versuchspflanzen erstmals 1872; die Bezeichnung «Klinostat» gebrauchte er erst später, als er durch eine parallele Ausrichtung der horizontalen Drehachse zum Fenster *Ueber Ausschliessung der geotropischen und heliotropischen Krümmungen während des Wachsens* (1879) berichtete. Der Name des Gerätes sollte andeuten, «dass das Krümmen (χλινειν) der Pflanzen dadurch sistirt wird» (1879, S. 217). Außer dem langsamen Klinostaten baute Sachs 1872 auch eine urtümliche Zentrifuge, einen «Schleuderapparat», zum Studium der Fliehkraftwirkung auf Pflanzen. Seit den Versuchen von Knight (1806) war allgemein angenommen worden, daß Wurzelspitzen sich durch ihr Eigengewicht abwärts bögen, während das Aufrichten der Stengel auf verstärktem Wachstum der Unterseite durch nach unten «gezogenen» Nahrungssaft beruhte. Sachs untersuchte die geotrope «Krümmungsmechanik» von Stengeln (1871, 1873) und Wurzeln (1872) und erkannte die aktive Wachstumskrümmung der Unter- bzw. Oberseite. Wie er in der dritten Lehrbuchauflage (1873) befand, unterscheidet sich das geotrope Verhalten von Haupt- und Nebenwurzeln. Wurde bei Seitenwurzeln erster Ordnung die Schwerkraftreaktion durch einen korrelativen Einfluß der Hauptwurzel bis zu einem bestimmten Winkel ausgeglichen, so zeigten Seitenwurzeln höherer Ordnung überhaupt keine geotrope Krümmung – eine für die gute Durchwurzelung des Bodens physiologisch zweckmäßige Erscheinung.

Die reizphysiologischen Forschungen erhellten einen engen Zusammenhang von Morphologie und Physiologie. In einer weiteren klassischen Arbeit *Ueber orthotrope und plagiotrope Pflanzentheile* (1879) behandelte Sachs die «Anisotropie» der Pflanzen, die Tatsache, daß ihre Organe unter gleichen Außenbedingungen verschiedene Wachstumsrichtungen und Wuchsformen zeigen. Er unterschied «orthotrope» Pflanzenteile wie Keimstengel und -wurzeln, die sich parallel zum Schwerkraftvektor ausrichten und radiäre Querschnitte ausbilden, von «plagiotropen» Teilen, die in einem bestimmten Winkel zur Schwerkraft wachsen und eine Ober- und Unterseite erkennen lassen. Ortho- und Plagiotropismus können ineinander übergehen. Hier berührte Sachs Fragen einer kausalen, physiologischen Morphologie, wie sie ihn besonders in seinem letzten Lebensabschnitt bewegten.

Von Sachs' Beiträgen zur Reizphysiologie wäre schließlich noch die beeindruckende Demonstration des Hydrotropismus hervorzuheben. Die richtende Wirkung der Feuchtigkeit, die schon Knight (1811) und nicht erst Sachs sichergestellt hatte, wurde von letzterem 1871 an nassen Torfziegeln und schräg «hängenden Sieben» unter feuchten Sägespänen veranschaulicht.

Die heutige Tropismenlehre gründet sich ganz wesentlich auf die Ansätze und Erkenntnisse, Methoden und Begriffe von Sachs, der damit die moderne Reizphysiologie, die dann seinem Schüler Pfeffer so viel Neues danken sollte, eröffnete. Sachs erweiterte den Reizbegriff in der Botanik, lange Zeit ein Inbegriff der schnellen Blattreaktionen der Mimose, auf die langsamen, gerichteten Krümmungsbewegungen, deren einseitiges Flankenwachstum er nachwies. Die Reizbarkeit wurde als allgemeines Merkmal lebender Systeme anerkannt. Ursache und Wirkung stehen dabei in einem disproportionalen Verhältnis. Mit der physiologischen Reaktionsfolge von Turgeszenzänderung – Wachstumsänderung – Bewegungsänderung legte Sachs 1879 bereits eine Reizkette nahe. Er sah Reizreaktionen als kausal analysierbar an, wenn seine ersten, mechanistischen Erklärungen später auch dem Eingeständnis noch unbekannter Wirkprinzipien weichen mußten.

3.3 Entwicklungsphysiologie, physiologische Morphologie und Phylogenie

Die reiz- und wachstumsphysiologischen Themen mündeten geradewegs in entwicklungsphysiologische, morphogenetische Arbeiten. Sachs' ganze, jahrzehntelange Erfahrung mit äußeren und inneren Entwicklungsfaktoren, physiologischen Wirkungen und morphologischen Gestaltungen sollte in ein abrundendes Werk über *Principien vegetabilischer Gestaltung* (nachgelassenes Manuskript; vgl. Goebel 1897, S. 101) einfließen. Nach einer schweren, mehrjährigen Erkrankung von 1888 bis 1891, von der Sachs nicht mehr vollends genas, versuchte er, zwei allgemeine Gestaltungsursachen, die «Mechanomorphosen» und die «Automorphosen», plausibel zu machen, auf die er eine eigenständige, «dualistische» Evolutionstheorie gründete. Die vorläufigen Mitteilungen im Rahmen *Physiologischer Notizen* (1892–1896) wurden von der Fachwelt mit großer Skepsis aufgenommen.

In seiner Vorlesung (2. Aufl., 1887, S. 506) über «Ursächliche Beziehungen des Wachsthums verschiedener Organe einer Pflanze unter sich (Correlationen)» verwies Sachs auf Versuche zur Knollenbildung der Kartoffel, die er bereits 1860 vorgenommen hatte. Nach Entfernung der unterirdischen Seitensprosse wuchsen in den oberirdischen Blattachseln Knollen aus. Sachs schloß auf die Wirkung «knollenbildender Substanzen», die normalerweise bis in die unterirdischen Triebe wanderten. Wie die ersten Versuche zur Lichtabhängigkeit der Pflanzengestalt an «vergeilten» Keimlingen (1862; Sachs ersetzte das französische «étiolement» durch das Wort «Vergeilen») anzeigten, existierte ferner eine *Wirkung des Lichts auf die Blüthenbildung unter Vermittlung der Laubblätter* (1865). Verdunkelte Sproßspitzen formten Blüten, sofern die Laubblätter dem Licht ausgesetzt waren. Sachs vermutete auch hier, «dass unter dem Einfluss intensiven Lichtes gewisse eigenartige Bildungsstoffe in den Laubblättern erzeugt werden, welche specifisch zur Blüthenbildung geeignet sind» (1880, S. 459). Die Regeneration von Sprossen und Wurzeln an den Enden abgeschnittener Pflanzenteile (1882) deutete gleichfalls auf «specifisch organbildende Stoffe» (1887, S. 522) hin.

Exogene «Reizmittel» wie Licht und Gravitation induzierten laut Sachs die endogene Entwicklungssteuerung.

Mit dem Postulat wachstums- und entwicklungskoordinierender, «äußerst geringer Stoffmengen, welche in den Blättern erzeugt, in die Vegetationspunkte einwandern und dort, wie Fermente wirkend, die Umbildung des embryonalen Gewebes [...] bewirken» (1887, S. 522), kam Sachs der späteren Entdeckung vom Entstehungsort entfernt wirkender, spezifisch regulierender Signalstoffe minimaler Konzentration, den Phytohormonen, sehr nahe. Nur wenige zeitgenössische Botaniker teilten die Ansichten *Ueber physiologisch erklärbare Wachsthumscorrelationen im Pflanzenreich* (1882). Die Mehrzahl stand den hypothetischen «formativen» Substanzen, für deren Nachweis «die gewöhnlich angewandten mikrochemischen Reagentien nicht hinreichen» (1880, S. 456), ungläubig gegenüber und hielt an anderen Differenzierungsmodellen, etwa durch ungleiche Nährstoffversorgung, fest. Die hormonale Basis der pflanzlichen Entwicklung wurde erst mit der Entdeckung der «Wuchsstoffe» im 20. Jahrhundert, im Nachgang zur fortgeschrittenen medizinischen Endokrinologie, allgemein akzeptiert, obwohl Sachs bereits physiologische Wirkungen wichtiger Pflanzenhormone (Knollenbildung – Abscisinsäure, Blütenbildung bei Langtagspflanzen – Gibberelline, Sproßbildung – Cytokinine, Wurzelbildung – Auxine) beschrieben hatte (vgl. Hartung 1984, Höxtermann 1994). Die Durchsetzung des Hormonkonzepts in der Botanik ging schließlich von einer Entdeckung aus, die Sachs strikt ignoriert hatte (vgl. de Chadarevian 1996). Charles (1809–1892) und Francis (1848–1925) Darwin hatten 1880 festgestellt, daß Gräser den photo- und geotropischen Reiz an der Spitze ihrer Keimscheiden und Wurzeln aufnehmen, was die Bildung und den Transport eines «Korrelationsträgers» von der Organspitze zur Krümmungsregion implizierte. Es war gerade diese Korrelation, die ab 1910 das tatsächliche Vorkommen von Pflanzenhormonen erweisen sollte.

Sachs bezeichnete die «Reaction der allgemeinen Pflanzensubstanz gegen äussere Einflüsse» (1894, S. 243) als «Mechanomorphose», wobei «mechano-», wie auch bei der zeitgenössischen, kausalen «Entwicklungsmechanik» (1885) eines Wilhelm Roux (1850–1924), physikalisch-chemisch faßbar und erklärbar meinte. Ihre Erforschung sei Gegenstand einer vergleichend-entwicklungsgeschichtlichen und experimentellen «physiologischen Morphologie». Die umweltabhängige, «mechanomorphe» Formbildung bewege sich jedoch in Bahnen, die stabile, von Außeneinflüssen unabhängige, «innere Gestaltungsursachen», sogenannte «Automorphosen», vorgäben. Die gerichtete, «automorphe» Entfaltung eines konservativen, phylogenetischen Programms gehe auf wenige «Architypen» mit «eigener Morphologie» und «typischem Charakter» (1896, S. 206) zurück und bestimme den Typus der großen Abteilungen des Pflanzensystems. Spekulationen um ihre präbiotische Entstehung stellte Sachs nicht an.

Das «Automorphose»-Konzept korrespondierte mit einer eigentümlichen physiologischen Vererbungstheorie, die sich auf eine «Continuität der embryonalen Substanz» stützte. Sachs hatte schon in den *Vorlesungen* (1882, S. 939) ausgeführt, daß sich in den zellteilungsaktiven Bildungsgeweben der Pflanzen, den Meristemen, eine «embryonale Substanz» erhalte, die bei der Befruchtung auf die nächste Generation übergehe. Wie André Pirson (1984, S. 133) deutlich macht, verstand Sachs unter «embryonaler Substanz» das in den Spitzenmeristemen höchst aktive «Nuclein» bzw. «Chromatin» der Zellkerne, das Eduard Strasburger (1844–1912) und Walther Flemming (1843–1905) 1875 bzw. 1879 als Leitsubstanz der Kernteilung erkannt hatten, ebenso wie andere sich teilende Zellinhaltskörper (z.B. Plastiden). Mit der «Continuität der embryonalen Substanz» (1882) hatte Sachs noch vor August Weismann (1834–1914) und dessen «Continuität des Keimplasmas» bei Tieren (1885) eine Keimbahntheorie der Vererbung formuliert. Der «embryonalen Substanz», insbesondere den «Chromatinkörpern», wohne im Gegensatz zu den «plastischen Substanzen», den Baustoffen, ein «Gestaltungstrieb» inne, «der ohne äussere Eingriffe dahin strebt, aus einfachen Formen [...] verschieden differenzierte zu erzeugen» (1894, S. 237). Der «Gestaltungstrieb» der «embryonalen Substanz» war ganz offensichtlich Naegeli und dessen «Vervollkommnungsprinzip» (1865) eines «Idioplasmas» (1884) entlehnt. Jede organische Form war laut Sachs folglich Ausdruck des Zusammenwirkens von «Automorphose» und «Mechanomorphose», von innerer Organisation und äußerer Anpassung.

In diesem Zusammenhang führte Sachs 1892 auch einen neuen Zellbegriff ein. Ernst Brücke (1819–1892) hatte 1861 für die Zelle als kleinste Lebenseinheit den Terminus qualitatis «Elementarorganismus» geprägt. Sachs kannte aus eigener Anschauung Pflanzenzellen mit mehreren Kernen und faßte nun «einen einzelnen Zellkern mit dem von ihm beherrschten Protoplasma» als «eine organische Einheit» auf, für die er den Namen «Energide» wählte, «um damit die Haupteigenschaft dieses Gebildes zu bezeichnen: dass es nämlich innere Thatkraft [...] besitzt» (1892, S. 57). Der Energidenbegriff setzte sich nicht durch, wenngleich er auch unter den Zoologen und Medizinern namhafte Anhänger fand.

Sachs übertrug seine entwicklungsphysiologischen, ontogenetischen Erfahrungen und Ansichten schließlich auch auf die Phylogenese und begründete eine «dualistische Evolutionstheorie» (1896). Analog zur Individualgeschichte sichere die generationsüberschreitende «Continuität der embryonalen Substanz» auch eine planvolle, orthogenetische Stammesgeschichte. Die primäre, «automorphe» Entfaltung eines typbestimmenden Programms würde sekundär durch Umwelteinflüsse «mechanomorph» überformt. Sofern bestimmende Außenreize über Generationen fortwirkten, käme es zu erblichen Variationen der «Architypen». Sachs redete hier einer Vererbung erworbener Eigenschaften das Wort. Wie ihm Formelemente ohne Anpassungswert (z.B. die Blattzähnung) zeigten, basiere die Evolution hauptsächlich auf dem «architypischen», breiten Reaktionsspektrum, den «latenten Reizbarkeiten» (1895, S. 433), der Arten und sei nicht allein durch Selektion zu erklären.

Die alternative Evolutionstheorie entstand aus einer wachsenden Distanz zum Darwinismus. Hatte Sachs anfangs die Aussicht, die Arten- und Formenvielfalt durch natürliche Auslese ursächlich erklären zu können, beeindruckt, so rückte er ab Mitte der 70er Jahre von der Selektionstheorie ab. Seine Einwände richteten sich gegen die Ausschließlichkeit, mit der die Stammesgeschichte auf die natürliche Selektion bestangepaßter Varietäten gegründet wurde. Der Kampf ums Dasein lasse die physiologische Grundlage der Variabilität unberücksichtigt. Sachs lehnte zudem eine einheitliche Abstammung der Organismen ab. Nach eigenem Bekunden erinnerte sein alternatives, polyphyletisches Evolutionsmodell eher an einen Strauch mit unterirdisch ansetzenden Ästen denn an einen Stammbaum (vgl. Pringsheim 1932, S. 146). Ähnliche, orthogenetische Auffassungen einer auf inneren Ursachen beruhenden, gerichteten Stammesentwicklung, in der die Selektion nebensächlich wird, wurden auch von anderen Botanikern vertreten (vgl. Junker 1989). Besonders augenfällig sind die Parallelen zu Naegelis *Mechanisch-physiologischer Theorie der Abstammungslehre* (1884).

Die morphogenetischen und phylogenetischen Hypothesen Sachs' wurden mit der Zeit sehr verschieden aufgenommen. Bedeutete die Durchsetzung des Hormonkonzepts in der Botanik in den 1920er Jahren eine um ein halbes Jahrhundert verzögerte Anerkennung entwicklungssteuernder, «chemischer Correlationen», so blieb die «dualistische» Evolutionstheorie ohne größeren Einfluß. Einige der aufgeworfenen Fragen harren indes noch heute einer Antwort. Was Sachs am Darwinismus zunehmend abstieß, war «eine mehr fanatische als einsichtige Gemeinde von Gläubigen» (vgl. Pringsheim 1932, S. 250). Obwohl er im Grundsatz irrte, so blieb er sich auch hier als ein skeptischer, eigenwilliger, unangepaßter und origineller Forscher treu.

4. Wirkung

Bei der Entstehung einer wissenschaftlichen Disziplin lösen sich frühe, noch beziehungslose Einzelerkenntnisse, praktische Erfahrungen und antizipatorische Vorstellungen über einen bestimmten Gegenstand aus ihrem ursprünglichen Kontext und werden zielgerichtet zu einem neuen, relativ geschlossenen Fachgebiet verknüpft. Systematische Inhalte und bewährte Methoden, zusammenfassende Hand- und Lehrbücher, spezielle Kommunikationsnetze und Ausbildungsformen entstehen. Eine wachsende theoretische Basis und praktische Interessen werfen neue Fragen auf und festigen die Richtung (vgl. Guntau & Laitko 1987). Der Forscher, Autor und Lehrer Sachs schuf die Grundlagen der modernen Pflanzenphysiologie.

Die ergebnisreichste Zeit als Experimentalphysiologe verlebte Sachs zwischen dem 26. und 32. Lebensjahr in Tharandt und Poppelsdorf, abseits der großen, ablenkenden Universitätsstädte, als er im Durchschnitt zwölf Arbeiten pro Jahr veröffentlichte. Der junge Privatdozent, Assistent und Akademieprofessor ging hier bereits all jenen Fragen nach, die ihn zeitlebens beschäftigten. Im Rückblick erstaunt die Fülle aufsehenerregender Entdeckungen, die er innerhalb weniger Jahre mit einfachen Methoden machte. Wie Sachs später meinte, «lagen die Entdeckungen damals am Wege, die Botaniker trieben andere Dinge» (vgl. Goebel 1897, S. 107). Es war das Zeitalter des Mikroskops und der Morphologie, als Sachs in Prag seine Studien begann. Die Botaniker waren von den neuen Dimensionen des Mikrokosmos fasziniert und mit dem Vergleich der Formen und Entwicklungsstadien der Zellen und Gewebe vollauf beschäftigt. Lehrbuchautoren wie Schacht (1852) oder Unger (1855), deren Titel auch die Physiologie einschlossen, galten vor allem als ausgezeichnete Mikroskopiker. Von einer Chemophysiologie der Pflanzen war überhaupt noch keine Rede. So tat Naegeli Sachs' Wasserkulturen auch als «agriculturchemisch» ab (vgl. Goebel 1897, S. 107).

Die Entstehung einer botanischen Experimentalphysiologie war, dem Anschein nach, der disziplinären «Heimatlosigkeit» des Autodidakten Sachs zu danken. Von Purkynje allgemein-physiologisch geschult, im Ergebnis des Selbststudiums weitgehend frei urteilend, mit landwirtschaftlichen Aufgaben des Agriculturchemikers Stöckhardt betraut, mußte der Botaniker Sachs bei der Wahl seiner Themen und Methoden eigene Wege gehen. Im Grunde führte aber auch die weithin favorisierte, konjunkturelle Entwicklungsgeschichte zur experimentellen Physiologie der Pflanzen, als Sachs die Wurzelbildung und Stoffumsätze keimender Pflanzen in ihrer Abhängigkeit von äußeren Einflüssen untersuchte. Mit einfachen, einleuchtenden Theorien zur Entstehung und Rolle der Stärke in Pflanzen erhielt die Stoffwechselphysiologie eine neue, programmatische Grundlage. Es gab bis dato «noch keine Theorie der Assimilation und des vegetabilischen Stoffwechsels» (Sachs 1865, S. 307). Die Fortschritte der Physiologie wandelten in kurzer Zeit das überwiegend morphologische Bild der Pflanzenzelle zu einem mehr funktionellen, protoplasmatischen Verständnis.

Mit der bei Matthias Jacob Schleiden (1804–1881) entlehnten empirischen, induktiven Methode stellte sich Sachs ausdrücklich gegen die «dogmatische, conservative und scholastische» (1875, S. 184/185), idealistische Morphologie eines Karl Friedrich Schimper (1803–1867) oder Alexander Braun (1805–1877). Wie auch Junker (1989, S. 237) meint, ersetzte Sachs eine Anschauungs- und Denkweise durch eine Erkenntnismethode. Sachs führte dazu aus: «Das Wesen echter Naturforschung liegt darin, aus der genauen und vergleichenden Beobachtung der Naturerscheinungen nicht nur überhaupt Regeln abzuleiten, sondern diejenigen Momente aufzufinden, aus denen der causale Zusammenhang, Ursache und Wirkung sich ableiten lässt. Indem die Forschung nach dieser Methode verfährt, ist sie genöthigt, die vorhandenen Begriffe und Theorien beständig zu corrigieren, neue Begriffe und neue Theorien aufzustellen und so unser Denken dem Wesen der Dinge mehr und mehr anzupassen; der Verstand hat nicht den Objecten, sondern die Objecte dem Verstand Vorschriften zu geben.» (1875, S. 91)

1865 trat dem ideen- und ergebnisreichen Experimentator der nicht minder erfolgreiche Buchautor zur Seite, sah Sachs doch einen weiteren «Grundfehler» der zeitgenössischen Botanik darin, daß in der Literatur «allgemeine Gedanken als gleichsam unpersönliches Gemeingut betrachtet würden, während jede Einzelbeobachtung als ein persönliches Verdienst beurtheilt und citiert werde» (vgl. Goebel 1897, S. 111). Es war für ihn «viel verdienstlicher [...], ein umfassendes Gebiet quellenmässig und von höherem Standpunkte zu bearbeiten, als immer und immer wieder nur Beiträge zu liefern, die ja auch verdienstlich sind, aber doch nur wie Feldsteine gegen Meilensteine sich ausnehmen!» (Sachs an Goebel, in Goebel 1897, S. 117) Den Jahren der Analyse folgten die Jahre der Synthese, die Einzelheiten zusammenführten, ordneten und verallgemeinerten, Lücken erhellten und Richtungen wiesen. Dabei erwies sich Sachs als «homo historicus», dessen Bücher Kompendien der zeitgenössischen wie historischen Kenntnisse waren. In den nachgelassenen Schriften fand sich auch ein Bekenntnis des Generalisten Sachs: «Sogenannte Tagesfragen haben mich niemals angezogen oder abgelenkt. [...] Es war vielmehr immer ein leitender Gedanke, der im Geheimen durch alle meine wissenschaftlichen Arbeiten ging [...]» (vgl. Pringsheim 1932, S. 150f.).

Vermochte Sachs noch die gesamte zeitgenössische Botanik zu überblicken und die Physiologie der Pflanzen in ihrer ganzen Breite zu vertreten, so mußten sich viele seiner Schüler bereits auf ausgewählte Richtungen mit ihrer «durch solche Einseitigkeit ermöglichten Tiefe» (Fitting 1920, S. 47) beschränken. Damit zeichneten sich noch zu Lebzeiten Sachs' jene Teilgebiete der experimentellen Botanik ab, die die erste Hälfte des 20. Jahrhunderts prägten.

Besonders nachhaltig beeinflußte der Sachs-Schüler Wilhelm Pfeffer den weiteren Weg der neueren Pflanzenphysiologie, als deren Mitbegründer er heute ob seiner fortführenden, auf die Physiologie der Zelle gerichteten Programmatik gilt (vgl. Bünning 1975; Sucker 1988). Während Sachs mehr an einer Einheit der Physiologie festhielt und an den Leistungen der Organe interessiert war, waren Pfeffers Bestrebungen auf die Universalität der Naturwissenschaften und die elementaren Leistungen des Protoplasten gerichtet. Für diese zellphysiologische Orientierung bei der Suche nach universellen Prinzipien des *Stoffwechsels und Kraftwechsels in der Pflanze,* wie Pfeffer sein zweibändiges *Handbuch der Pflanzenphysiologie* (1881) untertitelte, fehlte vielen Zeitgenossen das rechte Verständnis. Pfeffer weitete indes konsequent die von Sachs inaugurierte Richtung auf die zelluläre Ebene aus. Mit der Berufung nach Leipzig (1887) löste sein Institut das Würzburger als internationales Attraktionszentrum der modernen Pflanzenphysiologie lückenlos ab. Die 1915 zu Pfeffers 70. Geburtstag erschienene Festschrift nannte weltweit 260 Schüler.

Mit den stoffwechselphysiologischen Arbeiten des jungen Sachs hatte sich die experimentelle Pflanzenphysiologie konstituiert. In der Überzeugung von der Einheitlichkeit der Lebensprinzipien (Sachs) wie der Naturkräfte (Pfeffer) etablierte sich zwischen 1865 und 1881, wenn man die einflußreichen Handbücher von Sachs und Pfeffer zugrunde legt, die induktive, kausalanalytische Forschung als Basis einer naturwissenschaftlich-exakten Physiologie der Pflanzen. Der anfänglich starken Differenzierung der physiologischen Arbeitsfelder (Ernährungs- und Stoffwechselphysiologie, Reiz- und Bewegungsphysiologie, Wachstums-, Entwicklungs- und Fortpflanzungsphysiologie, Ökophysiologie u.a.m.) folgte im 20. Jahrhundert durch die Erkenntnis biochemischer und molekularbiologischer Zusammenhänge eine allmähliche Integration (vgl. Höxtermann 1998).

Danksagung

Der Autor dankt an dieser Stelle herzlich den Herren Dr. Christophe Bonneuil, Paris, und Dr. Jan Janko, Prag, für wichtige Quellenhinweise sowie Frau Univ.-Doz. i. R. Dr. Ilse Jahn, Berlin, und Herrn Prof. Dr. Hartmut Gimmler, Würzburg, für ihre hilfreichen Anmerkungen zum Manuskript. Ich schulde ferner dem Österreichischen Staatsarchiv in Wien und der Historischen Kommission der Universität Würzburg für die Möglichkeit, einige Archivalien einzusehen, besonderen Dank.

Thomas Junker

CHARLES DARWIN
(1809–1882)

1. Einleitung

Wirkliche Revolutionen in der Wissenschaft sind selten. Die Erforschung der Natur erfordert geduldiges Beobachten und Beschreiben der empirischen Tatsachen. Die größeren Zusammenhänge können dabei leicht aus dem Blickfeld geraten, und eine integrierende Erklärung für die Vielzahl empirischer Fakten erscheint unerreichbar. Dies war die Situation in der Mitte des 19. Jahrhunderts, als viele Naturforscher es für angezeigt hielten, sich von scheinbar fruchtlosen Spekulationen über den Ursprung der Arten fernzuhalten. Nicht so Charles Darwin: Er wollte die vielen, vermeintlich unzusammenhängenden Details und Rätsel der Biologie erklären. Und er war erfolgreich. Mit *Origin of Species* (1859b) hat er eine wissenschaftliche Revolution begonnen, die nicht nur viele Bereiche der Biologie auf eine neue Basis stellte, sondern das konventionelle Bild der Menschen von sich selbst und der Natur grundlegend veränderte. Darwin beanspruchte nicht weniger, als das Grundprinzip entdeckt zu haben, nach dem sich alle Organismen entwickeln: das Prinzip der natürlichen Auslese. Darüber hinaus gelang es ihm, die Evolutionstheorie (die Vorstellung, daß Organismen sich wandeln) und das Prinzip der gemeinsamen Abstammung (alle früheren und gegenwärtigen Organismen sind durch materielle Verwandtschaft miteinander verknüpft) als wissenschaftliche Theorien zu etablieren. Schon im 19. Jahrhundert haben Historiker darauf hingewiesen, daß sich zu diesen Theorien Vorläufer finden lassen, aber erst Darwin stellte ein in sich stimmiges Modell vor, das sowohl die Tatsache der Evolution als auch ihren Mechanismus, die natürliche Auslese, verband (Glass et al. 1959).

2. Lebensweg

2.1 Die Jugend und die Reise mit der «Beagle»

Eine wichtige biographische Quelle zu Leben und Werk von Charles Darwin stellt bis heute seine Autobiographie (1958) dar. Das breite öffentliche und wissenschaftshistorische Interesse hat in den letzten Jahrzehnten darüber hinaus zur (Wieder-)Entdeckung zahlreicher handschriftlicher Quellen geführt – von Manuskripten, Notizbüchern, Briefen und Randbemerkungen –, und es wurden und werden große Anstrengungen unternommen, um diese Quellen allgemein verfügbar zu machen (F. Darwin 1887; F. Darwin & Seward 1903; Burkhardt et al. 1985 ff.; Darwin 1987; Di Gregorio 1990; Burkhardt & Smith 1994). In der Folge kam es zu einigen Revisionen des gewohnten Bildes von Darwin, vor allem was die Entstehung seiner Theorie und sein Privatleben betrifft (zur Biographie von Darwin vgl. Hemleben 1968; Gruber 1981; Jahn 1982; Zirnstein 1982; Schmitz 1983; Bowlby 1990; Bowler 1990; Desmond & Moore 1991; Browne 1995; Junker 1998).

Charles Darwin wurde am 12. Februar 1809 in Shrewsbury, England, als zweiter Sohn und fünftes von sechs Kinder geboren. Sein Vater, Robert Waring Darwin (1766–1848), war ein wohlhabender Arzt; sein Großvater, der bedeutende Naturforscher Erasmus Darwin (1731–1802), hatte sich in seiner Schrift *Zoonomia: or, The Laws of Organic Life* (1794–1796) zu evolutionistischen Gedanken bekannt. An seine Mutter, die bereits 1817 starb, konnte er sich kaum erinnern. Charles Darwins Großväter Josiah Wedgwood (1769–1843) und Erasmus Darwin waren wichtige Persönlichkeiten der aufstrebenden industriellen Elite Großbritanniens. Sie waren als radikale Deisten und Freidenker *dissenter* in einem Staat, der alle politischen Chancen für Mitglieder der Kirche von England monopolisierte. Die unorthodoxen politischen und religiösen Familientraditionen sind für Darwins geistige Entwicklung von großer Bedeutung gewesen.

Von frühester Jugend an hatte sich Charles für die Natur interessiert, besonders leidenschaftlich sammelte er alle möglichen Gegenstände wie Pflanzen, Muscheln und Münzen, während er den Schulunterricht später ausgesprochen kritisch beurteilte. Im Alter von 16 Jahren wurde Charles von seinem Vater an die Universität Edinburgh geschickt, um dort Medizin zu studieren. Er gab aber bald den Plan auf, Arzt zu werden. Das sichere Gefühl, daß ihm sein Vater ein beträchtliches Erbe hinterlassen würde, die wenig anziehenden Vorlesungen und die Beobachtung von zwei Operationen ohne Anästhesie ließen seine Begeisterung für das Studium der Medizin bald erlahmen. Während Darwin an der Universität Edinburgh eingeschrieben war, widmete er einen großen Teil seiner Zeit den Naturwissenschaften, vor allem dem Sammeln von Meeresorganismen. Sein Mentor während dieser Zeit war der Zoologe Robert Grant (1793–1874), der Darwin auch mit den Theorien Lamarcks vertraut machte. Das intellektuelle Klima in Schottland war zu dieser Zeit freier und sehr viel stärker von den geistigen Strömungen Kontinentaleuropas beeinflußt, als dies in England der Fall war. Be-

Charles Darwin (1809–1882)

reits zu dieser Zeit wurde Darwin mit den weltanschaulichen Auseinandersetzungen konfrontiert, die aus der Anwendung der materialistischen Naturwissenschaft auf den Menschen entstanden. Später, in *Origin of Species*, hat Darwin dieses Thema fast völlig ausgeklammert, denn er erwartete – zu Recht, wie sich herausstellen sollte –, daß die Frage nach der biologischen Entstehung der menschlichen Psyche die größten Widerstände hervorrufen würde.

Als deutlich wurde, daß Charles nicht Arzt werden wollte, schickte ihn sein Vater zum Theologiestudium nach Cambridge. Der Beruf des Theologen war im England des frühen 19. Jahrhunderts für einen Naturliebhaber der höheren Gesellschaftsschichten durchaus angemessen. Darwins Briefe und Notizen aus dieser Zeit vermitteln den Eindruck, daß er in Cambridge die meiste Zeit damit verbrachte, Käfer zu sammeln, zu jagen und zu reiten oder mit seinen Professoren über Botanik und Geologie zu diskutieren. Als Student der Theologie mußte sich Darwin auch intensiv mit der Naturtheologie William Paleys (1743–1805) beschäftigen. In seiner Autobiographie berichtet er, daß er in dieser Zeit den traditionellen Gottesbeweis aus der Zweckmäßigkeit der Natur, wie ihn Paley vertreten hatte, überzeugend fand. Als Darwin im April 1831 mit dem Bakkalaureus sein Theologiestudium erfolgreich abschloß, war er – was für seinen weiteren Lebensweg sehr viel wichtiger wurde – auch ein fähiger Naturforscher.

Der entscheidende Wendepunkt in Darwins Leben war die Weltreise mit der *Beagle*. Wenige Monate nachdem er sein Studium abgeschlossen hatte, erhielt er das Angebot, Kapitän Robert Fitzroy (1805–1865) als Naturforscher und *gentleman companion* zu begleiten. Die Aufgabe der *Beagle* war es – nach dem Ende der spanischen Herrschaft über die südamerikanischen Kolonien –, die Küsten von Südamerika zu vermessen, um die Seekarten der englischen Admiralität zu verbessern. Darwin war zunächst nicht der offizielle Naturforscher an Bord der *Beagle*, sondern er war Gast und standesgemäße Begleitung des Kapitäns. Darwin begnügte sich jedoch nicht mit dieser Rolle, sondern sammelte während der gesamten Reise mit großem Eifer die verschiedensten lebenden wie fossilen Organismen und stellte geologische Beobachtungen an.

Am 27. Dezember 1831 stach die *Beagle* von Plymouth aus in See und kehrte erst fast fünf Jahre später, am 2. Oktober 1836, nach England zurück. Die Route der *Beagle* führte über die Kapverdischen Inseln nach Brasilien, Uruguay und Argentinien bis auf die Falklandinseln. Nach der Umrundung des Kap Horn landete die *Beagle* in Chile, Peru und auf den Galápagosinseln. Die Rückreise ging dann über den Pazifischen Ozean nach Neuseeland und Australien, ein weiteres Mal kurz nach Südamerika und von dort aus zurück nach England.

Auf der Basis seines Tagebuchs veröffentlichte Darwin eine lesenswerte Schilderung seiner Erlebnisse auf dieser Reise. Das *Journal of researches* (1839) wurde ein großer Erfolg und nach *Origin of Species* Darwins bekanntestes Buch. Die wissenschaftliche Bearbeitung der umfangreichen Sammlungen der Weltreise war in den nächsten 20 Jahren Darwins wichtigste Beschäftigung, und sie machte ihn zu einem der führenden Biologen und Geologen Englands.

2.2 Die Auswertung der Reise und die Entstehung der Deszendenztheorie

Die Weltreise mit der *Beagle* war das wichtigste äußere Erlebnis in Darwins Leben – der entscheidende geistige Durchbruch stand indes noch bevor: die Entdeckung der Evolutions- und der Selektionstheorie, parallel zur Auswertung der Reiseerlebnisse.

Für die Biographen Darwins hat es immer eine besondere Herausforderung dargestellt, die Ursachen seiner wissenschaftlichen Kreativität zu bestimmen. Welche Umstände und Bedingungen, welche Erziehung, Ausbildung, Interessen, Erlebnisse, gesellschaftlichen wie familiären Traditionen und welche charakterlichen Eigenschaften ließen Darwin zu einem geistigen Revolutionär werden? Darwins *Notebooks* (Darwin 1987) geben einzigartige Einblicke in seinen Gedankenprozeß und zeigen, wie die Entdeckung der Evolution der Organismen und der natürlichen Auslese Folge eines intensiven geistigen Prozesses war, der sich – über Umwege und Sackgassen – über mehrere Jahre hinzog. Als Darwin mit der *Beagle* England verließ, hatte er – wie viele seiner Zeitgenossen – dem traditionellen Glauben angehangen, daß die biologischen Arten unabhängig voneinander erschaffen worden waren; jede Art mit charakteristischen Fähigkeiten und Organen, die mit einer vorherbestimmten Umwelt in Einklang stehen. Dieser Schöpfungsglaube führte nun zu folgendem Problem: Wie ist es den unveränderlichen Arten möglich, ihr Gleichgewicht mit der Umwelt aufrechtzuerhalten, wenn die Umwelt durch geologische Veränderungen in ständigem Wandel begriffen ist? Eine – allerdings wenig überzeugende – Antwort bestand nun darin zu vermuten, daß Arten aussterben, wenn sich die äußeren Bedingungen ändern, und daß dann neue, besser angepaßte Arten durch eine unerklärliche Naturkraft entstehen oder erschaffen werden. Einige Monate nach seiner Rückkehr begann Darwin, spekulative Ideen über die Entstehung neuer Arten in seinen Notizbüchern aufzuzeichnen. Die Analyse der *Notebooks* hat gezeigt, daß er sich von den verschiedensten empirischen und theoretischen Einflüssen aus Wissenschaft, Philosophie, Religion und politischer Ökonomie inspirieren ließ.

Darwins *Notebooks* dokumentieren, daß er bereits ein halbes Jahr nach seiner Rückkehr nach England von der Evolution der Arten überzeugt war. Zwei Beobachtungen hatten entscheidenden Anteil an dieser Wende: 1) Die Untersuchung von Darwins südamerikanischen Fossilien durch Richard Owen (1804–1892) hatte ergeben, daß die heutigen Arten durch ihren Körperbau eng mit den ausgestorbenen Arten verwandt sein müssen. Verwandte Arten lösen sich also im Laufe der Zeit ab. 2) Der Ornithologe John Gould (1804–

1881) bestimmte die Spottdrosseln und Finken, die Darwin auf den verschiedenen Galápagosinseln gesammelt hatte, als verschiedene Arten. Darwin war ursprünglich davon ausgegangen, daß es sich um Varietäten handelt. Neue Arten, so schien es, können also dann entstehen, wenn Populationen geographisch von der Elternart isoliert werden. Die zeitliche Kontinuität und die geographische Nähe verwandter Arten überzeugten nun Darwin von der Evolution der Organismen. Eine entscheidende Frage war aber noch offen: Nach welchem Mechanismus lief die Veränderung ab? Um dieses Problem zu lösen, begann er Beobachtungen und Fakten zu sammeln, entwickelte verschiedene Hypothesen, nur um sie wieder zu verwerfen, immer getrieben von der Hoffnung, das Geheimnis der Entstehung der Arten zu entschlüsseln.

Bereits im Juli 1837 hatte Darwin eine erste Theorie des Artenwandels ausgearbeitet, die in wesentlichen Punkten an Lamarcks Evolutionstheorie erinnert. Wie Lamarck glaubte Darwin zunächst, daß Arten sich durch die Vererbung erworbener Eigenschaften und den Einfluß von Verhaltensweisen langsam verändern können. Wenige Monate später, Ende September 1838, regte die Lektüre von Malthus' *Essay on the principle of population* (1826) Darwin zu einem völlig neuen Mechanismus, der natürlichen Auslese, an:

«Im Oktober 1838, also fünfzehn Monate nachdem ich meine systematische Untersuchung begonnen hatte, las ich zufällig zum Vergnügen Malthus über Bevölkerung. Und da ich durch ausgedehnte Beobachtung der Verhaltensweisen von Tieren und Pflanzen gut darauf vorbereitet war, den überall stattfindenden Kampf ums Dasein anzuerkennen, kam mir sofort der Gedanke, daß unter diesen Umständen vorteilhafte Abwandlungen eher dazu neigen erhalten zu bleiben und unvorteilhafte zerstört zu werden. Das Ergebnis davon wäre die Bildung neuer Arten. Hier hatte ich schließlich eine Theorie an die Hand bekommen, mit der man arbeiten kann.» [»In October 1838, that is, fifteen months after I had begun my systematic enquiry, I happened to read for amusement Malthus on *Population*, and being well prepared to appreciate the struggle for existence which everywhere goes on from long-continued observation of the habits of animals and plants, it at once struck me that under these circumstances favourable variations would tend to be preserved, and unfavourable ones to be destroyed. The result of this would be the formation of new species. Here, then, I had at last got a theory by which to work.»] (Darwin 1958: 120).

Die Bevölkerungstheorie von Robert Malthus (1766–1834) war in der ersten Hälfte des 19. Jahrhunderts in England auf breites öffentliches Interesse gestoßen. Malthus hatte behauptet, daß beim Menschen eine starke Tendenz zur Vermehrung existiere und daß diese größer sei als die mögliche Vermehrung der Nahrungsmittel. Da sich die Zahl der Individuen wegen der Endlichkeit der Erde nicht unbegrenzt vermehren lasse, müsse die Bevölkerungszahl irgendwann stabilisiert werden, entweder durch Geburtenkontrolle oder durch einen Kampf ums Dasein.

Darwin kombinierte nun das statische Prinzip von Malthus mit dem Gedanken der Einzigartigkeit der Individuen und kam so zu einem dynamischen Prozeß, der natürlichen Auslese. Das Selektionsprinzip ist ein zweistufiger Prozeß: Die Entstehung von genetisch verschiedenen Individuen führt nur im Zusammenhang mit dem unterschiedlichen Reproduktionserfolg zur Veränderung einer Art. Die verschiedenen Tatsachen und Folgerungen, auf denen das Prinzip der natürlichen Auslese basiert, hat Ernst Mayr vor kurzem noch einmal dargestellt (1991). Grundlage sind drei Beobachtungen: 1) Das mögliche exponentielle Wachstum von Populationen, 2) die relative Konstanz in der Größe von Populationen, 3) die Begrenztheit der Ressourcen. Aus diesen drei Tatsachen hatte schon Malthus gefolgert, daß es zu einem Kampf ums Dasein zwischen den Mitgliedern einer Population kommen muß. Diese Folgerung kombinierte Darwin nun mit zwei weiteren Beobachtungen: 4) der Einzigartigkeit der Individuen und 5) der Erblichkeit von einem Großteil der individuellen Variabilität. Darwin nahm weiter an, daß der Erfolg eines Individuums im Kampf ums Dasein zumindest zum Teil von seinen individuellen erblichen Merkmalen abhängt: Dies ist das Prinzip der natürlichen Auslese. Wenn sich dieser Vorgang über viele Generationen fortsetzt, kommt es zu einer Verschiebung in der Häufigkeit von bestimmten Merkmalen und damit zur Evolution.

Die Überzeugung von der Einzigartigkeit der Individuen bei Darwin wurde von verschiedenen Beobachtungen inspiriert. Wichtig war zunächst, daß ihm diese Erscheinung als Naturforscher vertraut war. Auch die Tier- und Pflanzenzüchter, mit denen er in Kontakt stand, haben die große Variabilität der Organismen bestätigt. Außerdem war die allgemeine Betonung der Individualität in der bürgerlichen Gesellschaft des 19. Jahrhunderts üblich. Es läßt sich zeigen, daß die Selektionstheorie Darwins sowohl von Naturbeobachtungen als auch von allgemeinen geistigen Ideen seiner Zeit angeregt wurde. Dennoch stieß sie bei vielen seiner Zeitgenossen auf heftige Kritik. Nach der Weltreise begann Darwin unter verschiedenen Krankheitssymptomen zu leiden, deren genaue Ursache umstritten ist und mit seinen seelischen Konflikten erklärt wird.

2.3 Familiengründung und Publikation von «Origin of Species»

Nach der Entdeckung des Selektionsprinzips im September 1838 arbeitete Darwin stetig an seiner Evolutionstheorie weiter. Im Januar 1839 heiratete er seine Cousine Emma Wedgwood (1808–1896). Die Ehe war kinderreich: Zwischen 1839 und 1856 wurden sechs Söhne und vier Töchter geboren, der erste Sohn noch in London, wo Darwin bis 1841 als Sekretär der *Geological Society* fungierte. Im September 1842 verließ Darwin London und bezog mit seiner Familie ein Haus in Down (Kent), einem kleinen ländlichen Ort 16 Meilen südlich von London. Dieser selbstgewählte Rückzug erlaubte es Darwin, seinen Studien nachzugehen, ohne auf gesellschaftliche Verpflichtungen Rücksicht nehmen zu müssen.

Im Sommer 1842 schrieb er seine Erkenntnisse in Form einer Skizze nieder (Darwin 1909). Dieser *Sketch von 1842* zeigt, daß Darwin seine Theorie bereits zu diesem Zeitpunkt sehr weit entwickelt hatte. Und doch hat es noch weitere siebzehn Jahre gedauert, bis er 1859 mit *Origin of Species* ein breites Publikum damit konfrontierte. Die Frage, warum Darwin seine Theorie erst so spät veröffentlichte, hat einige Diskussionen verursacht. Die Verzögerung führte zu einigen Modifikationen, die Theorie veränderte sich, sie reifte, und die Studien über *Cirripedia* (Rankenfußkrebse) gab Darwin wichtige Erfahrungen in Taxonomie, Morphologie und Embryologie. Möglicherweise war sich Darwin auch der Tatsache bewußt, welche Widerstände er damit hervorrufen würde. Bereits als Student war Darwin in Edinburgh Zeuge der öffentlichen Verdammung und Zensur eines materialistischen Vortrags geworden. 1844, als Darwin eine zweite Version seiner Theorie ausarbeitete, war ein evolutionistisches Werk anonym erschienen, die *Vestiges of the natural history of creation* (1844) von Robert Chambers (1802–1883). Die vernichtende Kritik dieser Schrift durch führende Wissenschaftler seiner Zeit machte Darwin deutlich, daß er sich nur dann durchsetzen konnte, wenn ihn seine Gegner als Forscher ernst nehmen mußten.

Das traditionelle Bild von Darwin als einsamer, weltabgewandter Gelehrter ist nur bedingt zutreffend. Zu einem gewissen Grad ist dieses Bild einer bewußten Selbststilisierung Darwins zuzuschreiben, der sich dadurch aus den Debatten um seine Person und Theorien fernzuhalten versuchte. Die Edition seines Briefwechsels hat gezeigt, daß er durch Briefe und über Publikationen einen sehr intensiven wissenschaftlichen Austausch pflegte und es auch verstand, seinen Standpunkt und seine Interessen zu vertreten. Darwins Briefwechsel zeigt, wie geschickt er vorging, um seiner Theorie das Schicksal der Theorien von Lamarck oder Chambers zu ersparen.

Zum einen begann er mit Charles Lyell (1797–1875), Joseph Dalton Hooker (1817–1911), Thomas Henry Huxley (1825–1895) und Asa Gray (1810–1888) einen kleinen, aber einflußreichen Kreis von wissenschaftlichen Kollegen langsam und geduldig mit seinen Ideen vertraut zu machen. Dieser Freundeskreis hat ihn dann nach 1859 vor Angriffen in Schutz genommen. Zum anderen erwarb er sich durch seine Publikationen wissenschaftliches Renommee als einer der führenden Naturforscher Englands. Er bemühte sich zudem, seine Theorien durch eine große Anzahl von Einzelbeobachtungen abzusichern, ohne in wissenschaftliche Fachsprache zu verfallen, so daß auch Nichtbiologen in der Lage waren, ihn zu verstehen. Und schließlich war Darwin durch sein Erbe finanziell unabhängig und damit nicht erpreßbar. Dies sind einige der Gründe, warum Darwins Evolutionstheorie nicht wie so viele andere Theorien «vergessen» oder totgeschwiegen werden konnte – und nicht das Schicksal der Theorien von Lamarck oder Chambers teilte.

Erst im September 1854 – nach Abschluß der Arbeit an seinem großen Werk über die Rankenfußkrebse – begann Darwin, sich wieder seiner Artentheorie zuzuwenden. In den folgenden vier Jahren veränderte und verbesserte er seine Theorie in wichtigen Punkten und führte zahlreiche spezielle Untersuchungen durch. In dieser Zeit entdeckte er das Prinzip der «Divergenz der Charaktere», das besagt, je «unterschiedlicher die Nachkommen einer jeden Art in Bau, Konstitution und Lebensweise werden, um so mehr werden sie in der Lage sein, viele und sehr unterschiedliche Stellen im Reich der Natur einzunehmen und so in der Lage sein, an Zahl zuzunehmen» [«that the more diversified the descendants from any one species become in structure, constitution, and habits, by so much will they be better enabled to seize on many and widely diversified places in the polity of nature, and so be enabled to increase in numbers»] (Darwin 1859b, S. 112). Darwin wollte mit dem Divergenzprinzip nicht nur die ökologische Vielfalt, sondern auch die Entstehung neuer Arten durch Spaltung, die Speziation, erklären. Er vermutete, daß die natürliche Auslese stärker spezialisierte Varietäten und Arten bevorzugt, da diese Gruppen am wenigsten miteinander konkurrieren. Auch das Prinzip der Divergenz der Charaktere hat eine Analogie im Bereich der politischen Ökonomie: das Prinzip der Arbeitsteilung.

Am 18. Juni 1858 wurde Darwin in der Arbeit an seinem «Big species book» (Darwin 1975) durch einen Brief des Naturforschers Alfred Russel Wallace unterbrochen. Der Brief enthielt ein Manuskript, in dem sich Wallace (1823–1913) nicht nur für die Evolutionstheorie aussprach, sondern auch einen Evolutionsmechanismus vorschlug (Wallace 1859). Die Theorie von Wallace ist Darwins

Selektionsprinzip in der Tat sehr ähnlich, und diese erstaunliche Übereinstimmung hat zu einigen Spekulationen Anlaß gegeben. Einige biographische Parallelen zwischen Darwin und Wallace lassen die geistige Konvergenz allerdings weniger mysteriös erscheinen. So waren Darwin und Wallace Engländer, die längere Forschungsreisen unternommen und ähnliche Bücher gelesen hatten: Vor allem Lyells *Principles of geology* und Malthus' *Essay on the principle of population* sind in diesem Zusammenhang zu nennen. Um seinen Anspruch auf wissenschaftliche Priorität nicht preiszugeben und ohne gleichzeitig Wallace zu übergehen, wurde bei der Versammlung der *Linnean Society* am 1. Juli 1858 durch Lyell und Hooker das Manuskript von Wallace zusammen mit Ausschnitten aus Darwins Manuskripten und Briefen vorgetragen (Darwin 1859a; Wallace 1859). Die wissenschaftliche und öffentliche Reaktion auf diese Präsentation war allerdings sehr verhalten und in keiner Weise mit dem Aufsehen, das nach der Publikation von *Origin of Species* entstand, zu vergleichen.

Im November 1859, nach mehr als zwanzig Jahren intensiver Arbeit, erschien schließlich Darwins berühmtestes Buch: *On the Origin of Species by Means of Natural Selection, or the Preservation of Favoured Races in the Struggle for Life*. Für ein wissenschaftliches Buch war *Origin* ein erstaunlicher Verkaufserfolg: Allein im Laufe des ersten Jahres wurden 3800 Exemplare verkauft, und innerhalb weniger Jahre erschienen Übersetzungen in den wichtigsten europäischen Sprachen (Freeman 1977). Den Anfang machte die deutsche Übersetzung durch den renommierten Zoologen und Paläontologen Heinrich Georg Bronn (1800–1862), die bereits im Frühsommer 1860 unter dem Titel *Über die Entstehung der Arten im Thier- und Pflanzen-Reich durch natürliche Züchtung, oder Erhaltung der vervollkommneten Rassen im Kampfe um's Daseyn* veröffentlicht wurde. Noch im ersten Jahr erschienen zahlreiche Rezensionen, und als sich die britischen Gelehrten im Sommer 1860 in Oxford zu ihrer Jahrestagung versammelten, kam es zu der berühmten Auseinandersetzung zwischen Bischof Samuel Wilberforce (1805–1873) und T. H. Huxley, die deutlich machte, welche Emotionen Darwins Buch zu wecken imstande war und mit welcher erbitterten Gegnerschaft er zu rechnen hatte. Spätestens nachdem Ernst Haeckel auf der Versammlung der Naturforscher und Ärzte 1863 den Eröffnungsvortrag «Ueber die Entwickelungstheorie Darwin's» gehalten und sich rückhaltlos für die Darwinschen Theorien ausgesprochen hatte, ließ sich auch in Deutschland die neue Theorie nicht mehr ignorieren (Haeckel 1864).

2.4 Weitere Theorien, Beobachtungen und Versuche

Das wissenschaftshistorische Interesse an Darwin hat sich bis heute in erster Linie auf den Entdeckungskontext seiner Theorien und auf eine Analyse seiner Vorstellungen, wie sie sich in *Origin of Species* finden, konzentriert. Dies spiegelt sich in den meisten Biographien über Darwin wider, in denen die beiden Jahrzehnte bis zu seinem Tod (1882) meist nur kursorisch abgehandelt werden, und auch hier kann nur ein geraffter Überblick über die verschiedenen Aktivitäten Darwins gegeben werden (vgl. Ghiselin 1969). Die 155 Artikel und kürzeren Beiträge müssen unberücksichtigt bleiben (Darwin 1886, 1977).

Aus der wissenschaftlichen Bearbeitung der Funde, die Darwin auf seiner Reise gesammelt hatte, gingen einige Publikationen hervor. Am bekanntesten wurde seine Reisebeschreibung, die in verschiedenen Auflagen erschien (Darwin 1839). An der Publikation der zoologischen Ergebnisse beteiligte sich Darwin als Herausgeber. Sehr originell waren seine geologischen Theorien über Korallenriffe, vulkanische Inseln und über die Geologie von Südamerika. In den Jahren 1851 und 1854 veröffentlichte er je zwei Bände über lebende und fossile Cirripedien (Entenmuscheln). Das Manuskript über die Evolution der Organismen, an dem Darwin bis zum Eintreffen von Wallaces Brief gearbeitet hatte, blieb zu seinen Lebzeiten unveröffentlicht (Darwin 1975).

Die Veröffentlichung von *Origin of Species* stellte einen entscheidenden Wendepunkt in Darwins Leben dar. Von diesem Zeitpunkt an wurde er zu einer Person des öffentlichen Lebens, und seine Berühmtheit weit über die Grenzen Englands hinaus wird nicht nur durch seinen stark anwachsenden Briefwechsel dokumentiert. Bereits im Jahr 1860 wandte er sich neuen evolutionstheoretischen Projekten zu, die demonstrieren sollten, wie seine Theorie grundlegende biologische Probleme lösen konnte. Darwin begann verschiedene Anpassungen bei Primeln, Orchideen und fleischfressenden Pflanzen zu untersuchen, um zu zeigen, daß sich diese durch die Selektionstheorie erklären ließen. In *On the various contrivances by which British and foreign orchids are fertilised by insects* (1862) konnte Darwin nachweisen, daß es bei Pflanzen eine starke Tendenz zur Fremdbefruchtung gibt. Diese Untersuchungen gaben den Anstoß für eine neue Forschungsrichtung, die Blütenökologie. Ende 1860 nahm Darwin auch die Arbeit an seinem «Big species book» wieder auf. Er plante, das Material über die Variabilität von Pflanzen und Tieren darzustellen, das er in mehr als zwei Jahrzehnten gesammelt und durch eigene Versuche erhärtet hatte. 1868 erschien als einziger Teil *The variation of animals and plants under domestication*. Ziel dieses zweibändigen Werkes war es, die Tatsachen und Ursachen der Variabilität von Organismen zu beschreiben und mit einer Vererbungshypothese zu erklären. Diese Pangenesistheorie fand schon zur Zeit ihrer Veröffentlichung wenig Anhänger und ist heute nur noch von historischem Interesse, da Darwin mit ihrer Hilfe zeigen wollte, wie es zur Vererbung erworbener Eigenschaften kommen kann.

Großes wissenschaftliches und öffentliches Interesse rief *The descent of man, and selection in relation to sex* (1871) hervor. In diesem Werk diskutierte Darwin die Frage der menschlichen Abstammung, ein Problem, das er in *Origin of Species* ausgeklammert hatte. In der zweiten Hälfte dieses Werkes stellte er das Prinzip der sexuellen Auslese vor. Mit der sexuellen Auslese ist es möglich, die Entstehung von Merkmalen zu erklären, die keinen direkten Überlebenswert für das Individuum haben – wie das prächtige Gefieder zahlreicher Vogelarten – und sich nur über erhöhten Reproduktionserfolg durchsetzen. Mit *The expression of the emotions in man and animals* (1872) schließlich legte Darwin einen Grundstein für die Entwicklung von Tierpsychologie und Humanethologie, in das auch Beobachtungen an seinen Kindern und seinem Hund einflossen. In den 1860er und 1870er Jahren veröffentlichte er noch weitere bahnbrechende Arbeiten über fleischfressende Pflanzen, Kletterpflanzen und zur Blütenökologie.

Am 19. April 1882 starb Darwin in seinem Haus in Down, und wenige Tage später, am 26. April, wurde er feierlich in der Londoner Westminster Abbey in der Nähe der Gräber von Newton, Faraday und Lyell beigesetzt.

3. Werk

3.1 Erkenntnisse

Die detaillierten Untersuchungen zur Entstehung und Rezeption von Darwins Theorien haben eine Beobachtung bestätigt, die schon im 19. Jahrhundert geäußert worden war: Bei Darwins Gedankensystem und noch mehr beim Darwinismus handelt es sich nicht um eine einheitliche, engbegrenzte Theorie, sondern um ein Geflecht aus verschiedenen theoretischen und empirischen Elementen. Die historische Entwicklung hat gezeigt, daß sich unschwer einzelne Bestandteile isolieren und durch andere Konzepte ablösen lassen. So hat beispielsweise die Ersetzung von Darwins eigener lamarckistischer Vererbungstheorie durch die Vererbungstheorie der Genetik nach 1900 die grundlegende Struktur der Selektionstheorie unangetastet gelassen. Als fünf Haupttheorien wurden identifiziert: die Evolutionstheorie als solche, die Theorie der gemeinsamen Abstammung der Organismen (einschließlich des Menschen), der Gradualismus, die Theorie der Vervielfältigung von Arten und die natürliche Auslese (Mayr 1985). Mit dieser Aufzählung sind keineswegs alle Konzepte genannt, die Darwin in seinen Werken vertreten hat: Es sollen nur die Theorien über verhinderte Selbstbefruchtung (Darwin 1862) und sexuelle Selektion (Darwin 1871) erwähnt werden. Eine Auseinandersetzung mit Darwins Ideen, die auf diese Unterscheidungen verzichtet, ist bestenfalls mißverständlich. Jede einzelne der Theorien hatte nicht nur historisch ein anderes Schicksal, sondern war auch unterschiedlich einflußreich, je nachdem welche biologische Disziplinen betrachtet wird.

Darwins Anspruch, der Biologie mit der Evolutionstheorie ein neues Fundament zu geben, erforderte, daß er für die zu seiner Zeit bekannten biologischen Tatsachen evolutionäre Erklärungen finden mußte. Um Lücken in seinem System zu schließen, begann er auf zahlreichen Gebieten Experimente anzustellen, beispielsweise um die Ausbreitungsfähigkeit von Samen im Meerwasser zu bestimmen. Wichtiger war aber vielleicht noch, daß es ihm gelang, biologische Vorstellungen, die unter anderen theoretischen Voraussetzungen entwickelt worden waren, in die Evolutionstheorie zu integrieren. Er lehnte also Konzepte der Systematiker und vergleichenden Anatomen, wie die des Natürlichen Systems oder des Bauplans der Organismen, nicht einfach ab, sondern akzeptierte ihre Relevanz und zeigt zugleich, daß diese Konzepte erst auf der Basis der Evolutionstheorie eine sinnvolle Erklärung finden.

Die Paläontologie ist für die Evolutionstheorie von besonderer Bedeutung, da ihre empirischen Funde, die Fossilien, direkte Beweise für die Geschichte der Organismen darstellen. Die Paläontologie wiederum erhielt durch die Evolutionstheorie eine wissenschaftliche Basis. An zwei wichtigen Problemen waren die Paläontologen vor Darwin gescheitert: Es blieb unklar, wie biologische Arten entstehen und warum zwischen den fossilen Organismen abgestufte Verwandtschaftsbeziehungen existieren. Wenn man nun mit Darwin davon ausgeht, daß zwischen Arten, die sich zeitlich ablösen, eine genetische Kontinuität besteht, wird schlagartig klar, warum die Fossilien benachbarter Schichten sich ähnlicher sind als die entfernterer Formationen. Für die Evolutionstheorie stellt sich nun aber das Problem, wie die zahlreichen Lücken in der fossilen Überlieferung erklärt werden können. In *Origin of Species* sah sich Darwin deshalb gezwungen, von einer sehr großen Unvollständigkeit der fossilen Überlieferung auszugehen. Viele Paläontologen konnten ihm an diesem Punkt nicht folgen und postulierten statt dessen sprunghafte Veränderungen. Aber auch in der Paläontologie wurde die Theorie der gemeinsamen Abstammung der Organismen bereits im Laufe des ersten Jahrzehnts nach 1859 von zahlreichen Forschern akzeptiert und die Rekonstruktion phylogenetischer Sequenzen – beispielsweise des Pferdestammbaumes – mit großem Erfolg unternommen.

Die vergleichende Anatomie hat Darwin die besten Beweise für die Theorie der gemeinsamen Abstammung geliefert. Die Morphologie war für ihn «the most interesting department of natural history, and may be said to be its very soul» (Darwin 1859b, S. 434). Bereits in der ersten Hälfte des 19. Jahrhunderts war unter idealistischem Vorzeichen ein morphologisches Forschungsprogramm entstanden, auf das die wichtige Unterscheidung zwischen analogen und homologen Merkmalen zurückgeht. Die Idealistische Morphologie war jedoch nicht in der Lage anzugeben, durch welche Ursachen die verschiedenen Arten von Ähnlichkeiten – Analogien bzw. Homologien – entstehen. Die Theorie der gemeinsamen Abstammung ermöglichte es nun, dieses rätselhafte Phänomen auf elegante Weise zu lösen. Aus dem ideellen Archetypus der Idealisten wurde ein realer Vorfahr; homologe Merkmale konnten durch gemeinsame Abstammung und Vererbung, analoge Merkmale durch die Anpassung an spezielle Umweltbedingungen erklärt werden. Darwin selbst hat sich nach 1859 nur wenig mit konkreten morphologischen Problemen auseinandergesetzt. Die Anwendung evolutionärer Prinzipien auf die vergleichende Anatomie wurde aber von anderen Forschern, wie Ernst Haeckel, Carl Gegenbaur (1826–1903) und T. H. Huxley, mit großem Erfolg unternommen. Auf der Basis der Theorie der gemeinsamen Abstammung erlebte die vergleichende Anatomie in der zweiten Hälfte des 19. Jahrhunderts eine außerordentliche Blüte (Nyhart 1995).

Die vergleichende Anatomie untersucht nicht nur ausgebildete Organe, sondern als Embryologie auch die Entstehung dieser Organe in der Individualentwicklung, der Ontogenie. Die Entwicklung eines Organismus ist ein sehr charakteristischer Vorgang, an dem sich die Unterscheidung zwischen homologen und analogen Merkmalen weiter untersuchen läßt. Als klassische Belege für die geschichtliche Entwicklung der Organismen gelten Strukturen, Funktionen und Verhaltensweisen, die während der Embryonalentwicklung angelegt und dann zurückgebildet werden. Das Auftreten dieser Merkmale dient in der Evolutionstheorie als Hinweis auf eine bestimmte historische Entstehung. Inwieweit es sich bei Ähnlichkeiten in der Embryonalentwicklung um Relikte der Stammesgeschichte, also Homologien, handelt oder ob diese Ähnlichkeiten Anpassungen an das embryonale Leben darstellen, ist oft schwer zu entscheiden. Einen spekulativen Versuch, die embryologischen Erkenntnisse für die Evolutionstheorie nutzbar zu machen, stellt die Rekapitulationstheorie von Fritz Müller (1822–1897) und Ernst Haeckel dar. In der Rekapitulationstheorie wird angenommen, daß die einzelnen Schritte der Ontogenie die Evolution der jeweiligen Organismen in abgekürzter und modifizierter Form wiederholen. Der Embryo wird so zum Abbild des paläontologischen Vorfahren und die Ontogenie zur groben Wiederholung der Phylogenie, was bereits Darwin konstatierte: «Embryology rises greatly in interest, when we thus look at the embryo as a picture, more or less obscured, of the common parent-form of each great class of animals» (Darwin 1859b, S. 450). Die Rekapitulationstheorie wurde im letzten Drittel des 19. Jahrhunderts außerordentlich populär, ihre Anwendbarkeit inzwischen allerdings stark eingeschränkt (Gould 1977; Mayr 1994).

Auf eine völlig neue theoretische Grundlage wurde die Systematik durch Darwin gestellt. Seit Linné hatten die Systematiker versucht, die Klassifikation der Arten auf den natürlichen Zusammenhang der Organismen im Gegensatz zu künstlichen Einteilungen zu gründen. Die traditionelle Erklärung, daß ein System dann natürlich sei, wenn es den göttlichen Schöpfungsplan widerspiegele, wurde im 19. Jahrhundert, als die Wissenschaft sich von religiöser Dogmatik zu emanzipieren begann, zunehmend als unbefriedigend empfunden. Durch Darwin erhielt das Natürliche System erstmals eine naturalistische Begründung: Er legte ihm einen materiellen Verwandtschaftsbegriff zugrunde, es wurde zum genealogischen System. Unter der Voraussetzung, daß die Klassifikation der Organismen nicht willkürlich («künstlich») sein soll, und wenn man weiter akzeptiert, daß sie nicht auf den Lebensgewohnheiten der jeweiligen Arten basiert oder mit der Klassifikation von Elementarstoffen und Mineralien vergleichbar ist, dann komme als Ursache des Natürlichen Systems nur die gemeinsame Abstammung in Frage (Darwin 1859b, S. 456). Darwins Auffassung des Natürlichen Systems als Genealogie setzte sich in der Systematik innerhalb weniger Jahrzehnte weitgehend durch. Seit Darwin wird von den Systematiken – zumindest in der Theorie – akzeptiert, daß eine Klassifikation der Organismen die gemeinsame Abstammung widerspiegeln muß.

Die biogeographischen Beobachtungen, die Darwin während seiner Weltreise über die räumlichen Beziehungen zwischen biologischen Taxa machte, hatten ihn von der Richtigkeit der Evolutionstheorie überzeugt. So stellte er zum einen fest, daß sich nahe verwandte Arten geographisch ersetzen. Zum anderen konnte er beobachten, daß die Fauna von Inseln meist mit der des nächstgelegenen Kontinents verwandt ist. Darwin argumentierte in *Origin of Species* sowohl gegen die Schöpfungstheorie als auch gegen die Milieutheorie. Gegen die Schöpfungstheorie führte er an, daß es etwas eigenartig sei, daß der Schöpfer die Flora von Inseln regelmäßig so ähnlich geschaffen habe wie die des nächstgelegenen Kontinents. Nach der Milieutheorie, die die Merkmale von Organismen allein aus der Umwelt zu erklären versuchte, sollte man andererseits erwarten, daß beispielsweise tropische Pflanzen oder Tiere miteinander verwandt seien, auf welchem Kontinent sie auch anzutreffen sind. Dies läßt sich aber nicht zeigen, sondern das Gegenteil ist der Fall: Die Organismen eines Kontinents sind – unabhängig von ihrer Lebensweise – näher miteinander verwandt als mit den Organismen, die unter einer ähnlichen Umwelt auf einem anderen Kontinent leben.

In der Paläontologie, der vergleichenden Anatomie, der Embryologie, der Systematik und der Biogeographie wurden vor allem die Theorien der gemeinsamen Abstammung und der Evolution rezipiert und zur theoretischen Grundlage weiterer Untersuchungen gemacht. Der Frage nach dem Evolutionsmechanismus wurde in diesen klassischen Bereichen der Biologie dagegen bis weit ins 20. Jahrhundert nur untergeordnete Bedeutung beigemessen. Darwins Selektionstheorie galt nur als eine von mehreren möglichen Theorien des Artenwandels. Es entstanden aber schon bald nach der Veröffentlichung von *Origin of Species* neue Forschungsprogramme, die sich explizit auf die Selektionstheorie beriefen. Dies läßt sich vor allem in der Ökologie beobachten, was auch naheliegend erscheint, da die Selektionstheorie die Anpassungen von Organismen an ihre Umwelt erklärt. Ein besonders eindrucksvolles Beispiel von Anpassungen stellt das Phänomen der Mimikry dar, das erstmals durch Henry Walter Bates (1825–1892) beschrieben worden war (1862). Bates hatte beobachtet, daß ungenießbare oder giftige Schmetterlinge regelmäßig zusammen mit eßbaren Schmetterlingen, die ihre Färbung nachahmen, anzutreffen sind. Diese Funde wurden von Darwin begeistert als Bestätigung der Selektionstheorie begrüßt und bald von anderen Forschern untermauert.

Einen wichtigen empirischen Beleg für die Wirkung der natürlichen Auslese stellen auch die wechselseitigen Anpassungen von verschiedenen Arten aneinander dar. In diesem Zusammenhang ist vor allem die Blütenökologie zu nennen, die als wissenschaftliches Forschungsprogramm im Anschluß an Darwins Pionierarbeiten entstand. Ausgehend von evolutionstheoretischen Spekulationen, hatte Darwin vermutet, daß auch bei Pflanzen sexuelle Fortpflanzung häufiger und Selbstbestäubung seltener sei, als dies wegen des zweigeschlechtlichen Baues vieler Blüten zu vermuten war. Ein sehr wichtiges Ergebnis von Darwins Experimenten war, daß zwischen Blüten und den sie besuchenden Insekten oft ausgesprochen fein abgestimmte wechselseitige Anpassungen existieren. Darwin selbst publizierte seine Beobachtungen in verschiedenen Büchern und Artikeln (Darwin 1862, 1977), und schon in den 1860er und 1870er Jahren haben verschiedene Botaniker umfangreiche Studien zu diesen Fragen vorgelegt (Junker 1989).

Trotz dieser eindrucksvollen Bestätigungen der Selektionstheorie existierte bis in die 1930er Jahre eine große Vielfalt unterschiedlicher Evolutionstheorien, die sich auf verschiedene Evolutionsmechanismen beriefen und deren Vertreter in erbitterte Kontroversen verstrickt waren. Neben der Selektionstheorie wurden vor allem neolamarckistische Theorien vertreten, die von einer Vererbung erworbener Eigenschaften ausgingen. Eine weitere einflußreiche Gruppe stellten sogenannte orthogenetische Theorien dar, die eine auf inneren Faktoren beruhende, gerichtete Entwicklung postulieren. Und schließlich sind saltationistische Theorien zu nennen, deren Vertreter sprunghafte Veränderungen annahmen, beispielsweise aufgrund von Großmutationen. Von vielen Biologen wurden auch synkretistische Theorien vorgetragen, die lamarckistische, orthogenetische, saltationistische und selektionistische Elemente in verschiedenen Kombinationen miteinander verbanden (Bowler 1988). Die Unsicherheit über den Evolutionsmechanismus ist z. T. darin begründet, daß die Vererbungsgesetze bis Anfang des 20. Jahrhunderts weitgehend im dunkeln lagen. Einer der wenigen Biologen, die sich unter dem Eindruck dieser breiten antiselektionistischen Bewegung noch im 19. Jahrhundert eindeutig für die Selektionstheorie ausgesprochen haben, war August Weismann (1834–1914). Erst in den 1930er Jahren gelang es, die scheinbaren Widersprüche zwischen Genetik, Systematik und Selektionstheorie zu überbrücken und eine konsistente selektionistische Evolutionstheorie, die sog. Synthetische Theorie, zu entwickeln (Mayr & Provine 1980; Junker & Engels 1999).

Trotz der großen Popularität antiselektionistischer Theorien bis weit ins 20. Jahrhundert hatte die Selektionstheorie eine außerordentlich wichtige Funktion für die Durchsetzung des Evolutionsgedankens. Ohne einen plausiblen Mechanismus wäre auch die Evolutionstheorie im allgemeinen viel angreifbarer gewesen. Die Existenz der Selektionstheorie zeigt, daß es zumindest prinzipiell möglich war, die Ursachen des Artenwandels zu bestimmen. Damit war den Kritikern der Evolutionstheorie ein wichtiges Argument aus der Hand genommen. Die Behauptung, daß es grundsätzlich unmöglich sei, die Evolution der Organismen wissenschaftlich zu erklären, ließ sich so nicht mehr aufrechterhalten. Nach 1859 wurde es bedeutend schwieriger, einen passiven Agnostizismus und imaginäre unüberwindliche Grenzen des Wissens zu vertreten. Dies hatte zur Folge, daß sich schon bald nach 1859 kaum mehr ein Wissenschaftler zur Konstanz der Arten zu bekennen wagte und die Kritik sich zugleich auf das – wegen der Unkenntnis der Vererbungsgesetze – zunächst schwächste Glied der Kette konzentrierte: die Selektionstheorie. Die verschiedenen Alternativtheorien knüpften zumeist an vordarwinsche Vorstellungen an: Im Falle des Neolamarckismus geht dies schon aus dem Namen hervor, obwohl er wenig mit Lamarcks Vorstellungen zu tun hat (vgl. den Beitrag zu Lamarck), und bei den orthogenetischen Theorien lassen sich Traditionslinien zur Romantischen Naturphilosophie aufzeigen.

Darwins Theorien haben in vielen Bereichen der Biologie zu grundlegenden theoretischen Neuorientierungen geführt und für viele Fragen eine naturwissenschaftliche Antwort möglich gemacht. Die Theorie der gemeinsamen Abstammung, die Evolutionstheorie und auch die natürliche Auslese sind jedoch biologische Theorien, für die sich kaum eine breitere Öffentlichkeit interessiert hätte, wenn diese Theorien nicht auch Licht auf die Entstehung der Art Homo sapiens geworfen hätten. Falls der Mensch, und zwar nicht nur seine körperlichen Merkmale, sondern auch seine Vernunft und Moral, sich im Laufe der Evolution als Anpassungen an spezielle Bedingungen entwickelt haben, dann hat dies grundlegende Auswirkungen auf traditionelle, vor allem religiöse und ethische Vorstellungen. Schon in *Origin of Species* hatte Darwin bemerkt: «Light will be thrown on the origin of man and his history» (Darwin 1859b, S. 488). Die Frage nach der «Affenabstammung» des Menschen wurde bald zu einem der wichtigsten Kristallisationspunkte der Debatte um den Darwinismus. Darwin selbst nahm erst 1871 Stellung und bekannte sich unmißverständlich zu einer rein naturalistischen Erklärung der Entstehung des Menschen einschließlich seiner geistigen Fähigkeiten. Ein Teil der Wissenschaftler und der Öffentlichkeit begrüßte es, daß damit endlich ein zuvor unerklärliches Phänomen der wissenschaftlichen Vernunft und dem Verstehen zugänglich wurde. Ein anderer Teil stand dieser Aufklärung nicht nur desinteressiert, sondern mit ausgesprochenem Mißvergnügen gegenüber.

3.2 Würdigung und Wirkung

Schon wenige Jahre nach der Veröffentlichung von *Origin of Species* (1859b) wurde Charles Darwin zu einer fast mythologischen Figur. Während die Mehrzahl der Biologen und viele an der Naturforschung interessierte Laien ihn als den Begründer der Evolutionstheorie feierten, wurde er von anderen Autoren als Wegbereiter des Materialismus und Atheismus für den Niedergang traditioneller moralischer Werte verantwortlich gemacht. Diese kontroverse Einschätzung läßt sich mit nur geringen Abwandlungen bis in die Gegenwart verfolgen. Während die moderne Evolutionstheorie darwinistischer ist denn je und die umfassende Bedeutung des Selektionsprinzips weitgehend anerkannt wurde, werden auf der anderen Seite Darwin und seine Nachfolger mit den grausamsten Menschenvernichtungen des 20. Jahrhunderts in Verbindung gebracht. Darwin habe, so lautet der Vorwurf, durch seine Betonung des Kampfes ums Dasein dem Sozialdarwinismus und dem nationalsozialistischen Rassenwahn den Weg bereitet. In Anbetracht der Tatsache, daß Darwins Name als Schlagwort und seine Theorie als Programm die weltanschaulichen, religiösen und politischen Auseinandersetzungen des 19. und 20. Jahrhunderts begleitet hat, erscheint eine Darstellung seiner Wirkung auf wenigen Seiten vermessen. Statt dessen sollen zwei speziellere Probleme diskutiert werden, die aber für eine Beurteilung von Darwins Wirkung und Würdigung in der Gegenwart unerläßlich sind. Es handelt sich um die Frage nach dem Verhältnis von Darwins Theorien zum sogenannten *Sozialdarwinismus* und – daran anschließend – die Frage, aus welchen Motiven und Argumenten sich die Widerstände gegen Darwins Theorien speisen.

Die Frage, inwieweit Darwin für den sogenannten Sozialdarwinismus und die damit verknüpften Grausamkeiten verantwortlich sei, ist sehr unterschiedlich beantwortet worden. An dieser Stelle ist es nur möglich, Hinweise auf inhaltliche Probleme zu geben, ohne auf die historische Dimension einzugehen. Das zentrale Problem in diesem Zusammenhang ist, wie die Bedeutung des Kampfes ums Dasein für die Menschheitsgeschichte und Kulturentwicklung gesehen wird. Es ist nun zunächst eine empirische Frage, welche Auswirkungen bestimmte Selektionsbedingungen auf die biologischen Merkmale der Menschen hatten und wie stark die Menschen in der Gegenwart der natürlichen Auslese ausgesetzt sind. Seit Darwin waren viele Biologen davon überzeugt, daß das menschliche Gehirn als materielle Voraussetzung für jede Kulturentwicklung eine Anpassung an spezielle Umweltbedingungen darstellt und sich mit der natürlichen Auslese erklären läßt. Die Selektion war also eine wesentliche Ursache für die Entstehung der Menschheit, wie sie heute existiert. Es läßt sich auch kaum leugnen, daß in der Geschichte der Menschheit der Kampf ums Dasein in allen seinen Formen eine große Rolle gespielt hat. Gerade das 20. Jahrhundert hat in dieser Hinsicht noch einige besonders abschreckende Beispiele geliefert. Wenn man die Darwinisten dafür kritisiert, daß sie auf die Bedeutung von Gewalt für die organische Evolution und die Geschichte der Menschen hingewiesen haben, so muß man sich fragen, ob hier nicht der Überbringer der schlechten Nachricht für die Nachricht verantwortlich gemacht werden soll.

Ein anderes Problem ist die Bewertung dieser Situation und die Frage, welche praktischen und ethischen Schlüsse daraus zu ziehen sind. Es stellt sich vor allem die Frage, inwieweit das Selektionsprinzip ein geeignetes und ethisch gerechtfertigtes Mittel zur Verbesserung der Menschheit in der Gegenwart sein kann. Aus der Tatsache, daß die menschliche Evolution in der Vergangenheit vom Kampf ums Dasein geprägt war, wurde beispielsweise geschlossen, daß dies auch das beste Mittel zur weiteren Verbesserung der Menschheit sei. Dies ist der zentrale Gedanke des Sozialdarwinismus, in dem der Kampf von Völkern oder Klassen propagiert wurde. Sozialdarwinistische Strömungen zeichnen sich dadurch aus, daß sie aus der Existenz eines bestimmten natürlichen Vorganges, in diesem Falle des Kampfes ums Dasein, auf dessen Wert schließen. Dieser Schluß vom Sein auf das Sollen wurde im 19. Jahrhundert von T. H. Huxley (1894) und anderen Autoren kritisiert, ohne daß dies aber seine weite Verbreitung verhindert hätte.

Der Mißbrauch der Selektionstheorie im Sinne einer Rechtfertigung von ethisch inakzeptablen Handlungen wurde nun als Argument gegen diese Theorien vorgebracht. Der Darwinismus galt wegen seiner echten oder scheinbaren Nähe zur nationalsozialistischen Rassenpolitik als diskreditiert. Abgesehen von der Tatsache, daß das Verhältnis von Darwinscher Theorie und Nationalsozialismus keineswegs so eindeutig ist, wie dies oft suggeriert wurde, ist es ein offensichtlicher Denkfehler, von ethisch inakzeptablen Folgen der Anwendung einer Theorie auf die mangelnde Richtigkeit der Theorie selbst zu schließen. Denn ebensowenig wie die Möglichkeit eines Atomkrieges etwas über die wissenschaftliche Korrektheit der Atomphysik aussagt, ändert der echte oder angebliche Mißbrauch der Selektionstheorie etwas an ihrem wissenschaftlichen Status.

Im Kapitel 3.1 über die Erkenntnisse Darwins wurde an mehreren Stellen darauf hingewiesen, daß die verschiedenen Theorien Darwins ein unterschiedliches Schicksal hatten. Es gibt aber auch eine generelle Ablehnung der Evolutionstheorie (im weiteren Sinne), die sich vor allem an weltanschaulichen Differenzen festmacht. Wenn man untersucht, welche gesellschaftlichen Gruppen sich besonders für bzw. gegen Darwins Theorien ausgesprochen haben, so wird offenkundig, daß Zustimmung und Kritik keineswegs rein zufällig verteilt sind, sondern daß nationale, soziale, weltanschauliche und andere Voraussetzungen eine große Rolle spielen. So lassen sich beispielsweise für das 19. Jahrhundert signifikante Unterschiede in der Reaktion auf Darwin in Deutschland bzw. Frankreich zeigen. Selbst innerhalb Deutschlands gab es große regionale Abweichungen, die sich zum Teil auf konfessionelle Faktoren zurückführen lassen. Katholisch sozialisierte Wissenschaftler waren deutlich reservierter als protestantische (Junker & Richmond 1996). Allgemein läßt sich sagen, daß schon in den ersten Jahrzehnten nach 1859 die

Widerstände gegen Darwin zu einem großen Teil durch religiöse Motive bestimmt waren. Zwar ging nur ein Teil der Angriffe direkt von kirchlichen Kreisen aus, aber eine statistische Analyse zeigt, daß gläubige Naturforscher meist sehr viel kritischer waren als Agnostiker oder Atheisten. Es sollte allerdings beachtet werden, daß auch religiös motivierte Kritiker des Darwinismus diesen mit wissenschaftlichen Argumenten zu widerlegen versuchten. Ein mit offen religiösem Impetus vorgetragenes Anti-Darwin-Argument hätte es im 19. Jahrhundert sehr viel schwerer gehabt als ein wissenschaftliches. Der Grund, warum es religiös geprägten Autoren so schwerfällt, sich mit den Ergebnissen Darwins anzufreunden, ist darin zu vermuten, daß sie im Widerspruch zu mehreren weitverbreiteten Grundannahmen christlicher Weltanschauung stehen. Vor allem zu nennen sind die Vorstellungen, daß die Organismen von Gott erschaffen wurden und seither unveränderlich weiterexistieren, daß die Schöpfung sich durch Zweckmäßigkeit und einen Plan auszeichnet, und schließlich, daß es zwischen den Menschen als geistigen und moralischen Wesen einerseits und Tieren andererseits keinen Übergang geben könne (vgl. Mayr 1991).

Das große wissenschaftliche und öffentliche Interesse an Darwin und seinen Theorien dokumentiert, daß es ihm gelang, die vergänglichen Ideen seiner Zeit zu überschreiten. Bis heute wirken seine Theorien provozierend und inspirierend zugleich. Ein Blick in die modernen Lehrbücher zur Evolutionstheorie und in die biologischen Fachzeitschriften zeigt, daß Darwins evolutionstheoretische Vorstellungen lebendiger und aktueller sind denn je. Es hat sich weder die wissenschaftliche Fruchtbarkeit seines Forschungsprogramms erschöpft, noch ist ein Ende der weltanschaulichen Auseinandersetzungen um den Darwinismus abzusehen. Kein anderer Wissenschaftler des 19. Jahrhunderts hat unser modernes Weltbild – sowohl in der Biologie als auch über sie hinaus – stärker beeinflußt als dieser englische Forscher.

Jan Janko/Anna Matálová

JOHANN GREGOR MENDEL
(1822–1884)

1. Einleitung

Johann Gregor Mendels Name ist seit 1900 mit den bekannten Vererbungsgesetzen verbunden, die er bei seinen Pflanzenzüchtungen um 1865 entdeckte und als erster präzise formulierte. Die von ihm angewandte Versuchsanordnung und die statistische Methode der Auswertung der Ergebnisse waren zu seiner Zeit neu und wurden bei der Wiederentdeckung seiner Veröffentlichungen im Jahre 1900 als sensationell empfunden. Erst 16 Jahre nach seinem Tod wurde die Bedeutung seiner klassischen Arbeiten erkannt. Seitdem wurden seine Leistungen oft gewürdigt und sind mit der Entwicklung der Genetik im 20. Jahrhundert verbunden geblieben.

2. Lebensweg

2.1 Familie und Bildung

Johann Mendel (den bekannteren Vornamen Gregor nahm er erst 1843 bei seinem Eintritt ins Augustinerkloster in Alt-Brünn an) wurde wahrscheinlich am 22. Juli 1822 in Heinzendorf (jetzt Hynčice) im sogenannten Kuhländchen (tschechisch: Kravařsko), einer durch ihr Brauchtum ethnographisch charakteristischen Region an der Grenze von Mähren und Schlesien, geboren. Die Kirchenmatrikel von Groß-Petersdorf (Velké Vražné) sowie der Taufschein geben zwar das Datum 20. Juli an, aber Mendel und seine Familie hielten am Tage des 22. Juli fest. Sein Vater Anton (1789–1857), ein Bauerngrundbesitzer mit einer Vorliebe für Obstzucht, stammte aus einer Familie, die vielleicht während des Bauernkrieges im 16. Jahrhundert aus Südwestdeutschland ins Kuhländchen kam. Aus seiner Ehe mit Rosine Schwirtlich (1794–1862), deren Onkel Anton Schwirtlich (1758–1808) der erste Lehrer in Heinzendorf war, entstammten noch zwei Töchter, die ältere Veronica (1820–?) und die jüngere Theresia (1829–?), verehelichte Schindler. Ihr Sohn, Dr. med. Alois Schindler (1859–1930), Arzt in Zuckmantel, schrieb einige biographische und heimatkundliche Beiträge über seinen Onkel Mendel und seine Familie. Seiner Ansicht nach kann man den Namen Men-

Johann Gregor Mendel (1822–1884)

del etymologisch vom Ausdruck Mendele für einen kleinen Mann ableiten, der in Schwaben manchmal belegt ist.

Der junge Johann Mendel besuchte die Volksschule in seinem Geburtsdorf und wechselte 1833 zur Piaristen-Hauptschule in Leipnik (Lipník). Ein Jahr später begann er am Gymnasium in Troppau (Opava) zu studieren, wo er 6 Klassen mit ausgezeichneten Zensuren absolvierte, obwohl seine Eltern zum Ende der dreißiger Jahre verarmten und ihn nicht mehr unterstützen konnten. Er verdiente seinen Lebensunterhalt meistens durch den oft anstregenden, für seine Gesundheit nicht eben günstigen privaten Unterricht jüngerer Schüler. Das gilt auch für sein Studium an der Philosophischen Lehranstalt in Olmütz, das er wegen seiner Erkrankung 1841 abbrechen mußte. Dieses Studium konnte Mendel nur infolge des Verzichtes seiner Schwester Theresia auf einen Teil ihres Erbes 1843 beenden. Auf Empfehlung seines Professors P. Friedrich Franz wurde er ins Augustinerkloster in Alt-Brünn aufgenommen, wo ihm eine gute Ausbildung gewährleistet war. Am 9. Oktober 1843 wurde er als Novize eingekleidet. Das Ordensgelübde legte er am 26. Dezember 1846 ab, zum Priester wurde er am 6. August 1847 geweiht, und seine Primizmesse zelebrierte er am 13. August. In dieser Zeit studierte Mendel den Ordensvorschriften gemäß Theologie und besuchte auch die Vorlesungen zur Pomologie (Obstbaumzucht) bei Prof. Franz Diebl.

Das Augustinerstift genoß als eine der hervorragenden Stätten der Kunst und Wissenschaft in Mähren hohes Ansehen, vor allem infolge der vielseitigen Aktivitäten seines Abtes Cyrill Napp (1792–1867), der orientalische Sprachen, aber auch die Naturwissenschaften studierte. Unter den Mitbrüdern Mendels befanden sich bedeutende Persönlichkeiten wie der Goethe-Forscher und Hegelianer Thomas Bratranek (1815–1884), der als Professor der Ästhetik nach Krakau ging und dort sogar der Rektor der Universität wurde, der radikale tschechische Patriot Franz Matthäus Klácel (1808–1882), der den Sozialismus propagierte, aus dem Orden ausschied und 1869 nach Amerika emigrierte, Paul Křížkovský (1820–1885), ein ausgezeichneter Musiker, der einer der Lehrer Leo Janáčeks war, der Botaniker Aurelius Thaler (1769–1843), der das großes Herbarium des Klosters errichtete, das Mendels Ausbildung zugute kam. Sein Wirken im Kloster schilderte Mendel in seiner Autobiographie von 1850. Dazu hatte Mendel gute Voraussetzungen schon von Haus aus: Sein Neffe A. Schindler sagte in seiner Mendel-Gedenkrede 1902: «Gregor Mendels Vater hatte besondere Vorliebe für Obstbaumzucht und pflanzte sie frühzeitig seinem einzigen Sohne (...) ein, indem er ihn oft zum Okulieren und Pfropfen in den Garten mitnahm ...» (ibid., S. 81).

Wenn auch Mendel ein geistliches Amt (als Kooperator beim Pfarramt in Altbrünn) bekam, so zeigte sich bald, daß er wegen seiner Abscheu gegen Krankheiten für die Seelsorge untauglich war.

2.2 Aufgaben und Ämter

Die neue Bestimmung für die Pflichten eines Lehrers stellte für ihn eine Befreiung dar. Ab 7. Oktober 1849 lehrte er nämlich als Supplent (Hilfslehrer) am Gymnasium in Znaim (Znojmo) Mathematik, Deutsch, Griechisch und Lateinisch. Wegen seines Lehramtes unterzog sich Mendel am 16. August 1850 – erfolglos – den Prüfungen in Physik und Naturgeschichte vor der Lehramtsprüfungskommission in Wien. Nichtsdestoweniger unterrichtete Mendel im Frühling 1851 aushilfsweise Naturgeschichte an der Brünner Technischen Lehranstalt. Im Herbst dieses Jahres wurde Mendel von seinem Abt C. Napp für 4 Semester zum Studium an die Wiener Universität gesandt und hörte außer Mathematik, Physik und Chemie vor allem S. Fenzl (systematische Botanik), J. Kner (Zoologie), F. Unger (Physiologie und Anatomie der Pflanzen, Mikroskopie).

Nach Beendigung seiner Studien wirkte Mendel als Lehrer der Naturgeschichte und Physik (seit 1854) an der Oberrealschule in Brünn bis 1868. In diese Zeit fallen seine Versuche mit Pflanzenhybriden, begonnen im Frühjahr 1854, sowie die intensive Anteilnahme an der Arbeit der naturwissenschaftlichen Sektion der k.k. Mährisch-Schlesischen Gesellschaft zur Beförderung des Ackerbaues, der Natur- und Landeskunde (ordentliches Mitglied seit 1855). Am 5. Mai 1856 scheiterte auch sein zweiter Versuch, die Prüfungen in Wien abzulegen, infolge eines Nervenzusammenbruches, dem ernste Erkrankungen vorangingen und folgten. Diese Umstände beeinflußten jedoch nicht seine Forschungs- und Lehraktivitäten. Diese lagen damals vorwiegend auf dem Gebiete der Obstzucht und der meteorologischen und phänologischen Beobachtungen. Er trieb auch die Gründung des Naturforschenden Vereines in Brünn im Jahre 1862 voran und unternahm Reisen zu industriellen Ausstellungen in London (1862) und Italien (1863).

Am 8. Februar und 8. März 1865 las Mendel in den Sitzungen des Naturforschenden Vereines die Ergebnisse seiner Experimente an der Erbse und anderen Pflanzen, die im folgenden Jahre in der Gestalt eines Beitrages mit dem Titel *Versuche über Pflanzen-Hybriden* in den Verhandlungen des Naturforschenden Vereines in Brünn als klassisches Werk, ja als ein Grundstein der Genetik in die Geschichte der Wissenschaften eingingen. Die Vorlesung wurde anscheinend mit einem Wohlwollen, doch mit gewissem Mißbehagen wegen der statistischen Methodik von Mendels Bearbeitung der Forschungsresultate in der Brünner wissenschaftlichen Gemeinschaft angenommen, doch die ausländischen Forscher, die Mendels Beitrag bekamen, schwiegen (z.B. Charles Darwin). Zu den seltenen Ausnahmen gehörte der Münchener Pflanzenphysiologe Carl Wilhelm von Naegeli (1817–1891), der Mendels Ergebnisse nicht eben recht verstand und dem Pionier Kreuzungen von Arten des Habichtkrauts (*Hieracium*) empfahl. Die Korrespondenz Mendels mit Nägeli dauerte 8 Jahre (1866–1873), und Mendels Versuche mit dieser Pflanzengattung, crux botanicorum, führten zu Ergebnissen, die von seinem klassischen Werk über Pflanzenhybriden diametral divergierten. Wir können nicht ausschließen, daß Mendels Veröffentlichung dieser Ergebnisse – wiederum in den Verhandlungen – als Beitrag *Über einige aus künstlicher Befruchtung gewonnenen Hieracium-Bastarden* (1870) für eine Art Widerruf des klassischen Hybriden-Artikels gehalten wurde. Noch dazu führten die Anstrengungen bei der künstlichen Befruchtung der winzigen Habichtkrautblüten zu einer wesentlichen Verschlechterung von Mendels Augenlicht.

Neben meteorologischen Beobachtungen führte Mendel jetzt Versuche zur Veredelung der Honigbienen durch, die ihn zu führender

Stellung unter den mährischen Imkern verhalfen. 1871 baute Mendel ein Bienenhaus im Klostergarten, wo er verschiedene Rassen züchtete. Er bemühte sich vor allem um die kontrollierte Paarung der aus Italien importierten hellen Königinnen mit den einheimischen schwarzen Drohnen. Diese Hybridisationsexperimente, die die Spaltung der Merkmale auch im Tierreich beweisen sollten, gingen wahrscheinlich 1881 zu Ende. Mendel versuchte höchstwahrscheinlich auch, die von ihm vermuteten Elemente der Vererbung (heute Gene oder deren materielle Träger, Chromosomen) empirisch mit Hilfe eines Mikroskopes zu entdecken, was freilich unter den damaligen Möglichkeiten der Mikroskopie und Mikrotechnik ganz unmöglich war. Seine freie Zeit für die Forschung verengte sich doch wesentlich, als er am 31. März 1868 mit 11 von 12 Stimmen zum Abt seines Klosters gewählt wurde. Durch diese Wahl wurde Mendel in breitere Kreise der Politik einbezogen, deren Verpflichtungen zum stufenweisen Abbau seiner eigenen Forschungsaktivitäten nötigten.

Mendel sympathisierte als Politiker, im Unterschiede zu seinem Vorgänger, mit den deutschen Liberalen im mährischen Landtage, in dem er nun in der Funktion des Abtes als «geborenes» Mitglied (kraft seines Amtes) saß. Dieser Standpunkt bedeutete auch, daß er zu den Aspirationen der mährischen Landpatrioten sowie der sich emanzipierenden Tschechen einen skeptischen Standpunkt einnahm und 1872 das Komturkreuz des Franz-Joseph-Ordens erhielt. Aber das Gesetz, das den Ordensklöstern einen Beitrag für den Religionsfond auferlegte, brachte Mendel auch in Gegensatz zur liberalen Regierung in Wien. Er wies die Zahlung der nach diesem Religionsfondgesetz festgesetzten Steuer ab, was 1876 zur Pfändung im Kloster und dem Prozesse der Sequestration des Klostereigentums führte. Die zahlreichen Proteste, Beschwerden und Rekurse seitens des Abts blieben im langwierigen Streite, der Mendels Kräfte und Zeit erschöpft hatte, ganz erfolglos. Seine Gesundheit litt unter diesem Druck, und sein Siechtum dauerte mehrere Jahre. Er starb am 6. Januar 1884, und auf seinen Wunsch wurde seine Leiche seziert. Als Todesursache wurden eine chronische Nierenentzündung (Morbus Brightii) und ein Wasserödem erkannt. Am 9. Januar 1884 fand in der Stiftskirche die feierliche Einsegnung der Leiche statt. Das Requiem wurde vom später berühmt gewordenen Komponisten Leo Janáček dirigiert. Mendels sterbliche Überreste wurden auf dem Brünner Zentralfriedhof in der Ordensgruft begraben.

3. Lebenswerk

3.1 Mendels Hybridisationsversuche

Mit seinen berühmten Erbsenversuchen begann Mendel im Frühjahr 1854, als er das Kloster um die Bewilligung des Baues eines Gewächshauses, eines Treibhauses und um den Umbau einer Orangerie ersuchte. Die Veranlassung zu den Versuchen gaben künstliche Befruchtungen, die an Zierpflanzen vorgenommen wurden, um neue Farbvarianten zu erzielen. Das Ziel der Arbeit Mendels war es, die Entstehung und Entwicklung der Hybriden theoretisch und experimentell zu beweisen. Die wichtigste Quelle für diese Arbeit stellten die Beobachtungen und Versuche von Karl Friedrich Gärtner (1772–1850) (siehe unten) dar. Gärtner beschrieb auch die Umwandlung einer Art A in eine andere Art B – dies war auch Hauptthema der Schlußbemerkungen Mendels in seiner klassischen Studie. Mendel begründete diese Umwandlung als ein Komplementärverhältnis der antagonistischen Merkmalspaare, welche sich im Prozesse der Reproduktion und Kreuzung nicht auflösen. Die Komplementarität war nichts Neues für einen Physiker, aber sie war schwer zu verstehen für die Naturalisten, denen Mendel seinen Vortrag hielt. Mendel zeigte die Logik der Kreuzung eines A versus (kontra, gegen) einen B durch die Vereinigung eines A mit einem a oder kurz A:a oder A/a. Mendel bediente sich nicht des dialektischen Prinzips des Kampfes der Antagonismen, sondern der Komplementarität der Antagonismen. Der Begriff der Komplementarität spielte eine entscheidende Rolle auch im 20. Jahrhundert bei der Entdeckung des Paarungsprinzips der Basen in DNA durch Erwin Chargaff (geb. 1905). Chargaff benutzte wie Mendel die Idee der Komplementarität zur Ordnung von Daten in einem spiegelsymmetrischen Modell, und auf diese Weise arbeitete er mit Proportionalitäten.

Während der Jahre 1854 und 1855 prüfte Mendel sein Samenmaterial auf Stabilität der Merkmale. Die Auswahl der Pflanzen konzentrierte sich auf die Polaritätswerte einzelner Merkmale, deren Komplementarität Mendel testen wollte. Diese Polarität ist aus der Mendelschen Wahl der Merkmalspaare der Erbsen ersichtlich: aus dem Unterschied in der Gestalt der reifen Samen (rund zu kantig), aus dem Unterschied in der Färbung des Samenalbumens und in der Färbung der Samenschale, aus dem Unterschied in der Form der reifen Hülse, aus dem Unterschied in der Farbe der unreifen Hülse (licht- bis dunkelgrün komplementär zu lebhaft gelb gefärbt), aus dem Unterschied in der Stellung der Blüten (achsenständig zu endständig) und in der Achsenlänge (hoch zu kurz). Je zwei von den oben angegebenen differierenden Merkmalen (rund: kantig,

gelb: grün usw.) wurden durch Befruchtung, ingesamt 278 für die
7 Merkmalspaare, vereinigt. «In der weiteren Besprechung werden
jene Merkmale, welche ganz oder fast unverändert in die hybride
Verbindung übergehen, somit selbst die hybriden Merkmale reprä-
sentieren, als dominierende, und jene, welche in der Verbindung latent werden, als rezessive bezeichnet. Der Ausdruck rezessiv wurde
deshalb gewählt, weil die damit benannten Merkmale an den Hybriden zurücktreten oder ganz verschwinden, jedoch unter den Nachkommen derselben ... wieder unverändert zum Vorschein kommen»
(Mendel 1866, S. 10f.). In dieser Weise erklärte Mendel die Unifor-
mität der Hybriden der ersten Generation, die Komplementarität
der antagonistischen Elemente (d.h. dominant: latent) und deren
Stabilität. Er zeigte ausdrücklich, daß die für die Merkmale verant-
wortlichen Elemente nicht verschmelzen, obwohl es so aussehen
kann, sondern später wieder in vollem Umfang auftreten und daß es
gleichgültig ist, bei welchem Elter das eine Merkmal und bei welchem sein Gegenstück vorhanden ist: Solche reziproken Kreuzungen sind gleich.

Die Nachkommen dieser Hybriden (in der heutigen Terminologie
die zweite, bei Mendel die erste Generation der Hybriden) wurden
nicht mehr uniform, sondern zeigten die Aufspaltung zwischen dominanten und rezessiven Merkmalen im Verhältnis 3:1. Beim Verfolgen der weiteren Bastardgenerationen entdeckte Mendel, daß die
rezessive Pflanzenform in ihren Nachkommen konstant bleibt und
nicht variiert. Im Gegenteil, die dominierende Pflanzenform spaltet
sich wieder auf. Die statistische Bewertung der Ergebnisse dieser
Kreuzungen führte zu folgender Vorstellung (Mendel 1866, S. 16f.):
«Das Verhältnis 3:1, nach welchem die Verteilung des dominieren-
den und rezessiven Charakters in der ersten Generation erfolgt, löst
sich demnach für alle Versuche in die Verhältnisse 2:1:1 auf, wenn
man zugleich das dominierende Merkmal in seiner Bedeutung als
hybrides Merkmal und als Stamm-Charakter unterscheidet. (...) Bezeichnet A das eine der beiden konstanten Merkmale, z.B. das dominierende, a das rezessive, und Aa die Hybridform, in welcher
beide vereinigt sind, so gibt der Ausdruck A+2Aa+a die Entwicklungsreihe für die Nachkommen der Hybriden je zweier differierender Merkmale.» Damit bestätigte Mendel die von Gärtner, Koelreuter und anderen gemachte Beobachtung, daß Hybriden die Neigung
besitzen, zu den Stammarten zurückzukehren. Mendel erstellte ein
Idealmodell für n Generationen der Hybriden, in dem das Verhältnis
der Pflanzen mit den Merkmalen A:Aa:a dann $2^n-1:2:2^n-1$ sein
wird.

Mendel prüfte, ob die gefundene Entwicklungsreihe auch für je
zwei differierende Merkmale gilt, wenn mehrere verschiedene Cha-

raktere durch Befruchtung in der Hybride vereinigt sind. Hier kam Mendel zu dem Schluß, daß die Nachkommen der Hybriden, in welchen mehrere wesentlich verschiedene Merkmale vereinigt sind, die Glieder einer Kombinationsreihe darstellen, in der die Entwicklungsreihen für je zwei differierende Merkmale verbunden sind. Alle konstanten Verbindungen, welche bei der Erbse durch Kombinierung der angeführten 7 charakteristischen Merkmale möglich sind, wurden durch wiederholte Kreuzung auch wirklich erhalten. Ihre Zahl ist durch $2^7 = 128$ gegeben. Damit lieferte Mendel den Beweis, «daß konstante Merkmale, welche an verschiedenen Formen einer Pflanzensippe vorkommen, auf dem Wege der wiederholten künstlichen Befruchtung in alle Verbindungen treten können, welche nach den Regeln der Kombination möglich sind» (ibid., S. 23). Die Selbstbefruchtung der Hybriden hat Mendel gezeigt, daß die verschiedenen konstanten Formen an einer Pflanze sogar in einer Blüte derselben erzeugt werden. Das war der Beweis, daß in den Fruchtknoten der Hybriden so vielerlei Keimzellen und in den Antheren so vielerlei Pollenzellen gebildet werden, wie konstante Kombinationsformen möglich sind. Es bleibt ganz dem Zufall überlassen, welche von den beiden Pollenarten sich mit jeder einzelnen Keimzelle verbindet.

Mendel führte auch die Versuche mit Hybriden anderer Pflanzenarten, wie *Phaseolus multiflorus*, *P. nanus* und *P. vulgaris*, *Aquilegia*, *Dianthus*, *Nicotiana* u.a. durch. Seine Versuche überzeugten ihn, daß die sich an den Erbsenpflanzen zeigenden Gesetzmäßigkeiten auch bei anderen Pflanzen gelten. Er fand auch eine neue Erklärung für die Veränderlichkeit der Kulturpflanzen: «Verschiedene Erfahrungen drängen zu der Ansicht, daß unsere Kulturpflanzen mit wenigen Ausnahmen Glieder verschiedener Hybridreihen sind, deren gesetzmäßige Weiterentwicklung durch häufige Zwischenkreuzungen abgeändert und aufgehalten wird» (ibid., S. 37). Seine Versuchspflanzen ließ der Abt an die Decke in seiner Residenz aufmalen.

In den Schlußbemerkungen seiner Arbeit machte Mendel auf die Schwierigkeiten aufmerksam, die mit dem Suchen nach den Stammformen der Hybriden verbunden sind. Er setzte sich auch mit den Erkenntnissen von Gärtner und Wichura auseinander, die um die «konstanten Hybriden» und die Umwandlung der Arten auf dem Wege der Hybridisierung kreisten. Von seinen Zeitgenossen unterschied sich Mendel durch die Annahme zweier, komplementär antagonistischer Stammformen. Damit steht Mendel im Gegensatz zu den Naturphilosophen und Evolutionisten, die für den Anfang der Entwicklung eine Urform oder einen Urtypus voraussetzten. Für die in ihren Merkmalen konstante Nachkommenschaft einer Hybride kann nur eine vollständige Angleichung der Elemente beider elterlichen Geschlechtszellen verantwortlich sein, ähnlich wie bei einer selbständigen Art. Er begrüßte auch Gärtners Idee, daß der Spezies feste Grenzen gesteckt sind, über welche hinaus sie sich nicht zu ändern vermag. Darin verneinte Mendel die damals expandierende Darwinsche Konzeption der fließenden Grenzen zwischen den Arten.

Die durch diese klassischen Versuche aufgezeigten Gesetzmäßigkeiten wurden dann, am Beginn des 20. Jahrhunderts, als drei sogenannte Mendelsche Gesetze oder Regeln formuliert (Uniformitäts- und Reziprozitätsgesetz, Spaltungsgesetz, Unabhängigkeitsgesetz oder Gesetz der Neukombination): Die Entstehung einer Hybride erfolgt als Vereinigung zweier oder mehrerer differierender Anlagen (Elemente), zwischen denen eine Art Vermittlung (A:a) stattfindet. In den Erbsenversuchen ist diese Vermittlung als Dominanz und Rezessivität zu verstehen. Die Hybriden besitzen die Tendenz, zu den Stammarten zurückzukehren. Dieser Prozeß wird durch die Segregation der Elemente aus den hybriden, erzwungenen Vereinigungen ermöglicht. Das Gesetz der Kombination der differierenden Merkmale, nach welchem die Entwicklung der Hybriden erfolgt, findet demnach seine Begründung in dem erwiesenen Satze, daß die Hybridpflanzen Keim- und Pollenzellen erzeugen, welche in gleicher Anzahl allen konstanten Formen entsprechen, die aus der Kombination der durch Befruchtung vereinigten Merkmale hervorgehen. Diese Spaltung der Hybride auf elementarer Ebene wird durch das im Idealfall ausgeglichene (A=a) Verhältnis 1:2:1 (dominant: hybrid: rezessiv) mittels Kombinationsreihen begründet. Auf der Erscheinungsebene der Gestalt oder der Form ist die 1:2:1 Symmetrie des partikulären Modells durchbrochen und wird durch ein Verhältnis von 3:1 zwischen dominanten und rezessiven Merkmalen ersetzt.

In seiner Arbeit führte Mendel ein paralleles konsistentes System zur Welt der Organismen ein. Die Einheit dieses genotypischen Systems ist die Anlage (Faktor, Element). Die Anlagen bilden eine Organisation, die die Beschaffenheit der Zelle ihnen ermöglicht. Die Wechselwirkung der Anlagen wird durch Dominanz und Rezessivität bestimmt. Die Organisation der Anlagen in der befruchteten Eizelle ist nur vorübergehend. Mendel verfolgte vor allem die hybride Organisation der Elemente, die Variabilität hervorrief. Der Titel seiner Arbeit zeigt klar das Thema seiner Forschung. Den Vermittlungsprozeß zwischen den Elementen demonstriert Mendel durch den Doppelpunkt oder das Fragment (:,/). Dies wurde im damals herrschenden darwinistischen Konzept des Kampfes antagonistisch fehlinterpretiert.

In seinen Hybridisationsversuchen bewertete Mendel die Vereinigungen der Vererbungselemente vom verschiedenen Grad der Heterogenität. Die Heterogenität bezieht sich auf die genetische Information, die aus der Struktur und materiellen Beschaffenheit der Zelle resultierte. Die heterogenen Verbindungen (z. B. AaBbCc) behandelte der Forscher als eine erzwungene Vereinigung, deren Elemente die Tendenz besitzen, aus dieser Verbindung herauszutreten. In keinem Fall betrachtet Mendel die Zusammensetzung des rezessiven Elementes, aber er erwog ein heterogenes Element für die Blütenfarbe, das dominant war. Dies erwies sich wichtig im Zusammenhang mit der späteren Entdeckung der Insertion, die den dominanten Faktor blockiert. Es gibt nur das Programm für die runzlige Form des Samens, aber kein Programm für seine rezessive kantige Form. Diese Erscheinung kann nur als Komplementarität verstanden werden. Die neueren Molekularstudien über die Insertion, die den dominanten Faktor für die Form des Samens hindert, sich zu realisieren, sind ganz im Einklang mit Mendels komplementärem Konzept der Entwicklung der Hybriden.

Aus der Arbeit Mendels geht hervor, daß er imstande war, die Kräfte der Vererbung auf ein System der Elemente verschiedener Komplexität zurückzuführen und die Veränderlichkeit der organischen Formen aus den verschiedensten Wechselbeziehungen zwischen diesen Elementen in hybriden Vereinigungen abzuleiten. Den Faktor für die grüne Farbe des Samens verfolgte er durch die gelbsamige Hybride, wo die gelbe Farbe eben als Favoritin schien, bis in die dritte Generation, wo der grüne Samen wieder auftrat. Vom Standpunkt der Reversibilität war das Auftreten der grünen Farbe aus den Voreltern ein Rückschlag, der für die Evolution nicht wünschenswert war.

Die späteren Versuche mit der Gattung *Hieracium* – Habichtskraut – konnten jedoch die bisherigen Ergebnisse Mendels nicht bestätigen. Auf die Empfehlung C. von Naegelis kreuzte Mendel verschiedene Arten dieser Pflanze und pflanzte die Mischlinge der 7 Arten an. Die erste Hybridengeneration war aber nicht einförmig, und in den weiteren Generationen trat die Spaltung nicht auf, aber die Nachkommen zeigten sich als konstant. Die zytologischen Gründe wurden erst 1907 erklärt (Apogamie, parthenogenetische Samen). Mendel mußte seine früheren Resultate relativieren, erwog auch die Möglichkeit von Störungen im genetischen System unter dem Einflusse kosmischer und tellurischer Kräfte. Diese Thematik zwang Mendel auch zur größeren Teilnahme am Darwinschen Diskurs, namentlich in seiner Korrespondenz mit von Naegeli.

3.2 Zeitgeschichtlicher Hintergrund des Werkes

Mendels klassische Versuche pflegt man in die Reihe der Hybridenforschung zu stellen, aber eine solche Einreihung gilt nur unter gewissen Bedingungen. Die Versuche mit der Kreuzung von Arten und Abarten usw. entstanden zur Lösung verschiedener Fragen, die zu verschiedenen Zeiten immer einen anderen Sinn und Zweck angenommen haben. Solche Unterschiede im zeitbedingten Diskurs darf man nicht unterschätzen, wenn man den Sinn der Mendelschen Entdeckung richtig verstehen will.

So gehören die manchmal zitierten Versuche Joseph Gottlieb Koelreuters (1733–1806) und noch Anton Friedrich Wiegmanns (1771–1853) zu denen, die das Wesen der Sexualität und der Befruchtung bei Pflanzen beantworten sollten. Koelreuters *Vorläufige Nachricht von einigen das Geschlecht der Pflanzen betreffenden Versuchen und Beobachtungen* (1761–1766) freilich führten erstmalig die richtige Methodik der Bastardierungsversuche ein, die auch andere Forscher benutzen konnten. Wiegmann wollte eine Preisfrage der Preußischen Akademie der Wissenschaften («Gibt es eine Bastardbefruchtung im Pflanzenreich?») aus dem Jahre 1819 beantworten; im Hintergrund lag freilich auch die Linnésche Hypothese der Entstehung der neuen Arten durch Bastardierung. In seiner Abhandlung *Über die Bastarderzeugung im Pflanzenreiche* (1828) konstatierte er den Einfluß des Vaters auf die Merkmale der ersten Hybridengeneration und die Möglichkeit, durch Kreuzungen auch fruchtbare Samen zu gewinnen.

Der genetischen Problematik bedeutend näher standen Versuche des französischen Pflanzenzüchter Michel Sageret (1763–1851) mit Melonenrassen, die in der klassischen Abhandlung *Considération sur la production des hybrides, des variantes et des variétés en géneral, et sur celles de la famille des Cucurbitacées en particulier* (1826) veröffentlicht wurden. Sageret kreuzte die Pflanzen mit deutlich unterscheidbaren Merkmalspaaren und konnte aus diesem Grunde erkennen, daß sich «die Merkmale nicht vermischten ..., sondern daß sie ganz eindeutig entweder dem einen oder dem anderen Eltern gleichen» (zitiert nach Stubbe 1965, S. 100). In der Möglichkeit der Kombination verschiedener Merkmale sah er die Hauptquelle der unermeßlichen Mannigfaltigkeit der Formen im Pflanzenreich. Als erster führte er den Begriff «dominieren» in die Fachterminologie ein. Diese Ergebnisse bestätigte später Karl Friedrich Gärtner (1772–1850), nachdem er einige Preisfragen der Akademie der Wissenschaften zu Haarlem betreffend die Erzeugung neuer Arten und Abarten durch die künstliche Befruchtung beantwortet hatte. Seine *Versuche und Beobachtungen über die Bastarderzeugung im Pflan-*

zenreich (deutsche Version 1849) zeigten darüber hinaus, daß die Produkte der Kreuzungen nur im Bereich der kombinierten Elternmerkmale variieren können und daß man keine Erzeugung neuer Arten erwarten darf.

Den nächsten, sehr bedeutenden Schritt zum Erkennen der Gesetzmäßigkeiten der Vererbung tat der französische Forscher Charles Naudin (1815–1899), der hauptsächlich mit Datura-Arten und Petunien experimentierte. Auch seine Arbeit *Nouvelles recherches sur l'hybridité dans les végétaux* (1863) beantwortete die Preisfragen einer Akademie der Wissenschaften, in diesem Falle der französischen. Naudin bestätigte die Einförmigkeit der ersten Bastardgeneration und betonte die extreme Verschiedenheit (variation désordonnée) der Formen von der zweiten Generation ab, die er auf die spezifische Segregation (disjonction spécifique) der elterlichen Essenzen zurückführte. Er brachte auch neue Beweise der Identität reziproker Kreuzungen bei und widerlegte die Bildung neuer Arten durch Hybridisierung. Naudins Ergebnisse waren denen von Mendel sehr ähnlich, aber Mendels statistische Begründung und Bewertung fehlten ihnen. Naudin formulierte auch interessante theoretische Vorstellungen über das Wesen der Erblichkeit, die man im Gegensatz dazu im Werke des bedachtsamen Mendel nicht finden kann. Mendel konnte diese Erkenntnisse in seinen Versuchen nicht benutzen, zitierte aber die Ergebnisse der Weidenkreuzungen des schlesischen Forschers Max Ernst Wichura (1817–1866), die 1865 publiziert wurden.

Noch bedeutender für Mendels intellektuelle Entwicklung waren die Erfahrungen und Aktivitäten in seinem mährischen Milieu. An den alten Vorstellungen über Mendel als einem isolierten Forscher und stillen Mönch kann man nicht mehr festhalten. In Mähren entstand eine spezifische Situation der Entwicklung der intellektuellen Aktivitäten, die praktische Interessen mit theoretisch begründeter Forschung zu verknüpfen ermöglichte. Die institutionelle Grundlage für eine solche Entwicklung bildete vor allem die k.k. [kaiserlich-königliche] Patriotisch-ökonomische Gesellschaft (gegründet 1770), die sich um die Wende des 18. zum 19. Jahrhunderts mit den kleineren Vereinen der Naturfreunde vereinigte. Durch die Förderung seitens der weltoffenen mährischen Aristokratie, vor allem des Eisenhüttenunternehmers Altgraf Hugo Salm-Reifferscheidt (1776–1836), und durch die unermüdliche organisatorische Aktivität des Sekretärs dieser Gesellschaft, Christian Carl André (1763–1831), entstand nun die Institution, die in sich die Merkmale der Akademie der Wissenschaften und gleichzeitig auch der ökonomisch orientierten Vereinigung zusammenfaßte (1806). André bemühte sich nachdrücklich um die Durchforschung der Naturschätze Mährens und ihre praktische, wirtschaftliche Ausnutzung.

Wegen der reichen Tuchindustrie wurde vor allem die Schafzucht gefördert. Nach der Einfuhr der edlen Merinoschafe aus Spanien im 18. Jahrhundert wurden bald die forschrittlichen englischen Methoden der Schaf- und Rinderzucht angewandt, vor allem durch Ferdinand Freiherr von Geißler (1751–1824), den «mährischen Bakewell». Als Fachverein der Ackerbaugesellschaft entstand 1814 der Schaftzuchtverein, durch André gegründet, dessen Sohn Rudolf schon zwei Jahre später ein Handbuch für Schafzüchter herausgab. Einen ähnlichen Verein für Obstzüchtung begründeten 1816 Ch. C. André und Johann Sedláček von Harkenfeld (1750–1827), der die Hybridisation als eine wirksame Züchtungsmethode empfahl. Die 1811 durch André begründete Zeitschrift *Oekonomische Neuigkeiten* half, die landwirtschaftlichen und industriellen Unternehmer in ganz Mitteleuropa mit den neuen Methoden und Erkenntnissen vertraut zu machen, während die Mitteilungen der Ackerbaugesellschaft das Forum für die Erfahrungen vor allem der mährischen Landleute darstellte. Solcherweise bildete sich vom Anfang des 19. Jahrhunderts an in Mähren eine sehr offene, innovationsfreundliche intellektuelle Umgebung aus.

Theoretische Aspekte der züchterischen Problematik entwickelten hauptsächlich zwei Professoren der Landwirtschaft, Johann Karl Nestler (1783–1841) in Olmütz und Franz Diebl (1770–1859) in Brünn (Diebl gab auch die erste tschechisch geschriebene Zeitschrift, vorwiegend landwirtschaftlichen Inhalts, heraus). Beide schrieben Hand- und Lehrbücher ihrer Disziplinen, wo sie die Bedeutung der methodisch begründeten Erforschung der biologischen Gesetzmäßigkeiten, einschließlich der Vererbung, betonten. Namentlich für Nestler stellte die Frage des Vererbens die dringlichste Thematik für die gegenwärtige Forschung dar. Er nahm 1836 an der Debatte des Schafzuchtvereins in Brünn teil, wo der Abt C. Napp als Schlüsselfrage artikulierte, was vererbt wird und wie. Keineswegs ging es ihm um eine Theorie des Züchtungsvorganges. Diese bisher nur theoretisch aufgefaßten Aufgaben konnte dann Mendel in sein Forschungsprogramm transformieren.

Dieses hing eng mit der praktischen Fragen der Zierpflanzenzüchtung zusammen. Darin war ihm vor allem der Gärtner Jan Tvrdý (1805–1883) behilflich, der sich durch die Zucht neuer Sorten von Johannisbeeren auszeichnete. Mit einem anderen Brünner Gärtner, M. Frey, veredelte er auch Fuchsien und veröffentlichte eine Mitteilung über die Methoden der künstlichen Bestäubung der Pflanzen, die dann sicher auch von Mendel selbst benutzt wurden. Mendel sprach sich darüber in der Einführung zu seinem klassischen Werke sehr klar aus: «Künstliche Befruchtungen, welche an Zierpflanzen deshalb vorgenommen wurden, um neue Farbenvarianten zu erzielen, waren die Veranlassung zu den Versuchen (...) Die auffallende Regelmäßigkeit, mit welcher dieselben Hybridformen immer wiederkehren, so oft die Befruchtung zwischen gleichen Arten geschah, gab die Anregung zu weiteren Experimenten, deren Aufgabe es war, die Entwickelung der Hybriden in ihren Nachkommen zu verfolgen» (Mendel 1866, S. 3).

Auch die meteorologischen Beobachtungen und ihre mathematisch-statistische Bearbeitung stellten für Mendel eine gute Vorbereitung zur Bewältigung der quantitativen Aspekte seiner Hybridenforschungen dar. Die Hauptmethodik der meteorologischen Arbeiten lernte er wahrscheinlich schon in Troppau kennen, wo der dortige Gymnasiallehrer Faustin Ens (1782–1858), ein bekannter Heimatforscher, Beobachtungen in dieser Richtung verwirklichte oder organisierte. In Brünn arbeitete Mendel mit dem Arzt J. Olexík zusammen, der offizieller Beobachter des Wiener Zentralinstituts für Meteorologie und Erdmagnetismus war. Nach der Erkrankung Olexíks 1878 übernahm Mendel dessen gesamte Verpflichtungen. Noch wichtiger wurde für Mendel die Zusammenarbeit mit dem Wiener Meteorologen und Phänologen Carl Fritsch (1812–1879), der bei der Begründung des Wiener Instituts 1851 aus Prag nach Wien gekommen war. Mendels meteorologischen Beiträge sind in den Jahren 1863–1882 erschienen, und zwar in den *Verhandlungen des Naturforschenden Vereins* und in der Zeitschrift der österreichischen Gesellschaft für Meteorologie. Sehr wertvoll ist der Artikel «Die Windhose vom 13. October 1870» (1871); die letzte wissenschaftliche Mitteilung Mendels ist ebenfalls meteorologischen Inhalts, sie betrifft das Gewitter in Brünn und Blansko 1882.

Für Mendel bedeutete viel auch sein Verkehr mit naturwissenschaftlich orientierten Kollegen, mit denen er im Naturforschenden Verein zusammentraf – aus dieser Reihe ist auf einige bedeutendere Persönlichkeiten aufmerksam zu machen. Für die mikroskopischen Interessen Mendels war gewiß der Algologe Johann Nave (1829–1864) – neben Mendels Wiener Lehrer Unger – wenigstens zum Teil verantwortlich. Der Physiker Alexander Zawadzki (1798–1868) beeinflußte Mendel in seinem Interesse für meteorologische Beobachtungen, der Botaniker und Geologe Alexander Makowsky (1823–1908) half ihm gewiß beim Erkennen der mährischen Flora. Sehr nahe stand ihm Gustav Niessl von Mayendorf (1839–1919), der zwar eigentlich Meteoritenforscher und Professor an der Technischen Hochschule Brünn war, sich aber mit Vorliebe mit Pilzen und Pflanzen beschäftigte (er war ein bekannter Kenner der *Pyrenomyceta*). Er hinterließ kurze, doch wertvolle Erinnerungen an seinen Freund.

4. Wirkung

4.1 Das Schweigen bis zur «Wiederentdeckung»

Mendels klassischer Beitrag *Versuche über Pflanzen-Hybriden* wurde sehr verschieden angenommen. Seine mährischen und schlesischen Landsleute in der heimatlichen Tradition der Verknüpfung der Theorie mit der Praxis hießen ihn willkommen und hielten den Verfasser für einen erstklassigen Naturforscher, wenn auch die ungewöhnliche mathematische Form ein gewisses Befremden weckte. Die ausländischen Forscher jedoch schwiegen still. Dieses Schweigen war zwar nicht so absolut, wie man früher annahm, aber die führenden Gelehrten, vielleicht mit der einzigen Ausnahme von C. von Naegeli und dem russisch-deutschen Botaniker Iwan F. Schmalhausen (1849–1894, dem Vater des bekannten Evolutionsforschers I.I. Schmalhausen), blieben dem Werk Mendels fremd und versuchten nicht einmal, die Mendelschen Ergebnisse experimentell zu widerlegen.

Die neuere Forschung fand verschiedene Zitationen von Mendels Artikel vor der «Wiederentdeckung» im Jahr 1900, ebenso wie Belege dafür, daß einige Sonderdrucke dieser Studie in den Bibliotheken bedeutender Persönlichkeiten oder Institutionen vorhanden waren. Obwohl Naegeli in seinem Hauptwerk (1884) Mendel nicht zitierte, kann man anhand eines Vergleichs seiner spekulativen Studien über die Vererbung aus den 60er Jahren und dieses Buches schließen, daß er hier von Mendel terminologisch und zum Teil auch konzeptuell beeinflußt wurde. Für die Kritik des Darwinismus benutzte der deutsche Botaniker H. Hoffmann in seiner umfangreichen Studie (1869) auch die Mendelschen Ergebnisse. Er betonte dabei den Rückschlag der Mischlinge zu den elterlichen Formen. Die Hauptquelle für die nächste Generation der Erblichkeitsforscher, die auch den Weg zur Wiederentdeckung frei machte, war aber W. O. Fockes Buch *Die Pflanzen-Mischlinge* (1881), das eine erschöpfende Darstellung der Hybridenforchung seiner Zeit lieferte. Focke meinte, daß Mendels Versuche den Versuchen des englischen Pflanzenphysiologen und Züchters Th. A. Knight (1759–1838) ähnlich seien, und hob auch Mendels Überzeugung von den konstanten Verhältnisse der Hybridenformen untereinander hervor. Die entsprechenden Stellen sind freilich mit einer gewissen Distanz artikuliert.

Es fragt sich natürlich, warum die damalige Hybridenforschung unfähig war, an Mendels Ergebnisse unmittelbar anzuknüpfen. Mendels fehlende Autorität bei den Koryphäen der Wissenschaft oder die Publikation in einer immerhin peripheren Zeitschrift, das alles spielte gewiß eine Rolle, jedoch nicht die ausschlaggebende. Die Hauptursache des langen Schweigens und des Ausbleibens einer Antwort lag eigentlich im Zeitgeist, der durch den expansiven Darwinismus gebannt wurde und den analytischen Lösungen abhold war. Diese Umstände waren auch das Schicksal der Naudinschen Experimente, nicht nur das Werk Mendels allein. Der Darwinismus unterstrich die Veränderlichkeit der Formen, die Neuentstehung der Arten und Abarten, die Rolle des Milieus bei der Veredlung der Organismen; Mendels Betonung des Zurückfallens der Hybriden zu den elterlichen Typen wirkte auf die Anhänger der Deszendenzlehre befremdlich und unbehaglich. Mendels Entdeckung mußte seiner Zeit und seines Verständnisses noch lange 35 Jahre harren, also der Epoche, in der sich die Spaltung im Lager der Evolutionisten bemerkbar machte und die Entwicklung der biologischen Disziplinen, vor allem der Zytologie, Hoffnung auf eine Lösung der Vererbungsprobleme auch in dieser Richtung weckte.

4.2 Das Verhältnis zum Darwinismus

An dieser Stelle sei kurz das Verhältnis Mendels zum Darwinismus überprüft. Es ist aus der Literatur bekannt – und man kann auch in der Klosterbibliothek dokumentieren –, daß Mendel Darwins Schriften (in deutschen Übersetzungen) und darwinistische Literatur mit Eifer sammelte und studierte. «Mendel kaufte alle Werke Darwins gleich nach dem Erscheinen, und es berührt uns eigentümlich, in der Klosterbibliothek fast die ganze darwinistische Literatur der sechziger und siebziger Jahre vorzufinden» (Iltis 1924, S. 66; vgl. auch Richter 1943, S. 174). Das bedeutet aber keineswegs, daß Mendel der Darwinschen Prägung der Deszendenzlehre zustimmte. Als Naturforscher mußte er sich natürlich mit der neuen gesamtbiologischen Theorie auseinandersetzen und ihren möglichen Einfluß auf seine eigenen Ergebnisse und ihre Annahme berücksichtigen. Daher kam auch seine augenfällige Zurückhaltung beim Erklären oder bloß Aufzeigen seines eigenen theoretischen Ausgangspunktes: Er wollte einfach nicht, daß die Darwinisten seine Forschung ideologisch (damit war auch die institutionelle Vorherrschaft der Fortschrittler verknüpft) *a limine* abweisen könnten. Also können wir in seinen Hybridenartikeln keinen eindeutigen Diskurs zur darwinistisch aufgefaßten Problematik finden, aber die Ergebnisse sprechen klar dafür, daß es hier, ebenso wie in den Versuchen von Mendels Vorgängern, z.B. Gärtners, auch um die Entstehung neuer Arten ging. Das wird klar aus seiner Bemerkung zu Niessls Versuchen über den Einfluß des Milieus auf die Scharbockskräuter: «Er (d.h. Mendel) meinte damals halb scherzhaft: So viel sehe ich schon, daß es auf diesem Wege die Natur im Speciesmachen nicht weiter bringt; da muß noch irgend etwas mehr dabei sein! Die um die Zeit in Dominanz tretende Darwinsche Lehre fand deshalb auch nicht ganz seine begeisterte Zustimmung, und er begann nun die systematischen Versuche mit den Erbsen-Hybriden» (Niessl, zit. nach Křiženecký 1965a, S. 110).

Der erste Biograph Mendels, Hugo Iltis, interpretierte 1924 Mendels Ansichten zu stark darwinistisch, wahrscheinlich weil er im Geiste des damaligen Szientismus seine theoretischen und methodologischen Einstellungen als vorgreifend und fortschrittlich zeigen wollte. Mendel unterstrich viele Stellen in Darwins Werken, aber es blieb eine offene Frage, ob diese Unterstreichungen seine Zustimmung oder sein Mißfallen bedeuten. Eine vermutliche Antwort kann man nur im Zusammenhang mit der komplexen Beurteilung des «Rätsels» Mendel versuchen. Jedoch steht fest, daß Mendels Regeln eine Herausforderung der herrschenden biologischen Doktrin darstellten. Mendelismus steht im Gegensatz zur Annahme der verschmelzenden Erbanlagen (blending inheritance), um welche die Ansichten von Darwin und Francis Galton (1822–1911) kreisen. Mendel gab eigentlich eine sehr treffende Antwort auf die bekannte Einwendung Jenkins, daß unter den Bedingungen der verschmelzenden Erbanlagen die Vorstellung der Erhaltung ursprünglich gewiß nicht zahlreicher neuer Formen ganz unmöglich bleibe. Niessl erinnerte sich, «daß Mendel mit seinen Versuchen eine Lücke im Darwinschen System auszufüllen hoffte» (Iltis 1924, S. 66). Aber der ursprüngliche Antagonismus zwischen Mendelismus und Darwinismus blieb immer bestehen, zu manchen Zeiten offen, zu anderen Zeiten latent, wie der Streit der darwinistisch orientierten Biometriker mit den Mendelisten um William Bateson (1861–1926) gleich nach der Jahrhundertwende zeigte. Die mühsame Verbindung des Mendelismus mit der evolutionistischen Doktrin, bekannt als die «synthetische Theorie der Evolution», konnte zwar die beiden Komponenten als komplementäre Teile zeigen, aber die grundsätzlichen Unterschiede und Gegensätze blieben trotz der theoretischen Erörterungen von Chetverikov, Huxley, Dobzhansky, Haldane, Mayr u. a. (seit den dreißiger Jahren des 20. Jahrhunderts) bisher in etlicher Hinsicht unvermittelt.

Die kreative Komplementarität der antagonistischen Elemente in der Theorie Mendels und der Kampf der Antagonismen in der Theorie Darwins stehen im Widerspruch. Erst wenn wir die Theorie Mendels für den Bereich der genetischen Information und den Kampf ums Dasein der Organismen bestimmen, sind beide Theorien kompatibel. Mendel war kein Darwinist, Darwin war kein Genetiker.

4.3 Hindernisse und Wege der «Wiederentdeckung»

Die mathematisch-statistische Einkleidung des Mendelschen Werks könnte auch teilweise zum Mißverständnis beitragen, aber gewiß nicht in dem Maße, wie einige Forscher noch um die Mitte des 20. Jahrhunderts annahmen. Die mathematischen und symbolischen Präsentationsweisen der biologischen Erkenntnisse wurden damals relativ oft vertreten, namentlich in den Ländern der habsburgischen Monarchie. Die mit der alten Naturphilosophie verbundenen Darstellungsweisen (Phyllotaxie, Quincunx-Spekulationen, numerische Taxonomie) waren schon in den Hintergrund getreten, aber fast gleichzeitig entstanden neue Richtungen, wie Schwendeners Pflanzenstatik, die ihre Zugehörigkeit zum herrschenden Mechanizismus demonstrierten. Neben dieser Ablösung der Doktrinen bestanden immer ideologisch neutrale Richtungen wie die botanische oder zoologische Arithmetik, Phänologie, Biogeographie usw., die den mathematischen Apparat benutzten. Die Anwendung der mathematischen Methoden auf die Erforschung der Organismen konnte im Jahrhundert des Aufmarsches der mechanistischen Physiologie so unerwartet nicht sein. Es ist freilich möglich, daß die Anhänger der älteren Richtungen von Mendel etwas ganz anderes erwarteten als die Vorkämpfer der neuen Ideen.

Rätselhaft blieb auch das Wesen der «Einheiten der Vererbung»: Es könnte sich um chemische Stoffe, vielleicht fließenden Aggregatzustands, oder um Körperchen der Physik bzw. um Konstrukte der alten biologischen Typologie handeln. Alle diese Alternativen sind sinnvoll, und es kann auch sein, daß Gregor Mendel in seiner Theorie zunächst alle drei Möglichkeiten erwogen hatte. Mendels Vorstellungen von der Befruchtung könnten unter dem Einfluß seines Wiener Lehrers F. Unger entstanden sein, er könnte auch die Beobachtungen und Versuche Nathanael Pringsheims (1823–1894) über Befruchtung der Algen registriert und vielleicht auch die Ideen des «berühmten Physiologen» J. E. Purkyně (1767–1869) das Wesen der männlichen und weiblichen Zeugungstoffe betreffend, benutzt haben.

Endlich gelangten drei Forscher, die neue Versuche mit Pflanzenhybriden in darwinistischem Geist durchführten und ähnliche Ergebnisse wie Mendel erhielten, zur bekannten «Wiederentdeckung» der Mendelschen Gesetze und seines Werks. Hugo de Vries (1848–1935, den sein Landsmann M. W. Beijerinck (1851–1931) erst auf Mendel aufmerksam machte), Carl Erich Correns (1864–1933) und Erich von Tschermak-Seysenegg (1871–1962) veröffentlichten ihre Arbeiten im selben Jahrgang der *Berichte der Deutschen Botanischen Gesellschaft*. Die drei Forscher verfielen bald in einen Prioritätsstreit, und die Fachliteratur bewertete ihre Beiträge sehr verschieden. Vereinfachend kann man heute sagen, daß Correns das Wesen der Mendelschen Gesetze am besten begriffen hatte, daß de Vries durch seine anerkannte Autorität zum Interesse an Mendels Werk beitrug und daß von Tschermak-Seysenegg die Mendelschen Regeln ein weiteres Mal bestätigte. William Bateson (1861–1926) und Lucien Cuénot (1866–1951) bestätigten 1902 die Gültigkeit der Gesetze auch im Tierreich.

4.4 Rezeption nach der «Wiederentdeckung»

Inzwischen erklärte die zytologische Forschung manche Geheimnisse der Zell- und Kernteilung und die spekulative Genetik Weismanns, Naegelis, Galtons und anderer und konnte neue Einsichten in die Mechanismen der Vererbung erbringen. Durch das Verdienst von E. van Beneden, C. Rabl und Th. Boveri wurden die Grundlagen zur Chromosomentheorie der Vererbung gelegt, die ihrerseits der Verbindung mit dem Mendelismus harrte. Diesen Schritt vollzogen in den Jahren 1903–1904 W. S. Sutton und Th. Boveri unabhängig voneinander, als im Verhalten der Chromosomen bei der Kernteilung Analogien zur Spaltung der Erbanlagen in Mendels Ergebnissen erkannt wurden.

Die Verbindung der Hybridenforschung mit der Zytologie ebnete den Weg für eine schnelle Entfaltung der klassischen Genetik, der auch die terminologische sowie methodische Ausprägung durch Bateson und Johannsen stark entgegenkam. Bekannte zytologische und populationsgenetische Versuche T. H. Morgans an der Taufliege *Drosophila melanogaster* ermöglichten tiefere Einsicht in die Anordnung materieller Erbträger – Gene – in den Kernstrukturen. Mutations- und Populationsforschung während der dreißiger Jahre des 20. Jahrhunderts erleichterte dann das gegenseitige Verständnis zwischen Evolutionisten und Genetikern. Genetische Disziplinen, die sich auf den Mendelismus stützten, bildeten auch einen Grundstein für die Erfolge der molekularen Biologie in der zweiten Hälfte des 20. Jahrhunderts.

Mendels Gesetze der Vererbung gelten freilich nur dort, wo die geschlechtliche Vermehrung, an der die panmiktischen Populationen sich beteiligen, eindeutig herrscht. Es gibt auch Fälle der nichtmendelischen Vererbung, in der andere Faktoren, hauptsächlich von den Kernstrukturen verschiedene, eine Hauptrolle spielen. Mendel selbst ist an die Grenze der Gültigkeit seiner Regeln bei der Arbeit mit den Hieracien gestoßen. Einer der Wiederentdecker, Correns, bemerkte schon damals: «Ich hebe hier einstweilen nochmals hervor: 1. daß bei sehr vielen Merkmalspaaren nicht das eine der Merkmale

dominiert, 2. daß die Mendelsche Spaltungsregel nicht allgemein gelten kann» (Correns 1900, S. 168).
Natürlich wurden die Ergebnisse Mendels und der neuen Wissenschaft nicht immer mit Begeisterung aufgenommen. Unter den Gegnern finden wir einige Zytologen und Histologen, die die Individualität der Chromosomen und Persistenz der Kernstrukturen verneint hatten, Darwinisten und Neolamarckisten, die die «Plastizität» der Arten unter dem Einfluß der äußeren Bedingungen betont hatten, verschiedene Praktiker und auch spekulative Denker. In Mendels Heimat war es vor allem der Professor der theoretischen Biologie an der Karls-Universität in Prag Vladislav Růžička (1870–1934), der auf Grund seiner zytologischen Forschungen und physiologischen Versuche mit Bakterien seine eigene, den Mendelismus nur als speziellen Fall behandelnde allgemeine genetische «Theorie der progenen Konstitution» entwickelte. Seine Schüler, wie Jaroslav Kříženecký und Bohumil Sekla, gingen freilich zum Mendelismus über. Schlimmere Ergebnisse hat die Ideologisierung der Wissenschaft in kommunistischen Ländern gebracht, angeblich nach dem Vorbilde des Marxismus-Leninismus. Der ukrainische Agronom Trofim Denissovich Lyssenko (1898–1976) setzte mit der Hilfe von Parteiideologen und konservativer bzw. erfolgloser Forscher ein Amalgam aus veralteten biologischen Theorien und Aberglauben der landwirtschaftlichen Praktiker zusammen, und zwar unter dem Namen «Schöpferischer Darwinismus» oder «Mitschurinsche Biologie» (Iwan W. Mitschurin, 1855–1935, war ein bedeutender russischer Obstzüchter, sein Name wurde nur wie eine Aushängetafel durch Kommunisten mißbraucht). Lyssenko begann mit der starken und maßgebenden Unterstützung Stalins seinen Kampf gegen den sogenannten Mendelismus-Morganismus, also der gegenwärtigen Genetik – sein Einfluß kulminierte siegreich während der Tagung der sowjetischen Akademie der landwirtschaftlichen Wissenschaften 1948. Tausende von Biologen und Genetikern durften ihre Arbeit nicht weiterführen, manche wurden verfolgt und starben in den Gefängnissen oder Einrichtungen des Gulag-Systems, z. B. der führende russische Pflanzengenetiker N. I. Vavilov (1887–1943). Erst im Verlauf der Erosion des ideologischen Monopols der Kommunisten nach Chruschtschows Rede 1956 kam es zur Wiederbelebung der mendelistischen Genetik, nicht ohne verbitterte Rückzugskämpfe des Lyssenkoismus.

Nachbemerkung:
Der Nachlaß Mendels und sein Schutz in Mähren

Seit 1900 bemühen sich Genetiker und Mendelforscher, den Nachlaß Gregor Mendels lebendig zu erhalten. Es sind zwei Museen in Brünn entstanden, erstens das Museum Mendelianum Brunense in Mendels Kloster, das aber 1950 samt Kloster geschlossen wurde. Die Mendel-Ausstellung im Deutschen Haus (seit 1910) entwickelte sich zum anderen Mendel-Museum, das in der Masaryk-Hochschule eingerichtet wurde. Die aufbewahrten Dokumente wurden schließlich im Mährischen Landesmuseum deponiert. Zum hundertsten Jahrestag der Publikation der klassischen Arbeit Mendels (1965) baute dieses Museum das Refektorium des Klosters und die beiliegenden Zimmer einschließlich des Gartens zum Mendelianum Musei Moraviae um. Es pflegt die Dauerausstellung und organisiert jedes dritte Jahr ein Mendel-Forum für interessierte Genetiker und Historiker.

In Mendels Heimatort Hynčice werden sein Geburtshaus, das Feuerwehrhaus und die Dorfschule, in Vrané die Pfarrkirche gepflegt. Es gibt Mendel-Denkmäler in Brünn und in Troppau, die mit Mendels Wirken verknüpften Gebäude tragen seine Gedenktafel (Leipniker Schule, Gymnasium in Troppau, Olmützer Universität, ehemalige Oberrealschule in Brünn). Die Brünner Landwirtschaftliche Hochschule ist zur Mendel-Universität für Landwirtschaft und Forstwissenschaft umgewandelt.

Gottfried Zirnstein

August Weismann
(1834–1914)

1. Einleitung

Weismann war für etwa 40 Jahre, von 1866 bis in das 20. Jahrhundert, neben Ernst Haeckel und Carl Wilhelm Naegeli der führende Evolutionsbiologe und Vererbungstheoretiker in Deutschland. Seine Hypothesen gaben Anregungen für zahlreiche experimentelle Arbeiten.

2. Lebensweg

2.1 Herkunft, Jugend- und Studienjahre

Geboren wurde August Friedrich Leopold Weismann am 17. Januar 1834 in Frankfurt am Main, jener Stadt, die vielleicht mehr als andere deutsche Städte bedeutende Persönlichkeiten in Wissenschaft, Kultur und Wirtschaft hervorgebracht hat. Weismann war das älteste von vier Kindern des Gymnasialprofessors für Klassische Philologie und deutsche Literatur Johann August Weismann. Die Mutter, Elise Eleonore, geborene Lübbren, stammte aus einer angesehenen Familie in Stade im damaligen Königreich Hannover. Die Familie in Frankfurt lebte nicht in materieller Üppigkeit, aber in ihr herrschte eine anregende intellektuelle Atmosphäre. Die Mutter hatte Talent für Musik wie für Malerei. Ihr standen die Kinder emotional näher als dem allerdings öfters tadelnden, auch durch seine Schultätigkeit wohl verdrießlichen Vater.

August Weismann besuchte ab seinem sechsten Lebensjahr die Frankfurter Musterschule. Anschließend, ab der Sexta, von Ostern 1844 bis zum Sommer 1852, war er Schüler eines Gymnasiums. Als reifer Schüler nahm Weismann auch Zeichenunterricht bei einem Professor am «Städelschen Institut», einer bekannten, noch heute bestehenden Kunsteinrichtung. Das Klavierspiel lernte er bei einem Lehrer, der ihm außerdem Anregungen in den Naturwissenschaften gab. Der junge Weismann sammelte Pflanzen und Insekten. Der Fang von Schmetterlingen bereitete schon deshalb keine Schwierigkeiten, weil die Familie in die Taunusstraße am Stadtrand von Frankfurt gezogen war, wo «in den blühenden Kleefeldern» hinter dem Hause nach Weismanns eigenen Aufzeichnungen «in der Mittagshitze Hunderte von Schmetterlingen umherflogen». Größtes «Vergnügen» war die Aufzucht von Schmetterlingsraupen und «die Beobachtung ihrer wunderbaren Verwandlung». Schmetterlinge waren auch später bevorzugte Versuchstiere von Weismann. Am Ende seiner Gymnasialzeit hatte er in einem eigenen Herbarium getrocknete Exemplare von jeder «im Umkreis von acht bis zehn Stunden» um Frankfurt wildwachsenden Pflanzenart einschließlich der Gräser vereint.

Um seinen naturwissenschaftlichen Interessen gerecht zu werden, wählte Weismann als Studienfach die Medizin und ließ sich am 16. Oktober 1852 an der Universität Göttingen, der «Georgia Augusta», immatrikulieren. Von seinen finanziellen Möglichkeiten her konnte Weismann weder Zeit bei Studentenvergnügungen «verbummeln» noch die Universität wechseln. Weismann hörte Vorlesungen bei dem Mediziner Jakob Henle (1809–1885), bei dem Physiologen Rudolf Wagner (1805–1864) und bei dem Chirurgen Wilhelm Baum (1799–1893). Weismann interessierte sich zeitweilig auch für Chemie und besuchte die Vorlesungen bei dem damals führenden Chemiker Friedrich Wöhler (1800–1882), der auch aus Frankfurt stammte und mit Weismanns Vater bekannt war. Von den chemischen Vorlesungen angeregt, lieferte Weismann als Ergebnis der ersten Forschungen seines Lebens die am 13. Juni 1857 von der medizinischen Fakultät der Universität Göttingen preisgekrönte Arbeit *Ueber den Ursprung der Hippursäure im Harn der Pflanzenfresser*. Die Untersuchung diente ihm auch als Inauguraldissertation für den Erwerb des Doktortitels.

Nach der Absolvierung seines Medizinstudiums folgte Weismann einem Angebot von Theodor Thierfelder in Rostock und war bei ihm für etwa ein Jahr klinischer Assistent. Danach wurde er Assistent bei dem Rostocker Chemiker Franz Ferdinand Schulze (1815–1873). Weismann veröffentlichte *Untersuchungen über den Salzgehalt der Ostsee*. In diesem Jahre bei Schulze stellte Weismann aber auch fest, daß die Chemie wohl nicht die seinen Fähigkeiten am besten entsprechende Wissenschaft sei. Ihm fehle «die Geduld und apothekerhafte Genauigkeit beim Experimentieren». Im Jahre 1858 ging Weismann nach Wien, um in dieser Hochburg der Medizin die berühmten Wiener Mediziner, so Johann von Oppolzer (1808–1871), Ferdinand von Hebra (1816–1880) sowie die führenden Vertreter der pathologischen Anatomie Josef Skoda (1805–1881) und Carl von Rokitansky (1804–1878), zu hören.

Der schon damals berühmte Physiologe Carl Ludwig (1816–1895), der von 1855 bis 1865 Professor in Wien war und den Weismann ebenfalls kennenlernte, wollte Weismann sogar für die Phy-

August Weismann (1834–1914)

siologie gewinnen. Weismann war durch seine den Durchschnitt überragenden wissenschaftlichen Interessen offenbar auch hier aufgefallen. Nach dem Besuch auch der Wiener Kunstssammlungen und einer ausgedehnten Alpenreise begann Weismann in seiner Heimatstadt Frankfurt als praktischer Arzt zu arbeiten. Zu dem jungen Mediziner kamen jedoch kaum Patienten, und die Tätigkeit befriedigte ihn nicht. Als es 1859 wegen Österreichs Besitzungen in Oberitalien zum Krieg kam zwischen der Habsburger Monarchie auf der einen Seite und den miteinander verbündeten Staaten Piemont und Frankreich auf der anderen Seite, traten die deutschen Staaten an Habsburgs Seite. Weismann trat freiwillig als Oberarzt in das badische Heer ein. Jedoch erst nach den blutigen und den Krieg beendenden Niederlagen der habsburgischen Armeen bei Magenta am 4. Juni 1859 und wenig später am 23. Juni 1859 bei Solferino zog Weismann mit «2 oder 3 Genossen» in «goldbestickter Uniform», «den Schlagsäbel an der Seite», über den Brennerpaß nach Italien. Während am 8. Juli 1859 der Waffenstillstand geschlossen wurde, half Weismann in Lazaretten in Bozen und Verona. Bald aber gewann er Zeit, sich im Lande umzusehen.

Eine für Weismann schicksalsträchtige Fügung war die Empfehlung eines Bekannten für eine Stellung als Leibarzt beim österreichischen Erzherzog Stephan. Dieser war mit seiner Familie in Mißhelligkeiten unter anderem wegen der Revolution in Ungarn geraten und lebte danach auf dem in englisch-neugotischem Stil umgebauten weißen und auf einem Hügel gelegenen Schloß Schaumburg bei Balduinstein an der Lahn und verwaltete das landschaftlich abwechslungsreiche ihm gehörende Gebiet wie ein kleiner Souverän. Auch an Naturwissenschaften war er interessiert. Bevor Weismann dort seinen wenig beschwerlichen Dienst antrat, konnte er vom Dezember 1860 bis Februar 1861 noch in Paris weilen und führende Naturforscher wie den Physiologen Claude Bernard (1813–1878) hören. Anschließend verbrachte Weismann etwa einen Monat bei dem Zoologen Rudolf Leuckart (1822–1898) an der Universität Gießen. Dieser Aufenthalt bei dem ihm gewogenen Forscher war nach Weismanns Ansicht das beste, was man damals zur Einarbeitung in die ihn zunehmend interessierende Zoologie unternehmen konnte. Weismann berichtete später: «Allerdings habe ich damals auch wirklich ‹gebüffelt›, d.h. Tag und Nacht gearbeitet, am Tage im Institut, die Nächte hindurch zu Hause, indem ich sämtliche Monographien, die in Leuckarts Bibliothek enthalten waren, durchstudierte und so die Grundlage an Wissen erwarb, deren ich bedurfte und auf dem sich weiterbauen ließ» (Anonymus 1904, S. 29). Auf dem Schlosse Schaumburg hatte Weismann etwa zwei bis drei Stunden am Vormittag Patienten aus der Umgebung zu behandeln. Die übrigen Stunden des Tages konnte Weismann eigenen Forschungen widmen.

2.2 Forschungen in der Histologie und zur Insektenembryologie

Weismanns erste größere Forschungen berührten unterschiedliche Gebiete. Als ein Beitrag zu der damals viel betriebenen Histologie (Gewebelehre) befaßte sich Weismann mit dem Feinbau der Muskeln. Durch Zufall fand er, daß man mit 35prozentiger Kalilauge die Muskelfasern isolieren kann. Er fand beim Frosch, daß sich Muskelfasern auch während des Lebens neu bilden können. Besonders aber klärte Weismann den Feinbau der durch ihre Verzweigungen ausgezeichneten Herzmuskelfasern, bei denen er keine klaren Grenzen der einzelnen Zellen feststellen konnte, was offenbar auf Verschmelzung beruhte.

Noch wichtiger wurden Weismanns Forschungen über die noch kaum bekannte Embryonalentwicklung von Insekten, wobei er Zweiflügler, Fliegen, als Untersuchungsobjekte wählte. Bei der Metamorphose fand er Auflösung und völlige Neubildung von Organen.

Die Ergebnisse von Weismanns Forschungen in verschiedenen Bereichen und namentlich über die Insektenembryologie ermöglichten ihm, sich für die akademische Karriere zu entscheiden.

2.3 Weismann als akademischer Lehrer und Forscher in Freiburg im Breisgau

Am 17. Januar 1863 beschloß die medizinische Fakultät der Universität Freiburg im Breisgau, Weismann zur Habilitation für Zoologie und Vergleichende Anatomie zuzulassen, und im April wurde das Verfahren unter dem bedeutenden Botaniker Anton de Bary (1831–1888) zu Ende geführt. Die Vorlesungen, welche er nun als Privatdozent abhalten durfte, bereiteten ihm nach eigenen Worten Freude, und er meinte einmal rückschauend auf jene Jahre: «Es war eine glückliche Zeit, erfüllt von dem Bewußtsein, nun endlich gradaus arbeiten zu können und das, was mir die Hauptsache war, auch als Hauptsache behandeln zu dürfen» (Anonymus 1904, S. 30). Freiburg, neben Heidelberg die zweite Universität des Großherzogtums Baden, hatte zu dieser Zeit keinen besonderen Ruf, namentlich auch nicht in den naturwissenschaftlichen Fächern. Sogar die Schließung der Universität war erwogen worden. Noch im Jahre 1871 studierten an der gesamten Universität Freiburg etwa 200 Studenten. In den folgenden Jahren stiegen die Studentenzahlen aber um ein Vielfaches, so wurden 1879 etwa 500 Studenten immatrikuliert, 1883 829, 1885 wurde die Zahl von Tausend überschritten, und 1898 waren 1500 erreicht. Auch das Wirken von Weismann trug zur Erhöhung der Studentenzahlen bei. Im September 1865 wurde Weismann außerordentlicher Professor mit einer «Funktionsvergütung». Zunächst saßen in Weismanns Vorlesungen etwa 12 bis 15 Personen.

Die Zoologie wurde in dieser Zeit an den verschiedenen deutschen Universitäten von den medizinischen Fakultäten abgetrennt und erhielt in den philosophischen Fakultäten eine neue Stellung als eigenes Grundlagenfach. Das war jene Zeit, als in Deutschland auch politisch manches geschah und unter Bismarcks Führung nach mehreren Kriegen schließlich Deutschlands weitgehende Vereinigung erreicht wurde. Weismann nahm trotz seiner Anhänglichkeit an den badischen Staat die Partei Preußens und wünschte die Vereinigung, wenn auch nicht ohne teilnehmende Gestaltung aller politisch interessierten Deutschen, wie er an den Historiker Heinrich von Treitschke schrieb.

Im April 1867 wurde Weismann auf ein planmäßiges Extraordinariat für Zoologie an der philosophischen Fakultät der Freiburger Universität berufen. Mit dieser Stellung konnte er am 20. Juni 1867 Mary, geborene Gruber, heiraten, die Weismann noch während der Zeit auf Schloß Schaumburg bei einer Reise nach Genua in einer aus Deutschland stammenden Familie kennengelernt hatte. Ein wassernaher Landsitz der Familie seiner Frau, der «Lindenhof» bei

Lindau am Bodensee, gab Weismann nicht nur einen Ort der Entspannung, sondern wurde auch Ausgangsort für seine süßwasserbiologischen Forschungen, namentlich über die Kleinkrebse (Daphnien) (vgl. Wiedersheim 1919, S. 63).

Der neue Extraordinarius für Zoologie, dessen zunehmende Bekanntheit zum Auftrieb der Universität Freiburg beitrug, mußte zuerst sehr raumbeengt forschen. Um Schmetterlinge in einem Experiment Kälte auszusetzen, mußte der Eisschrank in einer Hotelküche benutzt werden (Risler 1968, S. 86). Kostenlos arbeitete Weismanns erster Assistent, sein begüterter Schwager August Gruber, später auch Professor und Forscher über Protozoen. Weismanns zähes Verhandeln mit den für die Universität zuständigen Behörden führte zur Verbesserung der Situation. Es war eine neue Errungenschaft, als 1875 im Universitätshofgarten zwei Zementbecken angelegt wurden, in denen Wassertiere aufgezogen werden konnten (Koehler 1957).

Weismanns hoffnungsvoll weitergeführte Forschungen erfuhren aber eine einschneidende Behinderung, als er wegen des Mikroskopierens von einer Augenschädigung betroffen wurde. Das kam plötzlich, wie er selbst mitteilte, und die Hoffnung, daß sich diese Behinderung bald wieder geben würde, erfüllte sich nicht. Die konsultierten Augenärzte konnten weder eine klare Diagnose geben noch einen Weg zur Heilung anbieten. Auch Erholungsaufenthalte etwa in den Alpen besserten das Leiden zunächst nicht. Ein Biologe, der nicht mehr richtig sehen kann, erschien nahezu als eine Unmöglichkeit. Haeckel verwies aber Weismann darauf, daß wissenschaftliche Leistungen in der Biologie nicht nur am Mikroskop vollbracht werden können, sondern daß auch eine «denkende Durchdringung» der Probleme neue, wegweisende Ansätze verspricht. Weismann wurde wegen des Augenleidens vielleicht mehr auf die Theorie gelenkt, als es ohne dieses der Fall gewesen wäre. Aber die Fähigkeit, grundlegende Ideen zu haben, Hypothesen zu entwickeln, unter Beachtung der vorhandenen Tatsachen, war sicherlich von vornherein in ihm angelegt. Dennoch erbat Weismann ab 23. Juni 1870 vom zuständigen badischen Staatsminister unter Beibehaltung seiner Stellung als Institutsdirektor zwei Jahre Urlaub, als letzten Versuch, geheilt zu werden. Immerhin konnte er seine Tätigkeit an der Universität danach wieder aufnehmen und wurde am 8. April 1873 zum Ordinarius berufen. Im Sommer 1874 konnte Weismann erstmals nach 10 Jahren wieder ein Mikroskop benutzen. Wöchentlich sechsstündig hielt er seine Vorlesungen über Zoologie, Deszendenztheorie und allgemeine Entwicklungsgeschichte (Wiedersheim 1919). Als 1880 das linke Auge erneut den Dienst versagte, hatte Weismann bereits viele begabte Schüler,

die nach seinen Vorschlägen viele der ihm nötigen Beobachtungen durchführten.
Für Weismann gab es ein Berufungsangebot nach Breslau, 1882 eines nach Bonn und 1883 nach München. Neben Weismann stand auf der Berufungsliste für München auch Haeckel, gegen den als «genialen Forscher und trefflichen Lehrer rühmlichst bekannten» Biologen aber dort «wegen seiner extremen naturphilosophischen Parteistellung, welche in München wahrscheinlich mehr Anstoß erregen dürfte, als anderwärts, ernstliche Bedenken erhoben» wurden (Univ.-Archiv München, Facs. Sen. 427. Band, S. 4). Von Weismann dagegen wurde gesagt, daß für ihn «die Descedenzlehre nicht als ein Axiom» gelte, «sondern als eine Theorie, die sich der Kritik ... zu unterwerfen hat und er übte diese Kritik in ruhiger abwägender Weise gemäß seiner über den Strömungen des Tages stehenden, geistig vornehmen Natur» (ebd., S. 9). Obwohl München dem kunstaufgeschlossenen Weismann manches geboten hätte, entschloß er sich zum Verbleiben in Freiburg, wo ihm 1886 ein neues Institut gebaut wurde.
Im gleichen, beruflich erfolgreichen Jahre starb jedoch Weismanns Frau nach einem Lungenleiden auf dem Lindenhofe bei Lindau am 1. Oktober 1886 und wurde drei Tage später nahe dem Ufer des Bodensees beigesetzt (Wiedersheimer 1919, S. 96).

2.4 Weismanns Weg zur Evolutionsbiologie

Wie mancher junge Forscher seiner Generation wurde auch Weismann durch die Lektüre von Darwins Buch *Über die Entstehung der Arten* (deutsch 1860) nachhaltig beeindruckt. In seiner Erinnerung schrieb Weismann (1909, S. 19), daß er Darwins Buch über *Die Entstehung der Arten* 1861 auf Anregung des Schloßbibliothekars auf Schloß Schaumburg durchlas, «und zwar in einem Zug und mit einer immer steigenden Begeisterung, und als ich damit zu Ende war, stand ich auf dem Boden der Evolutionstheorie und habe seither keinen Anlaß gehabt, ihn wieder zu verlassen». Ein öffentliches Bekenntnis seiner «Bekehrung» zur Darwinschen Theorie legte Weismann am 8. Juli 1868 mit dem Vortrag «Über die Berechtigung der Darwin'schen Theorie» ab, «seine seit Jahr und Tag verschleppte «Antrittsrede» (Uschmann & Hassenstein 1965, S. 24). Die theologische Fakultät hatte übrigens bei dieser Antrittsvorlesung keine Vertreter entsandt.
Weismanns Forschungen hingen seit dieser Zeit fast alle irgendwie mit der Evolutionstheorie zusammen, auch jene, welche sich mit der Vererbung befaßten. Wie Darwin selbst hat sich Weismann namentlich der Kausalität, den Faktoren der Evolution, zugewandt.

Darwin hatte vor allem zwei Faktoren des Evolutionsprozesses hervorgehoben: 1. die Variabilität, das heißt die Entstehung erblicher Abänderungen, 2. die Selektion, die Auslese, den unterschiedlichen Fortpflanzungserfolg der sich unterscheidenden Individuen. Andere Forscher fügten andere Faktoren hinzu. Manche suchten der Selektion eine möglichst geringe Rolle im Evolutionsgeschehen zuzuweisen. Weismann sah lebenslang gerade in der Selektion einen ganz wichtigen Evolutionsfaktor.

Im Jahre 1872 setzte sich Weismann mit den Gedanken des Zoologen Moritz Wagner (1813–1887) über die Rolle der «Isolation» für die Evolution auseinander. Es war gegen Darwins Annahmen der Einwand vorgebracht worden, daß einzelne oder auch wenige abgeänderte Individuen sich bei geschlechtlicher Fortpflanzung nicht durchsetzen könnten. Sie würden sich mit unverändert gebliebenen Individuen paaren müssen. Dabei würde die Abänderung «ausgedünnt» («swamping effect»), müßte also immer mehr verschwinden. Moritz Wagner suchte diesem Argument zu begegnen, indem er (1868) darauf verwies, daß solche abgeänderten Individuen durch Wanderungen in ein neues Territorium geraten könnten, damit von den anderen Individuen ihrer Art isoliert seien und sich dann unvermischt erhielten. M. Wagner nannte diese Hypothese «Separationstheorie». Weismann plädierte in seinem Buch *Ueber den Einfluss der Isolierung auf die Artbildung* dafür, daß sich auch innerhalb eines Verbreitungsgebietes einer Art Abänderungen erhalten und vermehren könnten.

Als einen eigenen Beitrag zur Evolutionsforschung setzte sich Weismann die Aufgabe, Abänderungen experimentell auszulösen. Er benutzte dazu vor allem den Landkärtchenfalter (*Araschnia levana* bzw. *A. prorsa*), der in Mitteleuropa gewöhnlich in zwei sich in der Flügelzeichnung unterscheidenden Generationen fliegt, also einen «Saison-Dimorphismus» aufweist. Nach Weismanns Ansicht hatten sich die Unterschiede der Generationen wie Artmerkmale allmählich herausgebildet und schienen Hinweise auf den Vorgang der Artaufspaltung zu bieten. Weismann versuchte unter anormalen Temperaturbedingungen bei der Metamorphose die zu erwartende Frühlingsform (*levana*) in die Sommerform (*prorsa*) zu verwandeln. Bei anderen Schmetterlingen stellte Weismann fest, daß Raupenstadium und Imagostadium unabhängig voneinander variieren, nämlich die Raupen mancher verwandter Arten einander ähnlicher sind als die Imagines. Die eigenständige Variabilität der verschiedenen Metamorphosestadien sprach nach Weismann gegen eine innere Entwicklungskraft, aber für richtungsloses Variieren und Auslese. Eine früh gewonnene Einsicht Weismanns war, daß die Arten nicht beliebig in die allerverschiedensten Richtungen variieren können, sondern daß von der Konstitution einer Art her nur bestimmte Abänderungen möglich sind, andere nicht.

2.5 Die letzten Lebensjahrzehnte

Nach dem Tode seiner Frau war das Leben Weismanns zweifellos bedrückter. Der Forscher Weismann, auf den sich streng biologische Auffassungen vom Menschen zurückführen ließen, blieb aber eine milde, verständnisvolle Persönlichkeit. Seine eigene Augenkrankheit hatte das Verständnis auch für andere Leidende eher gestärkt. Weismann hat sich kaum im sozialdarwinistischen Sinne geäußert. Im Jahre 1909 (S. 30) meinte er einmal, das «Selektions-Prinzip» «wird uns den stillen oder lauten Kampf der menschlichen Rassen, ihren Kampf um den Besitz der Erde verstehen lehren und nicht minder die Gliederung der menschlichen Gesellschaft, die unbewußt sich vollziehende Arbeitsteilung zwischen den Mitgliedern ein und derselben Menschen-Assoziation». Für das aus dem Englischen übersetzte Buch *Soziale Evolution* von Benjamin Kidd schrieb Weismann das Vorwort, aber in diesem Buche geht es vor allem um die Evolution gemeinschaftsbildender Eigenschaften, so der religiösen Emotionen. Weismann blieb auch ein den Künsten gegenüber aufgeschlossener Mensch. Sein Sohn Julius, dem seine besondere Liebe und Bewunderung gehörte, wurde ein begabter Komponist. Bedrückend wurde eine zweite Ehe Weismanns, die er 1895 mit einer seiner Vorleserinnen, mit Willemina (Wilhelmine) Jesse, der Tochter eines niederländischen Pfarrers, zur Wiederherstellung seiner Häuslichkeit schloß. Die Frau erwies sich als eine unheilbare Morphinistin. Die Ehe wurde geschieden.

Ein Jahr zahlreicher Ehrungen für Weismann wurde 1904, als der in aller Welt bekannte Biologe seinen 70. Geburtstag beging. Durch eine Geldsammlung seiner Schüler, Freunde und Verehrer konnte eine Büste des bedeutenden Gelehrten in Auftrag gegeben und zur Geburtstagfeier enthüllt werden. Das Jahr 1909 brachte die 100. Wiederkehr von Darwins Geburtstag. Weismann, der eine Grußbotschaft zu den Feierlichkeiten in Cambridge mitgegeben hatte, sprach über Darwins Lebenswerk im «Paulussaal» der evangelischen Gemeinde in Freiburg i. Br. vor über 1000 Zuhörern. Im Jahre 1911 erbat Weismann seine Emeritierung, die ihm für den 1. April 1912 bewilligt wurde. Sein Nachfolger auf dem Freiburger Zoologielehrstuhl, Franz Doflein, berichtet (1914, S. 2309) von Weismanns letzten Lebensjahren in der schönen Umgebung Freiburgs. Schon Anfang des Jahres 1914 hatte Weismann starken Kräfteverfall und konnte nicht mehr an der Jahresversammlung der Deutschen Zoologischen Gesellschaft teilnehmen, obwohl diese in Freiburg i. Br. stattfand. Der Ausbruch des Ersten Weltkriegs mußte ihn nicht nur wegen seiner Verehrung von Darwin, sondern auch wegen der Ehe einer seiner Töchter mit dem englischen Zoologen W. N. Parker schwer bedrücken. Nachdem er bei Ausbruch des Krieges im Hause seines Sohnes in Lindau schon eine Herzattacke erlitten hatte, starb er am 5. November 1914. Auch in England wurde trotz des Krieges in ehrenden Nachrufen des bedeutenden Mannes gedacht und in der *Linnean Society* (Proceedings ... 1915, S. 36) gesagt, daß, wie es im Englischen so bildhaft heißt, «der Mantel» Darwins auf Weismann gefallen war.

3. Werk

3.1 Merkmals-Phylogenetik

Die Merkmals-Phylogenetik suchte die Stadien festzustellen, in welchen eine Eigenschaft sich in der Reihe der Generationen zu ihren gegenwärtigen höchsten Formen ausgebildet hatte. Dem komplexen Auge der «höheren» Wirbeltiere und der Kopffüßler (Cephalopoda) waren beispielsweise einfachere Lichtsinnesorgane vorausgegangen, wie sie auch in der heutigen Tierwelt, bei «Würmern» und Weichtieren in verschiedenen Formen zu finden sind. Auch Weismann erwartete (1877, S. 93), «dass keine Einrichtung unvermittelt entsteht», sondern sich allmählich herausbilde. Eine Ausnahme sollte nach Weismann nur einigen «Ureigenschaften» (1883, S. 79), «Primäreigenschaften», zukommen, welche mit der Entstehung des Lebens bereits bei den ersten als lebendig zu bezeichnenden Naturkörpern vorhanden gewesen seien. Diese «Ureigenschaften» alles Lebens sollten sein (1884, S. 189 ff.): Nahrungsaufnahme, Stoffwechsel, Wachstum und Fortpflanzung. Andere, ebenfalls grundlegende oder weitverbreitete Eigenschaften, Tod, Sexualität und Regenerationsfähigkeit, sollen sich erst in der frühen Evolution herausgebildet haben, und zwar ebenfalls unter dem starken Einfluß der Selektion. Weismann sprach von «Sekundäreigenschaften». Weismanns Auffassung von der natürlichen Entstehung des Todes war insofern auch weltanschaulich eine gewisse Herausforderung, als die christliche Religion Leiden und Tod als Folge der Erbsünde bezeichnete. Zur Entstehung des Todes, und damit auch des Alterns, äußerte sich Weismann öffentlich zuerst auf der 54. Versammlung der Gesellschaft Deutscher Naturforscher und Ärzte 1881 in Salzburg. Alter und Tod sollten nicht zustande kommen, weil sich Umweltschädigungen in den Lebewesen summieren, also die Organismen wie viele anorganische Gebilde «verschleißen». Ein Lebewesen konnte sich durch Abschottung von der Umwelt nicht vor Alter und Tod schützen. Andererseits war Leben nach Weismann grundsätzlich «unsterblich». Einzeller teilen sich, und ein Individuum verliert seine Existenz. Aber es entsteht dabei keine Leiche. Daß viele Einzeller umkamen oder gefressen wurden, widersprach nicht ihrer potentiellen Unsterblichkeit, der fehlenden Notwendigkeit des Todes von innen her. Der Tod kam in die Organismenwelt erst bei der Evolution der Vielzeller. Die Individuen einer Art leben etwa so lange, daß die Aufzucht einer für die Reproduktion notwendigen Nachkommenschaft gewährleistet ist. Individuen, welche vor einer erfolgreichen Fortpflanzung ausgelesen werden, scheiden aus der Evolution aus. Es wurde aber nicht auf ein für die Arterhaltung unnötig langes Leben selektiert. Variierten die Individuen einer Art in der Weise, daß sie nach der erfolgreichen Aufzucht von Nachkommen alle möglichen Leiden bekamen und starben, hatte das für den Evolutionserfolg einer Art keinen nachteiligen Einfluß. Rascher Generationswechsel mußte sogar die Evolution und damit die Entstehung neuer Anpassungen erhöhen. Potentiell unsterblich blieben die Keimzellen.

Über die durchschnittliche Lebensdauer bei den einzelnen Arten lagen zu Weismanns Zeiten nur unzureichende Angaben vor. Aber die bekannten Daten erschienen Weismann ausreichend, um seine Auffassung von der Entstehung des Todes als begründet nahezulegen. Einwände erhoben sich vor allem gegen die angebliche potentielle Unsterblichkeit der Einzeller. Es wurde etwa von Richard Hertwig eingewandt, daß auch Einzeller aus innerer Ursache sterben, nur würden etwa Sexualprozesse, so die Konjugation, dem Altern und dem Sterben entgegenwirken. Nach Ansicht des Embryologen A. Goette würden Einzeller sterben, könnten aber, nach ihrer Encystierung, aus dem Todeszustand wieder erwachen, was etwas anderes sei als Weismanns Auffassung von der «potentiellen Unsterblichkeit». Durch generationenlange Zucht von Einzellern haben verschiedene Forscher Weismanns Ansicht von der prinzipiellen Unsterblichkeit der Einzeller unter günstigen Zuchtbedingungen zu überprüfen versucht, wobei die Ergebnisse unterschiedlich waren. Weismann hat keine hypothetische Ansicht darüber geäußert, auf welche Weise im einzelnen, durch welche physiologischen Vorgänge, ob durch Anhäufung giftiger Stoffwechselprodukte oder Versagen von Funktionen, sich das Altern und das Sterben im alten Individuum verwirklichen.

Als eine zweifellos weitverbreitete, aber auch nicht von allem Anfang an vorhandene Eigenschaft von Lebewesen galt Weismann die Sexualität. Sie äußert sich in der Paarung von zwei Individuen einer

Art, wobei diese zwei kopulierenden Individuen, abgesehen von zahlreichen einzelligen Arten, sichtbare Unterschiede, so in der Größe, aufweisen, also unterschiedlichen Geschlechtes sind. Da ungeschlechtliche Fortpflanzung in der Organismenwelt aber ebenfalls weit verbreitet ist, meinte Weismann, daß die Sexualität für die Fortpflanzung nicht erforderlich sei. Der Vorteil der Sexualität besteht gemäß Weismanns Vorstellung von einer Vererbungssubstanz und von Erbanlagen darin, daß sich durch Paarung Erbanlagen von zwei Individuen neu mischen und so neue Variationen und damit Material für die Selektion entstehen. Weismann sprach von seiner «neuen Befruchtungslehre» und schrieb, «dass die Befruchtung überhaupt keinen anderen Sinn habe, als den, die Vererbungssubstanz zweier Individuen zusammenzubringen». Er nannte diese Verschmelzung von Vererbungssubstanz auch «Amphimixis». Durch diese Überlegungen sei, wie Weismann 1904 (S. 281) schrieb, «der Schleier von einem Mysterium der Natur hinweggezogen worden, welches Jahrtausende hindurch der Menschheit als unnahbar gegenüber stand ...» Die spätere Genetik hat diesen Gedanken prinzipiell bestätigt und spricht von der «Rekombination» der Erbanlagen und damit der Merkmale.

Ein weiteres Forschungsthema war die unterschiedliche Regenerationsfähigkeit der Arten, die er ebenfalls für ein durch Variabilität und Selektion entstandenes Anpassungsmerkmal hielt. Bei Arten, die in ihrer Umwelt und bei ihrer Lebensweise sehr oft Verletzungen erleiden, wurde das Überleben der Art durch hohe Regenerationsfähigkeit begünstigt, wurde also positiv ausgelesen. Das Regenerationsvermögen eines Tieres oder bestimmer Teile stelle damit eine «Anpassung an die Verlusthäufigkeit und die Höhe des Verlustschadens» dar. Die von manchen Forschern angenommene Parallelität zwischen der Organisationshöhe eines Lebewesens und der sinkenden «Regenerationskraft» bestand nach Weismanns Auffassung (1892b, S. 153) nicht, was er experimentell zu begründen suchte.

3.2 Vererbungsforschung und Widerlegung der «Vererbung erworbener Eigenschaften»

Das biologische Phänomen, welches Weismann schließlich am meisten faszinierte, war das der «Vererbung», das Wiederauftreten der elterlichen Eigenschaften bei den Nachkommen, und zwar oft bis hin zu kleineren Einzelmerkmalen und Besonderheiten. Über die «Vererbung» wurde sich in der Biologie bis in das letzte Viertel des 19. Jahrhunderts oft nur sehr unbestimmt geäußert. Weismann sprach über diese Lebenseigenschaft prinzipiell zuerst in dem berühmten Vortrag «Ueber die Vererbung» bei der öffentlichen Feier zur Übergabe des Prorektorates in der Aula der Universität Freiburg am 21. Juni 1883. Die «Vererbung», damals völlig rätselhaft in ihrer Grundlage, sollte das stabilisierende Moment der Organismen, der «Grundpfeiler alles Beharrungsvermögens der organischen Formen» (1883, S. 77) sein.

Am wichtigsten wurde zunächst die Zurückweisung der nahezu ungefragt über die Jahrhunderte hinweg angenommenen Auffassung von der «Vererbung erworbener Eigenschaften». Das sollten Eigenschaften sein, welche ein Individuum während seines Lebens vermeintlich neu ausbildete, «erwarb», und an jene Nachkommen übermitteln sollte, die nach dem «Erwerb» einer solchen neuen Eigenschaften von ihm gezeugt oder geboren wurden. Das sollte Verletzungen betreffen, aber auch angeblich erworbene Resistenz gegen Hitze, Kälte und andere Umweltunbilden. An die «Vererbung erworbener Eigenschaften» hatte zunächst auch Weismann geglaubt. Wie die «Vererbung erworbener Eigenschaften» vor sich gehen sollte, hat Weismann 1878 in einem kleinen allgemeinverständlichen Aufsatz *Ueber das Wandern der Vögel* in der von Rudolf Virchow und F. von Holtzendorff herausgegebenen *Sammlung gemeinverständlicher wissenschaftlicher Vorträge* geschildert. Je nach dem Nahrungsangebot vor allem während des Winters seien die Vögel gezwungen gewesen, unterschiedlich weit umherzustreifen. Die Vögel, welche in ihrer Umgebung ausreichend Nahrung fanden, wurden die relativ ortstreuen Standvögel. Diejenigen, welche zur Nahrungssuche weite Strecken zurücklegen mußten, wurden die Zugvögel, und zwar weil das erzwungene weite Umherstreifen erblich wurde und sich zu einem erblichen Wanderinstinkt ausbildete. Eine Zwischenstellung behielten die Strichvögel. Körperliche Veränderungen sollten sich ebenso wie über Generationen hinweg erblich werdende Gewohnheiten verhalten. Die kleine Arbeit über die Entstehung des Vogelzuges wurde unter Weismanns Arbeiten später kaum noch beachtet, verweist jedoch auf Weismanns mögliche Ansichten fünf Jahre vor der Äußerung seiner Zweifel an der «Vererbung erworbener Eigenschaften». Weismann meinte noch 1883 (S. 93), daß «Tollkühnheit» zu sein scheint, auch ohne die «Vererbung erworbener Eigenschaften» «auskommen zu wollen», es aber auch keine Beweise gebe, welche für sie sprächen. Weismann brachte gegen die «Vererbung erworbener Eigenschaften» verschiedene Argumente vor. So waren nach seiner Ansicht die verschiedenen selbst in seriösen Fachzeitschriften mitgeteilten Fälle eines Wiederauftretens von erworbenen Verletzungen bei den Nachkommen nicht überprüft worden. Haeckel hatte mehrfach mitgeteilt, daß einem Stier bei Jena durch ein zuschlagendes Scheunentor der Schwanz abgequetscht wurde und er hinfort nur schwanzlose Kälber zeugte. Eine einwandfreie Untersuchung des Falles blieb aber aus. Unmöglich sei, wie Weismann argumentierte, auch die «Vererbung erworbener Eigenschaften» für passiv wirkende Merkmale, also für Schutzfarben oder Schutzpanzer. Der Schutzpanzer etwa von Schildkröten würde während des Lebens abgerieben, aber nicht verstärkt. Aber die Abreibungsmerkmale würden nicht vererbt, der Panzer einer jungen Schildkröte sei anfangs in jeder Generation erst einmal intakt. Manche Instinkte würden nur ein einziges Mal im Leben eines Tieres geübt. Nur einmal fliege die Bienenkönigin auf den «Hochzeitsflug». Eine Übung könne also gar nicht stattfinden, der Instinkt zum Hochzeitsflug sich nicht wegen dessen Durchführung in der Generationenfolge immer mehr verstärken. Auch sei unerklärlich, wie Veränderungen in irgendwelchen Körperteilen sich den Keimzellen mitteilen könnten. Ziemlich kritisch betrachtet wurde Weismanns Experiment, neugeborenen Mäusen über 22 Generationen hinweg die Schwänze abzuschneiden und festzustellen, daß keine Rasse ohne Schwänze entstand. Der Eingriff wurde von vielen als zu grob betrachtet, um über jede Möglichkeit einer Vererbung veränderter Merkmale zu entscheiden.

3.3 Die Hypothese von einer Vererbungssubstanz: Weismanns «Keimplasma-Theorie»

Weismann gehörte zu den ersten Biologen, die überlegten, wie die Vererbung, die weitgehende Ähnlichkeit der Kinder mit den Eltern, zustande komme. Er nahm als Grundlage der Vererbungsphänomene eine spezifische Substanz, eine «Vererbungssubstanz», an. Da ein neuer Organismus aus einer Zelle oder – bei sexueller Fortpflanzung – durch die Vereinigung von zwei Keimzellen (Gameten) zustande kommt, mußte diese Vererbungssubstanz mit allen ererbten Informationen zur Ausbildung eines Lebewesens in der Anfangszelle oder in den Keimzellen vorhanden sein.

Eine erste Hypothese von einer spekulativen Vererbungssubstanz war Darwins Pangenesishypothese; sie regte zu Experimenten an. Darwins Vetter Francis Galton übertrug Blut von Kaninchen einer bestimmten Rasse in die Blutbahn von Weibchen einer anderen Rasse. Bei den entstehenden Nachkommen wären dann Eigenschaften des Blutspenders zu erwarten gewesen. Eine solche Beeinflussung war nicht erkennbar. Das ließ denken, daß die Erbinformationen überhaupt nicht von dem gesamten Körper eines Lebewesens ausgingen, sondern von der Erbsubstanz der Keimzellen. Diesen Gedanken führte Weismann weiter. Weismann nannte die Vererbungssubstanz «Keimplasma». Jedes Merkmal des Körpers sollte in diesem «Keimplasma» durch eigene Erbträger, eigene Erbanlagen, repräsentiert sein, die er als «Determinanten» bezeichnete; diese sollten aus «lebendigen Molekülen» (Biophoren) bestehen. Diese hypothetischen Vorstellungen über die Erbanlagen unterscheiden sich von den Vorstellungen über die Erbanlagen (Gene) in der «klassischen Genetik» nach 1900.

Weismann suchte mit seinen Vorstellungen über die Erbanlagen vor allem die Variabilität zu erklären. Die Vorgänge bei der Kreuzung von erblich etwas unterschiedenen Individuen spielten bei Weismanns Überlegungen keine Rolle, und Gregor Mendels Arbeit über seine Kreuzungsexperimente bei Erbsen von 1865/1866 blieb Weismann unbekannt.

Weismanns Vorstellung über den Aufbau des Keimplasmas sollte auch die Differenzierungsprozesse in der Embryonalentwicklung erklären. Der neue Organismus ging ausschließlich aus dem Keimplasma hervor. Die befruchtete Eizelle teilte sich. Beim Vielzeller entstand durch die zahlreichen Zellteilungen der Körper mit seinen Abertausenden von Zellen. Zur Ausbildung der Gewebe und Strukturen sollte immer nur ein Teil der Erbanlagen bei den Zellteilungen weitergegeben werden. Differenzierung der Gewebe hatte also «erbungleiche Teilung» der Zellen zur Voraussetzung. Die Gesamtheit aller Erbanlagen blieb nur in den an den Differenzierungsprozessen unbeteiligten Keimzellen erhalten, die bei ihrer Teilung nur eben weitere Keimzellen mit vollem Erbanlagenbestand bildeten. Schon ganz früh in der Embryogenese eines neuen Lebewesens sollten sich die Keimzellen absondern. Der Gesamtheit Keimzellen mit der Erbsubstanz, dem «Keimplasma», stand nach Weismanns Auffassung der aus ausdifferenzierten Zellen bestehende sterbliche Körper gegenüber. Dieser Körper wurde «Soma» genannt. Dieses Soma umhüllte die Keimzellen (das Keimplasma), ernährte sie, trug damit das Keimplasma bei beweglichen Tieren «spazieren». Aber das Soma konnte die Erbinformation im Keimplasma nicht beeinflussen, nicht verändern. Ein neuer Organismus ging unmittelbar aus den Keimzellen, also dem Keimplasma, hervor. Diese Abfolge des Keimplasmas immer von dem Keimplasma der Eltern führte zur Vorstellung von der «Keimbahn», der Abfolge der Keimzellen immer wieder nur auseinander. Weismann versuchte bei verschiedenen Organismen nachzuweisen, daß die Keimzellen tatsächlich von Anfang an in der Embryonalentwicklung gesondert blieben, die «Keimbahn» also real sei. Die scharfe Trennung von Soma und Keimplasma machte die Nichtvererbung erworbener Eigenschaften verständlich beziehungsweise setzte sie voraus.

Das spezifische «Keimplasma» eines Organismus war das Ergebnis der Evolution, war, um es modern auszudrücken, ein in der Geschichte entstandenes, festgelegtes «Programm». Ein «Keimplasma» konnte sich hinsichtlich seiner Erbinformationen nicht de-novo bilden. Ein Organismus war daher nur in seiner «Historizität» zu begreifen (Weismann 1892 b, S. 87). Das Hervorgehen eines Organismus nur aus einem vorhandenen, in langer Evolution gebildeten Keimplasma unterschied die Lebewesen von den Kristallen. Kristalle konnten prinzipiell jederzeit aus einer vorhandenen Lösung völlig neu entstehen.

3.4 Keimplasma und Zytologie

Weismann versuchte durchaus, sein hypothetisches Keimplasma auch mit den im Mikroskop nachweisbaren Zellbestandteilen möglichst in Übereinstimmung zu bringen. Träger der hypothetischen Vererbungssubstanz sollte nach Ansicht verschiedener Biologen namentlich ab etwa 1885 der Zellkern sein. Diese Vorstellung wurde begründet, nachdem festgestellt worden war, daß sich der Zellkern, das «Keimbläschen», nicht, wie es vorher schien, vor jeder Eireifung völlig auflöst und dann ein neuer Zellkern entsteht. Zumindest wesentliche Teile des Zellkerns bildeten ein Kontinuum. Auch Weismann siedelte also sein hypothetisches Keimplasma im Zellkern an, wobei nur die Zellkerne der Keimzellen die gesamte Erbinformation trugen. Damit erschien der Zellkern als das Aktivitätszentrum der Zelle. Für diese Rolle des Zellkerns sprach etwa, daß mit dem Zellkern ausgestattete Stücke von Infusorien wieder zu einer ganzen Zelle regenerierten, jedoch kernlose Teile von Protozoenzellen zugrunde gingen. Das Plasma sollte für den Kern nötig sein, um ihn zu ernähren. Innerhalb des Zellkerns wurden als Träger der Erbanlagen von Weismann schließlich die 1879 von Walther Flemming (1843–1905) beschriebenen «Chromosomen» erörtert, die Weismann den vorher vom ihm «Idanten» genannten Gebilden gleichsetzte, sie aber auch als «Kernstäbchen», «Stäbchen», «Chromatinstäbe» bezeichnete. Vor der Begründung der «Chromosomentheorie der Vererbung» durch Theodor Boveri (1862–1915) und Walter Stanborough Sutton (1876–1916) 1903/1904 gab es also schon eine erste, frühere Chromosomentheorie der Vererbung, der eben gerade Weismann anhing. Wenn Weismann der Ansicht war, daß auch grundlegende Lebensvorgänge sich wegen ihres Nutzens erhielten, so ließ ihn auch der präzise Teilungsmechanismus der Chromosomen erwarten, daß es sich bei diesen Zellgebilden «um eine Substanz von der allergrössten Wichtigkeit handelt» (1892b, S. 34).

Da bei der Befruchtung sich die «Vererbungssubstanz», das Keimplasma, von zwei Individuen vereinte, mußte in der befruchteten Eizelle (Zygote) die doppelte Menge Keimplasma gegenüber den Keimzellen vorhanden sein. Schon 1885 hatte Weismann vorausgesagt, daß es bei der Keimzellenreifung eine «Reduktion des Keimplasmas» geben müsse, da sich unmöglich bei jeder Befruchtung eine immer mehr zunehmende Menge an Keimplasma vereinen könne. Bei der Bildung der männlichen Keimzellen wurde die Reduktionsteilung, also die Verminderung der Vererbungssubstanz, erst 1890 durch Oscar Hertwig (1849–1922) nachgewiesen.

3.5 Weismanns Evolutionstheorie: Der Neo- oder Ultra-Darwinismus

Wenn die Außenwelt eines Lebewesens dessen Keimzellen nicht verändert, mußten alle erblichen und damit evolutionswirksamen Abänderungen von den Keimzellen her, also allein von inneren Faktoren her, zustande kommen. Dazu entwickelte Weismann einige Ansichten, die er im Lauf der Zeit jedoch änderte.

Als entscheidende Ursache für erbliche Variationen sah Weismann etwa 1885 die «Amphimixis» an, die bei jeder sexuellen Paarung stattfindende Neukombination von Erbfaktoren. Einzeller sollten durch Außeneinflüsse direkt veränderbar sein. In der Evolution sollte aus dem Einzellerstadium in ferner Vergangenheit durch die Einflüsse der Umwelt eine große erbliche Vielfalt zustande gekommen sein. Als die Vielzeller sich herausbildeten, wurden die so unterschiedlichen Erbfaktoren weitergetragen und werden bei der sexuellen Paarung immer wieder neu kombiniert. Weismann nahm zeitweilig an, daß sich das Keimplasma von sich überhaupt nicht abändere, also alle «Variabilität» mehrzelliger Lebewesen an «Bastardierung» gebunden sei. Diese Auffassung wurde im 20. Jahrhundert noch manches Mal vertreten. Später schloß Weismann jedoch auch die Einzeller aus dem Kreise jener Organismen aus, auf welche Umweltfaktoren erblich umprägend wirken. Er hatte gefunden, daß beispielsweise abgerissene Borsten von Einzellern ohne Einfluß auf die Ausbildung der Borsten bei deren aus Teilung hervorgegangenen Nachkommen sind. Es wurde auch deutlich, daß vielzellige Organismen mit ungeschlechtlicher Fortpflanzung, also ohne Möglichkeit einer Neukombination der Erbfaktoren, variieren. Die Instabilität des Keimplasmas aller vielzelligen Organismen wurde mit dieser Erkenntnis fraglich. Weismann distanzierte sich etwa 1904 (II, S. 164) von der Ansicht von der Unveränderlichkeit des Keimplasmas, «eine mißverstandene, vielleicht auch etwas zu kurz und scharf gefaßte Äußerung früherer Zeit (1886)». Da Außenbeeinflussung des Keimplasma nicht nachgewiesen war, wurde gedacht, daß neue erbliche Abänderungen «spontan», also von selbst, im Keimplasma entstünden. Abänderungen sollten nach Weismanns (1884, 1904) mehrfach geäußerter Ansicht im wesentlichen quantitativ sein, betrafen also Vergrößerung oder Verkleinerung von Strukturen, etwa im Falle des stark verlängerten Halses der Giraffe. Quantitativ waren auch die Änderungen in der Pigmentierungsdichte der Haut, der Behaarungsdichte, die Veränderung der Zahl von Borsten. Weismann schrieb (1884, S. 161): «Erst durch ihre Häufung kommen grosse Abänderungen zu Stande, d. h. solche, welche auch uns auffällig werden, und die wir als ‹Neuheit› betrachten.» Daß die Variabilität vieler Formen jedenfalls in der Gegenwart so groß nicht ist, wurde damit erklärt, daß in den Jahrmillionen der Evolution die günstigsten Keimplasmakombinationen sich längst herausgebildet hätten. Die nunmehr stattfindende Evolution nur noch in kleinen Schritten würde ausreichen, daß die Organismen den allmählichen Veränderungen auf der Erdoberfläche folgen können, «und zwar so, dass in keinem Augenblick des ganzen Umwandlungsvorgangs die Art den Lebensbedingungen nicht genügend angepasst bliebe» (1885, S. 46), daß die Organismen «wie eine plastische Masse erscheinen, die im Laufe der Zeiten in fast jede beliebige Form geknetet werden» (1883/1894, S. 118) können.

Damit verständlich wurde, daß die Evolution der Gruppen in einer bestimmten Richtung stattfand, war also ein «kanalisierender» Faktor erforderlich. Als diesen «kanalisierenden» Faktor sah Weismann die Selektion an. Der Evolutionsfaktor Selektion nimmt bei Weismann eine bedeutsamere Stellung im Evolutionsprozeß ein, als es in den Evolutionstheorien zahlreicher anderer Biologen der Fall war. Weismann schrieb sogar von der «Allmacht der Naturzüchtung» (1893). Wegen der starken Betonung der Selektion wurde Weismanns Auffassung von der Evolution auch als «Neodarwinismus» oder als «Ultradarwinismus» bezeichnet. Bei Weismann war Selektion darüber hinaus bestimmend für alle «Entwicklungsbahnen», alle Steigerungen der Organisation überall im Weltall, bedeutsam wie die Schwerkraft.

Weismanns Selektionsvorstellung sollte auch die Schwächen der Organismen, auch des Menschen, erklären. Ergebnis der Selektion mußten Arten sein, welche sich erfolgreich reproduzierten. Das Individuum konnte krank werden oder verschwinden, wenn der Nachwuchs gesichert war. Die Arten mußten für den Fortpflanzungserfolg so gut wie «nötig» ausgestattet sein, nicht besser. Die «Höhe der Leistungsfähigkeit eines Organs» wäre «niemals größer ..., als durchaus nothwendig für die Existenzfähigkeit der betreffenden Art», meinte Weismann 1895 (S. 452), aber natürlich auch «nie geringer ... Der Bau einer Art ist genau so fein und so hoch ausgebildet, als er sein muß, damit sie bestehen kann». Es mußte durch Selektion nicht etwas «Vollkommenes» entstehen.

Es mußte die Frage aufkommen, ob dann nicht auch der menschliche Geist, wenn durch Variabilität und Selektion entstanden, nur so weit ausgebildet werden mußte, daß er das Überleben und die erfolgreiche Konkurrenz gegenüber den anderen Organismen sicherte. Ein alles erkennender Geist wäre nicht als Produkt der Evolution verstehbar. Das setzte sicherlich auch der Erkenntnis der Evolution durch den Menschen Grenzen. Dem Buche *Das Keimplasma* von 1892 setzte Weismann als Motto Johann Wolfgang von Goethes Spruch voraus, «Naturgeheimnis werde nachgestammelt». Weismann beendete seine «Vorträge über Descendenztheorie» 1902 bzw. 1904 mit dem Goethe-Zitat «Du gleichst dem Geist, den du begreifst ...». Damit wollte Weismann sagen, daß er sich bewußt war, nicht unangreifbare und unübertreffbare «Wahrheiten» verkündet zu haben. Problematisch erschien es zu erklären, wie die hohe Gesangskunst oder die überragenden mathematischen Fähigkeiten mancher Menschen vom Standpunkt der Selektionstheorie aus zustande kamen. Für das Überleben, für den Fortpflanzungserfolg, waren diese Fähigkeiten offenbar nicht erforderlich, schon gar nicht in frühen Perioden der Menschheitsgeschichte. In manchen Fällen schritt die Evolution offensichtlich auch über das «Notwendige» hinaus, als ob eine einmal eingeleitete Entwicklung dann selbständig weiterliefe. Immerhin unterlagen Gesangskunst oder höhere Mathematik sicherlich auch nicht einer «Gegenauslese».

Andererseits stellte Weismann Überlegungen darüber an, was bei einer Verminderung, gar bei einem Aufhören der Selektion mit einer Art geschieht. Weismann meinte, daß dann auch jene Erbanlagen nicht mehr vermindert würden, die ungünstige, nachteilige Merkmale hervorbrächten. Die fortlaufende Paarung aller, auch der mit schlechten Merkmalen ausgestatteten Individuen untereinander, von Weismann «Panmixie» genannt, sollte zur Anhäufung ungünstiger Erbanlagen führen. Fehlende Auslese sollte bis zur Degeneration, ja zum Aussterben einer Art führen können. Diese Vorstellungen von Weismann über «Panmixie» unterstützten Erörterungen über «Degeneration» namentlich der zivilisierten Menschen, die, angeblich zunehmend aller Konkurrenz und Auslese entzogen, sich vermehren könnten. Auch für die Menschen, so wurde von manchen Sozialdarwinisten und Eugenikern immer wieder erörtert, müßte Auslese weitergehen, damit er auf körperlicher und geistiger Höhe bleibe. Dieses Argument wurde etliche Jahrzehnte später von den Nationalsozialisten immer wieder vorgebracht. Selektionierende Ärzte oder Institutionen sollten die fehlende natürliche Ausmerze ersetzen. Die im 19. Jahrhundert getroffenen Aussagen werden daher heute viel kritischer betrachtet, als es zu ihrer Zeit geschah.

Die direkte Erforschung von Selektionsvorgängen in der Natur hielt Weismann für kaum möglich, meinte, daß er sie an erdachten anstatt an beobachteten Beispielen klarmachen müsse als vor allem deduktiv zu arbeiten habe. Er hielt es nicht für möglich, etwa bei Giraffen in einem begrenzten Gebiet die Zahl der gleichzeitig lebenden Individuen, die Häufigkeit von Variationen und den Grad ihrer Beteiligung an der Nachkommenschaft festzustellen. Die populationsgenetische Forschung im 20. Jahrhundert hat hierzu allerdings manches möglich gemacht. Weismann beobachtete immerhin, daß Hühner und auch Sperlinge vor den auffälligen Augenflecken auf den Flügeln der Abendpfauenaugen bei «Trutzstellung» sichtlich zurückschrecken, diese also einen feststellbaren Schutzeffekt haben. Für die Selektion sollte auch sprechen, daß Arten mit Mimikry, welche also geschütztere Arten nachahmen, nur dort vorkommen, wo eine nachahmenswerte Art vorhanden ist.

Die Ideen Weismanns bedingen sich bei aller Vielfalt in großem Maße wechselseitig, sie bauen aufeinander auf. Das Gebäude seiner Ideen zeigt eine bemerkenswerte innere Konsistenz.

4. Wirkung

4.1 Die Auseinandersetzungen um die Auffassungen von Weismann über Vererbung und Evolution

Weismanns Auffassungen über Vererbung und Evolution fanden großes Interesse. An solchen Gedanken rieben sich die bedeutendsten Biologen ihrer Zeit, suchten sie zu widerlegen und zu ändern. Weismann reagierte in vielfältiger Weise auf die Einwände, suchte sie wiederum zu widerlegen oder durch Hilfshypothesen abzuschwächen. Auch wenn viele Ansichten von Weismann kaum in ihrer ursprünglichen Form zu halten waren und er vieles mehrfach veränderte, so haben diese Debatten den Weg für spätere Auffassungen über Vererbung und Evolution geebnet. Es ist ein Irrtum, daß man die Bedeutung eines Forschers nur nach eventuellen «ewigen Werten», nach bleibenden Entdeckungen in seinem Fachgebiet messen könne. Von einem Forscher ausgehende Anregungen können auch im Falle einer völligen oder teilweisen Widerlegung die Entwicklung eines Fachgebietes so beeinflußt haben, daß der Forscher eine weiterhin zu ehrende Gestalt in seinem Fachgebiet bleibt. Das trifft auf Weismann zweifellos zu.

Eine zentrale Stellung in den Auseinandersetzungen hatte die «Vererbung erworbener Eigenschaften». Die Widerlegung der «Vererbung erworbener Eigenschaften» hat nicht nur Biologen, sondern auch die interessierte Öffentlichkeit fast so stark bewegt, wie es die Evolutionstheorie Darwins tat. Viele Biologen und auch Mediziner wie Rudolf Virchow (1821–1902) hielten die «Vererbung erworbener

Eigenschaften» für eine dermaßen selbstverständliche und überzeugende Auffassung, daß sie die Kritik Weismanns nicht anerkannten.
Mit Virchow kreuzte Weismann die Klinge scharfer wissenschaftlicher Debatte etwa auf den Versammlungen der Gesellschaft der Deutschen Naturforscher und Ärzte 1885 in Straßburg und 1888 in Köln. Andere Artikel schrieb Weismann gegen den englischen Anhänger der «Vererbung erworbener Eigenschaften» Herbert Spencer. Weismann wurde aber auch selbst nach Oxford eingeladen, um dort in der ihm übertragenen «Romanes-Lecture» seine Ansicht darzulegen.

Gegen das generationenlange Abschneiden der Schwänze bei Mäusen und das Ausbleiben einer Schwanzverkürzung bei den Nachkommen wurde eingewandt, daß Weismann den Schwanz nicht in der – allerdings unbekannten – «sensiblen» Periode der Mausentwicklung abgeschnitten habe. In Jahrmillionen habe sich, so wurde etwa von Wilhelm Haacke (1855–1912) argumentiert, die in Tausenden von Generationen immer wiederholte Abänderung doch erblich durchsetzen können. Manche Biologen meinten auch weiterhin, daß ohne die Annahme der «Vererbung erworbener Eigenschaften» die Evolution unerklärt bliebe. Wilhelm Roux (1850–1924) beispielsweise rang sich bis zu einer weitgehenden Anerkennung der Weismannschen Ansicht durch, meinte jedoch zur Nichtexistenz der «Vererbung erworbener Eigenschaften» sogar 1918 noch einmal, «aber wohl leider», daß es sie nicht gebe, um uns die Evolution zu erklären. Manche Gelehrte sahen die Möglichkeit einer «Vererbung erworbener Eigenschaften» nur stark eingeschränkt, wollten sie aber nicht für alle Fälle aufgeben. Namentlich waren es etliche Sozialisten, welche meinten, daß die Ablehnung der «Vererbung erworbener Eigenschaften» eine Auffassung der Bourgeoisie sei, die im Interesse ihrer Herrschaftserhaltung möchte, daß eine Verbesserung der Umweltbedingungen die arbeitenden Schichten nicht erblich und damit nicht grundsätzlich verbessern würde und es deshalb nicht möglich sei, die Masse der Menschen von Generation zu Generation über ihre angeblich begrenzten Fähigkeiten hinauszuführen. Wegen der unveränderbaren erblichen Unterschiede hätten sich in der menschlichen Gesellschaft die elitären von den niederen Klassen gesondert. Die Eliten wären auf Grund ihrer Erbanlagen zu Recht zu ihrer Sonderrolle gelangt. Eine Verschlechterung der Umweltbedingungen würde andererseits die Erbanlagen nicht verschlechtern, und Menschen mit guten Erbanlagen könnten Nachkommen hervorbringen, die sich eines Tages doch gegen alle Hindernisse durchsetzen. Aus seiner sozialistischen Überzeugung heraus hat nach 1900 etwa der österreichische Biologe Paul Kammerer (1880–1928) die «Vererbung erworbener Eigenschaften» verteidigt. Er glaubte auch, daß er die «Vererbung erworbener Eigenschaften» durch in ihrer Methodik bezweifelte Experimente beim Feuersalamander und bei der Geburtshelferkröte bewiesen habe, sprach für diese Ansicht jedoch auch aus allgemeinen Gründen. Noch wenige Monate vor seinem Tode schrieb Kammerer 1925 (S. X): «Mit der Vererbung erworbener Eigenschaften steht oder fällt des ferneren der menschliche Fortschritt.» Immerhin bekundete Kammerer (1912, S. 19) seine Hochachtung vor der «ehrwürdigen Persönlichkeit des genialen August Weismann ...». Die als «lamarckistisch» bezeichnete Ansicht von der «Vererbung erworbener Eigenschaften» wurde dann in der Sowjetunion noch einmal zur politischen Doktrin, wobei es seit den 20er Jahren einen Kampf zwischen den Anhängern der «klassischen Genetik» und den Verteidigern der «Vererbung erworbener Eigenschaften» gab. Eingriffe und Einschüchterung durch die von Stalin geführte kommunistische Partei erschwerten ab der Mitte der 30er Jahre des 20. Jahrhunderts die Arbeit der Genetiker zunehmend, und 1948 wurde mit dem partei- und regierungsoffiziellen «Lyssenkoismus» die Genetik völlig unterdrückt. Weismanns Name wurde bei diesen Auseinandersetzungen immer wieder genannt und er als ein «bourgeoiser Biologe» verdammt.

Ein Einwand gegen die scharfe Trennung von Keimplasma und Soma berief sich auf Pflanzen, die, wie bei der Gattung *Bryophyllum*, neue Individuen auch aus offensichtlichen Somazellen, das heißt etwa aus Zellen der Blätter, bilden können. Weismann entwickelte als Widerlegung die Hilfshypothese vom Ersatzkeimplasma. Nicht nur in den eigentlichen Keimzellen, auch in manchen übrigen Zellen sollte das gesamte Keimplasma erhalten blieben. Auch aus ihnen konnte dann ein neuer Organismus entstehen. Damit war die Vorstellung von der «Keimbahn» zumindest stark variiert.

Dennoch hat die Keimplasmatheorie aber wohl das Nachdenken über die materielle Grundlage der Vererbung gefördert und den Weg für besser begründete Annahmen im 20. Jahrhundert geebnet. Nach den Worten des Genetikers Curt Stern (1930, S. 117) war es «eine Aufgabe wesentlicher Zweige der Biologie in den letzten 60 Jahren, den formellen Begriff des Keimplasmas in reale Vorstellungen umzuwandeln». Im Jahre 1899 (S. 472) meinte Weismann, was einigen Aufschluß über seine Einschätzung von Theorien gibt: «[...] weil mir eine durchgearbeitete Theorie überhaupt notwendig schien für weitere Fragestellungen und weiteren Fortschritt. Auf dem so verwickelten Gebiete der Biologie und ganz besonders auf dem der Vererbung ist die Theorie das einzige Mittel, um neue Fragen zu stellen, und damit zugleich, um neue leitende Thatsachen zu finden».

Weismanns Auffassung von der Evolution in kleinen Schritten wurde um 1900 durch die Mutationstheorie von Hugo de Vries

(1848–1935) in Frage gestellt. Sprunghafte Abänderungen sollten «plötzlich» neue Formen bis zum Range von Arten hervorbringen. Die Selektion sollte in der Evolution nur eine relativ geringe, eher korrigierende Rolle einnehmen, wie auch Thomas Hunt Morgan (1866–1945) und andere jüngere Biologen vermuteten. Manche Forscher, so Oscar Hertwig, fürchteten die starke Betonung des Faktors «Selektion» wegen dessen Benutzung in der Argumentation der Sozialdarwinisten. Schon deswegen wohl bevorzugte Oscar Hertwig, der *Zur Abwehr des ethischen, des sozialen, des politischen Darwinismus* schrieb, noch einmal die «Vererbung erworbener Eigenschaften» als Evolutionsfaktor.

4.2 Schüler

Weismann hatte so selbständige Schüler, daß im Freiburger Institut keine «Schule» entstand, die noch längere Zeit nur eine besondere Forschungsrichtung vertrat. Aber einige der erfolgreichsten und bedeutendsten Biologen der folgenden Jahrzehnte, viele führende Zoologie-Ordinarien an deutschen Universitäten, hatten bei Weismann gearbeitet und dürfen als seine Schüler betrachtet werden. Fast alle, darunter Hugo von Buttel-Reepen (1860–1933), Eugen Korschelt (1858–1946), Alfred Kühn (1885–1968), Waldemar Schleip 1879–1948), Richard Woltereck (1877–1944) sowie der später nach den USA ausgewanderte Russe Alexander Petrunkevich (1875–1964) hielten das Andenken ihres Lehrers hoch.

Christine Hertler/Michael Weingarten

ERNST HAECKEL
(1834–1919)

1. Einleitung

Bis heute zählt Ernst Haeckel (1834–1919) zu den umstrittensten Biologen der neueren Biologiegeschichte. Dabei geht es nicht nur um das Problem, inwiefern Haeckel mit seiner monistischen Weltanschauungslehre den Sozialdarwinismus mitbegründet und so die nationalsozialistische Vernichtungspraxis «lebensunwerten Lebens» gedanklich mit ermöglicht habe. Auch seine fachwissenschaftlichen Beiträge zur vergleichenden Morphologie und Anatomie, seine phylogenetischen Stammbaumrekonstruktionen oder das «Biogenetische Grundgesetz» (die kurze und auszugsweise Wiederholung der Phylogenese in der Ontogenese) bieten immer wieder Anlaß zu neuen und äußerst heftigen Kontroversen. Viel zuwenig wird aber in diesen Diskussionen der komplexe zeitgeschichtliche Kontext beachtet, in dem Haeckel schrieb und vehement Stellung bezog. Gemeinhin finden nur die disziplinären Umbrüche Aufmerksamkeit, wie die Emanzipierung der Zoologie von der Medizin an den Universitäten, die Herausbildung experimentell arbeitender Forschungsrichtungen in Botanik, Zoologie und Physiologie oder die Entstehung der Deszendenztheorie, aber eben gerade nicht die gesellschaftlichen und kulturellen Veränderungen, die mit der Genese der modernen imperialen Nationalstaaten verbunden waren.

Auf alle Fälle gehörte Ernst Haeckel in der Frühgeschichte des Darwinismus zu dessen engagiertesten Vertretern und Popularisatoren, der viele junge Menschen für das Studium der Zoologie und Evolutionsbiologie begeisterte.

2. Lebensweg

Ernst Heinrich Philipp August Haeckel wurde am 16.2.1834 als zweiter Sohn des Regierungsrates Carl Gottlob Haeckel und dessen Ehefrau Charlotte, geb. Sethe, in Potsdam geboren. Von früh auf weckten beide Eltern literarische Interessen, insbesondere auch an den Reisebeschreibungen etwa von Alexander von Humboldt, bei ihrem Sohn. 1835 übersiedelte die Familie Haeckel nach Merseburg. Dort besuchte Ernst Haeckel ab 1840 die Volksschule, von 1843 an

Ernst Haeckel (1834–1919), 1870

das Domgymnasium, an dem er 1852 erfolgreich die Abiturprüfungen absolvierte.

In dieser Zeit, vermittelt über die Reiseliteratur, aber auch über Lorenz Okens *Allgemeine Naturgeschichte für alle Stände*, bildete sich bei dem Knaben der Wunsch aus, selbst Forschungsreisender zu werden. Zugleich wurde ihm durch solche Literatur verdeutlicht, daß es im naturgeschichtlichen Zusammenhang bei aller Liebe für das Detail wichtig ist, das Ganze der Natur im Blick zu behalten. Neben diesem Interesse für die Naturgeschichte wurde ihm besonders vom Vater die Wichtigkeit der Auseinandersetzung mit den politischen Ereignissen der Zeit, der bürgerlich-politischen Emanzipationsbestrebungen, verdeutlicht. Dabei wird schon in Zeichnungen des gerade Sechzehnjährigen (Nationalversammlung der Vögel) sichtbar, wie naheliegend offenkundig in der Zeit der Märzrevolution die Verknüpfung der Politik mit der Naturgeschichte war.

Da es die Biologie als eigenständiges Fach an den Universitäten noch nicht gab, begann Ernst Haeckel vom Sommersemester 1852 an ein Studium der Medizin in Berlin bei Eilhard Alfred Mitscherlich (1794–1863), Heinrich Wilhelm Dove (1803–1879) und Alexander Braun (1805–1877), wechselte im Wintersemester 1852/53 nach Würzburg zu Franz Leydig (1821–1908), Albert von Kölliker (1817–1905) und Rudolf Virchow (1821–1902). Zum Sommersemester 1854 war er wieder in Berlin, diesmal bei Johannes Müller (1801–1856); ihn begleitete Haeckel auch zu einer ersten meereszoologischen Exkursion (nach Helgoland). Am 7. März 1857 wurde Ernst Haeckel zum Dr. med. promoviert und – obwohl er sich schon lange für die biologische Forschung entschieden hatte – legte auf Wunsch seines Vaters das medizinische Staatsexamen ab und approbierte zum praktischen Arzt, Wundarzt und Geburtshelfer. 1859/60 unternahm Haeckel eine Studienreise nach Italien; dabei entdeckte er im Golf von Messina 144 neue Radiolarienarten. Und im März 1861 habilitierte sich Ernst Haeckel auf Empfehlung von Carl Gegenbaur (1826–1903) an der Universität Jena zum Privatdozenten für das Fach Vergleichende Anatomie.

Mit der Publikation der *Monographie der Radiolarien* (1862) begann eine langanhaltende Forschungs-, Reise- und Publikationstätigkeit, die dem jungen Forscher 1865 die erste ordentliche Professur für Zoologie an der Universität Jena eintrug, wodurch dieses Fach in Jena selbständig wurde.

Diese Stellen sicherten Haeckel eine Universitätslaufbahn, und er konnte einen Hausstand gründen. Am 18. August 1862 heiratete er seine Kusine Anna Sethe (1835–1864), deren plötzlicher Verlust ihn in tiefe Schwermut stürzte. Er suchte sie durch rastlose Tätigkeit zu überwinden und schrieb in den nachfolgenden Jahren die *Generelle Morphologie der Organismen*. Erst 1867 schloß er eine zweite Ehe mit der Tochter des Jenaer Anatomen Emil Huschke (1797–1858). Mit Agnes Huschke hatte er drei Kinder: den Sohn Walter (1868–1939), der Kunstmaler in München wurde, die Tochter Elisabeth (1871–1948), die den Forschungsreisenden Hans Meyer (1858–1920) in Leipzig heiratete, und die Tochter Emma (1873–1946), die gemütskrank war und später in einer Pflegeanstalt lebte (Krauße 1984).

1882/83 erfolgte sowohl der Bau des Zoologischen Instituts der Universität Jena als auch der Bau der «Villa Medusa», Haeckels Wohnhaus (heute Ernst-Haeckel-Haus). 1886 wurde eine Stiftungsprofessur für Phylogenie in Jena eingerichtet, 1894 eine Haeckel-Professur für Geologie und Paläontologie. Am 11. 1. 1906 wurde im Jenaer Zoologischen Institut der Monistenbund gegründet. 1907/08 wurde das Phyletische Museum erbaut und der Universität Jena aus Anlaß ihres 350jährigen Bestehens übereignet. Zum 1. 4. 1909 trat Ernst Haeckel vom Lehramt zurück. Am 9. August 1919 starb Ernst Haeckel in seiner «Villa Medusa».

3. Haeckels Weltsicht

Die Grundzüge der Weltanschauung Haeckels standen offenkundig schon sehr früh fest und veränderten sich im Laufe seines Lebens kaum; allenfalls eine immer weitere Radikalisierung seiner Überlegungen läßt sich festhalten. Zum Verständnis dieses Sachverhaltes ist festzuhalten, daß im deutschsprachigen Raum die Herausbildung der empirisch-analytischen, anwendungsorientierten Wissenschaftsauffassung seit ca. 1830 als revolutionärer Umbruch empfunden wurde, und zwar in zweifacher, häufig nicht klar unterscheidbarer Weise:

1) als Überwindung der romantisch-naturphilosophischen Verwirrung der Geister; erst mit dieser Überwindung wird wirkliche Naturforschung wieder möglich. Repräsentanten dieser Linie sind etwa Matthias J. Schleiden (1804–1881), Justus von Liebig (1803–1873), Hermann von Helmholtz (1821–1894) und für die Evolutionstheorie August Weismann (1834–1913).

2) Ging es dieser Gruppe von Forschern fast ausschließlich um wissenschaftspolitische Ziele (die Etablierung und Institutionalisierung der empirisch-analytischen Wissenschaftskonzeption sowohl gegen die Romantische Naturphilosophie als auch gegen die Humboldtsche Bildungstradition), so verfolgte eine zweite Gruppe zwar auch dieses Ziel, vorrangig ging es ihr aber um gesellschaftspolitische Ziele. Die «Vulgärmaterialisten» Ludwig Büchner (1824–1899), Jacob Moleschott (1822–1893) und Karl Vogt (1817–1895) sowie der vormalige hegelianische Philosoph Ludwig Feuerbach waren alle intensiv beteiligt an der Revolution von 1848/49, setzten sich aktiv ein für die Interessen des Bürgertums gegen die herrschende Feudalmacht und versuchten, die Naturwissenschaften sowohl als Mittel der Aufklärung als auch der Interessenartikulation des «Volkes» zu verwenden. Entsprechend dieser Zielsetzung wurden politische Metaphern in naturwissenschaftlichen Theorien verwendet und umgekehrt Naturmetaphern in politischen Kontroversen, so etwa auch in den Schriften von Rudolf Virchow, Friedrich Albert Lange oder viel später dann in den Auseinandersetzungen in der Sozialdemokratischen Partei über die Notwendigkeit von «Reform/Evolution» (Eduard Bernstein) einerseits und «Revolution» (Karl Kautsky) andererseits.

Schon Studienbriefe Haeckels an seine Eltern zeigen, daß er zwar auf der einen Seite die empiristische Wende der Naturwissenschaften gegen die (romantische) Naturphilosophie voll teilt, daß er aber doch auch noch ein über die bloße Einzelforschung hinausgehendes Mehr haben möchte. Daß die Darwinsche Evolutionstheorie Haeckels naturphilosophischen Intentionen nach einem Überblick über das Ganze der Natur dann nur zu einem Teil gerecht werden konnte, erhellt schon allein daraus, daß gemäß der empiristischen Interpretation der Evolutionstheorie diese viel eher als ein aus «empirisch-kritischen» Beobachtungen und Versuchen abgeleitetes allgemeines Gesetz erscheint, das eine Extrapolation auf andere Gegenstandsbereiche so nicht erlaubt.

Für die spätere Weltanschauung Haeckels aufschlußreich, gerade in methodologischer Hinsicht, ist ebenfalls ein Brief an die Eltern vom 16.11.1853 mit dem Fazit: «Das Leben ist also das Resultat der einzelnen Zellenkräfte und der mit ihnen verbündeten Molekülenkräfte usw.» (Haeckel 1984, S. 29). Zellen haben Lebenskräfte als ihnen inhärierende Eigenschaft, und diese Lebenskräfte können latente Kräfte der anorganischen Materie zum «Leben» erwecken. In dieser Konzeption von Kräften steckt im Prinzip schon die spätere Lehre des Monismus als der «Einheit aller Naturerscheinungen»; es mußte nur noch der Schritt zu der Behauptung vollzogen werden, daß die latenten Kräfte der anorganischen Materie nichts anderes seien als Lebenskräfte. In seinem letzten Buch, den *Kristallseelen* aus dem Jahre 1917, schreibt Haeckel im Vorwort: «Alle Substanz besitzt Leben, anorganische ebenso wie organische; alle Dinge sind beseelt, Kristalle so gut wie Organismen.» Erst in dieser Ausformulierung, daß alles belebt und beseelt sei, kann dann die Evolutionstheorie bzw. die Biologie überhaupt als «Weltanschauung» konzipiert werden; denn nun kann es keinen Bereich mehr geben, der sich den biologischen Leitvorstellungen und methodischen Verfahren noch entziehen könne.

Die Jugend- und Studentenbriefe Haeckels können zeigen, daß sich seine methodologischen und weltanschaulichen Grundpositionen durch die Verarbeitung der Evolutionstheorie Darwins nicht geändert hatten, sondern daß Haeckel die Evolutionstheorie in sein schon in den Grundzügen bestehendes weltanschauliches Gebäude ohne große Umänderungen integrierte. Auch Zeitgenossen wie Friedrich Albert Lange ist schon aufgefallen, daß es nur einer minimalen Verschiebung bedurfte, um von Büchners «Kraft und Stoff»-Philosophie zu der popularisierten weltanschaulich ausgedeuteten Evolutionstheorie Haeckels zu gelangen.

4. Werk

4.1 Die morphologischen Arbeiten und die Überlegungen zur Neubegründung der Morphologie

Empirisches Vorgehen und philosophische Fassung morphologischer Kenntnisse sollten nach der Auffassung Haeckels in der Morphologie Hand in Hand gehen. Von diesem Ausgangspunkt her betrachtet, ist es nicht verwunderlich, daß Haeckel bereits zu Beginn seiner Karriere als Naturwissenschaftler sowohl eine umfangreiche Monographie über die Radiolarien (1862), einzellige marine Lebewesen mit strahlenförmig angeordneten Skelettelementen, als auch ein umfangreiches Werk über Theorie und Methode der Morphologie – nämlich die *Generelle Morphologie der Organismen* (1866) – vorlegte. In den anschließenden empirischen Studien ist er einfachen, marinen Lebewesen treu geblieben. Er erstellte umfangreiche, reichlich mit Abbildungen in naturalistischer Manier versehene Monographien, beispielsweise über Kalkschwämme (1872), und bearbeitete über einen Zeitraum von beinahe einem Jahrzehnt die im Verlauf der Challenger-Expedition gesammelten Staatsquallen, Radiolarien, Medusen und Hornschwämme, um nur einige seiner Arbeiten aus diesem Themenbereich zu erwähnen. Die Bebilderung dieser Bände wurde von Haeckel selbst vorgenommen. Er war ein außerordentlich versierter Zeichner, wenngleich seine Bilder eher aus einer ästhetischen als einer wissenschaftlichen Perspektive als gelungen bezeichnet werden können. Um die Jahrhundertwende veröffentlichte er unter dem Titel *Kunstformen der Natur* eine ganze Reihe dieser Zeichnungen (1899). Die Monographien Haeckels sind auch heute noch wichtig für Taxonomie und Systematik der jeweiligen Gruppen. Gemeinsam mit seinem engen Freund und Kollegen, dem vergleichenden Anatomen Carl Gegenbaur (1826–1903), der selbst mit seiner *Vergleichenden Anatomie der Wirbeltiere* und weiteren Lehrbüchern gewichtige Beiträge zur Anatomie beisteuerte, erarbeitete Haeckel sein Konzept der Morphologie. Gegenbaur war auf dem Lehrstuhl für Anatomie in Jena tätig und sorgte dafür, daß Haeckel 1865 als ordentlicher Professor an den neugeschaffenen Lehrstuhl für Zoologie berufen wurde. Von anhaltender Präsenz auch in der heutigen Biologie ist das morphologische Werk Haeckels jedoch vor allem aufgrund der von ihm vorangetriebenen Weiterentwicklung evolutionstheoretischer Prinzipien in bezug auf morphologische Fragestellungen.

Die *Generelle Morphologie der Organismen* stellt ihrem Inhalt nach das zentrale Werk zum Verständnis der Haeckelschen Morphologie dar. Er versuchte hierin, die «organische Formenwissenschaft» mittels der «von Charles Darwin reformulirten Descendenztheorie», so der Untertitel, neu zu begründen. Haeckel hatte Darwins Buch über den *Ursprung der Arten* bald nach seinem erstmaligen Erscheinen 1859 gelesen und verstand sich als leidenschaftlicher Darwin-Anhänger. Auf der Jahresversammlung der Deutschen Gesellschaft der Naturforscher und Ärzte 1863 referierte er über die Entwicklungstheorie Darwins. Durch sein energisches Eintreten für die Evolutionstheorie Darwins erwarb er sich rasch den Ruf eines morphologischen Bilderstürmers. Dies mag seinen Grund nicht nur in der bereitwilligen Akzeptanz Darwinscher Ideen finden, obwohl die evolutionstheoretischen Überlegungen Darwins gerade im biologischen Establishment zunächst keineswegs überall auf Zustimmung stießen. Haeckel kokettierte aber auch mit der ihm zugeschriebenen Rolle, versah er doch die *Generelle Morphologie* mit dem Galileischen Motto «E pur si muove!» Darüber hinaus vertrat Haeckel freilich eine recht eigentümliche Interpretation der Darwinschen Theorie. Dort, wo Darwin sich in bezug auf mögliche Beiträge der Morphologie eine vornehme Zurückhaltung auferlegte und es bei Andeutungen bewenden ließ, postulierte Haeckel gesetzmäßige Zusammenhänge. Was er vertrat, war also weniger eine auf Darwin sich stützende Auslegung morphologischer Zusammenhänge als vielmehr seine eigenen Zufügungen. Bereits im Titel seines Vortrags von 1863 *Über die Entwicklungstheorie Darwins* wird eine weitere Quelle der Haeckelschen Überlegungen zur Morphologie deutlich. Dort wird noch ausdrücklich von einer Entwicklungstheorie gesprochen und nicht, wie dies kurze Zeit darauf auch von Haeckel getan wurde, von einer Descendenz-Lehre. Neben der Darwinschen Theorie fühlte sich Haeckel der Tradition speziell der deutschen Variante der idealistischen Morphologie verpflichtet.

Haeckels *Generelle Morphologie* besteht aus zwei Bänden, die aufgrund ihrer strengen und sehr formalen Struktur ein gewisses Maß an Unzugänglichkeit aufweisen. Dieses Problem wurde noch gesteigert durch die Fülle neuer Begrifflichkeiten, die er im System seiner neuen Morphologie vorschlug. Viele davon sind nicht übernommen worden und wieder in Vergessenheit geraten. Einige aber, wie beispielsweise das Begriffspaar Ontogenie und Phylogenie oder auch die Bezeichnung Ökologie, werden in der Tat auch heute noch verwendet. Die evolutionistische Erneuerung der Morphologie sollte in der Vorstellung Haeckels ihren Ausgang von der kritischen Auseinandersetzung mit tradierten Dogmen nehmen und auf kausale und monistische Prinzipien gegründet werden. Unter Monismus ist dabei diejenige Vorstellung zu verstehen, nach der alle Naturerscheinungen – also sowohl die der unbelebten als auch der belebten Welt – auf der Grundlage ein und desselben Prinzips zu erklären sind. Haeckel machte diesen Ausgangspunkt später zu einer Weltanschauung; hier sollen zunächst nur die Konsequenzen für seine Morphologie weiterverfolgt werden. Bei der Morphologie im Sinne Haeckels sollte es sich um eine Formenlehre handeln, das heißt «die Wissenschaft von den inneren und äußeren Formverhältnissen der (...) Naturkörper» (1866 I, S. 3). Die Aufgabe der Morphologie bestehe daher in der «Erkenntniss und Erklärung dieser Formverhältnisse, d. h. die Zurückführung ihrer Erscheinung auf bestimmte Naturgesetze» (1866 I, S. 3). Zwischen belebten und unbelebten Naturkörpern machte Haeckel aufgrund seines monistischen Ausgangspunktes keinen kategorialen Unterschied. Die Morphologie sollte eine von drei naturwissenschaftlichen Disziplinen darstellen, die der Erforschung einer speziellen Qualität von Naturkörpern gewidmet ist: «Wenn wir dagegen von den charakteristischen Lebenserscheinungen, welche die Organismen auszeichnen und von den Anorganen unterscheiden, zunächst absehen, so können wir an jedem Naturkörper drei verschiedene Qualitäten unterscheiden, nämlich 1, den Stoff oder die Materie; 2, die Form oder die Morphe; 3, die Kraft oder die Function. Hieraus würden sich als die drei Hauptzweige der Naturwissenschaft folgende drei Disciplinen ergeben: 1, die Stofflehre oder Chemie; 2, die Formlehre oder Morphologie (im weitesten Sinne des Worts); 3, die Kraftlehre oder Physik» (Haeckel 1866 I, S. 10). Die Morphologie läßt sich nun ihrerseits in zwei weitere Disziplinen unterteilen, nämlich die der werdenden Form, der Morphogenie, und die der vollendeten Form, der Anatomie. Haeckel bezog diese Begrifflichkeiten nicht exklusiv auf Organismen, deren Genese und Körperform er immer wieder mit dem Wachstum und den Gestalten von Kristallen verglich. Die weiteren Unterteilungen von Anatomie und Morphogenie müssen Haeckel zufolge aber im Falle von belebten und unbelebten Naturkörpern unterschiedlich vorgenommen werden, und zwar vor allem, weil Bioten im Gegensatz zu Kristallen sich zunächst gegen eine unmittelbare geometrische Erklärung zu sperren scheinen: Lebewesen scheinen nicht im gleichen Sinne wie Kristalle aus einfachen Grundformen zusammengesetzt zu sein. Diese organischen Grundformen herauszufinden und darzustellen sollte die Aufgabe einer Promorphologie sein. In der *Generellen Morphologie* machte Haeckel seine Untersuchungen an den Radiolarien zur Basis einer solchen Promorphologie, unter der er einen Katalog von Spiegelachsen und Symmetrieverhältnissen verstanden wissen wollte. Die Promorphologie sollte die Lehre der stereometrischen Grundformen, d. h. mathematisch beschreibbarer räumlicher Gebilde, werden. Daneben sollte im Rahmen der Anatomie aber auch die spezielle Zusammensetzung der Körper aus ungleichartigen Teilen untersucht werden; dies bestimmte Haeckel zum Gegenstand der Tektologie. Dort formulierte er eine Hierarchie von sechs Individualitäten, bei der die jeweils übergeordnete Ebene der Individuen aus der Summe der untergeordneten Ebenen gebildet werden können (Haeckel 1866 I, S. 44). Für jede dieser Ebenen in der Ordnung der Naturkörper sollte letztendlich eine eigene Tektologie und Promorphologie ausgearbeitet werden. Dies nun sollte Aufgaben der Anatomie sein. Haeckels eigene Interessen lagen allerdings weniger auf dem Feld der Anatomie als dem der Morphogenie: «Jedes Sein wird nur durch sein Werden erkannt», schreibt er im ersten Band seiner *Generellen Morphologie* (1866 I, S. 23), in dem er ansonsten die «Grundzüge der mechanischen Wissenschaft von den entwickelten Formen», in seinem Sinne folglich eine allgemeine Anatomie, abhandelte. In Jena nahm vor allen Dingen Carl Gegenbaur Bezug auf diese Überlegungen Haeckels und vergaß nicht, in seinen Lehrbüchern zur Vergleichenden Anatomie stets auf die *Generelle Morphologie* Haeckels hinzuweisen.

Der zweite Band der *Generellen Morphologie* ist dagegen der Wissenschaft von den entstehenden Formen, ihrer Morphogenie oder Entwicklungsgeschichte, gewidmet. Auch die Morphogenie besteht nach Haeckel aus zwei Fächern: nämlich der Ontogenie, der Entwicklungsgeschichte der Individuen (und zwar auf allen eben genannten Ebenen!), und der Phylogenie, der Entwicklungsgeschichte der Stämme. In der Ontogenie sollten von nun an diejenigen Bereich behandelt werden, die bis dahin unter dem Titel der Embryologie untersucht worden waren. Die Phylogenie als Entwicklungsgeschichte der Stämme wurde daneben von Haeckel auch als Paläontologie bezeichnet. Dies entsprach jedoch nicht dem seinerzeit üblichen Sprachgebrauch, der darunter im wesentlichen die Fossilkunde begriff. Haeckel kennzeichnete dieses Verständnis als «Petrefactologie» und brandmarkte es als «barbarisch» – eine aufschlußreiche Kostprobe dafür, wie Haeckel die geforderte kritische Auseinandersetzung mit den traditionellen biologischen Disziplinen gestaltete.

Jede Form von Entwicklung ist in Haeckels Vorstellung Folge zweier mechanischer Faktoren, eines inneren und eines äußeren Bildungstriebes. Der innere Bildungstrieb entspricht der Vererbung, während der äußere Bildungstrieb Anpassungen hervorruft. Vererbung und Anpassung sind für Haeckel also keine Vorgänge, die nur bei Lebewesen auftreten können; in diesem Sinne werden sie etwa bei Darwin – und dort darüber hinaus beschränkt auf einen evolutionären Kontext – diskutiert. Auf der Grundlage seines monistischen Ansatzes geht Haeckel davon aus, daß bei Kristallen im gleichen Sinne wie bei Organismen Vererbungs- und Anpassungsvorgänge sichtbar werden. Die Vererbung in diesem Sinne sollte die mechanische Ursache der Reproduktion bestimmter Formen darstellen, während Anpassungen als im Ablauf der Entwicklung wirkende Einflüsse Störungen verursachen. Die Form eines jeden Individuums auf allen Ebenen wird als Folge dieser beiden Faktoren verstanden. In der Folge betätigte sich Haeckel überwiegend auf dem Gebiet einer solchermaßen verstandenen Morphogenie. Hier entwickelte er im Verlauf der Zeit seine wichtigsten Konzepte wie das Prinzip des dreifachen Parallelismus, das biogenetische Grundgesetz oder auch – als Beispiel einer praktisch-morphologischen Umsetzung – die Gastraea-Theorie, die auch heute noch mit dem Namen Haeckel in Verbindung gebracht werden.

Zunächst stand Haeckel aber vor einem ganz praktischen Problem: Der Verkauf der *Generellen Morphologie* verlief zunächst nur schleppend. Von seinen Kritikern wurde dies der scholastischen Struktur des Werkes, den umfangreichen Wortneuschöpfungen oder auch den polemischen Attacken Haeckels zugeschrieben. Nachdem Haeckel seinem Freund Gegenbaur sein Leid geklagt hatte, gab dieser ihm den Rat, seine Vorlesungen stenographieren zu lassen und diese zu publizieren. Aus der Mitschrift seiner Darwin-Vorlesung ist Haeckels zweibändige *Natürliche Schöpfungsgeschichte* (1868) hervorgegangen, die sich als Kassenschlager entpuppte und das erste einer ganzen Reihe von populärwissenschaftlichen Büchern darstellte, die alle noch zu Haeckels Lebzeiten zahllose Neuauflagen erfuhren.

In der *Natürlichen Schöpfungsgeschichte* verzichtete Haeckel auf den Formalismus der *Generellen Morphologie*. Er präsentierte hier, ausgehend von einigen einleitenden Vorlesungen zur historischen Entwicklung von Evolutionstheorien, einen Gang durch die Evolution der Lebewesen, die er mit den Moneren beginnen und beim Menschen enden läßt. Dieser Durchgang durch das Tierreich stellt das Ergebnis der Anwendung der Haeckelschen Entwicklungsprinzipien dar. Deren zentrales Kernstück ist das Biogenetische Grundgesetz, welches Haeckel in der heute bekannten Form erst 1872 im ersten Band seiner Monographie über die Kalkschwämme (S. 471) publizierte:
«Die Ontogenesis ist die kurze und schnelle Rekapitulation der Phylogenesis, bedingt durch die physiologischen Funktionen der Vererbung (Fortpflanzung) und Anpassung (Ernährung). Das organische Individuum wiederholt während des kurzen Laufes seiner individuellen Entwicklung die wichtigsten von denjenigen Formveränderungen, welche seine Voreltern während des langsamen und langen Laufes ihrer paläontologischen Entwicklung nach dem Gesetz der Vererbung und der Anpassung durchlaufen haben.» Die

Formulierung des Biogenetischen Grundgesetzes erfolgte aber nicht ausschließlich als Konsequenz Haeckelscher Entwicklungsvorstellungen. Vielmehr nahm Haeckel spezielle Momente bereits früher formulierter Gesetzmäßigkeiten der organischen Entwicklung wieder auf und gab ihnen die Form eines Gesetzes. So hatten beispielsweise Johann Friedrich Meckel (1781–1833) und Étienne Serres (1787–1868) im Kontext von Vorstellungen einer Scala naturae, d. h. einer linearen Anordnungen der Lebewesen nach ihrer Organisationshöhe, die Idee entwickelt, daß höher entwickelte Tiere in ihrer Entwicklung die Organisationsstufen von in der Skala niedriger stehenden Tieren erneut durchlaufen. Dies wurde als Rekapitulationsprinzip bezeichnet. Eine weitere Quelle von Haeckels Biogenetischem Grundgesetz stellt das von Baersche Prinzip der Embryonenähnlichkeit dar. Karl Ernst von Baer (1792–1876) hatte festgestellt, daß Embryonen früher Entwicklungsstadien einander ähnlicher seien als in späteren Stadien ihrer Entwicklung. Er stellte daraufhin die These auf, daß die (individuelle) Entwicklung vom Allgemeinen zum Speziellen hin fortschreite. Baer lehnte aber eine evolutionäre Interpretation seines Prinzips ab, da er vier grundsätzlich unterschiedene Entwicklungstypen postulierte, die sich seiner Auffassung nach nicht aufeinander beziehen lassen und schon gar nicht in eine linear fortschreitende Reihe bringen lassen sollten.

Haeckel aber ging davon aus, daß phylogenetische und ontogenetische Entwicklungsvorgänge grundsätzlich parallel verliefen. Doch traten Abweichungen auf. Haeckel unterschied deshalb in den Ontogenesen solche Vorgänge, die eine Rekapitulation phylogenetischer Vorgänge darstellen sollten (diese bezeichnete er als Palingenese oder Auszugsgeschichte), und solche, die die phylogenetischen Abläufe verfälschten, die Cänogenese oder Fälschungsgeschichte. Cänogenesen konnten nun in ganz unterschiedlichen Vorgängen bestehen, die von Haeckel als Heterotopien, also Veränderungen in der räumlichen Ordnung, oder als Heterochronien, Veränderungen im zeitlichen Ablauf, aufgeteilt wurden. Diese Differenzierungen können nun aber nicht direkt in der Darstellung der genetischen Vorgänge vorgenommen werden, denn um in dieser Form zwischen palin- und cänogenetischen Elementen der Ontogenesen differenzieren zu können, mußte letztendlich der Ablauf der Phylogenese bereits bekannt sein. Hier verwies Haeckel auf die Anatomie, die die geforderten Details im System codifiziere und auf das daher in diesem Zusammenhang auch zurückgegriffen werden könne. Hierbei konnte er sich auf Darwin stützen, der in der Formulierung seiner Evolutionstheorie festgehalten hatte, daß die Grundlagen der systematischen Einteilung der Lebewesen in ihrem Abstammungszusammenhang zu suchen seien. Wenn aber im System genealogische Verhältnisse festgehalten werden, dann muß es einer schematischen Darstellung der Phylogenie im Sinne Haeckels entsprechen. Wenn in den Ontogenesen phylogenetische Vorgänge rekapituliert werden, der Verlauf der Phylogenesen aber durch die fortwährenden Verzweigungen des Systems auf unterschiedlichen Stufen zum Ausdruck gebracht wird, dann sollten sich nicht nur Ontogenesen und Phylogenesen zueinander parallel verhalten; daneben spiegelt auch das natürliche System diese Parallele wider.

Es besteht daher ein dreifacher Parallelismus zwischen Ontogenese, Phylogenese und natürlichem System. Eine bestimmte Verzweigungsstelle im System entspricht damit sowohl einem bestimmten phylogenetischen Ahnen als auch einem Entwicklungstadium in der Ontogenese seiner höher entwickelten Nachkommen.

Das Biogenetische Grundgesetz wie auch das Prinzip des dreifachen Parallelismus gehören zu den umstrittendsten Teilen der Haeckelschen Morphologie. Zum Teil war Haeckel dafür selbst verantwortlich: Bereits in den 70er Jahren kam es zu einem Skandal, als publik wurde, daß er als Vorlage für die vergleichende Darstellung embryonaler Entwicklungsvorgänge unterschiedlicher Tiere in einigen Fällen immer wieder die gleiche Vorlage verwendet hatte. Mit diesen Tafeln sollte gezeigt werden, daß ontogenetische Entwicklungsvorgänge bei nahe verwandten Tieren aufgrund ihrer engen phylogenetischen Beziehungen grundsätzlich parallel verliefen. So war es letztendlich Haeckels eigenes Fehlverhalten, daß seinen zurückhaltenden wie auch den weniger wohlmeinenden Kritikern immer wieder Anlässe zur Kritik lieferte. Ungeachtet dieser Auseinandersetzungen hielt Haeckel an seinem Biogenetischen Grundgesetz fest und wendete sein Prinzip des dreifachen Parallelismus zur Deutung des Tierreichs an. Es wurde unter anderem zur Quelle seiner Gastraea-Theorie, die einen zentralen Entwicklungsschritt im Verlauf der Phylogenese behandelte. Da Haeckel von einem kontinuierlichen Übergang zwischen belebten und unbelebten Naturkörpern ausging, postulierte er als erste Entwicklungsstufe die Moneren. Unter einem Moner ist «ein einfachstes organisches Individuum [zu verstehen], ein lebender Klumpen einer Eiweißverbindung, der sich ernährte und durch Theilung fortpflanzte, und aus welchem erst allmählig in vielen Fällen eine Zelle (durch Differenzirung von Kern und Plasma) und aus dieser (durch Theilung) ein mehrzelliges Lebewesen sich entwickelt hat» (1866 I, S. 205). Wie hier schon angedeutet, sollte sich an das Moner die Bildung einer einzellig organisierten Lebensform, der *Cytaea*, anschließen, an diese wiederum ein Zellaggregat, die *Moraea*, und an jene wiederum ein hohles, blasenförmiges Urtier, die *Blastaea*. Diese phylogenetischen Stadien entsprachen Stufen in der Ontogenese und wurden in diesem Kontext entsprechend als *Cytula, Morula* und *Blastula* bezeichnet – Begriffe, die in der Entwicklungsbiologie noch heute Verwendung finden. Viele primitive Lebensformen – Einzeller oder Schwämme etwa – sollten nach der Vorstellung Haeckels auf solch frühen Stufen ihrer Entwicklung stehengeblieben sein und keine weiteren Entwicklungsschritte durchlaufen haben. In der ontogenetischen Entwicklung höherer Tiere schließt sich aber nun ein Vorgang an, bei dem ein Teil der Zellen ins Innere des Keimes verlagert wird, so daß sich schließlich zwei Zellagen unterscheiden lassen: die primären Keimblätter Ektoderm und Entoderm. Dieser Vorgang, die Gastrulation, mündet in der Bildung des Urmundes und eines Urdarms. Nach ihrem Abschluß ist die räumliche und bilateralsymmetrische Orientierung des zuvor blasenförmigen Keimes festgelegt. Auch dieses Stadium der Keimesentwicklung sollte nun Haeckel zufolge einer phylogenetischen Stufe entsprechen und wurde von ihm daher als *Gastraea* bezeichnet. Dieser von Haeckel hypothetisch erschlossene Organismus steht aber nun an einer ganz entscheidenden Stelle in der evolutiven Entwicklung des Tierreichs. Er sollte nach Haeckel den Urahnen aller Tiere mit diploblastischer, also zweilagiger Körperorganisation darstellen und damit den größten Teil des Tierreiches einschließen. Haeckel widmete der Präsentation seiner Gastraea-Theorie eine eigene Publikation (1874). Wie auch das Biogenetische Grundgesetz wurde die Gastraea-Theorie sofort nach ihrer Veröffentlichung Gegenstand harscher Kritik. So bezeichnete ein ehemaliger Schüler Haeckels, Nikolai Kleinenberg (1842–1897), 1886 die Gastraea als mageres Tiergespenst aus laurentischen Nächten, das zwar nicht fruchtbar, aber stark infektiv gewesen sei und einen ganzen Zoo hypothetischer Ahnenformen hervorgebracht habe. Dennoch hat sich die Gastraea-Hypothese bis heute gehalten, wenngleich ihr weitere Theorien zur evolutiven Entstehung von Lebewesen mit mehrschichtiger Körperorganisation an die Seite gestellt wurden. Je spöttischer die Kritik geäußert wurde, um so ungeduldiger und ungehaltener reagierte Haeckel. Gegen Ende des 19. Jahrhunderts verlagerte er den Schwerpunkt seiner Überlegungen von der Morphologie in die Verbreitung seiner monistischen Weltanschauung. Die Morphologie war ihm nun lediglich noch Anschauungsobjekt für diesen Monismus.

4.2 Die Entgrenzung der Wissenschaften zur autoritäten Weltanschauung

Eine noch viel ausführlichere Rekonstruktion des naturpolitischen Programmes der «Vulgärmaterialisten», zu denen eben auch Haeckel gehörte, müßte nicht nur aus den Gründen erfolgen, weil einerseits auch Friedrich Engels Einspruch dagegen erhoben hatte und wir andererseits die katastrophalen Konsequenzen des Sozialdarwinismus kennen, sondern insbesondere deshalb, weil hier immer noch ein Forschungsdefizit in der Rekonstruktion der Geistesgeschichte der zweiten Hälfte des 19. Jahrhunderts besteht: die Entgrenzung naturwissenschaftlichen Tuns hin zur Ausformulierung weltanschaulicher Überzeugungen. Wichtig für diesen Vorgang ist der Einfluß der späten, auch naturphilosophischen Schriften Ludwig Feuerbachs auf die Vulgärmaterialisten und umgekehrt der Vulgärmaterialisten auf die philosophischen Anhänger Feuerbachs. Exemplarisch zeigt sich an diesem Vorgang der Entgrenzung, wie die gesellschaftspolitischen Überzeugungen der vormärzlichen Liberalen nach dem Scheitern der Revolution von 1848 zunehmend unter Rückgriff auf vorgebliches zweifelsfreies naturwissenschaftliches Gesetzeswissen autoritär oder gar totalitär wurden.

Hingewiesen sei hier auf Überlegungen Ludwig Feuerbachs aus dem Rezensionsaufsatz *Die Naturwissenschaft und die Revolution* (1850); die Rezension behandelt ein Buch von Jacob Moleschott mit dem Titel *Lehre der Nahrungsmittel. Für das Volk*. Feuerbach konstatiert dort den elenden Zustand der bürgerlichen Gesellschaft in Deutschland, die Unterdrückung freiheitlicher Bewegungen, die Zensurmaßnahmen, insbesondere auch gegen die Philosophie. Warum aber, so fragt Feuerbach rhetorisch, warum ist diese Regierung so liberal gegenüber den Naturwissenschaften? Der «beschränkte Regierungsverstand» übersähe, daß der Naturforscher, konfrontiert mit dem Wesen der Natur und dem Unwesen der Politik, zum Revolutionär werden müsse, weil das Unwesen der Politik in krassem Widerspruch stehe mit dem, was er in seiner tagtäglichen Naturforschung als Wesen der Natur erfährt und beobachtet. «Der Naturforscher sieht, wie die Natur in einem ewigen Fortschritt begriffen ist, wie sie nie mehr auf eine einmal überschrittene Stufe zurückfällt, nie mehr aus einem Manne ein Knabe, einem Weibe ein Mädchen, einer Frucht eine Blüte, einer Blüte ein Blatt wird. Wegen seiner Naturerfahrung müsse der Naturforscher zum Demokraten, ja sogar zum Sozialisten und Kommunisten werden. «Der Blick in die Natur erhebt darum den Menschen über die engherzigen Schranken des peinlichen Rechts, sie macht den Menschen kommunistisch, d.h. freisinnig und freigebig» (Feuerbach 1990, S. 348–351).

Die infolge der Vermischung von Politik und Naturwissenschaft zunehmende Entgrenzung einer ursprünglich «rein» naturwissenschaftlichen Hypothese hin zu einer universalen Weltanschauung läßt sich nicht als rein innerwissenschaftlicher Vorgang rekonstruieren. Für den deutschsprachigen Raum ist von zentraler Bedeutung, daß die Fortschrittshoffnungen der Liberalen und des progressiven

Bürgertums nach der gescheiterten 48er Revolution nicht mehr gesellschaftstheoretisch absicherbar erschienen. Daher konnte eine naturwissenschaftliche Theorie, die erklärt, wie Lebewesen sich entwickeln und wie auch der Mensch aus natürlichen Bedingungen heraus sich erst zum Menschen gebildet habe, als die ideale Kompensation des gesellschaftstheoretischen Defizits erscheinen: Nicht die Menschen in ihrem gesellschaftlichen Handeln realisierten Fortschritt, sondern das Fortschreiten der Menschen auch unter gesellschaftlichen Bedingungen erscheint in dieser veränderten Perspektive als Verlängerung von Naturanlagen und Naturgesetzen.

Erst mit dem den Naturwissenschaften so zugesprochenen pädagogischen Auftrag aufgrund des Scheiterns gesellschaftswissenschaftlicher Programme entsteht für die Naturwissenschaftler selbst wiederum die Aufgabe, Naturphilosophie zu betreiben, nun aber nicht als (Selbst-)Aufklärung der Naturwissenschaften, sondern als weltanschauliche Aufklärung der (bürgerlichen) Öffentlichkeit. «Dieser mechanische Materialismus tritt im Zusammenhang der realistischen Bildungsbewegung, die sich um die Jahrhundertmitte gegen den Humboldtschen Neohumanismus und die idealistischen Bildungsideale der Goethezeit formiert, mit dem Anspruch auf, eine umfassende Weltanschauung auf der Basis der fortgeschrittensten Wissenschaft zu bieten. Hieraus erklärt sich auch sein beispielloser Erfolg» (Schnädelbach 1983, S. 123f.). Eine besonders krasse und aggressive Variante dieser naturwissenschaftlichen Weltanschauungsbewegung wird repräsentiert mit Haeckels populären Aufsätzen und Schriften wie *Natürliche Schöpfungsgeschichte* und *Die Welträtsel*.

So machte Haeckel bei vielen Anlässen wie z. B. der Versammlung deutscher Naturforscher und Ärzte 1863 in Stettin darauf aufmerksam, daß gesellschaftliche Institutionen wie Schulen, Kirchen usw. in ihren Lehrprogrammen und -methoden weit hinter dem Fortschritt der Naturgeschichte zurückgeblieben seien. Fortschritt sei aber ein Naturgesetz, das durch keine beharrenden gesellschaftlichen Strukturen und Institutionen aufgehalten werden könne. Diese Fortschrittsapologetik glaubte Haeckel aus der Darwinschen Evolutionstheorie ablesen zu können, ohne zu bemerken, daß Darwin im Unterschied zu Haeckel nirgends von einem absoluten, sondern immer nur von einem relativen Fortschritt (bezogen auf jeweils vorliegende Umweltverhältnisse) spricht.

Gerade bezüglich Haeckel wurde bisher in der wissenschaftshistorischen Literatur viel zuwenig beachtet, daß dieser das naturpolitische und weltanschauliche Programm der «Vulgärmaterialisten» übernommen hat, lange bevor er Darwin rezipierte. Vor diesem Hintergrund ist es dann nicht weiter verwunderlich, wenn Haeckels Verständnis von Darwins Evolutionstheorie sich vollständig deckt mit den Interpretationen Darwins durch Ludwig Büchner. Für die Art der Rezeption Darwins durch den Vulgärmaterialismus gerade in Hinsicht auf gesellschaftspolitische Fragen ist als kennzeichnend festzuhalten nicht nur das dominierende Interesse an Fragen der Anthropologie bzw. der Abstammung des Menschen. Wichtiger ist noch, daß die natürliche Zuchtwahl unmittelbar gelesen wird als «Überleben des Stärksten», daß weiter die Rolle externer Faktoren als alleiniger Entwicklungsmechanismen über Darwin hinausgehend betont wird.

Von den Vulgärmaterialisten besonders hervorgehoben wird weiter die Erwartung zukünftiger evolutionärer Veränderungen der Menschen; gerade dieses Moment wird konstitutiv für die sozial- und gesellschaftspolitische Ausdeutung der Evolutionstheorie, auch und gerade durch Haeckel. In einer Rezension aus dem Jahr 1860 von Darwins *Die Entstehung der Arten* schreibt Büchner: «Endlich wirft der geistvolle Autor (Darwin, d. A.) einen prophetischen Blick in die Zukunft und deutet auf das durch seine Theorie offen gelegte Vervollkommnungsgesetz hin, dem zufolge sich voraussichtlich aus den jetzt lebenden Wesen immer schönere, höhere und vollkommenere Formen entwickeln werden» (Büchner 1874, S. 276). Bezeichnend ist, daß Darwin mit seiner Andeutung meinte, die Entstehung des Menschen aus dem Naturreich ließe sich mit Hilfe seiner Theorie rekonstruieren, während Büchner diese Stelle so aus- und umdeutet, daß die (Weiter-)Entwicklung des heutigen Menschen mit Darwins Theorie erklärt werden könne!

Auch die Einführung von absoluten Wertigkeiten ist nun keinesfalls gedeckt durch Darwins Evolutionstheorie. Die Aussage, Organismen seien an ihre Umwelt «besser» angepaßt als vergleichbare andere, ist nach Darwin immer insofern relativ zu verstehen, als sie sich bezieht auf spezifische äußere Lebensbedingungen; die in dem einen Kontext «besser» angepaßten Organismen können in einem anderen Kontext durchaus «schlechter» angepaßt sein. Evolution beruht so für Darwin nicht auf einem «Vervollkommnungsgesetz», und insbesondere werden für die Aussage, Organismen seien an eine Umwelt besser angepaßt, keine ästhetischen Kriterien benötigt.

Kennzeichnend für Haeckels Verständnis von Evolution ist nun, daß die Selektionstheorie faktisch überflüssig wird; anders: nach Haeckel ist die Entwicklungstheorie eine Theorie des sich naturgesetzlich vollziehenden Fortschrittes, die Selektionstheorie eine Theorie der Erhaltung des jeweils erreichten Zustandes, auf dem der weitere Fortschritt aufbaut. Der Fortschritt der Lebewesen vollziehe sich so als unaufhaltsames Naturgesetz, dem sich nichts und niemand entziehen könne, weil durch dieses Naturgesetz absolut Besseres, Tüchtigeres erzeugt werde. Nur dadurch könne dann ja auch im naturalistischen Schluß Kritik an gesellschaftlichen Institutionen geübt werden, die nach Haeckel (und den Vulgärmaterialisten) sich diesem naturgesetzlichen Fortschritt entgegenzustellen versuchten. Der Selektion kommt in diesem Konzept dann ausschließlich die Funktion zu, das jeweils erreichte Stadium im Fortschreiten zu erhalten, indem Abweichendes «vernichtet» wird.

Überlegungen zu einer Vervollkommnung der Menschen im Kampf ums Dasein und damit die Einführung von absoluten biologischen Wertigkeitsstufen hat Plessner zusammengefaßt unter dem Stichwort der «autoritären Biologie» (Plessner 1982, S. 162ff.). Die komplexen kulturellen und geistesgeschichtlichen Hintergründe der «autoritären Biologie» arbeitete Schnädelbach weiter aus und folgerte: «Die Geschichte der deutschen Nietzsche-Rezeption, die außerordentliche Wirkung von Oswald Spenglers ‹Der Untergang des Abendlandes›, ja vor allem der ‹völkische Realismus› und die Rasse-Ideologie der Nazi-Philosophen sind ohne diesen Biologismus nicht zu verstehen» (Schnädelbach 1983, S. 128). In diesem Kontext, der wesentlich unabhängig ist bzw. sogar im Widerspruch steht zur Darwinschen Evolutionstheorie, sind auch Haeckels gesellschaftspolitische Überlegungen angesiedelt.

Deutlich wird dies z. B. in den äußerst weitverbreiteten *Lebenswundern*, die ein Kapitel enthalten mit der Überschrift «Lebenswert». Einleitend erklärt dort Haeckel: «Der Wert unseres menschlichen Lebens erscheint uns heute, auf dem sicheren Boden der Entwickelungslehre, in ganz anderem Lichte, als vor fünfzig Jahren. Wir gewöhnen uns daran, den Menschen als ein Naturwesen zu betrachten, und zwar als das höchst entwickelte, das wir kennen. Dieselben ‹ewigen ehernen Gesetze›, die den Entwickelungsgang des ganzen Kosmos regeln, beherrschen auch unser eigenes Leben» (Haeckel 1923, S. 291). Die Ironie der Aussage, daß wir Menschen uns selbst wissenschaftlich bestätigen, wir seien die höchstentwikkelten Lebewesen, «die wir kennen», entgeht Haeckel.

Ist aber so erst einmal der Mensch definiert als Naturwesen, dann ist die weitere Argumentation schon festgelegt: Ebenso wie alle anderen Organismen sich «kausal-mechanisch» entwickeln, indem sie sich «immer besser» an die Umwelt anpassen, ebenso entwickeln sich auch die Menschen. Gibt es «auserlesene Rassen, Völker und Staaten» als besser angepaßte, dann muß es selbstverständlich auch schlechter angepaßte Rassen, Völker und Staaten geben. «Das, was den Menschen so hoch über die Tiere, auch die nächst verwandten Säugetiere, erhebt, und was seinen Lebenswert unendlich erhöht, ist die Kultur, und die höhere Entwicklung der Vernunft, die ihn zur Kultur befähigt. Diese ist aber größtenteils nur Eigentum der höheren Menschenrassen und bei den niederen nur unvollkommen oder gar nicht entwickelt. Diese Naturmenschen (z.b. Weddas, Australneger) stehen in psychologischer Hinsicht näher den Säugetieren (Affen, Hunden), als dem hochzivilisierten Europäer; darum ist auch ihr individueller Lebenswert ganz verschieden zu beurteilen» (Haeckel 1923, S. 293-295). Wie stark Haeckel in letztlich ideologischen Vorurteilen verfangen ist, wird gerade daran deutlich, daß er die Naturvölker nicht einfach näher an rezente Primaten rückt, sondern – phylogenetisch sinnlos! – ineins auch an Hunde, wenn er sagt: «Der Abstand zwischen dieser denkenden Seele des Kulturmenschen und der gedankenlosen tierischen Seele des wilden Naturmenschen ist aber ganz gewaltig, größer als der Abstand zwischen der letzteren und der Hundeseele» (Haeckel 1923, S. 296).

Und wie Haeckel schließlich den «Lebenswert» der Naturvölker beurteilen will, deutet er dadurch an, daß er ihn auf eine Stufe setzt mit dem Lebenswert von Menschenaffen. «Der Lebenswert dieser niederen Wilden ist gleich demjenigen der Menschenaffen oder steht doch nur sehr wenig über demselben» (Haeckel 1923, S. 297). Zitate dieser Art ließen sich noch beliebig viele anführen. Den Zusammenhang mit dem Vulgärmaterialismus verdeutlicht ein Hinweis auf ästhetische Kriterien, die auch nach Haeckel in der Evolution der Menschen eine wichtige Rolle spielen (Haeckel 1923, S. 307f.).

Ein Wertegefälle existiert nun nicht nur zwischen einzelnen Rassen, Völkern und Staaten, sondern auch innerhalb solcher Einheiten. Unter dem Stichwort «Lebenserhaltung» heißt es in den *Lebenswundern*: «Als ein traditionelles Dogma müssen wir auch die weitverbreitete Meinung beurteilen, daß der Mensch unter allen Umständen verpflichtet sei, das Leben zu erhalten und zu verlängern, auch wenn dasselbe gänzlich wertlos, ja für den schwer Leidenden und hoffnungslos Kranken nur eine Quelle der Pein und der Schmerzen, für seine Angehörigen ein Anlaß beständiger Sorgen und Mitleiden ist. Hunderttausende von unheilbaren Kranken, namentlich Geisteskranke, Aussätzige, Krebskranke usw. werden in unseren modernen Kulturstaaten künstlich am Leben erhalten und ihre beständigen Qualen sorgfältig verlängert, ohne irgend einen Nutzen für sie selbst oder für die Gesamtheit», wobei er auch ökonomische Verluste ins Feld führte (Haeckel 1923, S. 99).

Die Entscheidung darüber, ob ein Leben zu erhalten sei oder nicht, will Haeckel weder den Angehörigen des Kranken noch dem Kranken selbst überlassen. In quasi verwissenschaftlichter und objektivierter Form soll über den Lebenswert ein Expertengremium entscheiden. Diese Vernichtung lebensunwerten Lebens bezeichnet Haeckel als «spartanische Selektion». «Die alten Spartaner verdankten einen großen Teil ihrer hervorragenden Tüchtigkeit, sowohl körperlicher Kraft und Schönheit, als geistiger Energie und Leistungsfähigkeit, der alten Sitte, neugeborene Kinder, die schwächlich und krüppelhaft waren, zu töten» (Haeckel 1923, S. 100).

Die Vernichtung lebensunwerten Lebens bekommt hier nun eine neue Qualität: Es geht nicht mehr um einen Akt des Mitleidens mit Kranken, auch nicht mehr um die Einsparung von Staatskosten, sondern durch die Vernichtung lebensunwerten Lebens soll die Qualität des entsprechenden Volkes vervollkommnet werden. Spartanische Selektion als Mittel zur Vervollkommnung eines Volkes oder Staates – damit bewegt sich Haeckel voll in den Gedankendimensionen des Sozialdarwinismus. Und pathetisch hält er seinen Kritikern entgegen: «Als ich 1868 auf die Vorzüge dieser spartanischen Selektion und ihren Nutzen für die Verbesserung der Rasse hingewiesen hatte, erhob sich in frommen Blättern ein gewaltiger Sturm der Entrüstung, wie jedesmal, wenn die ‹reine Vernunft› es wagt, den herrschenden Vorurteilen und traditionellen Glaubenssätzen der öffentlichen Meinung entgegenzutreten. Ich frage dagegen: Welchen Nutzen hat die Menschheit davon, daß die Tausende von Krüppeln, die alljährlich geboren werden, Taubstumme, Kretinen, mit unheilbaren erheblichen Übeln Belastete usw. künstlich am Leben erhalten und groß gezogen werden? Und welchen Nutzen haben diese bemitleidenswerten Geschöpfe selbst von ihrem Leben? Ist es nicht viel vernünftiger und besser, dem unvermeidlichen Elend, das ihr armseliges Leben für sie selbst und ihre Familie mit sich bringen muß, gleich von Anfang an den Weg abzuschneiden?» (Haeckel 1923, S. 100). Haeckel baut seine Argumentation von vornherein so auf, daß Kritikern der «spartanischen Selektion» die wissenschaftliche Rationalität und damit auch die vernünftige Entscheidungsfähigkeit abgesprochen werden muß, kurz, daß die Kritik ideologisch und dogmatisch sei, das sozialdarwinistische Programm der spartanischen Selektion dagegen wissenschaftlich, objektiv und ein Ausfluß der «reinen Vernunft». In einem Zeitalter, in dem der Wissenschaft der Charakter einer Weltanschauung mit normativen Komponenten zugestanden wurde, konnte eine solche Konstruktion nicht folgenlos bleiben. Erst durch die Vermischung von Einsichten Darwins mit von der darwinistischen Evolutionstheorie unabhängigen weltanschaulichen Momenten bei Haeckel konnte sich der Sozialdarwinismus mit seiner Berufung auf Darwins Theorie konstituieren.

5. Wirkung und Schüler

So zwiespältig sich uns Haeckels Lebenswerk in seinem Schwanken zwischen Biologie und Weltanschauung heute bekundet, so zwiespältig ist auch die Wirkung Haeckels zu beurteilen. Mit seinen mitreißenden Präsentationen zog er zwar von Beginn seiner Professorenlaufbahn Studierende und junge Wissenschaftler an, so daß sich die biologische Fakultät in Jena bald zu einem Zentrum der Evolutionsforschung entwickelte (Uschmann 1959; Nyhart 1995). Und viele seiner Schüler, etwa Oscar (1849–1922) und Richard (1850–1937) Hertwig, Anton Dohrn (1840–1909), Nikolai Kleinenberg, Julius Schaxel (1887–1943) oder Hans Driesch (1867–1941), nahmen dann selbst bedeutende Positionen in der zoologischen Forschung ein. Aber die Geschwindigkeit, mit der sich Haeckel zwischen seinen biologischen Theorien und seinen weltanschaulichen Positionen hin- und herbewegte, sowie die Intoleranz, mit der er auf Abweichungen von seinen Konzepten reagierte, führten nicht nur zu einer merklichen Abkühlung des freundschaftlichen Verhältnisses zu Carl Gegenbaur (Krauße 1994), sondern oft genug auch zum Bruch mit seinen Schülern, insbesondere dann, wenn diese sich um eine experimentelle Verifizierung (die häufig genug zu einer Widerlegung gerieten) Haeckelscher Hypothesen bemühten. Einige unter diesen Schülern, Anton Dohrn und Nicolai Kleinenberg etwa, entwickelten sich so auch zu seinen kompetentesten fachwissenschaftlichen Kritikern. Beide versuchten, in der kritischen Auseinandersetzung mit den Theorien Haeckels zu einer Weiterentwicklung in der Evolutionsforschung beizutragen.

Anton Dohrn, der zu Beginn der siebziger Jahre des vergangenen Jahrhunderts die Zoologische Station in Neapel gründete, kritisierte vor allem die Leichtfertigkeit, mit der in den Haeckelschen Stammbäumen mit den Veränderungen im Körperbau von Lebewesen umgegangen wurde. Derartige Veränderungen wurden von Haeckel meist als Anpassungen oder Neuentstehungen bezeichnet. Damit schienen sie ihm gleichzeitig auch schon erklärt zu sein. Dohrn wandte dagegen ein, daß damit das Problem nur benannt, aber keineswegs gelöst sei. Er schrieb: «(D)ie bisher bestehenden Anschauungen ließen es zu, dass man sich mit den Ausdrücken ‹Neubildung› oder ‹Anpassung› befriedigte, ohne weiter zu fragen, wie sich denn ein Organ neubilden könne, oder was sich denn und zugleich auf welche Weise sich etwas bereits Bestehendes ‹anpassen› könne» (Dohrn 1995, S. 400). Die Lösung des solchermaßen gekennzeichneten Problems suchte Dohrn in einer physiologischen Morphologie, die durch funktionelle Kriterien die Übergänge in den Stammbäumen überprüfen und plausibel machen sollte. In seinem 1875 erschienenen theoretischen Hauptwerk über den Ursprung der Wirbeltiere (Dohrn 1875) stellte er für diesen Zweck das Prinzip des Funktionswechsels auf und versuchte, es am Beispiel der Wirbeltiere zu erläutern. Dabei kehrte er allerdings die von Haeckel aufgestellte Stammbaumsequenz um, die von den wirbellosen Vorfahren über

Tunicaten, Branchiostoma und kieferlose Fische schließlich zu den Knorpelfischen führte. Dohrn leitete dagegen die Knorpelfische direkt von annelidenartigen Vorfahren ab und stellte eine Degenerationssequenz auf, die von den Knorpelfischen über kieferlose Fische und Branchiostoma bis hin zu den Tunicaten führte. Der Umstand, daß Dohrn diese Reihe als degenerativ bezeichnete, rief Haeckels gnadenlosen Spott hervor: Er nannte ihn einen phantasiereichen jüngeren Zoologen, der doch allen Ernstes die Behauptung aufgestellt habe, «dass die bekannte Descendenzreihe der Chordonier, Acranier, Cyclostomen und Fische umgekehrt werden müsse, und dass durch zunehmende Entartung und Rückbildung aus den Fischen die Cyclostomen, aus diesen der Amphioxus und aus letzterem die Tunicaten entstanden seien. Wenn wir diese stufenweise Degeneration mit consequenter Logik noch etwas weiter verfolgen, so werden wir uns leicht überzeugen, dass die Fische durch Rückbildung aus den Amphibien, wie diese aus den Säugetieren, entstanden sind. Innerhalb dieser letzteren Classe ist es dann auch leicht nachzuweisen, dass die Monotremen von den Beutelthieren, diese letzteren von den Affen und die Affen von den Menschen abstammen. Sie alle sind durch fortgehende Entartung und Rückbildung aus heruntergekommenen Menschen entstanden: Stück für Stück haben sie ihre menschlichen Attribute eingebüßt: erst die Sprache, dann den Gehirnbalken, später die Milchdrüsen und die Haare. Bis zu den Fischen heruntergekommen haben sie als Cyclostomen auch noch die Arme und Beine, so wie die Kiemenbogen und Kiefer aufgegeben; ja der unselige Amphioxus, der die schwersten Verschuldungen auf sich lud, hat schließlich sogar den Kopf verloren» (Haeckel 1875). Gerade an diesem Fall zeigt sich, daß Haeckel seinen Evolutionsvorstellungen nicht nur ein doch sehr einfaches, lineares Fortschrittsmodell zugrunde legte, sondern daß er dort, wo für einen speziellen Fall ein begründetes Modell vorgelegt wurde, dieses sofort zu einem allgemeinen Gesetz generalisierte. Wollte er hier mit diesem Verfahren die Absurdität der Überlegungen Dohrns vorführen, so entging ihm, daß derselbe, von ihm gegen andere erhobene Einwand auch auf seine eigenen Argumente zutrifft.

Nikolai Kleinenberg, der bei Haeckel mit einer Arbeit über Hydra promoviert wurde, floh vor dem «Pantoffel einer maliziösen Bestie», wie er in einem Brief an Dohrn bekennt, zunächst nach Neapel und beschäftigte sich mit embryologischen Problemen. Seine Kritik richtete sich vor allem gegen Haeckels entwicklungsbiologische Hypothesen, so etwa gegen die Gastraea-Theorie. Als embryologisches Stadium sei die Gastrula formuliert worden, und in diesem Zusammenhang sei sie im Tierreich in gewissem Umfang verbreitet; sie aber aus diesem Grund in den Rang einer phylogenetischen

Ahnenform zu erheben sei reine Spekulation. Jedenfalls sei es unnötig gewesen, schreibt Kleinenberg (1886), «die Gegenwart zu verlassen und in die laurentischen Nächte hinabzusteigen, um ein so mageres Thiergespenst, wie die Gastraea, heraufzubringen. Dass sie nicht fähig ist, die geringste hypothetische Vorstellung vom unbekannten Ursprung der Cölenteraten selbst zu erzeugen, liegt nebenbei auch auf der Hand, denn die Gastraea ist weiter nichts als das Schema jenes Typus. Gewagte Hypothesen, kühne Schlüsse nützen der Wissenschaft fast immer, die Schemata schaden ihr, wenn sie die vorhandenen Kenntnisse in eine leere und dazu meist noch schiefe Form bringen und beanspruchen, tiefere Einsicht zu geben. Leider war die Gastraea nicht zeugungsfähig, aber stark infektiv; sie hat sich als Neuraea, Nephridaea etc. ausgebreitet und weiterhin all die Urthiere, Trochosphaera, Trochophora, das Urinsekt und was weiß ich sonst noch verschuldet.» Als komplementäre Ergänzung zu Dohrns Prinzip des Funktionswechsels formulierte er das Substitutionsprinzip, nach dem bestimmte Strukturen im Verlauf von Entwicklungsvorgängen unter Beibehaltung der Funktion umgebaut werden. Ein Beispiel hierfür stellt etwa die Entwicklung der Wirbelsäule bei Wirbeltieren dar, die embryonal als Chorda vorgeformt und dann nach und nach zur Wirbelsäule umgebaut werde, indem bestimmte Bestandteile sukzessive ausgetauscht würden.

So muß insgesamt festgehalten werden, daß die zu Beginn des zwanzigsten Jahrhunderts allgemein konstatierte «Krise des Darwinismus» wesentlich mitverschuldet wurde durch die Theorien Haeckels. Denn so volkstümlich etwa die Stammbaumdarstellungen Haeckels waren, so fehlte ihnen doch zunehmend jeglicher empirische Gehalt, wurden sie zu bloßen eingängigen Schematismen, in denen nicht mehr mit Gründen erklärt wurde, wie man zu der jeweiligen genealogischen Anordnung kam. Daher konnte die Evolutionsforschung nur neuen Aufschwung nehmen, indem sie die Haeckelschen Positionen hinter sich ließ (Beurton 1994).

Reinhard Mocek

WILHELM ROUX
(1850–1924)

1. Einleitung

Der Name und vor allem das Werk von Wilhelm Roux sind heute nur noch wenigen Spezialisten geläufig. Das Gegenteil war der Fall, als sich Roux vor rund einhundert Jahren auf dem Höhepunkt seiner wissenschaftlichen Laufbahn befand. Damals war Roux' Name ein Begriff in der wissenschaftlichen Welt, hatte er doch mit seinen Experimenten an Froschkeimen den Anstoß für so manche der späteren embryologischen Sensationen gegeben, die nicht nur die Theorie der Biologie entscheidend voranbrachten, sondern auch die naturphilosophischen Kontroversen auf Jahre hinaus geprägt haben. Denn Roux war der erste Biologe, der zeigen konnte, daß sich auch halbierte Keime tierischer Organismen zu entwickeln vermögen. Die von ihm 1887 erstmals demonstrierte experimentelle Erzeugung halber Froschembryonen warf nicht nur ein völlig neues Licht auf die Vielfalt und Plastizität des embryologischen Materials, sondern rührte zugleich an Grundfragen des philosophischen Verständnisses von Leben. In ihrem normalen Entwicklungsweg gewissermaßen aus der Bahn geworfene Keime – und nichts anderes stellten diese Experimente dar – entwickelten sich dennoch weiter und regulierten sich schließlich in der Mehrzahl der Fälle sogar zu vollausgebildeten Embryonen um. Für diese Regulationsfähigkeit zu einer neuen Ganzbildung gab es keine Parallele im anorganischen Bereich. Damit aber war der im Ausgang des 19. Jahrhunderts weitverbreitete Begriff von Leben als komplexes chemisch-physikalisches Geschehen in seiner Gültigkeit erschüttert; und eben darin bestand die philosophische Bedeutung dieser von Roux ausgehenden experimentellen Forschungen am Entwicklungskeim.

Roux' Werk führte somit zugleich in eine neue biologische Grundlagenforschung – die experimentelle Biologie – sowie in die Philosophie, in die Fragewelt nach dem Wesen des Lebens. Nur wenige wissenschaftliche Entdeckungen haben eine derart breite Ausstrahlungskraft nicht nur in die Wissenschaftsszene hinein, sondern auch in den gesamten Bereich der geistigen Kultur. Der Anreiz, dem Schaffen Roux' mit dem Blick des Wissenschaftshistorikers nachzugehen, ist schon deshalb verlockend.

2. Lebensweg und Arbeitsrichtungen

Wilhelm Roux wurde am 9. Juni 1850 im thüringischen Jena als Sohn des Universitätsfechtlehrers Wilhelm Roux geboren. Die Roux' waren im Ausgang des 17. Jahrhunderts nach der Aufhebung des Edikts von Nantes aus Grenoble nach Jena übergesiedelt. Die französische Aussprache des Namens behielten sie bei (Ru:). Der sich selbst als zurückhaltend und in sich gekehrt beschreibende Wilhelm absolvierte die humanistische Stoyesche Anstalt in Jena und 1870 die Oberrealschule in Meiningen. Der sehnliche Wunsch, Medizin zu studieren, war ihm jedoch durch die seinerzeitige Verordnung versperrt, die dafür den Gymnasialabschluß vorschrieb. Roux ließ sich deshalb an der philosophischen Fakultät in Jena immatrikuieren, was ihm auch den Besuch der Vorlesungen bei Carl Gegenbaur (1826–1903), Wilhelm Preyer (1841–1897) und Ernst Haeckel (1834–1919) ermöglichte. Der Wehrdienst unterbrach dieses «Probestudium». 1871 zurückgekehrt, holte Roux das Gymnasialexamen nach, wozu es der besonderen Erlaubnis des Herzogs von Meiningen bedurfte. Durch W. Preyer am 8. Januar 1873 in die medizinische Fakultät in Jena aufgenommen, genoß Roux die anregende Atmosphäre dieser damals für die Biologie so bedeutenden Lehr- und Forschungsstätte, um dann 1876 für zwei Semester zunächst nach Berlin zu Rudolf Virchow (1821–1902) und im Anschluß daran nach Straßburg zu gehen, wo er insbesondere Friedrich Daniel Recklinghausen (1833–1910) hörte. Nach der Ablegung des medizinischen Staatsexamens in Jena 1877/78 besuchte Roux, während er seine Dissertation fertigstellte, noch ein Jahr die Philosophiekollegs bei Rudolf Eucken (1846–1926), der seine Studenten im Geiste des deutschen Idealismus, insbesondere Immanuel Kants (1724–1804), unterrichtete. Roux hat durch Eucken einen vertieften Einblick in die Philosophie des Weisen von Königsberg erhalten, was sich auch darin ausdrückte, daß er später sein wissenschaftliches Programm mit Blick auf Kants Philosophie begründete.

Früh schon hat sich Roux dem Morphologen Gustav Schwalbe (1844–1916) angeschlossen, von dem er sich eine entwicklungsgeschichtliche Thematik für die Dissertation erbat. Schwalbe empfahl die Untersuchung der Entwicklung der Leber, investierte aber nicht allzuviel an Betreuung, wie Roux in seiner Autobiographie schrieb, was ihm aber gerade recht war. Er erfand die geeignete embryologische Technik, um die Hühnchenleber in ihren Entwicklungsstadien zu verfolgen und über Schnitte zu dokumentieren, und konzentrierte sich auf das Problem, welchen Anteil der Blutstrom an der Gestaltung der Blutgefäße hat. Die in verschiedenen Stadien aufge-

Wilhelm Roux (1850–1924)

schnittene Leber gewährte ihm aufschlußreiche Einblicke, wie sich der Gefäßbereich, insbesondere an den Verzweigungsstellen, den Kräften des Blutstromes folgend, gestaltet, wie sich die Intima der Gefäße durch Wachstum oder Wachstumshemmung an die gestaltende Wirkung dieses Strömungsdruckes anpassen. Die Dissertation, mit der er am 2. April 1878 in Jena promoviert wurde, erschien unter dem Titel *Ueber die Verzweigungen der Blutgefäße. Eine morphologische Studie* 1878 in der *Jenaischen Zeitschrift für Naturwissenschaft* und bildete das Fundament für alle seine folgenden kausal-anatomischen Arbeiten. Im Keim enthielt sie schon den Grundgedanken für die Abhandlung zum *Kampf der Theile im Organismus*, mit der Roux 1881 mit einem Schlage in der wissenschaftlichen Welt bekannt wurde. Doch bis dahin war es noch ein dornenreicher Weg. Dem strikten Wunsche des Vaters, nach der Promotion als praktischer Arzt ans Geldverdienen zu denken, wollte Roux nicht nachkommen, worauf sein Vater die finanzielle Unterstützung aufkündigte. Nun mußte sich Roux nach einer Anstellung umsehen, die ihm die Verbindung zur Forschung sicherte. Er nahm eine mit 750 Mark Jahresgehalt dotierte Assistentenstelle am Hygienischen Institut der Universität Leipzig bei Franz Hofmann (1869–1926) an, hungerte sich buchstäblich durch, litt zudem unter der Divergenz zwischen den Aufgaben, die ihm die Arbeitsstelle abverlangte, und dem, was ihn tatsächlich interessierte. Roux konnte damit nicht froh werden; Grund genug, sich in der Durchführung seiner wissenschaftlichen Pläne beeinträchtigt zu fühlen, so daß er in seine zweite Veröffentlichung die resignierende Bemerkung einfügte, er bedauere, daß es ihm «die Verhältnisse nicht gestatten, an der Hebung dieser Schätze mit zu arbeiten» – womit er selbstbewußt die von ihm in diesem Artikel im Anschluß an seine Dissertation vorgewiesene Forschungsperspektive meinte (Roux 1879, S. 334). Der Breslauer Anatom Carl Hasse (1841–1913) bot ihm daraufhin eine Assistentenstelle an, womit Roux' wissenschaftlicher Lebensweg geebnet war. Aber die Leipziger eineinhalb Jahre waren nicht umsonst. Die theoretische Nachbereitung seiner Dissertation in dem Aufsatz von 1879 hatte Hasse beeindruckt; sie war die Frucht des erweiternden Nachdenkens, des Ausschöpfens der Dissertation in den quälenden Leipziger Stunden, als er ständig mit seinen Gedanken woanders war – eben bei «seinem» Thema, der kausalen Analyse morphogenetischer Prozesse. Worum ging es ihm dabei? Die Problemstellung der Dissertation, so speziell sie auch war, enthielt zugleich einen grundlegenden neuen Gesichtspunkt für die gesamte damalige Morphologie. Denn während bis dahin die Morphologen den Werdegang der Formbildung über die sich ablösenden ontogenetischen Entwicklungsstadien rein beobachtend verfolgten – etwa die Herausformung des Kopfes während der drei Wochen der Bebrütung des Hühnereies –, hatte Roux die Idee, daß man neben diesem vorgegebenen Entwicklungspfad auch etwas anderes feststellen konnte – nämlich wie sich embryonale Formen durch in ihnen ablaufende Funktionen gewissermaßen zusätzlich auszugestalten begannen. Roux konnte an den Blutgefäßen in der Leber zeigen, daß die Kraft des Blutstromes Art und Weise der Ausbildung der Gefäßwandungen bedingt. Formbildung ist also sowohl das Resultat der, wie wir heute sagen, genetischen Veranlagung des jeweiligen Keimes als auch das Produkt der mechanischen Kräfte, die auf die sich herausbildenden Formen während der Ontogenese einwirken. Natürlich lag der Einfluß der mechanischen Faktoren bei der Analyse des speziellen Zusammenhangs, dem sich Roux zugewendet hatte, ziemlich nahe. Aber dadurch wurde die weiterführende Frage geradezu provoziert, inwieweit solche ontogenetischen Einflüsse eine eher zufällige Rolle spielen oder ob ihnen gar gegenüber den genetischen Faktoren der wesentlichere Part zukommen könnte. Damit wurden zwei wichtige Fragen aufgeworfen. Einmal die nach dem Anteil der aus den Entwicklungsbedingungen resultierenden Formneubildungen während der tierischen Ontogenese, zum anderen die Frage, wodurch Formbildungen letztlich, also in phylogenetischer Perspektive, eigentlich verursacht sind. Mit anderen Worten: es wurde nach der Rolle der epigenetischen (also der *nach* den Genkommandos einsetzenden) Faktoren am Entwicklungsgeschehen gefragt sowie nach dem Phänomen von Formgestaltung generell. Die von Ernst Haeckel und Carl Gegenbaur ausgearbeitete vergleichende Morphologie erfuhr durch diese Frage eine wichtige Erweiterung; aus der vergleichenden Morphologie kristallisierte sich die kausale (also nach den Ursachen fragende) Morphologie heraus. Roux war nicht der erste Biologe, der sich diesem Problem widmete. Vor ihm hatte schon der in Leipzig wirkende schweizerische Anatom und Embryologe Wilhelm His (1831–1904) den Anteil mechanischer Vorgänge (Faltungen durch Wachstum) am Formbildungsgeschehen während der Keimesentwicklung untersucht. Roux aber ging einen entscheidenden Schritt weiter. Er setzte sich das Ziel, diese Frage nach den Ursachen der Formbildung in der Ontogenese mit experimentellen Mitteln aufzuklären. Die dafür neu zu schaffende Wissenschaft bezeichnete Roux zunächst als «kausale Anatomie», bald darauf als «kausale Morphologie» und «Entwicklungsmechanik». Später hat sich das Wort «Entwicklungsphysiologie» durchgesetzt; jedoch die von Roux 1894 begründete Zeitschrift, die bis in unsere Tage für diese Forschungen als eine Art wissenschaftliches Zentralorgan bezeichnet werden kann, behielt bis 1996 den Namen *Roux's Archiv für Entwicklungsmechanik* bei.

Für die Forschungen zur kausalen Morphologie boten sich zwei Wege an, die Roux selbst mit schlagkräftigen grundlegenden Arbeiten bestückt hat. Das betrifft zum einen die Erforschung von Formbildungen an bereits entwickelten Organen. Der andere Weg war der folgenreichere und im Grunde auch spektakulärere – er betraf die eingangs bereits skizzierten Experimente am tierischen Entwicklungskeim. Wenn wir also in bezug auf Roux von «seinem» Thema gesprochen haben, dann ist jenes Programm gemeint, daß sich Ende der siebziger Jahre des 19. Jahrhunderts der Frage nach den Ursachen tierischer Formbildungsvorgänge zuzuwenden begann.

Obwohl Roux' Weg bis zur Doktorarbeit durch den Morphologen Gustav Schwalbe angeleitet worden war, gilt Roux als Haeckel-Schüler. Roux studierte Medizin, Haeckel aber vertrat in Jena die Zoologie. Wieso also gilt Roux als Haeckel-Schüler? Die Beziehung von Roux zu Haeckel ist vergleichbar einer Prägung, die vom wissenschaftlichen Ruhm Haeckels ausging, der gerade zu der Zeit, als Roux sein Studium in Jena begonnen hat, seinen Zenit erreichte. Das wohl bedeutendste konzeptionelle Werk Haeckels, die *Gene-*

relle Morphologie von 1866, bildete auch für Roux einen wichtigen Bezugspunkt. Die umfangreiche Monographie über *Die Kalkschwämme* (1872) sowie die *Gastraea-Theorie* (1874) veränderten das theoretische Klima der Entwicklungsgeschichte von Grund auf. Roux hat aus seiner Verehrung Haeckels nie ein Hehl gemacht, auch dann nicht, als sich dieser ab Mitte der achtziger Jahre voller Unverständnis zu den Bemühungen Roux' verhielt, eine experimentelle ontogenetische Entwicklungsforschung zu betreiben und damit über die Vorgaben des Meisters hinauszugehen. In Haeckels Augen lief Roux einem Phantom nach, war in Gefilde abgeirrt, die er als «thöricht» bezeichnete. Doch Roux blieb Haeckel gegenüber stets fair. In einer Rezension zum Neuabdruck der *Generellen Morphologie* (1906) schrieb Roux, daß er gern wieder in diesem grundlegenden Werke blättern würde, «welches wir in der Jugend mit Begeisterung studirt haben» (Roux 1906, S. 361). Und die Kritik Roux' blieb, verglichen mit damals durchaus üblichen persönlichen Angriffen, wohltuend sachlich. «Wir wissen alle», so Roux in einer späteren Rezension einer Haeckel-Schrift, «wie viel wir E. Haeckel Gutes, bleibend Wertvolles verdanken, aber auch, wie weit er andererseits die Grenzen des zurzeit möglichen Wissens in seinen vielfach dogmatischen Erörterungen überschreitet» (Roux 1908, S. 497). Haeckel war der Anreger, der den Keim einer neuen Anschauung in seine Studenten einpflanzte, wobei die Entfaltung dieses Keimes zum zarten Pflänzchen und schließlich starken Baume sich erst durch die eigene Erfahrungs- und Forschungswelt seiner Schüler vollzog. Das trifft voll und ganz auf Wilhelm Roux zu, der in seiner Dissertation keineswegs schon als glühender Darwinianer auftritt, sondern ohne irgendwelche theoretischen Vorbetrachtungen gleich in sein Thema hineinspringt. Erst in der kommentierenden Nachbetrachtung zu seiner Dissertation hat Roux mit aller Vorsicht und Skepsis den Schritt zu einer bewußten Befolgung des deszendenztheoretischen Ansatzes getan (Roux 1879), weil eine ganz zentrale Problemstellung seiner Dissertation noch offengeblieben war – die Frage nach der Herkunft der Anpassungsfähigkeit der Zellen und Gewebe des Blutgefäßsystems. Um hier weiterzukommen, so Roux, «könnte man das gegenwärtig so gebräuchliche Verfahren der Appellation an die ultima ratio, an den Kampf der Individuen ... unter einander einschlagen» (Roux 1879, S. 336). Man «könnte» es also tun, so Roux in aller Zurückhaltung! Haeckels Vorbild war gewiß mitentscheidend für Roux' Weg in die Problemwelt der Deszendenztheorie. Aber Roux begab sich in diese Welt, weil er durch eine neue morphologische Betrachtungsweise an die Grenzen der (vergleichenden) Morphologie gestoßen war, nicht aber, weil er nur einer damals allerdings weitverbreiteten Begeisterung gefolgt wäre!

Die Stelle in Breslau trat Roux zum 1. Oktober 1879 an. Zunächst zweiter Assistent am Anatomischen Institut, hat Roux, im vertrauten kollegialen Kreise mit dem Prosektor Gustav Born (1851–1900) und mit dem ersten Assistenten Hans Strasser (1852–1927), eine bemerkenswerte Forschungsarbeit geleistet. Besonders in Born hatte er einen kongenialen Mitstreiter. Born war ein Schüler Eduard Pflügers (1829–1910) und Rudolf Heidenhains (1834–1897), also ganz und gar physiologisch geprägt, und machte sich vor allem einen Namen durch die ersten Keimverschmelzungen, womit er die Experimente Roux' umgekehrt hatte. Der Forschungsertrag dieses Trios weist das Anatomische Institut der Breslauer Universität als Geburtsstätte der Entwicklungsmechanik tierischer Organismen aus. Der Leiter dieser Anstalt, Carl Hasse, stand als vergleichender Anatom dem Forscherdrange seiner jungen Mitstreiter fördernd zur Seite. Es spricht für die wissenschaftspolitische Weitsicht des damaligen Ministerialdirektors im preußischen Kultusministerium, Friedrich Althoff, daß er diesen produktiven wissenschaftlichen «Unruheherd» klar diagnostizierte und anregte, daß der Kultusminister G. von Gossler eigens für Roux, der am 24. Juni 1886 zum außerordentlichen Professor ernannt worden war, ein Institut für Entwicklungsgeschichte und Entwicklungsmechanik ins Lebens rief, dem Roux ab dem 27. Juli 1888 als Direktor vorstand.

Roux hatte sich am 1. August 1880 mit einer Arbeit, die aus dem offengebliebenen Problem seiner Dissertation resultierte, habilitiert: *Ueber die Leistungsfähigkeit der Principien der Descendenzlehre zur Erklärung der Zweckmässigkeiten des thierischen Organismus*. Diese Studie bildete den Grundstock für die Abhandlung *Der Kampf der Theile im Organismus. Ein Beitrag zur Vervollständigung der mechanischen Zweckmässigkeitslehre* (1881), deren überragende Bedeutung für den entwicklungsgeschichtlichen Diskurs jedoch durch ihren mißverständlichen Titel schon bald im Sande zu versickern drohte. Ihr Grundgedanke besteht in der Ergänzung des Deszendenzprinzips des Kampfes ums Dasein als Überlebensstrategie der Individuen durch eine naheliegende physiologische Maxime. Wenn sich bestimmte Arten innerhalb nur weniger Generationen durchgreifend zu verändern vermögen (eine Annahme des frühen Darwinismus), fragte sich Roux, dann muß gezeigt werden, wie sich eine solche Veränderung in den jeweiligen Organismen physiologisch vollzieht. Dafür aber gab es bei Charles Darwin (1809–1882) keine Angaben. Roux versuchte, diese Lücke der Deszendenztheorie zur Physiologie mit einer Hypothese zu schließen, die für ihn aus seinen kausal-anatomischen Arbeiten zur Hühnchenleber, bald darauf anhand der Formbildungen durch spezifische Belastungsreize bei der Delphinschwanzflosse sowie an Anomalien bei der Gelenkbildung plausibel zu sein schien. Daß an bestimmten Stellen nach ständiger größerer Belastung ein stärkeres Wachstum einsetzt, war für Roux nur dadurch zu erklären, daß dieser Teil besser ernährt wird als der andere, weniger belastete Teil eines Muskelsystems bzw. eines Knochens. Nicht nur zwischen den Organismen herrsche der Darwinsche Kampf ums Dasein, sondern auch innerhalb eines Organismus, und in letzterem Falle trete er in Erscheinung als ein Wettbewerb um maximalere Zuführung von Nährsubstanz. Damit glaubte Roux nicht ohne Grund, mit der Aufdeckung dieses Zusammenhangs das alte biologische Zweckmäßigkeitsproblem gelöst zu haben. Das Prinzip dieser Lösung, das in allen vergleichbaren Form-Funktions-Beziehungen zum Ausdruck komme, nannte er «funktionelle Anpassung». Das war eine völlig neue Sicht auf das Darwinsche Anpassungsproblem, denn damit wird der physiologische Weg, auf welchem sich die Umgestaltung der Organismen entsprechend neuer Lebensbedingungen (neuer Reizsituationen etc.) vollzieht, erklärt. Das Zweckmäßige werde danach auf direktem Wege, durch «funktionelle Anpassung», also ohne den Umweg der Auslese konkurrierender Individuen im Kampf ums Dasein, hervorgebracht!

Die damalige Wirkung dieser Schrift war enorm; heute gilt sie allein schon wegen ihres Titels als naturphilosophische Epistel. Da mag man kaum glauben, daß selbst Darwin höchstes Lob gezollt hat. In einem Brief an den Neurophysiologen George John Romanes (1848–1894) bezeichnete Darwin dieses Werk von Roux sofort nach dessen Erscheinen als das «bedeutungsvollste Buch über Entwicklung, welches seit einiger Zeit erschienen ist» (zit. nach Roux 1895, I, S. 141). Ähnlich das Lob Ernst Haeckels in der 8. Auflage der *Natürlichen Schöpfungsgeschichte*, wo er vermerkt, daß nun erst das Problem der elementaren Strukturumbildungen (Feinstanpassungen) im darwinistischen Sinne gelöst sei. Noch kurz vorher hatte Eduard Pflüger, eine der großen Autoritäten der damaligen Wissenschaftslandschaft, dieses Problem über die Annahme einer «teleologischen Mechanik» zu erklären versucht. Der Ruf dieses genialen Erstlingswerkes von Roux, dessen konzeptioneller Grundgedanke ihn ein Leben lang geleitete, wies weit in die geistige Kultur hinein. Sogar Friedrich Nietzsche (1844–1900) hat diese Schrift exzerpiert und seiner Interpretation des Kampfes als Prinzip des Lebens mit zugrunde gelegt (Müller-Lauter 1978). Roux war also schon berühmt, ehe er seine embryologische Entwicklungsmechanik vorlegte. Denn auch die nun folgenden Arbeiten der Breslauer Zeit liefen unter dem Stichwort der «kausalen Anatomie». Die Versuche an Entwicklungskeimen liegen noch vor ihm; die erste Veröffentlichung dazu datiert aus dem Jahre 1883. Der Ausbau des Prinzips des Kampfes der Teile verlangte nach der Analyse weiterer Beispiele, welche gestaltenden Wirkungen bestimmte Funktionen auf den bereits fertig entwickelten tierischen Organismus haben. Durch die Arbeiten von Ernst H. Weber (1795–1878) und Adolf Fick (1829–1901) angeregt, wies er nach, daß die Fleischfaserbündel am gestreiften Muskel sich stets auf die Hälfte ihrer Länge zusammenzuziehen vermögen. Jede einzelne Muskelfaser besitze eine fest abgestimmte «funktionelle Länge», die durch die Inanspruchnahme geregelt wird (Roux 1883a). Funktionelle Anpassung war damit auch für diesen Fall erwiesen. Dieselbe Hypothese prüfte Roux an bindegewebigen Organen und am Bau der Knochen.

Daß sich durch gezieltes Training bestimmte Körperpartien besonders ausgeprägt entwickeln und dabei auch funktionsstärker werden, ist in der Theorie und Praxis des Sportes bald schon bewußt befolgt worden. Die modernen Praktiken des Bodybuildings dokumentieren die Extremformen einer solchen Anwendung, falls diese wirklich rein durch Übung, nicht aber durch nachhelfende Medikamente erreicht worden sind. Übrigens hat Roux den Zusammenhang zwischen Knochenanomalien und spezifischen Belastungsreizen anhand von Gummimodellen verdeutlicht, die auf der Weltausstellung in St. Louis 1904 einen Grand prix erhielten. Roux gilt vor allem durch diese der Theorie der funktionellen Anpassung folgenden Arbeiten neben Julius Wolff (1836–1902) und Georg Hermann von Meyer (1815–1892) als Mitbegründer der funktionellen Orthopädie. Daß man angeborene Knochenfehler (Klumpfuß etc.) durch Operation und anschließende spezifische und beharrliche Übung mehr oder weniger weitgehend beheben, also in gewisser Weise heilen kann, geht neben diversen unfallchirurgischen Anwendungen auch auf Roux' segensreiche orthopädische Arbeiten zurück.

Doch nun drängten sich immer stärker die embryologischen Themen in die Rouxsche Gedankenwelt. Formbildung am entwickelten Organ – die Grundproblematik seiner Arbeiten zur funktionellen Anpassung – war durch die Formbildungsprozesse während der Keimentwicklung gewissermaßen prüfend abzustützen. Das Übergangsthema aber war ein genetisches; nicht überraschend, denn die Frage nach dem Verhältnis von ererbter Form und während der Ontogenese «erworbener» Form war für die Problemstellung einer kausalen Morphologie selbstredend fundamental. Durch August Weismanns (1834–1914) Vererbungstheorie angeregt, versuchte sich Roux 1883 an einem Gedankenexperiment *Ueber die Bedeutung der Kerntheilungsfiguren*. Er vermutete, daß die Längsteilung der fadenförmig aufgereihten «Mutterkörner» der qualitativ gleichen Aufteilung der genetischen Information diene – ein im Prinzip zutreffender Lösungsvorschlag, der Roux in die erste Reihe der Vorläufer der modernen Vererbungsforschung stellt (Mayr 1984, S. 542). Noch lange vor der Aufstellung der Chromosomentheorie der Vererbung hatte Roux damit einen grundlegenden Mechanismus der Kernteilung erfaßt. Offen ließ er die Frage, ob sich die Aufspaltung der im Kern lokalisierten Grundeigenschaften stets gleich vollzieht. Eine Klärung, so mag er hier bereits gehofft haben, wird nur durch das Experiment herbeizuführen sein. Tatsächlich hat dieses Grundproblem die Rouxsche Entwicklungsmechanik des Embryos nicht losgelassen und auch in den genetischen Vorstellungen August Weismanns eine große Rolle gespielt. Während Weismann mehr und mehr auf die Dominanz der Kerndetermination sämtlicher Entwicklungsvorgänge setzte, hat Roux bald schon eine Wechselwirkung von kernkorpuskulären Determinationen und plasmatischen, von der Bildung und Organisation des Keimes abhängigen Determinationen angenommen, die in seinem wohl meistzitierten Begriffspaar der Selbstdifferenzierung und der abhängigen Differenzierung ihren biotheoretischen Niederschlag gefunden hat.

Ab 1882 konzentrierte sich Roux auf die Embryologie des Frosches. Unser einheimischer Wasserfrosch *Rana esculenta* wurde sein bevorzugtes Forschungsobjekt. Doch wie in der Wissenschaft nicht selten, bedurfte es eines äußeren Anstoßes, um gezielte Experimente anzustellen und auch zu veröffentlichen. Diesen lieferte der Bonner Physiologe Eduard Pflüger mit der allerdings experimentell nur ungenügend abgestützten These, wonach die äußeren Entwicklungsfaktoren, vor allem die Schwerkraft der Erde, für die ersten Entwicklungsstadien des Froscheies entscheidende Bedeutung hätten. Roux' Entgegnung, die als Widerlegung der Pflügerschen Ansicht allgemein akzeptiert wurde, wenngleich es in den neunziger Jahren noch mehrere Versuchswiederholungen und -überprüfungen durch andere Forscher gab, erschien 1884 als zweiter Beitrag zur Entwicklungsmechanik, während der grundlegende, das Arbeitsgebiet auf eine neue theoretische und methodische Grundlage stellende Beitrag Nr. 1 erst 1885 veröffentlicht wurde. Durch eine sinnreiche Versuchsanordnung, bei der die sich entwickelnden Eier ständig ihre räumliche Lage relativ zur Schwerkraft veränderten, konnte Roux die Schwerkrafthypothese entkräften. Für seine Überzeugung, wonach alle entwicklungsbestimmenden Kräfte im Ei selbst liegen (die determinierenden Faktoren; im Unterschied zu den realisierenden Faktoren, die in der Mehrzahl durchaus äußere waren wie Temperatur, Luftfeuchtigkeit etc.), war dieser Nachweis von großem konzeptionellem Belang. Sein wichtigstes embryologisches Ergebnis, das eine in der biologischen Forschung fast beispiellose Grundlagendebatte ausgelöst hat, bildet aber jenes bereits eingangs erwähnte Experiment zur Hervorbringung halber Froschembryonen. Die Publikation erfolgte 1888, nachdem er die Präparate auf der 60. Versammlung Deutscher Naturforscher und Ärzte in Wiesbaden im September 1887 bereits vorgestellt hatte. Diese Tatsache ist insofern wichtig, weil ein bald einsetzender Prioritätsstreit dem Jahr 1887 eine besondere Bedeutung zuweist. Denn der französische Embryologe Laurent Mary Chabry (1855–1895) hatte in seiner Dissertation 1887 vergleichbare Experimente an Ascidien publiziert. Roux hatte davon keine Kenntnis, wie auch Chabry zunächst von Roux' Arbeiten nichts wußte. Da Chabry bald schon sein Arbeitsgebiet wechselte, ist sein Name erst relativ spät bekannt geworden. In der neueren Literatur wird vor allem die Qualität seiner Versuchsmethodik über die von Roux gestellt (Churchill 1973, Fischer 1992); die Prioritätsfrage kann man als unentschieden bezeichnen.

Im Experiment geschah folgendes: Roux stach mit einer heißen Nadel in eine der ersten beiden Furchungszellen des Froschkeimes und beobachtete, daß sich aus der unversehrt gebliebenen Tochterzelle ein halbseitiger Embryo bildete, während die angestochene Furchungszelle sich nicht weiterentwickelte. Dieses Ergebnis beeinflusste nachhaltig seine Auffassung über die Art und Weise des Entwicklungsvorgangs, die er in der Studie über die Kernteilungsfiguren noch offengelassen hatte. Er vertrat nun die, wie sich später herausstellte, im Prinzip unrichtige Auffassung, daß die Aufteilung der Kernqualitäten im Verlauf der Furchung ungleich geschieht. Bereits mit der ersten Teilung würden sich die Qualitäten für die linke und rechte Keimseite und so fort aufspalten, was Roux veranlaßte, die Entwicklung des Keimes als «Mosaikarbeit» zu definieren.

Diese theoretische Deutung, aber auch etliche Ungereimtheiten der Parallelversuche – so ergaben sich in einigen Fällen postgenerative Effekte, d.h., die angestochene Tochterzelle entwickelte sich doch noch – sowie das insgesamt vielversprechende neue Forschungsareal experimenteller Eingriffe in sich entwickelndes Leben hatten auf die embryologische Forschung eine enorme Wirkung. Aus den Jahresberichten über die Fortschritte der Anatomie und Physiologie von L. Hermann und G. Schwalbe sowie der 2. Abteilung der Anatomischen Hefte erhält man ein beeindruckendes Bild einer explodierenden neuen Wissenschaftsdisziplin, der Entwicklungsmechanik. Roux selbst, aber auch Hans Driesch (1867–1941), Gustav Born und Dietrich Barfurth (1849–1927) referierten in diesen Zeitschriften von 1888 bis 1915 pro Jahrgang zwischen 250 bis 350 Titel, was für den genannten Zeitraum nahezu 10000 Arbeiten ergibt! Roux selbst hat eine Fülle embryologischer Erkenntnisse eingebracht, u.a. die Entdeckung, daß die Kopulationsrichtung von Ei- und Spermakern zur Medianebene des späteren Embryos wird. Aber auch Irrtümer unterliefen ihm. Aus einer fehlerhaften Beobachtung schloß er, isolierte Furchungszellen hätten eine innewohnende Tendenz zur Selbstordnung. Über vierzig Jahre dauerte es, bis dies als Irrtum erkannt wurde (Voigtländer 1933, Kuhl 1937). Insgesamt waren die Breslauer Jahre für Roux überaus erfolgreich. Es war nur eine Frage der Zeit, bis er Angebote von anderen Universitäten erhielt. Zum 23. August 1889 folgte Roux einem Ruf nach Innsbruck zum Ordinarius für Anatomie und Direktor des k.k. Anatomischen Instituts. Das vertrautgewordene Breslau verließ die Familie Roux nur ungern. Seine Frau Thusnelda, geb. Haertel, hatte Roux in Breslau kennengelernt, aus der Ehe gingen die beiden Söhne Erwin und Wilhelm sowie die Tochter Irmgard hervor. Doch Innsbruck entschädigte mit einer erheblichen Aufwertung der Bedeutung der Rouxschen Forschungen als zentrales Objekt einer hochangesehenen medizinischen Universitätseinrichtung. Die Festrede zur Eröffnung des Instituts am 12. November 1889 ist als erste fundamentale Programmschrift zur Entwicklungsmechanik in die Literatur eingegangen (Roux 1890). Zum Vortrag waren auch die Bischöfe von Tirol und Vorarlberg erschienen, wohl um nachzuprüfen, wie der als überzeugter Darwinist angekündigte Roux mit geltenden weltanschaulichen Gepflogenheiten verfahren würde, wie Roux in seinen Lebenserinnerungen launig vermerkt (Roux 1923). Roux' Wirken in Österreich fand große gesellschaftliche Beachtung. Selbst Kaiser Franz Joseph besuchte das Institut in Innsbruck. Neben den Pflichten in der Ausbildung der Studenten widmete sich Roux in den sechs Innsbrucker Jahren der Vertiefung der theoretischen Grundlagen wie dem Vorantreiben der Keimexperimente, wobei das erstere klar überwog. Denn nach den Gegenversuchen von Driesch beginnt der Streit um das Rouxsche Forschungsprogramm und nötigte ihn zum ständigen Eingreifen. Im Ergebnis der herben Debatten vor allem mit Oscar Hertwig (1849–1922) und Driesch hat Roux erkannt, daß es jetzt darauf ankomme, den Grundbestand zu sichern, das bewährte methodische Potential zu bewahren und bei aller theoretischen Vielfalt auf die Einheitlichkeit des kausalen Forschungsanliegens zu achten. Roux faßte seine bisherigen Veröffentlichungen, die er als wesentlichen Teil dieses Grundbestandes verstand, in zwei umfangreichen Bänden *Gesammelte Abhandlungen über Entwickelungsmechanik der Organismen* (1895) zusammen und beendete seine experimentellen Arbeiten am Entwicklungskeim. Die wachsende Zahl entwicklungsmechanisch arbeitender Forscher hatte die Zweifler und Gegner dieser neuen Wissenschaft nicht geringer werden lassen. Namhafte Darwinisten wie Ernst Haeckel und Ludwig Plate (1862–1937), Entwicklungsforscher wie Oscar Hertwig, Physiologen wie Max Verworn (1863–1921), streitbare Vitalisten wie Johannes Reinke (1849–1931) machten aus den verschiedensten Gründen Front gegen die Entwicklungsmechanik. Für

Roux sprachen jedoch zwei Tendenzen. Das war zum einen das ungeahnt starke Echo aus der amerikanischen Biologie, zum anderen die Tatsache, daß sich inzwischen fast überall in den Wissenschaftsländern Europas eine starke Anhängerschaft herausgebildet hatte. Das *Archiv für Entwicklungsmechanik* wurde zunehmend das vereinheitlichende Organ. Umstritten ist die Rolle von Wilhelm Roux als Herausgeber und gewiß auch auswählender Beurteiler. Nicht wenige Beiträge hat Roux durch teilweise umfangreiche Anmerkungen kommentiert, manchmal regelrecht schulmeisterlich zensiert.

Die weltanschaulichen Debatten um den geistigen Ertrag der neueren Wissenschaftskultur begannen sich Ende der neunziger Jahre des 19. Jahrhunderts von der Darwinschen Theorie auf die Genetik und Eugenik, aber auch auf die Entwicklungsmechanik auszudehnen. Und – der wohl hauptsächliche Grund für ein erneutes Aufleben des öffentlichen Interesses für die Entwicklungsmechanik – im Jahre 1899 hatte sich Hans Driesch endlich durchgerungen, dem Rouxschen Begriff von Leben und Entwicklung ein neues, und zwar ein betont vitalistisches Programm entgegenzustellen. Doch diesen biotheoretisch-weltanschaulichen Streit ficht Roux nicht mehr von Innsbruck aus. 1895 hatte Wilhelm Roux einen Ruf an die Friedrichs-Universität nach Halle erhalten und war in die Saalestadt übergesiedelt. Als Direktor des Anatomischen Instituts wirkte er in Halle vom 15. August 1895 bis zu seiner Emeritierung im Jahre 1921. Roux zieht sich aus dem entwicklungsmechanischen Labor zurück; allerdings bezeugt die Publikationsliste, daß es ein Ausstieg in Raten war. Doch bald schon dominiert die Propagierung des Gesamtanliegens, die kritische Sicht auf das im Arbeitsgebiet insgesamt Erreichte, verbunden mit korrigierenden Diskussionsbeiträgen, vor allem an die Adresse von Driesch gerichtet. Roux läßt alle Mitstreiter spüren, daß es so etwas wie ein allumfassendes geistiges Zentrum der Entwicklungsmechanik gibt und daß sich dieses nunmehr in Halle befindet. Eine Vielzahl von zum Teil ausführlichen Rezensionen der Werke geistesverwandter Autoren nutzt Roux gleichzeitig auch zur Erläuterung der eigenen Standpunkte. Die größte Aufmerksamkeit erfahren biotheoretische Grundfragen wie die bei der Vererbung blastogener und somatogener Eigenschaften anzunehmenden Vorgänge (1911, 1913), zu den kausalen Hauptperioden der Ontogenese (1911), zur Selbstregulation als charakteristisches und nicht notwendig vitalistisches Vermögen aller Lebewesen (1914), zum Wesen des Lebens (1915) und zum Geschwulstproblem (1918). Wissenschaftstheoretische und methodologische Fragen werden ausgiebig erörtert in der Polemik gegen Verworn zur Frage Kausalität oder Konditionalismus (1913), zur Unterscheidung von Naturgesetz und Regel (1920) und zum Verhältnis der deskriptiven zur experimentellen Methode (1907). Öfter äußert sich Roux zu philosophischen Deutungen im Umkreis der Entwicklungsmechanik.

Viel Kraft widmete Roux der Förderung seines Fachgebietes über die Schaffung neuer Publikationsmöglichkeiten sowie eines Bildarchivs zur Entwicklungsmechanik. Neben dem *Archiv für Entwicklungsmechanik*, das es unter seiner Leitung auf 59 Bände brachte, gab er ab 1905 in über 30 Bänden der *Vorträge und Aufsätze über Entwicklungsmechanik der Organismen* gleichgesinnten Wissenschaftlern die Möglichkeit, auch umfangreichere Abhandlungen unterzubringen. Vier Hefte der in Zürich erscheinenden *Bibliotheca medica* erschienen unter seiner Leitung; er setzte die Serie unter dem Titel *Anatomische und entwicklungsgeschichtliche Monographien* ab 1909 fort, wo nach meinem Überblick allerdings nur zwei Hefte erschienen sind. Eine positive Auswirkung hatte sein umfangreiches *Gutachten über dringlich zu errichtende biologische Forschungsinstitute, insbesondere über die Errichtung eines Institutes für Entwicklungsmechanik für die Kaiser-Wilhelm-Gesellschaft zur Förderung der Wissenschaften* (1912). Denn mit der Einrichtung einer Abteilung Entwicklungsphysiologie am Kaiser-Wilhelm-Institut für Biologie in Berlin-Dahlem war «sein» Forschungsgebiet nunmehr an ganz zentraler Stelle in der deutschen Wissenschaft verankert.

An äußeren Ehrungen hat es Roux nicht gefehlt. Er war Mitglied bzw. Ehrenmitglied von 40 wissenschaftlichen Gesellschaften und Vereinigungen. 1909 verlieh ihm die Universität Leipzig anläßlich ihres 300jährigen Jubiläums den philosophischen Ehrendoktor; gemeinsam mit Roux erhielten diese Ehrung noch zwei andere Entwicklungsmechaniker – der Amerikaner Edmund B. Wilson (1856–1939) und der seit 1891 in den Vereinigten Staaten von Amerika lebende, aus Mayen bei Koblenz stammende Jacques Loeb (1859–1924). Im Jahre 1916, mitten im Kriege, wurde Roux Ehrenmitglied der *American Society of Naturalists*. Wissenschaftspolitisch ebenso interessant ist die 1921 erfolgende Wahl Roux' zum auswärtigen Mitglied der Königlichen Schwedischen Naturwissenschaftlichen Gesellschaft in Anerkennung seiner großen Bedeutung für die Entwicklung seiner Wissenschaft, aber auch, wie es im Berufungsschreiben hieß, um der deutschen Wissenschaft in diesen schweren Zeiten eine Aufmerksamkeit zu erweisen. Gemeint war der Wissenschaftsboykott der Entente-Staaten gegenüber Deutschland, dem sich viele europäische und überseeische Länder angeschlossen hatten. Von diesem war auch das *Archiv für Entwicklungsmechanik* betroffen. Es erlebte ab Jahrgang 1915 mit dem Ausbleiben der Beiträge der führenden Wissenschaftsnation auf entwicklungsmechanischem Gebiet – den USA – einen tiefen Einschnitt. Erst Mitte der zwanziger Jahre gelangten allmählich wieder amerikanische Beiträge in die Hefte, aber die ursprüngliche Publikationsdichte amerikanischer Autoren wurde nicht wieder erreicht. Zwei Beiträge 1925, einer 1927, dann bis 1929 wieder Funkstille – die entwicklungsmechanische Wissenschaftswelt hatte sich zweigeteilt! Der Rückgang der amerikanischen Beteiligung wurde zwar kompensiert durch sowjetrussische Arbeiten, die neben der österreichischen Schule um Hans Przibram (1874–1944), schwedischen, niederländischen, japanischen und anderen Autoren bei einem soliden Anteil deutscher Forscher den Löwenanteil bei der nunmehrigen Heftgestaltung bestritten, allein der Sachverhalt schlug natürlich negativ zu Buche.

Roux schätzte prägnante Formulierungen, auch in weltanschaulichen Fragen. In der Autobiographie schreibt er: «Wenn man den Weltanfang als durch einen Schöpfer gebildet ... annimmt, dann wäre das Weltgeschehen als kosmogen oder theogen zu bezeichnen. Wir dagegen versuchen, wie weit man in der Erklärung des Gestaltungs-Geschehens ohne zwecktätiges Agens, ohne Schöpfer, Entelechie, Archaeus usw. kommen kann» (Roux 1928, S. 40). Damit brachte Roux die materialistische Konsequenz der damaligen naturwissenschaftlichen Kantrezeption zum Vorschein. Allerdings hat Kant in der *Kritik der praktischen Vernunft* zeigen können, daß zwischen der Welt der Naturnotwendigkeit und den Bedürfnissen der menschlichen Vernunft keine Deckungsgleichheit besteht; daß das Werk der Philosophie darin bestehen muß, die Chance und Möglichkeit menschlicher Willensfreiheit in dieser kausalen naturmechanistischen Welt ausfindig zu machen. Und ohne die «Seele» in ihrer ganzen anthropologischen Dimension ist das nicht durchführbar; diese ist, wenngleich er sie aus den von ihm untersuchten organischen Gestaltungen tunlichst herausgehalten hat, im individuellen Leben jedes Menschen ein ganz starker Faktor, mithin ist sie es auch für die Gestaltung des gesellschaftlichen Lebens. Diesen Zusammenhang nimmt Roux zum Ausgangspunkt seiner Gesellschaftsbetrachtung: «Die Seele schuf und schafft die geistige Welt und erregt auf der an ihr Substrat angeschlossenen Leitungsbahn das Muskelfäserchen. Mit diesem sehr einfachen Mechanismus schuf sie die Welt der physischen Arbeit und damit unsere Herrschaft über die physische Welt, durch zweckmäßige Bewegung von Körpern. Durch die Verbindung der Erregbarkeit mit der Assimilation bis zur Aktivitätshypertrophie entsteht die gestaltliche Anpassung des Menschen an die Arbeit.» Bis hierhin ist man noch geneigt, diesem psychophysischen Modell des Arbeitsprozesses zuzustimmen. Doch nun kommt die politische Folgerung aus diesem Ansatz, in ihrer Tendenz angesichts der Novemberaufstände der Soldaten und Matrosen, der Forderung der Arbeiter- und Soldatenräte, die auch die Halleschen Nachkriegsmonate erheblich durcheinandergewirbelt haben, sehr verständlich: «Es ist der soziale und funktionelle Widersinn unserer Zeit, daß sich die Welt der physischen Arbeit auflehnt gegen die Welt der Geistesarbeit und sie unterdrücken will» (Roux 1923, 1928, S. 59). Eine wohl einmalige Interpretation der Hintergründe der Novemberrevolution in Deutschland! Funktionelle Betrachtungen auch hier? Es spricht für Roux, daß dies eine Gelegenheitsformulierung blieb. Denn der praktische Nutzen der Entwicklungsmechanik liege nach seiner Überzeugung auf anderem Gebiet. So im Bereich der funktionellen Orthopädie, die sich als praktischer Ableger der Entwicklungsmechanik entwickelter Organe längst etabliert hatte. Während des Weltkrieges traten Überlegungen zur Beförderung des regenerativen Verhaltens menschlicher Organe in den Gesichtskreis von Roux, wenn er sich überlegte, wie man kriegsgeschädigten Soldaten helfen könne, nach Hodenverletzungen wieder die volle Zeugungsfähigkeit zu erlangen. Die Anwendung der Entwicklungsmechanik auf das regenerative Verhalten des Menschen wurde bald ergänzt durch die allerdings noch vage bleibende Vermutung, wie die Entwicklungsmechanik auch zu einer die Eugenik stützenden Wissenschaft werden könne. Auch in die Krebsforschung ragte die Problemstellung der Entwicklungsmechanik hinein, war es doch denkbar, in den Geschwülsten eine Art Fehlsteuerung des regulativen Verhaltens zu erblicken. Die Intentionen der Wilhelm-Roux-Stiftung wiesen in diese Arbeitsrichtungen; jedoch gingen die finanziellen Mittel dieser Stiftung durch die Inflation verloren.

Viele Möglichkeiten öffneten sich also auf der Grundlage eines abgerundeten Lebenswerkes, das in den ersten Jahren mit oft maßloser Kritik und vielen Anfeindungen fertig werden mußte, dann nach der Jahrhundertwende aber eine zunehmende Anerkennung erfuhr. Roux konnte sich zufrieden am 31. März 1921 zur Ruhe setzen. Er wartete nicht ab, bis er aufgrund des neuen Emeritierungsgesetzes in den Ruhestand versetzt wurde (die Altersgrenze hatte er ja schon überschritten), sondern trat freiwillig zurück. Im Frühjahr 1924 erlitt Roux einen schweren Schlaganfall, von dem er sich nicht wieder erholte. Wilhelm Roux, der Begründer der experimentellen Biologie, verstarb am 15. September 1924 in Halle.

3. Das Werk und seine Wirkung

Es sind im wesentlichen drei Schwerpunkte, die in der Folgezeit, im Grunde genommen jedoch bereits mit den Debatten um die Reichweite der Experimente von Hans Driesch, den Erfolg des Lebenswerkes von Roux kennzeichnen. Das betrifft zum ersten den tatsächlichen Ausgang der Kontroverse mit Driesch. Darüber gibt es in der biologiegeschichtlichen Literatur nicht wenige zumindest ungenaue oder zu verallgemeinernde Interpretationen, die wir nicht übergehen wollen. Zum zweiten – und damit eng verbunden – wäre der Streit zwischen einer mechanistischen und einer vitalistischen Lebenstheorie ausblickend noch einmal aufzugreifen, denn es hat den Anschein, als wären beide Deutungen inzwischen hinfällig geworden, so daß man meinen könnte, es gehe auch ohne naturphilosophische Begrifflichkeit, und eine allgemeine Theorie des Lebens sei heutzutage gegenstandslos geworden. Damit verknüpft ist die rückblickende Würdigung des Rouxschen Konzeptes zum Auf- und Ausbau einer gänzlich neuen Wissenschaftsdisziplin. Es ist ein in der Wissenschaftsgeschichte nahezu einmaliger Fall, daß ein junger Forscher eine neue Wissenschaft gewissermaßen aus dem Stand heraus begründet, vor aller Akzeptanz durch die Kollegenschaft ein ausführliches Programm für diese Wissenschaft entwirft und dann erlebt, daß sich allmählich eine große Zahl von Biologen aus allen Wissenschaftsregionen um dieses Programm versammelt. Drittens schließlich ist die Rolle der kausalen Morphologie in den derzeitigen Diskursen sowohl über die Gesetze der Formbildung im embryologischen Bereich als auch in Verbindung mit den Debatten um die Fortführung der Synthetischen Theorie der Evolution zu nennen. Drei höchst umfangreiche Themen also, die an dieser Stelle nur mit knappen Strichen umrissen werden können, wobei der interessierte Leser ja problemlos auf weiterführende Literatur zurückgreifen kann (Churchill 1973, Dullemeijer 1980, Hamburger 1988, Gilbert 1991, Sander 1991/92, Edlinger 1994, Mocek 1998 u. a.).

Zum ersten Problem, der Kontroverse zwischen Roux und Driesch: Bereits in den Innsbrucker Jahren hatte Roux den ersten Versuch zu einer vereinheitlichenden Sicht auf die inzwischen aufgelaufenen Kritiken und Gegenanalysen zu seiner Hemi-Embryonen-Arbeit unternommen. 1892, auf der sechsten Versammlung der Anatomischen Gesellschaft in Wien, referierte er «Ueber das entwickelungsmechanische Vermögen jeder der beiden ersten Furchungszellen des Eies». Inzwischen waren ja Drieschs Seeigelexperimente in aller Munde. Driesch hatte die beiden ersten Furchungszellen der Keime von *Echinus microtuberculatus* voneinander isoliert und zwei ganze Larven erhalten; im Grunde genommen war das das geradezu entgegengesetzte Resultat im Vergleich mit den Rouxschen Halbembryonen. So war auch die sich an Drieschs Versuche 1891 anschließende Diskussion gekennzeichnet – hier handele es sich, so lautete der Anspruch, den vor allem Oscar Hertwig erhob, um eine Widerlegung der Rouxschen Experimente! Zur gewiß allgemeinen Überraschung leitete Roux seinen Wiener Vortrag jedoch mit folgenden Worten ein: «Nach der Arbeit Driesch's und besonders nach den Darstellungen O. Hertwig's hat es den Anschein, als wenn in den Ergebnissen der verschiedenen Untersucher prinzipielle Gegensätze hervorgetreten wären». Und Roux meint, daß «diese scheinbaren Gegensätze nur auf die unvollkommene Information der beiden Autoren» zurückzuführen seien (Roux 1892, S. 23). Tatsächlich gelingt Roux die Rekonstruktion einer gemeinsamen Basis, indem er die bei einigen seiner Versuchskeime bald schon einsetzende Nachentwicklung der angestrichenen Keimhälfte (Postgeneration) so interpretiert, als habe sich in seinem Falle die Ganzbildung, die bei den Seeigeln von Driesch gleich einsetzte, mit einer durch die Versuchsbedingungen geschuldeten zeitlichen Verzögerung auch eingestellt! Als wichtigstes gemeinsames Ergebnis betrachtete Roux also nicht die Tatsache der Differenz von Halb- und Ganzbildung, sondern den organismischen Sachverhalt der Selbstregulation, der durch beide Experimente übereinstimmend als Eigenschaft des Lebens aufgedeckt worden sei. In der Folgezeit stellt Roux die Selbstregulation als organismisches Grundvermögen in den Mittelpunkt seiner theoretischen Erörterungen der Anstichversuche, was sich etliche Jahre später, 1914, in einem theoretischen Grundlagenwerk niederschlägt: *Die Selbstregulation, ein charakteristisches und nicht notwendig vitalistisches Vermögen aller Lebewesen.* Hans Spemann (1869–1941) ließ mit neuen Versuchsmethoden mit Keimen von Amphibien ein rundes Dutzend Jahre später das Regulationsvermögen der Amphibienkeime in ganz anderem Licht erscheinen. Doch Mitte der neunziger Jahre hatten Drieschs Resultate das Prädikat der größeren Exaktheit auf ihrer Seite, denn die Blastomeren der Seeigel bildeten sich stets zu ganzen Seeigellarven um, während man sich bei Roux' Froschkeimen nie sicher war, ob und wie die halbseitige Regeneration einsetzen wird. Von diesem Zeitpunkt an schien sich der Eindruck zu verfestigen, als habe Roux in diesem Streit den kürzeren gezogen. Dieser Eindruck wird jedoch nur durch die biologiehistorische Sekundärlitertur sowie durch die zeitgenössischen naturphilosophischen Begleitfanfaren gestützt, nicht aber durch einen Nachvollzug der fachwissenschaftlichen Debatten selbst. Aus heutiger Betrachtung hatten beide recht, indem sie Verhaltenseigenarten entwicklungsgestörter Keime unter je verschiedenen Bedingungen und je verschiedener Herkunft analysierten. Und beide hatten unrecht, indem sie die Resultate ihrer Versuche vorschnell verallgemeinerten. Als es 1901 Karl Heider (1856–1935) gelang, zwei fundamental unterschiedliche Keimtypen zu klassifizieren – die sog. Regulationskeime und die sog. Mosaikkeime –, schien das entwicklungsmechanische Remis zwischen Roux und Driesch perfekt; denn danach hatte Roux zufällig mit einem typischen Vertreter der Mosaikkeime experimentiert, während Driesch zufällig an eine besonders experimentwillige Spezies der Regulationskeime geraten war. Doch leider zeigte sich bald, daß diese Lösung zu glatt war. Denn zu verschiedenen Entwicklungszeitpunkten reagierten etliche Vertreter der Regulationskeime auch mosaikhaft, während etliche Gattungen der Mosaikkeime unter bestimmten Methoden der Keimbehandlung sich wie Regulationskeime verhielten. Es war also an der Zeit, zu einer neuen Form von theoretischer Klarheit zu gelangen. Bald mußte Roux registrieren, daß «seine» Themen wie Mosaikarbeit und Postgeneration, Selbstdifferenzierung, gestaltende Wirkungsweisen etc. aus dem Diskussionsmilieu der Entwicklungsmechanik zu verschwinden drohten. Die wirklich weiterweisenden Fragen kamen nicht mehr aus seiner theoretischen Rüstkammer! Neue Themen formierten sich und wurden von anderen formuliert. Und hier galt Hans Driesch tatsächlich als der für die damaligen Ansprüche modernere Denker. Es gehört ebenfalls zu den Mißverständlichkeiten so mancher biologiehistorischen Überlieferung, daß das theoretische Werk von Hans Driesch fast ausschließlich auf seinen Vitalismus ausgerichtet wird. Daß er zugleich – neben oder trotz dieses Vitalismus – mit drei folgenreichen Begriffsschöpfungen die Debatten um die besondere Systemnatur der Keime auf den Weg gebracht hat und darin seine eigentliche Bedeutung für den Fortschritt der embryologischen Wissenschaft liegt, wird dabei übersehen. Die von Driesch geprägten Begriffe «prospektive Bedeutung» und «prospektive Potenz» sowie die Konzipierung der regulierenden Keimabschnitte als «harmonisch-äquipotentielle Systeme» haben den eher determinationstheoretischen Rahmen der Rouxschen Begrifflichkeit gesprengt und leisteten auch dadurch, daß sie die Spezifik der Keimleistungen erfaßten, mehr als die Begriffe Roux', die vor allem auf eine Klassifizierung der Keimleistungen hinausliefen.

Eingeleitet durch die Arbeiten Hans Spemanns und seiner Schule setzt nach der Jahrhundertwende eine breite experimentelle Forschungsstrategie ein, die die jeweilige artspezifische Ausprägung des regulativen Vermögens zu prüfen unternimmt. Mit Theodor Boveri (1862–1915), Edmund B. Wilson, Charles M. Child (1869–1954), Sven Hörstadius (1898–1996), Paul Weiss (1898–1989), Hans Spemann und vielen anderen namhaften Forschern beginnt dieser Prozeß der Herausbildung einer neuen Begriffskultur der Entwicklungsphysiologie, die sich in die Gefilde der Gradiententheorie, der Feldtheorie sowie der Induktionsforschung begibt und ein neues Kapitel dieser Wissenschaft einläutet (vgl. Gurwitsch 1922, Hamburger 1988; als spätere Neuansätze Arthur 1984, Gutmann 1989, Bereiter-Hahn 1991, Breibach 1994).

Damit sind wir beim zweiten resümierenden Problem – der forschungsmethodologischen Rolle allgemeiner Lebenstheorien. In den

Programmschriften von Roux fällt die zumindest teilweise konzeptionelle Anbindung seines Programms an das Vokabular der Mechanik auf. Dieser Sachverhalt fundiert den bis in die Gegenwart fortgeschriebenen Vorwurf an die Adresse Roux', er habe ein mechanistisches Startkonzept begründet, was ja auch unmißverständlich aus der Bezeichnung «Entwickelungsmechanik» hervorgehe, mit der er die neue Disziplin bezeichnet hat, nach eigenem Bekunden auf Anraten Rudolf Heidenhains. Übrigens begleitet das «e» in dem Worte «Entwickelung» diese neue Wissenschaft noch bis 1905; allerdings hat zuletzt nur noch Roux darauf bestanden. Insofern sind beide Schreibweisen der neuen Disziplin zumindest bis zu diesem Zeitpunkt möglich.

Roux gab mehrere Begründungen für die Wahl dieser Bezeichnung, wobei sie zu verschiedenen Zeiten von Roux unterschiedlich favorisiert wurden. Diese Bindung des Terminus «Mechanik» an das Prinzip der «Kausalforschung» ist ein durchgehendes Motiv und ersetzt in der Folge die erste Bestimmung, die den Terminus «Entwikkelungsmechanik» auf die Produktion von Entwicklungsenergie festlegte. «Mechanistisches Geschehen», so Roux in seiner umfangreichsten Programmschrift *Die Entwickelungsmechanik, ein neuer Zweig der biologischen Wissenschaft* von 1905, heißt «der Kausalität unterstehendes Geschehen» (Roux 1905, S. 26). Roux schließt sich hier voll der Begriffsbestimmung an, die der damals sehr einflußreiche Philosoph und Physiologe Hermann Lotze (1817–1882) in der Schrift *Allgemeine Physiologie des körperlichen Lebens* bereits ein halbes Jahrhundert zuvor gegeben hatte. Roux hatte die Spezifik der Lebensvorgänge von Anfang an im Auge, auch wenn er seinen Keimen eine Mechanik der Entwicklung unterstellte. Kausalität schließt die Spezifik kausalen Lebensgeschehens nicht aus! Der Terminus Entwicklungsmechanik war für Roux vor allem aus erkenntnistheoretischen Gründen von Interesse, nicht aber wegen einer eventuell darin verborgenen reduktionistischen Theorie. Mechanik meinte Kausalität! Mechanische Vorgänge sind vor allem nach ihren Ursache-Wirkungs-Konstellationen aufzuschlüsseln. Gerade das war das Forschungsideal, dem Roux nacheiferte. Ursachen der Formbildung wollte er ergreifen, nicht aber nur derartige Vorgänge beobachtend nachzeichnen! Nur wenn man den Rouxschen Mechanikbegriff genau anschaut, offenbart sich diese methodologische Intention. Dann wird auch verständlich, warum selbst Driesch seinem Anreger, Lehrmeister und Kontrahenten Roux bescheinigen konnte, daß dieser keinesfalls eine mechanistische Lebenstheorie beweisen wollte. Darin verbirgt sich zugleich auch ein interessanter wissenschaftstheoretischer Sachverhalt. Die Verwendung der Vokabeln eines alten Paradigmas vermag durchaus neue Ideen zu transportieren. Vielleicht war die Wirkung Roux' auch deshalb so groß, weil er nahtlos an die traditionellen Vorstellungen der älteren biotheoretischen Konzepte anknüpfte, dabei schon zu neuen Ufern vorstieß.

Werfen wir abschließend noch einen Blick auf die deszendenztheoretische Bedeutung des Rouxschen Schaffens auch für die heutige Problemsicht. Der Zusammenhang zu den modernen evolutionsmorphologischen Herausforderungen an die Synthetische Theorie der Evolution ist evident. Natürlich gibt es in der Wissenschaft kein Vergessen bereits vorliegender Problemlösungen; insofern kann und soll keine vorschnelle Aktualisierung angestellt werden. Jedoch fraglos ist die moderne Synthetische Theorie der Evolution wieder auf die Zentralstellung des Formproblems gestoßen! Roux gab sich eben nicht mit der Beschreibung der Formwerdung in der Stammesgeschichte zufrieden, sondern er fragte nach den Ursachen der Formentstehung in der Individualentwicklung, woraus sich – so hoffte er – Rückschlüsse auf die Formneuentstehungen in der Stammesgeschichte ergeben müßten. Und diese Ursachen vermutete Roux vor allem in den inneren Mechanismen des ontogenetischen Geschehens, also auch, aber nicht nur darin, was heutzutage die Physiologie der Umsetzung der genetischen Kommandos genannt wird. Die traditionelle Theorie unterstellt, daß Formveränderungen aus erzwungenen Anpassungen an die Umwelt resultieren, die durch den Zweischritt von Mutation und Selektion manifest werden. Die neue Sichtweise hingegen akzeptiert einen solchen ständigen Umweltdruck auf das Formbildungsgeschehen nicht mehr. Sie geht davon aus, daß in langen umweltstabilen Phasen die Organismen Gelegenheit haben, ständig neue Formen regelrecht auszuprobieren. Formbildung erscheint damit – neben den natürlich nicht gänzlich auszuschließenden Anpassungseffekten – als freies Spiel der Kräfte, als organismisches Probieren in Raum und Zeit unter Nutzung der Freiräume, die in Zeiten relativer Gleichförmigkeit der Umwelten sich bieten (Eldredge/Gould 1972, Arthur 1984, Breidbach 1994). Man denkt also nicht mehr ausschließlich nur an die Gene, wenn man von Formänderungen in der Phylogenese spricht, das epi-genetische Moment tritt wieder stärker in den Vordergrund. Ernst Haeckel hatte in seiner *Generellen Morphologie* (1866) die Formproblematik als die sämtliche biologische Disziplinen zusammenführende, im besten Sinne integrative Thematik der Lebensforschung betrachtet. Der Zeitgeist scheint sich wieder auf diese prognostische Deutung Haeckels hinzubewegen. Damit wird Roux' Werk wieder lebendig – gewiß vor allem in der Erinnerung, doch wer will behaupten, daß das Nachlesen der älteren Weisheiten so gänzlich ohne Anregung für unsere heutige Generation bleibt?

Peter E. Fäßler

Hans Spemann
(1869–1941)

1. Einleitung

«There could be no better representative of Zoology and Embryology from Germany». Mit diesen Worten empfahl der amerikanische Zoologe Frank R. Lillie den Freiburger Entwicklungsbiologen Hans Spemann als geeignete Persönlichkeit, um bei der für 1933 geplanten Weltausstellung in Chicago sein Fach und sein Heimatland würdig zu vertreten. In der Tat galt Spemann den Zeitgenossen seit den 1920er Jahren als der führende Zoologe Deutschlands, nach Lillies Auffassung war er sogar «the leading European zoologist», ein Urteil, das auch von Wissenschaftshistorikern geteilt wird.

Anläßlich seines 60. Geburtstages trugen zahlreiche Fachkollegen eine fünfbändige (!) Festschrift zusammen – was den herausgebenden Verlag dazu nötigte, künftig derartig exorbitante Ehrungen zu unterbinden. Mit der Verleihung des Nobelpreises für Medizin und Physiologie im Jahre 1935 erklomm Spemann dann endgültig den Olymp der Wissenschaften. Er selbst trug seine Erfolge mit angenehmer, ja hintergründiger Gelassenheit und pflegte Lobeshymnen mit dem Hinweis zu relativieren: «Manche scheinen zu vergessen, daß ich durch die Verleihung des Nobelpreises nicht klüger, sondern nur bekannter geworden bin» (vgl. Mangold 1953, S. 7).

Spemanns Forschungen besaßen bahnbrechenden und wegweisenden Charakter. Dies belegt die noch heute steigende Anzahl wissenschaftlicher Zitierungen (Fäßler & Sander 1996, S. 323) – angesichts der Schnellebigkeit moderner naturwissenschaftlicher Forschung und der damit verbundenen kurzen «Halbwertszeit» ihrer Erkenntnisse ein kaum zu überschätzendes Indiz für Spemanns wissenschaftliche Bedeutung.

2. Lebensweg

Für eine wissenschaftliche Universitätskarriere waren im 19. Jahrhundert zwei Voraussetzungen unerläßlich: eine gute Schulbildung bzw. allgemeine Erziehung sowie finanzielle Absicherung für die

Hans Spemann (1869–1941), um 1925

langen und kargen Studenten-, Doktoranden-, Habilitanden- und Privatdozentenjahre.
 Beide Faktoren wurden Hans Spemann in besonderem Maße zuteil. Geboren am 27. Juni 1869 als ältestes von insgesamt fünf Kindern, wuchs er in einem großbürgerlichen Elternhaus auf. Der Vater, ein bekannter Stuttgarter Verleger von Kunstliteratur und Belletristik, sorgte für eine exzellente Erziehung seiner Sprößlinge. Dazu gehörte die Unterweisung in den musischen Fächern ebenso wie der Privatlehrer auf Urlaubsreisen und der Besuch des renommierten Stuttgarter Eberhard-Ludwigs-Gymnasiums.
 Nach einer kurzen Phase beruflicher Entscheidungsfindung nahm Hans Spemann im Jahre 1891 das Medizinstudium an der Großherzoglich Badischen Ruprecht-Karls-Universität in Heidelberg auf und setzte es nach bestandenem Physikum 1893 in München fort. Von seinem ursprünglichen Ziel, den ehrbaren Beruf des praktischen Arztes zu ergreifen, rückte er jedoch bald ab. Seinen geistigen Interessen folgend, strebte er nach intensiver Beschäftigung mit der Zoologie, um so durch Grundlagenforschung wesentliche Fragen nach

dem Ursprung und der Entwicklung organischen Lebens zu ergründen. In dieser Entscheidung bestärkten Spemann vor allem zwei Persönlichkeiten: Gustav Wolff (1865–1941), den er in Heidelberg als Studenten kennenlernte und mit dem ihn eine lebenslange Freundschaft verbinden sollte, sowie August Pauly (1850–1914), Dozent für Zoologie in München und zugleich ein überzeugter Verfechter der neolamarckistischen Evolutionsvorstellung von der Vererbbarkeit erworbener Eigenschaften. Auf beider Anraten hin wechselte Spemann zum Sommersemester 1894 nach Würzburg, um dort bei Theodor Boveri (1862–1915) eine Doktorarbeit anzufertigen. Boveri, nur wenige Jahre älter als Spemann, aber bereits ein bei Fachkollegen außerordentlich angesehener Zoologe, sollte nach der Jahrhundertwende – nicht zuletzt aufgrund der von ihm formulierten Chromosomentheorie der Vererbung (1902/03) – zu einem der bedeutendsten deutschen Biologen aufsteigen. Dem jungen Spemann, der sich mit seinem Doktorvater auch menschlich bestens verstand, konnte nichts Besseres widerfahren, als bei einem solchen Mentor das Rüstzeug wissenschaftlichen Arbeitens zu erwerben.

In Würzburg vollendete Spemann nicht nur seine universitäre Ausbildung, sondern er stellte sowohl wissenschaftlich wie privat die Weichen für sein weiteres Leben. Nach erfolgter Promotion (1895) – Prädikat «summa cum laude» – und Habilitation (1898) wirkte er mehrere Jahre als Privatdozent am Würzburger Institut für Zoologie. Während dieser Zeit vollzog er den Wechsel von der vergleichend-deskriptiven Embryologie zur damals modernen Forschungsrichtung der experimentell arbeitenden «Entwicklungsmechanik», wie sie der Breslauer Zoologe Wilhelm Roux seit 1885 programmatisch skizziert hatte. Neben seinen Forschungen widmete Spemann sich mit großem Vergnügen der Lehre. Darüber hinaus vertrat er Theodor Boveri zeitweilig in dessen Funktionen als Lehrstuhlinhaber bzw. Institutsdirektor und sammelte so wertvolle Erfahrungen im hochschulpolitischen und -administrativen Bereich.

Im Jahre 1895 rundete der junge Doktor die bis dato so erfolgreiche Lebensgestaltung ab – er ehelichte seine Jugendliebe Klara Binder. Es sei nur kurz angemerkt, daß Spemann ihr zuliebe im vorhergehenden Jahr auf eine Doktorarbeit über die Entwicklung der Geschlechtsorgane beim Bandwurm verzichtet hatte; dieses Thema hätte ihn, wie er Boveri anvertraute, in der Familie seiner Braut, ihr Vater war immerhin ein angesehener Stuttgarter Jurist, «kompromittiert» – die Freiheit der Wissenschaften hat zuweilen sehr menschliche Grenzen.

Knapp zehn Jahre fristete Spemann das bescheidene Leben eines Privatdozenten, und die elterlichen Geldzuwendungen hatten für die junge Familie durchaus existentielle Bedeutung. Hauptgrund dieses betrüblichen Zustandes war die Tatsache, daß während der Jahre 1898 bis 1908 an den Universitäten des Deutschen Kaiserreichs kein einziger Lehrstuhl für Zoologie bzw. vergleichende Anatomie vakant wurde, was ein bezeichnendes Licht auf die Situation der staatlichen Forschungsförderung dieses Faches zu jener Zeit wirft. Als dann endlich der Lehrstuhl für Zoologie und vergleichende Anatomie an der Großherzoglich Mecklenburgischen Universität in Rostock neu zu besetzen war, kamen nach einer solch langen «Durststrecke» naheliegenderweise eine große Anzahl qualifizierter Kandidaten für einen Ruf in Frage. Um so höher ist es zu bewerten, daß die Wahl der Rostocker Philosophischen Fakultät einstimmig auf Hans Spemann fiel.

Ungeachtet seiner süddeutschen Herkunft fühlte sich der neuberufene Ordinarius in der Hansestadt sehr wohl, obwohl die Arbeitsbedingungen an der mecklenburgischen Landesuniversität unter dem sehr bescheidenen Finanzrahmen litten. Auch die räumlichen Verhältnisse brachten manchen «Übelstand» mit sich; beispielsweise war die Bibliothek nur durch das Direktorenzimmer zugänglich, so daß «... ich also während meiner Abwesenheit entweder die Bibliothek verschlossen halten oder mein Zimmer der Diskretion jedes Bibliotheksbesuchers überlassen muß» (vgl. Fäßler 1995, S. 45). Für eigene, umfangreiche Forschungen blieb ihm angesichts vielfältiger Verpflichtungen als Institutsdirektor und Lehrstuhlinhaber kaum Zeit. Allerdings vermochte er einige engagierte Schüler auszubilden und so den Grundstein für eine eigene wissenschaftliche Schule zu legen. Weiterhin gelang es ihm, die materielle Situation des Zoologischen Instituts in Rostock deutlich zu verbessern – was sein Nachfolger, der Verhaltensforscher Karl von Frisch, sehr schätzte.

Trotz des Umstandes, daß Spemann in den Jahren 1908 bis 1913 die Fachwelt nur spärlich mit neuen experimentellen Resultaten verwöhnen konnte, wurde er im Jahre 1914 neben dem Pflanzengenetiker Carl Correns, berühmt als einer der drei Wiederentdecker der Mendelschen Vererbungsregeln, auf Vorschlag seines Lehrers Boveri zum 2. Direktor des neugegründeten Kaiser-Wilhelm-Instituts für Biologie in Berlin-Dahlem und Leiter der Abteilung für Entwicklungsmechanik berufen. Dies ist als deutliches Indiz dafür zu werten, daß seine bereits einige Jahre alten wissenschaftlichen Lorbeeren keineswegs welk geworden waren.

In Berlin vermochte Spemann nun, bar jeglicher Lehrverpflichtungen, intensive Grundlagenforschung zu betreiben, auch wenn gewisse Einschränkungen durch den Ersten Weltkrieg hingenommen werden mußten. So wurden qualifizierte Mitarbeiter an die Front eingezogen, und das Heer beanspruchte einige Arbeitsräume für kriegswichtige Forschungen. Dennoch legte Spemann am Kaiser-

Wilhelm-Institut während der Jahre 1915 bis 1918 in umfangreichen Versuchsserien das wissenschaftliche Fundament für seine späteren, weltberühmten Organisatorexperimente.

Als im November 1918 die Revolution in Deutschland ausbrach, in Berlin von heftigen Straßenkämpfen begleitet, war Spemann eigenen Angaben zufolge froh, den kurz zuvor erhaltenen Ruf an die Freiburger Albert-Ludwigs-Universität im vergleichsweise ruhigen südbadischen Raum angenommen zu haben. So konnte er im Frühjahr 1919 die Hauptstadt Richtung Süden verlassen. Überdies fehlte ihm seit geraumer Zeit die Lehrtätigkeit an einer Hochschule, wie er Carl Correns Ende 1922 mitteilte: «Trotzdem kann ich nicht sagen, daß ich es schon einmal auch nur eine Stunde lang bereut hätte, nach Freiburg gegangen zu sein. Das reine Forschen Tag für Tag, Jahr aus Jahr ein hätte mich aufgerieben, und als Erholung der Grunewald – nein!» (vgl. Fäßler 1995, S. 62) Mit der Übernahme des Ordinariats trat Spemann in die Fußstapfen des berühmten Neodarwinisten und Biotheoretikers August Weismann, der den Lehrstuhl für Zoologie in Freiburg ein halbes Jahrhundert zuvor begründet hatte.

In Freiburg gelang Spemann endgültig der Durchbruch zum «Entwicklungsbiologen von Weltruf» (Sander 1985). Er scharte zahlreiche Schüler um sich, wurde Mitherausgeber der zu jener Zeit international bedeutendsten entwicklungsbiologischen Fachzeitschrift *W. Roux' Archiv für Entwicklungsmechanik der Organismen*, organisierte wissenschaftliche Kongresse, reiste als gefragter Gastredner dreimal in die USA und erhielt neben zahlreichen anderen Ehrungen den Nobelpreis – übrigens als zweiter Biologe nach dem Fruchtfliegenforscher Thomas Hunt Morgan. Neben Chicago galt Freiburg als das unbestritten bedeutendste Zentrum experimenteller Entwicklungsbiologie während der zwanziger und dreißiger Jahre (Fäßler 1995, S. 63).

Man würde dem Menschen Hans Spemann nicht gerecht werden, wollte man ihn auf seine wissenschaftlichen Erfolge bzw. sein offenkundig harmonisches Privatleben reduzieren. Denn er entsprach keineswegs dem Klischee des gesellschaftsscheuen, weltfremden und in seinem Elfenbeinturm, sprich Forschungslabor, wirkenden Professors. Vielmehr gestaltete Spemann mit großem Engagement im Rahmen seiner Möglichkeiten das öffentliche Leben mit. Besonders der Jugend galt seine Aufmerksamkeit. So initiierte er in Rostock eine Jugendwerkstatt, in der Kinder von Universitätsbeschäftigten eine handwerkliche Unterweisung erhielten. Ganz gleich, ob Handwerker- oder Professorennachwuchs, die soziale Herkunft der Sprößlinge spielte dabei keine Rolle.

Zuvor noch hatte Spemann mit der in Deutschland um die Jahrhundertwende aufkommenden Reformbewegung der Jugenderziehung Kontakt aufgenommen. Ausschlaggebend hierfür war die persönliche Bekanntschaft mit dem Pädagogen Hermann Lietz im Jahre 1906. Spemann setzte sich sehr für die von Lietz ins Leben gerufenen Landerziehungsheime ein und übernahm nach dessen frühem Tode im Jahre 1920 den Vorsitz der neugeschaffenen Stiftung Hermann-Lietz-Landerziehungsheime e.v.

Auch in Freiburg beteiligte Spemann sich rege am gesellschaftlichen Leben. Er widmete sich vor allem der Erwachsenenbildung und bekleidete seit 1919 den Vorsitz der neugegründeten Freiburger Volkshochschule. Zu dieser Arbeit führte ihn die traumatische Erfahrung des verlorenen Ersten Weltkrieges, der anschließenden Novemberrevolution und des Versailler Vertrages. Spemann sah eine wesentliche Ursache des deutschen Niederganges in der Spaltung der Gesellschaft in «Gebildete und Ungebildete» (Spemann 1943, S. 278), die er mit seiner Volkshochschularbeit zu überwinden suchte. Erwähnenswert ist die bewußt demokratisch gehaltene Volkshochschulsatzung, mit der man sich von traditionellen Konzepten der Erwachsenenbildung aus der Kaiserzeit distanzieren wollte. Auch neue Unterrichtsformen wie Gruppenarbeit und Diskussionsforen muten aus heutiger Sicht geradezu modern an (Fäßler 1994, S. 47). Im Gegensatz zu vielen seiner professoralen Kollegen stand Hans Spemann der Demokratie keineswegs distanziert gegenüber.

Im Jahre 1933 sollte ihn dann der Bannstrahl der Nationalsozialisten treffen, die ihn als Vorsitzenden der Freiburger Volkshochschule aufgrund seiner nicht genehmen politischen Anschauungen absetzten.

In der Folgezeit zog sich Spemann in sein wissenschaftliches Refugium zurück. Seine ablehnende Haltung gegenüber der nationalsozialistischen Rassenideologie verhehlte er zu keinem Zeitpunkt. Er pflegte auch weiterhin Kontakte zu nunmehr verfemten, weil jüdischen Freunden und suchte ihnen zu helfen, wo es ihm möglich war – zu jener Zeit leider keine Selbstverständlichkeit. Sein Einsatz für bedrohte jüdische Schüler und Kollegen barg auch für ihn selbst gewisse Risiken. Im Jahre 1940 wandte sich Spemann mit einem Brief an den Reichsminister für Erziehung und Wissenschaft, Bernhard Rust, in welchem er sich vehement für den Verbleib und die Unversehrtheit seines Kollegen, des Ethologen und späteren Nobelpreisträgers Karl von Frisch, einsetzte. Brisanterweise unterzeichnete er nicht mit dem obligatorischen «Heil Hitler» oder «Mit deutschem Gruß», sondern schloß gutbürgerlich mit «Hochachtungsvoll» und offenbarte auf diese Weise seine zur nationalsozialistischen Diktatur distanzierte Haltung (Fäßler 1995, S. 99).

Allen Versuchen, analog der Entwicklung im Fach Physik, auch in der Biologie eine «Deutsche Biologie» durchzusetzen, trat Spemann in der Öffentlichkeit deutlich entgegen. Mit unüberhörbaren Hinweisen auf den internationalen und völkerverbindenden Charakter der Naturwissenschaften (Fäßler 1995, S. 96) gab er im Jahre 1936 auf dem Zoologenkongreß in Freiburg, bei dem er als frisch gekürter Nobelpreisträger sicherlich die besondere Aufmerksamkeit des Auditoriums genoß, dem wissenschaftlichen Nachwuchs zu bedenken: «Man spricht jetzt viel von der neuen Wissenschaft. Aus den Reihen der Jugend wird sie stürmisch gefordert. Da möchte ich dieser Jugend zurufen: Die Wege, die sie einschlagen, können nicht zu neu sein, die Wege, die sie einschlagen, können nicht zu revolutionär sein. Nur eine Schranke ist ihnen gesetzt. Sie müssen sich bewähren an denselben Kriterien der Wahrheit, denen wir Alten uns beugen mußten. Den Felsen der Wahrheit können wir nicht von seiner Stelle rücken, wohl aber können wir an ihm scheitern» (vgl. Mangold 1953, S. 67). Der vielbeachtete Vortrag des bekannten Nobelpreisträgers wurde von parteiamtlicher Seite heftig gerügt, wohingegen der Kollege Curt Herbst (1866–1946) aus Heidelberg lobte: «Ihr großes Geschick, mit aller Liebenswürdigkeit Ihren Standpunkt zu wahren und den Zuhörern offiziell verpönte Wahrheiten zu sagen, bewundere ich sehr» (vgl. Fäßler 1995, S. 96).

Hans Spemann blieb das Miterleben der – militärischen und moralischen – Katastrophe Deutschlands im Zweiten Weltkrieg erspart; er starb nach längerer Krankheit am 11. September 1941.

3. Wissenschaftliches Werk

3.1 Erste wissenschaftliche Gehversuche (1894–1898)

Die Entwicklungsbiologie des ausgehenden 19. Jahrhunderts befand sich in einer zu Recht als «revolt from morphology» (Allen 1978, S. 21) gekennzeichneten Umbruchphase. Naturphilosophisches Gedankengut, welches zu Beginn des 19. Jahrhunderts großen Einfluß in der sich etablierenden Biologie ausübte, verlor zunehmend an wissenschaftlicher Akzeptanz; die Forschung ergänzte ihr bisher vornehmlich auf Beobachtung und Beschreibung von Naturphänomenen beschränktes Methodenrepertoire durch das Experiment. Die Frage nach den kausalen Zusammenhängen innerhalb der belebten Natur rückte ins Zentrum wissenschaftlichen Interesses.

Ungeachtet dieser Tendenz legten die führenden Biologen bis ins 20. Jahrhundert großen Wert darauf, daß der wissenschaftliche Nachwuchs in den klassischen Methoden der Beobachtung und Beschreibung intensiv ausgebildet werde. Auch Hans Spemann durchlief bei seinem Mentor Theodor Boveri die traditionelle Schulung eines Biologen: Als Doktorarbeit fertigte er eine zellgenealogische Studie über die Entwicklung eines Fadenwurmes (*Strongylos paradoxus*) an. Diese Deskriptionstechnik wurde zu jener Zeit vor allem in der aufkommenden amerikanischen Biologie praktiziert. Für die Habilitation erweiterte Spemann seine bisher rein deskriptive Arbeitsweise zum vergleichend-deskriptiven Untersuchungsansatz, womit er insbesondere den Erklärungswert der Individualentwicklung für die Stammesgeschichte der Organismen hervorhob. Am Beispiel des Grasfrosches (*Rana fusca*) gelang ihm der Nachweis, daß die Eustachische Röhre der Amphibien dem Spritzloch der Haie homolog, d.h. stammesgeschichtlich verwandt, ist (Fäßler 1995, S. 147). Diese Arbeit enthielt demnach einen wichtigen Beitrag zur Stützung eines zentralen Aspektes Darwinscher Überlegungen zur gemeinsamen Abstammung aller Lebensformen, der Deszendenztheorie. Spemann widmete denn auch das Thema seines Habilitationsvortrages dem Werk dieses wohl bedeutendsten Biologen der Neuzeit. Seine Argumentationsweise legte nach Ansicht des Senatsvertreters der Würzburger Universität «von großer Verstandesschärfe und tief eindringendem Nachdenken über allgemeinere Probleme der organischen Naturwissenschaft Zeugnis ab» (vgl. Fäßler 1995, S. 31).

3.2 Schnürversuche an Amphibien (1897–1905): Von Doppelköpfen und Zwillingen

Erst 1897, im Alter von fast dreißig Jahren, entwarf Spemann ein eigenes Forschungskonzept, welches ihn nahezu sein ganzes Leben beschäftigen sollte. Angeregt durch Wilhelm Roux' programmatische Schriften, schlug er den Weg zur experimentellen Kausalanalyse der Individualentwicklung vom Ei zum fertigen Organismus ein – eine biologische Disziplin, die Roux als «Entwicklungsmechanik» bezeichnet hatte. Spemann selbst bevorzugte – ebenso wie Hans Driesch, Curt Herbst und weitere Forscher – die Bezeichnung «Entwicklungsphysiologie», ohne daß damit jedoch inhaltlich gravierende Unterschiede zu Roux' Zielsetzung verbunden gewesen wären.

Für die Untersuchungen konzentrierte Spemann sich auf die nur wenige Millimeter großen Eier bzw. Keimstadien verschiedener Amphibienarten, vornehmlich Frösche und Molche. Diese Wahl hatte mehrere Gründe: Neben der guten Verfügbarkeit in der Würzburger Umgebung, später auch in Berlin und Freiburg, sprach für sie weiterhin die Tatsache, daß die Embryonalentwicklung dieser Tiergruppen bereits eingehend beschrieben worden war. Entscheidend war allerdings ein für Spemanns kausalanalytisches Interesse noch bedeutsamerer Umstand: Die Transparenz der Eihüllen ließ unmittelbare Auswirkungen eines experimentellen Eingriffes auf die weitere Embryonalentwicklung direkt sichtbar werden, während der Entwicklungsablauf beispielsweise bei einem Hühnerei oder gar bei einem Säugetierei naheliegenderweise nicht so einfach zu beobachten ist.

Mittels einer sehr feinen Haarschlinge – die Haare bezog er vom Haupt seiner kleinen Tochter Margarete – vermochte Spemann nun eine befruchtete, aber noch ungeteilte Eizelle eines Teichmolches (*Triturus taeniatus*) einzuschnüren. Die solchermaßen eingezwängte Zelle überlebte die Behandlung zumeist recht gut. Allerdings konnte die Entwicklung des sich aus ihr bildenden Embryos erheblich und auf unterschiedliche Weise vom normalen Verlauf abweichen. Ursache für die verschiedenartigen Anomalien war die jeweilige Lagebeziehung der Schnürung zu einer bestimmten Keimregion, die aufgrund ihrer Färbung als «grauer Halbmond» bezeichnet wird. Die spektakulärste von Spemann erzielte Fehlbildung, doppelköpfige Molche mit einheitlichem Rumpf, erlangte er, wenn die Einschnürung senkrecht durch den grauen Halbmond lief. Solche im wissenschaftlichen Sprachgebrauch als *Duplicitates anteriores* bezeichneten Wesen waren durchaus lebensfähig; zuweilen konnte Spemann gar beobachten, wie sich die beiden Köpfe um die als Futter dargebotenen Wasserflöhe zankten.

Verstärkte Spemann die Schnürung bis zur vollständigen Durchtrennung der Eizelle, so entwickelten sich gelegentlich aus beiden Hälften Zwillinge. Ihr Wuchs war zwar kleiner als der ihrer normalen Artgenossen, ansonsten bildete sich ihr Körper aber in organischer Harmonie aus.

Verständlicherweise erregte die experimentelle Herbeiführung von doppelköpfigen Monstern bzw. Zwillingsbildungen das Interesse nicht nur der Zoologen, sondern auch der Mediziner. Man vermutete, daß ähnliche Terata (Mißbildungen) wie die berühmten «Siamesischen Zwillinge» beim Menschen auf entsprechenden Bildungsmechanismen beruhen. Mithin schienen die von Spemann dokumentierten Fälle eine Möglichkeit zu bieten, dieses bisher noch wenig verstandene Krankheitsbild beim Menschen in seinen Ursachen aufzuklären.

Seine bisherigen Befunde konnte Spemann aufgrund eines zusätzlichen Resultates zu einem weitgehend schlüssigen Bild abrunden. Lag die Haarschlinge so, daß der graue Halbmond unbehelligt und gänzlich einer der beiden Keimhälften zufiel, so entwickelte sich diese zu einem harmonisch gebauten, allerdings etwas kleineren Embryo. Die andere Keimhälfte brachte lediglich ein amorphes, unorganisiertes Zellgebilde, das sogenannte «Bauchstück», hervor.

Offenkundig entbehrte sie jeglicher Fähigkeit zur Bildung komplexer organischer Strukturen, insbesondere einer Körperachse. Die wichtigste Erkenntnis dieser Versuche war die Einsicht, daß das äußerlich scheinbar homogene Molchei Regionen mit unterschiedlichen Entwicklungspotenzen besitzen muß. Speziell dem sogenannten «Grauen Halbmond» kam vermutlich eine zentrale Bedeutung für die Steuerung der Individualentwicklung und Bildung funktionstüchtiger Organe zu.

3.3 Linseninduktion – Entdeckung eines grundlegenden entwicklungsbiologischen Mechanismus

Typisch für Spemanns frühe Forschungen ist die Tatsache, daß er die zu jener Zeit innerhalb der Entwicklungsbiologie am heftigsten diskutierten theoretischen Grundfragen erfolgreich zum Gegenstand der experimentellen Analyse machte. Galt dies bereits für die Schnürexperimente – die theoretische Tragweite seiner Ergebnisse konnte er allerdings erst zwanzig Jahre später in vollem Umfang erfassen –, so traf dies noch mehr auf seine Experimente zu, die sich mit der Augen-, speziell mit der Linsenentwicklung bei Fröschen befaßten.

Die zentrale Kontroverse des ausgehenden 19. Jahrhunderts in der Entwicklungsmechanik drehte sich um die Frage, wie die Entwicklung von der scheinbar homogen strukturierten, befruchteten Eizelle hin zu bilateral organisierten Lebensformen der höher entwickelten Tiergruppen vonstatten gehen könnte. Einige Forscher waren der Ansicht, daß die befruchtete Eizelle – bei Amphibien auch die nachfolgenden, äußerlich noch nicht erkennbar bilateral strukturierten Embryonalstadien (*Morula* und *Blastula*) – ein unsichtbares Mosaik organbildender Bezirke enthalten. Während der Ontogenese entwickelten die einzelnen Regionen sich gemäß ihrer Bestimmung, jedoch in vollständiger Autonomie gegenüber den jeweils benachbarten Regionen, also ohne wechselseitige Beeinflussung. Gegen diese «Mosaiktheorie» führten Anhänger der «Regulationstheorie» die These ins Feld, daß die komplexen Organe erwachsener Tiere mit ihren z.T. genau aufeinander abgestimmten, ineinander passenden Elementen nur aufgrund ständiger, regulativer Wechselwirkungen der einzelnen Bausteine untereinander zustande kämen.

Ausgehend von diesem wissenschaftlichen Zwist, entwickelte Spemann eine Versuchskonzeption, um die Bildung des Wirbeltierauges ursächlich zu verstehen. Dabei konnte er auf folgenden Forschungsstand zurückgreifen: 1. Der Augapfel leitet sich von der Ausstülpung einer Hirnblase ab und ist demnach neuroektodermaler Herkunft, 2. die Epidermis schnürt nach Berührung durch die Augenblase eine Linse ab, die anschließend genau in der funktionell richtigen Position innerhalb des optischen Apparates zu liegen kommt.

Vor dem Hintergrund der oben ausgeführten theoretischen Überlegungen stellte sich nun die Frage, ob diese beiden Elemente, Augapfel und Linse, sich unabhängig voneinander zum richtigen Zeitpunkt und an der richtigen Stelle bilden oder ob die Augenblase die Linsenbildung in der Epidermis auslöse.

Zur Klärung dieses Problems zerstörte Spemann mittels einer heißen Nadel bei Grasfroschembryonen (*Rana fusca*) die Augenblase. Als daraufhin in der weiteren Entwicklung auch die Linsenbildung unterblieb, interpretierte er das Ergebnis als experimentellen Beweis für die Richtigkeit der «Regulationstheorie». Ort und Zeit der Linsenbildung hängen unmittelbar von einem induzierenden, von der Augenblase ausgehenden Reiz ab. Nach seiner Überzeugung war es sehr wahrscheinlich, daß dieser Linsenbildungsmechanismus aufgrund der stammesgeschichtlichen Verwandtschaft auch bei allen anderen Wirbeltiergruppen vorliege.

Die veröffentlichten Resultate und die mit großer Überzeugung daraus gezogenen theoretischen Schlüsse stießen jedoch bald auf heftigen Widerspruch, vorgetragen in erster Linie von der amerikanischen Forscherin Helen D. King und dem Tschechen Emanuel Mencl. Beide glaubten nachweisen zu können, daß bei anderen Tierarten (z. B. Forelle) sich die Linse sehr wohl selbständig, d.h. ohne Stimulus durch die Augenblase, bilden könne, man daher die «Mosaiktheorie» als die zutreffende anerkennen müsse.

Durch diese Einwände sah sich Spemann gezwungen, seine bisherigen Linsenexperimente an einer anderen Froschart zu überprüfen. Er wählte den mit dem Grasfrosch nahe verwandten Teichfrosch (*Rana esculenta*). Zu seiner – vermutlich unangenehmen – Überraschung fand er die Befunde seiner Widersacher bestätigt. Zwar erwiesen sich die früheren, am Grasfrosch erarbeiteten Ergebnisse bei abermaliger Überprüfung ebenfalls als hieb- und stichfest, aber seine unerschütterliche Überzeugung eines regulativen Linsenbildungsmechanismus bei allen Wirbeltieren mußte Spemann relativieren. Völlig unverstanden blieb überdies das Phänomen, daß bei zwei stammesgeschichtlich eng verwandten Froscharten die Linsenbildung ganz unterschiedlichen Regeln folgt. Die Verwirrung wuchs, als man erkannte, daß bei einer Unkenart (*Bombinator pachypus*) beide Linsenbildungsmechanismen zugleich nachgewiesen werden konnten.

Es gelang Spemann, die widersprüchlichen Resultate unter der Annahme zu versöhnen, daß möglicherweise die Linsenbildung «doppelt gesichert» sei, um ein so überlebenswichtiges Hilfsmittel wie das Auge mit größtmöglicher Zuverlässigkeit als funktionstüchtiges Organ entstehen zu lassen. Offen blieb freilich, wie ein solches «Prinzip der doppelten Sicherung» (Spemann 1936, S. 59) evolutionstheoretisch zu begründen sei. Erst vor wenigen Jahren vermochte dieses Phänomen der «doppelten Sicherung» vor dem Hintergrund entwicklungsgenetischer Einsichten zufriedenstellend geklärt werden (Sander 1994, S. 303). Spemann zog für sich im Jahre 1912 mit einer längeren, den Forschungsstand zusammenfassenden Abhandlung den Schlußstrich unter die Linsenkontroverse (Spemann 1912).

3.4 Embryonale Transplantationen

Der Wechsel von Rostock an das neugegründete Kaiser-Wilhelm-Institut für Biologie in Berlin-Dahlem bedeutete für Spemann zugleich den Auftakt eines neuen Abschnitts in seinem wissenschaftlichen Leben. Ausgehend von der Überlegung, daß die einzelnen Bereiche frühester Keimstadien noch nicht unwiderruflich auf ihr späteres Entwicklungsschicksal festgelegt sind, sondern erst im Laufe der Zeit eine solche «Determination» erfahren, strebte er danach, an einem konkreten Fallbeispiel diese Festlegung auf das spätere Entwicklungsschicksal näher zu ergründen. Zu diesem Zwecke verfeinerte er seine mikrochirurgischen Operationstechniken und -instrumente. Auf dem Gebiet der embryonalen Transplantation unter dem Stereomikroskop wurde Spemann zum unbestrittenen Meister. Wichtigstes Hilfsmittel war die von ihm konstruierte und hergestellte Mikropipette, die alsbald in nahezu allen entwicklungsbiologischen Labors der Welt Einzug halten sollte.

Um nun den Zeitpunkt der «Zelldetermination» an einem Beispiel zu ergründen, transplantierte Spemann zukünftige Hirnzellen eines Teichmolchembryos (*Triturus taeniatus*) einem zweiten in die zukünftige Bauchhaut ein und beobachtete dort die weitere Entwicklung des Transplantats in der fremden Umgebung. Tatsächlich gelangte er mit dieser Versuchsanordnung zu recht präzisen und aussagekräftigen Ergebnissen. Erfolgte die Operation an Embryonen des frühen Gastrulastadiums, so war es für die ausgetauschten Zellen offenbar überhaupt kein Problem, sich der neuen Umgebung anzupassen: Die ursprünglich als Hirnzellen vorgesehenen bildeten Bauchhaut, und im umgekehrten Falle waren künftige Bauchhautzellen in der Lage, Teile des Gehirns zu bilden.

Das gleiche Experiment an etwas älteren Embryonen des späten Gastrulastadiums führte zu einem völlig anderen Ergebnis: Nun waren die Implantate nicht mehr in der Lage, ihr Entwicklungsschicksal zu ändern. Infolgedessen wiesen die einen Embryonen in der Bauchhaut Hirngewebe auf, wohingegen bei den anderen im Hirn epidermale Strukturen zu finden waren. Mit diesen experimentellen Befunden war klar, daß während der Gastrulation die Festlegung der Keimbezirke «Bauchhaut» und «Gehirn» auf ihr späteres Schicksal erfolgt und daher das Regulationsvermögen in gleichem Maße abnimmt.

Im konkreten Falle schien diese sogenannte Determination von einer speziellen Region auszugehen, die oberhalb der Einstülpungsstelle des Urdarmes, der sogenannten «dorsalen Urmundlippe» in der frühen Gastrula, angesiedelt war. Transplantate aus dieser Region schienen nämlich bereits im frühen Gastrulastadium ihre herkunftsgemäße Entwicklung beizubehalten und somit determiniert zu sein. In einigen besonders gut gelungenen Experimenten ließ sich gar eine sekundäre Embryonalanlage mit den typischen Achsenorganen Neuralrohr und Chorda dorsalis nachweisen. Spemann bezeichnete die Region als «Differenzierungszentrum», von dem die weitere Embryonalentwicklung ihren Lauf nehme.

Offen blieb die Frage, ob sich die sekundären Embryonalanlagen gänzlich aus dem Implantat bildeten oder ob Wirtszellen aus der Umgebung mit einbezogen wurden. Dieser sehr wichtige Aspekt konnte nicht geklärt werden, da Implantat und Material der Umgebung kaum voneinander zu unterscheiden waren. Erst als Spemann unterschiedlich pigmentierte Zellen zweier verschiedener Molcharten austauschte, war ein geeignetes Merkmal gefunden, um das Verhalten der Implantatzellen in seiner neuen Umgebung über längere Zeit hinweg zu verfolgen.

3.5 Die Organisatorexperimente –
«the best-known experiment in embryology» (Nature 1995)

Im Frühjahr 1921 übertrug Spemann der jungen Doktorandin Hilde Pröscholdt, verh. Mangold, die Aufgabe, etwas Gewebe vom wenig pigmentierten Kammolchembryo (*Triturus cristatus*) oberhalb der Urmundlippe, also jener Region, die sich ins Keimesinnere einstülpt und dort die *Chorda dorsalis* bildet, in die zukünftige Bauchhaut beim dunkel pigmentierten Teichmolch einzupflanzen. Erwartungsgemäß war das Ergebnis ein Teichmolch, an dessen Bauchseite sich ein zweiter Embryo entwickelte. Mit diesem Experiment war gleichermaßen ein zweites Individuum geschaffen. Bei der Schnittuntersuchung stellte sich dann überraschenderweise heraus, daß das Neuralrohr weitgehend von Wirtszellen, hingegen die Chorda dorsalis weitgehend von Implantatzellen gebildet wurde. Das übrige Mesoderm setzte sich aus Zellen beider zusammen. Spemann interpretierte den Einfluß des Transplantats auf seine Umgebung als den eines «Organisators»: «Die Bezeichnung ‹Organisator› soll zum

Ausdruck bringen, daß die von diesen bervorzugten Teilen ausgehende Wirkung ... alle jenen rätselhaften Eigentümlichkeiten besitzt, welche uns eben nur aus der belebten Natur bekannt sind» (Spemann, Mangold 1924, S. 637).

Verständlicherweise erregte dieses sensationelle Ergebnis nicht nur in der Fachwelt Aufsehen, sondern auch in der breiteren Öffentlichkeit. Mehr als ein Jahrzehnt konzentrierte sich die entwicklungsbiologische Forschung nun auf die Enträtselung dieses sogenannten «Organisatoreffektes», wobei die von Spemann geleitete entwicklungsbiologische Schule in Freiburg die wesentlichen Akzente setzte. Hier ergründete man die topographische Ausdehnung des Organisatorbezirkes, erkannte seine Regionalität, was bedeutet, daß es spezialisierte Kopf- bzw. Rumpforganisatoren gibt, die stets nur die jeweilige Körperregion zu generieren in der Lage sind.

Auch suchte man die biochemischen Grundlagen des Phänomens zu erforschen. Allerdings mündeten diese Bemühungen nach langwierigen, nahezu fruchtlosen Experimenten mit teilweise widersprüchlichen Resultaten in einen jahrzehntelangen wissenschaftlichen Stillstand. Aus wissenschaftshistorischer Sicht kann dies kaum verwundern, da der zeitgenössischen Forschung nicht die zur Klärung notwendigen molekularbiologischen Kenntnisse und Techniken zur Verfügung standen. Erst als Anfang der achtziger Jahre auf diesem Gebiet ein wissenschaftlicher Durchbruch erzielt werden konnte, erlebte der Spemannsche Organisatoreffekt jene Renaissance im wissenschaftlichen Interesse, die sich in der eingangs erwähnten steigenden Zahl der Zitierungen niederschlägt.

3.6 Chimären – antike Fabelwesen in der modernen Forschung

Nach der Entdeckung und Beschreibung des «Organisatoreffektes», wohl der Höhepunkt seiner wissenschaftlichen Karriere, kehrte bei Hans Spemann der Forscheralltag ein. Nur einmal noch vermochte er gemeinsam mit seinem Mitarbeiter Oscar Schotté ein spektakuläres Ergebnis herbeizuführen: die Erzeugung von amphibischen Chimären, also Individuen, die aus Organen unterschiedlicher Ordnungen zusammengesetzt waren. Solche bereits in der antiken Mythenwelt umhergeisternden Wesen schuf Spemann mittels der bewährten Transplantationstechnik. Er verpflanzte zukünftige Bauchhaut eines Frosches in die Mundregion einer Molchkeimes. Sie wurde vom Urdarm des Wirtsembryos zur Mundbildung veranlaßt, und in der Folgezeit wuchs ein Molch mit den Hornplatten der Kaulquappe im Maul heran. Die umgekehrte Version dieses Experimentes führte zu Kaulquappen mit den für Molche typischen Zähnchen. Allerdings zog Spemann keine Schlußfolgerungen bezüglich der

Rolle der Erbinformation in der Entwicklung, was ihm aus der Retrospektive gelegentlich als mangelnder Weitblick vorgeworfen wurde (Waelsch 1990, S. 5).

4. In der Diskussion: Hans Spemann

Auch wenn Spemanns Status als ein herausragender Vertreter seiner Zunft unbestritten sein dürfte, äußerten einige Wissenschaftshistoriker in den letzten Jahren kritische Anmerkungen sowohl zur Person als auch zum wissenschaftlichen Werk. Im folgenden werden die wichtigsten Vorwürfe genannt und diskutiert.

4.1 Nobelpreisträger in der Kritik

Ein sehr schwerwiegender Einwand lautet, Hans Spemann habe sich wissenschaftlich mit fremden Federn geschmückt. Nicht ihm, sondern seiner Schülerin Hilde Mangold sei die nobelpreiswürdige Entdeckung des Organisatoreffektes zuzuschreiben (Lehnhoff 1991, S. 79). Völlig zu Unrecht und entgegen sonstiger Gewohnheit würden bei der entscheidenden Publikation (Spemann & Mangold 1924) Spemann als Erstautor und Hilde Mangold (geb. Pröscholdt) «nur» als Co-Autorin geführt – ein Umstand, der die betroffene Doktorandin nachgewiesenermaßen erzürnt hatte. Geschlechtsspezifischer Chauvinismus sei als Handlungsmotiv beim Doktorvater zu vermuten (Waelsch 1990, S. 5). Es liege somit ein weiteres und besonders gravierendes Beispiel für die Benachteiligung von Forscherinnen in der von Männern dominierten akademischen Welt vor.

Zur Klärung dieser – auch aus wissenschaftshistorischem Blickwinkel – gewichtigen Frage muß man etwas weiter ausholen. Kein Zweifel kann daran bestehen, daß Spemann das Organisatorexperiment schon vor 1921 geplant hatte und seine Durchführung danach aus Zeitmangel an seine Doktorandin Hilde Mangold delegierte. Ein Brief an Carl Correns vom Dezember 1922 belegt, daß Spemann in seinen ersten Freiburger Jahren wegen seiner Professorenpflichten nicht zu eigener Forschung fand und daher Studenten mit der experimentellen Durchführung seiner Pläne beauftragte. Auch der Zeitzeuge und berühmteste noch lebende Schüler Spemanns, Viktor Hamburger (geb. 1900), stützt diese These (Hamburger 1988, S. 180). Die Vermutung, Hilde Mangold habe die Organisatorexperimente eigenständig ersonnen (Lehnhoff 1991, S. 79), ist aus zweierlei Gründen unhaltbar: Erstens ist kaum anzunehmen, daß eine Studentin (oder Student) im dritten (!) Fachsemester zu einer solch komplexen Fragestellung und zur Entwicklung der schwierigen Technik befähigt ist, und zweitens ist die konzeptionelle Urheberschaft Spemanns durch eine Fülle von Quellenindizien genügend abgesichert. So hatte er bereits in den Veröffentlichungen der Jahre 1918 bis 1921 die theoretischen Grundlagen für das Organisatorexperiment skizziert und auf die Bedeutung des noch ausstehenden Versuches mit unterschiedlich pigmentierten Embryonen hingewiesen. Ja mehr noch, Spemann hatte die beiden denkbaren Resultate vorab erörtert und dem Organisatorexperiment somit den Status eines *experimentum crucis* zugewiesen.

Nun zu Spemanns Einstellung gegenüber Frauen in der Wissenschaft: Im Gegensatz zu manch anderem renommierten Kollegen sind von ihm keinerlei Quellen mit frauenfeindlichen Äußerungen bekannt. Auch der mit etwa 30 % vergleichsweise hohe Frauenanteil in den von ihm betreuten Promotionsverfahren und die Vergabe höchst bedeutsamer Themen an Doktorandinnen spricht dafür, daß einzig die persönliche Qualifikation ausschlaggebend für die Annahme oder Ablehnung als Doktorand bzw. Doktorandin war.

4.2 «Split between Genetics and Embryology»

Ein anderer Punkt der Kritik an Spemann war der Einwand, er habe die genetische Dimension seiner Versuche nicht erkannt und somit der wünschenswerten Synthese der beiden Disziplinen Entwicklungsbiologie und Genetik im Wege gestanden. Hierzu ist zu sagen, daß Spemann in der Tat, trotz freundlicher geistiger Anregungen beispielsweise seitens Carl Correns, die genetische Dimension des Organisatoreffektes zu keiner Zeit öffentlich diskutierte. Auch dann nicht, als Transplantationen über Ordnungsgrenzen hinweg zu sehr interessanten und weiterführenden Resultaten, den oben erwähnten «Chimären», geführt hatten. Auf einem Genetikerkongreß führte Spemann aus, der Grund für diese vermeintliche «Blindheit» liege weniger in einer «Überschätzung meines engeren Arbeitsgebietes», vielmehr erblicke er hierin «das Bewußtsein meiner Grenzen» (Spemann 1923, S. 273). Er, der bei Experimenten und deren theoretischer Auswertung so streng auf methodisch saubere Arbeitsweise achtete, mied den zu jener Zeit vergleichsweise spekulativen genetischen Blickwinkel. So ist der Begriff «Gen» in seinen ganzen Schriften nur ein einziges Mal zu finden. Läßt sich aus historischer Sicht eine Vernachlässigung der Synthese von Genetik und Entwicklungsbiologie durch Spemann auch nicht verkennen, so ist sie doch durch seine selbstgewählten Maximen als Naturforscher zu verstehen.

4.3 Spemann – ein Vitalist unter Reduktionisten?

Als dritten Punkt diskutierten bereits Zeitgenossen, aber auch Historiker, Spemanns Neigungen zu vitalistischen Vorstellungen, nach denen das Phänomen «Leben» nur unter Annahme einer naturwissenschaftlich nicht faßbaren Größe verstanden werden könne. Dabei berufen sie sich vornehmlich auf den Begriff «Organisator», der eine solche Konnotation impliziere. Auch der abschließende Absatz seines 1936 erschienenen Buches, in welchem die Entwicklungsvorgänge mit psychischen Metaphern veranschaulicht werden, soll diese These stützen. Abgesehen davon, daß diese Zeilen keineswegs ein Plädoyer für den Neovitalismus Drieschscher Prägung darstellen, zeigen andere Zitate ein wesentlich komplexeres Bild. So weist Spemann Drieschs Neovitalismus als «zumindest verfrüht» zurück und geißelte ihn für die kausalanalytische Biologie als kontraproduktiv (Fäßler 1995, S. 191).

Bleibt festzuhalten, daß Spemann in bezug auf seine naturwissenschaftlichen Forschungen eine spekulative philosophische Erkenntnismethodik ablehnte – und daher sicher kein Vitalist war. Ebenso klar ist aber, daß für ihn der naturwissenschaftliche Zugriff auf das Phänomen «Leben» keineswegs den einzig möglichen darstellte, daß vielmehr philosophische, religiöse oder auch künstlerische Ansätze ebenso ihre Berechtigung haben. Vor diesem Hintergrund wird verständlich, wenn Spemann die Vielschichtigkeit des Lebens als solche auch würdigte und eine möglicherweise naturwisssenschaftlich nicht faßbare Komponente nicht ausschloß. Stand er in diesem Sinne dem krassen Mechanizismus fern, so bedeutet dies noch nicht, daß er als experimentell arbeitender Biologe ein Vitalist war. Auch wenn es der derzeitig vorherrschenden wissenschaftstheoretischen Auffassung zuwiderläuft: Bei Hans Spemann läßt sich keine relevante Vermischung wissenschaftlicher und außerwissenschaftlicher Sphären nachweisen.

4.4 Zur Krise des Darwinismus

Sehr interessant ist die Haltung Spemanns in der Frage nach der Vererbbarkeit erworbener Eigenschaften. Diese gilt gelegentlich – übrigens nicht ganz korrekt – als Hauptunterschied zwischen der Evolutionstheorie von Charles Darwin bzw. Jean Baptiste de Lamarck. Der amerikanische Wissenschaftshistoriker P. Bowler sieht in dieser kontroversen Diskussion gar eine «Eclipse of Darwinism» und betonte, daß um die Jahrhundertwende namhafte deutsche Biologen die Erklärungsdefizite der Darwinschen Selektionstheorie zum Anlaß genommen hätten, konkurrierende Vorstellungen bezüg-

lich der Ursachen für die Deszendenz der Organismen zu bevorzugen. Hierzu zählt er Oscar Hertwig, Ernst Haeckel, Hermann Braus, Richard Semon – und auch Hans Spemann (Bowler 1983).
Wie bereits erwähnt, standen die Entwicklungsbiologen im ersten Jahrzehnt des 20. Säkulums vor dem Problem, wie zwei völlig unterschiedliche Bildungsmechanismen des Sehapparates bei nahverwandten Wirbeltieren evolutiv entstanden sein sollten. Die Beschäftigung mit diesem Topos brachte Spemann für wenige Jahre dazu, offen die Vererbung erworbener Eigenschaften als diskussionswürdige Überlegung in den Raum zu stellen. Er argumentierte, daß möglicherweise die Zellen der Epidermis, welche auf Berührung durch die Augenblase zur Linse werden, diesen Berührungsreiz allmählich verinnerlichten – Stichwort: Zellgedächtnis – und dann, sollte der Reiz nach vielen Generationen einmal ausbleiben, trotzdem eine Linse bilden (Fäßler 1995, S. 205). So erkläre sich, daß beim Teichfrosch auch ohne Augenblase eine Linse gebildet wird, beim Grasfrosch hingegen nicht.

Mit seinen Überlegungen war Spemann übrigens kein Außenseiter oder abwegiger Spekulant; den Ruf auf den Lehrstuhl nach Rostock verdankte er auch einem hervorragenden Referat (Spemann 1907), welches er dort vor der versammelten deutschen Zoologenschaft gehalten hatte und das bestens beurteilt wurde (Fäßler 1995, S. 35). Versuche, ihn als Lamarckisten und damit implizit als uneinsichtigen Ignoranten der im nachhinein als richtig akzeptierten Darwinschen Auffassung hinzustellen (Rinard 1988), gehen somit fehl.

Der eigentlich interessante Aspekt ist, daß Spemann in der Folgezeit sehr wohl die Schwächen seiner Argumentation auch unter Einbeziehung der Erkenntnisfortschritte in der Vererbungslehre erkannte, wie auch die weiterhin bestehenden Erklärungsdefizite des Darwinismus. Als Folge mied er nach 1915 eine öffentliche Beteiligung an naturgemäß spekulativen Evolutionsdebatten und zog es vor, mittels kleiner experimenteller «Beiträge» etwas Licht in das Dunkel zu bringen. So erklärt sich auch der Titel seines einzigen wissenschaftlichen Buches, der sein Lebenswerk als *Experimentelle Beiträge zu einer Theorie der Entwicklung* charakterisierte, was zugleich seinem wissenschaftlichen Credo entsprach. Dies schloß jedoch keineswegs aus, daß er im privaten Kreise sehr wohl den ungebundenen Gedankenflug pflegte.

5. Epilog

»Das Leben fängt mit unermesslichen Hoffnungen an und hört mit unendlicher Sehnsucht auf», schrieb Hans Spemann drei Jahre vor seinem Tode Viktor Hamburger, einem seiner engsten Mitarbeiter, der 1933 zwangsweise in die USA emigriert war. Hier zog ein Mensch Bilanz, der auf ein überaus reiches Leben zurückblicken durfte, dem die biologische Wissenschaft zum Lebensinhalt geworden war und dem der Abschied von der Forschung dennoch – oder gerade deshalb – so ausgesprochen schwerfiel. Aber diese Zeilen offenbaren auch den an Philosophie, Kunst und Religion überaus interessierten Hans Spemann, zu dessen Freundeskreis der Begründer der Phänomenologie, Edmund Husserl, und der südwestdeutsche Neukantianer Jonas Cohn zählten. Philosophische Gespräche seien für ihn «die größten Genüsse ... über die ich alles, Zeit, Umgebung und körperlichen Zustand, vergaß» (Spemann 1943, S. 47). Gleichwohl ein gestrenger Verfechter der beobachtenden und experimentellen Empirie als wesentlicher methodischer Grundlage der modernen Biologie, glitt Spemann zu keinem Zeitpunkt in einen platten, positivistischen Reduktionismus ab und vermied den seinerzeit allzu verbreiteten Szientismus. Als philosophisch gebildeter Mensch bewahrte er das notwendige Gespür für die Problematik des naturwissenschaftlichen Erkenntnisansatzes angesichts der Komplexität organischer Erscheinungsformen. Mithin verkörperte Spemann einen Typus von Naturforscher, der den Dialog mit den Geisteswissenschaften nicht nur suchte, sondern der seiner geradezu existentiell bedurfte.

ANHANG

Quellen- und Literaturverzeichnis

Carl Linnaeus

Originalwerke von Carl Linnaeus

Linnaeus, C. (1735a): Systema naturae, sive Regna Tria Naturae systematice proposita per classes, ordines, genera & species. De Groot, Leiden.

Linnaeus, C. (1735b): Bibliotheca botanica. De Groot, Leiden.

Linnaeus, C. (1736a): Fundamenta botanica quae Majorum Operum Prodromi instar Theoria Scientiae Botanices per breves Aphorismos tradunt. Salomon Schouten, Amsterdam.

Linnaeus, C. (1736b): Methodus Juxta quam Physiologus accurate & feliciter concinnare potest Historiam cujuscunque Naturalis Subjecti. Angelus Sylvius, Leiden.

Linnaeus, C. (1737a): Critica botanica. Conrad Wishoff et Georg Jac. Wishoff, Leiden.

Linnaeus, C. (1737b): Genera plantarum Eorumque characteres naturales secundum numerum, figuram, situm, proportionem omnium fructificationis partium. Conrad Wishoff et Georg Jac. Wishoff, Leiden.

Linnaeus, C. (1737c): Flora Lapponica exhibens plantas per Lapponiam crescentes, secundum Systema sexuale collectas in itinere ... 1732. Salomon Schouten, Amsterdam.

Linnaeus, C. (1737d): Hortus Cliffortianus Plantas exhibens quas in Hortis tam Vivis quam Siccis, Hartecampi in Hollandia, coluit. Amsterdam.

Linnaeus, C. (1738a): Classes plantarum seu Systemata Plantarum omnia a fructificatione desumta ... Conrad Wishoff et Georg Jac. Wishoff, Leiden.

Linnaeus, C. (1738b): Ichthyologia des Petrus Artedi. Salomon Schouten, Amsterdam.

Linnaeus, C. (1745a): Flora Svecica. G. Kiesewetter, Stockholm.

Linnaeus, C. (1745b): Öländska och Gothländska resa. G. Kiesewetter, Stockholm.

Linnaeus, C. (1746): Fauna Svecica, sistens animalia Svecica Regni: quadrupedia, aves, amphibia, pisces, insecta, vermes, distributa per classes et ordines, genera et species cum differentiis specierum, Synonymis Autorum, Nominibus incolarum, Locis habitationum, Descriptionibus Insectorum. Conrad Wishoff et Georg Jac. Wishoff, Leiden.

Linnaeus, C. (1749): Materia Medica. Laurentius Salvius, Stockholm.

Linnaeus, C. (1751): Philosophia botanica in qua explicantur Fundamenta Botanica cum difinitionibus partium, exemplis terminorum, observationibus rariorum. G. Kiesewetter, Stockholm.

Linnaeus, C. (1753): Species plantarum, exhibentes Plantes rite cognitas, ad genera relatas, cum differentiis specificis, nominis trivialibus, synonymis selectis, locis natalibus, secundum Systema Sexuale digestas. Laurentius Salvius, Stockholm.

Linnaeus, C. (1758): Systema naturae per Regna tria naturae ... 10. Aufl., 2 Bde. 1758–1759, Laurentius Salvius, Stockholm.

Linnaeus, C. (1766): Systema naturae per Regna tria naturae ... 12. Aufl., 3 Bde. 1766–1768, Laurentius Salvius, Stockholm.
Linnaeus, C. (1964): Lappländische Reise. Übersetzt und herausgegeben von H. C. Artmann. Insel, Frankfurt am Main.

Weitere Literatur

Afzelius, A. (1826): Linnés eigenhändige Aufzeichnungen über sich selbst, mit Anmerkungen und Zusätzen. Dt. Übers. von K. Lappe. Georg Reimer, Berlin.
Ballauf, T. (1954): Die Wissenschaft vom Leben, Band 1. Eine Geschichte der Biologie vom Altertum bis zur Romantik. X+444 S., Karl Alber, Freiburg im Breisgau – München.
Burckhardt, R. (1907): Geschichte der Zoologie. 156 S., G. J. Göschen'sche Verlagshandlung, Leipzig.
Cain, A. J. (1958): Logic and memory in Linnaeus's system of taxonomy. Proc. Linn. Soc. London 169, 144–163.
Cain, A. J. (1959): The post–linnean development of taxonomy. Proc. Linn. Soc. London 170, 234–244.
Cain, A. J. (1992): The «Methodus» of Linnaeus. Arch. Nat. Hist. 19, 231–250.
Cain, A. J. (1995): Linnaeus's natural and artificial arrangements of plants. Bot. J. Linn. Soc. 117, 73–133.
Diamond, J. M. (1992): Horrible plant species. Nature 360, 627–628.
Ehret, G. D. (1736): Icones Methodi sexualis plantarum. Einblattdruck, Amsterdam.
Fabricius, J. C. (1778): Philosophia entomologica. XII+178 S., Carolus Ernestus Bohnius, Hamburg – Kiel.
Goerke, H. (1983): Linné und die Pharmacopoea Svecica (1775). S. 89–96 in:
Goerke, H. (1989): Carl von Linné 1707–1778. Arzt – Naturforscher – Systematiker (Große Naturforscher Bd. 31). 2. erw. Aufl., Wissenschaftliche Verlagsgesellschaft, Stuttgart.
Hagberg, K. (1946): Carl Linnaeus – ein großes Leben aus dem Barock. 288 S., Claassen & Goverts, Hamburg (Erstdruck 1940).
Heller, J. L. (1983): Studies in Linnean method and nomenclature. Marburger Schriften zur Medizingeschichte, Peter Lang, Frankfurt am Main.
Hennig, W. (1950): Grundzüge einer Theorie der Phylogenetischen Systematik. [VI]+370 S., Deutscher Zentralverlag, Berlin.
Jahn, I., & Senglaub, K. (1978): Carl von Linné. Biographien hervorragender Naturwissenschaftler, Techniker und Mediziner Bd. 35. Teubner'sche Verlagsges., Leipzig.
Linsley, E. G. & Usinger, R. L. (1959): Linnaeus and the development of the international code of zoological nomenclature. Syst. Zool. 8, 39–47.
Mayr, E. (1975): Grundlagen der zoologischen Systematik. 370 S., Paul Parey, Hamburg – Berlin (Orig. 1969).
Mayr, E. (1984): Die Entwicklung der biologischen Gedankenwelt. 766 S., Springer, Berlin etc. (Orig. 1982).
Mierau, S. (Hrsg.) (1991): Carl von Linné. Lappländische Reise und andere Schriften. 4. Aufl., 400 S., Reclams Universalbibliothek Bd. 696, Leipzig.
Müller-Wille, S. (1998): «Varietäten auf ihre Arten zurückführen» – zu Carl von Linnés Stellung in der Vorgeschichte der Genetik. Theory Biosci. 117, 346–376.
Müller-Wille, S. (1999): Botanik und weltweiter Handel – zur Begründung eines Natürlichen Systems der Pflanzen durch Carl von Linné (1707–78). 351 S., VWB – Verlag für Wissenschaft und Bildung, Berlin.
Olsen, S.-E. S. (1997): Bibliographia discipuli Linnaei – bibliographies of the 331 pupils of Linnaeus. 458 S., Bibliotheca Linnaeana Danica, Kopenhagen.

Ray, J. (1724): Synopsis methodica stirpium Brittanicarum, ed. ³1724 und Carl Linnaeus: Flora Anglica, 1754 & 1759. Facsimiles 1973 with introd. by William T. Stearn. Ray Society, London.
Schleiden, M. J. (1871): Ritter Karl von Linné. Vier Skizzen zur Würdigung des Menschen, seines Lebens, seiner Verdienste und Erfolge. Westermann's Jb. der Illustr. dt. Monatshefte. 30 (= N.F. 14), 52–69, 162–180, 282–296, 376–392.
Smit, P. (1978): The Zoological Dissertations of Linnaeus. Svenska Linné-sällskapets årsskrift 1978, 118–136.
Smit, P. (1986): Hendrik Engel's Alphabetical List of Dutch Zoological Cabinets and Menageries. Rodopi, Amsterdam.
Stafleu, F. (1971): Linnaeus and the Linneans. The spreading of their ideas in systematic botany, 1735–1789. A. Oosthoek (Int. Ass. Plant Taxonomy), Utrecht.
Stearn, W. T. (1957): Introduction to the «Species Plantarum». Prefixed to Ray Society facsimile of Linnaeus' Species Plantarum. Vol. 1, S. 1–176. Ray Soc., London.
Stearn, W. T. (1959): The background of Linnaeus's contributions to the nomenclature and methods of systematic biology. Syst. Zool. 8, 4–22.
Stearn, W. T. (1962): The Influence of Leyden on Botany in the seventeenth and Eighteenth Century. Brit. J. Hist. Sci. 1, 137–159.
Tuxen, S. L. (1973): Entomology systematizes and describes, 1700–1815. S. 95–118 in: Smith, R. F., Mittler, T. E. & Smith, C. N. (Hrsg.): History of Entomology. Annual Reviews Inc., Palo Alto, Ca.
Usinger, R. L. (1964): The role of Linnaeus in the advancement of entomology. Annu. Rev. Ent. 9, 1–16.
Vaillant, S. (1718): Discours sur la structure de fleurs, leur differences et l'usage de leurs parties. (frz.-lat.) Pierre van der Aa, Leiden.
von Engelhardt, W. (1980): Carl von Linné und das Reich der Steine. Veröffentl. der Joachim-Jungius-Ges. der Wiss. Hamburg 43, 81–96.
Wheeler, A. (1978): The source of Linnaeus' knowledge of fishes. Svenska Linnésällskapets årsskrift 1978, 156–211.
Winsor, M. P. (1976): The development of Linnean insect classification. Taxon 25, 57–67.
Winsor, M. P. (1985): The impact of Darwinism upon the Linnean enterprise, with special reference to the work of T. H. Huxley. S. 55–84 in: Weinstock, J. (Hrsg.): Contemporary Perspectives on Linnaeus. Univ. Press of America, Lanham (MD) – New York – London.

GEORGES-LOUIS LECLERC, COMTE DE BUFFON

Quellen

Die für diesen Aufsatz verwendete Ausgabe der Werke Buffons ist der von P. Flourens von 1852 bis 1855 bei Garnier Frères in Paris herausgegebene, quellentreue Nachdruck der Gesamtausgabe in 4° der Imprimerie Royale, Paris. Quellenangaben und eine kurze Einführung in das Werk Buffons geben die Schriften von Roger (1970, 1971).
Bonnet, Ch. (1745): Traité d'Insectologie; ou Observations sur les Puçcerons. Durand Librairie, Paris.
Bonnet, Ch. (1764): Contemplation de la Nature, 2 Vols. Marc-Michel Ray, Amsterdam.
Bonnet, Ch. (1768): Considération sur les Corps Organisés, 2 Bd., 2. Aufl. Marc Michel Rey, Amsterdam.

Bordeu, Th. de (1752): Recherches anatomiques sur la position des glandes et sur leur action. S. 49–208 in: Richerand, M. (Hrsg.): Œuvres complètes de Bordeu, précédées d'une notice sur sa vie et sur ses ouvrages, Tôme Premier. Caille & Ravier, Paris.

Bowler, P.J. (1973): Bonnet and Buffon: theories of generation and the problem of species. J. Hist. Biol. 6, 259–281.

Buchenau, A. (1968): G. W. Leibniz – die Theodizee. Felix Meiner Verlag, Hamburg.

Darwin, Fr. (1887): The Life and Letters of Charles Darwin, 3 Bd., 3. Aufl. John Murray, London.

Farber, P. L. (1972): Buffon and the concept of species. J. Hist. Biol. 5, 259–284.

Glass, B. (1959): Maupertuis, pioneer of genetics and evolution. S. 51–83 in: Glass, B., Temkin, O. & Strauss, W. K. jr. (Hrsg.): Forerunners of Darwin 1745–1859. The Johns Hopkins Press, Baltimore.

Haller, A. von (1750): Vorrede zum Ersten Theile der allgemeinen Historie der Natur. S. 49–77 in: Sammlung kleiner hallerischer Schriften, 2. Aufl. Verlag Emanuel Haller, Bern [1772].

Haller, A. von (1752): Vorrede über des Herrn von Buffon Lehre von der Erzeugung. S. 81–117 in: Sammlung kleiner hallerischer Schriften, 2. Aufl. Verlag Emanuel Haller, Bern [1772].

Haller, A. von (1758): Sur la Formation du Cœur dans le Poulet; sur l'Œil; sur la Structure du Jaune, &c. Marc-Michel Bosquet, Lausanne.

Jones, P. S. (1971): Cramer, Gabriel. S. 459–462 in: Gillispie, C. C. (Hrsg.): Dictionary of Scientific Biography, Vol. III. Charles Scribner's Sons, New York.

Lovejoy, A. O. (1936): The Great Chain of Being. Harvard University Press, Cambridge, Mass.

Lovejoy, A. O. (1959): Buffon and the problem of species. S. 84–113 in: Glass, B., Temkin, O. & Strauss, W. K. jr. (Hrsg.): Forerunners of Darwin 1745–1859. The Johns Hopkins Press, Baltimore.

Maupertuis, P. L. M. de (1753): Les Œuvres de Mr. de Maupertuis, Tôme Second. Etienne de Bourdeaux, Berlin.

Mendelsohn, E. (1980): The continuous and the discrete in the history of science. S. 75–112 in: Brim, O. G. & Kagan, J. (Hrsg.): Constancy and Change in Human Development. Harvard University Press, Cambridge, Mass.

Perl, C. J. (1961): Aurelius Augustinus – De Genesi ad Litteram Libri Duodecim, Vol. I., Ferdinand Schöningh, Paderborn.

Réaumur, R.-A. F. de (1742): Mémoires pour servir à l'Histoire des Insectes, Tôme Sixième. Imprimerie Royale, Paris.

Revillod, P. (1942): Physiciens et Naturalistes Genevois. Librairie Kundig, Genf.

Rieppel, O. (1986a): Atomism, epigenesis, preformation and pre-existence: a clarification of terms and consequences. Biol. J. Linnean Soc. 28, 331–341.

Rieppel, O. (1986b): Der Artbegriff im Werk des Genfer Naturphilosophen Charles Bonnet (1720–1793). Gesnerus 43, 205–212.

Rieppel, O. (1987): «Organization» in the *Lettres Philosophiques of Louis Bourguet compared to the writings of Charles Bonnet*. Gesnerus 44, 125–132.

Rieppel, O. (1988a): The reception of Leibniz's philosophy in the writings of Charles Bonnet (1720–1793). J. Hist. Biol. 21, 119–145.

Rieppel, O. (1988b): Fundamentals of Comparative Biology. Birkhäuser Verlag, Basel.

Rieppel, O. (1989): Unterwegs zum Anfang. Artemis Verlag, Zürich – München.

Roger, J. (1970): Buffon, Georges-Louis Leclerc, Comte de. S. 576–582 in: Gillis-

pie, C. C. (Hrsg.): Dictionary of Scientific Biography, Vol. II. Charles Scribner's Sons, New York.
Roger, J. (1971): Les Sciences de la Vie dans la Pensée Française du XVIIIe Siècle, 2. Aufl. Armand Colin, Paris.
Rostand, J. (1949): La Genèse de la Vie. Histoire des Idées sur la Génération Spontanée. Librairie Hachette, Paris.
Sloan, P. R. (1985): Darwin's invertebrate program, 1826–1836. S. 71–120 in: Kohn, D. (Hrsg.): The Darwinian Heritage. Princeton University Press, Princeton.
Sonntag, O. (1983): The Correspondence between Albrecht von Haller and Charles Bonnet. Huber Verlag, Bern.

CHARLES BONNET

Originalwerke von Charles Bonnet
Bonnet, Ch. (1745): Traîté d'Insectologie; ou observations sur les Pucerons. Première Partie. Durand Librairie, Paris.
Bonnet, Ch. (1760): Essai Analytique sur les Facultés de l'Ame. Frères Cl. & Ant. Philibert, Kopenhagen.
Bonnet, Ch. (1764): Contemplation de la Nature, 2 Bde. Marc-Michel Ray, Amsterdam.
Bonnet, Ch. (1768): Considération sur les Corps Organisés, 2 Bde., 2. Aufl. Marc Michel Rey, Amsterdam.
Bonnet, Ch. (1769): La Palingénésie Philosophique, ou Idées sur l'Etat Passé et sur l'Etat Future des Etres Vivans, 2 Bd. Claude Philibert & Barthelemi Chirol, Genf.
Bonnet, Ch. (1779–83): Principes Philosophiques. S. 245–341 in: Œuvres d'Histoire naturelle et de Philosophie de Charles Bonnet Bd. 17. Samuel Fauche, Neuchâtel.

Weitere Literatur
Anderson, L. (1982): Charles Bonnet and the Order of the Known. D. Reidl Publ., Dordrecht.
Balss, H. (1943): Aristoteles' Biologische Schriften. Ernst Heimeran, München.
Bowler, P. J. (1975): The changing meaning of «evolution». J. Hist. Ideas 36, 95–114.
Cassirer, E. (1966): G. W. Leibniz. Hauptschriften zur Grundlegung der Philosophie, 2. Bde. Felix Meiner Verlag, Hamburg.
Castellani, C. (1971): Lettres a M. l'Abbé Spallanzani de Charles Bonnet. Episteme Editrice, Milano.
Darwin, Ch. (1859): On the Origin of Species. John Murray, London.
Gruber, H. E. & Barrett, P. H. (1974): Darwin on Man. A Psychological Study of Scientific Creativity. E. P. Dutton & Co., New York.
Hartsoeker, N. (1694): Essay de Dioptrique. Jean Anisson, Paris.
Lepenies, W. (1978): Das Ende der Naturgeschichte. Suhrkamp stw, Frankfurt am Main.
Lovejoy, A. O. (1936): The Great Chain of Being. Harvard University Press, Cambridge, Mass.
Marx, J. (1976): Charles Bonnet contre les Lumières. Studies on Voltaire and the Eighteenth Century, 156 & 157: 1–782.
Ospovat, D. (1981): The Development of Darwin's Theory. Natural History, Natural Theology and Natural Selection, 1838–1859. Cambridge University Press, Cambridge, Mass.

Pilet, P.E. (1970): Bonnet, Charles. S. 286–287 in: Gillispie, C. C. (Hrsg.): Dictionary of Scientific Biography, Vol. II. Charles Scribner's Sons, New York.
Réaumur, R.-A. F. de. (1734): Mémoires pour servir à l'Histoire des Insectes. Tôme Premier. Imprimérie Royale, Paris.
Réaumur, R.-A. F. de. (1742): Mémoires pour servir à l'Histoire des Insectes. Tôme Sixième. Imprimérie Royale, Paris.
Régnell, H. (1967): Ancient Views on the Nature of Life. C.W.K. Gleerup, Lund.
Richards, R. J. (1992): The Meaning of Evolution. The University of Chicago Press, Chicago.
Rieppel, O. (1986): Atomism, epigenesis, preformation and pre-existence: a clarification of terms and consequences. Biol. J. Linnean Soc. 28, 331–341.
Rieppel, O. (1987): «Organization» in the *Letters Philosophiques* of Louis Bourguet compared to the writings of Charles Bonnet. Gesnerus 44, 125–132.
Rieppel, O. (1988): The reception of Leibniz's Philosophy in the writings of Charles Bonnet (1720–1793). J. Hist. Biol. 21, 119–145.
Rieppel, O. (1989): Unterwegs zum Anfang. Geschichte und Konsequenzen der Evolutionstheorie. Artemis Verlag, Zürich – München.
Roger, J. (1971): Les Sciences de la Vie dans la Pensée Française du XVIIIe Siècle, 2. Aufl. Armand Collin, Paris.
Savioz, R. (1948a): Mémoires autobiographiques de Charles Bonnet de Genève. Librairie Philosophique J. Vrin, Paris.
Savioz, R. (1948b): La Philosophie de Charles Bonnet de Genève. Librairie Philosophique J. Vrin, Paris.
Sonntag, O. (1983): The Correspondence between Albrecht von Haller and Charles Bonnet. Huber Verlag, Bern.
Trembley, M. (1943): Correspondence inédite entre Réaumur et Abraham Trembley. Introduction par Émile Guyénot. Georg & Cie., Genève.
von Haller, A. (1758): Sur la Formation du Cœur dans le Poulet; sur l'Œil; sur la Structure du Jaune & Premier Mémoire. Marc-Michel Bousquet, Lausanne.

LAZZARO SPALLANZANI

Originalquellen von Lazzaro Spallanzani
Noch im Druck ist die Reihe: Edizione nazionale delle opere di Lazzaro Spallanzani. Enrico Mucchi Editore, Modena. Erschienen sind bereits: der Briefwechsel (Prima parte: Carteggi. Hrsgg. von Di Pietro, P.) 11 Vol., nebst dazugehörigem Index und die Vorlesungen Spallanzanis (Parte seconda: Lezioni. Hrsgg. von Di Pietro, P.) 2 Vol. (Im Druck sind die edierten Werke).
Ebenfalls kürzlich erschienen ist: Lazzaro Spallanzani. I giornali delle Sperienze e Osservazioni (hrsgg. von Castellani, C.). 6 Bde., Giunti Gruppo Editoriale, Firenze (1994).
Sammlungen älteren Datums: Bonilausi, Franco: Museo e città: la collezioni di Lazzaro Spallanzani in Reggio Emilia. Olschki, Firenze, 1978.
Lazzaro Spallanzani, Epistolario (hrsgg. von Biagi, B., & Prandi, D.) 5 Bde., Firenze (1958).

Weitere Literatur
Agosti, G. (1986): Lazzaro Spallanzani. Aspetti meno noti della personalità di un eminente scienziato. Strenna del Pio Istituto Artigianelli, Reggio Emilia.

Anonymus (1939): Catalogo della mostra in onore di Lazzaro Spallanzani. Biblioteca universitaria di Pavia, Pavia.
Capparoni, P. (1941): Lazzaro Spallanzani. UTET, Torino.
Castellani, C. (1990): Lazzaro Spallanzani nelle sue lettere e nei suoi giornali. Boll. Soc. Pavese di Storia Patria 42, S. 235–249.
Di Pietro, P. (1979): Lazzaro Spallanzani. Olschki, Modena.
Dolman, C. E. (1975): Lazzaro Spallanzani. S. 553–567 in: Holmes, F. L. (ed.) Dictionary of Scientific Biography Vol. 12. Charles Scribner's Sons, New York.
Pignagnoli, Wilson (1980): Lazzaro Spallanzani nel 250. anniversario di nascita. Futurgraf, Reggio Emilia.
Manzini, P. (Hrsg.) (1981): Catalogo dei manoscritti di Lazzaro Spallanzani. Tecnostampa, Reggio Emilia.
Montalenti, G., & Rossi, P. (Hrsg.) (1982): Lazzaro Spallanzani e la biologia del Settecento. Teorie, esperimenti, istituzioni scientifiche. Olschki, Firenze.
Münster, L. (1964): Die experimentellen Forschungen von Lazzaro Spallanzani. Kölner Universitäts-Verlag, Köln.
Pancaldi, G. (1972): La generazione spontanea nelle prime ricerche dello Spallanzani. Domus Galilaeana, Pisa.
Pierro, F. (1966): La malattia mortale di Lazzaro Spallanzani. Tip. Accorsi, Bologna.
Prandi, D. (1951): Bibliografia delle opere di Lazzaro Spallanzani. Sansoni Antiquariato, Firenze.
Rostand, J. (1957): Les origines de la biologie expérimentale et l'Abbé Spallanzani. Fasquelle Editeurs, Paris. (it. 1963).
Spallanzani, M. F. (1985): La collezione naturalistica di Lazzaro Spallanzani. I modi e i tempi della sua formazione. Tecnostampa, Reggio Emilia.

CASPAR FRIEDRICH WOLFF

Werke von Caspar Friedrich Wolff

Wolff, C. F. (1759): Theoria generationis, Halle (2. Aufl. Halle 1774). Deutsche Übers. von Paul Samassa, 2. Bde., Geest & Portig, Leipzig 1896 (Ostw. Klassiker d. Exp. Wiss. Nr. 84, 85).
Wolff, C. F. (1764): Theorie von der Generation, in zwei Abhandlungen erklärt und bewiesen. Berlin (Nachdr., hrsg. von R. Herrlinger. Georg Olms, Hildesheim 1966).
Wolff, C. F. (1768/1769): De formatione intestinorum ... Novi Commentarii Acad. Sc. Imp. Petropol. 12 (1766–1767) 1768, 403–507; 13 (1768) 1769, 478–530.
Wolff, C. F. (1771): De leone observationes anatomicae. Novi Commentarii Acad. Sc. Imp. Petropol. 15 (1770), 517–552.
Wolff, C. F. (1789): Von der eigentümlichen und wesentlichen Kraft der vegetablischen sowohl, als auch der animalischen Substanz, als Erläuterung zu zwo Preisschriften über die Nutritionskraft. St. Petersburg.
Wolff, C. F. (1801): Explicatio tabularum anatomicarum VII, VIII et IX ... Nova Acta Acad. Sc. Imp. Petropol. 12 (1794), 11–16
Wolff, C. F. (1812): Über die Bildung des Darmkanals im bebrüteten Hühnchen. Übers. und mit einer einl. Abh. und Anm. von Joh. Friedr. Meckel. Halle 1812.
Über 30 weitere Arbeiten in den Akademieschriften 1770–1792 siehe Rajkov 1964, S. 624 f.

Weitere Literatur

Baer, K. E. von (1847): Über den literärischen Nachlaß von Caspar Friedrich Wolff, ehemaligem Mitglied der Akademie der Wissenschaften zu St. Petersburg (Lu le 20. mars 1846). Bull. de la classe physico-mathém. de LAG Hamm'Acad. Imp. des Sc. de St.-Petersbourg. No 105. T. V, No 9, 10. St. Petersburg.
Breidbach, O. (1999): Zur Mechanik der Ontogenese. S. I–XXXIV in Wolff, C. F.: Theoria Generationis. Reprint der Bände 84 und 85 der Ostwalds Klassiker. Harry Deutsch, Frankfurt am Main.
Gaissinovitch, A. E. (1956/57): Notizen von C. F. Wolff über die Bemerkungen der Opponenten zu seiner Dissertation. Wiss. Z. Friedrich-Schiller-Universität Jena Math.-Nat. R. 6 (3/4), 121–124.
Gaissinovitch, A. E.(1961): C. F. Wolff i uchenie o razvitii organizmov. Izdatel-'stvo Akademii Nauk SSSR, Moskva.
Goethe, J. W. von (1817): Entdeckung eines trefflichen Vorarbeiters, und Caspar Friedrich Wolff über Pflanzenbildung. S. 80–89 in: Zur Morphologie, Bd. 1. Cotta, Stuttgart – Tübingen. Neudruck in: Die Schriften zur Naturwissenschaft (Leopoldina-Ausgabe) I, Bd. 9.
Herrlinger, R. (1966): Einführung (S. 5–28) zu C. F. Wolff, Theorie von der Generation und Theoria generationis. Georg Ohms, Hildesheim.
Kirchhoff, A. (1868): Caspar Friedrich Wolff. Sein Leben und seine Bedeutung für die Lehre von der Organischen Entwicklung. Jenaische Z. Med. Naturwiss. 4, 193–220.
Meckel, J. F. d. J. (1812): Einleitung zu C. F. Wolff., Halle.
Mursinna, C. L. (1820): Caspar Friedrich Wolffs erneuertes Andenken. S. 252–256 in: Goethe, J. W. von: Zur Morphologie. Bd. I, Heft 2. Cotta, Stuttgart – Tübingen. Neudruck in: Die Schriften zur Naturwissenschaft (Leopoldina-Ausgabe) I, Bd. 9. Weimar 1954, S. 187–189.
Rajkov, B. E. (1964): Caspar Friedrich Wolff (dt. Übers. von E. Koch, bearb. von G. Uschmann). Zool. Jb. Syst. 91, 555–626.
Schuster, J. (1937): Caspar Friedrich Wolff. Leben und Gestalt eines deutschen Biologen. Sber. Ges. naturf. Freunde Berlin 1936, 175–195.
Schuster, J. (1941): Der Streit um die Erkenntnis des organischen Werdens im Lichte der Briefe C. F. Wolffs an A. von Haller. Sudhoffs Archiv 34, 196–218.
Uschmann, G. (1954): Caspar Friedrich Wolff. (1734–1794). Urania 17, 46–51.
Uschmann, G. (1955): Caspar Friedrich Wolff. Ein Pionier der modernen Embryologie. Urania Verlag, Leipzig – Jena.
Waldeyer, W. von (1904): Festrede (über Wolff). Sber. Kgl. Akad. Wiss. Berlin 6.

Ungedruckte Quellen

Qu. 1: Archiv der Berlin-Brandenb. Akad. d. Wiss. zu Berlin, I (1700–1811) Abt. XIV, Nr. 4, 7, 8, 24–25 (Theatrum anatom.).
Qu. 2: Universitätsarchiv Halle/Saale. Lectionskataloge.
Qu. 3: Evangel. Zentralarchiv Berlin. Verzeichnis der Kirchenbücher, Teil II. Alt-Berlin. Berlin 1987 (36–47 Petri-Gemeinde).
Qu. 4: Geh. Staatsarchiv Berlin, I, Rep. 108 D, Sect. III, Nr. 1, Vol. I, 125–137.

PETER SIMON PALLAS

Originalwerke von Peter Simon Pallas

Pallas, P. S. (1760): Dissertatio medica inauguralis de infestis viventibus intra viventia. 62 S., Th. Haak, Lugduni Batavorum.

Pallas, P. S. (1766): Elenchus Zoophytorum, sistens generum adumbrationes generaliores et specierum cognitarum succinctas descriptiones, cum selectis auctorum synonymis. XVI+28+451 S., P. van Cleef, Hagae Comitum.
Pallas, P. S. (1766): Miscellanea Zoologica, quibus novae imprimis atque obscurae animalium species describuntur et observationibus iconisbusque illustrantur. 6+XII+224 S., P. van Cleef, Hagae Comitum
Pallas, P. S. (1767–1780): Spicilegia Zoologica, quibus novae imprimis et obscurae anomalium species iconibus, descriptionibus atque commentariis illustrantur. G. A. Lange, Berolini (Fasc. 1–10), Chr. F. Voß (Fasc. 11–13), J. Pauli (Fasc. 14). Fasc. 1, 1767, 44 S.; Fasc. 2, 1767, 32 S.; Fasc. 3, 1767, 35 S.; Fasc. 4, 1767, 23 S.; Fasc. 5, 1769, IV, 34 S.; Fasc. 6, 1769, 36 S.; Fasc. 7, 1768, 42 S.; Fasc. 8, 1770, 54 S.; Fasc. 9, 1772, 86 S.; Fasc. 10, 1774, 41 S.; Fasc. 11, 1776, 86 S.; Fasc. 12, 1777, 71 S.; Fasc. 13, 1779, 45 S.; Fasc. 14, 1780, 94 S.
Pallas, P. S. (1771–1776): Reise durch verschiedene Provinzen des Russischen Reichs. 3 Theile: 1771, 504 S.; 1773, 744 S.; 1776, 760 S. Kayserliche Akademie der Wissenschaften, St. Petersburg.
[Pallas, P. S.] (1772): Beschreibung eines cyclopischen Spanferkens, mit einem Elephantenähnlichen Rüssel. Stralsundisches Magazin 2(1), 1–9.
Pallas, P. S. (1776–1801): Sammlungen historischer Nachrichten über die Mongolischen Völkerschaften. 2 Theile: 1776, 232 S.; 1801, 438 S. Kaiserliche Akademie der Wissenschaften, St. Petersburg.
Pallas, P. S. (1777): Observations sur la formation des montagnes et les changements arrivés au globe, particulièrement l'égard du l'Empire Russe; lues l'Assemblée publique de l'Académie Imperiale des Sciences de Russie du 23 Juin 1777, que Monsieur le Comte de Gothland daigna illustrer de sa présence. 49 S., Imprim. Acad. Impér. Sciences, St. Pétersbourg.
Pallas, P. S. (1778): Betrachtungen über die Beschaffenheit der Gebürge und Veränderungen der Erdkugel, besonders in Beziehung auf das Rußische Reich. Vorgelesen in der öffentlichen Versammlung der Rußisch-Kaiserl[ichen]. Akademie der Wissenschaften den 23ten Junius 1777, da dieselbe mit der hohen Gegenwart des Herrn Grafen von Gothland beehret wurde. 87 S., J. F. Hartknoch, Frankfurt am Main – Leipzig [Reprint: Pallas, P. S. (1986): Über die Beschaffenheit der Gebirge und die Veränderung der Erdkugel (1777). Mit Erläuterungen von F. Wendland (Ostwalds Klassiker der exakten Wissenschaften; Bd 269). 112 S., Akademische Verlagsgesellschaft Geest & Portig, Leipzig].
Pallas, P. S. (1778–1779): Novae Species Quadrupedum e Glirium ordine cum illustrationibus variis complurium ex hoc ordine animalium. 1778, S. 1–70, 1779, S. 71–388, W. Walther, Erlangae.
Pallas, P. S. (1781): Enumeratio plantarum, quae in horto viri illustris atque excell. domini Procopii a Demidoff Moscuae vigent, recensente P. S. Pallas. Katalog rastenijam, nachodjasčimsja v Moskve v sadu ego prevoschoditel'stva, dejstvitel'nago statskogo sovetnika i Imp. Vospitatel'nago doma znamenitago blagodetelja, Prokopija Akinfieviča Demidova; sočinennoj P. S. Pallasom, akademikom sanktpeterburgskim. 163 S., Imperator. Akademija nauk, Petropoli.
Pallas, P. S. (1781–1798): Icones Insectorum, praesertim Rossiae Sibiriaeque peculiarium, quae collegit et descriptionibus illustravit Petrus Simon Pallas. Fasc. 1, S. 1–56 (1781), Fasc. 2, S. 57–86 (1782), Fasc. 3, S. 97–104 (1798), Fasc. 4 (?1806), W. Walther, Erlangae.
Pallas, P. S. (1783): Herrn Prof. und Kollegienraths Pallas Schreiben aus St. Petersburg An Herrn Hofrath von Born. Uiber die Orographie von Siberien. Physikal. Arbeiten einträchtiger Freunde Wien 1, 1–22.

Pallas, P. S. (1784): Mémoire sur la variation des animaux. Première partie, lue l'Assemblée publique du 19 Septembre, en présence de Msgr. le Prince Royal de Prusse. Acta Acad. Scient. Imper. Petrop. 1780 2, Hist., 69–102.
Pallas, P. S. (1784–1815/1831): Flora Rossica seu stirpium Imperii Rossici, per Europam et Asiam indigenarum descriptiones et icones. Jussu et auspiciis Catharinae II. Augustae, edidit P. S. Pallas. 3 Bände: T. I, P. 1: 80 S. (1784), T. I, P. 2: 114 S. (1788 [1789]), T. II, P. 1: 25 Taf. (1815 [1831]), Acad. Imper. [Typogr. J. J. Weitbrecht], Petropoli.
Pallas, P. S. (1787): Charakteristik der Thierpflanzen, worin von den Gattungen derselben allgemeine Entwürfe, und von denen dazugehörigen Arten kurtze Beschreibungen gegeben werden; nebst den vornehmen Synonymen der Schriftsteller. 2 Theile: 344 S. (1787), 265 S. (1787), G. Raspe, Nürnberg.
Pallas, P. S. (1787–1789): Linguarum Totius Orbis Vocabularia comparativa Augustissimae cura collecta. Sectio Prima Linguas Europae et Asiae complexa. 2 Teile: 411 S. (1787), 491 S. (1789), J. C. Schnoor, Petropoli.
Pallas, P. S. (1795): Tableau physique et topographique de la Tauride, tiré du journal d'un voyage fait en 1794. 59 S., [Typogr. Kaiserl. Akad. Wiss.], St. Pétersbourg.
Pallas, P. S. (1796): Physikalisch-topographisches Gemählde von Taurien. 124 S., J. Z. Logan, St. Petersburg.
Pallas, P. S. (1799–1801): Bemerkungen auf einer Reise in die südlichen Statthalterschaften des Russischen Reichs in den Jahren 1793–1794. 2 Bände: 516 S. (1799), 515 S. (1801), G. Martini, Leipzig.
Pallas, P. S. (1800–1803): Species Astragalorum descriptae et iconibus coloratis illustratae, cum appendice. 124 S., G. Martini, Lipsiae.
Pallas, P. S. (1803–1806): Illustrationes plantarum imperfecte vel nondum cognitarum, cum centuria iconum, recensente Petro Simone Pallas. 68 S., G. Martini, Lipsiae.
Pallas, P. S. (1811–1831): Zoographia Rosso-Asiatica, sistens omnium animalium in extenso imperio Rossico et adjacentibus maribus observatorum recensionem, domicilia, mores et descriptiones, anatomen atque icones plurimorum. 3 Bände: 568 S. (1811 [1831]), 374 S. (1811 [1831]), 428 S. (1814 [1831]), Officina Caes. Acad. Scient. Petropoli impressum, Petropoli.

Weitere Literatur

Baer, K. E. von (1831): Berichte über die «Zoographia Rosso Asiatica» von Pallas, abgestattet an die Kaiserliche Akademie der Wissenschaften zu St. Petersburg. Hartung, Königsberg/Pr.
Jahn, I.; Löther, R. & Senglaub, K. (Hrsg.) (1982): Geschichte der Biologie. Theorien, Methoden, Institutionen, Kurzbiographien. Gustav Fischer, Jena.
Richter, J. (1803): Ueber Pallas. Aus Ismailows Reise durch das südliche Rußland. Russische Miszellen, Leipzig 1(3), 140–152.
Robel, G. (1976): Die Sibirienexpeditionen und das deutsche Rußlandbild im 18. Jahrhundert. Bemerkungen zur Rezeption von Forschungsergebnissen, in: Amburger, E., Ciesla, M. & Sziklay, L. (Hrsg.): Wissenschaftspolitik in Mittel- und Osteuropa. Wissenschaftliche Gesellschaften, Akademien und Hochschulen im 18. und beginnenden 19. Jahrhundert. S. 271–294. Camen, Berlin. (Studien zur Geschichte der Kulturbeziehungen in Mittel- und Osteuropa; Bd. 3).
Scharf, C. (1996): Katharina II., Deutschland und die Deutschen. Verlag Philipp von Zabern, Mainz.
Svetovidov, A. N. (1978): Tipy vidov ryb, opisannych P. S. Pallasom v «Zoographia Rosso Asiatica» (s očerkom istorii opublikovanija ėtogo truda). Nauka Leningradskoe otdelenie, Leningrad.

Svetovidov, A. N. (1981): The Pallas Fish Collection and the *Zoographia Rosso-Asiatica*: An Historical Account. Arch. Nat. Hist. 10, 45–64.
Sytin, A. K. (1994): Neopublikovannoe sočinenie P. S. Pallasa «Icones Plantarum selectarum cum descriptionibus» ili «Plantae selectae Rossicae». Bot. Žur. 79, 92–98.
Sytin, A. K. (1997): Petr Simon Pallas – botanik. Tovariščestvo naučnych izdanij KMK, Moskva.
Wendland, F. (1992): Peter Simon Pallas (1741–1811). Materialien einer Biographie. 2 Teile, 1176 S. De Gruyter, Berlin – New York (Veröffentlichungen der Historischen Kommission zu Berlin; Bd. 80/I+II).
Wendland, F. (1997): Deutsche Gelehrte als Mittler zwischen Rußland, Großbritannien und den Niederlanden. Peter Simon Pallas und sein Umkreis in: Grau, C. (Hrsg.): Deutsch-russische Beziehungen im 18. Jahrhundert: Kultur, Wissenschaft und Diplomatie, 225–254. Harrassowitz, Wiesbaden (Wolfsbütteler Forschungen; Bd. 74).

GEORGES CUVIER

Originalwerke von Georges Cuvier

Cuvier, G. (1825): Discours sur les Révolutions de la Surface du Globe, pp. 1–172. In: Recherches sur les Ossemens Fossiles, Vol. 1, 3. Aufl. (1. Aufl., 1812). G. Dufour und E. d'Ocagne, Paris.
Cuvier, G. (1817): Le Règne Animal, distribué d'après son Organisation, Tôme I. Deterville, Paris.

Weitere Literatur

Appel, T. (1987): The Cuvier-Geoffroy Debate. Oxford University Press, Oxford.
Bonnet, Ch. (1764): Contemplation de la Nature, 2 Vols. Marc-Michel Ray, Amsterdam.
Bonnet, Ch. (1769): La Palingénésie Philosophique, 2 Vols. C. Philibert & B. Chirol, Genf.
Bourdier, F. (1971): Georges Cuvier, pp. 521–528. In: Gilispie, C.C. (Ed.), Dictionary of Scientific Biography, Vol. III. Charles Scribner's Sons, New York.
Bourdier, F. (1972): Geoffroy Saint-Hilaire, Étienne, pp. 355–358. In: Gilispie, C.C. (Ed.), Dictionary of Scientific Biography, Vol. V. Charles Scribner's Sons, New York.
Burkhardt, R.W. jr. (1977): The Spirit of System. Lamarck and Evolutionary Biology. Harvard University Press, Cambridge, MA.
Coleman, W. (1964): Georges Cuvier. Zoologist. Harvard University Press, Cambridge, MA.
Geoffroy Saint-Hilaire, E. (1830): Principes de Philosophie Zoologique, Discutés en Mars 1830 au Sein de l'Académie Royale des Sciences. Pichon & Didier, Paris.
Daudin, H. (1926): Cuvier et Lamarck. Les Classes Zoologiques et l'Idée de la Série Animale (1790–1830): Librairie Félix Alcan, Paris.
Flourens, P. (1865): De l'Unité de Composition et du Combat entre Cuvier et Geoffroy Saint-Hilaire. Garnier-Frères, Paris.
Kuhn, D. (1967): Empirische und ideelle Wirklichkeit. Böhlau, Graz – Wien – Köln.
Lamarck, J.-B. de (1809): Philosophie Zoologique. Nachdruck 1968, Union Générale des Editions, Paris.

Lepenies, W. (1978): Das Ende der Naturgeschichte. Suhrkamp Taschenbuch Wissenschaft, Frankfurt a. M.
Lovejoy, A.O. (1936): The Great Chain of Being. Harvard University Press, Cambridge, MA.
Marx, J. (1976): Charles Bonnet contre les Lumières. Studies on Voltaire and the Eighteenth Century, 156 & 157: 1–782.
McClellan III, J.E. (1985): Science Reorganized. Columbia University Press, New York.
Ospovat, D. (1981): The Development of Darwin's Theory. Natural History, Natural Theology and Natural Selection, 1838–1859. Cambridge University Press, Cambridge.
Rieppel, O. (1986): Atomism, epigenesis, preformation and pre-existence: a clarification of terms and consequences. Biological Journal of the Linnean Society, 28: 331–341.
Rieppel, O. (1987): Pattern and process: the early classification of snakes. Biological Journal of the Linnean Society, 31: 405–420.
Rieppel, O. (1988): The reception of Leibniz's philosophy in the writings of Charles Bonnet (1720–1793): Journal of the History of Biology, 21: 119–145.
Rieppel, O. (1989): Unterwegs zum Anfang. Artemis Verlag, Zürich – München.
Roger, J. (1971): Les Sciences de la Vie dans la Pensée Française du XVIIIe Siècle, 2. Auflage. Armand Collin, Paris.
Rudwick, M. J. S. (1972): The Meaning of Fossils. Macdonald, London.
Sonntag, O. (1983): The Correspondence between Albrecht von Haller and Charles Bonnet. Verlag Huber, Bern.
Swammerdam, J. (1752): Die Bibel der Natur. J. F. Gladitsch, Leipzig.

ÉTIENNE GEOFFROY SAINT-HILAIRE

Originalwerke von Étienne Geoffroy Saint-Hilaire

Geoffroy Saint-Hilaire, É. (1824): Sur une nouvelle détermination de quelques pièces mobiles chez la Carpe, ayant été considérés comme les parties analogues des osselet de l'oreille. Mém. Mus. Hist. Nat. Paris 12, 257–292.
Geoffroy Saint-Hilaire, É. (1825 a): Anencéphales humains. Mém. Mus. Hist. Nat. Paris 12, 257–292.
Geoffroy Saint-Hilaire, É. (1825 b): Sur des déviations organiques provoquées et observées dans un établissement d'incubations artificielles. Mém. Mus. Hist. Nat. Paris 13, 289–296.
Geoffroy Saint-Hilaire, É. (1825 c): Sur quelques objections et remarques concernant l'aile operculaire ou auriculaire des poissons. Mém. Mus. Hist. Nat. Paris 12, 13–17.
Geoffroy Saint-Hilaire, É. (1825 d): Sur l'anatomie comparée des monstruosités animales par M. Serres. Rapport fait à lÁcadémie Royale des Sciences. Mém. Mus. Hist. Nat. Paris 13, 82–92.
Geoffroy Saint-Hilaire, É. (1825 e): Sur de nouveaux anencéphales humains, confirmant par l'authorité de leurs faits d'organisation la dernière théorie sur les monstres, et fournissant quelques caractéristiques de plus et de nouvelles espèces au genre anencéphale. Mém. Mus. Hist. Nat. Paris 12, 233–256.
Geoffroy Saint-Hilaire, É. (1825 f): Recherches sur l'organisation des Gaviales; sur leurs affinités naturelles, dequelles résulte la nécessité d'une autre distribution générique, *Gavialis*, *Teleosaurs* et *Steneosaurus*; et sur cette question, si les Gavials (*Gavialis*), aujourd'hui répandus dans les parties orientales de l'Asie, de-

scendent, par voi non interrompue de génération, des Gavials antidiluviens, soit des Gavials fossiles, dit Crocodiles de Caen (*Teleosaurus*), soit des gavials fossiles du Havre et de Honfleur (*Steneosaurus*). Mém. Mus. Hist. Nat. Paris 12, 97–155.
Geoffroy Saint-Hilaire, É. (1828): Mémoire, ou l'on se propose de rechercher dans quels rapports de structure organique et de parenté sont entre eux les animaux des âges historiques, et vivant actuellement, et les espèces antédiluviennes et perdues. Mém. Mus. Hist. Nat. Paris 17, 209–229.
Geoffroy Saint-Hilaire, É. (1830): Principes de Philosophie Zoologiques, discutés en Mars 1830 au Sein de l'Académie Royale des Sciences Naturelles. Pichon et Didier, Paris.
Geoffroy Saint-Hilaire, É. (1833a): Le degré d'influence du monde ambiant pour modifier les formes animales; question intéressant l'origine des espèces téléosauriennes et successivement celle des animaux de l'époque actuelle. Mém. Acad. R. Sci. Inst. France 12, 63–92.
Geoffroy Saint-Hilaire, É. (1833b): Troisième Mémoire des recherches faîtes dans les carrières du calcaire oolithique de Caen, ayant donné lieu à la découverte de plusieurs beaux échantillons et de nouvelles espèces de téléosaures. Mém. Acad. R. Sci. Inst. France 12, 44–61.
Geoffroy Saint-Hilaire, É. & Serres, E. (1828): Rapport, fait à l'Académie Royale des Sciences, sur un Mémoir de M. Roulin, ayant pour titre: Sur quelques changements observés dans les animaux domestiques transportés de l'ancien monde dans le nouveau continent. Mém. Mus. Hist. Nat. Paris 17, 201–208.

Weitere Literatur
Appel, T. (1987): The Cuvier-Geoffroy Debate. Oxford University Press, Oxford.
Belon, P. (1555): L'Histoire de la Nature des Oyseaux. Guillaume Cavellat, Paris.
Blumenbach, J. F. (1781): Über den Bildungstrieb und das Zeugungsgeschäfte. Johann Christian Dieterich, Göttingen.
Bonnet, Ch. (1768): Considération sur les Corps Organisés, 2 Bd., 2. Aufl. Marc Michel Rey, Amsterdam.
Bourdier, F. (1971): Georges Cuvier. S. 521–528 in: Gillispie, C. C. (Hrsg.): Dictionary of Scientific Biography, Vol. III. Charles Scribner's Sons, New York.
Bourdier, F. (1972): Geoffroy Saint-Hilaire, Étienne. S. 355–358 in: Gillispie, C. C. (Hrsg.): Dictionary of Scientific Biography, Vol. V. Charles Scribner's Sons, New York.
Bowler, P. J. (1975): The changing meaning of evolution. J. Hist. Ideas 36, 95–114.
Burkhardt, F. & Smith, S. (Hrsg.) (1991): The Correspondence of Charles Darwin, Bd. 7 1858–1859. Cambridge University Press, Cambridge, Mass.
Darwin, Ch. (1859): On the Origin of Species. John Murray, London.
Goethe, J. W. (1784): Über den Zwischenkiefer des Menschen und der Tiere. S. 288–328 in: Sämtliche Werke, Bd. 17. Artemis Gedenkausgabe, DTV – Dünndruck, München 1977.
Goethe, J. W. (1795): Erster Entwurf einer allgemeinen Einleitung in die vergleichende Anatomie, ausgehend von der Osteologie. S. 231–269 in: Sämtliche Werke, Bd. 17. Artemis Gedenkausgabe, DTV – Dünndruck, München 1977.
Goethe, J. W. (1796): Vorträge über die drei ersten Kapitel des Entwurfs einer allgemeinen Einleitung in die vergleichende Anatomie, ausgehend von der Osteologie. S. 269–288 in: Sämtliche Werke, Bd. 17. Artemis Gedenkausgabe, DTV – Dünndruck, München 1977.
Gould, S. J. (1977): Ontogeny and Phylogeny. Harvard University Press, Harvard, Mass.

Haüy, R.-J. (1801): Traîté de Minéralogie, Vol. 1. Chez Louis, Paris.
Hooykaas, R. (1972): Haüy, René-Just. S. 178–183 in: Gillispie, C. C. (Hrsg.): Dictionary of Scientific Biography, Vol. VI. Charles Scribner's Sons, New York.
Kielmeyer, C. F. (1814): Über die Verhältnisse der organischen Kräfte unter einander in der Reihe der verschiedenen Organisationen, die Gesetze und Folgen dieser Verhältnisse, 2. Aufl. Christian Friedrich Osiander, Tübingen.
Limoges, C. (1978): Daubenton, Louis-Jean-Marie. S. 111–114 in: Gillispie, C. C. (Hrsg.): Dictionary of Scientific Biography, Vol. XV, Suppl. I. Charles Scribner's Sons, New York.
Lovejoy, A. O. (1936): The Great Chain of Being. Harvard University Press, Cambridge, Mass.
Ospovat, D. (1981): The Development of Darwin's Theory. Natural History, Natural Theology and Natural Selection 1838–1859. Cambridge University Press, Cambridge, Mass.
Peyer, B. (1950): Goethes Wirbeltheorie des Schädels. Neujahrsbl. Naturf. Ges. Zürich.
Rieppel, O. (1988): Fundamentals of Comparative Biology. Birkhäuser Verlag, Basel.
Röd, W. (1984): Geschichte der Philosophie, Bd. VIII. Die Philosophie der Neuzeit, 2: Von Newton bis Rousseau. C. H. Beck, München.
Rupke, N. A. (1994): Richard Owen, Victorian Naturalist. Yale University Press, New Haven.
Serres, E. (1824): Explication du système nerveux des animaux invertébrés. Annales Sci. Nat. 3, 377–380.
Serres, E. (1827a): Recherches d'anatomie transcendante, sur les lois de l'organogénie à l'anatomie pathologique. Annales Sci. Nat. 11, 47–70.
Serres, E. (1827b): Théorie des formations organiques, ou recherches d'anatomie transcendante sur les lois de l'organogénie, appliqués à l'anatomie pathologique. Annales Sci. Nat. 12, 82–143.
Stafleu, F. A. (1973): Jussieu, Antoine-Laurent de. S. 198–199 in: Gillispie, C. C. (Hrsg.): Dictionary of Scientific Biography, Vol. VII. Charles Scribner's Sons, New York.

JEAN BAPTISTE LAMARCK

Originalwerke von Jean Baptiste Lamarck

Lamarck, J. B. (1779): Flore françoise. 3 Bde., Paris.
Lamarck, J. B. (1782): Encyclopédie méthodique: botanique. 8 Bde., Paris 1782–1823.
Lamarck, J. B. (1797): Mémoires de physique et d'histoire naturelle. Paris.
Lamarck, J. B. (1802): Recherches sur l'organisation des corps vivans. Paris.
Lamarck, J. B. (1809): Philosophie zoologique. 2 Bde., Paris.
Lamarck, J. B. (1809d): Zoologische Philosophie. Nach der Übersetzung von Arnold Lang neu bearbeitet von Susi Koref-Santibanez; eingeleitet von Dietmar Schilling; kommentiert von Ilse Jahn. 3 Bde., Deutsch, Leipzig 1990-91.
Lamarck, J. B. (1815–1822): Histoire naturelle des animaux sans vertèbres. Paris.

Weitere Literatur

Bowler, P. J. (1984): Evolution – The History of an Idea. University of California Press, Berkeley.
Burkhardt, R. W. jr. (1995): The Spirit of System – Lamarck and Evolutionary Biology. Harvard University Press, Cambridge, Mass.

Burlingame, L. J. (1970): Lamarck. S. 584–594, in: Gillispie, C. C. (Hrsg.): Dictionary of Scientific Biography. Bd. 7, Charles Scribner's Sons, New York.
Burlingame, L. J. (1981): Lamarck's Chemistry: The Chemical Revolution Rejected. S. 64–81 in: Woolf, H. (Hrsg.): The Analytic Spirit. Cornell University Press, Ithaca – London.
Corsi, P. (1988): The Age of Lamarck – Evolutionary Theories in France 1790–1830. University of California Press, Berkeley.
Hull, D. L. (1984): Lamarck among the Anglos. S. XL–LXVI in: Lamarck, J. B. Zoological Philosophy. University of Chicago Press, Chicago.
Landrieu, M. (1909): Lamarck – le fondateur du transformisme: sa vie, sa œuvre. Société zoologique de France, Paris.
Lefèvre, W. (1984): Die Entstehung der biologischen Evolutionstheorie. Ullstein, Frankfurt am Main – Berlin – Wien.
Stevens, P. F. (1994): The Development of Biological Systematics. Columbia University Press, New York.
Schilling, D. (1990): Biographie und problemgeschichtliche Einleitung. S. 8–41 in: Lamarck (1809d).
Tschulok, S. (1937): Lamarck – Eine kritisch-historische Studie. Niehaus, Zürich – Leipzig.

Gottfried Reinhold Treviranus

Originalwerke von Gottfried Reinhold Treviranus
Treviranus, G. R. (1802–1822): Biologie, oder Philosophie der lebenden Natur für Naturforscher und Aerzte, Band 1–6. Röwer, Göttingen.
Treviranus, G. R. (1831–1833): Die Erscheinungen und Gesetze des organischen Lebens, Band 1–2. Heyse, Bremen.

Weitere Literatur
Jahn, I., Löther, R. & Senglaub, K. (1985): Geschichte der Biologie. Theorien, Methoden, Institutionen, Kurzbiographien. Gustav Fischer, Jena.
Kant, I. (1986): Briefwechsel (Philosophische Bibliothek, 52a/b), 3., erw. Aufl., Meiner, Hamburg.
Lenoir, T. (1981): The Göttingen School and the development of transcendental Naturphilosophie in the romantic era. Studies Hist. Biol. 5, 111–205.
von Engelhardt, D. (1979): Historisches Bewußtsein in der Naturwissenschaft von der Aufklärung bis zum Positivismus. Alber, Freiburg im Breisgau.

Alexander von Humboldt

Werke Alexander von Humboldts
Humboldt, A. von (1794): Aphorismen aus der chemischen Physiologie der Pflanzen. Aus dem Lat. übers. von Gotthelf Fischer [van Waldheim]. Nebst einigen Zusätzen von Johann Hedwig und einer Vorrede von Christ. Friedr. Ludwig. Leipzig.
Humboldt, A. von (1797[–98]): Versuche über die gereizte Muskel- und Nervenfaser, nebst Vermuthungen über den chemischen Proceß des Lebens in der Thier- und Pflanzenwelt. Bd. 1. 2. Posen, Berlin.
Humboldt, A. von (1806): Ideen zu einer Physiognomik der Gewächse (Vorgelesen in der öffentl. Sitzung der Königl. Preuß. Academie der Wissenschaften am

30. Januar 1806). Berlin. Wiederabdr. in: Ansichten der Natur. 1. Ausgabe, Cotta, Tübingen 1808 (Wiederabdr. in Ostw. Kl. Nr. 247).
Humboldt, A. von (1806–1809): Beobachtungen aus der Zoologie und der vergleichenden Anatomie Bd. 1–2. Stuttgart.
Humboldt, A. von (1807): Ideen zu einer Geographie der Pflanzen, nebst einem Naturgemälde der Tropenländer. Cotta, Tübingen (Wiederabdr. Ostwalds's Klassiker Nr. 248, hrsg. von M. Dittrich 1960).
Humboldt, A. von (1808): Ansichten der Natur. 1. Ausgabe (ein Bd.). Cotta, Tübingen.
Humboldt, A. von (1810): Pittoreske Ansichten in den Cordillen. H. 1–2. Cotta, Stuttgart.
Humboldt, A. von (1815–1832): Reise in die Aequinoctialgegenden des Neuen Continents in den Jahren 1799–1804. Übers. von Therese Huber. 6 Teile. Cotta, Stuttgart.
Humboldt, A. von (1828): Rede, gehalten bei der Eröffnung der Versammlung deutscher Naturforscher und Ärzte in Berlin am 18. September 1828. Berlin. Wiederabdr. S. 29–33 in: Forschung Fortschritt (Festschrift, hrsg. von D. von Engelhardt). Wissenschaftliche Verlagsges., Stuttgart 1997.
Humboldt, A. von (1844): Central-Asien. Untersuchungen über die Gebirgsketten und die vergleichende Klimatologie. Übers. von W. Mahlmann. Berlin.
Humboldt, A. von (1845–1862): Kosmos. Entwurf einer physischen Weltbeschreibung. 5 Bde. Cotta, Stuttgart.

Weitere Literatur

Beck, H. (1959): Alexander von Humboldt. Bd. 1. Franz Steiner, Wiesbaden.
Beck, H. (1961): Alexander von Humboldt. Bd. 2 (Vom Reisewerk zum «Kosmos»). Franz Steiner, Wiesbaden.
Biermann, K.-R. (1983): Alexander von Humboldt (Biographien hervorragender Naturwissenschaftler, Techniker und Mediziner Bd. 47). 3. erw. Aufl. Teubner, Leipzig.
Biermann, K.-R. (1987): Alexander von Humboldt. Aus meinem Leben. Autobiographische Bekenntnisse. Urania, Leipzig – Jena – Berlin.
Biermann, K.-R. (Hrsg.) (1985): Alexander von Humboldt. Vier Jahrzehnte Wissenschaftsförderung. Briefe an das preußische Kulturministerium 1818–1859 (Schriftenr. der A. v.-Humboldt-Forschungsstelle der Akad. der Wiss. der DDR Nr. 14). Akademie-Verlag, Berlin.
Biermann, K.-R., Jahn, I. & Lange, F. G. (1983): Alexander von Humboldt. Chronologische Übersicht über wichtige Daten seines Lebens. 2. Aufl. (Schriftenr. der A. v.-Humboldt-Forschungsstelle der Akad. der Wiss. der DDR Nr.1). Akademie-Verlag, Berlin.
Dobat, K. (1985): Alexander von Humboldt als Botaniker. S. 167–193 in: Hein, W.-H. (Hrsg.): Alexander von Humboldt. Leben und Werk. Weisbecker-Verlag, Frankfurt am Main.
Du Bois-Reymond, E. (1883): Die Humboldt-Denkmäler. G. Vogt, Berlin.
Faak, M. (Hrsg.) (1986): Alexander von Humboldt. Reise auf dem Rio Magdalena, durch die Anden und Mexiko. Teil 1 (Schriftenr. der A. v.-Humboldt-Forschungsstelle der Akad. d. Wiss. der DDR Nr. 8). Akademie-Verlag, Berlin.
Faak, M. (Hrsg.) (1990): dito Teil 2 (dt. Übers.) (Schriftenr. der A. v.-Forschungsstelle der Akad. d. Wiss. der DDR Nr. 9).
Hein, W.-H. (Hrsg.) (1985): Alexander von Humboldt. Leben und Werk. Weisbecker-Verlag, Frankfurt am Main.
Jahn, I. (1969): Die anatomischen Studien der Brüder Humboldt unter Justus Christian Loder in Jena. Beiträge zur Geschichte der Universität Erfurt (1392–1816); H. 14 (1968/69): 91-97.

Jahn, I. (1969): Dem Leben auf der Spur. Die biologischen Forschungen Alexander von Humboldts. Urania, Leipzig – Jena – Berlin.

Jahn, I. (1972): Über die Einwirkung Alexander von Humboldts auf die Entwicklung der Naturwissenschaften an der Berliner Universität. Wiss. Z. Humboldt-Univ. Berlin, Math.-Nat. R. 21, 131–144.

Die Jugendbriefe Alexander von Humboldts 1787–1799. Jahn, I. u. Lange, F. G. (Hrsg.): (Schriftenr. der A. v. Humboldt-Forschungsstelle der Akad. d. Wiss. der DDR Nr. 2). Akademie-Verlag, Berlin 1973.

Krätz, O. (1997): Alexander von Humboldt. Wissenschaftler, Weltbürger, Revolutionär. Callwey, München.

Leitner, U. (1995): «Das Leben eines Literaten, das sind seine Werke» – Alexander von Humboldt: von den «Ansichten der Natur» bis zum «Kosmos». Berliner Manuskripte zur Alexander-von-Humboldt-Forschung, Nr. 10. Berlin-Brandenburgische Akad. d. Wiss., Berlin.

Scurla, H. (1980): Alexander von Humboldt. Sein Leben und Wirken. 9. erw. Auflage. Verlag der Nation, Berlin.

RICHARD OWEN

Originalwerke von Richard Owen

Owen, R. (1832): Memoir on the Pearly Nautilus (*Nautilus pompilius* Linn.), with illustrations of its external form and internal structure. Royal College of Surgeons, London.

Owen, R. (1840–45): Odontography; or, a Treatise on the Comparative Anatomy of the Teeth, 2 Bände. Bailliere, London.

Owen, R. (1841): Report of British fossil reptiles. Part II. British Association for the Advancement of Science, Report 1841, 60–204.

Owen, R. (1842): Description of the Skeleton of an Extinct Gigantic Sloth, *Mylodon robustus*, Owen, with Observations on the Osteology, Natural Affinities, and Probable Habits of the Megatherioid Quadrupeds in General. Taylor, London.

Owen, R. (1843): Lectures on the Comparative Anatomy and Physiology of the Invertebrate Animals. Longman, Brown, Green & Longmans, London

Owen, R. (1846): Lectures on the Comparative Anatomy and Physiology of the Vertebrate Animals. Part I. Fishes. Longman, Green & Longmans, London.

Owen, R. (1848): On the Archetype and Homologies of the Vertebrate Skeleton. van Voorst, London.

Owen, R. (1849a): On Parthenogenesis, or the Successive Production of Procreating Individuals from a Single Ovum. van Voorst, London.

Owen, R. (1849b): On the Nature of Limbs. van Voorst, London.

Owen, R. (1849c): Zoology. S. 343–399 in Herschel, J. F. W. (Hrsg.), A Manual of Scientific Enquiry; Prepared for the Use of Her Majesty's Navy and Adapted for Travellers in General. Murray, London.

[Owen, R.] (1851): Lyell – on life and its successive development. Quart. Rev. 89, 412–451.

[Owen, R.] (1860): Darwin on the *Origin of Species*. Edinburgh Rev. 111, 487–532.

Owen, R. (1860): Palaeontology or a Systematic Summary of Extinct Animals and their Geological Relations. Black, Edinburgh.

Owen, R. (1861): Memoir on the Megatherium or Giant Ground-Sloth of America (*Megatherium americanum*, Cuv.). Taylor & Francis, London.
Owen, R. (1862): On the Extent and Aims of a National Museum of Natural History. Saunders, Otley & Co., London.
Owen, R. (1863): Monograph on the Aye-Aye (*Chiromys madagascariensis*, Cuvier). Taylor & Francis, London.
Owen, R. (1866–68): On the Anatomy of Vertebrates, 3 Bände. Longmans, Green & Co., London.
Owen, R. (1868): Derivative Hypothesis of Life and Species, Being the Concluding Chapter of the Anatomy of Vertebrates. Longmans, Green & Co., London.
Owen, R. (1877): Researches on the Fossil Remains of the Extinct Mammals of Australia; with a Notice of the Extinct Marsupials of England, 2 Bände. Erxleben, London.
Owen, R. (1879): Memoirs on the Extinct Wingless Birds of New Zealand; with an Appendix on Those of England, Australia, Newfoundland, Mauritius, and Rodrigues, 2 Bände. van Voorst, London.
Owen, R. (1883): Essays on the Conario-Hypophysial Tract and on Aspects of the Body in Vertebrate and Invertebrate Animals. Taylor & Francis, London.
Owen, R. (1894): The Life of Richard Owen by His Grandson, 2 Bände. Murray, London.

Weitere Literatur
Appel, T. (1987): The Cuvier-Geoffroy Debate: French Biology in the Decades before Darwin. Oxford University Press, New York – Oxford.
Benton, M. (1982): Progressionism in the 1850s: Lyell, Owen, Mantell and the Elgin fossil reptile *Leptopleuron (Telerpeton)*. Arch. Nat. Hist. 2, 123–136.
Desmond, A. (1982): Archetypes and Ancestors: Palaeontology in Victorian London, 1850–1875. Blond & Briggs, London.
Desmond, A. (1989): The Politics of Evolution: Morphology, Medicine and Reform in Radical London. University of Chicago Press, Chicago.
Forgan, S. (1994): The architecture of display: museums, universities and objects in nineteenth-century Britain. Hist. Sci. 32, 139–162.
Gruber, J. W. (1987): From myth to reality: the case of the moa. Arch. Nat. Hist. 14, 339–352.
Gruber, J. W. (1991): Does the platypus lay eggs? The history of an event in science. Arch. Nat. Hist. 18, 51–123.
Gruber, J. W. & Thackray, J. C. (1992): Richard Owen Commemoration. Natural History Museum Publications, London.
Hooper-Greenhill, E. (1992): Museums and the Shaping of Knowledge. Routledge, London.
Gunther, A. E. (1980): The Founders of Science at the British Museum, 1753–1900. Halesworth Press, Suffolk.
Haupt, H. (1935): Das Homologieprinzip bei Richard Owen. Ein Beitrag zur Geschichte des Platonismus in der Biologie. Sudhoffs Arch. Gesch. Med. Naturwiss. 28, 143–228.
Livingstone, D. N. (1995): The spaces of knowledge: contributions towards a historical geography of science. Environment and Planning D: Society and Space 13, 5–34.
MacLeod, R. M. (1965): Evolutionism and Richard Owen, 1830–1868: an episode in Darwin's century. Isis 56, 259–280.

Moyal, A. M. (1975): Sir Richard Owen and his influence on Australian zoological and palaeontological science. Rec. Austral. Acad. Sci. 3, 41–56.
Ophir, A. & Shapin, S. (1991): The place of knowledge. A methodological survey. Science in Context 4, 3–21.
Ospovat, D. (1981): The Development of Darwin's Theory. Natural History, Natural Theology, and Natural Selection. Cambridge University Press, Cambridge.
Padian, K. (1996): A missing Hunterian lecture on vertebrae by Richard Owen, 1837. J. Hist. Biol. 28, 333–368.
Panchen, A. L. (1994): Richard Owen and the concept of homology. S. 21–62 in Hall, B. K. (Hrsg.): Homology, the Hierarchical Basis of Comparative Biology. Academic Press, San Diego.
Pickstone, J. V. (1994): Museological science? The place of the analytical/comparative in nineteenth-century science, technology and medicine. Hist. Sci. 32, 111–138.
Rehbock, P. F. (1983): The Philosophical Naturalists. Themes in Early Nineteenth-Century British Biology. University of Wisconsin Press, Madison.
Richards, E. (1987): A question of property rights: Richard Owen»s evolutionism reassessed. Brit. J. Hist. Sci. 20, 129–171.
Ritvo, H. (1987): The Animal Estate. The English and Other Creatures in the Victorian Age. Harvard University Press, Cambridge, Mass.
Rupke, N. A. (1985): Richard's Owen's Hunterian lectures on comparative anatomy and physiology. Med. Hist. 29, 237–258.
Rupke, N. A. (1988): The road to Albertopolis: Richard Owen (1804–92) and the founding of the British Museum of Natural History. S. 63–89 in Rupke, N. A. (Hrsg.): Science, Politics and the Public Good MacMillan, London.
Rupke, N. A. (1993): Richard Owen's vertebrate archetype. Isis 84, 231–251.
Rupke, N. A. (1994): Richard Owen: Victorian Naturalist. Yale University Press, London – New Haven.
Rupke, N. A. (1995): Richard Owen: Evolution ohne Darwin. S. 214–224 in Engels, E.-M. (Hrsg.): Die Rezeption von Evolutionstheorien im 19. Jahrhundert. Suhrkamp, Frankfurt am Main.
Russel, E. S. (1916): Form and Function: a Contribution to the History of Animal Morphology. Murray, London.
Sheets-Pyenson, S. (1988): Cathedrals of Science: the Development of Colonial Natural History Museums during the Late Nineteenth Century. McGill-Queens University Press, Kingston and Montreal.
Sloan, P. R. (1992): On the edge of evolution. S. 1–72 in Owen, R. (Hrsg.): The Hunterian Lectures in Comparative Anatomy, May–June, 1837. Chicago University Press, Chicago.
Winsor, M. P. (1991): Reading the Shape of Nature: Comparative Zoology at the Agassiz Museum. University of Chicago Press, Chicago.

CHRISTIAN GOTTFRIED EHRENBERG

Originalwerke von Christian Gottfried Ehrenberg
Ehrenberg, C. G. (1818): Sylvae Mycologicae Berolinenses, Doktor-Promotion und Dissertation, Berlin.
Ehrenberg, C. G. (1828): Reisen in Aegypten, Lybien, Nubien und Dongola. Bd. 1. Posen & Bromberg, Berlin.

Ehrenberg, C. G. (1828–45): Symbolae physicae (nicht vollendet), Berlin.
Ehrenberg, C. G. (1838): Die Infusionsthierchen als vollkommene Organismen – ein Blick in das tiefere organische Leben der Natur. Voß, Leipzig.
Ehrenberg, C. G. (1854/56): Mikrogeologie. Das Erden und Felsen schaffende Wirken des unsichtbar kleinen selbständigen Lebens auf der Erde. L. Voß, Leipzig.
Ehrenberg, C. G. (1860): Monatsbericht der Königl. Akademie der Wissenschaften zu Berlin, 29. März 1860.

Weitere Literatur

Bolling, R. (1976): Das Leben und Werk Christian Gottfried Ehrenbergs. Veröffentlichungen zur Delitzscher Geschichte – Heft 8, Kreismuseum Delitzsch.
Ehrenberg, C. (1905): Unser Elternhaus. Max Schildberger, Berlin.
Geus, A. (1987): Christian Gottfried Ehrenbergs (1795–1876) Beitrag zur Erforschungsgeschichte der Sexualität Niederer Pilze. Ber. dt. Bot. Ges. 100, 283–290.
Hanstein, J. (1877): Christian Gottfried Ehrenberg. Ein Tagwerk auf dem Felde der Naturforschung des neunzehnten Jahrhundert. Adolph Marcus, Bonn.
Hausmann, K. (1996): Christian Gottfried Ehrenbergs «Vollkommene Organismen». S. 51–61 in: Christian Gottfried Ehrenberg-Festschrift anläßlich der 14. Wissenschaftlichen Jahrestagung der Deutschen Gesellschaft für Protozoologie, 1995. Leipziger Universitätsverlag, Leipzig.
Jahn, I. (1971): Christian Gottfried Ehrenberg. S. 288–292 in: Gillispie, C. C. (Hrsg.): Dictionary of Scientific Biography Bd. 4. Charles Sribner's Sons, New York.
Jahn, I. (1982): Charles Darwin und die Berliner Museen. Neue Museumskunde 2/82, 110–120.
Jahn, I. (1991): Die Rolle der Gesellschaft Naturforschender Freunde zu Berlin im interdisziplinären Wissenschaftsaustausch des 19. Jahrhunderts. Sber. Ges. naturf. Freunde Berlin N.F. 31, 3–13.
Jahn, I. (1998): Mikroskopiertechnik und vergleichende Methode: Ein Forschungsproblem in der Biologie des 19. Jahrhundert: in: Meinel, Chr. (Hrsg.): Instrument – Experiment. Bassum, Stuttgart, S. 235–241.
Jahn, R. (1995): C. G. Ehrenberg's Concept of the Diatoms. Arch. Protistenk. 146, 109–116.
Kirsche, W. (1977): Christian Gottfried Ehrenberg zum 100. Todestag. Ein Beitrag zur Geschichte der mikroskopischen Hirnforschung. Sber. Akad. Wiss. DDR, Jg. 1977 Nr.9/N, 1–60.
Koehler, O. (1943): Christian Gottfried Ehrenberg. S. 58-68 in: Schulpforte und das deutsche Geistesleben. Hans Buske Nachf., Darmstadt.
Landsberg, H. (1996): Die Historische Bild- und Schriftgutsammlung des Museums für Naturkunde Berlin und ihre Bedeutung für die Geologie- und Mineralogiegeschichte. Ber. Geol. Bundesanstalt Wien 35, 239–243.
Laue, M. (1895): Christian Gottfried Ehrenberg. Ein Vertreter deutscher Naturforschung im neunzehnten Jahrhundert. Julius Springer, Berlin.
Lazarus, D. (1998): The Ehrenberg Collection and its curation. S. 31–48 in: Williams, D. M. & Huxley, R. (eds.): Christian Gottfried Ehrenberg (1795–1876): The man and his legacy. The Linnaean Special Issue 1.
Lepsius, B. (1933): Das Haus Lepsius. Klinkhardt und Burmann, Berlin.
Locker, S. (1980a): Christian Gottfried Ehrenberg (1795–1876) und die Mikrogeologische Sammlung. Z. geol. Wiss. Berlin 8 (2), 231–238.

Locker, S. (1980b): Dokumente zur Geschichte der mikrobiologischen und mikropaläontologischen Erforschung Mittel- und Südamerikas in der Sammlung Christian Gottfried Ehrenberg des Museums für Naturkunde Berlin. Neue Museumskunde 3/80, 193–199.

Rose, G. (1837, 1842): Mineralogisch-geognostische Reise nach dem Ural, dem Altai und dem Kaspischen Meere. 2 Bde. Verlag der Sanderschen Buchhandlung, Berlin.

Schultze-Motel, W. (1969): Bryologische Ergebnisse der Reise von Alexander von Humboldt, Ehrenberg und Rose in den Ural und nach Sibirien (1829). Nova Hedwigia 5, 79–90.

Stresemann, E. (1954): Hemprich und Ehrenberg. Reisen zweier naturforschender Freunde im Orient, geschildert in ihren Briefen aus den Jahren 1819–1826. Akademie-Verlag, Berlin.

Uschmann, G. (1983): Ernst Haeckel, Biographie in Briefen. Urania, Leipzig.

Zölffel, M. & Hausmann, K. (1990): Christian Gottfried Ehrenberg. Ein großer Protozoologe im 19. Jahrhundert. Mikrokosmos 79 (10), 289–296.

Ungedruckte Quellen

Museum für Naturkunde der Humboldt-Universität zu Berlin. Historische Bild- und Schriftgutsammlungen.

Bestand: Gesellschaft Naturforschender Freunde (GNF), Signatur S, Tagebücher.

Bestand: Paläontologisches Museum (PMB), Signatur S I, Briefsammlung Ehrenberg, Darwin, Ch.

Bestand: Zoologisches Museum (ZMB), Signatur S I, Akte Hemprich und Ehrenberg.

Lorenz Oken

Originalwerke von Lorenz Oken

Oken, L. (1802): Uebersicht des Grundrisses des Sistems der Naturphilosofie und der damit entstehenden Theorie der Sinne. P. W. Eichenberg, Frankfurt am Main (auch in: Gesammelte Schriften, 1939, S. 4–24).

Oken, L. (1804): Grundriss der Naturphilosophie, der Theorie der Sinne und der darauf gegründeten Classification der Thiere. P. W. Eichenberg, Frankfurt am Main.

Oken, L. (1805): Die Zeugung. J. A. Göbhardt, Würzburg.

Oken, L. (1805): Abriß der Naturphilosophie. Bestimmt zur Grundlage seiner Vorlesungen über Naturphilosophie. Vandenhoek, Göttingen.

Oken, L. (1805): Abriß des Systems der Biologie. Vandenhoek, Göttingen.

Oken, L. (1807): Idee der Pharmakologie als Wissenschaft. Jb. Medicin als Wissenschaft 2, 75–94.

Oken, L. (1807): Ueber die Bedeutung der Schädelknochen. Ein Programm beim Antritt der Professur an der Gesammt-Universität zu Jena. Frommann, Jena – Bamberg (auch in: Gesammelte Schriften, 1939, S.25–47; vgl. auch Isis 1817, Sp. 1204, 1818, Sp. 510, 1847, Sp. 558.

Oken, L. (1808): Ueber das Universum als Fortsetzung des Sinnensystems. Ein pythagoräisches Fragment. Frommann, Jena (auch in: Gesammelte Schriften, 1939, S. 97–144).

Oken, L. (1808): Erste Ideen zur Theorie des Lichts, der Finsterniss, der Farben und der Wärme. Frommann, Jena (auch in: Gesammelte Schriften, 1939, S. 167–213).

Oken, L. (1809): Grundzeichnung des natürlichen Systems der Erze. Frommann, Jena (auch in: Gesammelte Schriften, 1939, S. 217–254).
Oken, L. (1809): Ueber den Werth der Naturgeschichte, besonders für die Bildung der Deutschen, bei Eröffnung seiner Vorlesungen über Zoologie. Frommann, Jena (auch in: Gesammelte Schriften, 1939, S. 255–274).
Oken, L. (1809–11): Lehrbuch des Systems der Naturphilosophie, Bd. 1–3. Frommann, Jena (^{2}1831, ^{3}1843, Schulthess, Zürich; Nachdruck Hildesheim 1991; im Auszug franz. Système de la philosophie de la nature, Paris: Thuau 1834).
Oken, L. (1810): Preisschrift über die Entstehung und Heilung der Nabelbrüche. P. Krüll, Landshut.
Oken, L. (1811): Ueberlegungen zu einer neuen Kriegskunst. Cröker, Jena (auch in: Gesammelte Schriften, 1939, S.275–307).
Oken, L. (1813-26): Lehrbuch der Naturgeschichte, Bd. 1–3. Reclam & Schmid, Leipzig – Jena.
Oken, L. (1814): Neue Bewaffnung, neues Frankreich, neues Teutschland. Cröker, Jena.
Oken, L. (1819): Der Studentenfrieden auf der Wartburg. Isis 1817, Sp. 1553–1559.
Oken, L. (1818): [«Es ist eine Wirbelsäule»]. Isis 1818, Sp. 510–512.
Oken, L. (1821): Esquisse du système d'anatomie, de physiologie et d'histoire naturelle. Béchet, Paris.
Oken, L. (1821): Naturgeschichte für Schulen. Brockhaus, Leipzig.
Oken, L. (1828): Rede über das Zahlengesetz in den Wirbeln des Menschen. Lindauer, München (auch in: Gesammelte Schriften, 1939, S. 75–96).
Oken, L. (1829): Für die Aufnahme der Naturwissenschaften in den allgemeinen Unterricht. Das Ausland 1829, Nr. 333 u. 334, auch in: Isis 1829, Sp. 1225–1234.
Oken, L. (1833): Eröffnungsrede als 1. Rektor der Züricher Universität, 29.4.1833, abgedruckt in Ortenauer Rundschau 13.2.1955.
Oken, L. (1839): Idee sulla classificazione filosofica dei tre regni della natura, esposte alle reunione dei naturalisti in Pisa nell'ottobre 1839. Politecnico di Milano 3, auch bei Giacomo Pirola, Mailand 1840.
Oken, L. (1841): Kleine Naturgeschichte nach dem natürlichen System des Prof. Oken, 1.Th. Das Thierreich. Haspel, Halle – Leipzig.
Oken, L. (1833–45): Allgemeine Naturgeschichte für alle Stände, Bd.1–13. Hoffmann, Stuttgart (engl. Auszug Elements of physio-philosophy, London: Royal Society 1847, erneut 1854).
Oken, L. (1848): Ueber die Bestimmung der Streitäxte. Isis 1848, Sp. 1053–1064.
Oken, L. (1852): Catalog der Bibliothek. J. J. Ulrich, Zürich.
Oken, L. (1939): Gesammelte Schriften (hrsg. von Julius Schuster). Keiper, Berlin.
Oken, L. & Kieser, D. G. (Hrsg.) (1805–07): Beiträge zur vergleichenden Zoologie, Anatomie und Physiologie, Bd. 1–2. J. A. Göbhardt, Bamberg – Würzburg.

Weitere Literatur

Baer, K. E. von (1828): Ueber Entwicklungsgeschichte der Thiere. Koch, Königsberg.
Bräuning-Oktavio, H. (1959): Oken und Goethe im Lichte neuer Quellen. Arion, Weimar.
Brednow, W. (1952): Lorenz Oken zu seinem 100. Todestage. Ber. naturf. Ges. Freiburg 42, 115–141.
Carus, C. G. (1848): Mnemosyne. Blätter aus Gedenk- und Tagebüchern. Flammer & Hoffmann, Pforzheim.

Ecker, A. (1880): Lorenz Oken. Eine biographische Skizze. Gedächtnißrede zu dessen hundertjähriger Geburtstagsfeier gesprochen in der zweiten öffentlichen Sitzung der 52. Versammlung deutscher Naturforscher und Aerzte zu Baden-Baden am 20. September 1879. E. Schweizbart, Stuttgart (engl. Lorenz Oken. A biographical sketch or «in memoriam» of the centenary of his birth. Kegan Paul, Trench u. Co., London 1883).
Eckermann, J. P. (1968): Gespräche mit Goethe. Insel, Leipzig.
Engelhardt, D. von (Hrsg.) (1997): Forschung und Fortschritt. Festschrift zum 175jährigen Jubiläum der Gesellschaft Deutscher Naturforscher und Ärzte. Wissenschaftliche Verlagsgesellschaft, Stuttgart.
Engelhardt, D. von (Hrsg.) (1998): Zwei Jahrhunderte Wissenschaft und Forschung. Entwicklungen – Perspektiven. Symposium aus Anlaß des 175jährigen Bestehens der Gesellschaft Deutscher Naturforscher und Ärzte. Wissenschaftliche Verlagsgesellschaft, Stuttgart.
Gladwin, W. J. (1970): The influence of the anatomical work of Oken upon British and French comparative anatomy in the nineteenth century. Phil. Diss., London University.
Goethe, J. W. von (1817–24): Zur Morphologie. In: Schriften zur Naturwissenschaft, Bd. 9. Hermann Böhlaus Nachf., Weimar (1954).
Goethe, J. W. von (1962–68): Briefe, Bd. 1–4. Christian Wegner, Hamburg.
Goethe, J. W. von (1965–69): Briefe an Goethe, Bd. 1–2. Christian Wegner, Hamburg.
Hauschild, J.-C. (1987): «Gewisse Aussicht auf ein stürmisches Leben». Georg Büchner 1813–1837. S. 16–37 in: Georg Büchner: 1813–1837. Revolutionär, Dichter, Wissenschaftler. Stoemfeld, Basel.
Hegel, G. W. F. (1830): System der Philosophie. 2. Teil. Die Naturphilosophie. Frommann & Holzboog, Stuttgart-Bad Cannstatt (^{4}1965).
Höfl, J. C. (1830): Ueber die Aufnahme der Naturwissenschaften in den bayerischen Schulplan, wider den Herrn Hofrath Oken. Cotta, München.
Huxley, T. H. (1864): Lectures of the elements of comparative anatomy. Churchill & Sons, London.
Kirby, W. & Spence, W. (1816–26): An introduction to entomology, Bd. 1–4. Churchill & Sons, London (^{7}1860, dt. Einleitung in die Entomologie, Bd. 1–4, Cotta, Stuttgart: 1823–33 – Bd. 3–4 von L. Oken herausgegeben).
Klein, M. (1970): Lorenz Oken. S. 194–196 in: Gillispie, C. C. (Hrsg.): Dictionary of Scientific Biography Bd. 10. Charles Sribner's Sons, New York.
Kühn, A. (1948): Biologie der Romantik, in: Romantik. S. 215–234 in: Steinbüchel, T. (Hrsg.): Ein Zyklus Tübinger Vorlesungen. R. Wunderlich, Tübingen.
Kuhn-Schnyder, E. (1980): Lorenz Oken 1779–1851. Erster Rektor der Universität Zürich. Festvortrag zur Feier seines 200. Geburtstages (= Schriften zur Zürcher Universitäts- und Gelehrtengeschichte 3). Rohr, Zürich.
Ludwig, C. (1851): Gedächtnisrede auf Lorenz Oken. Neue Zürcher Zeitung 1. Nov. 1851, S. 1327.
Markl, H. (1985): Lorenz Oken. Verh. Ges. dt. Naturf. Ärzte, 113. Versammlung, Nürnberg 1984, 17–22.
Meis, A. de C. (1872–1875): I tipi animali, Bd. 1–2. G. Monti, Bologna.
Milt, B. (1951): Lorenz Oken und seine Naturphilosophie. Vierteljahrsschr. naturf. Ges. Zürich 96, 181–202.
Mischer, S. (1997): Der verschlungene Zug der Seele. Natur, Organismus und Entwicklung bei Schelling, Steffens und Oken. Königshausen & Neumann, Würzburg.
Nauck, E. T. (1951): Lorenz Oken und die Medizinische Fakultät Freiburg i. Br. Ber. naturf. Ges. Freiburg 41, 21–74.

Owen, R. (1848): On the archetype and the homologies of the vertebrate skeleton. Jan van Voorst, London.
Pfannenstiel, M. (1951): Schriften und Varia über Lorenz Oken von 1806–1951. Ber. naturf. Ges. Freiburg 41, 101–118.
Pfannenstiel, M. (1953): Lorenz Oken. Sein Leben und Wirken (= Universitätsreden 14). Hans Ferdinand Schulz, Freiburg im Breisgau.
Raikov, B. E. (1969): (Deutsche biologische Evolutionisten vor Darwin: Lorenz Oken, Karl Friedrich Burdach, russ.). Nauka, Leningrad.
Schuster, J. (1922): Oken. Der Mann und sein Werk. W. Junk, Berlin.
Smit, P. (1972): Lorenz Oken und die Versammlungen Deutscher Naturforscher und Ärzte: Sein Einfluß auf das Programm und eine Analyse seiner auf den Versammlungen gehaltenen Beiträge. S. 101–124 in: Querner, H. & Schipperges, H. (Hrsg.): Wege der Naturforschung 1822–1972. Springer, Berlin.
Stallo, J. B. (1848): General principles of the philosophy of nature: with an outline of some of its recent developments among the Germans, embracing the philosophical systems of Schelling and Hegel, and Oken's System of Nature. Crosby & Nichols, Boston.
Steffens, H. (1955/96): Was ich erlebte. Aus der Erinnerung niedergeschrieben, Bd. 1–10, 1840–44. Neudruck bei Frommann & Holzboog, Stuttgart-Bad Cannstatt.
Thiersch, F. von (1829): Warum die Naturwissenschaften in den Plan zur Einrichtung der lateinischen Schulen und Gymnasien nicht aufgenommen wurden. Inland 2, 1380–1382, 1384–1385.
Thiersch, F. von (1838): Ueber den gegenwärtigen Zustand des öffentlichen Unterrichts in den westlichen Staaten von Deutschland, in Holland, Frankreich und Belgien, Bd. 1–3. Cotta, Stuttgart – Tübingen.
Virchow, R. (1877): Die Freiheit der Wissenschaft im modernen Staatsleben. S. 145–166 in: von Engelhardt, D. (Hrsg.): Forschung und Fortschritt. Festschrift zum 175jährigen Jubiläum der Gesellschaft Deutscher Naturforscher und Ärzte, Wissenschaftliche Verlagsgesellschaft mbH, Stuttgart (1997).
Zaunick, R. (Hrsg.). (1938, 1941): Aus Leben und Werk von Lorenz Oken, dem Begründer der deutschen Naturforscherversammlungen. Sudhoffs Archiv 31, 365–403, 33, 113–173.

KARL ERNST VON BAER

Originalwerke von Karl Ernst von Baer
Baer, K. E. von (1828): «Über die Entwicklungsgeschichte der Thiere», Beobachtungen und Reflexionen, Bd. 1. Königsberg.
Baer, K. E. von (1847): Neue Untersuchungen über Entwicklungsgeschichte der Thiere. Bull. Phys.-math. Acad. Sci. St. Petersb. 5 (15), 231–240.
Baer, K. E. von (1853–1857): Kaspiiskie dnevniki/Dnevniki i materialy. Isd. Akad. Nauk, Leningrad 1984.
Baer, K. E. von (1864), Reden, geh. in wiss. Versammlungen und kleinere Aufsätze vermischten Inhalts, Bd. 1. St. Petersburg
Baer, K. E. von (1876), Reden geh. in wiss. Versammlungen und kleinere Aufsätze vermischten Inhalts, Bd. 2. St. Petersburg.
Baer, K. E. von (1950), Avtobiografiya. M-L. Isd. Akad. Nauk, Leningrad.
Baer, K. E. von (1970), Perepiska po problemam geografii, Bd. 1. Isd. Akad. Nauk, Leningrad.

Weitere Literatur

Bljacher, L. (1955): Otsherk shisni i nauchnoi deyatelnosti K. M. von Baer'a.
Istoriya embriologii v Rossii XVIII–XIX vekov, M. Isd. Akad. Nauk, Leningrad.
Detlaf, T. (1953), Otkrytie sarodyshewykh listkov K. F. Wolf'om i Ch.Pander'om i utshenie o sadodyshevych listkakh K. M. Baer'a. Trudy instituta istorii estestvosnaniya Akad. Nauk SSSR 5, 280–318.
Detlaf, T. (1957): Predstavlenie o sarodyshevykh listkakh v period stanovleniya kletotshnovo utsheniya. Trudy instituta istorii estestvosnaniya Akad. Nauk SSSR 14, 65–97.
Oppenheimer, J. (1967): Essays in the History of Embryology and Biology. MIT Press, Cambridge, Mass.
Raikow, B. (1968): Karl Ernst von Baer, 1792–1876, Sein Leben und sein Werk. (Übers. H. von Knorre). J. A. Barth, Leipzig.
Vernadski, V. I. (1927): Pamyati akademika K. M. von Baer'a. Isd. Akad. Nauk, Leningrad.

MATTHIAS JACOB SCHLEIDEN

Originalwerke von Matthias Jacob Schleiden
(Vollständige Bibliographie siehe Glasmacher 1989)

Schleiden, M. J. (1837): Einige Blicke auf die Entwicklungsgeschichte des vegetabilischen Organismus bei den Phanerogamen. Arch. Naturgesch 3/1, 289–320.
Schleiden, M. J. (1838): Beiträge zur Phytogenesis. Arch. Anat. Physiol. Wiss. Med. 1838, 137–176.
Schleiden, M. J. (1839): Über Bildung des Eichens und Entstehung des Embryo's bei den Phanerogamen. Verh. kaiserl. Leopoldinisch-Carolinisch Akad. Naturfor. 19/1, 27–58, Tab. III–VIII.
Schleiden, M. J. (1842–43): Grundzüge der wissenschaftlichen Botanik nebst einer methodologischen Einleitung als Anleitung zum Studium der Pflanze. Teil 1 1842, Teil 2. Wilhelm Engelmann, Leipzig.
Schleiden, M. J. (1844): Schelling's und Hegel's Verhältnis zur Naturwissenschaft. Wilhelm Engelmann, Leipzig.
Schleiden, M. J. (1845–46): Die Botanik als inducitive Wissenschaft behandelt (2. Aufl.), Teil 1 und 2. Engelmann, Leipzig (3. Aufl. 1849–50, 4. Aufl. 1861).
Schleiden, M. J. (1848): Die Pflanze und ihr Leben. Populäre Vorträge. Wilhelm Engelmann, Leipzig (2. Aufl. 1850, 3. Aufl. 1852, 4. Aufl. 1855, 5. Aufl. 1858, 6. Aufl. 1864).
Schleiden, M. J. (1852): Handbuch der medicinisch-pharmaceutischen Botanik und botanischen Pharmacognosie. Teil I (2). Wilhelm Engelmann, Leipzig (1851), Teil 2 (1857).
Schleiden, M. J. (1855): Studien. Populäre Vorträge. Wilhelm Engelmann, Leipzig (2. verm. Aufl. 1857).
Schleiden, M. J. (1859): Geschichte der Botanik in Jena (Album des pädagogischen Seminars an der Univ. Jena. Denkmäler und Gaben. Hrsg. Carl Volkmar Stoy, Heft 2). Wilhelm Engelmann, Leipzig.
Schleiden, M. J. (1862): Ueber die Anthropologie als Grundlage für alle übrigen Wissenschaften, wie überhaupt für alle Menschenbildung. Westermann's Jb. Illustr. Monatsh. 11 (1861–1862), 49–58.
Schleiden, M. J. (1863a): Das Alter des Menschengeschlechts, die Entstehung der

Arten und die Stellung des Menschen in der Natur. Drei Vorträge für gebildete Laien. Wilhelm Engelmann, Leipzig.
Schleiden, M. J. (1863 b): Ueber den Materialismus der neueren deutschen Naturwissenschaft, sein Wesen und seine Geschichte. Zur Verständigung für die Gebildeten. Wilhelm Engelmann, Leipzig.
Schleiden, M. J. (1865): Das Meer. A. Sacco Nachf., Berlin (2. Aufl. 1874, 3. Aufl. postum hrsg. von E. Voges unter Mitw. von Fachgelehrten. Otto Salle, Braunschweig 1884).
Schleiden, M. J. (1870): Für Baum und Wald. Eine Schutzschrift an Fachmänner und Laien gerichtet. Wilhelm Engelmann, Leipzig.
Schleiden, M. J. (1873): Die Rose. Geschichte und Symbolik in ethnographischer und kulturhistorischer Beziehung. Ein Versuch. Wilhelm Engelmann, Leipzig.
Schleiden, M. J. (1875): Das Salz. Seine Geschichte, seine Symbolik und seine Bedeutung im Menschenleben. Eine monographische Skizze. Wilhelm Engelmann, Leipzig.
Schleiden, M. J. (1877): Die Bedeutung der Juden für Erhaltung und Wiederbelebung der Wissenschaften im Mittelalter. Westermann's Jb. Illustr. dt. Monatsh. 41 = N.F. 9 (1876–77), 52–60, 156–169 (Auch Separatdruck, Baumgaertner, Leipzig 1877, 1879).
Schleiden, M. J. (1878): Die Romantik des Martyriums bei den Juden im Mittelalter. Westermann's Jb. Illustr. dt. Monatsh. 44, 62–73, 166–178 (Auch separat gedruckt: Wilhelm Engelmann, Leipzig 1878).
Schleiden, M. J. & Nägeli, C. (Hrsg.) (1844–46): Zeitschrift für wissenschaftliche Botanik. Heft 1 (1844), Heft 2 (1845), Heft 3–4 (1846).

Weitere Literatur
(Weitere Sekundärliteratur über M. J. Schleiden s. Glasmacher 1989, S. 125–149).
Charpa, U. (1989): Einführung (S. 9–43) zu Matthias Jakob Schleiden, Wissenschaftsphilosophische Schriften. Jürgen Dinter, Köln.
Cremer, T. (1985): Von der Zellenlehre zur Chromosomentheorie. Springer, Berlin.
Glasmacher, T. (1989): Fries–Apelt–Schleiden. Verzeichnis der Primär- und Sekundärliteratur 1798–1988. Jürgen Dinter, Köln.
Haberlandt, G. (1899): Der Briefwechsel zwischen Unger und Endlicher. Duncker & Humblot, Berlin.
Hallier, E. (1864): Führer durch den Botanischen Garten in Jena. Friedrich Manke, Jena.
Hallier, E. (1882): Matthias Jakob Schleiden. Seine Bedeutung für das wissenschaftliche Leben der Gegenwart. Westermann's Illustr. dt. Monatsh. 51 (1881–1882), 348–358.
Heinecke, H. & Jahn, I. (1995): Matthias Jacob Schleiden (1804–1881) das physiologische Institut von Schleiden in Jena 1843–1856. Sonderschr. Akad. gemeinnütziger Wiss. Erfurt 26, 47–74.
Jahn, I. (1963): Matthias Jacob Schleiden an der Universität Jena. Naturwissenschaft, Tradition, Fortschritt, Beiheft zur NTM, 63–72.
Jahn, I. (1987): Der Botaniker Matthias Jacob Schleiden (1804–1881). Eine biographische Skizze unter Auswertung bislang unbekannter Quellen des Stadtarchivs Schweinfurt. Veröff. des Stadtarchivs Schweinfurt 1 (Salve academicum), 24–39.
Jahn, I. (1990): Anthropologie als Lehrfach bei Matthias Jacob Schleiden (Mann, G., Benedum, J. & Kümmel, W. F., Hrsg., Die Natur des Menschen). Soemmering-Forschungen 6, 411–416.
Jahn, I. (1991): Das wissenschaftliche Programm von Matthias Jacob Schleiden (1804–1881) und seine Rolle in der Disziplinentwicklung der Botanik. S. 159–168

in: Wissenschaft und Schulenbildung (Alma mater Jenensis H. 7). Friedrich-Schiller-Universität, Jena.

Jahn, I. (1993): Die Sammlung Rückert im Stadtarchiv Schweinfurt als Quelle wissenschaftshistorischer Forschung: Über naturwissenschaftliche Studien der Söhne Friedrich Rückerts (1788–1866) in Jena im Spiegel der Familienbriefe. Veröff. des Stadtarchiv Schweinfurt Nr. 8 (Schweinfurter Forschungen), 115–142.

Jost, L. (1942): Matthias Jacob Schleidens Grundzüge der Wissenschaftlichen Botanik (1842): Zum hundertsten Jubiläum des Werkes. Sudhoffs Archiv für Gesch. d. Med. und Naturwiss. 35, 206–237.

Kohut, A. (1904): Matthias Jakob Schleiden und Alexander von Humboldt (Mit einem ungedruckten Briefe Alexander von Humboldt). Stein der Weisen 33, 326–327.

Kohut, A. (1905): Karl Wilhelm Naegeli und Matthias Jakob Schleiden in den Jahren 1841–1844. Mit elf ungedruckten Briefen des ersteren. Flora oder Allg. Bot. Ztg. 95, Erg.-Band, 108–149.

Krüger (Scholz), M. (1988): Schleiden in Tartu (Dorpat) 1863/64. Arbeitsbl. zur Wissenschaftsgesch. Martin-Luther-Univ. Halle-Wittenberg. Heft 20, 23–43.

Krüger, M. (1995): Letzte Lebensstationen (mit 64 Abb.). Privatdruck Böhlitz-Ehrenberg.

Möbius, M. (1937): Geschichte der Botanik. Von den ersten Anfängen bis zur Gegenwart. Gustav Fischer, Jena (2. Aufl. Stuttgart 1968).

Nägeli, K. (1944): Zellkern, Zellbildung und Zellwachstum bei den Pflanzen. Z. wiss. Bot 1, 35–133.

Ottow, B. (1922): Der Begründer der Zellenlehre M. J. Schleiden und seine Lehrtätigkeit an der Universität Dorpat 1863–1864. Ein Beitrag zur Geschichte des Kampfes um den Entwicklungsgedanken. Abh. der Kaiserl. Leopoldinisch-Carolinischen dt. Akad. Naturf. 106 (3), 119–145.

Schleiden, R. (1996): Erinnerungen eines Schleswig-Holsteiners, Bd. 1. J. F. Bergmann, Wiesbaden.

Schober, A. (1904): Matthias Jacob Schleiden, Nach der Gedenkrede im Naturwissenschaftlichen Verein am 13. April 1904. (Hamburgische Liebhaber-Bibliothek, hrsg. im Auftrage der Gesellsch. Hamburger Kunstfreunde von A. Lichwark). Commeter, Hamburg.

Uschmann, G. (1977): Deutsche Akademie der Naturforscher Leopoldina 1652–1977. Kleine Geschichte der Akademie. Acta Historica Leopoldina, Suppl. 1, 44–45.

Ungedruckte Quellen:

Qu. 1: Briefe von M. J. Schleiden an Heinrich Schleiden. Univ.-Archiv Düsseldorf, Nachlaß Fried. (Dank an Herrn Prof. Gert König).

Qu. 2: Briefe M. J. Schleidens an Marie und Friedrich Rückert. Stadtarchiv Schweinfurt, Sammlung Rückert (A II 172–35; Dank an Herrn Dr. Uwe Müller).

Qu. 3: Briefe von M. J. Schleiden an D. F. L. von Schlechtendal. Inst. für Systemat. Botanik der Univ. Halle/S., Nachlaß Schlechtendal.

Qu. 4: Brief von H. Schleiden an J. F. Fries. Univ. Bibl. Jena Handschr. Abt. Nachl. Fries II (Dank an Frau Dr. Irmgard Kratzsch).

Qu. 5: Briefe von Robert Froriep an L. von Froriep. Goethe-und Schiller-Archiv Weimar, Nachlaß Bertuch.

Qu. 6: Univ.-Bibl. Jena, Handschr. Abt., Ms. Prov. q.112 (1).

Qu. 7: Univ.-Archiv. Jena, Promotionsakten der Philos. Fak. M 291, Bl. 235–244.

Qu. 8: Univ.-Archiv. Jena, Rechnungsmanuale G Abt. I, Nr. 88–150 (Dank an Frau Dr. Arndt).

Qu. 9: Thüring. Staatsarchiv Altenburg I. K. 20 Bd. II (Kurator Seebeck).

Qu. 10: Acta des Botanischen Gartens Jena 1855.
Qu. 11: Staatsarchiv Hamburg, 622-1 (Familie Schleiden, Korrespondenz).
Qu. 12: Chronik der Familie Schleiden, von Johanna Horkel geb. Meinecke, 1880 (Abschrift). Staatsarchiv Hamburg, 266-1, 1 (Dank an Herrn Dr. Möhring).

WILHELM HOFMEISTER

Originalwerke von Wilhelm Hofmeister

Hofmeister, W. (1847): Untersuchungen des Vorganges bei der Befruchtung der Oenothereen. Bot. Ztg. 5, c. 785–792. (Übersetzung: Ann. Sci. Nat., Bot. sér. 3. 9, 65–72).
Hofmeister, W. (1849): Die Entstehung des Embryos der Phanerogamen. Eine Reihe mikroskopischer Untersuchungen. 89 S., 14 Taf., Hofmeister, Leipzig.
Hofmeister, W. (1850): Besprechung von Mercklin, Dr. C. E. v., Beobachtungen an den Prothallien der Farnkräuter. Flora 33, 696–701.
Hofmeister, W. (1851): Vergleichende Untersuchungen der Keimung, Entfaltung und Fruchtbildung höherer Kryptogamen. 179 S., 33 Taf. (Reprint: Hist. Nat. Classica 105. Cramer, Vaduz 1979).
Hofmeister, W. (1867): Die Lehre von der Pflanzenzelle. = Hofmeister, W. (Hrsg.): Handbuch der Physiologischen Botanik 1 (1. Abt.) XII + 404 S., Engelmann, Leipzig.
Hofmeister, W. (1868): Allgemeine Morphologie der Gewächse. = Hofmeister, W. (Hrsg.): Handbuch der Physiologischen Botanik 1 (2. Abt.) I–VI + 405–664, Engelmann, Leipzig.

Weitere Literatur

Bopp, M. (1994): Beiträge Heidelberger Botaniker zum Fortschritt ihrer Wissenschaft. Heidelberger Jb. 38, 77–98.
Goebel, K. von (1924): Wilhelm Hofmeister. Arbeit und Leben eines Botanikers des 19. Jahrhunderts. Mit biographischer Ergänzung von Frau Prof. Ganzenmüller. = Große Männer. Hrsg. von W. Ostwald. 8. 177 S., Akadem. Verlagsgesellschaft, Leipzig.
Kaplan, D. R. & Cooke, T. J. (1996): The genius of Wilhelm Hofmeister: the origin of causal-analytical research in plant development. Amer. J. Bot. 83, 1647–1660.
Kaplan, D. R. & Hagemann, W. (1991): The relationship of cell and organism in Vascular Plants. Are the cells the building blocks of plant form? BioScience 41, 693–703.
Mayr, E. (1984): Die Entwicklung der biologischen Gedankenwelt. Vielfalt, Evolution und Vererbung. Springer, Berlin etc.
Müllerott, M. (1972): Hofmeister, Wilhelm. Neue Deutsche Biographie 9, 468–469.
Pfannenstiel, M. (1958): Kleines Quellenbuch zur Geschichte der Gesellschaft Deutscher Naturforscher und Ärzte. 164 S., Springer, Berlin etc.
Pfitzer, E. (1903): Wilhelm Hofmeister. In: Heidelberger Professoren aus dem 19. Jahrhundert. Festschrift der Universität zur Zentenarfeier ihrer Erneuerung durch Karl Friedrich. 2: 266–358. Carl Winter's Universitätsbuchhandlung, Heidelberg.
Proskauer, J. (1972): Hofmeister, Wilhelm Friedrich Benedikt. S. 464–468 in: Holmes, F. L. (ed.): Dictionary of Scientific Biography 6. Charles Scribner's Sons, New York.

Renner, O. (1916): Zur Terminologie des pflanzlichen Generationswechsels. Biol. Centralbl. 36, 337–374.

Sachs, J. (1873): Lehrbuch der Botanik nach dem gegenwärtigen Stand der Wissenschaft. 3. Aufl. XVI + 848 S., Engelmann, Leipzig.

Sachs, J. (1875): Geschichte der Botanik vom 16. Jahrhundert bis 1860. = Geschichte der Wissenschaften in Deutschland 15. XII + 612 S., R. Oldenbourg, München.

Schleiden, M. (1842/43): Grundzüge der wissenschaftlichen Botanik. 2 Teile. XXVI + 289; XVIII + 564 S., Engelmann, Leipzig.

Tradition und Gegenwart. Festschrift zum 150jährigen Bestehen des Musikverlages Friedrich Hofmeister. 102 S., VEB Friedrich Hofmeister Musikverlag, Leipzig.

Velenovský, J. (1909/10): Vergleichende Morphologie der Pflanzen. 3. Teil. Rivnác, Prag.

JULIUS SACHS

Werke von Julius Sachs

Sachs' Arbeiten erschienen in sechs Büchern mit ihren Teilbänden, Folgeauflagen, Separatdrucken und Übersetzungen sowie in über 160 Zeitschriftenbeiträgen, darunter in den drei Bänden der *Arbeiten des Botanischen Instituts in Würzburg*. Die Vielzahl der oben besprochenen Originalarbeiten macht es unmöglich, die im einzelnen zitierten Abhandlungen in diesem Rahmen nachzuweisen. Es werden daher nur die Bücher aufgeführt. Die Quellen der Artikel und Referate lassen sich über ihre Titel und Datierungen leicht den beiden Sachs-Bibliographien von Pringsheim (1932, S. 288–294) und Gimmler (1984, S. 201–212) entnehmen.

Sachs, J. (1865): Handbuch der Experimental-Physiologie der Pflanzen. Untersuchungen über die allgemeinsten Lebensbedingungen der Pflanzen und die Functionen ihrer Organe (= Handbuch der physiologischen Botanik 4), W. Engelmann, Leipzig. – Mit Übersetzungen ins Russische (1867) und Französische (1868).

Sachs, J. (1868): Lehrbuch der Botanik, nach dem gegenwärtigen Stand der Wissenschaft, W. Engelmann, Leipzig. – 2. Aufl. 1870, 3. Aufl. 1873, 4. Aufl. 1874. – Mit Übersetzungen ins Französische (1869, 1874), Englische (1875, 1882) und Japanische (1890).

Sachs, J. (Hrsg.) (1871–1888): Arbeiten des Botanischen Instituts in Würzburg, 3 Bde., W. Engelmann, Leipzig. – Bd. 1 (1874): H. 1 (1871), H. 2 (1872), H. 3 (1873), H. 4 (1874); Bd. 2 (1882): H. 1 (1878), H. 2 (1879), H. 3 (1880), H. 4 (1882); Bd. 3 (1888): H. 1 (1884), H. 2 (1885), H. 3 (1887), H. 4 (1888).

Sachs, J. (1875): Geschichte der Botanik vom 16. Jahrhundert bis 1860 (= Geschichte der Wissenschaften in Deutschland, Neuere Zeit, 15), R. Oldenbourg, München. – Mit Übersetzungen ins Englische (1890, 1906) und Französische (1892).

Sachs, J. (1882): Vorlesungen über Pflanzen-Physiologie, W. Engelmann, Leipzig. – 2. Aufl. 1887. – Mit einer Übersetzung ins Englische (1887).

Sachs, J. (1883): Selbstbiographie (Auszüge). Nachgelassenes Manuskript, in Gimmler 1984, S. 23–31.

Sachs, J. (1892–1893): Gesammelte Abhandlungen über Pflanzen-Physiologie, 2 Bde., W. Engelmann, Leipzig. – Bd. 1 (1892): Abhandlung I bis XXIX, vorwiegend über physikalische und chemische Vegetationserscheinungen; Bd. 2 (1893):

Abhandlung XXX bis XLIII, vorwiegend über Wachsthum, Zellbildung und Reizbarkeit.
Sachs, J. (1898): Physiologische Notizen. Sonderabdruck aus der Zeitschrift Flora 1892–1896 (Goebel, K., Hg.), N. G. Elwert, Marburg.

Weitere Literatur
Brücke, E. (1861): Die Elementarorganismen, Sitzungsber. d. Math.-Naturw. Classe d. Kaiser. Akad. d. Wiss. Wien 44, II. Abt., 381–406.
Bünning, E. (1975): Wilhelm Pfeffer. Apotheker, Chemiker, Botaniker, Physiologe. 1845–1920 (= Große Naturforscher 37). Wissenschaftliche Verlagsgesellschaft, Stuttgart.
Chadarevian, S. de (1993): Die «Methode der Kurven» in der Physiologie zwischen 1850 und 1900. S. 28–49 in: Rheinberger, H.-J. & Hagner, M. (Hrsg.): Die Experimentalisierung des Lebens. Experimentalsysteme in den biologischen Wissenschaften 1850/1950. Akademie Verlag, Berlin.
Chadarevian, S. de (1996): Laboratory science versus country-house experiments. The controversy between Julius Sachs and Charles Darwin. Brit. J. Hist. Sci. 29, 17–41.
Colin, J. J. & Gaultier de Claubry, H. (1814): Mémoire sur les combinaisons de l'Iode avec les substances végétales et animales. Bull. Sci. Soc. Philomathique de Paris 1814, 129–130.
Darwin, C. & Darwin, F. (1880): The power of movement in plants. J. Murray, London.
Darwin, F. (1881): On the power possessed by leaves of placing themselves at right angles to the direction of incident light. J. Linn. Soc. Botany 18, 420–455.
Dokument 1 – Österreichisches Staatsarchiv, Allgemeines Verwaltungsarchiv Wien, Fonds Ministerium des Cultus und Unterrichts, Habilitation Julius Sachs, Universität Prag, 23.7.1857, 18 Blatt.
Duhamel du Monceau, H. L. (1758): La physique des arbres, 2 Bände. H.L. Guerin & L.F. Delatour, Paris.
Flemming, W. (1879): Ueber das Verhalten des Kerns bei der Zellteilung, und über die Bedeutung mehrkerniger Zellen. Archiv f. pathol. Anat., Path., Physiol. u. klin. Medizin 77, 1–29.
Frank, A. B. (1868): Beiträge zur Pflanzenphysiologie. I. Ueber die durch Schwerkraft verursachten Bewegungen von Pflanzentheilen. II. Ueber die Entstehung von Intercellularräumen der Pflanzen. W. Engelmann, Leipzig.
Gimmler, H. (Hrsg.) (1984): Julius Sachs und die Pflanzenphysiologie heute. Festschrift zum 150. Geburtstag des Würzburger Botanikers und Pflanzenphysiologen, Verlag der Physikalisch-Medizinischen Gesellschaft (= Sonderband der Berichte), Würzburg.
Gimmler, H. (1995): Julius von Sachs (1832–1897). Botaniker und Pflanzenphysiologe. S. 129–156 in: Baumgart, P. (Hrsg.): Lebensbilder bedeutender Würzburger Professoren (= Quellen und Beiträge zur Geschichte der Universität Würzburg 8). Degener & Co., Neustadt an der Aisch.
Gimmler, H. & Czygan, F.-C. (1997): Dem Pflanzenphysiologen Julius von Sachs zum 100. Todestag. Von der Kraft der Beobachtung, der Kunst der Darstellung und dem Transfer botanischen Wissens. Würzburg heute 64, 5–11.
Goebel, K. (1897): Julius Sachs. Flora 83, 101–130.
Grisebach, A. (1843): Beobachtungen über das Wachsthum der Vegetationsorgane in Bezug auf Systematik. Arch. Naturgesch. 9, 267–292.
Guntau, M. & Laitko, H. (Hrsg.) (1987): Der Ursprung der modernen Wissen-

schaften. Studien zur Entstehung wissenschaftlicher Disziplinen. Akademie-Verlag, Berlin.
Hartung, W. (1984): Der Beitrag von Julius Sachs zur Entdeckung der Phytohormone. S. 167–180 in Gimmler (1984).
Hauptfleisch, P. (1897): Julius von Sachs. Verh. Phys.-Med. Ges. Würzburg 31, 425–465.
Hofmeister, W. (1851): Vergleichende Untersuchungen der Keimung, Entfaltung und Fruchtbildung höherer Kryptogamen (Moose, Farne, Equisetaceen, Rhizocarpeen und Lycopodiaceen) und der Samenbildung der Coniferen. F. Hofmeister, Leipzig.
Höxtermann, E. (1990): «Mikroskopisch-chemische» Studien zum inneren Bau und Leben der Pflanzenzelle. NTM-Schriftenr. Gesch. Naturwiss. Technik Med. 27, 45–56.
Höxtermann, E. (1992): Fundamental discoveries in the history of photosynthesis research. Photosynthetica 26, 485–502.
Höxtermann, E. (1994): Zur Geschichte des Hormonbegriffes in der Botanik und zur Entdeckungsgeschichte der «Wuchsstoffe». Hist. Phil. Life Sci. 16, 311–337.
Höxtermann, E. (1995): Die ersten Wirkungsspektren der Photosynthese im 19. Jahrhundert. Sudhoffs Archiv 79, 22–53.
Höxtermann, E. (1998): Physiologie und Biochemie der Pflanzen. S. 499–536, 729–736 in Jahn, I. (Hrsg.): Geschichte der Biologie. Theorien, Methoden, Institutionen, Kurzbiographien, 3. Aufl. Gustav Fischer, Jena.
Ingen-Housz, J. (1779): Experiments upon vegetables, discovering their great power of purifying the common air in the sunshine and of injuring it in the shade and at night. Elmsly, London.
Junker, T. (1989): Darwinismus und Botanik. Rezeption, Kritik und theoretische Alternativen im Deutschland des 19. Jahrhunderts (= Quellen und Studien zur Geschichte der Pharmazie 54), Deutscher Apotheker Verlag, Stuttgart.
Knight, T. A. (1806): On the direction of the radicle and germen during the vegetation of seeds. Phil. Trans. R. Soc. London 1806, 99–108.
Knight, T. A. (1811): On the causes which influence the direction of the growth of roots. Phil. Trans. R. Soc. London 1811, 209–219.
Knop, W. (1861–1865): Quantitativ analytische Arbeiten über den Ernährungsprocess der Pflanzen. Die landwirthschaftlichen Versuchs-Stationen 3, 295–324 (1861), 4, 173–187 (1862), 5, 94–109 (1863), 7, 93–107 (1865).
Liebig, J. (1840): Die organische Chemie in ihrer Anwendung auf Agriculturchemie und Physiologie. Vieweg, Braunschweig.
Mägdefrau, K. (1992): Geschichte der Botanik. Leben und Leistung großer Forscher, 2. Aufl. Gustav Fischer, Stuttgart – Jena – New York.
Mohl, H. von (1837): Untersuchungen über die anatomischen Verhältnisse des Chlorophylls (Dissertation vom Jahr 1837.). S. 349–361 in von Mohl, H. (1845): Vermischte Schriften botanischen Inhalts. L. F. Fues, Tübingen.
Nägeli, C. (1865): Entstehung und Begriff der naturhistorischen Art. Franz, München.
Nägeli, C. (1884): Mechanisch-physiologische Theorie der Abstammungslehre. R. Oldenbourg, München – Leipzig.
Pfeffer, W. (1881): Pflanzenphysiologie. Ein Handbuch des Stoffwechsels und Kraftwechsels in der Pflanze. 2 Bde., W. Engelmann, Leipzig. – 2. Aufl., Bd. 1 (1897), Bd. 2/1 (1901) u. 2/2 (1904).
Pirson, A. (1984): Julius Sachs – Arbeit und Denken aus der Sicht der neueren Pflanzenphysiologie. S. 115–161 in Gimmler (1984).

Pringsheim, E. G. (1932): Julius Sachs, der Begründer der neueren Pflanzenphysiologie, 1832–1897. Gustav Fischer, Jena.
Raspail, F. V. (1825): Développement de la fécule dans les organes de la fructification des Céréales, et analyse microscopique de la fécule, suivie d'expériences propres à en expliquer la conversion en gomme. Ann. Sci. Nat. Bot. 6, 224–239, 384–427.
Roux, W. (1885): Beiträge zur Entwicklungsmechanik des Embryo. Nr. 1. Einleitung und Orientierung über einige Probleme der embryonalen Entwicklung. Z. Biol. 21, 411–524.
Schacht, H. (1852): Physiologische Botanik. Die Pflanzenzelle, der innere Bau und das Leben der Gewächse. Nach eigenen vergleichenden, mikroskopisch-chemischen, Untersuchungen bearbeitet. G. W. F. Müller, Berlin.
Scheele, C. W. (1793): Sämtliche physische und chemische Werke (hrsg. von S. F. Hermbstaedt). 2 Bde., Rottmann, Berlin.
Schleiden, M. J. (1842/43): Grundzüge der Wissenschaftlichen Botanik nebst einer Methodologischen Einleitung als Anleitung zum Studium der Pflanze. 2 Teile, W. Engelmann, Leipzig. – 2. Aufl. als: Die Botanik als inductive Wissenschaft, 2 Teile, W. Engelmann, Leipzig 1845/46.
Scott, D. H. (1925): German reminiscences of the early eighties. New Phytologist 24, 9–16.
Sprengel, C. (1826): Ueber Pflanzenhumus, Humussäure und humussaure Salze. Kastners Arch. Ges. Naturlehre 8, 145–220.
Stöckhardt, J. A. (1859): Vegetationsversuche in Wasser und verdünnten Salzlösungen. Der chemische Ackersmann 5, 28–36.
Strasburger, E. (1875): Zellbildung und Zelltheilung. Gustav Fischer, Jena.
Strbánová, S. (1989): Die Bedeutung von Jan Evangelista Purkinje für den Aufstieg der Biochemie. Braunschweiger Veröff. Gesch. Pharm. Naturwiss. 32, 227–240.
Sucker, U. (1988): Wilhelm Pfeffer (1845–1920) und die Pflanzenphysiologie seiner Zeit. NTM-Schriftenr. Gesch. Naturwiss. Technik Med. 25, 43–57.
Unger, F. (1855): Anatomie und Physiologie der Pflanzen. Hartleben, Wien.
Weiling, F. (1976): Die Ehrenpromotion von Charles Darwin zum 50-jährigen Bestehen der Rheinischen Friedrich-Wilhelms-Universität zu Bonn im Lichte der übrigen, aus dem gleichen Anlaß im naturwissenschaftlichen Bereich erfolgten Ehrungen. Bonner Geschichtsbl. 28, 167–199.
Weiling, F. (1984a): Siebzehn Briefe des jungen Julius Sachs aus dem Nachlaß des Wiener Pflanzenphysiologen Franz Unger. S. 33–78 in Gimmler (1984).
Weiling, F. (1984b): Julius Sachs (1832–1897). Begründer der modernen Pflanzenphysiologie. Sein Wirken in Bonn 1861–1867. Bonner Geschichtsbl. 35, 137–177.
Weismann, A. (1885): Die Continuität des Keimplasmas als Grundlage einer Theorie der Vererbung. Gustav Fischer, Jena.

CHARLES DARWIN

Originalwerke von Charles Darwin
Darwin, C. (1839): Journal of researches into the geology and natural history of the various countries visited by H. M. S. Beagle ... Henry Colburn, London (deutsch: Charles Darwin's naturwissenschaftliche Reisen nach den Inseln des grünen Vorgebirges ... 2 Bde., Vieweg, Braunschweig 1844).
Darwin, C. (1859a): On the tendency of species to form varieties, and on the

perpetuation of varieties and species by natural means of selection. Journal of the Proceedings of the Linnean Society (Zoology) 3, 45–62.
Darwin, C. (1859b): On the origin of species by means of natural selection, or the preservation of favoured races in the struggle for life. John Murray, London (deutsch: Über die Entstehung der Arten im Thier- und Pflanzen-Reich durch natürliche Züchtung, oder Erhaltung der vervollkommneten Rassen im Kampfe um's Daseyn. Schweizerbart, Stuttgart 1860).
Darwin, C. (1862): On the various contrivances by which British and foreign orchids are fertilised by insects, and the good effects of intercrossing. John Murray, London (deutsch: Über die Einrichtungen zur Befruchtung Britischer und ausländischer Orchideen durch Insekten und über die günstigen Erfolge der Wechselbefruchtung. Schweizerbart, Stuttgart 1862).
Darwin, C. (1868): The variation of animals and plants under domestication. 2 vols. John Murray, London (deutsch: Das Variiren der Thiere und Pflanzen im Zustande der Domestication. 2 Bde. Schweizerbart, Stuttgart 1868).
Darwin, C. (1871): The descent of man, and selection in relation to sex. 2 vols. John Murray, London (deutsch: Die Abstammung des Menschen und die geschlechtliche Zuchtwahl. 2 Bde. Schweizerbart, Stuttgart 1871).
Darwin, C. (1872): The expression of the emotions in man and animals. John Murray, London (deutsch: Der Ausdruck der Gemüthsbewegungen bei dem Menschen und den Thieren. Schweizerbart, Stuttgart 1872).
Darwin, C. (1886): Gesammelte kleinere Schriften von Charles Darwin. Herausgegeben von E. Krause. Ernst Günther, Leipzig.
Darwin, C. (1909): The foundations of the Origin of Species. Two essays written in 1842 and 1844 by Charles Darwin. Ed. F. Darwin. Cambridge University Press, Cambridge (deutsch: Die Fundamente zur Entstehung der Arten. Zwei in den Jahren 1842 und 1844 verfasste Essays von Charles Darwin. Teubner, Leipzig – Berlin 1911).
Darwin, C. (1958): The Autobiography of Charles Darwin 1809–1882. With the Original Omissions Restored. Ed. N. Barlow. Collins, London (deutsch: Mein Leben, 1809–1882. Insel-Verlag, Frankfurt am Main – Leipzig 1959).
Darwin, C. (1975): Charles Darwin's Natural Selection; being the second part of his big species book written from 1856 to 1858. Ed. R. C. Stauffer. Cambridge University Press, Cambridge.
Darwin, C. (1977): The collected papers. Ed. P. H. Barrett. 2 vols. University of Chicago Press, Chicago.
Darwin, C. (1987): Charles Darwin's Notebooks, 1836–1844. Ed. P. H. Barrett et al. Cambridge University Press, Cambridge.

Weitere Literatur
Bates, H. W. (1862): Contributions to an Insect Fauna of the Amazon Valley. Trans. Linnean Soc. London 23, 495–566.
Bowlby, J. (1990): Charles Darwin: a biography. Hutchinson, London.
Bowler, P. J. (1988): The non-Darwinian revolution: reinterpreting a historical myth. The Johns Hopkins University Press, Baltimore.
Bowler, P. J. (1990): Charles Darwin: the man and his influence. Basil Blackwell, Oxford.
Browne, J. (1995): Charles Darwin: Voyaging. Jonathan Cape, London.
Burkhardt, F. & Smith, S. (1994): A Calendar of the Correspondence of Charles Darwin, 1821–1882. With Supplement. Cambridge University Press, Cambridge.

Burkhardt, F. & Smith, S. (1985–1991): The Correspondence of Charles Darwin. Bd. 1–7. Cambridge University Press, Cambridge.
Burkhardt, F. et al. (1993–1999): The Correspondence of Charles Darwin. Bd. 8–11. Cambridge University Press, Cambridge.
[Chambers, R.] (1844): Vestiges of the Natural History of Creation. J. Churchill, London.
Darwin, E. (1794–1796): Zoonomia: or, The Laws of Organic Life. 2 vols. J. Johnson, London.
Darwin, F. & Seward, A. C. (Hrsg.) (1903): More letters of Charles Darwin. 2 vols. John Murray, London.
Darwin, F. (Hrsg.) (1887): The Life and Letters of Charles Darwin. 3 vols. John Murray, London (deutsch: Leben und Briefe von Charles Darwin. 3 Bde. Schweizerbart, Stuttgart 1887).
Desmond, A. & Moore, J. (1991): Darwin. M. Joseph, London (deutsch: Darwin. List, München – Leipzig 1995).
Di Gregorio, M. A. (Hrsg.) (1990): Charles Darwin's marginalia. Vol. 1. Garland Publishing, New York – London.
Engels, E.-M. (Hrsg.) (1995): Die Rezeption von Evolutionstheorien im neunzehnten Jahrhundert. Suhrkamp, Frankfurt am Main.
Freeman, R. B. (1977): The Works of Charles Darwin. An Annotated Bibliographical Handlist. 2nd ed. Dawson, Folkestone.
Ghiselin, M. T. (1969): The triumph of the Darwinian method. University of California Press, Berkeley.
Glass, B., Temkin, O. & Straus, W. L. Jr. (Hrsg.) (1959): Forerunners of Darwin: 1745–1859. The Johns Hopkins Press, Baltimore.
Glick, T. F. (Hrsg.) (1988): The comparative reception of Darwinism. 2d ed. The University of Chicago Press, Chicago.
Gould, S. J. (1977): Ontogeny and phylogeny. Harvard University Press, Cambridge, Mass.
Gruber, H. E. (1981): Darwin on man: a psychological study of scientific creativity. 2nd ed. University of Chicago Press, Chicago.
Haeckel, E. (1864): Ueber die Entwickelungstheorie Darwin's. S. 17–30 in: Amtlicher Bericht über die 38. Versammlung Deutscher Naturforscher und Ärzte in Stettin im September 1863. F. Hessenland, Stettin.
Hemleben, J. (1968): Charles Darwin mit Selbstzeugnissen und Bilddokumenten. Rowohlt, Hamburg.
Huxley, T. H. (1894): Evolution and Ethics and other Essays. Macmillan, London.
Jahn, I. (1982): Charles Darwin. Pahl-Rugenstein, Köln.
Jahn, I. (Hrsg.) (1998): Geschichte der Biologie. Theorien, Methoden, Institutionen, Kurzbiographien. 3. Auflage. Gustav Fischer, Jena.
Junker, T. (1989): Darwinismus und Botanik. Rezeption, Kritik und theoretische Alternativen im Deutschland des 19. Jahrhunderts. Deutscher Apotheker Verlag, Stuttgart.
Junker, T. (1998): Charles Darwin und die Evolutionstheorien des 19. Jahrhunderts. S. 356–385 in: Jahn 1998.
Junker, T. & E.-M. Engels (Hrsg.) (1999): Die Entstehung der Synthetischen Theorie: Beiträge zur Geschichte der Evolutionsbiologie in Deutschland 1930–1950. Verlag für Wissenschaft und Bildung, Berlin.
Junker, T. & Richmond, M. (Hrsg.) (1996): Charles Darwins Briefwechsel mit deutschen Naturforschern: Ein Kalendarium mit Inhaltsangaben, biographischem Register und Bibliographie. Basilisken-Presse, Marburg.

Kohn, D. (Hrsg.) (1985): The Darwinian heritage. Princeton University Press, Princeton.
Lyell, C. (1830–1833): Principles of Geology, Being an Attempt to Explain the Former Changes of the Earth's Surface, by Reference to Causes Now in Operation. 3 vols. John Murray, London.
Malthus, T. R. (1826): An Essay on the Principles of Population ... 6th ed. 2 vols. Murray, London.
Mayr, E. (1985): Darwin's five theories of evolution. S. 755–772 in: Kohn (1985).
Mayr, E. (1991): One Long Argument: Charles Darwin and the Genesis of Modern Evolutionary Thought. Harvard University Press, Cambridge, Mass. (deutsch: ... und Darwin hat doch recht. Charles Darwin, seine Lehre und die moderne Evolutionsbiologie. Piper, München – Zürich 1994).
Mayr, E. (1994): Recapitulation reinterpreted: The somatic program. Quart. Rev. Biol. 69, 223–232.
Mayr, E. & Provine, W. B. (Hrsg.) (1980): The Evolutionary Synthesis. Perspectives on the Unification of Biology. Harvard University Press, Cambridge, Mass.
Nyhart, L. (1995): Biology Takes Form: Animal Morphology and the German Universities, 1800–1900. University of Chicago Press, Chicago.
Schmitz, S. (1983): Charles Darwin. Leben – Werk – Wirkung. Hermes Handlexikon. Econ, Düsseldorf.
Wallace, A. R. (1859): On the tendency of varieties to depart indefinitely from the original type. Proc. Linnean Soc. Zool. 3, 45–62.
Zirnstein, G. (1982): Charles Darwin. 4., erw. Aufl. Teubner, Leipzig.

Johann Gregor Mendel

Originalwerke von Johann Gregor Mendel
Mendel, J. G. (1866): Versuche über Pflanzen-Hybride. Verhandlungen des Naturforschenden Vereines Brünn 4 (1865), 3–47. Nachdrucke: S. 23–62 in Křiženecký 1965a, nach der Handschrift revidiert); S. 57–92 in Křiženecký 1965b. (Es gibt noch manch andere Neuerscheinung und Übersetzung dieses klassischen Werks.)
Mendel, J. G. (1870): Über einige aus künstlicher Befruchtung gewonnenen Hieracium-Bastarde. Verhandlungen des Naturforschenden Vereines Brünn 8 (1869), 26–31.

Quellen (Briefe, Handschriften, Excerpta, Randbemerkungen in den Büchern usw.) befinden sich in der genetischen Abteilung des Mährischen Landesmuseums Mendelianum im Gebäude des Augustiner-Stiftes in Alt-Brünn, Mendelovo námstí 1, wo auch die Dauerausstellung über Mendels Leben und Werk eingerichtet wird. Das Museum Mendelianum ist auch der Herausgeber der *Folia Mendeliana*, der Hauptzeitschrift für die Forschung auf dem Gebiete der Geschichte der Genetik.

Weitere Literatur
Boveri, Th. (1904): Zusammenstellung und Ausblicke. S. 113–124 in: Ergebnisse über Konstitution der chromatischen Substanz des Zellkerns. Gustav Fischer, Jena (siehe auch Křiženecký 1965b: 370–377).
Correns, C. (1900): G. Mendels Regel über das Verhalten der Nachkommenschaft der Bastarde. Ber. dt. bot. Ges. 18, 158–168 (siehe auch Křiženecký 1965b: 103–112).

Correns, C. (1905): Gregor Mendels Briefe an Carl Nägeli, 1866–1873. Abh. math.-phys. Kl. kgl. Sächsischen Ges. Naturwiss. 29, 189–265.
Czihak, G. (1984): Johann Gregor Mendel (1822–1884). Dokumentierte Biographie und Katalog zur Gedächtnisausstellung anläßlich des hundertsten Todestages mit Faksimile seines Hauptwerkes. Selbstverlag, Salzburg.
Iltis, H. (1924): Gregor Johann Mendel. Leben, Werk und Wirkung. Julius Springer, Berlin.
Kříženecký, J. (1965 a): Gregor Johann Mendel 1822–1884. Texte und Quellen zu seinem Wirken und Leben. Leopoldina, Leipzig.
Kříženecký, J. (ed.) (1965 b): Fundamenta genetica. The revised edition of Mendel's classic paper with a collection of 27 original papers published during the rediscovery era. Academia, Prague – Brno.
Krummbiegel, I. (1967): Gregor Mendel und das Schicksal seiner Entdeckung. 2. Aufl., Wissenschaftliche Verlagsgesellschaft, Stuttgart.
Löther, R. (1989): Wegbereiter der Genetik. Gregor Johann Mendel und August Weismann. Urania-Verlag, Leipzig – Jena – Berlin.
Marvanová, L.; Orel, V. & Sajner, J. (1965): Iconographia Mendeliana. Moravian Museum, Brno.
Mayr, E. (1984): Die Entwicklung der biologischen Gedankenwelt. Vielfalt, Evolution und Vererbung. Springer, Berlin – Heidelberg – New York – Tokyo.
Olby, R. C. (1966): The Origins of Mendelism. Constable, London.
Orel, V. (1984): Mendel. Oxford University Press, Oxford.
Orel, V. (1996): Gregor Mendel: The First Geneticist. Oxford University Press, Oxford.
Orel, V. & Matalová, A. (eds.) (1983): Gregor Mendel and the Foundation of Genetics. Moravian Muzeum, Brno.
Richter, O. (1943): Johann Gregor Mendel, wie er wirklich war. Verhandlungen des naturforschenden Vereins Brünn 74, II, 1–262.
Sajner, J. (1976): Johann Gregor Mendel, Leben und Werk. 2. Aufl., Augustinus Verlag, Würzburg.
Sosna, M. (ed.) (1966): G. Mendel Memorial Symposium 1865–1965. Academia, Praha.
Stubbe, H. (1965): Kurze Geschichte der Genetik bis zur Wiederentdeckung der Vererbungsregeln Gregor Mendels. 2. Aufl., Gustav Fischer, Jena.

August Weismann

Originalwerke von August Weismann
Weismann, A. (1868): Über die Berechtigung der Darwin'schen Theorie. Ein akademischer Vortrag, gehalten am 8. Juli 1868 in der Aula der Universität in Freiburg im Breisgau, Leipzig.
Weismann, A. (1872): Über den Einfluss der Isolierung auf die Artbildung. Gustav Fischer, Jena.
Weismann, A. (1877): Beiträge zur Naturgeschichte der Daphnoiden, II. Z. wiss. Zool. 28, 95–175.
Weismann, A. (1883): Ueber die Vererbung. Ein Vortrag. S. 75–121 in Weismann (1892 a).
Weismann, A. (1884): Über Leben und Tod. S. 123–190 in Weismann (1892 a).
Weismann, A. (1885): Die Continuität des Keimplasmas als Grundlage einer Theorie der Vererbung. S. 191–302 in Weismann (1892 a).
Weismann, A. (1886): Die Bedeutung der sexuellen Fortpflanzung für die Selections-Theorie. S. 303–395 in Weismann (1892 a).

Weismann, A. (1892a): Aufsätze über Vererbung. Gustav Fischer, Jena.
Weismann, A. (1892b): Das Keimplasma – Eine Theorie der Vererbung. Gustav Fischer, Jena.
Weismann, A. (1893): Die «Allmacht der Naturzüchtung». Gustav Fischer, Jena.
Weismann, A. (1895): Wie sehen die Insecten? Deutsche Rundschau 83, 434–452.
Weismann, A. (1899): Thatsachen und Auslegungen in Bezug auf Regeneration. Anat. Anz. 15, 445–474.
Weismann, A. (1904): Vorträge über Descendenztheorie, 2. Aufl. Gustav Fischer, Jena (1. Aufl. 1902).
Weismann, A. (1909): Charles Darwin und sein Lebenswerk, Festrede, Jena.

Weitere Literatur
Anonymus (1904): Bericht über die Feier des 70. Geburtstages von August Weismann am 17. Januar 1904 in Freiburg i. Br., Jena.
Doflein, F. (1914): Das Tier als Glied des Naturganzen, Leipzig.
Gaupp, E. (1917): August Weismann. Sein Leben und sein Werk. Gustav Fischer, Jena.
Kammerer, P. (1912): Sind wir Sklaven der Vergangenheit oder Werkmeister der Zukunft? Schriften des Monistenbundes in Oesterreich, Heft 3.
Kammerer, P. (1925): Neuvererbung oder Vererbung erworbener Eigenschaften, Stuttgart – Heilbronn.
Risler, H. (1968): August Weismann 1834–1914. Ber. naturf. Ges. in Freiburg i. Br. 58, 77–93.
Romanes, G. J. (1893): Eine kritische Darstellung der Weismann'schen Theorie, Leipzig.
Sander, K. (1984): August Weismann (1834–1914). Biologie in unserer Zeit 14, 189–193.
Sander, K. (Hrsg.) (1985): August Weismann (1834–1914) und die theoretische Biologie des 19. Jahrhunderts, Urkunden, Berichte und Analysen. Symposium. Freiburger Universitätsbl. 87/88, 20–203.
Stern, C. (1930): Der Kern als Vererbungsträger. Naturwiss. 18, 1117–1125.
Uschmann, G. & Hassenstein, B. (Hrsg.) (1965): Der Briefwechsel zwischen Ernst Haeckel und August Weismann, Jena.
Wagner, M. (1872): Die Entstehung der Arten durch räumliche Sonderung, Basel.
Wiedersheim, R. (1919): Lebenserinnerungen, Tübingen.

Ernst Haeckel

Originalwerke von Ernst Haeckel
Haeckel, E. (1862): Die Radiolarien (Rhizopoda radiata): Eine Monographie. Georg Reimer, Berlin.
Haeckel, E. (1864): Über die Entwickelungstheorie Darwins. S. 17–30 in: Amtlicher Bericht über die 39. Versammlung Deutscher Naturforscher und Ärtze. Hessenland, Stettin.
Haeckel, E. (1866): Generelle Morphologie der Organismen. 2 Bde. Georg Reimer, Berlin.
Haeckel, E. (1868): Natürliche Schöpfungsgeschichte. 2 Bde. Georg Reimer, Berlin.
Haeckel, E. (1872): Die Kalkschwämme. 2 Bde. Georg Reimer, Berlin.
Haeckel, E. (1874): Die Gastraea-Theorie, die phylogenetische Classification des Thierreichs und die Homologie der Keimblätter. Jenaische Z. Naturwiss. 9: 402–508.

Haeckel, E. (1875): Ziele und Wege der heutigen Entwickelungsgeschichte. Hermann Duffl, Jena.
Haeckel, E. (1899): Kunstformen der Natur. Bibliographisches Institut, Leipzig.
Haeckel, E. (1904): Die Lebenswunder. Gemeinverständliche Studien über biologische Philosophie. Kröner, Stuttgart (zit. nach der 4. Auflage 1923).
Haeckel, E. (1917): Kristallseelen. Studien über das Anorganische Leben. Kröner, Leipzig.

Weitere Literatur

Baer, K. E. von (1828): Ueber Entwickelungsgeschichte der Thiere. Beobachtung und Reflexion. 2 Bde. Bornträger, Königsberg.
Beurton, P. (1994): Historische und systematische Probleme der Entwicklung des Darwinismus. Jb. Gesch. Theorie Biol. 1, 93–211.
Büchner, L. (1872): Vorlesungen über die Darwinsche Theorie. 3. Auflage. Verlag von Theodor Thomas, Leipzig.
Büchner, L. (1872): Der Mensch und seine Stellung in der Natur in Vergangenheit, Gegenwart und Zukunft. 2. Auflage. Verlag von Theodor Thomas, Leipzig.
Büchner, L. (1874): Eine neue Schöpfungstheorie. S. 271–280 in: Büchner, L.: Aus Natur und Wissenschaft. Verlag von Theodor Thomas, Leipzig.
Dohrn, A. (1875): Der Ursprung der Wirbeltiere und das Prinzip des Funktionswechsels. Engelmann, Leipzig.
Dohrn, A. (1885): Studien zur Urgeschichte des Wirbelthierkörpers. VIII. Die Thyreoidea bei Petromyzon, Amphioxus und den Tunicaten. Mitt. zool. Stat. Neapel 6, 49–92.
Feuerbach, L. (1990): Die Naturwissenschaft und die Revolution. S. 347–368 in: Gesammelte Werke Bd. 10. Akademie Verlag, Berlin.
Gegenbaur, C. (1870): Grundzüge der Vergleichenden Anatomie. 2. Auflage. Engelmann, Leipzig.
Gegenbaur, C. (1898): Vergleichende Anatomie der Wirbelthiere. Bd. 1. Engelmann, Leipzig.
Gegenbaur, C. (1902): Vergleichende Anatomie der Wirbelthiere. Bd. 2. Engelmann, Leipzig.
Kleinenberg, N. (1886): Die Entstehung des Annelids aus der Larve von Lobadorhynchus. Nebst Bemerkungen über die Entwicklung anderer Polyychaeten. Z. wiss. Zool. 44, 1–227.
Krauße, E. (1984): Ernst Haeckel. Biographien hervorragender Naturwissenschaftler, Techniker und Mediziner Bd. 70. Teubner Verlagsgesellschaft, Leipzig.
Krauße, E. (1994): Zum Verhältnis von Karl Gegenbaur (1826–1903) und Ernst Haeckel (1834–1919). Generelle und spezielle Morphologie. In: Geus, A., Gutmann, W. F. & Weingarten, M. (Hrsg.): Miscellen zur Geschichte der Biologie. Aufs. & Red. Senck. Naturf. Ges. 41, 83–99.
Nyhart, L. K. (1995): Biology Takes Form. Animal Morphology and the German Universities 1800–1900. 414 S., The University of Chicago Press, Chicago.
Plessner, H. (1982): Die verspätete Nation. Gesammelte Schriften Bd. VI. Suhrkamp, Frankfurt am Main.
Schnädelbach, H. (1983): Philosophie in Deutschland 1831–1933. Suhrkamp, Frankfurt am Main.
Uschmann, G. (1959): Geschichte der Zoologie und der zoologischen Anstalten in Jena 1779–1919. Gustav Fischer, Jena.
Uschmann, G. (Hrsg.) (1984): Ernst Haeckel, Biographie in Briefen. Urania Verlag, Leipzig – Jena – Berlin.

Wittich, D. (Hrsg.) (1971): Vogt, Moleschott, Büchner. Schriften zum kleinbürgerlichen Materialismus in Deutschland. 2 Bde. Akademie Verlag, Berlin.

Wittkau-Horgby, A. (1998): Materialismus. Vandenhoeck und Rupprecht, Göttingen.

WILHELM ROUX

Originalwerke von Wilhelm Roux

Roux, W. (1879): Ueber die Bedeutung der Ablenkung des Arterienstammes bei der Astabgabe. Jenaische Z. Naturwiss. NF 6, 321–337.

Roux, W. (1881): Der Kampf der Theile im Organismus. Ein Beitrag zur Vervollständigung der mechanischen Zweckmäßigkeitslehre. W. Engelmann, Leipzig.

Roux, W. (1883a): Beiträge zur Morphologie der functionellen Anpassung. 2. Ueber die Selbstregulation der morphologischen Länge der Skeletmuskeln. Jenaische Z. Naturwiss. NF 9, 358–427.

Roux, W. (1883b): Ueber die Bedeutung der Kerntheilungsfiguren. Eine hypothetische Erörterung. W. Engelmann, Leipzig.

Roux, W. (1883c): Über die Zeit der Bestimmung der Hauptrichtungen des Froschembryo. Eine biologische Untersuchung. W. Engelmann, Leipzig.

Roux, W. (1885): Beiträge zur Entwickelungsmechanik des Embryo. Nr. 1. Zur Orientirung über einige Probleme der embryonalen Entwickelung. Z. Biol. 21, 411–526.

Roux, W. (1888): Beiträge zur Entwickelungsmechanik des Embryo. Nr. 5. Über die künstliche Hervorbringung «halber» Embryonen durch Zerstörung einer der beiden ersten Furchungszellen, sowie über die Nachentwickelung (Postgeneration) der fehlenden Körperhälfte. Virchow's Archiv 114, 133–153, 246–291.

Roux, W. (1890): Die Entwickelungsmechanik der Organismen, eine anatomische Wissenschaft der Zukunft. Festrede. Urban & Schwarzenberg, Wien.

Roux, W. (1895): Gesammelte Abhandlungen über Entwickelungsmechanik des Embryo. 2 Bde. W. Engelmann, Leipzig.

Roux, W. (1895): Einleitung zu den Beiträgen. S. 1–23 in: Ebd., Bd. II.

Roux, W. (1905): Die Entwickelungsmechanik, ein neuer Zweig der biologischen Wissenschaft. Vorträge und Aufsätze über Entwickelungsmechanik der Organismen, Heft 1. W. Engelmann, Leipzig.

Roux, W. (1906): Besprechung: E. Haeckel, Prinzipien der generellen Morphologie der Organismen. Wiederabdruck. Arch. Entwicklungsmech. 21, 361.

Roux, W. (1908): Besprechung: E. Haeckel, Alte und neue Naturgeschichte. Arch. Entwicklungsmech. 26, 497–499.

Roux, W. (1912): Gutachten über dringlich zu errichtende biologische Forschungsinstitute, insbesondere über die Errichtung eines Institutes für Entwicklungsmechanik für die Kaiser-Wilhelm-Gesellschaft zur Förderung der Wissenschaften. Vorträge und Aufsätze über Entwickelungsmechanik der Organismen, Heft 15. W. Engelmann, Leipzig.

Roux, W. (1913): Über die bei der Vererbung von Variationen anzunehmenden Vorgänge. Vorträge und Aufsätze über Entwickelungsmechanik der Organismen. Heft 14. 2. Aufl., W. Engelmann, Leipzig.

Roux, W. (1913): Über kausale und konditionale Weltanschauung und deren Stellung zur Entwicklungsmechanik. W. Engelmann, Leipzig.

Roux, W. (1914): Die Selbstregulation, ein charakteristisches und nicht notwendig vitalistisches Vermögen aller Lebewesen. Nova Acta Leopoldina 100 (2), E. Karras, Halle/S.

Roux, W. (1923): Wilhelm Roux. Die Medizin der Gegenwart in Selbstdarstellungen. Herausgegeben von R. L. Grote. F. Meiner, Leipzig.

Weitere Literatur

Arthur, W. (1984): Mechanisms of Morphological Evolution. A combined genetic, developmental and ecological approach. John Wiley & Sons, Chichester etc.

Bereiter-Hahn, J. (1991): Biomechanics and Biochemistry. S. 81–90 in: Schmidt-Kittler, N. & Vogel, K. (eds.): Constructional Morphology and Evolution. Springer, Berlin etc.

Breidbach, O. (1994): Entwicklungsmorphologie – Ein neuer Ansatz zur Fundierung einer organismischen Biologie? Jb. Gesch. Theorie Biol. 1, 21–43.

Churchill, F. B. (1973): Chabry, Roux, and the Experimental Method in Nineteenth Century Embryology. S. 161–205 in: Giere, R. N. & Westfall, R. S. (Hrsg.): Foundations of the scientific method: the nineteenth century. Indiana University Press, Bloomington – London

Counce, S. J. (1994): Archives for Developmental Mechanics. W. Roux, Editor (1894–1924). Roux's Arch. Dev. Biol. 204, 79–92.

Driesch, H. (1891): Entwickelungsmechanische Studien. I. Der Werth der beiden ersten Furchungszellen in der Echinodermenentwickelung. Experimentelle Erzeugung von Theil- und Doppelbildungen. II. Über die Beziehungen des Lichtes zur ersten Etappe der thierischen Formbildung. Z. wiss. Zool. 53, 160–184.

Driesch, H. (1920): Wilhelm Roux als Theoretiker. Naturwiss. Jg. 8, 446-450.

Dullemeijer, P. (1980): Functional Morphology and Evolutionary Biology. Acta Biotheoretica 29, 151–250.

Edlinger, K. (1994): Ontogenetische Mechanismen in Beziehung zur Evolution. S. 365-384 in: Gutmann, F. W., Mollenhauer, D. &. Peters, D. S. (Hrsg.): Morphologie & Evolution. Symposien zum 175jährigen Jubiläum der Senckenbergischen Naturforschenden Gesellschaft. W. Kramer, Frankfurt am Main.

Eldredge, N. & Gould, S. J. (1972): Punctuated equillibria: an alternative to phyletic gradualism. S. 82–115 in: Schopf, T. J. M. (Hrsg.): Models in Paleobiology. Freeman, Cooper & Co., San Francisco.

Fischer, J.-L. (1992): The embryological œvre of Laurent Chabry. Roux's Arch. Dev. Biol. 201, 125–127.

Gierer, A. (1986): Physik der biologischen Gestaltbildung. S. 103–120 in: Dress, A. et al. (Hrsg.): Selbstorganisation. Die Entstehung von Ordnung in Natur und Gesellschaft. Piper, München – Zürich.

Gilbert, S. F. (Hrsg.) (1991): A Conceptual History of Modern Embryology (Vol. 7 of Developmental biology: a comprehensive synthesis). Plenum Press, New York.

Gurwitsch, A. (1922): Über den Begriff des Embryonalen Feldes. Arch. Entwicklungsmech. 51, 383–415.

Gutmann, W. F. (1989): Die Evolution hydraulischer Strukturen: Organismische Wandlung statt altdarwinistischer Anpassung. W. Kramer, Frankfurt am Main.

Hamburger, V. (1988): The Heritage of Experimental Embryology. Hans Spemann and the Organizer. Oxford University Press, New York – Oxford.

Hertwig, O. (1893): Ueber den Werth der ersten Furchungszellen für die Organbildung des Embryo. Experimentelle Studien am Frosch- und Tritonei. Arch. mikrosk. Anat. 42, 662–807.

Hertwig, O. (1915): Lehrbuch der Entwicklungsgeschichte des Menschen und der Wirbeltiere. 10. Aufl., Gustav Fischer, Jena.

Kuhl, W. (1937): Untersuchungen über das Verhalten künstlich getrennter Furchungszellen und Zellaggregate einiger Amphibienarten mit Hilfe des Zeitrafferfilmes. Wilhelm Roux' Arch. Entwicklungsmech. Org. 136, 593–671.
Maienschein, J. (1991): The Origins of Entwicklungsmechanik. S. 43-61 in: Gilbert, S. F. (Hrsg.): A Conceptual History of Modern Embryology (Vol. 7 of Developmental biology: a comprehensive synthesis). Plenum Press, New York.
Mayr, E. (1984): Die Entwicklung der biologischen Gedankenwelt. Springer, Berlin etc. (Orig. 1982).
Mocek, R. (1974): Wilhelm Roux – Hans Driesch. Zur Geschichte der Entwicklungsphysiologie der Tiere. Gustav Fischer, Jena.
Mocek, R. (1998): Die werdende Form. Eine Geschichte der kausalen Morphologie. Basilisken-Verlag, Marburg.
Müller-Lauter, W. (1978): Der Organismus als innerer Kampf. Nietzsche-Studien 7, 189–224.
Sander, K. (1991): When seeing is believing. Wilhelm Roux's misconseived fate map. Roux's Arch. Dev. Biol. 200, 177–179.
Voigtländer, G. (1933): Neue Untersuchungen über den «Cytotropismus» der Furchungszellen. Wilhelm Roux' Arch. Entwicklungsmech. Org. 127, 151–215.

HANS SPEMANN

Ungedruckte Quellen

1. Senckenbergische Bibliothek, Frankfurt a. M.: Nachlaß Hans Spemann.
2. Institut für Biologie I, Albert-Ludwigs-Universität Freiburg im Breisgau: Nachlaß Hans Spemann.
3. Hubrecht Laboratory Utrecht/NL, Central Embryological Collection: Hans-Spemann-Collection.

Originalwerke von Hans Spemann

Spemann, H. (1901–1903): Entwickelungsphysiologische Studien am Tritonei. I–III. Arch. Entwickelungsmech. Org. 12, 15, 16.
Spemann, H. (1907): Zum Problem der Correlation in der tierischen Entwicklung. Verh. dt. zool. Ges. 17, 22–48.
Spemann, H. (1912): Zur Entwicklung des Wirbeltierauges. Zool. Jb. Allg. Zool. 32, 1–98.
Spemann, H. (1918): Über die Determination der ersten Organanlagen des Amphibienembryo. I–VI. Arch. Entwickelungsmech. Org. 43, 448–555.
Spemann, H. (1924): Vererbung und Entwicklungsmechanik. Z. indukt. Abstammungs- und Vererbungslehre 33, 272–293.
Spemann, H. (1936): Experimentelle Beiträge zu einer Theorie der Entwicklung. Julius Springer, Berlin.
Spemann, H. (1943): Forschung und Leben. Hrsg. v. Friedrich Wilhelm Spemann. J. Engelhorn Nachf. Adolf Spemann, Stuttgart.
Spemann, H. & Mangold, H. (1924): Über die Induktion von Embryonalanlagen durch Implantation artfremder Organisatoren. Roux' Arch. mikrosk. Anat. Entwicklungsmech. Org. 100, 599-638.

Weitere Literatur

Allen, G. E. (1978): Life Science in the Twentieth Century (= The Cambridge History of Science, Bd. 4). 2. Aufl., Cambridge University Press, Cambridge – London – New York.
Bowler, P. J. (1983): The Eclipse of Darwinism. John Hopkins University Press, London – Baltimore.
Fäßler, P. E. (1994): Hilde Mangold (1898–1924). Ihr Beitrag zur Entdeckung des Organisatoreffekts im Molchembryo. Biologie in unserer Zeit 24, H. 6, 323–329.
Fäßler, P. E. (1994): Von der Volkshochschule zur Volksbildungsstätte – Erwachsenenbildung in Freiburg 1919–1944. S. 37–67 in: Eigler, G. & Haupt H. (Hrsg.): Volkshochschule Freiburg. Edition Isele, Freiburg.
Fäßler, P. E. (1995): Ein Beitrag zur Geschichte einer Theorie der Entwicklung – Hans Spemanns Organisatorkonzeption. Biol. Zbl. 114, 216–222.
Fäßler, P. E. (1995): Hans Spemann. Experimentelle Forschung im Spannungsfeld von Empirie und Theorie. Ein Beitrag zur Geschichte der Entwicklungsbiologie zu Beginn des 20. Jahrhunderts. Diss. rer. nat., Albert-Ludwigs-Universität, Freiburg im Breisgau.
Fäßler, P. E. (1996): Hans Spemann and the Freiburg School of Embryology. Int. J . Dev. Biol. 40, 49–59.
Fäßler, P. E. & Sander, K. (1996): Hilde Mangold (1898–1924) and Spemann's organizer: achievement and tragedy. W. Roux' Arch. Dev. Biol. 205, 323–332.
Hamburger, V. (1988): The Heritage of Experimental Embryology. Hans Spemann and the Organizer. Oxford University Press, New York – Oxford.
Horder, T. J. & Weindling P. J. (1986): Hans Spemann and the organiser. S. 183–242 in: Horder, T. J., Witkowski & J. A., Wylie, C. C. (Hrsg.): A History of Embryology. Cambridge University Press, Cambridge.
Lenhoff, H. S. (1991): Ethel Browne, Hans Spemann, and the Discovery of the Organizer Phenomenon. Biol. Bull. 181, 72–80.
Mangold, O. (1953): Hans Spemann. Ein Meister der Entwicklungsphysiologie. Sein Leben und sein Werk (= Große Naturforscher, Bd. 11). Wissenschaftliche Verlagsgesellschaft, Stuttgart.
Rinard, R. G. (1988): Neo-Lamarckism and Technique: Hans Spemann and the Development of Experimental Embryology. J. Hist. Biol. 21, 95–118.
Sander, K. (1985): Hans Spemann (1869–1941) – Entwicklungsbiologe von Weltruf. Biologie in unserer Zeit 15, 112–119.
Sander, K. (1990): Von der Keimplasmatheorie zur synergetischen Musterbildung – Einhundert Jahre entwicklungsbiologischer Ideengeschichte. Verh. dt. zool. Ges. 83, 133–177.
Sander, K. (1994): Spuren der Evolution in den Mechanismen der Ontogenese – neue Facetten eines zeitlosen Themas. Jahrb. 1993 der Deutschen Akademie der Naturforscher Leopoldina 39, 297–319.
Waelsch, S. G. (1992): The causal analysis of development in the past half century: a personal history. S. 1–5 in: Stern, C. D. & Ingham, P. W. (Hrsg.): Gastrulation (= Development 1992, Suppl.). The Company of Biologists Limited, Cambridge.

Abbildungsverzeichnis

Seite 11 Carl Linnaeus: Museum für Naturkunde, Berlin
Seite 32 Georges-Louis Leclerc, Comte de Buffon: Archiv für Kunst und Geschichte, Berlin
Seite 53 Charles Bonnet: Archiv für Kunst und Geschichte, Berlin
Seite 81 Lazzaro Spallanzani: Deutsches Museum, München
Seite 97 Caspar Friedrich Wolff: Ernst-Haeckel-Haus der Universität Jena
Seite 118 Peter Simon Pallas: Archiv für Kunst und Geschichte, Berlin
Seite 140 Georges Cuvier: Archiv für Kunst und Geschichte, Berlin
Seite 158 Étienne Geoffroy Saint-Hilaire: Archiv für Kunst und Geschichte, Berlin
Seite 177 Jean Baptiste Lamarck: Bilderdienst Süddeutscher Verlag
Seite 186 Lamarcks Anordnung der Tierklassen: aus Jean Baptiste Lamarck, Zoologische Philosophie. Nach der Übersetzung von Arnold Lang neu bearbeitet von Susi Koref-Santibanez; eingeleitet von Dietmar Schilling; kommentiert von Ilse Jahn, 3 Bde., Deutsch, Leipzig 1990–91, Bd. 3, S. 185
Seite 198 Lamarcks Transformationstheorie: nach P. J. Bowler, Evolution – The History of an Idea, University of California Press, Berkeley 1984, S. 80
Seite 204 Gottfried Reinhold Treviranus: Museum für Naturkunde, Berlin
Seite 223 Alexander von Humboldt: A. v.-Humboldt-Forschungsstelle der Berlin-Brandenburg. Akademie der Wissenschaften, Berlin
Seite 247 Richard Owen: Wellcome Institute for the History of Medicine, London
Seite 262 Christian Gottfried Ehrenberg: Museum für Naturkunde, Berlin
Seite 274 Christian Gottfried Ehrenberg mit seinen Kindern: nach einer Daguerrotypie in Privatbesitz
Seite 284 Lorenz Oken: Archiv für Kunst und Geschichte, Berlin
Seite 300 Karl Ernst von Baer: Professor Elena Muzrukova, Moskau
Seite 312 Matthias Jacob Schleiden: aus Geschichte der Universität Jena. Bd. 1, S. 434. G. Fischer, Jena 1958
Seite 334 Wilhelm Hofmeister: Archiv für Kunst und Geschichte, Berlin
Seite 346 Julius Sachs: aus E. G. Pringsheim, Julius Sachs, der Begründer der neueren Pflanzenphysiologie 1832–1897, Gustav Fischer Verlag 1932, Tafel 4
Seite 371 Charles Darwin: Dr. Thomas Junker, Tübingen
Seite 391 Johann Gregor Mendel: Archiv für Kunst und Geschichte, Berlin
Seite 413 August Weismann: Deutsches Museum, München
Seite 435 Ernst Haeckel: Archiv für Kunst und Geschichte, Berlin
Seite 458 Wilhelm Roux: Museum für Naturkunde, Berlin
Seite 478 Hans Spemann: Zoologisches Institut der Universität Freiburg i. Br.

Leider ist es nicht in jedem Fall gelungen, das Copyright zu ermitteln, mögliche Rechteinhaber wenden sich bitte an den Verlag.

Personenregister

Abernethy, John 246
Abich, Hermann 239
Adanson, Michael 181
Afzelius, Adam 20
Agassiz, Louis 78, 286
Albert, Prinz von Sachsen-Coburg-Gotha 250
Alberti, Heinrich Christian 101
Aldrovandi, Ulysse 12
Althoff, Friedrich 462
Amici, Giovanni Battista 269, 322 f., 336
André, Christian Carl 401 f.
André, Rudolf 402
Appel, Otto 352
Aristoteles 12, 25, 35, 38, 41, 59, 71 f., 77, 111, 145 f., 155, 160, 169
Arnemann, Justus 203
Artedi, Peter 13, 16
Askenasy, Eugen 343, 350
Augustinus, Aurelius 48, 60 f.

Baader, Franz von 283
Baer, Karl Ernst von 95, 98, 113, 116, 128 f., 132, 219, 297, 299–310, 444
Baldinger, Gottfried 20
Barfurth, Dietrich 466
Barry, Martin 251
Barth, Heinrich 274, 277
Bartling, Friedrich Gottlieb 312
Bary, Anton de 340, 343, 350, 415
Bassi, Laura 83
Bates, Henry Walter 384
Bateson, William 406, 408
Baudin, Nicolas 182, 227
Bauhin, Caspar 12
Baum, Wilhelm 412
Becker, Christiana Dorothea 261
Beijerinck, M. W. 407
Belon, Pierre 165
Beneden, Edouard van 408
Bennelle (Pfarrer) 54
Bergeest, Peter Michael 311
Bering, Vitus 120

Bernard, Claude 94, 414
Bernouilli, Daniel 64, 66
Bernstein, Eduard 437
Bertuch, Eduard 312
Berzelius, Jakob 94
Beyrich, Ernst 278
Binder, Klara 479
Bischoff, Gottlieb Wilhelm 334, 337
Bismarck, Otto Fürst von 415
Blumenbach, Johann Friedrich 108 f., 114, 116, 124, 161, 168, 203, 211, 223, 242, 283
Bock, Hieronymus 12
Boddaert, Pieter 124, 126
Boehm, Josef 343
Boerhaave, Hermann 15, 83 f.
Böhmer, Philipp Adolf 101
Bonaparte, Carlo 297
Bonnet, Charles 34 ff., 38, 42, 44, 50, 51–78, 82–85, 87, 90, 92 f., 96, 105, 111, 124 f., 141, 146 f., 152, 167
Bonnet, Pierre 51
Bonpland, Aimé 227–232
Bordeu, Théophile de 36, 168
Borelli, Giovanni Alfonso 88
Born, Gustav 462
Born, Ignaz von 114
Bourguet, Louis 40
Bouterwek, Friedrich 203
Boveri, Theodor 408, 426, 474, 479 ff., 483
Bowler, P. 493
Brande, William Thomas 250
Bratranek, Thomas 392
Braun, Alexander 286, 341 f., 366, 435 f.
Braus, Hermann 494
Brehm, Alfred Edmund 297, 320
Brodersen, Christina 9
Brongniart, Alexandre 148, 206
Bronn, Heinrich Georg 378
Browallius, Johan 14
Brown, Robert 251, 313, 323, 333, 342

Personenregister

Brücke, Ernst 363
Bruguière, Jean-Guillaume 152, 183
Brunfels, Otto 12
Buch, Leopold von 227, 234, 277
Büchner, Andreas Elias 100f.
Büchner, Georg 287
Büchner, Ludwig 437f., 449
Buckland, William 248ff.
Buddeus, Augustin 99
Buffon, Benjamin-François 31
Buffon, Georges-Louis Leclerc, Comte de *31–50*, 53, 56, 59, 62, 83f., 86, 93, 97f., 100, 135, 137, 139, 144, 146, 149ff., 159ff., 164, 171ff., 177f., 184ff., 188ff., 209
Buisson 50
Burdach, Karl 301
Burman, Johan 15
Burmeister, Hermann 239
Büsch, Georg 224
Büsching, Anton Friedrich 121
Buttel-Reepen, Hugo von 433
Bykov, Ivan 120

Calandrini, Giovanni Ludovicio 33, 52
Camerarius, Rudolf 13
Campe, Johann Heinrich 222
Camper, Peter 133
Cancrin, Georg Graf von 237
Candolle, Alphonse Pyramus de 241
Candolle, Augustin Pyramus de 131
Carl August, Großherzog von Weimar 285
Carl von Württemberg 160
Carlyle, Thomas 253
Carpenter, William Benjamin 251
Carus, Carl Gustav 174, 212, 252, 293, 296, 318
Celsius, Anders 14
Celsius, Olof 11f., 14
Cesalpino, Andrea 12
Chabry, Laurent Mary 466
Chambers, Robert 376f.
Chamisso, Adelbert von 264
Chargaff, Erwin 395
Chetverikov, Sergej Sergejevich 406
Child, Charles M. 474
Chouet, Jean-Robert 34
Chruschtschow, Nikita Sergejevich 409

Claudius, Johanna 349
Cleef, Peter van 123, 125
Clemens XIII. 79
Clifford, George 16
Clift, Caroline 246
Clift, William 246, 250
Cohn, Jonas 495
Colin, Jean Jacques 355
Condillac, Étienne Bonnot de 53
Cook, James 224
Corda, August 325
Correns, Carl Erich 407f., 480f., 491f.
Corti, Bonaventura 80
Cothenius, Christian Andreas 103f.
Cramer, Carl 288
Cramer, Gabriel 33f., 52, 54
Cuénot, Lucien 408
Cuentz siehe Kunz, Caspar
Cuvier, Frédéric 143
Cuvier, Georges 48, 132f., *139–156*, 160, 162–166, 170ff., 174f., 179, 181ff., 185, 190, 206, 230, 242, 245f., 250, 285, 307

d'Alembert, Jean Le Rond 36, 159
Dal, V. I. 304
Darwin, Charles 9, 31, 41, 50, 62, 75, 77f., 134, 144, 151, 154, 156, 175f., 185, 196–201f., 213, 228, 243–246, 257ff., 277ff., 281, 290, 305, 307ff., 330, 338, 362, *369–389*, 393, 405f., 417, 419f., 424, 430, 438, 440, 442, 448f., 452, 463, 493
Darwin, Erasmus 370
Darwin, Francis 362
Darwin, Robert Waring 370
Daubenton, Louis Jean Marie 158f., 165, 178f.
Davaucelle (Witwe) 142
Davy, Humphry 250
De La Rive, Charles-Gaspar 51f.
De La Rive, Jeanne-Marie 55
Demidov, Prokopij Akinfievich 129
Deppe, Ferdinand 239
Derham, William 83
Descartes, René 163
Desfontaines, René Louiche 179, 206
Detlaf, T. 306
Diderot, Denis 36f., 41, 53, 69, 159
Diebl, Franz 392, 402

Dieffenbach, Ernst 278
Dippel, Leopold 320
Dobzhansky, Theodosius 406
Doflein, Franz 419
Dohrn, Anton 453 f.
Döllinger, Ignaz 116, 283, 301
Domrich, Ottomar 321
Donati, Vitaliono 124
Dove, Heinrich Wilhelm 435
Driesch, Hans 466 ff., 471–475, 484, 493
Drude, Oscar 241
Du Bois-Reymond, Emil Heinrich 219, 244
Duméril, Constant 168
Dutens, Louis 54
Dutrochet, Henry 94

Ehrenberg, Carl August 261
Ehrenberg, Christian Gottfried 237 ff., 260–281
Ehrenberg, Christian Gottfried (Sohn) 261
Ehrenberg, Clara 272–275, 279
Ehrenberg, Ferdinand 271
Ehrenberg, Helene 272
Ehrenberg, Hermann Alexander 273
Ehrenberg, Johann Gottfried 261
Ehrenberg, Johannes Alexander 272
Ehrenberg, Julie 272 ff.
Ehrenberg, Karl 271
Ehrenberg, Laura 272
Ehrenberg, Mathilde 272
Ehrenberg, Wilhelm Ferdinand 261
Ehret, Georg D. 15
Einstein, Albert 298
Elisabeth II. 102
Endlicher, Stephan 322
Engelmann, Theodor Wilhelm 343
Engels, Friedrich 447
Ens, Faustin 403
Eucken, Rudolf 457
Euler, Christopher 121
Euler, Leonhard 33, 46, 77, 102

Fabricius, Johann Christian 29
Falk, Johann Peter 120 f.
Faraday, Michael 250, 380
Fechner, Gustav Theodor 328
Fenzl, S. 392
Ferdinand von Braunschweig-Lüneburg 118

Feuerbach, Ludwig 437, 447
Fick, Adolf 464
Fitzroy, Robert 372
Flemming, Walther 363
Flourens, Pierre 33, 155
Focke, Christian 204
Focke, Elisabeth 204
Focke, Henrich 204
Focke, Marie Sophie 204
Focke, W. O. 404
Fontaines de Chuignolles, Marie-Françoise de 176
Fontana, Gregorio 91
Forbes, Edward 251
Forster, Georg 222 ff.
Francesco III. d'Este 80
Frank, Albert Bernhard 339, 359
Frank, Johann Peter 82
Franz Joseph I. 467
Franz, P. Friedrich 391
Frey, M. 402
Freytag, O. 315
Friccius, Lina 273
Friedrich (Pastor) 314
Friedrich II., der Große 94, 102
Friedrich Wilhelm III. 236, 240
Friedrich Wilhelm IV. 240, 262
Fries, Jacob Friedrich 312 ff., 326
Frisch, Karl von 480
Fritsch, Carl 403
Froriep, Ludwig von 314
Froriep, Robert Friedrich 314
Fuchs, Leonhart 12

Galton, Francis 406, 408, 424
Galvani, Luigi 94, 209, 225
Gärtner, Karl Friedrich 395 ff., 400, 405
Gassendi, Pierre 36
Gaubius, Hieronymus David 118, 123
Gaultier de Claubry, Henri-François 355
Gauß, Carl Friedrich 312 f.
Gay-Lussac, Louis-Joseph 234
Gegenbaur, Carl 382, 436, 439, 442 f., 453, 457, 460
Geißler, Christian Gottfried Heinrich 122, 127 f., 130
Geißler, Ferdinand Frh. von 402
Geoffroy Saint-Hilaire, Étienne 59,

Personenregister

62, 78, 141 ff., 145, *157–175*, 178 f., 209, 242, 292
Geoffroy Saint-Hilaire, Isodore 143, 159
Georgi, Johann Gottlieb 120 f.
Gessner, Conrad 12, 26
Geuns, Steven Jan van 223
Geyler, Hermann Theodor 320
Girtanner, Christoph 225 f.
Gladstone, William Ewart 249, 256
Gleditsch, Johann Gottlieb 99
Gmelin, Johann Friedrich 203
Gmelin, Samuel Gottlieb 121, 132
Goebel, Karl von 333, 341, 343, 352
Goethe, Johann Wolfgang von 50 f., 95, 115 f., 155, 159 f., 163 f., 169, 174, 221 f., 225 ff., 230, 235 f., 241, 283, 285, 292 f., 296, 429
Goette, Alexander Wilhelm 421
Golowin, Graf 317
Gossler, G. von 462
Gould, John 373
Graaf, Regnier de 40, 96
Graham, Thomas 339
Grant, Robert Edmond 251, 370
Grew, Nehemia 12
Grisebach, Heinrich August 241, 358
Gronovius, Johan Fredrik 15
Gruber, August 416
Guettard, Jean-Étienne 56

Haacke, Wilhelm 431
Haeckel, Carl Gottlob 434
Haeckel, Elisabeth 436
Haeckel, Emma 436
Haeckel, Ernst 71, 78, 169, 202, 269, 308 f., 316, 326, 331, 378, 382 f., 416 f., 423, *434–455*, 457, 460 f., 463, 467, 494
Haeser, Heinrich 321
Haldane, John Burdon Sanderson 406
Hales, Stephen 339
Haller, Albrecht von 35, 40, 42, 50, 55 f., 65–69, 72, 76 f., 81, 84, 87, 90, 92, 94, 101, 104 ff., 108–112, 125 f., 132, 147, 168, 226
Hallier, Ernst 320
Hallier, Johann Gottfried 311
Ham, Jan 96
Hamburger, Viktor 491, 495
Hansen, Adolph 352

Hanstein, Johannes von 275, 349 f.
Hardenberg, Karl August Fürst von 224 f.
Harkenfeld, Johann Sedláček von 402
Harting, Peter 320
Hartsoeker, Nicolaas 42, 63, 96
Hartstein, Eduard 349
Harvey, William 41, 67, 72, 92
Hasse, Carl 459, 462
Hasselquist, Friedrich 20
Haüy, René Just 158 f., 162 f.
Hebra, Ferdinand von 412
Hedwig, Johann 337
Hegel, Georg Wilhelm Friedrich 290, 292, 325, 327
Hehn, Victor 330
Heidenhain, Rudolf 462, 475
Heider, Karl 473
Heinitz, Friedrich Anton Frh. von 224
Helmholtz, Hermann von 219
Hemprich, Wilhelm Friedrich 264–267, 280
Henckel 103
Henle, Jakob 297, 412
Hennig, Willi 28
Henslow, Steven 243
Herbart, Johann Friedrich 347
Herbst, Curt 483 f.
Herbst, Johann Friedrich Wilhelm 124
Hermann, Johann 124
Hermann, L. 466
Hermbstaedt, Friedrich S. 225
Herodot 329
Herschel, John 243
Hertwig, Oscar 427, 433, 453, 467, 472 f., 494
Hertwig, Richard 421, 453
Himly, Carl 313
His, Wilhelm 460
Hobbes, Thomas 34, 52
Hoek, Joh. Gustav 10
Hoffmann, E. T. A. 94
Hoffmann, H. 404
Hofmann, Franz 459
Hofmeister, Adolph 333
Hofmeister, Clementine 332
Hofmeister, Friedrich 332
Hofmeister, Wilhelm 323, 326, *332–344*, 347, 353
Hollwede, Ferdinand von 222

Holtei, Karl von 236
Holtzendorff, F. von 423
Hooker, Joseph Dalton 244, 259, 377f.
Horkel, Johannes 313, 322
Hörstadius, Sven 474
Hübbe, Wilhelm 311
Hufeland, Christoph Wilhelm 264, 270
Hugo, Victor 94
Humboldt, Alexander Georg von 221 f.
Humboldt, Alexander von 135, 206, *221–244*, 245, 247, 260, 264, 267f., 270, 272f., 280f., 314, 316, 318, 325, 327, 434
Humboldt, Caroline von 270
Humboldt, Marie Elisabeth von 221, 226
Humboldt, Wilhelm von 222, 226f., 230, 236, 241, 244, 270
Hunter, John 92, 209, 359
Huschke, Agnes 436
Huschke, Emil 286, 436
Husserl, Edmund 495
Huxley, Thomas Henry 41, 251, 259, 297, 377f., 382, 388, 406

Iltis, Hugo 406
Ingen-Housz, Jan 356
Inochodcev, Petr Borisovich 121
Irmisch, Thilo 340
Itzenplitz, Graf 270
Izmajlov, Vladimir Vasil'evič 138

Jacquin, Joseph von 227
Jacquin, Nikolaus Joseph Frh. von 19, 130, 227
Janáček, Leo 392, 394
Jean Paul 297
Jefferson, Thomas 233
Jenkin, Fleeming 406
Jesse, Willemina 419
Johannsen, Wilhelm 408
Joseph II. 82, 91
Jungius, Joachim 12
Jussieu, Antoine de 16
Jussieu, Antoine-Laurent de 144, 177, 179, 206, 209
Jussieu, Bernard de 16, 157, 164, 177, 181

Kalm, Pehr 20
Kammerer, Paul 431
Kant, Immanuel 203, 211ff., 470
Karl Eugen von Württemberg 139
Kästner, Abraham Gotthelf 203
Katharina II. 119, 121f., 129f., 136
Kautsky, Karl 437
Kempis, Thomas 319
Keyserling, Alexander von 317
Kidd, Benjamin 419
Kielmeyer, Carl Friedrich 140, 143, 160f.
Kieser, Dietrich Georg 288
King, Helen D. 487
Kirby, William 293
Klácel, Franz Matthäus 392
Klaproth, Martin Heinrich 225
Kleinenberg, Nikolai 446, 453 ff.
Knappe, Karl Friedrich 130
Kner, J. 392
Knight, Thomas A. 359f., 404
Knop, Wilhelm 354
Knox, Robert 251
Koch, Karl Heinrich Emil 239, 320
Koehler, Heinrich Karl Ernst 128
Koelreuter, Joseph Gottlieb 396, 400
Kölliker, Rudolf Albert von 113, 258, 297, 436
Korschelt, Eugen 433
Kosteletzky, Vincenz Franz 347f.
Kowalevski, Aleksandr Onufrievich 305, 308
Kraus, Gregor 350
Kříženecký, Jaroslav 409
Křížkovský, Paul 392
Kühn, Alfred 298, 433
Kuhn-Schnyder, Emil 298
Kunth, Gottlob Johann Christian 222
Kunz, Caspar 55

La Marck, Philippe Jacques de Monet de 176
La Mettrie, Julien Offray de 36
Lacépède, Étienne de 160
Lacroix, François Boissier Sauvages de 23
Lamarck, Jean Baptiste de 62, 142f., 153f., 162, 175, *176–201*, 209, 371, 374, 376f., 493
Landrieu, Marcel 176
Lang, Arnold 187

Personenregister

Lange, Friedrich Albert 437f.
Lange, Gottlieb August 125
Langenbeck, Konrad Johann Martin 313
Latreille, Pierre André 179, 182
Laurencet 154f.
Lavater, Johann Caspar 204
Lavoisier, Antoine Laurent de 89, 180, 189, 209, 225
Leeuwenhoek, Antoni van 42, 63, 73, 86, 96, 281
Lehmann, Johann Georg Christian 311
Leibniz, Gottfried Wilhelm 34, 38, 42, 49, 54, 58f., 62, 64f., 71–74, 77, 80, 83, 96, 155, 163f., 213, 221
Leichhardt, Ludwig 239
Lenoir, Timothy 211
Lepechin, Ivan Ivanovich 121
Lepsius, Lili 271
Lepsius, Richard 271
Leszczyc-Suminski, Michael Hieronim Graf von 337
Leuckart, Rudolf 414
Leydig, Franz 436
Lichtenberg, Georg Christoph 223
Lichtenstein, Hinrich 237, 264ff., 270
Lieberkühn, Johann Nathanael 99
Liebig, Justus von 219, 325, 354, 437
Lietz, Hermann 482
Lignac (Pater) 50
Lillie, Frank R. 477
Liman, Ludwig Theodor 265
Link, Heinrich Friedrich 223, 240, 264, 272, 313, 325
Linnaeus, Anna Maria 10
Linnaeus, Carl 9–30, 117, 124, 129, 132f., 135, 137, 181, 185f., 202, 209, 261, 318, 383
Linnaeus, Elisabeth Christina 21
Linnaeus, Emerentia 10
Linnaeus, Christina 21
Linnaeus, Johannes 21
Linnaeus, Louisa 21
Linnaeus, Nils 9
Linnaeus, Samuel 10
Linnaeus, Sara 21
Linnaeus, Sara Lena 21
Linnaeus, Sophia 21
Linnaeus, Sophia Juliana 10
Linné d. J., Carl von 21, 29
Linné, Carl von *siehe* Linnaeus, Carl

Locke, John 34, 52
Loder, Justus Christian 226, 230
Loeb, Jacques 469
Löfling, Pehr 20
Lotze, Hermann 475
Louis XV. 33
Lowitz, Georg Moritz 121
Ludolf, Gustav Matthias 105
Ludwig I. 286
Ludwig, Carl 288, 358, 412
Ludwig, Christian Gottlieb 98
Lukrez 36
Lullin, Anne-Marie 51
Lurgenstein, Agnes 333
Lyell, Charles 175, 259, 377f., 380
Lyssenko, Trofim Denissovich 409

MacDonald, Étienne Jacques Joseph Alexandre 299
Magnus, Basilius 72
Maier, Josef Anton 283
Makowsky, Alexander 403
Malebranche, Nicolas 67, 96
Malesherbes, Chrétien-Guillaume de Lamoignan de 56
Malpighi, Marcello 40, 52, 67, 96
Malthus, Thomas Robert 374f., 378
Mangold, Hilde 489, 491
Marezoll, Theodor 315
Maria Theresia 82
Markl, Hubert 298
Marlin, Anne-Christine 31
Martini, Gottfried 130f.
Martius, Carl Friedrich Philipp von 272
Maupertuis, Pierre Louis Moreau de 33, 36f., 43, 45, 49f., 68f., 84, 100, 102, 108
Maurepas, Jean 32
Mayr, Ernst 406
Meckel d. Ä., Johann Friedrich 99, 104, 111
Meckel d. J., Johann Friedrich 113, 115f., 444
Meckel, Philipp Friedrich Theodor 111
Meis, Angelo Camillo de 297
Mencl, Emanuel 487
Mendel, Anton 390
Mendel, Johann Gregor *390–410*, 425
Mendelssohn, Moses 77

Merck, Carl Heinrich 133
Metchnikov, Ilya Ilich 305
Meyen, Franz Julius Ferdinand 239, 313, 323, 325, 336
Meyer, Georg Hermann von 464
Meyer, Hans 436
Meyraux 154f.
Micheli, Pier Antonio 337
Miklucho-Maklai, N. N. 310
Millardet, Pierre Marie Alexis 343
Minutoli, Nicolaus Johann Heinrich Menu von 264f.
Mirbel, Charles François (Brisseau-) 181
Mirus, Sophie Wilhelmine Bertha 315
Mitscherlich, Eilhard Alfred 273, 435
Mitschurin, Iwan W. 409
Mivart, St. George Jackson 258
Möbius, Martin 319, 331
Mohl, Hugo von 323f., 333–336, 356
Moleschott, Jacob 437, 447
Monceau, Henri Louis Duhamel du 354
Montúfar, Carlos 232
Moraea, Sara Elisabeth 14, 17
Moraeus, Johan 14
Morgagni, Giovanni Battista 81
Morgan, Thomas Hunt 408, 433, 481
Moscati, Pietro 82
Müller, Fritz 320, 383
Müller, G. F. 102
Müller, Hermann 320
Müller, Johanna Eleonore 261
Müller, Johannes 116, 219f., 242, 313, 320, 436
Müller, Nicolaus Jacob Carl 343
Müller-Thurgau, Hermann 352
Mursinna, Christian Ludwig 103f., 106, 116
Musset, Alfred de 94
Mutis, José Celestino 232

Nachtigall 274
Naegeli, Carl Wilhelm von 297, 320, 324, 327, 337, 353, 363ff., 393, 399, 404, 408, 411
Napoleon I. 122, 127, 141f., 161, 227, 297, 299
Napp, Cyrill 392, 402
Naudin, Charles 401
Nave, Johann 403

Needham, John Turberville 38f., 50, 80, 84ff., 97, 100
Nees von Esenbeck, Christian Gottlieb 325
Nestler, Johann Karl 402
Newton, Isaac 34, 39f., 67, 74, 80, 99, 144, 168, 217, 245, 380
Niemeyer, Ludwig Heinrich Christian 202
Niessl von Mayendorf, Gustav 403, 405f.
Nietzsche, Friedrich 463
Nikolaus I. 268
Noll, Fritz 352
Novalis 291

Ockenfuß, Johann Adam 282
Ockenfuß, Maria Anna 282
Oersted, Christian 247
Oken, Clotilde 284
Oken, Lorenz 174, 212, 236, 252, 282–298, 346, 435
Oken, Offo 284
Olexík, J. 403
Olivier, Guillaume-Antoine 183
Opekushkin, A. M. 305
Oppenheimer, J. 306
Oppolzer, Johann von 412
Osbeck, Pehr 20
Osiander, Friedrich Benjamin 203
Owen, Catherine 246
Owen, Richard 167, 175, 245–259, 297, 373
Owen, William 246

Paley, William 372
Pallas, August Friedrich 123
Pallas, Peter Simon *117–138*
Pallas, Simon 99, 117
Pander, Christian Heinrich 113, 116, 300f.
Parker, W. N. 420
Parthey, Gustav 274
Pasteur, Louis 39, 94
Pauli, Johann 125
Pauly, August 479
Pawlowa, Maria 317
Peel, Robert 248f.
Persoon, Christian Hendrik 223
Peter I. 108, 119
Peters, Wilhelm 239

Petrunkevich, Alexander 433
Peyer, Johann Conrad 96
Pfaff, Christian Heinrich 141, 145
Pfeffer, Wilhelm 352, 367
Pfeiffer, Ida 274
Pflüger, Eduard 462f., 465
Pierre, Viktor 348
Pirogow, Nikolai Ivanovich 303f.
Pirson, André 363
Plate, Ludwig 467
Platon 37, 42, 44, 77
Pluche (Abt) 52
Po(h)llmann, Katharina 122
Poggendorff, Johann Christian 272
Pott, Johann Heinrich 99
Prantl, Karl 352
Preyer, Wilhelm 457
Pringsheim, Nathanael 323, 342, 355, 407
Pröscholdt, Hilde *siehe* Mangold, Hilde
Przibram, Hans 470
Pugachev, Emel'jan Ivanovich 121
Purkynje, Emanuel 345, 347
Purkynje, Jan Evangelista 345ff., 365, 407
Purkynje, Karel 345

Raabe, Wilhelm 99
Rabl, Carl 408
Radlkofer, Ferdinand 320
Radlkofer, Ludwig 323, 327
Radtke, E. L. 262
Raspail, François-Vincent 355
Ray, John 12
Réaumur, René-Antoine Ferchault de 16, 33, 36, 50ff., 58f., 64f., 67f., 72, 74, 87f., 92f., 97, 161
Recklinghausen, Friedrich Daniel 457
Redi, Francesco 12f., 96
Reichenbach, Heinrich Gottlieb Ludwig 318, 333
Reinke, Johannes 352, 467
Renner, Otto 338
Reuss, August 348
Richter, Johann Gottlieb 203
Richthofen, Ferdinand von 274
Rimpau, Wilhelm 350
Ritter, Johann Wilhelm 226
Rivinus, August Quirinius 13
Rochleder, Friedrich 347, 350

Roeper, Johannes 334
Rokitansky, Carl von 412
Romanes, George John 463
Rose, Gustav 237, 267f., 269
Rose, Heinrich 272
Rose, Julie *siehe* Ehrenberg, Julie
Rosén, Nils 17
Rothe (Advokat) 130
Rothman, Johan 10, 15
Rouelle, Hilaire Marin 189
Roux, Erwin 467
Roux, Irmgard 467
Roux, Thusnelda 467
Roux, Wilhelm 362, 431, 456–476, 479, 484
Roux, Wilhelm (Sohn) 467
Royen, Adrian van 15
Rückert, August 320
Rückert, Friedrich 328
Rückert, Leo 320f.
Rückert, Marie 316, 318
Rudbeck d. J., Olof 12
Rudolphi, Karl Asmund 20, 124ff., 264, 272
Ruhe, Jakob 36
Růžička, Vladislav 409
Rychkov, Nikita Petrovich 120

Sachs, Christian Gottlob 345f.
Sachs, Elisabeth 349
Sachs, Hugo 349
Sachs, Julius 338, 340, 343, *345–368*
Sachs, Maria 349
Sachs, Maria Theresia 345f.
Sachs, Richard 349
Sageret, Michel 400
Saint-Belin-Malain, Françoise 32f.
Salm-Reifferscheidt, Altgraf Hugo 401
Salomon, Johann 126
Salomon, Wolfgang 126
Salvini, Antonio Maria 83
Saussure, Nicolas Théodore de 90
Scarpa, Antonio 82, 91
Schacht, Hermann 320, 327, 336, 349, 365
Scheele, Carl Wilhelm 357
Schelling, Friedrich Wilhelm Joseph von 210, 212, 282f., 285, 290, 296, 325, 327
Schenk, August 310, 350

Schimper, Karl Friedrich 341, 366
Schindler, Alois 390, 392
Schindler, Theresia 390f.
Schlagintweit, Adolf von 239, 274
Schlagintweit, Hermann von 239, 274
Schlagintweit, Robert von 239, 274
Schlechtendahl, Dietrich Franz Leonhard 267
Schleiden, Andreas Benedikt 311
Schleiden, Christiane Eleonore Bertha 315, 318
Schleiden, Heinrich 312, 314, 326, 331
Schleiden, Marie Caroline 311
Schleiden, Marie Sophie Benedicta 315
Schleiden, Matthias Jacob 270, *311–331*, 333, 336f., 347, 366, 437
Schleiden, Rudolph 314
Schleiden, Sophie Eleonore 311
Schleiden, Therese 315, 318
Schleiden, Wilhelmine Louise Melanie 315
Schleiden, Wilhelmine Marie 311
Schleip, Waldemar 433
Schmalhausen, I. I. 404
Schmalhausen, Iwan F. 404
Schmarda, Ludwig Karl 274
Schmid, Ernst Erhard 315, 323
Schmidt, Johanna 335
Schmitz, Friedrich 352
Schoenlein, Johann Lukas 287
Schomburgk, Otto 277
Schomburgk, Richard 239, 273, 277
Schomburgk, Robert 273, 277
Schöne, C. G. 130
Schopenhauer, Arthur 292
Schotté, Oscar 490
Schreber, Johann Christian Daniel 20, 126
Schröter, Johann Samuel 124
Schubart, Erdmann August Balduin 320
Schubert, Gotthilf Heinrich von 286
Schultes, Carl 319
Schultze, Max 350
Schulze, Franz Ferdinand 412
Schuster, Julius 98
Schwägrichen, Christian Friedrich 128
Schwalbe, Gustav 457, 460, 466
Schwann, Theodor, 232, 270, 307, 313
Schwarz, Johann 127f.

Schwendener, Simon 407
Schwirtlich, Anton 390
Schwirtlich, Rosine 390
Schwirtlich, Veronica 390
Scopoli, Giovanni Antonio 91
Seba, Albert 15f.
Seidenschnur, Friederike 332
Seifert, Johann 268
Sekla, Bohumil 409
Semon, Richard 494
Senebier, Jean 90, 92
Seremet'ev, Nikolaj Petrovich 134
Serres, Étienne 162f., 167ff., 444
Sethe, Anna 436
Sharpey, William 251
Siebold, Philipp Franz von 239
Sigorgne, Pierre 77
Sinin, N. I. 304
Skoda, Josef 412
Snell, Karl 326
Sokolov, Nikita Petrovich 120
Söllner, Wilhelm 265
Spallanzani, Gianniccolò 79
Spallanzani, Lazzaro 38f., 42, 56, 65, 68, 77, 79–94, 96
Spallanzani, Niccolò 79, 82
Spemann, Hans 473f., *477–495*
Spemann, Margarete 485
Spence, William 293
Spencer, Herbert 431
Spengler, Oswald 450
Spinoza 80
Sprengel, Carl 354
Stahl, Ernst 320
Stahl, Georg Ernst 114
Stählin, Johann Jakob 119
Stark, Johann Christian 284
Stark, Louise 284
Steffens, Henrik 212, 296
Stein, Friedrich 348
Stephan, Erzherzog 414
Stern, Curt 432
Stobaeus, Kilian 10ff.
Stöckhardt, Julius Adolph 348, 354, 365
Strabo 329
Strasburger, Eduard 324, 331, 363
Strasser, Hans 462
Stroganov, Aleksandr Sergeyevich 129
Stromeyer, Georg Friedrich Louis 313
Stromeyer, Johann Friedrich 203

Sutton, Walter Stanborough 408, 426
Swammerdam, Jan 52, 64, 67, 72f., 96, 145

Talla, Catharina Margarethe 202
Taschner, Ignatius 331
Teilhard de Chardin, Pierre 309
Tessier, A. H. 141, 157, 160
Tessin, Carl Gustav 17f.
Thaler, Aurelius 392
Theophrast 12, 329
Thiel, Hugo 350
Thierfelder, Theodor 412
Thiersch, Friedrich von 295
Thouin, André 179
Thunberg, Carl Peter 20, 29
Tiedemann, Friedrich 94
Tilesius von Tilenau, Wilhelm Gottlieb 127f.
Timirjasev, Kliment Arkadevic 343
Tissot, Samuel August 82
Tournefort, Joseph Pitton de 10, 13, 181
Treitschke, Heinrich von 335, 415
Trembley, Abraham 35f., 52f., 58, 74, 90
Treskow, Herr von 270
Treviranus, Eduard 204
Treviranus, Gottfried Reinhold 202–220
Treviranus, Heinrich 204
Treviranus, Joachim Johann Jacob 202
Treviranus, Ludolph Christian 202, 207, 333
Treviranus, Marie Sophie Elisabeth 204
Tschermak-Seysenegg, Erich von 407f.
Tvrdý, Jan 402

Unger, Franz 322, 324, 336, 347, 353, 365, 392, 402, 407
Urban IV. 271
Urquijo, Mariano Louis de 228

Vaillant, Sébastien 12ff., 84f., 87
Vallisneri d. Ä., Antonio 40
Vallisneri d. J., Antonio 79, 83ff., 87
Varro 329
Vavilov, Nikolaj Ivanovich 409
Velenovsky, Josef 338

Venturi, Giovanni Battista 80
Vernadski, Vladimir Ivanovich 299
Verworn, Max 467f.
Vicq-d'Azur, Félix 144, 159, 209
Virchow, Rudolf 244, 298, 423, 430, 436f., 457
Virey, Julien-Joseph 145
Vogler, Georg Heinrich Otto 319
Vogt, Karl 437
Voigt, Friedrich Sigmund 315, 321
Volta, Alessandro 209, 225
Volta, Serafino 90f.
Voltaire (François-Marie Arouet) 51, 56, 75, 80, 93, 100
Voß, Christian Friedrich 125
Vries, Hugo de 407, 432

Wackenroder, H. W. Ferdinand 316, 320
Wagner, I. 301
Wagner, Moritz 418
Wagner, Rudolf 412
Wallace, Alfred Russel 377ff.
Walther 104
Walther, J. S. 126
Walther, W. 126
Weber, Ernst H. 464
Weber, Wilhelm Eduard 313
Wedgwood, Emma 376
Wedgwood, Josiah 370
Weismann, August 363, 385, 408, 411–433, 437, 464f., 481
Weismann, Elise Eleonore 411
Weismann, Johann August 411
Weismann, Julius 419f.
Weismann, Mary 415, 417, 419
Weiss, Paul 474
Weitbrecht, Johann Jakob 130
Werner, Andreas Gottlob 209
Whiston, William 72, 152
Wichura, Max Ernst 397, 401
Wiedemann, Christian Rudolf Wilhelm 126
Wiegmann, Anton Friedrich 400
Wienholt, Arnold 204
Wigand, Albert 320, 327
Wilberforce, Samuel 378
Wilhelm (V.) Batavus von Oranien 119, 125
Wilkens, Christian Friedrich 124
Willdenow, Carl Ludwig 222, 225, 231

Wilson, Edmund B. 469, 474
Wimpffen, Albertine Freiin von 123
Wimpffen, Woldemar von 123
Wittgenstein, Fürst 270
Wöhler, Friedrich 412
Wolff, Anna Sophie 98
Wolff, Caspar Friedrich 95–116, 133 f., 301
Wolff, Christian von 83, 98
Wolff, Christian Friedrich 98
Wolff, Dorothea Sophie 98
Wolff, Gustav 479
Wolff, Johann 98
Wolff, Julius 464
Wolff, Karl 107
Wolff, Louisa 107
Wolff, Maria 107
Wolff, Maria Elisabeth 98
Woltereck, Richard 433
Woodward, John 47, 354
Wotton, Edward 12
Wrisberg, Heinrich August 203

Zawadzki, Alexander 403
Zeiß, Carl 321
Zigliani, Lucia 79
Zimmermann, Robert 347
Zuev, Vasilij Fedorovich 120